国家出版基金资助项目
俄罗斯数学经典著作译丛

微分方程定性理论

WEIFEN FANGCHENG DINGXING LILUN

[苏] B.B. 涅梅茨基
[苏] B.B. 斯捷潘诺夫 著
《微分方程定性理论》翻译组 译

哈爾濱工業大學出版社
HARBIN INSTITUTE OF TECHNOLOGY PRESS

大家書系

内 容 提 要

本书共六章.第一章讲述实域内常微分方程理论的基本知识,包含:解的存在、唯一和对初值的连续相依性定理;动力体系的概念;积分线在常点附近的局部直性等.第二章讲述庞加莱(J. H. Poincaré)和本迪克森(I. O. Bendikson)所创建的积分线在平面和锚圈面上的定性理论及其近代的发展.第三章讲述 n 维微分方程组的解的渐近性状和李雅普诺夫(A. M. Lyapunov)式稳定性的解析判定方法.第四章讲述 n 维微分方程组的研究.第五章讲述由苏联学者马尔科夫(A. A. Markov)引入作为度量空间自身变换的单参数群的一般动力体系的理论.第六章讲述具有不变测度的一般动力体系的度量理论.

本书适合高等院校师生及数学爱好者研读.

图书在版编目(CIP)数据

微分方程定性理论/(苏)B. B. 涅梅茨基,(苏)B. B. 斯捷潘诺夫著;《微分方程定性理论》翻译组译.哈尔滨:哈尔滨工业大学出版社,2024.7.——(俄罗斯数学经典著作译丛).——ISBN 978-7-5767-1601-6

Ⅰ.O175

中国国家版本馆 CIP 数据核字第 20244W6U18 号

策划编辑　刘培杰　张永芹
责任编辑　刘家琳　李　烨
封面设计　孙茵艾
出版发行　哈尔滨工业大学出版社
社　　址　哈尔滨市南岗区复华四道街 10 号　邮编 150006
传　　真　0451－86414749
网　　址　http://hitpress.hit.edu.cn
印　　刷　辽宁新华印务有限公司
开　　本　787mm×1 092mm　1/16　印张 28.25　字数 587 千字
版　　次　2024 年 7 月第 1 版　2024 年 7 月第 1 次印刷
书　　号　ISBN 978-7-5767-1601-6
定　　价　128.00 元

⊙ 著者为中文版所写的序言

我们的书是1949年在莫斯科出版的.自此以后,出现了很多关于微分方程定性理论的新成果.在力学以及工程问题上,这个数学领域已获得日新月异的应用.从事非线性振动以及自动控制理论方面的物理学家和工程师早已在广泛地应用定性研究的方法.现在有了这样的情况:在很多使工程师感兴趣的问题上,从事定性理论研究的数学家却不能给出详尽无遗的回答.关于这方面的问题,对微分方程组来说不是在一个给定点的邻域内而是在整体上做定性的探讨.

在研究我们的书时需要记住,它并没有包括定性理论的所有问题,例如,书中很少注意到李雅普诺夫的稳定性理论,并且完全没有涉及线性和非线性微分方程边值问题的定性理论.

如果我们的书在某些程度上有助于中国科学的发展,那么对我来说就是最大的荣誉.我谨向为翻译本书付出许多辛苦的中国同行表示真诚的感谢.

莫斯科大学教授

B. B. 涅梅茨基

1954年7月3日

原著第二版序

自本书初版以来,已经两年了,我们决定将许多地方彻底改写.情形是这样的:虽然本书是在1947年出版,但是所取材料还是之前的.在近十年,定性理论获得了很多新结果,同时这个理论在实际应用上的种种方向也更为清楚.由于这一事实,我们没有理由不去讨论那些右端明显包含时间“t”的方程组,因此对引论、第一章和第二章的内容都彻底进行了改写.我们在这些章节中加进了很多重要理论,主要是李雅普诺夫理论的基础.在动力体系的理论方面,我们也有很多补充,这些补充材料反映出苏联数学家的成就.我们改动较少的是“第六章有积分不变式的体系”这部分.

著者希望,经过改写以后,本书对于苏联科学在定性理论方面的伟大成就说得更为清楚,并且对于实际应用也更有裨益.

最后,我们声明,这番改写工作是著者二人平均分配的,所以不能指出哪一章是谁撰写的.

本书第二版仍像以前一样,是与著者在莫斯科大学所领导的微分方程定性理论讨论班的工作分不开的,很多新的定理和证明是由参加这个讨论班的青年同志在讨论时提出来的.

著 者

1949 年 5 月

原著第一版序

本书著者二人，曾在莫斯科大学担任讨论班的领导，这个共同工作的结果就是本书的来源，同时也决定了本书的内容.本书的目的并不是用百科全书的方式来叙述微分方程理论中的定性方法.我们关于材料的选择，是依照著者的科学兴趣，以及莫斯科数学工作者的一般方向.因此，书中所选的论题，都贯穿在一个中心观念之下，这就是说，本书所讨论的主要是积分线族的几何性质(更准确些，应该说是拓扑性质)，稍稍离开这个论题的地方是第二章和第三章，在这两章中讨论了积分线的仿射不变性质；在第五章中处理了积分线族的度量几何的性质.由于这个计划的限制，本书对于那些结果丰富而应用极广的李雅普诺夫稳定性理论就完全没有讲到，虽然它也是微分方程定性理论里的知识.

最后，我们指出，在编著此书时，著者二人保持着密切的联系，书内各章是二人分工写出的，即引论和第四、第五两章是斯捷潘诺夫(В. В. Степанов)写的，前三章是涅梅茨基(В. В. Немыцкий)写的.

著　者

⊙关于定性理论发展的简单介绍

微分方程这一数学分支，一方面是数学分析理论研究的重要对象之一，另一方面又是数学科学与天文学、力学、物理学及其他学科之间的主要联系之一. 因此，在祖国经济建设与文化建设突飞猛进的发展中，它和其他数学分支一起，日益迫切需要加以发展.

常微分方程的应用与研究开始于距今 250 多年前. 约翰·纳皮尔(J. Napier) 应用常微分方程计算正弦对数表. 接着，由于力学、物理学和几何学等的需要，常微分方程在一系列著名的数学家，如牛顿(Newton)、莱布尼茨(Leibniz)、欧拉(Euler)和拉格朗日(Lagrange) 等人的工作中得到巨大的发展，这一时期它的中心问题是解的求法.

19 世纪初期，数学分析中所产生的划时代的飞跃，即极限与连续等严格概念与方法的建立，引起了常微分方程基本理论的重大发展. 柯西(Cauchy) 严格地证明了，在某些相当广泛的条件下微分方程解的存在性与唯一性，这就使得微分方程的研究建立在坚实的理论基础之上.

但是，实际求解过程却日益困难，特别是 1841 年刘维尔(Liouville) 证明了这样的事实，即黎卡提(Riccati) 方程

$$\frac{dy}{dx}=P(x)y^2+Q(x)y+R(x)$$

只有若干已被伯努利(Bernoulli) 研究过的特殊类型才可以用积分求解，而对一般的函数 $P(x)$，$Q(x)$，$R(x)$，其解不可能表

示为积分.为了解决这一矛盾,在19世纪后半期常微分方程理论中出现了两个重要的方向.一个方向是与代数学的发展相关联的.伽罗瓦群的概念在代数学中的成就和影响,扩张到了数学中的其他分支.例如,在几何学中有克莱因(F. Klein)的分类法,在微分方程中则出现了李(Lie)的工作.李引入了无限小的变换这一概念,依靠它将微分方程分类.一方面,得到了若干类型可以用积分表示其解;另一方面,也揭露了更为广泛的类型是不可能如此求解的.李的工作指出了常微分方程可用积分求解的范围很狭小,因此,基本上总结了这一道路发展的可能性.李的工作在数学中的影响主要转移到代数拓扑等其他数学分支上.

但是,天体力学和物理问题中所导出的微分方程迫切需要求解.数值积分法只可能供给若干孤立的特解在一定时间内的近似情形,它不能作为建立一般理论的主要工具.

常微分方程中出现了另一个重要的方向,即本书所介绍的定性理论.这一理论的发展,可以分为两个阶段:第一阶段自1881年到1930年前后,第二阶段自1930年前后直到现在.

第一阶段的特点是以三个经典性的工作作为标记:其一是庞加莱自1881年到1886年连续发表的文献《微分方程所确定的积分线》;其二是自1882年开始到1892年完成的李雅普诺夫的博士论文《运动稳定性通论》和一些附加的文献;最后是伯克霍夫(Birkhoff)自1912年开始的并于1927年总结撰写的《动力体系》一书及其后数年所撰写的一系列的论文.

庞加莱和李雅普诺夫是定性理论的共同开创者,他们创造这一理论是与他们关切当时吸引数学家的天体力学问题分不开的.这些问题中,有著名的太阳系的稳定性问题、三体问题及切比雪夫(Chebyshev)所提出的旋转流体可能的平衡形体问题,等等.庞加莱的思想极为开阔,在一定的意义上来说,他的思想影响了整个定性理论的发展.但在其工作中却也散存着许多有待修正与补充的地方,其中若干主要之点在本迪克森1901年的文章中做了补充.李雅普诺夫则深入物理现象的本质中去,提炼出在理论上与实际应用上均具有极其普遍意义的运动稳定性这一问题.在解决这一问题上,远超过庞加莱,在若干极普遍的情况中,将问题彻底地解决了.不仅如此,他所发现的两种方法,特别是第二种方法,到今天仍然是解决稳定性问题的主要利器.

伯克霍夫继承并发展了庞加莱的工作,提炼出"动力体系"这一理论,其中"动力体系的一般理论"一章成为后来重大发展的源泉.

自此以后,西方资产阶级的学者中产生了一种不正确的看法,他们认为上述三个主要工作基本上已耗尽定性研究的可能性.与上述看法相反,由马克思列宁主义思想所指导的,为社会主义建设服务的,具有优秀历史传统的苏联数学家、物理学家和力学家们却用他们创造性的劳动将定性理论向前推进. 自 1930 年前后起，定性理论发展的主要原动力便来自苏联数学家，他们将理论与实践相结合，使定性理论的发展进入一个新的阶段. 我们只要举出几个典型例子便足以说明这一特点.

Л. И. 曼德尔施塔姆院士及其学生安德罗诺夫院士首先发现定性理论在物理科学与技术科学中广泛应用的可能性. 在研究非线性振动理论时，安德罗诺夫院士创造性地应用了庞加莱的奇点和极限圈的理论. 他和哈依肯在 1937 年撰写的《振动理论》一书是这方面的典范，充分说明了庞加莱工作的应用价值，并从实际需要中提出新的问题.

在社会主义社会中，恢复了李雅普诺夫工作的光辉，在为社会主义建设服务中得到了不断的、巨大的发展. 这方面的主要工作是以在 1930 年以切塔耶夫通讯院士为首的喀山数学家和在莫斯科大学天文研究所中斯捷潘诺夫通讯院士所领导的讨论班为新的力量的源泉. 这一理论与社会主义建设中广泛需要的自动调节设计工作极其密切地结合起来，从生产实践中不断地提供了新的稳定性问题.

在为社会主义建设服务的同时，苏联数学家也同样大大地发展了抽象的理论. 在定性理论方面，例如，1931 年马尔科夫将伯克霍夫的动力体系理论加以总结与提高，第一次提出“抽象动力体系”这一概念之后，这方面的工作在为数众多的苏联学者的创造性工作中得到广阔与深入的发展.

在这一时期中，苏联数学家在定性理论方面的重大成就，使得若干资本主义国家的学者重新看到这一领域的理论与实践的价值，并开始承认这是一个吸引人的数学分支，若干力量重新投入这方面的工作，例如美国的莱夫谢茨(Lefschetz) 及其学生等人的工作. 由此可见，在第二阶段，发展的动力来自苏联科学家.

斯捷潘诺夫通讯院士和涅梅茨基教授在上述各方面的领域内都有重要的贡献. 在莫斯科大学中，他们领导的讨论班是人才辈出的. 将定性理论的极其浩繁的材料中的各主要方面加以明确的、简要的叙述是一个非常困难的任务. 本书第一次光荣地完成了这项任务，它使得初次进入这一数学分支的工作者可以比较容易并且系统地掌握这些主要方面. 因此，这本书译成中文，对于迫切需要服务于祖国建设的工作者是一个非常有力的支持.

为了服务于祖国的建设事业，为了感谢涅梅茨基教授对我们的帮助，让对这一数学分支感兴趣的朋友共同开辟这一广阔的研究天地.

秦元勋
1954 年 12 月

⊙ 目录

引　论

微分方程理论发展的古典时期,自牛顿与莱布尼茨开始,截至19世纪后半叶李大致结束.这一时期的基本问题是:用初等函数及初等函数的积分,求出微分方程的通解,并尽量扩大这种解法的应用范围,但不久以后便发现了绝大多数的微分方程及微分方程组不能这样解出.因此想用这种方式创造一套微分方程的一般理论是不可能的事,同时在数理的自然科学(多半是力学,尤其是天体力学)问题里,往往需要解出较复杂的微分方程.

由于数学实践上的这种需要,微分方程的数值积分法已经有了广阔的发展,直到现在,但凡遇到必须求出数字答案的具体问题,就使用此法.这个方法的主要缺点是:在原则上,它只能给出一个特解,如欲求另一特解,必须从头另做.因此,数值积分法不能作为创立微分方程一般理论的根据.

线性微分方程的一般理论根本上已由古典的研究方向打下了基础.例如,解与积分常数及原始条件(即初值)的相关性定理,以及由特解求通解的方法(拉格朗日方法)等.非线性方程的理论,起于柯西(19世纪前半叶).当他证明在一定条件下解的存在性和唯一性时,不但用了复变函数的方法(利用高阶函数),而且用了实变分析的方法(用折线逼近积分线).其他的主要结果:在复变函数方面,来自庞加莱(解与参数的相差性)

和潘勒韦(Painleve)(解与初值的相关性);在实变函数方面,来自毕卡(Picard)(逐步逼近法及其推论)和林德洛夫(Lindelöf)(对于初值微分).

我们指出存在定理的证明,立刻就有了实际应用,这就是所谓微分方程的近似解法、幂级数解法和毕卡的近似解法,不只在极限时给出微分方程的解,还可以用来求该解的近似值准确到任意指定的程度. 不但如此,从近似解法中我们往往能够明白地看出解与初值及参数的相关性.

在微分方程的一般理论中,占最重要地位的是庞加莱创始的定性理论. 从1880年起,庞加莱在他的论文里,为了研究天体力学和宇宙形成论一类的问题,充分应用了他的定性理论. 在他所研究的问题里,不但必须知道方程的解在一段有限时间内的性质,而且必须知道该解在时间无限增加时的变动状态. 从庞加莱起,这一方面的研究对象,主要是右端不直接包含 t 的方程组——也就是后来伯克霍夫命名为动力体系的那些方程组. 我们只需引进几个辅助因变数,就可以不失一般性,而写定该方程组为一阶的

$$\frac{\mathrm{d}x_i}{\mathrm{d}t}=f_i(x_1,x_2,\cdots,x_n)\quad(i=1,2,\cdots,n)\tag{1}$$

这里的变数 $x_1,x_2,\cdots,x_n$ 可看作 n 维空间(对动力体系而言叫作相空间)里点的坐标,动力体系(1)的每个解,规定出一个运动,该解的图形叫作轨道(在一般意义下,此图形叫积分线).

庞加莱对于平面积分线(即 $n=2$ 时,方程组(1)所规定的积分线)做了充分而详尽的定性描写,后来本迪克森把庞加莱的结果做得更加完备. 布劳威尔(Brouwer)假定方程组(1)在平面上不满足唯一性条件,而试行定性的研究. 关于 $n=2$ 这方面的工作,我们还应该指出庞加莱对于锚圈上积分线的研究,以及当儒瓦(Denjoy)和克内泽尔(Kneser)在过去十年中对于这一研究的补充.

对方程组(1),庞加莱只得到一些初步结果,但与庞加莱同时研究的李雅普诺夫,却不仅研究了方程组(1),还进一步研究了右端直接含 t 的方程组

$$\frac{\mathrm{d}x_i}{\mathrm{d}t}=f_i(x_1,x_2,\cdots,x_n,t)\quad(i=1,2,\cdots,n)\tag{2}$$

李雅普诺夫研究的基本问题是:测验方程组(1)的解——尤其是代表平衡或周期运动的解——在 t 轴上的无穷间隔内,对于初值的微小变异是否稳定.

无论在稳定性问题里或在微分方程的定性解析里,更为重要的是:关于方程(1)的奇点(或常驻点)的研究. 所谓奇点,就是满足方程组 $f_i(x_1,x_2,\cdots,x_n)=0(i=1,2,\cdots,n)$ 的点. 关于平面积分线(即 $n=2$)在奇点附近的分布问题,我们要追溯到庞加莱、本迪克森和其他著作者们. 至于在 n 维空间里,方程组(1)的奇点有何特性? 这一问题庞加莱虽已开始研究,但远未达到完成的阶段. 这方面最广泛的研究结果是来自佩隆(Perron)和彼得罗夫斯基(И. Г. Петровский)两人. 此外,在李雅普诺夫式的稳定性问题方面,关于奇点邻域的

研究，经过喀山派数学家切塔耶夫(Chetaev)、马尔金(И. Г. Малкин)、卡面柯夫(Г. В. Каменков)和彼尔西茨基(К. П. Персидский)等人的努力，进展很大.

由庞加莱开始的动力体系，在伯克霍夫那里得到了更广泛的发展. 我们可以说伯克霍夫奠定了动力体系一般理论的基础，还提出一些有特殊意义的运动(即中心运动与回归运动)并加以处理，对于“在已知周期解的邻域里，有无其他周期解存在”这一问题，伯克霍夫继续了庞加莱的研究，比起庞加莱，他使用拓扑方法(固定点原理等)的地方更多.

获得较大发展的动力体系，是具有不变积分的体系. 例如，古典力学中哈密尔顿(Hamilton)方程就属于这种体系. 庞加莱已经注意到这种体系的重要性，从而证明了“回归定理”. 但这个理论的最大成就却应归功于伯克霍夫，他那著名的遍历(ergodic)定理(1932 年)在统计力学上的用处很多. 至于“在什么体系里可以引进不变积分”这一问题，伯克霍夫、霍普夫(E. Hopf)和马尔科夫等人都曾加以研究.

从 1930 年起，许多苏联数学家广泛参加了发展动力体系理论的工作，这些人包括马尔科夫、斯捷潘诺夫、柯尔莫哥洛夫(А. Н. Колмогоров)、辛钦(А. Я. Хинчин)、鲍戈柳鲍夫(Н. Н. Боголюбов)、克雷洛夫、涅梅茨基、希尔米(Г. Ф. Хильми)、别布托夫(М. В. Бебутов)和马依尔(А. Г. Майер)等. 他们创立了很多理论上的基本原则，而在阐发这个理论时，又引进新的现代数学方法. 在本书的第五章和第六章里，读者可以看到这些著作者的一些成果. 苏联科学在微分方程定性理论中的地位，显示于这一事实，在苏联不但有许多学者从事于理论问题的研究，而且率先把定性理论的深奥结果广泛地用来解决物理和机械问题.

Л. И. 曼德尔施塔姆、安德罗诺夫和他们的学生们指出并发展了一些方法，使定性理论应用到非线性振动的研究上去. 克雷洛夫、鲍戈柳鲍夫在非线性力学方面，开创出一个新方向，这两位著作者和他们的继承者们在解决技术问题时，广泛地应用了微分方程的定性理论. 此外，李雅普诺夫的继承者切塔耶夫和莫依谢耶夫(Н. Н. Моисеев)指出李雅普诺夫方法应用到许多技术问题上的可能性，而杜保森(Г. Н. Дубошин)和莫依谢耶夫则用定性理论去解决天体力学上的具体问题. 最近有关于调整理论(此理论始于安德罗诺夫和布尔加科夫(Г. В. Булгаков)的研究，也是以微分方程定性理论为根据的. 这些工作不但应用了这个理论中的已知定理，而且还提出了许多崭新的问题. 无疑地，微分方程定性理论的发展正在开始，而这个发展是密切联系着实用技术和自然科学的.

存在及连续性定理

第一章

§1 存在定理

在微分方程定性论中所要研究的，是微分方程组

$$\frac{\mathrm{d}x_i}{\mathrm{d}t}=f_i(x_1,x_2,\cdots,x_n)\quad(i=1,2,\cdots,n)$$

或方程组

$$\frac{\mathrm{d}x_i}{\mathrm{d}t}=f_i(x_1,x_2,\cdots,x_n,t)\quad(i=1,2,\cdots,n)$$

其中函数 f_i 假定是它们的自变量在空间$(x_1,x_2,\cdots,x_n)$的某域 G 和区间 $a<t<b$ 内的连续函数.

定理 1(存在定理)[1-3]　设已给微分方程组

$$\frac{\mathrm{d}x_i}{\mathrm{d}t}=f_i(x_1,x_2,\cdots,x_n)\quad(i=1,2,\cdots,n)\tag{1}$$

其中函数 $f_i(x_1,x_2,\cdots,x_n)$ 假定在某一有界闭域 $\overline{G}$ 内为连续的. 设 $\overline{G}$ 的任一内点 $A_0(x_{10},x_{20},\cdots,x_{n0})$ 为已知，则方程组(1)有在时刻 t_0 经过点 A_0 的解存在，而且这个解在区间

$$\left[-\frac{D}{M\sqrt{n}}+t_0\leqslant t\leqslant\frac{D}{M\sqrt{n}}+t_0\right]$$

上有定义,其中 D 是从点 A_0 到 $\overline{G}$ 的边界的距离,而 M 是函数 $f_i(x_1,x_2,\cdots,x_n)$ 的模在 $\overline{G}$ 上的极大值中的最大者.

我们先引入以下定义:

在区间 $a\leqslant t\leqslant b$ 上有定义的 n 元函数组 $\overline{x_1(t)},\overline{x_2(t)},\cdots,\overline{x_n(t)}$ 叫作方程组(1) 的准确到 ε 程度的近似解,如果其中每一个函数都是连续的、分段光滑的[①]而且满足积分方程组

$$\overline{x_i(t)}=x_{i0}+\int_{t_0}^{t}f_i(\bar{x}_1,\bar{x}_2,\cdots,\bar{x}_n)\mathrm{d}t+\int_{t_0}^{t}\theta_i(t)\mathrm{d}t\quad(a\leqslant t\leqslant b)\qquad(2)$$

其中 $\theta_i(t)$ 是在$[a,b]$ 上分段连续的函数,其绝对值不超过 ε.

首先,设点 $A_0(x_{10},x_{20},\cdots,x_{n0})$ 为已知,并设它到 $\overline{G}$ 的边界的距离等于 D. 其次,设 M 是 $|f_i(x_1,x_2,\cdots,x_n)|$ 在 $\overline{G}$ 上的共同高界. 利用诸函数 $f_i(x_1,x_2,\cdots,x_n)$ 在 $\overline{G}$ 内的均匀连续性,我们选取如此小的 $\delta>0$,使条件 $|x'_i-x''_i|\leqslant\delta$ 成立,得

$$|f_i(x'_1,x'_2,\cdots,x'_n)-f_i(x''_1,x''_2,\cdots,x''_n)|<\varepsilon\quad(i=1,2,\cdots,n)$$

将区域 $\overline{G}$ 用边长等于 δ 的正方体加以分割,并从点 A_0 起,用以下方法作欧拉折线:从点 A_0 引方程为

$$x_i=x_{i0}+f_i(x_{10},x_{20},\cdots,x_{n0})(t-t_0)$$

的直线,并将此直线沿 t 的增加方向加以延展,直到与点 A_0 在其上的一个正方体的不含点 A_0 的面相交为止. 这样,若 A_0 是奇点,即 $f_i(x_{10},x_{20},\cdots,x_{n0})$ 对所有 $i=1,2,\cdots,n$ 都等于零,则我们得到一个退化为一点的半直线;若 A_0 不是奇点,便得到一线段,设它的终点是[②]

$$A_1(x_{11},x_{21},\cdots,x_{n1})$$
$$x_{i1}=x_{i0}+f_i(x_{10},x_{20},\cdots,x_{n0})(t_1-t_0)$$

在后一情形中,若点 A_1 仍在域 G 内,再将 A_1 取作起点,从它作方程为

$$x_i=x_{i1}+f_i(x_{11},x_{21},\cdots,x_{n1})(t-t_1)$$

的直线,并仿上将它延展. 照这样推进下去,就得到一条折线,设它的方程是 $x_i=\overline{x_i(t)}$. 我们指出,在 A_0 是奇点时,此折线是一退化的半直线;在 A_0 不是奇点但 A_1 是奇点时,它是线段 A_0A_1 再接上一退化半直线;其余依此类推. 今计算在 t 的那一变化区间上,我们能够按上述方法推进而不会使折线超出域 $\overline{G}$. 为此需要分成三种情形:其一是从点 A_0 起推进有限步后,在未出 G 之前折线终止于

---

① 所谓分段光滑的函数,我们是指在区间$[a,b]$ 上连续的函数,除去可能有有限多个左右微商存在的点,它在区间上所有的点都有微商. 此外,我们还假定左右微商的整个区间$[a,b]$ 是有界的.

② 此段及下两段在译文中有添加 —— 译者注.

一退化半直线(奇点),在其上 t 的变化区间显然可以认为是无限的,$t_0 \leqslant t < \infty$,因而无须计算;其二是推进有限步后,即已得一整个在 $\bar{G}$ 之内长度不小于 D 的折线的一部分;最后一种情形是无论推进多少步,所得折线永远在 G 内,且其长度始终小于 D. 在最后一种情形中,折线的顶点序列必收敛于某正方体的一个属于 G 的顶点 V,此时我们将不考虑此折线,而将它从某一与 V 充分接近的顶点 A_i 起的部分,换成线段 A_iV,并从 V 起再按照上述方法继续下去,这样终于可将它换成属于前两种情形的折线. 因此,所需计算的仅是第二种情形. 为此,我们利用这样的力学解释:把方程组 $x_i = \overline{x_i(t)}$ 当作某质点运动的规律. 于是,在起点 A_j 位于 G 内的折线段 A_jA_{j+1} 之上,质点的速率的平方将是

$$v^2 = \sum_{i=1}^{n} f_i^2(\overline{x_1(t_j)}, \overline{x_2(t_j)}, \cdots, \overline{x_n(t_j)})$$

因而,由点 A_0 起,在不少于 $\dfrac{D}{M\sqrt{n}}$ 的时间内,才可能通过从点 A_0 到边界的距离. 所以欧拉折线是可以在 t 的变化区间从 t_0 到 $t_0 + \dfrac{D}{M\sqrt{n}}$ 按上述方法以有限步作出而不会超出 $\bar{G}$ 的.

仿照上法,同样可以在 t 的变化区间从 t_0 到 $t_0 - \dfrac{D}{M\sqrt{n}}$,由点 A_0 起以有限步在 $t \leqslant t_0$ 的方向上作出欧拉折线而不出 $\bar{G}$. 我们现在仍然令 t 在整个变化区间 $t_0 - \dfrac{D}{M\sqrt{n}} \leqslant t \leqslant t_0 + \dfrac{D}{M\sqrt{n}}$ 上作得的折线方程为 $x_i = \overline{x_i(t)}$,并来证明在此区间上所得折线是一"ε 解". 此折线表示函数 $\{\overline{x_i(t)}\}$ 中每一个函数都是连续的,并且分段光滑. 所需验证的仅是积分方程组(2) 是否成立.

$\{\overline{x_i(t)}\}$ 所应满足的积分方程组,相当于微分方程组

$$\bar{x}'_i(t) = f_i(\overline{x_1(t)}, \overline{x_2(t)}, \cdots, \overline{x_n(t)}) + \theta_i(t) \quad (a \leqslant t \leqslant b)$$

其中 $\bar{x}'_i(t)$,我们可知其为 $\overline{x_i(t)}$ 的右微商.

固定值 t,$a \leqslant t \leqslant b$,以 $\overline{x_1(t)}, \overline{x_2(t)}, \cdots, \overline{x_n(t)}$ 为坐标的点 B 所在的折线的那一节的方程的形式必是

$$x_i = \tilde{x}_i + f_i(\tilde{x}_1, \tilde{x}_2, \cdots, \tilde{x}_n)(t - \tilde{t})$$

其中 $\tilde{x}_1, \tilde{x}_2, \cdots, \tilde{x}_n$ 为紧接在 B 前的折线端点的坐标,这个端点我们记作 C. 于是,对于给定了的值 t,有 $\bar{x}'_1(t) = f_i(\tilde{x}_1, \tilde{x}_2, \cdots, \tilde{x}_n)$,所以如令

$$\theta_i(t) = f_i(\tilde{x}_1, \tilde{x}_2, \cdots, \tilde{x}_n) - f_i(\overline{x_1(t)}, \overline{x_2(t)}, \cdots, \overline{x_n(t)})$$

便有

$$\bar{x}'_i(t) = f_i(\overline{x_1(t)}, \overline{x_2(t)}, \cdots, \overline{x_n(t)}) + \theta_i(t)$$

由于点 B 和 C 是位于同一个边与坐标轴平行、边长为 δ 的正方体内,所以对于

$\theta_i(t)$ 有不等式

$$|\theta_i(t)| = |f_i(\overline{x_1(t)}, \overline{x_2(t)}, \cdots, \overline{x_n(t)}) - f_i(\widetilde{x}_1, \widetilde{x}_2, \cdots, \widetilde{x}_n)| < \varepsilon$$

此外，因为在区间$[a,b]$上

$$f_i(\overline{x_1(t)}, \overline{x_2(t)}, \cdots, \overline{x_n(t)})$$

连续，而同时 $f_i(\widetilde{x}_1, \widetilde{x}_2, \cdots, \widetilde{x}_n)$ 只取有限个值，因此 $\theta_i(t)$ 是分段连续的. 我们的论断由此得证.

附记 我们指出对于以后很重要的一点，即为了作 ε 近似解，我们可不用欧拉折线，而用我们称为"一般折线"的另一种折线. 作这种折线的方法是用边长等于 $\delta/2$ 的正方体分割域 $\overline{G}$，并求出函数 $f_i(x_1, x_2, \cdots, x_n)(i=1,2,\cdots,n)$ 在各正方体的中点(属于 G 者)处的值，然后仿照作欧拉折线的方法从点 A_0 作折线，不过作为此折线的各段的角系数将是函数 $f_i(x_1, x_2, \cdots, x_n)$ 在含给定顶点的一正方体的中点处的值，而其余的计算则仍然同上.

现在取一串正数 $\varepsilon_1, \varepsilon_2, \cdots, \varepsilon_k \to 0$，并按照上面的方法依次作 ε_1 解，ε_2 解，……，ε_k 解，……. 这些近似解都是在同一个与诸 ε 无关的区间

$$\left[t_0 - \frac{D}{M\sqrt{n}}, t_0 + \frac{D}{M\sqrt{n}}\right]$$

上作出的，我们将它们记作$\{x_i^{\varepsilon_k}(t)\}$，$k=1,2,3,\cdots$. 今考虑函数 $x_i^{\varepsilon_k}(t)$ 的全体，$i=1,2,\cdots,n$；$k=1,2,3,\cdots$. 我们往证它们构成一具有公界而又均等连续的函数族.

事实上，因为

$$x_i^{\varepsilon_k}(t) = x_{i0} + \int_{t_0}^{t} f_i(x_1^{\varepsilon_k}(t), x_2^{\varepsilon_k}(t), \cdots, x_n^{\varepsilon_k}(t))\mathrm{d}t + \int_{t_0}^{t} \theta_i^{\varepsilon_k}(t)\mathrm{d}t$$

所以

$$|x_i^{\varepsilon_k}(t)| \leqslant A + M \cdot \frac{D}{M\sqrt{n}} + \varepsilon_k \cdot \frac{D}{M\sqrt{n}}$$

其中 A 是一个超过域 $\overline{G}$ 内任一点的坐标的绝对值的常数. 又有

$$x_i^{\varepsilon_k}(t+h) - x_i^{\varepsilon_k}(t) = \int_{t}^{t+h} f_i(x_1^{\varepsilon_k}, x_2^{\varepsilon_k}, \cdots, x_n^{\varepsilon_k})\mathrm{d}t + \int_{t}^{t+h} \theta_i^{\varepsilon_k}(t)\mathrm{d}t$$

因而

$$|x_i^{\varepsilon_k}(t+h) - x_i^{\varepsilon_k}(t)| \leqslant Mh + \varepsilon_k h$$

这些不等式就证明了我们的论断.

利用阿尔泽拉(Arzelà)定理[①]，我们能够选取这样的一串下标 $k_1, k_2, \cdots$，

① 所谓阿尔泽拉定理即从每一个在区间$[a,b]$上有公界而且均等连续的函数族中可以得出均匀收敛的部分序列. 关于这个定理的证明可参看彼德罗夫斯基所著的《Лекции по теории обыкновенных дифференциальных уравнений》.

$k_j,\cdots$，使相应的 n 个连续函数组序列 $\{x_i^{\varepsilon_{k_j}}(t)\}(i=1,2,\cdots,n)$ 在区间 $\left[t_0-\dfrac{D}{M\sqrt{n}},t_0+\dfrac{D}{M\sqrt{n}}\right]$ 上分别均匀收敛于 n 个函数 $\{x_1(t),x_2(t),\cdots,x_n(t)\}$. 这个极限函数组就是具有定理内所述性质的方程组(1) 的解.

实际上，在方程

$$x_i^{\varepsilon_{k_j}}(t)=x_{i0}+\int_{t_0}^{t}f_i(x_1^{\varepsilon_{k_j}},x_2^{\varepsilon_{k_j}},\cdots,x_n^{\varepsilon_{k_j}})\mathrm{d}t+\int_{t_0}^{t}\theta_i^{\varepsilon_{k_j}}(t)\mathrm{d}t$$

中，由于 $f_i(x_1,x_2,\cdots,x_n)$ 在 $\overline{G}$ 上有界而且均匀连续，同时

$$|\theta_i^{\varepsilon_{k_j}}(t)|\leqslant\varepsilon_{k_j}\quad(\varepsilon_{k_j}\to 0)$$

所以我们取极限便得

$$x_i(t)=x_{i0}+\int_{t_0}^{t}f_i(x_1(t),x_2(t),\cdots,x_n(t))\mathrm{d}t$$

亦即

$$\frac{\mathrm{d}x_i}{\mathrm{d}t}=f_i(x_1(t),x_2(t),\cdots,x_n(t))$$

这就证明了存在定理.

这个定理能够应用的范围还可以扩充. 设已给微分方程组

$$\frac{\mathrm{d}x_i}{\mathrm{d}t}=f_i(x_1,x_2,\cdots,x_n,t)\tag{3}$$

假定 f_i 对于有界闭域 $\overline{G}$ 内的点 $A(x_1,x_2,\cdots,x_n)$ 和区间 $[t_0,t_0+b]$ 内的 t 为有定义而且是连续的. 为了从已经讨论过的类型之方程组的存在定理将这种方程组的解的存在性导出，我们可借助于方程 $\dfrac{\mathrm{d}t}{\mathrm{d}\tau}=1$ 以引进新变量 τ. 给定的方程组(3) 于是变为

$$\begin{cases}\dfrac{\mathrm{d}x_i}{\mathrm{d}\tau}=f_i(x_1,x_2,\cdots,x_n,t)\\[2ex]\dfrac{\mathrm{d}t}{\mathrm{d}\tau}=1\end{cases}\tag{3′}$$

并且若代替考虑 n 维空间中的点，我们考虑 $n+1$ 维空间中的点 $(x_1,x_2,\cdots,x_n,t)$，则我们便可以在应用前面定理的条件下，断定方程组(3) 在区间 $[t_0,t_0+h]$ 上有满足原始条件 $x_i(t_0)=x_{i0}$ 的解存在，其中

$$h=\min\left\{\frac{D}{M\sqrt{n}},b\right\}$$

对于方程组(3)，我们称(3′) 为对应的参数方程组.

存在定理还有一些简单的推论，它们在动力体系的理论中尤为重要. 我们首先指出，若 $x_i(t)$ 是定义在一有限区间 $t_0\leqslant t\leqslant t_1$(或 $t_0<t<t_1$) 上的方程组(1) 的解，则由存在定理可知，若它有一端点仍是域 G 的内点，则其定义区间

必定还可以延展.关于解的定义区间是否可以无限延展,我们有以下存在定理的简单推论①.

定理 2 如果在 $t \geqslant t_0$ 的一侧无论延展多少次,运动的轨道(积分曲线)始终保持在含于 G 内的一闭域 Γ 之内,在 G 内,存在定理的条件满足,则此运动(解)可以延展到无限区间$[t_0,+\infty)$上.

设 D 是域Γ 的边界到域G 的边界的距离,则无论应用存在定理多少次,我们到达的点始终与G的边界保持有一不小于D 的距离,因而我们每次都可接着一长度不小于$\dfrac{D}{M\sqrt{n}}$ 的 t 的变化区间将解延展.定理由此得证.

刚才建立的这个定理,并未使我们有可能按方程组的外形以推断它的解能否延展到无限的时间区间$-\infty<t<+\infty$上.我们现在指出能够这样延展的某些充分条件[4].

定理 3 如果函数

$$f_1(x_1,x_2,\cdots,x_n),\cdots,f_n(x_1,x_2,\cdots,x_n)$$

在$-\infty<x_i<+\infty$上连续,且此外

$$f_i(x_1,x_2,\cdots,x_n)=O(|x_1|+|x_2|+\cdots+|x_n|)$$

那么当$|x_1|+|x_2|+\cdots+|x_n|\to\infty$时,方程组

$$\frac{\mathrm{d}x_i}{\mathrm{d}t}=f_i(x_1,x_2,\cdots,x_n)$$

的解都可延展到整个时间轴$-\infty<t<+\infty$上.

显然,只需证明对于任一点$(c_1,c_2,\cdots,c_n)$,我们都能在无限区间$0\leqslant t<+\infty$上作出一个在$t=0$时经过点$(c_1,c_2,\cdots,c_n)$的解.

从定理的条件可得

$$|f_i(x_1,x_2,\cdots,x_n)|<A\max(|x_1|,|x_2|,\cdots,|x_n|,1) \tag{4}$$

因为,若$|x_1|+|x_2|+\cdots+|x_n|>D$,其中 D 是一充分大的数,则$\dfrac{|f_i(x_1,x_2,\cdots,x_n)|}{\sum\limits_{i=1}^{n}|x_i|}$保持有界,而在$|x_1|+|x_2|+\cdots+|x_n|\leqslant D$ 内函数$f_i(x_1,x_2,\cdots,x_n)$又是有界的.

先考虑正方体$|x_i-x_{i0}|\leqslant b(i=1,2,\cdots,n)$,并设$M$是$|f_i(x_1,x_2,\cdots,x_n)|$在此正方体上的一共同高界.依据存在定理,在 t_0 时经过点 $A_0(x_{10},x_{20},\cdots,x_{n0})$的一个解可以在区间$\left[t_0,t_0+\dfrac{b}{M\sqrt{n}}\right]$上作出.设现在分别取 $c_i,0,1$ 为 x_{i0},t_0,b.

① 此段的译文中有添加——译者注.

此时，由不等式(4)以及条件 $|x_i(t)-c_i|\leqslant 1$ 可知，可以取 $A\max[c+1,1]=A(c+1)$ 为 M，其中 $c=\max|c_i|\ (i=1,2,\cdots,n)$. 此即表示，如点 $(c_1,c_2,\cdots,c_n)$ 给定，于是 $\dfrac{b}{M\sqrt{n}}=\dfrac{1}{M\sqrt{n}}$，便有值 $\dfrac{1}{A(c+1)\sqrt{n}}$. 令 $t_1=\dfrac{1}{A(c+1)\sqrt{n}}$ 时，我们能够在区间 $0\leqslant t\leqslant t_1$ 上作出在 $t=0$ 时经过它的一个解 $\{x_i(t)\}$，且 $|x_i(t)-c_i|\leqslant 1$，因而 $|x_i(t_1)|\leqslant c+1$. 现在再让 x_{i0},t_0,b 分别等于 $x_i(t_1),t_1,1$，于是，可以取 $M=A\max[c+2,1]=A(c+2)$，取 $\dfrac{b}{M\sqrt{n}}$ 为

$$\frac{b}{M\sqrt{n}}=\frac{1}{M\sqrt{n}}=\frac{1}{A(c+2)\sqrt{n}}$$

所以，若取 $t_2=\dfrac{1}{A(c+2)\sqrt{n}}$，则我们能够在区间 $t_1\leqslant t\leqslant t_2$ 上作出在 $t=t_1$ 时经过点 $(x_1(t_1),x_2(t_1),\cdots,x_n(t_1))$ 的解.

将作得的两个解联结起来，即可以说我们在区间 $[0,t_1+t_2]$ 上作出了一个在 $t=0$ 时经过点 $(c_1,c_2,\cdots,c_n)$ 的解 $\{x_i(t)\}$，而且从不等式 $|x_i(t)-x_i(t_1)|\leqslant 1, t_1\leqslant t\leqslant t_2$，可得 $|x_i(t_2)|\leqslant c+2$. 继续此步骤到第 m 步，我们得到数 $t_m=\dfrac{1}{(c+m)\sqrt{n}}$，而且在第 m 步后，即在从 0 到 $\tau_m=t_1+t_2+\cdots+t_m$ 的区间上作出了一个在 $t=0$ 时经过点 $(c_1,c_2,\cdots,c_n)$ 的解，同时这个解在 $t=\tau_m$ 时的坐标的绝对值不超过 $c+m$，而且在区间 $0\leqslant t\leqslant \tau_{m-1}$ 上它与在上一步作得的重合. 于是，因为级数

$$\frac{1}{A\sqrt{n}}\sum_{m=0}^{+\infty}\frac{1}{c+m+1}$$

是发散的，所以在区间 $0\leqslant t<+\infty$ 上可以作出在 $t=0$ 时经过任一指定点 $(c_1,c_2,\cdots,c_n)$ 的解 $\{x_i(t)\}$. 定理得证①.

推论 如果函数 $f_i(x_1,x_2,\cdots,x_n,t)$ 在 $-\infty<x_i<+\infty, -\infty<t<+\infty$

---

① 依据定理的证明中所得的估计，容易建立

$$|x_i(t)|=O(\mathrm{e}^{ct})$$

其中常数 c 可以选得与解的初始条件无关.

实际上，在延展解到第 m 步后，我们有

$$|x_i(t)|\leqslant c+m$$

而

$$t_1+t_2+\cdots+t_{m-1}\leqslant t\leqslant t_1+t_2+\cdots+t_m=\frac{1}{\sqrt{n}A}\sum_{i=0}^{m-1}\frac{1}{c+i+1}$$

近似趋近于 $A^{-1}n^{-\frac{1}{2}}\log m$，亦即 m 近似趋近于 $\mathrm{e}^{\sqrt{n}At}$. 因为常数 A 可以选得与初始条件无关，所以我们的论断得证.

上连续,且

$$f_i(x_1,x_2,\cdots,x_n,t)=O(|x_1|+|x_2|+\cdots+|x_n|)$$

对 t 来说一致成立,那么方程组$\frac{\mathrm{d}x_i}{\mathrm{d}t}=f_i$ 的解可以延展到整个 t 轴上.

实际上,我们来考虑对应的参数方程组

$$\frac{\mathrm{d}x_i}{\mathrm{d}\tau}=f_i(x_1,x_2,\cdots,x_n,t)$$

$$\frac{\mathrm{d}t}{\mathrm{d}\tau}=1$$

由于

$$|f_i(x_1,x_2,\cdots,x_n,t)|\leqslant A\max(|x_1|,|x_2|,\cdots,|x_n|,1)$$

其中 A 与 t 无关,所以

$$|f_i(x_1,x_2,\cdots,x_n,t)|\leqslant A\max(|x_1|,|x_2|,\cdots,|x_n|,|t|,1)$$

因而定理 3 可以应用于此.

前面的定理还可以稍加推广. 即如果函数 $f_1,f_2,\cdots,f_n$ 在 $n+1$ 维区域 $-\infty<t<+\infty$, $-\infty<x_i<+\infty$ 内连续,而且在 $0\leqslant r<+\infty$ 上有连续的函数 $L(r)$ 存在,$\int_0^{+\infty}\frac{\mathrm{d}r}{L(r)}=+\infty$,同时 $|f_i(x_1,x_2,\cdots,x_n,t)|\leqslant L(r)$,其中 $r^2=x_1^2+x_2^2+\cdots+x_n^2$,那么方程组$\frac{\mathrm{d}x_i}{\mathrm{d}t}=f_i$ 的所有解都可以延展到整个 t 轴上.

这个论断的证明很简单,我们从略,读者可以查看温特纳(Wintner) 的论文(见文献[4]).

§2 唯一性和连续性的相关定理

在这一节中我们将讨论方程组

$$\frac{\mathrm{d}x_i}{\mathrm{d}t}=f_i(x_1,x_2,\cdots,x_n)$$

并且关于函数 $f_i(x_1,x_2,\cdots,x_n)$,我们将假定在某一有界闭域 $\overline{G}$ 内它们满足李普希茨(Lipschitz) 条件

$$|f_i(x'_1,x'_2,\cdots,x'_n)-f_i(x''_1,x''_2,\cdots,x''_n)|\leqslant L\sum_{i=1}^{n}|x'_i-x''_i|$$

L 叫作李普希茨常数. 为了表明域 $\overline{G}$ 与李普希茨常数 L 的联系,我们将它记作 $\overline{G}_L$. 今先建立一个对以后很有用的简单的辅助定理[5].

辅助定理　如果函数 $y(x)$ 满足不等式

$$|y(x)| \leqslant M\left(1+k\int_0^x |y(t)||f(t)|\,\mathrm{d}t\right) \quad (x \geqslant 0) \tag{1}$$

其中 $f(t)$ 为连续函数，那么下面不等式也成立

$$|y(x)| \leqslant M\mathrm{e}^{kM\int_0^x |f(t)|\,\mathrm{d}t} \quad (x \geqslant 0) \tag{2}$$

将式(1) 乘以 $|f(x)|$，便得

$$|y(x)||f(x)| \leqslant M|f(x)|\left(1+k\int_0^x |y(t)||f(t)|\,\mathrm{d}t\right) \tag{3}$$

今设 $v(x)=\int_0^x |y(t)f(t)|\,\mathrm{d}t$，则不等式(3) 变为

$$v'(x) \leqslant M|f(x)|(1+kv(x))$$

亦即

$$\frac{v'(x)}{1+kv(x)} \leqslant M|f(x)|$$

故有

$$\ln(1+kv(x)) \leqslant kM\int_0^x |f(t)|\,\mathrm{d}t$$

因此，最后得

$$1+k\int_0^x |f(t)y(t)|\,\mathrm{d}t \leqslant \mathrm{e}^{kM\int_0^x |f(t)|\,\mathrm{d}t}$$

据定理的条件

$$1+k\int_0^x |f(t)y(t)|\,\mathrm{d}t \geqslant \frac{|y(x)|}{M}$$

因此

$$|y(x)| \leqslant M\mathrm{e}^{kM\int_0^x |f(t)|\,\mathrm{d}t}$$

利用这个辅助定理，我们可以建立基本不等式.

设有两个 ε 解

$$\{\bar{x}_i^{(1)}(t)\},\{\bar{x}_i^{(2)}(t)\}$$

我们利用它们所满足的积分方程组，作出差数

$$\begin{aligned}\bar{x}_i^{(1)}(t)-\bar{x}_i^{(2)}(t)=(\bar{x}_{i0}^{(1)}-\bar{x}_{i0}^{(2)})+&\\ \int_{t_0}^t |f_i(\bar{x}_1^{(1)},\bar{x}_2^{(1)},\cdots,\bar{x}_n^{(1)})-&\\ f_i(\bar{x}_1^{(2)},\bar{x}_2^{(2)},\cdots,\bar{x}_n^{(2)})|\,\mathrm{d}t+&\\ \int_{t_0}^t [\bar{\theta}_i^{(1)}(t)-\bar{\theta}_i^{(2)}(t)]\mathrm{d}t&\end{aligned}$$

再利用李普希茨不等式，便有

$$\begin{aligned}|\bar{x}_i^{(1)}(t)-\bar{x}_i^{(2)}(t)| \leqslant |\bar{x}_{i0}^{(1)}-\bar{x}_{i0}^{(2)}|+&\\ \int_{t_0}^t L\sum_{i=1}^n |\bar{x}_i^{(1)}-\bar{x}_i^{(2)}|\,\mathrm{d}t+&\end{aligned}$$

$$\int_{t_0}^{t}[\bar{\theta}_i^{(1)}(t)-\bar{\theta}_i^{(2)}(t)]\mathrm{d}t \quad (i=1,2,\cdots,n)$$

将这些不等式相加并假定

$$\max\{|\bar{x}_{i0}^{(1)}-\bar{x}_{i0}^{(2)}|\}=\delta \quad (i=1,2,\cdots,n)$$

$$|\overline{\theta_i^{(1)}(t)}|\leqslant\varepsilon,\ |\overline{\theta_i^{(2)}(t)}|\leqslant\varepsilon$$

便得到不等式

$$\begin{aligned}&\sum_{i=1}^{n}|\bar{x}_i^{(1)}(t)-\bar{x}_i^{(2)}(t)|\\ \leqslant{}& n\delta+n\int_{t_0}^{t}L\sum_{i=1}^{n}|\bar{x}_i^{(1)}(t)-\bar{x}_i^{(2)}(t)|\,\mathrm{d}t+2n\varepsilon(t-t_0)\\ ={}&[2n\varepsilon(t-t_0)+n\delta]\cdot\\ &\left[1+\frac{n}{2n\varepsilon(t-t_0)+n\delta}\int_{t_0}^{t}L\sum_{i=1}^{n}|\bar{x}_i^{(1)}(t)-\bar{x}_i^{(2)}(t)|\,\mathrm{d}t\right]\end{aligned}$$

应用辅助定理,就得到

$$\sum_{i=1}^{n}|\bar{x}_i^{(1)}(t)-\bar{x}_i^{(2)}(t)|\leqslant[2n\varepsilon(t-t_0)+n\delta]\mathrm{e}^{n\int_{t_0}^{t}L\mathrm{d}t}$$

即

$$\sum_{i=1}^{n}|\bar{x}_i^{(1)}(t)-\bar{x}_i^{(2)}(t)|\leqslant 2n(t-t_0)\varepsilon\mathrm{e}^{nL(t-t_0)}+n\delta\mathrm{e}^{nL(t-t_0)}$$

我们将这个估值叫作基本不等式.

由基本不等式立刻可以指出:下列推论本身在微分方程理论中也具有基本的重要性.

定理 4(唯一性) 如果方程组(1)的右端满足李普希茨条件,那么有满足给定的初始条件的唯一解存在.

事实上,设有两个解:$\{x_i^{(1)}(t)\}$,$\{x_i^{(2)}(t)\}$,定义在某一区间$[t_0,t_1]$上且满足同一初始条件.我们可将这些解看作对任一 ε 为近似的.对它们应用基本不等式并记住此时 δ 等于零,便有

$$\sum_{i=1}^{n}|x_i^{(1)}(t)-x_i^{(2)}(t)|\leqslant 2n(t_1-t_0)\varepsilon\mathrm{e}^{L(t_1-t_0)}$$

但是 ε 可任意小,所以 $\sum_{i=1}^{n}|x_i^{(1)}(t)-x_i^{(2)}(t)|=0(t_0\leqslant t\leqslant t_1)$,这就证实了我们的论断.

定理 5(解对初值的连续性) 如果对于 $t_0\leqslant t\leqslant T$ 有整个在 $\bar{G}_L$ 内部的解 $x_i=x_i(t)$ 存在,那么对任一 $\varepsilon>0$ 可以得到一个 $\delta>0$,能使当 $t=t_0$ 时为初始条件$(\bar{x}_1^{(0)},\bar{x}_2^{(0)},\cdots,\bar{x}_n^{(0)})$所确定的解 $x_i=x_i(t,t_0;\bar{x}_1^{(0)},\cdots,\bar{x}_n^{(0)})=\bar{x}_i(t)(i=1,2,\cdots,n)$,其中 $|\bar{x}_i^{(0)}-x_i^{(0)}|<\delta$,在同一区间上存在,并且对于所有在区间$t_0\leqslant$

$t \leqslant T$ 内的 t 值，满足不等式 $|\overline{x_i(t)} - x_i(t)| < \varepsilon$.

事实上，设 $t=t_0$ 时有经过点 $(x_1^{(0)},\cdots,x_n^{(0)})$ 在 $t_0 \leqslant t \leqslant T$ 上有定义的解 $\{x_i(t)\}$，并设已知这样的 $\varepsilon > 0$，能使此解上的点与闭域 $\overline{G}_L$ 的边界的距离都不小于 ε.

先假定 t_0 时经过 $|\overline{x}_i^{(0)} - x_i^{(0)}| < \delta$ 的任一点 $(\overline{x}_1^{(0)},\overline{x}_2^{(0)},\cdots,\overline{x}_n^{(0)})$ 的解 $\{x_i(t)\}$，在 $t_0 \leqslant t \leqslant T$ 上都有定义，其中 $\delta > 0$ 是一待定之数，于是应用基本不等式（令其中的 ε 等于零），便得

$$\sum_{i=1}^{n} |\overline{x}_i(t) - x_i(t)| \leqslant n\delta \mathrm{e}^{nL(t-t_0)} \leqslant n\delta \mathrm{e}^{nL(T-t_0)}$$

由此可见，如取 $\delta < \dfrac{\varepsilon}{n\mathrm{e}^{nL(T-t_0)}}$，即可使结论 $|\overline{x}_i(t) - x_i(t)| < \varepsilon$ 成立，而且我们容易去掉解 $\{\overline{x}_i(t)\}$ 在 $t_0 \leqslant t \leqslant T$ 可延续的假定，使之成为条件 $|\overline{x}_i^{(0)} - x_i^{(0)}| < \delta$ 的必然结果. 这是因为此等解仅当在小于 T 的某些 t 能与 $\overline{G}$ 的边界任意接近时才是不可延展到 T 的，但是对于充分小的 δ，根据上一估值，这样是不可能的①.

记住下一事实是必要的：数 δ 不仅与所期望的近似程度（即与 ε）有关，还与时间区间的值有关. 然而在很多的力学问题中，主要是去寻求这样的一些解，对于它们，数 δ 可以选得与时间区间无关. 这些运动对于初值的改变具有显著的稳定性. 这种运动的详细研究以及寻找它们的方法是由俄罗斯的天才学者李雅普诺夫首创的. 在以后的章节，我们将会熟悉它们.

解对于方程组右端的改变的稳定性　假定代替方程组

$$\frac{\mathrm{d}x_i}{\mathrm{d}t} = f_i(x_1, x_2, \cdots, x_n) \tag{4}$$

我们来考虑方程组

$$\frac{\mathrm{d}\overline{x}_i}{\mathrm{d}t} = f_i(\overline{x}_1, \overline{x}_2, \cdots, \overline{x}_n) + \theta_i(\overline{x}_1, \overline{x}_2, \cdots, \overline{x}_n) \tag{5}$$

并假定当 x_i 在闭域 $\overline{G}_L$ 变化时，$|\theta_i| \leqslant \varepsilon$. 于是，方程组(5)的每一个解显然是方程组(4)准确到 ε 的近似解，因而对于方程组(4)和(5)的满足同一个初始条件的解之间的差数的估值可以应用基本不等式，这样便有

$$|\overline{x}_i(t) - x_i(t)| \leqslant 2n(t-t_0)\varepsilon \mathrm{e}^{nL(t-t_0)}$$

由这个估值便知，对于固定的时间区间，我们可以将 ε 取得如此小，使得所取的解的差数为任意小. 然而，所引入的不等式的重要性是在其中能看出有可能作出这个差数的数值估值. 例如，我们常常采用问题的线性化，就是以线性方程组

---

① 以上两段改动了原著的语句和记号 —— 译者注.

代替非线性方程组.尤其是,如果非线性项是以微小参数给予时,更可认为这个方法是合理的.所引入的不等式使我们能够估计如此所得的误差.

关于近似积分的一个方法[6]　在推导基本不等式时,我们根本没有要求函数 $\theta_i(x_1,x_2,\cdots,x_n)$ 满足李普希茨条件或者要求它们是连续的,它们只需在以方程组(4)的解代替$(x_1,x_2,\cdots,x_n)$时,成为分段连续函数即可.

利用这个事实,便可以给出下面一个近似的、定性的积分方程组(4)的方法.

给定 $\varepsilon>0$,将 $\bar{G}_L$ 分成边长为 δ 的正方体,其中 δ 是如此小,能使由条件 $|x'_i-x''_i|\leqslant\delta(i=1,2,\cdots,n)$ 可推出

$$|f_i(x'_1,x'_2,\cdots,x'_n)-f_i(x''_1,x''_2,\cdots,x''_n)|\leqslant\frac{\varepsilon}{2}$$

今代替函数 $f_i(x_1,x_2,\cdots,x_n)$,我们作函数 $\bar{f}_i(x_1,x_2,\cdots,x_n)$,它们在每一个正方体中所取的值等于函数 $f_i(x_1,x_2,\cdots,x_n)$ 在此正方体的中点处的值.显然

$$|f_i(x_1,x_2,\cdots,x_n)-\bar{f}_i(x_1,x_2,\cdots,x_n)|\leqslant\varepsilon$$

在诸正方体的边界上,我们将函数 $\bar{f}$ 看作多值的.

考虑方程组

$$\frac{\mathrm{d}\bar{x}_i}{\mathrm{d}t}=\bar{f}_i(\bar{x}_1,\bar{x}_2,\cdots,\bar{x}_n)\tag{6}$$

这个方程组的解就是指由下述方式所作的折线.当我们在某一正方体之内时,方程组易积分,它的解表示一组平行线段,它们的角系数等于函数 $f_i(x_1,x_2,\cdots,x_n)$ 在正方体中点处的值.今给定一点 A_0,经此点有一条或数条是方程组(6)的解的线段通过.选取其中一条线段,设它的终点为 A_1.如果方程组(6)的解的线段中有一条以点 A_1 为其起点,我们取它作为折线的第二段,只要我们还没有用完时间区间就继续下去,这个时间区间就是我们想要得到近似于方程组(4)的解之解.我们现在并不提出这种作法是否可能的问题.所得的折线将是方程组(4)的 ε 解.事实上,方程组(6)可以写作

$$\frac{\mathrm{d}x_i}{\mathrm{d}t}=f_i(x_1,x_2,\cdots,x_n)+[\bar{f}(x_1,x_2,\cdots,x_n)-f_i(x_1,x_2,\cdots,x_n)]$$

而且在域 $\bar{G}_L$ 内,方括号中的差数是小于 ε 的.

以方程组(4)的经过给定一点的解代替$\{x_i\}(i=1,2,\cdots,n)$,因为$\{x_i(t)\}$连续,所以 $f_i(x_1,x_2,\cdots,x_n)$ 也就连续,而 $\bar{f}_i(x_1,x_2,\cdots,x_n)$ 仅取有限个值,所以差数是分段连续的.如果注意到在作近似解时,不一定要从给定点出发作折线,那么我们从所有立方体的中点处出发作方程组(6)的解的折线,就可得到

这样一组折线 $\Lambda_1, \Lambda_2, \cdots, \Lambda_s$[1]，不论在给定的时间区间$(OT)$上有定义的方程组(4)的解 $x_i(t)$ 为何，我们都可以从所作的有限个折线中找得一条折线 Λ_i，能使

$$|x_i(t)-\overline{x}_i(t)| \leqslant 2n\varepsilon T\mathrm{e}^{nLT}+n\delta\mathrm{e}^{nLT}$$

因为我们可以假定 $\delta<\varepsilon$，所以

$$|x_i(t)-\overline{x}_i(t)| \leqslant 3n\varepsilon\,\mathrm{e}^{nLT}$$

也就是这个差数，减小 ε 时，可以使之很小.

锚圈面和柱面上的相空间　我们以表示所证得定理的普遍性的一些附加说明来结束本节. 在以上所有的证明中，我们假定了$(x_1, x_2, \cdots, x_n)$是 n 维欧氏空间中的点.

这个假定是不必要的. 我们可以认定，运动所在的空间是一个流形，它的每一点具有一个与 n 维欧氏空间的元素[2]为同胚的邻域. 当然，这个也可以是 n 维欧氏空间中的任意一个域. 当仅在局部的欧氏空间内时，解的可延展区间的估值显然应当改变. 占特殊地位的是这样的微分方程组

$$\frac{\mathrm{d}x_i}{\mathrm{d}t}=f_i(x_1, x_2, \cdots, x_n)$$

它们的右端对变数 $x_1, x_2, \cdots, x_n$ 的所有值都有定义，但其中有些变数是巡回的，即它们可以只取某一有限区间$[\gamma_i]$内的值，于是，这些变数的定义域可以延展到整个无限的直线上. 此时，我们可认定相应坐标的值只差 γ_i 的一些点在几何上是相等的.

例如，设有两个方程的方程组

$$\frac{\mathrm{d}x_i}{\mathrm{d}t}=P(x, y)$$

$$\frac{\mathrm{d}y}{\mathrm{d}t}=Q(x, y)$$

如果(x, y)是平面的坐标，那么相空间是平面；如果 x 从 $-\infty$ 变到 $+\infty$，而 y 是巡回坐标，那么相空间是柱体；如果两个坐标都是巡回的，那么相空间是锚圈. 关于解的无限延展的定理，很自然，也与柱面和锚圈面上的相空间相关联.

§3　微分方程所规定的动力体系

如果唯一性条件满足，那么微分方程组

---

① 很明显，为了作出所需要的折线组，不一定要从所有正方体的中点处作折线，但是要将它们作到所有的正方体都有折线经过为止.

② n 维元素通常是指 n 维球的相互连续且一一对应的象.

$$\frac{\mathrm{d}x_i}{\mathrm{d}t}=f_i(x_1,x_2,\cdots,x_n) \tag{1}$$

的解便具有一个很重要的性质,现在我们就来将它加以探讨.我们将解与初值的相关性写作

$$x_i=x_i(t,t_0,x_1^{(0)},x_2^{(0)},\cdots,x_n^{(0)})\quad (i=1,2,\cdots,n) \tag{2}$$

其中函数 x_i 与它的所有自变数是连续相关的.

现在来精确地确定 x_i 与 t_0 的相关性,即等式(2) 可以写成

$$x_i(t,t_0,x_1^{(0)},x_2^{(0)},\cdots,x_n^{(0)})=x_i(t-t_0,0,x_1^{(0)},x_2^{(0)},\cdots,x_n^{(0)})$$
$$(i=1,2,\cdots,n)$$

事实上,上一等式的右端满足方程组(1),因为此方程组明显不包含 t,因而当以 $t-t_0$ 代替 t 时,此方程组仍保持原来的形式.当 $t=t_0$ 时,据初值条件,等式的两端都变为 $x_i^{(0)}$.

我们有两个解,当 $t=t_0$ 时它们重合,所以依照唯一性,它们对于所有 t 值都重合.因此,解(2) 又可以写成

$$x_i=x_i(t-t_0,x_1^{(0)},x_2^{(0)},\cdots,x_n^{(0)})\quad (i=1,2,\cdots,n) \tag{3}$$

今给定变数 t 的任一值 t_1,而此值属于式(1) 右端有定义的区间,并令

$$x_i(t_1-t_0,x_1^{(0)},x_2^{(0)},\cdots,x_n^{(0)})=x_i^{(1)}\quad (i=1,2,\cdots,n)$$

我们再作由初值$(t_1,x_1^{(1)},x_2^{(1)},\cdots,x_n^{(1)})$ 所确定的解,即作

$$x_i=x_i(t-t_1,x_1^{(1)},x_2^{(1)},\cdots,x_n^{(1)})\quad (i=1,2,\cdots,n)$$

于是便有恒等式

$$x_i(t-t_1,x_1^{(1)},x_2^{(1)},\cdots,x_n^{(1)})\equiv x_i(t-t_0,x_1^{(0)},x_2^{(0)},\cdots,x_n^{(0)})$$
$$(i=1,2,\cdots,n)$$

事实上,当 $t=t_1$ 时,上述两解都变为 $x_1^{(1)},x_2^{(1)},\cdots,x_n^{(1)}$,因而,依照唯一性,它们对于所有使解(3) 有定义的 t 值都重合.

为简便计算,在上述恒等式中,以 t_1 代替 $t-t_0$,以 t_2 代替 $t-t_1$,我们就得到所要探讨的性质.

定理6 方程组(1) 的解规定一个以 t 为参数的空间变换群,这就是说下列等式恒成立

$$x_i(t_2,x_1(t_1,x_1^0,\cdots,x_n^0),\cdots)=x_i(t_1+t_2,x_1^0,\cdots,x_n^0)$$
$$(i=1,2,\cdots,n)$$

以记号 $f(p,t)$ 表示在 $t=0$ 时经过点 $p(x_1,\cdots,x_n)$ 的方程组(1) 的解.对应于使解有定义的每一个 t 值,在轨道上就有一个确定的点 q,它由等式 $f(p,t)=q$ 来定义.按照定义,对记号 $f(p,t)$,有 $f(p,0)=p$.

我们将 $f(p,t)$ 看成两个自变数(点 p 及通常叫作时间的数值 t) 的函数而来列举此函数的基本性质:

(1) $f(p,t)$ 在解的存在区间内,对于它的两个自变数是连续的.

(2) $f(p,t_1+t)=f[f(p,t_2),t]$.

如果 $f(p,t)$ 对于 $\overline{G}$ 内的任一 p 值都在 $-\infty<t<+\infty$ 上有定义,那么它就确定一个将相空间的域 $\overline{G}$ 中的点变到该域自身内的单参数的变换群. 这些变换的集合就叫作动力体系,而对于 t 的所有值,点 $\{f(p,t)\}$ 的集合叫作动力体系的 t 轨道. 以下我们仅指出能使我们从一般观点去探讨微分方程的定性理论问题的某些基本定义和初等性质. 我们现在把动力体系的性质的研究(参看第五章)暂且放到一边,而来谈谈在怎样的程度内方程组(1) 规定了一个动力体系.

在一般情形下,即使 $f_i(x_1,x_2,\cdots,x_n)$ 在 n 维欧氏空间的某一域 G 或在局部欧氏流形上的某一域内满足李普希茨条件或其他保证唯一性的条件,方程组(1) 也不见得就规定了一个动力体系,这是因为不一定所有的解对于所有 t 值都可延展. 在下一段,我们将会熟悉保证解可以延展的某些充分条件.

我们将证明,只需改变自变数,即只需改变积分线族上的参数,我们便可使得任一方程组(1) 规定某一动力体系.

换言之,如果我们只注意个别曲线或整个积分线族的几何(更精确地说是拓扑) 性质,那么我们可限于讨论规定动力体系的微分方程.

为了使以后的叙述更明白起见,我们引入这样一个定义:两个形如方程组(1) 形式的方程组,如果它们的解(包括奇点) 在几何上重合,就叫作等价的;若方程组(1) 的解构成一个动力体系(具有综合在性质(1) 中的时间 t),则叫作 D 方程组.

定理 7(维纳格勒得(Р. Э. Виноград))[7] 设在域 $G\subseteq\mathbf{R}^n$ 内已给方程组(1),则恒存在一个 D 方程组,它与给定的方程组等价,并且(在 $G\neq\mathbf{R}^n$ 时) 它是确定在整个空间 $\mathbf{R}^n$ 上的 D 方程组的一部分.

证明 首先,证明方程组(1) 恒可用右端有界的等价方程组来代替. 其次,我们定义函数 $\varphi_i(x)$① 如下

$$\varphi_i(x)=1\quad(|f_i(x)|\leqslant 1)$$

$$\varphi_i(x)=\frac{1}{f_i(x)}\quad(f_i(x)>1)$$

$$\varphi_i(x)=-\frac{1}{f_i(x)}\quad(f_i(x)<-1)$$

并令 $\varphi(x)=\prod\limits_{i=1}^{n}\varphi_i(x)$. 显然

① 此处为书写简单,将 $\{x_1,x_2,\cdots,x_n\}$ 用一个字母 x 来代替.

$$0 < \varphi_i(x) \leqslant 1, \ | f_i(x)\varphi_i(x) | \leqslant 1$$

且 $\varphi_i(x)$ 是连续的，因而 $0 < \varphi(x) \leqslant 1$，$| f_i(x)\varphi(x) | \leqslant 1$ 和 $\varphi(x)$ 也是连续的.

方程组

$$\frac{\mathrm{d}x_i}{\mathrm{d}t} = f_i(x)\varphi(x)$$

与给定的方程组等价并且它的右端是有界的. 因此，我们可以假定方程组(1)已具有这一性质. 在这样的情形下，可沿着任一具有无穷长的半轨将 t 延伸到 $+\infty$(或 $-\infty$). 事实上，设

$$v = \sqrt{\sum_{i=1}^{n} f_i^2}$$

并设 s 为半轨的弧(由其始点开始计算)，于是 $t = \int_0^s \frac{\mathrm{d}s}{v}$，且因 $0 < v \leqslant c$(f_i 有界)，所以由条件 $s \to +\infty$(或 $-\infty$)，可得 $t \to +\infty$(或 $-\infty$). 我们知道沿着每一个对于 $\overline{G}$ 为紧密的轨道①，t 的值可无限延伸.

这样，仅沿着具有有限长且同时对于 G 是非紧密的半轨，t 才能是不可延伸的. 这样的半轨恒有一个唯一的极限点 $y_0 \in F = \mathbf{R}^n - G$.

选取任意一点 $x_0 \in G$ 并作函数

$$\psi(x) = \frac{\rho(x, F)}{\rho(x, F) + \rho(x, x_0) + 1}$$

其中 $\rho(x, y)$ 为 x 到 y 的距离，而 $\rho(x, F) = \min\limits_{y \in F} \rho(x, y)$. 函数 $\psi(x)$ 在 $\mathbf{R}^n$ 内处处连续，而且 $0 \leqslant \psi(x) \leqslant 1$，同时在 F 上而且仅在 F 上有 $\psi(x) = 0$. 考虑方程组

$$\frac{\mathrm{d}x_i}{\mathrm{d}\tau} = f_i(x)\psi(x) \tag{4}$$

它是与给定的方程等价的且右端是有界的，但此时右端仅在 G 上有定义. 我们现在所需验证的，仅是沿着有限长度 s_0 同时终点在点 $y_0 \in F$ 的半轨 k 上的 t 的可延伸性. 以 z 表示在 k 上变动的点，并为确定起见，取 s 为正数的情形，于是便有

$$\tau = \int_0^s \frac{\mathrm{d}s}{v(s)\psi(z)}$$

又有

$$\begin{aligned}\psi(z) &= \frac{\rho(z, F)}{\rho(z, F) + \rho(z, x_0) + 1} \leqslant \rho(z, F) \\ &= \min_{y \in F} \rho(z, y) \leqslant \rho(z, y_0)\end{aligned}$$

---

① 这是说它位于一有界闭域内，该域与其周界一起都在 G 内.

$$\leqslant s_0 - s$$

因为 $0 < v(z) \leqslant c$，所以

$$\tau \geqslant \frac{1}{c}\int_0^s \frac{\mathrm{d}s}{s_0 - s} = -\frac{1}{c}\ln\frac{s_0 - s}{s_0}$$

因此，当 $s \to s_0$ 时，$\tau \to \infty$.

再补充定义(4)的右端，令它们在 F 上等于零. 由于 $f_i(x)$ 的有界性和 $\psi(x)$ 的连续性，它们在 $\mathbf{R}^n$ 内处处连续，因而扩展了的方程组显然是 D 方程组，而且 F 上的所有点都是休止点. 定理证毕.

以上引入的论证也可用来证明下一定理.

给定方程组(1)，并设闭集合 $\Phi \subset G$，于是有 D 方程组存在，它在 $G-\Phi$ 上与给定的方程组等价，而集合 Φ 的点是休止点.

再回到动力体系的性质. 我们引入此后经常要用到的基本定义.

如果存在序列 $t_1, t_2, \cdots, t_n \to +\infty$，使得 $\lim \rho(f(p,t_n),q)=0$，那么点 q 叫作轨道 $f(p,t)$ 的 ω 极限点；如果存在序列 $t_1, t_2, \cdots, t_n \to -\infty$，使得 $\lim \rho(f(p,t_n),q)=0$，那么点 q 叫作轨道 $f(p,t)$ 的 α 极限点. 轨道的所有 ω 极限点的全体叫作 ω 极限集合，并用 Ω_p 表示；α 极限点的全体叫作 α 极限集合，并用 A_p 表示. 显然，集合 Ω_p 和 A_p 都是闭集合.

我们有以下定理：

定理 8 如果 q 是轨道 $f(p,t)$ 的 ω（或 α）极限点，那么轨道 $f(q,t)$ 的其余的点也都是轨道 $f(p,t)$ 的 ω（或 α）极限点.

事实上，设 $r=f(q,\bar{t})$. 因为 q 是 ω 极限点，所以有序列 $\{t_n\}$ 存在：$t_n \to +\infty$，且使 $f(p,t_n) \to q$. 于是，显然 $f(p,t_n+\bar{t}) \to f(q,\bar{t})$，且因为 $t_n+\bar{t} \to +\infty$，所以 $r=f(q,\bar{t})$ 也是 ω 极限点.

上面定理也可说成这样：一轨道的 ω（或 α）极限集合是由整条轨道所组成.

引入按其 ω（或 α）极限集合为轨道分类：

1. 如果解没有 ω 极限点，那么解（或轨道）$f(p,t)$ 叫作沿正向远离的.

2. 如果解有 ω 极限点但不属于此解本身，那么解（或轨道）$f(p,t)$ 叫作沿正向渐近的.

3. 如果解有 ω 极限点且属于此解本身，那么解（或轨道）$f(p,t)$ 叫作 P 式稳定的.

对于 $t \to -\infty$ 也可引入与上述相同的定义. 在 P 式稳定解中我们提出两类特殊的 P 式稳定解. 为了描述它们，我们再回到方程组(1).

设 $(x_{10}, x_{20}, \cdots, x_{n0})$ 为这样的数组，它使得

$$f_i(x_{10}, x_{20}, \cdots, x_{n0}) = 0 \quad (i=1,2,\cdots,n)$$

这时点 $p(x_{10}, x_{20}, \cdots, x_{n0})$ 叫作奇点.

由解的定义，很显然，函数组

$$x_1(t)=x_{10}, x_2(t)=x_{20}, \cdots, x_n(t)=x_{n0}$$

是所述方程组的解，而如果改用解的简略的记号 $f(p,t)$，那么就奇点来说，对于所有的 t 都有 $f(p,t)=p$.

因此，每一奇点可以看作它自身的 ω 极限点，也可看作 α 极限点，即奇点是 P 式稳定解. 奇点的集合在定性理论中有特殊的地位，今对它作某些较详细的论述. 它是闭集合，且由前段的定理可知，它可以是任意的闭集合. 为了描述它在动力体系中所担任的角色，我们指出下列一些事实：如果轨道 $f(p,t)$ 当 $t\to+\infty$ 或 $t\to-\infty$ 时，有唯一的极限点，那么极限点是奇点. 这从 ω 极限集合是由整条轨道所组成的性质可直接推得.

定理 9 如果在某点 p 的一个任意小的邻域内，有时间长为任意大的轨道弧，那么点 p 是奇点.

事实上，假定 p 不是奇点，则可找得 $\bar{t}$ 能使 $f(p,\bar{t})\neq p$. 设 $\rho(f(p,\bar{t}),p)=d$，根据解对初值的连续相关性，可找得 $\delta>0$，能使由条件 $\rho(p,x)<\delta$ 得出 $\rho(f(p,\bar{t}),f(x,\bar{t}))\leqslant\dfrac{d}{3}$. 我们假定 $\delta<\dfrac{d}{3}$，于是由 p 的 δ 邻域出发，时间长度大于或等于 $\bar{t}$ 的任一轨道弧就将有位于这个邻域外的点.

P 式稳定运动的另一特殊类别是周期运动.

假定方程组(1) 有周期解，即设函数 $x_i=x_i(t)$ 是周期为 T 的周期函数 $x_i(t+T)=x_i(t)$. 在这种情形下，方程组 $x_i=x_i(t)$ 可以看作在相空间内某一简单闭曲线的方程. 如果再改用解的记号 $f(p,t)$，那么在所讨论的情形下，便有

$$f(p,t)=f(p,t+T)$$

因此，周期解的每一个点都可以看作 ω 极限点，也可看作 α 极限点. 最后，我们指出，我们容易举出有前述任一类型的解的微分方程组的例子. 例如，由初等教程就可举出二维方程组的解是远离的、周期的或奇点的例子.

稍复杂一些的是关于渐近解和 P 式稳定非周期解的问题. 可以指出，任一具有唯一极限点的解显然是渐近的. 因为，首先，如前面所指出，这个极限点必是奇点；其次，根据唯一性的假定，任一个解在“有尽时间”内不会走到本身是解的奇点. 由此显然可见，具有“节点”或“鞍点”型的奇点的方程组的任一例子，都是给出具有渐近解的方程组. 例如，我们考虑方程组

$$\frac{\mathrm{d}x}{\mathrm{d}t}=x,\ \frac{\mathrm{d}y}{\mathrm{d}t}=y;\ x=C_1\mathrm{e}^t,\ y=C_2\mathrm{e}^t$$

当 $t\to-\infty$ 时，它的所有解，除奇点 $x=0,y=0$ 外，都是渐近的；当 $t\to+\infty$ 时，所有上述方程组的解都是远离的. 更复杂的是在 ω 极限集合中包含多于一点的渐近解的例子. 由于这样的例子有特殊的地位，所以我们将较详细地来考查它

们.

极限圈的例　现在我们来考查周期解的例子,这些周期解是含两个方程的方程组

$$\frac{\mathrm{d}x}{\mathrm{d}t}=P(x,y),\frac{\mathrm{d}y}{\mathrm{d}t}=Q(x,y)$$

的解的 ω 或 α 极限集合. 我们顺便引入下列定义:给定具有闭轨 C 的周期解,如果此周期解是由 C 的内部出发的轨道,也是由 C 的外部出发的轨道的 ω 极限集合,那么这个周期解叫作稳定极限圈;如果对于上述两类轨道,周期解都是 α 极限集合,那么这个周期解叫作不稳定极限圈;如果对于由 C 的内部出发的轨道,周期解是 ω(或 α) 极限集合,而对于由 C 的外部出发的轨道,周期解是 α(或 ω) 极限集合,那么这个周期解叫作半稳定极限圈.

例 1　给定方程组

$$\frac{\mathrm{d}x}{\mathrm{d}t}=y+\frac{x}{\sqrt{x^2+y^2}}(1-(x^2+y^2))$$

$$\frac{\mathrm{d}y}{\mathrm{d}t}=-x+\frac{y}{\sqrt{x^2+y^2}}(1-(x^2+y^2))$$

对 $x=0,y=0$,我们认定

$$\frac{\mathrm{d}x}{\mathrm{d}t}=\frac{\mathrm{d}y}{\mathrm{d}t}=0$$

设 $x=r\cos\theta,y=r\sin\theta$,变到极坐标,我们得

$$\frac{\mathrm{d}x}{\mathrm{d}t}=y+\frac{x}{r}(1-r^2)$$

$$\frac{\mathrm{d}y}{\mathrm{d}t}=-x+\frac{y}{r}(1-r^2)$$

首先,将第一个方程乘以 x,第二个方程乘以 y 并相加,便有

$$\frac{\mathrm{d}r}{\mathrm{d}t}=1-r^2\quad(r\geqslant 0)$$

其次,我们将第一个方程乘以 y,第二个方程乘以 x 并将所得的结果相减,再利用恒等式 $y\frac{\mathrm{d}x}{\mathrm{d}t}-x\frac{\mathrm{d}y}{\mathrm{d}t}=r^2\frac{\mathrm{d}\theta}{\mathrm{d}t}$,便得$\frac{\mathrm{d}\theta}{\mathrm{d}t}=1$. 积分所得的方程为

$$\frac{\mathrm{d}r}{1-r^2}=\mathrm{d}t$$

便得到

$$\ln\frac{1+r}{1-r}=2t+\ln A$$

因而

$$r=\frac{A\mathrm{e}^{2t}-1}{A\mathrm{e}^{2t}+1}$$

同时

$$\theta=\theta_0+t,\ A=\frac{1+r_0}{1-r_0}>1$$

今令 $t\to+\infty$，于是 $r\to 1$，因而所有的解都是趋近于圆 $r=1$ 的螺线，由圆内的点出发和由圆外的点出发都是如此，这就是说，周期解 $x^2+y^2=1$ 是稳定极限圈.

例 2 给定方程组

$$\frac{\mathrm{d}x}{\mathrm{d}t}=-y+x(x^2+y^2-1)$$

$$\frac{\mathrm{d}y}{\mathrm{d}t}=x+y(x^2+y^2-1)$$

如用极坐标，它就成为

$$\frac{\mathrm{d}r}{\mathrm{d}t}=r(r^2-1),\frac{\mathrm{d}\theta}{\mathrm{d}t}=1\quad (r\geqslant 0)$$

对这些方程积分，便得

$$r=\frac{1}{\sqrt{1-A\mathrm{e}^{2t}}},r=0,r=1;\ \theta=\theta_0+t$$

其中

$$A=\frac{r_0^2-1}{r_0^2}$$

如果 $r_0<1$，那么 $A<0$，因而可写成

$$r=\frac{1}{\sqrt{1+|A|\mathrm{e}^{2t}}}$$

因此，当 $t\to-\infty$ 时，$r\to 1$. 若 $r_0>1$，则 $A>0$，而我们应利用等式

$$r=\frac{1}{\sqrt{1-A\mathrm{e}^{2t}}}$$

因此，当 $t\to-\infty$ 时，$r\to 1$. 以上所做的分析指出，圆 $r=1$ 对于由圆外和圆内出发的轨道来说都是 α 极限集合. 此圆是不稳定极限圈.

例 3 我们再来看一个例子. 给定方程组

$$\frac{\mathrm{d}x}{\mathrm{d}t}=x(x^2+y^2)^{\frac{1}{2}}(x^2+y^2-1)^2+y$$

$$\frac{\mathrm{d}y}{\mathrm{d}t}=y(x^2+y^2)^{\frac{1}{2}}(x^2+y^2-1)^2-x$$

变到极坐标，便得

$$\frac{\mathrm{d}r}{\mathrm{d}t}=r(r^2-1)^2,\ \frac{\mathrm{d}\theta}{\mathrm{d}t}=1\tag{5}$$

设 $r^2=u$，于是对于新的变数，便得

$$\frac{\mathrm{d}u}{\mathrm{d}t}=2u(u-1)^2$$

我们来积分方程

$$\frac{\mathrm{d}u}{u(u-1)^2}=2\mathrm{d}t$$

利用恒等式

$$\frac{\mathrm{d}u}{u(u-1)^2}=\frac{\mathrm{d}u}{u}-\frac{\mathrm{d}u}{u-1}+\frac{\mathrm{d}u}{(u-1)^2}$$

于是在积分后就得

$$\ln\frac{u}{u-1}-\frac{1}{u-1}=\ln C+2t$$

$$\frac{u}{u-1}\mathrm{e}^{-\frac{1}{u-1}}=C\mathrm{e}^{2t}$$

设 $u-1=v$，便得

$$\left(\frac{1}{v}+1\right)\mathrm{e}^{-\frac{1}{v}}=C\mathrm{e}^{2t} \tag{6}$$

研究在 $r=1$ 的邻域内解的性态. 圆 $r=1$ 本身显然是一个解. 设 $r=1-\varepsilon$，其中 ε 是小的正数，则 $v=r^2-1<0$，$|v|<1$，因而 $C<0$. 由(6)便知，从圆 $r=1$ 的内部出发的解当 $t\to+\infty$ 时无限逼近于此圆. 设 $r=1+\varepsilon$，于是 $v>0$，因而 $C>0$. 如果现在 $t\to-\infty$，那么 $\mathrm{e}^{2t}\to0$，因而 $v\to0$，$r\to1$，即 $r=1$ 是半稳定极限圈.

需要申明，上面三例中的方程组本身都是非动力体系，因为它们的解不是对所有的 t 都有定义的，不过根据定理 7 关于动力体系的概念仍能应用到它们身上.

再讨论方程组

$$\begin{cases}\dfrac{\mathrm{d}x}{\mathrm{d}t}=-y+(x^2+y^2-1)x\sin\dfrac{1}{x^2+y^2-1}\\[2ex]\dfrac{\mathrm{d}y}{\mathrm{d}t}=x+(x^2+y^2-1)y\sin\dfrac{1}{x^2+y^2-1}\end{cases}\quad(x^2+y^2\neq1)$$

而

$$\frac{\mathrm{d}x}{\mathrm{d}t}=-y,\ \frac{\mathrm{d}y}{\mathrm{d}t}=x\quad(x^2+y^2=1)$$

如果设 $x=r\cos\theta$，$y=r\sin\theta$，转到极坐标，那么此方程组变成方程

$$\frac{\mathrm{d}r}{\mathrm{d}\theta}=r(r^2-1)\sin\frac{1}{r^2-1}\quad(r\neq1)$$

$$\frac{\mathrm{d}r}{\mathrm{d}\theta}=0\quad(r=1)$$

这个方程的解是中心在原点、半径由方程 $\sin\dfrac{1}{r^2-1}=0$ 确定的一些圆以及圆

$r=1$. 在这些圆之间的环状域中，对于 $r>1$，$\frac{\mathrm{d}r}{\mathrm{d}\theta}$ 保持符号，而解是盘旋逼近于围成环状域的圆的螺线. 所有述及的圆都是极限圈.

我们还要去作 P 式稳定非周期解的例子.

在下一章中将要证明，分布在平面上或在二维柱面上的这样的解是不存在的. 然而，在锚圈面上却可以遇到这样的情形. 在下一章我们将要详尽地去讨论在锚圈上的轨道，现在我们仅仅指出某些例子. 在锚圈面上，我们引入坐标 ϑ 和 φ，它们都是由 0 变到 2π 的，换言之，坐标为 $(\vartheta+2n\pi, \varphi+2m\pi)$（对于任意整数 n 和 m）的所有点 c 是认定为几何上重合的. 今考查方程组

$$\frac{\mathrm{d}\vartheta}{\mathrm{d}t}=\alpha, \frac{\mathrm{d}\varphi}{\mathrm{d}t}=1$$

若我们仅去注意积分线的几何分布，则我们可仅考虑一个方程 $\frac{\mathrm{d}\vartheta}{\mathrm{d}\varphi}=\alpha$. 今分两种情形讨论：$\alpha=\frac{p}{q}$ 是有理数和 α 是无理数.

例 4 讨论由方程

$$\frac{\mathrm{d}\vartheta}{\mathrm{d}\varphi}=\frac{p}{q}$$

所给出的在锚圈上的运动，其中 q 是自然数，p 为整数，且右端的分数是既约的. 由初值 $\varphi=0, \vartheta=\vartheta_0$ 所确定的解为

$$\vartheta=\vartheta_0+\frac{p}{q}\varphi$$

注意到，我们可以将变数 φ 和 ϑ 变化的区域看作无穷区域：$-\infty<\varphi<+\infty, -\infty<\vartheta<+\infty$，只要记住对于整数 m 和 n 的坐标 $(\varphi+2m\pi, \vartheta+2n\pi)$ 与坐标 (φ, ϑ) 所规定的点是相同的. 当 φ 由 0 增到 $2q\pi$ 时，每一条积分线都封闭起来，此时 ϑ 是单调的且由 ϑ_0 变到了 $\vartheta_0+2p\pi$. 整个锚圈面为闭曲线所遮盖，但没有一条积分线是围成一个单连通域的.

例 5 轨道的方程是

$$\frac{\mathrm{d}\vartheta}{\mathrm{d}\varphi}=\alpha$$

其中 α 是无理数. 积分线族 $\vartheta=\vartheta_0+\alpha\varphi$ 没有一条是闭的. 因若假定绕锚圈的旋转轴回转 n 个整转后，曲线封闭，则有 $\vartheta_0+2n\pi\alpha=\vartheta_0+2m\pi$（$m$ 是整数），由此便得 $\alpha=\frac{m}{n}$，这样，α 就是有理数了. 因为所有轨道都能由其中之一（例如 $\vartheta=\alpha\varphi$）沿着 ϑ 轴平移而得，所以我们现在来详细地讨论这个轨道. 它与子午线 $\varphi=0$ 的交点是 $\varphi=0, \vartheta_n=2n\pi\alpha$（$n=0, \pm 1, \pm 2, \cdots$）. 这些点在子午线上是到处稠密的.

这一点可以这样证实：选取一个自然数 p，使得不等式 $\frac{1}{p}<\varepsilon$ 成立，并将区

间(0,1) 分成 p 个部分区间

$$\left(0,\frac{1}{p}\right),\left(\frac{1}{p},\frac{2}{p}\right),\cdots,\left(\frac{p-1}{p},1\right)$$

考虑 $p+1$ 个数$(k\alpha)$①$(k=1,2,\cdots,p+1)$. 由于 α 是无理数,所以在这些数之间没有相等的,其中至少有两个数落于 p 个部分区间的同一个中,设$(k'\alpha)$ 和$(k''\alpha)$ 是这样的两个数.

我们有

$$\frac{h-1}{p}<k'\alpha-n'<\frac{h}{p}$$

$$\frac{h-1}{p}<k''\alpha-n''<\frac{h}{p}$$

其中 h 是一整数.

设 $k''>k'$,于是将上述两个不等式相减,便得

$$-\frac{1}{p}<(k''-k')\alpha-(n''-n')<\frac{1}{p}$$

因为 $k''-k'>0$,所以 $n''-n'>0$,因此,若以 N 表示 $k''-k'$,而以 M 表示 $n''-n'$,则对于正整数 M 和 N 将有

$$-\varepsilon<-\frac{1}{p}<M-N\alpha<\frac{1}{p}<\varepsilon$$

因此,我们会碰到下列两种情形之一

$$N\alpha=M+\gamma \text{ 或 } N\alpha=M-\gamma$$

其中

$$0<\gamma<\varepsilon$$

考虑诸数:$(N\alpha)$,$(2N\alpha)$,$\cdots$,$(lN\alpha)$,其中 l 是$\dfrac{1}{\gamma}$ 的整数部分.

如果 $N\alpha=M+\gamma$,那么这些数分别等于 $\gamma,2\gamma,\cdots,l\gamma$;如果 $N\alpha=M-\gamma$,那么它们分别等于 $1-\gamma,1-2\gamma,\cdots,1-l\gamma$.

两个相邻的数的差等于 $\gamma(\gamma<\varepsilon)$,因而不论区间$[0,1]$ 上的点是怎样的,在每一个数串中都可找到一个数,它与此点的距离小于 $\gamma(\gamma<\varepsilon)$.

因为 ε 可以任意小,所以数$(N\alpha)$ 的集合在$[0,1]$ 上到处稠密,换言之,即轨道与锚圈的子午线的交点在子午线上形成一个到处稠密的集合. 这样一来,圆周 $\varphi=0$ 上的每一个点都是所述轨道的点 $\varphi=2n\pi$,$\vartheta=2n\alpha\pi$ 的极限. 同样的,每一个点 $\varphi=\varphi_0$,$\vartheta=\vartheta_0$ 都是点 $\varphi=2n\pi+\varphi_0$,$\vartheta=\alpha(2n\pi+\vartheta_0)$ 的极限. 因此,任一轨道在锚圈上是到处稠密的. 这就是说,每一条轨道有在其自身上的 ω 极限点

① 我们以(α) 表示数 α 的非整数部分,即$(\alpha)=\alpha-[\alpha]$.

且同时它不是闭的.

例 6　今讨论方程组

$$\frac{\mathrm{d}\varphi}{\mathrm{d}t}=\varphi^2+\vartheta^2,\frac{\mathrm{d}\vartheta}{\mathrm{d}t}=\alpha(\varphi^2+\vartheta^2) \tag{7}$$

就几何上来说,这个方程组的解与方程$\frac{\mathrm{d}\vartheta}{\mathrm{d}\varphi}=\alpha$ 的解是一样的.但是与上述方程的不同之处是方程组(7) 有一个奇点($\varphi=0,\vartheta=0$),这个奇点本身也是一个解.这个奇点将方程$\frac{\mathrm{d}\vartheta}{\mathrm{d}\varphi}=\alpha$ 的经过原点的 P 式稳定解分成三个解,即奇点、沿正向是渐近的而沿负向是 P 式稳定的,以及沿负向是渐近的而沿正向是 P 式稳定的.

在右端不包含时间的微分方程的定性理论中有两个问题:

1. 将所有可能的解分类,并且求出在各类轨道间的关系.这个问题基本上是解决了,而这些研究的结果将在以下各章内述出.

2. 得出一些方法,使我们能够利用微分方程右端的解析性质去判断某类轨道存在或不存在.这些问题远未达到解决的阶段,读者可由本书前几章知道一些初步所得的结果.

§4　直性的积分线族

今讨论填充在 $\mathbf{R}^n$ 中的开域G(或闭域$\overline{G}$)内的积分线族 S.现引入下面的定义:

定义　如果有一一对应及相互连续的写像存在,将域 G 写像到一个集合 $E\subset\mathbf{R}^n$(或 $\mathbf{R}^{n+1}$)之上,使得每一积分弧或整条积分线变成一条线段或一整条直线.此外,还假定不同的积分线的象是在不同的直线上的,则在 $G\subset\mathbf{R}^n$ 内的积分线族 S 叫作直性的.

很显然,直性的积分线族不能含有 P 式稳定轨道,也不能含有渐近轨道.但是,不难用例子证实,有这样的动力体系存在,首先,它的所有轨道都是沿正负向远离的,然而它的轨道族却不是直性的.现在让我们来看这样的一个例子

$$\frac{\mathrm{d}x}{\mathrm{d}t}=\sin y,\ \frac{\mathrm{d}y}{\mathrm{d}t}=\cos^2 y$$

我们不难积分此方程组.首先,它的积分线的第一部分是曲线 $x+c=\frac{1}{\cos y}$,其次是直线 $y=k\pi+\frac{\pi}{2}(k=0,\pm1,\cdots)$.我们只限于讨论带状域 R:$-\frac{\pi}{2}\leqslant y\leqslant$

$\frac{\pi}{2}$.

位于此带状域内部的积分线，如图 1 所示. 很显然，所有积分线都是沿正负向远离的，但是填充在此带状域内的积分线族却不是直性的. 事实上，试假定它是直性的. 我们现在取带状域边界上的点 P 和 Q 来加以考查，并以线段将它们联结. 试考察这个线段之上的任一收敛于 P 的点列 $\{P_n\}$. 在直性的族中，点列 $\{P_n\}$ 的象列 $\{f(P_n)\}$ 是收敛于点 P 的象 $f(P)$ 的，而 $f(P)$ 则是在带状域的下界线的象之上，这个像按写像的性质也是一条直线. 以 $L_1, L_2, \cdots, L_n, \cdots$ 分别代表 $P_1, P_2, \cdots, P_n, \cdots$ 所在的积分线，并以 L 代表带状域的下界线的积分线. L_n 的象(即 $f(L_n)$) 以及 L 的象(即 $f(L)$) 是平行的直线，因此不论 $y_n \in f(L_n)$ 是哪一收敛的点列，它的极限都在 $f(L)$ 上.

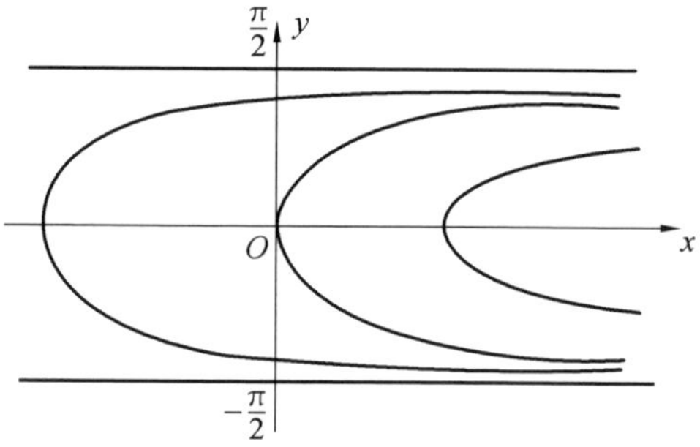

图 1

现在我们来看点列 $\{Q_n\}$: $Q_n \in L_n$ 且 $Q_n \to Q$. 由于对应的相互连续性，点 $f(Q_n) \in f(L_n)$ 也组成一收敛的序列. 因而，一方面，它们的极限应当在 $f(L)$ 上；而另一方面，这一极限应当是点 Q 的象，即应在带状域的上界线的象之上. 所得的矛盾证明了我们的论断.

直性族的内在性质虽然是能够给出的，但是我们不在这里直接给出，而是让读者到第五章去找. 我们现在尽力描述这种族的一些特征.

定理 10 不论 $\frac{dx_i}{dt} = f_i(x_1, x_2, \cdots, x_n)$ 是哪一满足唯一性条件的微分方程组，且不论常点 $(x_{10}, x_{20}, \cdots, x_{n0})$ 为何，只要 $(x_{10}, x_{20}, \cdots, x_{n0})$ 是域 G 的内点，在此域内存在定理成立，就恒有这个点的这种邻域存在，在它里面积分线族是直性的.

设 $(x_{10}, x_{20}, \cdots, x_{n0})$ 不是奇点，则经过此点的积分线 L 有完全确定的切线，因而也有完全确定的法超越平面 N.

与 L 相邻的诸积分线，由于方程组右端的连续性，与超越平面 N 相交的角近于直角，可以指出这样的半径 R，使得经过 N 的位于以点 $(x_{10}, x_{20}, \cdots, x_{n0})$

为球心、以 R 为半径的球 S_0 内部或边界上的点的积分线与 N 的交角大于 $\frac{\pi}{4}$. 令闭集合 $N \cap S_0 = N_1$. 今以如下的方式选择数 h,每一点 $p \in N_1$,作为起点,都有在区间 $|t| \leqslant h_p$ 上有定义的解. 对于充分小的 R,根据存在定理,数 h_p 是能够选得一致的,使对于所有的点 $p \in N_1$ 都等于正的 h_0,如果从 N_1 的点出发的解中有再回到 N_1 上的,那么它们这样做所需的时间有一正的下界 τ. 今取 $h = \min\left\{h_0, \frac{\tau}{2}\right\}$. 经过每一点 $p \in N_1$ 都有一段积分弧,在其上 t 从 $-h$ 变到 h. 这些积分弧的总体以 τ_{2h} 表示(时间长为 $2h$ 的管子). 与管内每一弧有且仅有一个公共点的闭集合叫作管子的截痕. 按我们的作法,N_1 是管子 τ_{2h} 的截痕. 今以下述方式将管子 τ_{2h}(视为一点集合)同胚地写像到 $\mathbf{R}^n$ 中,将 N_1 恒等地写像成 $n-1$ 维空间 $\xi_1, \xi_2, \cdots, \xi_{n-1}$ 内的闭球,在 $f(p,t)$ 上,$|t| \leqslant h$ 的每一点,我们令 $M(\xi_1, \xi_2, \cdots, \xi_{n-1}, t)$ 与之对应,其中 $\xi_1, \xi_2, \cdots, \xi_{n-1}$ 是与 p 对应的点的坐标. 此写像显然是一一对应而且是连续的紧密集合的,因而是同胚的.

在上述的写像下,管子 τ_{2h} 成为圆柱,其中 $p_0(x_{10}, x_{20}, \cdots, x_{n0})$ 的象是内点,因而 p_0 也是管子的内点. p_0 的整个位于管内的邻域,显然是以我们所需要的方式被写像的.

今来建立一个准则,当满足它时,由微分方程组所规定的动力体系是直性的.

定理 11(巴尔巴申(Е. А. Барбашин))[8]① 如果偏微分方程

$$\sum_{i=1}^{n} \frac{\partial u}{\partial x_i} f_i = 1$$

有单值解 $u(x_1, x_2, \cdots, x_n)$,那么由微分方程组

$$\frac{\mathrm{d}x_i}{\mathrm{d}t} = f_i(x_1, x_2, \cdots, x_n) \tag{1}$$

所规定的动力体系是直性的.

设方程

$$\sum_{i=1}^{n} \frac{\partial u}{\partial x_i} f_i = 1 \tag{2}$$

以单值函数 $u(p) = u(x_1, x_2, \cdots, x_n)$ 为它的解,此函数在域 G 内有定义,且在 G 内有连续的一阶偏导数. 现在如果和通常一样,以 $f(p,t)$ 表示由方程组(1)所规定的动力体系的轨道,那么容易证实

$$u(t) = u(f(p,t)) = u(p) + t \tag{3}$$

① 关于这个定理以及下面的推论参阅巴尔巴申的《О динамических системах, обладающих потенциалом скоростей》.

事实上，如果设 $u(x_1,x_2,\cdots,x_n)$ 是方程(2) 的解，而 $(x_1(t),x_2(t),\cdots,x_n(t))$ 是方程组(1) 的经过点 p 的解，那么

$$u(t)=u(f(p,t))=u(x_1(t),\cdots,x_n(t))$$

且有恒等式

$$\sum_{i=1}^{n}\frac{\partial u(x_1(t),x_2(t),\cdots,x_n(t))}{\partial x_i}f_i(x_1(t),x_2(t),\cdots,x_n(t))=1$$

亦即

$$\sum_{i=1}^{n}\frac{\partial u(x_1,x_2,\cdots,x_n)}{\partial x_i}\frac{\mathrm{d}x_i}{\mathrm{d}t}=1$$

$$\frac{\mathrm{d}u(t)}{\mathrm{d}t}=1$$

积分之，便得 $u(t)=u(0)+t$，即 $u(f(p,t))=u(p)+t$.

先考虑所有使 $u(p)=0$ 的点 p 所构成的集合 F. 如等式(3) 所示，每一轨道与此集合交于一点且仅交于一点. 再考虑集合 F 与数轴 T 的拓扑乘积 Z①.

设 p 为 G 的任一点，则 $f(p,-u(p))=q\in F$. 我们令 $\psi(p)=(q,t_p)$，其中 $t_p=u(p)$，这样 $\psi(p)$ 就给出一 G 到 Z 的写像，在此写像下各轨道变为 $\mathbf{R}^{n+1}$ 中的平行直线. 这一写像的一一对应性是由函数 $u(p)$ 的单值性所保证的. 下证

$$\psi(p),\psi^{-1}(p)$$

的连续性.

设点列 $p_1,p_2,\cdots,p_n,\cdots$ 收敛于 p，此时由 $u(p)$ 的连续性便知，$u(p_n)\to u(p)$，而由 $f(p,t)$ 的连续性即见

$$f(p_n,-u(p_n))=q_n\to f(p,-u(p))=q$$

即

$$\psi(p_n)\to\psi(p)$$

反之，若给定收敛点列 (q_n,t_{p_n})，则这就表示 $q_n\to q,t_{p_n}\to\bar{t}$，即由点 q_n 出发的某些积分弧的起点收敛于 G 中的点 q，而时间间隔 t_{p_n} 收敛于数 $\bar{t}$，因而这些弧的终点为 p_n. 根据 $f(p,t)$ 的连续性，令收敛于起点为 q 的弧的终点为 $f(q,\bar{t})$. 由这个定理可得重要的推论：

1. 若方程组 $\frac{\mathrm{d}x_i}{\mathrm{d}t}=f_i(x_1,x_2,\cdots,x_n,t)$ 的解对于从 $-\infty$ 到 $+\infty$ 的所有 t 值都有定义，则对应于这一方程组的参数方程组是直性的.

事实上，参数方程组是

$$\frac{\mathrm{d}x_i}{\mathrm{d}\tau}=f_i(x_1,x_2,\cdots,x_n,t)$$

---

① 集合 Z 是由 $n+1$ 维空间内的点组成的，它们是从 F 上的点所引的诸平行直线上的那些点.

$$\frac{\mathrm{d}t}{\mathrm{d}\tau}=1$$

与之对应的偏微分方程是

$$\sum_{i=1}^{n}\frac{\partial u}{\partial x_i}f_i+\frac{\partial u}{\partial t}=1$$

它显然是有单值连续可微的解 $u=t$ 的.

2. 如果在G上有单值的而且有连续的偏导数的函数$u(p)$和数$k>0$存在，且能使

$$N=\sum_{i=1}^{n}\frac{\partial u}{\partial x_i}f_i\geqslant k^2$$

那么方程组$\frac{\mathrm{d}x_i}{\mathrm{d}t}=f_i(x_1,x_2,\cdots,x_n)$是直性的.

事实上,作时间的变换

$$t'=\int_0^t N\mathrm{d}t$$

则当$|t|\to\infty$时，$|t'|\to\infty$. 新的方程组将是

$$\frac{\mathrm{d}x_i}{\mathrm{d}t'}=\frac{1}{N}f_i$$

就此方程组作出的偏微分方程的形式是

$$\sum_{i=1}^{n}\frac{\partial u}{\partial x_i}\frac{1}{N}f_i=1$$

显然,函数 $u(p)$ 就是它的一个解.

设给定微分方程组

$$\frac{\mathrm{d}x_i}{\mathrm{d}t}=\frac{\partial F}{\partial x_i}$$

其中 $F(x_1,x_2,\cdots,x_n)$ 为一已知函数. 对于这种方程组,我们很自然地说它具有速度位势. 应用推论 2,便得结论:如果$\sum_{i=1}^{n}\left(\frac{\partial F}{\partial x_i}\right)^2\geqslant k^2$,其中$k\neq 0$,那么方程组$\frac{\mathrm{d}x_i}{\mathrm{d}t}=\frac{\partial F}{\partial x_i}(i=1,2,\cdots,n)$是直性的.

§5 线 素 场

现在再回头讨论微分方程组

$$\frac{\mathrm{d}x_i}{\mathrm{d}t}=f_i(x_1,x_2,\cdots,x_n)\tag{1}$$

此方程组在函数 $f_i(x_1,x_2,\cdots,x_n)$ 有定义的域 G 内，给每一点对应分量为 $(f_1, f_2,\cdots,f_n)$ 的一个矢量，奇点当然例外. 因为函数 $\{f_i\}$ 是连续的，所以除奇点外，在 G 内各处规定了一个连续的矢量场. 奇点可以看成这个矢量场的不连续点. 当然，有时也能在奇点处将场重新规定，使得它到处连续，但这只是特殊的情况. 在分析上，这种情况在于找出可能除奇点外到处连续的函数 $\varphi(x_1, x_2,\cdots,x_n)$，使得函数 $\{f_i\varphi\}$ 处处连续且不同时为零. 此外，在微分方程的理论中，我们还要讨论所谓对称形的微分方程组

$$\frac{dx_1}{X_1(x_1,x_2,\cdots,x_n)}=\frac{dx_2}{X_2(x_1,x_2,\cdots,x_n)}=\cdots=\frac{dx_n}{X_n(x_1,x_2,\cdots,x_n)} \quad (2)$$

可以提出这样的问题：设已给方程组(2)，同时已知在某一域 D_1 内对每一点 $(x_1,x_2,\cdots,x_n)$ 可以找得到这样的 j，使各比值 $X_i : X_j$ 在此点都确定而且连续(域 D_1 不含奇点). 我们要问，能否从方程组(2) 得出一方程组(1)，使后者的轨道就是方程组(2) 的积分线并且与(2) 相比没有多出的奇点(休止点)?

为了解释这个问题，我们指出，方程组(1) 给空间中的每一点 $(x_1,x_2,\cdots, x_n)$ 附上一矢量 $(f_1,f_2,\cdots,f_n)$，而方程组(2) 则命一个线素(方向) $dx_1 : dx_2 : \cdots : dx_n = X_1 : X_2 : \cdots : X_n$ 与每一点对应，而一个线素可以产生两个矢量，即 $(X_1,X_2,\cdots,X_n)$ 和 $(-X_1,-X_2,\cdots,-X_n)$. 从几何角度来说，问题在于在每一个线素上规定一个正方向，使得到一个除在奇点之外到处连续的矢量场.

将线素场定向的问题，相当于在方程组(2) 的积分线场上建立方向，但相邻的积分线应有相合的方向.

在分析上，这一问题在于求一函数 $\varphi(x_1,x_2,\cdots,x_n)$ 使 $X_1\varphi,X_2\varphi,\cdots,X_n\varphi$ 在 D_1 内连续且无处同时变为零.

平面上的线素场的定向问题，在一般情形下是不可能的，此由下例可知.

例 7 设平面线素场是由微分方程

$$\frac{dy}{dx}=\cot\frac{\varphi}{2}$$

所确定的，其中 φ 是极角. 和通常一样，在右端的模无限增大的点的邻域内，我们讨论方程

$$\frac{dx}{dy}=\tan\frac{\varphi}{2}$$

除点(0,0) 外，此线素场显然到处有定义并且连续. 引用极坐标，我们容易积分这个方程

$$\cos\frac{3\varphi}{2}dr=r\sin\frac{3\varphi}{2}d\varphi$$

于是得到三条积分半直线

$$\varphi=\frac{\pi}{3},\varphi=\pi,\varphi=\frac{5\pi}{3}\quad(r>0)$$

及三组相似的积分线族

$$r=\frac{a}{\left(\cos\frac{3\varphi}{2}\right)^{\frac{2}{3}}}$$

$$-\frac{\pi}{3}<\varphi<\frac{\pi}{3}\tag{3}$$

$$\frac{\pi}{3}<\varphi<\pi\tag{4}$$

$$\pi<\varphi<\frac{5\pi}{3}\tag{5}$$

其中 a 是任意常数(图 2). 在这个场内不可能引入定向. 实际上,设用角 ψ 来确定线素场的方向

$$\tan\psi=\cot\frac{\varphi}{2}$$

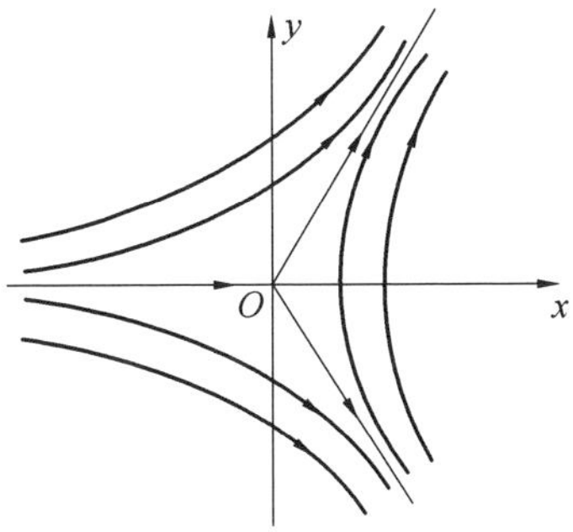

图 2

如果对于 y 轴正半轴上的点,我们试取正方向为向上的 y 的正方向,即令 $\psi=\frac{\pi}{2}$,则当连续的延续角 ψ 的值围绕(0,0) 转一个圈后,再回到原来的出发点处将有 $\psi=-\frac{\pi}{2}$,此即表示定向是不可能的.

我们指出,若改用直角坐标,此例中的方程的右端可以解析地表示为分数的形式,例如

$$\frac{\mathrm{d}y}{\mathrm{d}t}=\frac{\sin\varphi}{1-\cos\varphi}=\frac{r\sin\varphi}{r-r\cos\varphi}=\frac{y}{\sqrt{x^2+y^2}-x}$$

则在写成公式(1) 形式的方程组

$$\frac{\mathrm{d}x}{\mathrm{d}t}=\sqrt{x^2+y^2}-x,\frac{\mathrm{d}y}{\mathrm{d}t}=y$$

时，我们引进了新的奇点，它们充满了半直线：$x>0, y=0$.

在这个例子中，域 D_1 不是单连通的（点$(0,0)$不在其内）. 如下一定理所将要表明的，这点并非偶然.

定理 12 如果一个连续的线素场是给定在一个平面单连通域 D 内的，那么它就可定向.

域 D 可从其内用由有限个闭的正方形拼成的单连（闭）通域 D_1 去逼近，因此只需就这种域 D_1 来证明定理. 正方形的边可以选得如此的小，使在它们中的每一个内，线素间的夹角都不超过 $\frac{\pi}{4}$. 由于这一选择，如我们在一正方形内给一线素选定正向，此正向就可依连续性的要求推及于正方形的其他线素. 这里我们指出，这样得出的在正方形内的矢量场沿其周界绕行一圈的改变量是等于零的. 按上述方法将正方向在一个正方形上定出，然后我们再在毗连的正方形上将它定出，并照此做下去. 这样不会发生这种情形，即由出发点开始的正方形沿两列不同的正方向走到某一正方形时，我们将得到方向相反的矢量场.

事实上，在这种情形下，将会有一条由正方形的边组成的闭折线存在，在其上及其内已给出一矢量场，沿着它该矢量场的改变量等于 $\pi+2k\pi$（k 为整数）. 但这一改变量又等于沿含在折线之内的诸正方形的周界的改变量的代数和，即等于零，矛盾. 定理得证.

参 考 资 料

[1] Степанов, В. В., Курс дифференциальных уравнений, Изд. 4, ГОНТИ, М.—Л., 1945(有中译本).

[2] Валле—Пуссен, Ш. Ж., Курс анализа бесконечно малых, т. Ⅱ, ГТТИ, М.—Л., 1933.

[3] Петровский, И. Г., Лекции по теории обыкновенных дифференциальных уравнений, Изд. 2, ОГИЗ ГТТИ, М.—Л., 1947(有中译本).

[4] Wintner, A., 1) The non-local existence problems of ordinary differential equations. Amer. Journ. of Math., t. 67, 1945. 2) The infinities of the non-local existence problem of ordinary differential equations. Amer. Journ. of Math., t. 68, 1946.

[5] Bellman. The stability of solutions of linear differential equations. Duke Mathemat. Journ., 1943, 10(4).

[6] Немыцкий, В. В., 1) Качественное интегрирование системы дифференциа-

льных уравнений, Математический сборник, т. 16, № 3, 1945. 2) Качественное интегрирование системы с помощью универсальных ломаных, Учёные записки МГУ, вып. 100, т. I. 1946.

[7] Виноград, Р. Э., О предельном поведении неограниченной интегральной кривой, Учёные записки МГУ, 1949.

[8] Барбашин, Е. А., О динамических системах, обладающих потенциалом скоростей, ДАН, 1948, 61(2).

第二章 二维微分方程组的积分线

§1 平面积分线的一般性质

设所给微分方程组为

$$\frac{\mathrm{d}x}{\mathrm{d}t}=P(x,y),\frac{\mathrm{d}y}{\mathrm{d}t}=Q(x,y) \tag{1}$$

我们假定函数 $P(x,y)$ 和 $Q(x,y)$ 在平面上某一闭域 $\overline{G}$ 内连续且能保证柯西问题的解的唯一性. 由第一章的结果,不失一般性,我们可以认定在 $\overline{G}$ 内方程组表现某一动力体系. 接下来,我们来研究方程组(1) 的积分线的性状.

这里的基本结果是本迪克森和庞加莱所得到的[1]. 他们的定理的证明是依据方程组右端为连续的假定. 首先,这一假定保证由方程组的右端部分所定义的矢量场$\{P(x,y),Q(x,y)\}$的连续性,其次给出这样的结论:若 $P_0(x_0,y_0)$ 不是奇点,则我们能够找到这样的 ε,使在以点 P_0 为圆心、ε 为半径的圆 $S(P_0,\varepsilon)$ 内部以及周界上没有奇点,而且矢量场在这个圆的任一点处的矢量与在点 P_0 处的矢量间的夹角小于$\frac{\pi}{4}$.

为简便起见,我们在以下将称此圆为点 P_0 的小邻域.

辅助定理 1 设 $\varepsilon>0$,并设 $S(P_0,\varepsilon)$ 为点 P_0 的一个"小"的邻域. 令 NN' 为长为 2ε 的经过点 P_0 的积分线的法线段. 于是有 $0<\delta<\varepsilon$ 存在,从 $S(P_0,\delta)$ 内出发的任一积分线在这一方面或某一方面延展时,在尚未走出 $S(P_0,\varepsilon)$ 之前,必与 NN' 相交.

这个辅助定理是积分线在常点的邻域内的局部直性定理的直接推论(参看第一章).

它为真也容易直接证明. 依照 ε 的选择,对于任意一点 $P_1\in S(P_0,\varepsilon)$,经过点 P_1 的正的和负的半轨,当它们在 $S(P_0,\varepsilon)$ 内时,分别位于两个对顶直角域内,这两个域是以 P_1 为顶点,其平分线与在点 P_0 的矢量场方向平行.

若选 $\delta=\dfrac{\varepsilon}{\sqrt{2}}$ 并取 $P_1\in S(P_0,\delta)$,则直角之一的边与法线的交点 C 及 C' 都在 $S(P_0,\varepsilon)$ 内(图 3),于是位于这个角内的那一半轨,在未走出 $S(P_0,\varepsilon)$ 以前,必与法线段相交.

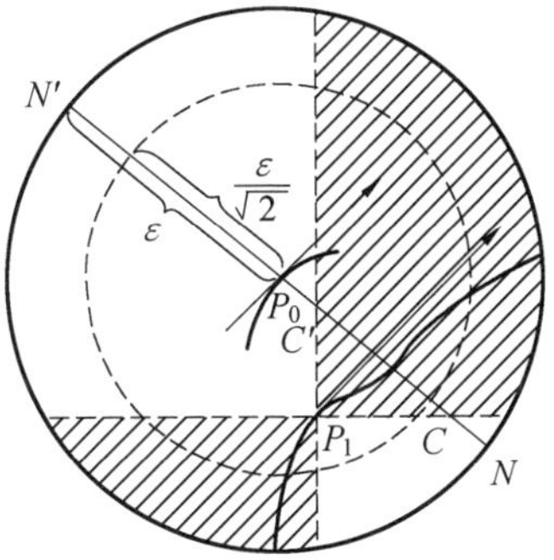

图 3

我们指出,由于 ε 的选择,穿过法线段的所有轨道,从此法线的一边(负的)在 t 增加时都穿越到另一边(正的).

定理 1 由方程组(1)所确定的任何轨道,若在一边是 P 式稳定的,则是奇点,或者是周期解.

为确定起见,设轨道 $f(A,t)$ 在其正向是 P 式稳定的,并设 B 是轨道 $f(A,t)$ 的 ω 极限点,也属于这个轨道. 因为 B 不是奇点,所以能够选取围绕着它的"小"邻域 $S(B,\varepsilon)$ 并引长为 2ε 的法线段 N_1. 因为 B 为 $f(A,t)$ 的 ω 极限点,所以,在半轨 $f(B,t),t>0$ 之上,有点位于 B 的 δ 邻域内(这里 δ 满足辅助定理的条件),因此,由辅助定理知,也有位于 N_1 上的一点. 我们以 B' 来代表 $f(B,t),t>0$ 在 N_1 上的第一个点. 点 B 和 B' 的排列可能为如图 4 所示的二者之一.

我们来考查由 $\widehat{BB'}$ 及法线段 BB' 所围成的闭域 $\overline{G}$.

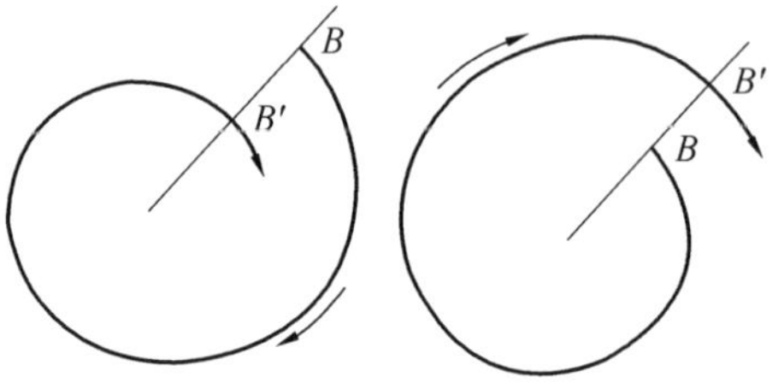

图 4

这两种排列都与 B 是 ω 极限点的假定矛盾. 事实上,在第一种排列的情形,轨道 $f(B',t)$,$t>0$,对于所有的值 t 总在域 G 内,而不能到达点 B 的 δ 邻域内,若有这样的情形发生,则基于辅助定理,在进一步延展时,$f(B,t)$ 将与法线段相交而由 N_1 正的一边穿越到负的一边,这不可能;在第二种排列的情形,半轨 $f(B',t)$,$t>0$,对于所有 t 值总在 G 外,因而,仿照第一种情形的论证,我们能信服此半轨不可能再一次走到点 B 的 δ 邻域内去. 得到的这一矛盾只有在 B 与 B' 重合的假定下才能消除.

定理 2 设 L_1 为平面上的闭轨道,则对于任一充分小的数 $\varepsilon>0$,找出 $\delta>0$,能使经过任一坐标且满足不等式

$$\rho(P,Q)<\delta$$

的点 Q 的轨道 L,至少有一半轨位于曲线 L_1 的 ε 邻域内,其中 P 为 L_1 上任意一点.

因为 L_1 是闭轨,所以在 L_1 上没有奇点,同时奇点集合是闭的,因此能够选取充分小的 ε,使得 L_1 的 ε 邻域内没有奇点(且 L_1 的直径大于 2ε). 我们尚可给 ε 加上如在辅助定理 1 中那样的限制,即我们要求每个经过半径为$\dfrac{\varepsilon}{\sqrt{2}}$、圆心为 L_1 上任一点 P 的圆 C' 内的点的轨道,在未走出圆心为 P、半径为 ε 的圆之前,要穿过长为 2ε 的法线 NPN'. 设沿 L_1 的运动周期是 T,对于数$\dfrac{\varepsilon}{\sqrt{2}}$及 T 我们能找出数 $\delta>0$,使得从条件 $\rho(P,Q)<\delta$ 即可得知,当 $|t|\leqslant T$ 时

$$\rho(f,(P,t),f(Q,t))<\frac{\varepsilon}{\sqrt{2}} \tag{2}$$

我们用 L 来代表由满足不等式 $\rho(M,P)<\delta$ 的始点 M 所确定的轨道. 设 M 在 NPN' 上,这并不失一般性. 根据 δ 的选择,从 M 出发沿 L 运动的点,经过时间 T,又将到达圆 C' 内,因此,再过一段时间或略倒回去一段时间,在还没有走出圆 C 前又将在一点 M_1 第二次穿过线段 NPN'.

若 M_1 与 M 重合,则 L 是闭轨道,于是依照(2),定理得证.

若 $M_1\neq M$,则因 M_1 与 M 在平面被 L_1 所分成的两个区域之中的同一个

内，它们在法线上只可能有两种次序：PM_1M 及 PMM_1. 我们来考查由曲线 L_1、曲线 L 的 $\widehat{MM_1}$ 及直线段 MM_1 所围成的环状域 Γ. 在次序为 PM_1M 的情形，当 t 递增时，沿曲线 L 运动的点在点 M_1 处进入域 Γ 内，由于不可能再穿过积分线，也不能反方向穿过法线段，因而以后不再外出. 所以在这种情形从某点 (x_0, y_0) 起的整个正半轨走不出环状域 Γ，因此整个包含在轨道 L_1 的 ε 邻域内. 如果次序是 PMM_1，那么从某点 (x_0, y_0) 起的负半轨不可能离开域 Γ，因此也是位于轨道 L_1 的 ε 邻域内的.

定理得证.

我们还要指出，ε 能够选得如此小，使得每个穿过以轨道 L_1 的任一点为中心、长为 2ε 的法线段的轨道，都是从负的一边在 t 增加时穿到正的一边.

这个定理实质上所肯定的是，在平面上，积分线不能经过周期解的任意近旁，然后又远离它（当 $t \to +\infty$ 及 $t \to -\infty$ 时）. 在空间内这个现象也能出现.

为了以下的叙述，我们需要下面的定义：

定义 1 我们说轨道 $L = f(Q, t)$ 盘旋逼近轨道 Λ，不论 P 为 Λ 上何点及 R_1PR_2 为曲线 Λ 在点 P 的法线上多么小的一段，从 $t > t_0$ 开始，轨道 L 与 R_1PR_2 有无数个交点，而且这些交点都在 R_1P 上，或都在 PR_2 上.

利用这个定义及前一定理，便可建立定理：

定理 3 设闭轨道 L 属于某一轨道 $f(P, t)$ 的 ω 极限集合，则：(1) $\Omega_p \equiv L$；(2) $f(P, t)$ 的正半轨盘旋逼近 L.

设 Q 为 L 的任意点，$S(Q, \varepsilon)$ 为点 Q 的小邻域，同时 N_1 为长为 2ε 的法线段.

轨道 $f(P, t)$ 整个在由曲线 L 所围成的域 G 内，或整个在这个域外. 这两种情形是对称的，因而我们只详细证明 $f(P, t)$ 是在 G 外的情形.

设 P_1, P_2 是 $f(P, t)$ 与 N_1 的前后两个相续交点. 点 Q, P_2 及 P_1 只有一个可能的排列次序，即 QP_2P_1. 若排列是 QP_1P_2，则从 P_2 出发的半轨道当 $t > t_0$ 时，总在由 $\widehat{P_1P_2}$ 及法线段 P_1P_2 所围成的区域之外（或内），而 L 却在其内（或外），这样一来点 Q 就不可能是 ω 极限点. 基于解对初值的连续相依性，我们能选 P_1 如此接近于 Q，使得 $\widehat{P_1P_2}$ 整个含于曲线 L 的“小”ε 邻域内，于是因半轨 $f(P_2, t)(t > 0)$ 不可能走出由 L 及封闭线 P_1P_2L 所围成的环状域 Γ，所以整个 $t > 0$ 的半轨 $f(P_2, t)$ 将在 L 的 ε 邻域内并且是在 L 之外. 由于 ε 可任意小，故由此立即得到定理的结论.

定理 4 若轨道 L 不是闭的，同时它的 ω 极限集合有界而且不含奇点，则轨道 L 的所有 ω 极限点都在一闭轨道 L_1 上，当 $t \to +\infty$ 时，L 盘旋逼近 L_1.

设 M 是 L 的 ω 极限点之一. 根据第一章，$f(M, t)$ 的轨道 L_1 上的所有点都是 L 的 ω 极限点.

若设 L_1 不是闭轨道，则它有不在 L_1 上的 ω 极限点 P. 这将引导我们得到矛盾.

点 P 既然是 L_1 的点的极限点，因而它也是 L 的 ω 极限点. 因此，按定理的条件，P 不是奇点.

我们来考查经过点 P 的轨道及这个轨道在 P 处的长为 2ε 的法线 NPN'，其中数 $\varepsilon>0$ 的选法同辅助定理 1.

根据我们的假定，正半轨 L_1^+，当 $t\to+\infty$ 时无数次穿过线段 $N'PN$. 设线段 PN 包含无限个 L_1 的与 P 不同的点. 取其中一点为 P_1，有

$$P_1=f(M,t_1)$$

并设在 $t_2(t_2>t_1)$ 时，轨道 L_1 在点 P_2 第一次穿过线段 PP_1（图 5），且有

$$P_2=f(M,t_2)$$

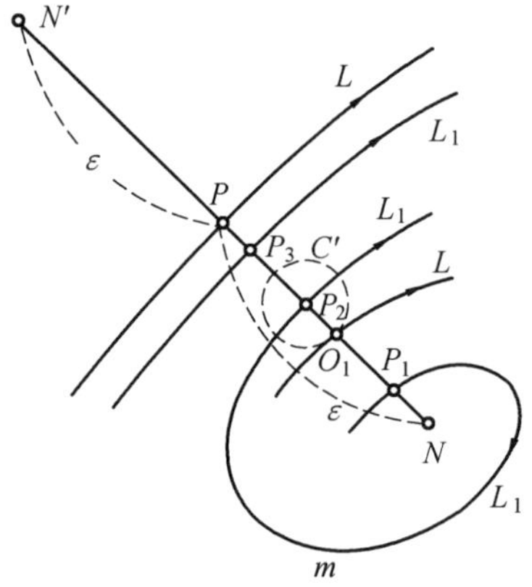

图 5

当 $t>t_2$ 时，曲线 L_1 不能再穿过法线段 P_1P_2，因为它不可能走到由 $\overparen{P_1mP_2}$ 及法线段 P_1P_2 所围成的域内. 当 $t=t_3$ 时，若 L_1 重新再在一点 P_3 穿过线段 PP_1，其中 $t_3>t_2$，则 P_3 位于 P 与 P_2 之间. 依条件，位于 L_1 上的点 P_2 是 L 的 ω 极限点. 因此，若我们围绕 P_2 作一半径较 P_2P_3 及 P_2P_1 的长除以 $\sqrt{2}$ 后都小的圆 C'，则在这个圆内找得出轨道 L 上的点. 因此，有轨道 L 与线段 P_2P_1 的交点 Q_1，或有 L 与线段 P_2P_3 的交点 Q_2.

设这样的点是在线段 P_1P_2 上. 将轨道 L 从点 Q_1 起按 t 增加的方向加以延展. 这时轨道 L 走进由轨道弧 $\overparen{P_1mP_2}$ 和法线段 P_1P_2 围成的域，或走出这个域. 在这两种情形它都不能重新再与 P_1P_2 相交. 同样的，若 L 有在法线段 P_2P_3 上的点 Q_2，则它在 t 递增时走进由 $\overparen{P_2P_3}$ 和线段 P_2P_3 所围成的域内，或走出这个域，且在 t 继续增加时不会再重新与线段 P_2P_3 相交. 因此，当 $t>T$ 时，轨道 L 与线段 P_1P_3 没有交点，此处 T 是对应于点 Q_1 与 Q_2 的参数 t 的值中的最大者，因此走不到圆 C' 内，但这与属于 L_1 的点 P_2 是 L 的 ω 极限点矛盾. 这个矛盾证

明 L_1 是闭曲线.

显然,与上述定理 4 相仿的结论,关于在负的一边稳定的轨道的 α 极限点也成立.

附记 1 不闭的轨道 L,当 $t\to+\infty$ 以及 $t\to-\infty$ 时可能都有极限圈. 这两个极限圈必须是不同的,因为在它们重合的情形,曲线 L 会在离极限圈任意近处穿过它的法线,而且在 t 递增及递减时,都由法线的正的一边穿到负的一边.

分析定理 4 的证明,即能述出这样的定理:

定理 4′ 若 L_1 是由轨道 L 的 ω 极限点所组成而且也不是闭轨道,则轨道 L_1 的 ω 极限集合系由奇点组成.

若去掉 ω 极限集合是有界的要求,则它可能是不连通的(参看第五章 §3 例 2),一般来说它有更复杂的结构. 我们仅介绍下一个由维纳格勒得所证明的定理[2],而不加以证明.

定理 5 若某一轨道的 ω 极限集合不是有界也不包含奇点,则此集合由不多于可数个无界分支 B_j 所组成,其中的每一个都与区间同胚,而且穿过平面上任一有限部分的只有这些分支当中的有尽多个.

以下将指出作微分方程组使其极限集合的构造为逻辑上可能的任一情形的方法.

定理 6 在由一闭轨道所围成的,整个在解的存在及唯一性区域内的域 G 之内,至少存在一个奇点.

设轨道 L 是闭的,并设它所围的域 G 不含奇点. 经过每一点 $(x_0,y_0)\in G$ 有一轨道. 根据定理 1 和 2,这一轨道是闭的,或当 $t\to+\infty$ 以及 $t\to-\infty$ 时都逼近闭轨道(极限圈),而且这些极限圈中至少有一个不是 L(见附记 1). 因此,在 L 内必须有异于 L 的闭轨道 L_1,它围着一个域 G_1. 重复同样的理由,我们证出有后一个含于前一个内的闭轨道 $L,L_1,\cdots,L_n,\cdots$ 存在,它们分别围成域 G, $G_1,\cdots,G_n,\cdots$,其中 $G\supset G_1\supset\cdots\supset G_n\supset\cdots$.

今讨论闭域 $R_i=\bar{G}_i$ 所成序列. 显然

$$\bar{G}\supset R_1\supset\cdots\supset R_n\supset\cdots$$

这些域的交集 $\prod\limits_{i=1}^{\infty}R_i=R_\omega$ 不空.

若闭域 R_ω 不含内点,则它所有的点都是奇点. 否则,经过某一点 $P_\omega\in R_\omega$ 的轨道将会决定一闭轨道 L_ω,它围着一个应当在所有曲线 $L_i(i=1,2,\cdots,n,\cdots)$ 之内,也在 R_ω 之内的域 G_ω,于是 R_ω 将有内点. 因此,在 G 内无奇点的假定下,R_ω 必有内点.

既然这个集合 R_ω 含有内点,则经过点 P_ω 的轨道决定极限圈 $L_{\omega+1}$,它围着域 $G_\omega\subset R_\omega$. 于是,我们可以得到闭集合的新序列

$$R_{\omega+i} = \overline{G}_{\omega+i} \quad (i=1,2,\cdots)$$

其中每一个在后面的集合都是前面的集合的真部分. 依据拜尔(Baire)定理，到某一非极限的第Ⅱ类超限数β，序列$\{R_\alpha\}$即应中止，即R_β应当不空，但已不含内点. 而此时，按前面已引入的论证，R_β是由奇点组成，这又得到一个矛盾. 定理得证.

(本迪克森关于这个定理的原证明中没有用到拜尔定理，参看《Успехиматематических наук》)

辅助定理 2 若在两条闭轨L_1及L_2之间的环状域Γ内没有奇点，也没有其他闭轨道，则由Γ内任一点出发的轨道的ω极限集合都是L_1(或L_2)，而α极限集合则都是L_2(或L_1).

实际上，设P是Γ的任一点，半轨$f(P,t)(t>0)$停留在有界域内，应当有ω极限点. 按曾经所证，它们位于一闭轨道上，但因在$\overline{\Gamma}$内，除L_1和L_2外，没有另外的闭轨，所以$\Omega_P=L_1$(或L_2). 同理，$A_P=L_2$(或L_1). 根据前面所作附记，$A_P \neq Q_P$，所以若$\Omega_P=L_1$，则$A_P=L_2$. 今设Q是Γ内异于P的任一其他点. 我们来证，在$\Omega_P=L_1$的条件下，一定有$\Omega_Q=L_1$. 实际上，若假定$\Omega_Q=L_2$，则$A_Q=L_1$. 我们证明这个假定将引导我们得到矛盾. 既然$\Omega_P=L_1$，那么能作由$f(P,t)$的弧、曲线L_1及其法线段所围成的在曲线L_1的ε邻域之内的环状域，使点Q不在其内以及由这个域外只有经过法线段而且只有在正的方向才能进入域内. 因为，按假定情况，点Q在这个域外，所以只有在$t>0$时，$f(Q,t)$才能走进所作的环状域，而这和$A_Q=L_1$的假定矛盾.

辅助定理 3 若轨道$f(P,t)$的ω极限集合是某一周期轨道L，则对任一点$Q \subset f(P,t)$，都能找到它的如此小的邻域，使得从这个邻域内出发的任一轨道都以曲线L作它们的ω极限集合.

实际上，设$\varepsilon>0$是任一充分小的数，我们来考查曲线L的ε邻域. 根据定理3，自某个t开始，轨道$f(P,t)$即走进由L和轨道$f(P,t)$的$\widehat{P_1P_2}$以及法线段P_1P_2所围成的环状域Γ内，且此环状域Γ整个位于曲线L的ε邻域之内. 根据解对初值的连续相依性能够肯定，所有由点Q的充分小邻域内出发的积分线都将走到点P_2的任意小邻域内去，于是在再延展时它们将穿过线段P_1P_2而走到Γ内去，且根据不止一次说过的理由将不可能再走出去. 因此，$f(Q,t)$的ω极限集合位于$\overline{\Gamma}$内. 因为Γ内没有奇点，故Ω_Q是某闭曲线L_1，L_1与L重合或环绕着L. 但若L_1不与L重合，它们之间将有一定的距离. 因为$\Omega_P=L$，所以$f(P,t)$在延长的过程中将与L_1相交，此不可能，故必定有$\Omega_Q=L$.

这个辅助定理及上述诸定理有可能完全说清楚在周期解邻域内的积分线的性状.

设L是闭积分线，并设$\varepsilon>0$充分小，使得在L上任一长为2ε的法线段都只能被积分线在一个方向上所穿过.我们来考查 L 上的某一点 P.设 δ 充分小,能使不论点 $B\in S(P,\delta)$ 为何,从点 B 出发的两半轨之一将位于L 的ε 邻域内.今以在点 P 所作的长为 2δ 的法线段作为参考,设这个法线段为 R_1PR_2,再设 R_1 是在 L 所围成的域外,我们来讨论在 L 的ε 邻域内的半轨 $f(R_1,t)$.若这是正的半轨,则它的 Ω_{R_1} 位于 L 的ε 闭邻域内.若 $\Omega_{R_1}=L$,则所有从 PR_1 上出发的轨道的ω 极限集合都将与L 重合.其证明与运用过不止一次的论证相仿.若 Ω_{R_1} 不与 L 重合,则 Ω_{R_1} 是环绕 L 的某一闭积分线.设 F 是 PR_1 上从它们出发的闭轨道的点的集合,我们来证 F 是闭集合.设 $\bar{R}_1$ 是 F 的极限点,又设与所欲证者相反,$f(\bar{R}_1,t)$ 不闭,则因为当 $t>0$ 时它是被包含在一无奇点的环状域内,所以它必以由一周期轨道 L_1 构成的集合为 ω 极限集合.但这时根据辅助定理 2,所有从靠近 $\bar{R}_1$ 的点出发的轨道也应以 L_1 为 ω 极限集合,而这与 $\bar{R}_1$ 是 F 的极限点的性质矛盾,所以 F 是闭集合.于是,情形只可能是如下二者之一:点 P 是集合 F 的极限点或是集合 F 的孤立点.若 P 是孤立点,则可找到轨道 L 的如此小的外侧邻域,由这个邻域内出发的所有轨道都以 L 为ω 极限集合.在这种情形下,L 叫作极限圈.如 P 是 F 的极限点,同时 $\Delta_1,\Delta_2,\cdots,\Delta_n,\cdots$ 为与 F 毗邻的区间.令 P_i 和 Q_i 为Δ_i 的端点.于是,有经过 P_i 及Q_i 的闭积分线L_i 与Λ_i,根据辅助定理 2,在 L_i 与 Λ_i 间的环状域内的积分线,都是以 L_i 及 Λ_i 为其α 及ω 极限集合的积分线.在 L 的任一邻域内都有这种样子的环状域.若对由线段 PR_2 上的点出发的轨道进行同样的分析,则即可断定任一闭积分线 L 必为下列类型之一:

1. 稳定的极限圈.从 L 的充分小环状邻域内出发的积分线都以曲线L 为它们的 ω 极限集合.

2. 不稳定的极限圈.从 L 的充分小环状邻域内出发的积分线都以曲线L 为它们的 α 极限集合.

3. 半稳定的极限圈.L 的充分小环状邻域被 L 分成两部分 —— 外部和内部.从外部出发的积分线以 L 为ω 极限集合,而从内部出发的则以 L 为α 极限集合,或与此恰好颠倒.

4. 周期环.有由环绕 L 的周期轨道填充起来的一个 L 的环状邻域.

5. 复合极限圈.在 L 的任意窄的环状邻域内都含有周期轨道,同样也含有以它的两端去逼近周期轨道的螺旋形积分线.

我们现在转过来分析 ω 极限集合在它也可能含奇点的时候的构造.

定理 7 若轨道$L=f(P,t)$ 的正半轨道$L^+=f(P^+,t)$,$t>0$ 有界,则Ω_P(ω 极限集合)是连通的.

事实上,若 Ω_P 不是连通的,则作为有界闭集合,它就能表示成两个有一定距离的闭集合 A 与B 之和.设 $\rho(A,B)=d>0$,因 $A\subset\Omega_P$,同时 $B\subset\Omega_P$,所以可找出任意大的值 t'_n,使 $f(P,t'_n)\in S\left(A,\dfrac{d}{3}\right)$,也有任意大的值 t''_n,使

$f(P,t''_n)\in S\left(B,\frac{d}{3}\right)$. 能够如此选择序列$\{t'_n\}$及$\{t''_n\}$，满足不等式

$$0<t'_1<t''_1<t'_2<t''_2<\cdots<t'_n<t''_n<t'_{n+1}<t''_{n+1}<\cdots$$

今来讨论弧

$$f(P,t'_1,t''_1),f(P,t'_2,t''_2),\cdots,f(P,t'_n,t''_n),\cdots$$

这些弧中的每一个起点都在 $S\left(A,\frac{d}{3}\right)$ 内，而端点都在 $S\left(B,\frac{d}{3}\right)$ 内，因为 $\overline{S\left(A,\frac{d}{3}\right)}\cap\overline{S\left(B,\frac{d}{3}\right)}$ 是空的，所以在每个弧上都有一点 C_n，它对应适合关系 $t'_n\leqslant t_n\leqslant t''_n$ 的参数值 t_n（当 $n\to\infty$ 时，$t_n\to\infty$），而且位于球 $S\left(A,\frac{d}{3}\right)$ 及 $S\left(B,\frac{d}{3}\right)$ 之外，亦即球 $S\left(\Omega_P,\frac{d}{3}\right)$ 之外.

因为所有点$\{C_k\}$，$k=1,2,\cdots,n$，在位于平面的有限部分之内的半轨 L^+ 上，所以 C_n 有极限点，这个极限点一方面应当属于 Ω_P，因为 $t_n\to\infty$，而在另一方面，它在 $S\left(\Omega_P,\frac{d}{3}\right)$ 之外. 此矛盾证明了定理.

我们现在即能证明任一半轨的 ω 极限集合的定理[2].

有时为了在叙述上满足一般性，需要用一个非常元素——无穷远点 N，来补充欧氏平面 E^2，这样得到的流形 $E^2\cup N=S^2$ 与球同胚.

定理 8（维纳格勒得） 一个平面集合 E 是由微分方程组所定义的某一动力体系的轨道的 ω 极限集合，必须且只需 E 是球 S^2 上的单连通域的边界①.

首先，确立必要性，设对于半轨 L_P^+ 而言，$\Omega_P=E$，我们需要预先假定 Ω_P 不与 L_P^+ 相交，否则根据定理 1，L_P 将是简单闭曲线，而定理便确立. 我们来考查区域 $G=R^2-E$（其中 R^2 是平面）. 一般说来，这个区域分裂成连通分支 G_1，G_2，$\cdots$. 因为曲线 L 连通且不与 E 相交，它全部位于某一分支，譬如，在 G_1 内. 其次，因为 G_1 是 G 的分支，所以 $\overline{G}_1-G_1=\dot{G}_1\subseteq\dot{G}=E$（$\overline{G}$ 是 G 的闭包，即 G 与它的极限点之和. $\dot{G}$ 是 G 的界点集合，因而 $\overline{G}-G=\dot{G}$），即 $\dot{G}_1\subseteq E$. 我们来证 $E\subseteq\dot{G}_1$. 因为 $L\subseteq G_1$，这就表示 $E\subseteq\overline{G}_1$，于是因 $E\cap G_1\subseteq E\cap G=0$，所以 $E\subseteq\overline{G}_1-G=\dot{G}_1$. 这就确立了 $E=\dot{G}_1$.

若我们设 E 有界，则依照已证，E 连通，因此这时 $\dot{G}_1$ 连通，而 G_1 则是单连通的.

为了证明 L_P^+ 为无界时条件的必要性，我们需要利用维纳格勒得所证明的

① 若平面域内任一封闭曲线都可连续地缩成一点，收缩的路径不与边界相交，则称平面域为单连通的. 也可以用另外一个相当的定义：平面的有界连通域，如其边界是一连通集合，即称为单连通的.

辅助定理[2]：若 L_P^+ 无界，则 Ω_P 不含有界分支.

这个辅助定理的证明从略，读者可参看他的原著[2]. 如果利用这个辅助定理，便知将一个无穷远点加进 G_1 的边界，即可使 $\dot{G}_1$ 在球上连通，那么 G_1 就是单连通的.

现在我们来确立条件的充分性.

若 E 由一个点组成，则论断显然成立. 设 E 是某单连通域 G 的边界而且含多于一个的点. 取单位圆 K 并在它上作方程组 $\frac{d\rho}{dt}=\rho(1-\rho)$，$\frac{d\varphi}{dt}=1$，其中 ρ 和 φ 是极坐标. 这个方程组从圆 $\rho=1$ 里面除奇点 $\rho=0$ 外的其他点出发的解是螺线，当 $t\to\infty$ 时盘旋逼近圆周 $\rho=1$. 我们将 K 看作在复数 z 的平面上，而 G 在复变数 w 的平面上. 我们引用卡拉特奥多(Carathéodory)关于边界多于一点的任一单连通域等角写像到圆内部为可能的那一周知的定理. 借助函数 $f(z)=w$，我们将 K 等角而且一一对应地写像到 G 上. 设 $u(x,y)$ 与 $v(x,y)$ 分别是函数 $f(z)$ 的实、虚部分. 于是，将 K 变到 G 的变换

$$u=u(x,y),v=v(x,y)$$

是一一对应的，并且是相互连续的，而且在 K 上，$\frac{D(u,v)}{D(x,y)}\neq 0$. 在这个变换下，方程组 $\frac{d\rho}{dt}=\rho(1-\rho)$，$\frac{d\varphi}{dt}=1$ 转变成微分方程组

$$\frac{du}{dt}=P(u,v),\frac{dv}{dt}=\Omega(u,v)$$

可能这个方程组不决定一个动力体系，但是我们知道(参看第一章)，一定可以作出一个与之等价的方程组，这个方程组在 G 内决定一个动力体系. 我们来考查在 Z 平面上的任一螺形积分线 Λ，并设它的原底为 L. 我们来证，在这个新方程组内 G 的边界 E 将是轨道 L 的 ω 极限集合. 在圆 K 的边界上写像可能不是可逆的，但由卡拉特奥多的研究得知，端点在 E 上的一切简单弧 $\Gamma\subset G$ 的原底是端点在圆周上的简单弧 γ. 设 w_0 是 E 上任一点，同时给定 $\varepsilon>0$. 根据平面拓扑学知，沿域内简单弧能达到的 E 上的点是到处稠密的，因而，有简单弧 Γ_1 存在，其端点 $w_1\in E$ 并且 $|w_0-w_1|<\frac{\varepsilon}{2}$.

今考查弧 $\gamma_1=f^{-1}(\Gamma_1)$，在它上面有 γ_1 与 Λ 的交点序列 $\{z_n\}$ 收敛于 $z_1=f^{-1}(w_1)$. 于是 $w_n=f(z_n)$ 是 Γ_1 与 L 的交点，而且 $w_n\to w_1$. 因此，当 $n>N$ 时，我们有

$$|w_n-w_1|<\frac{\varepsilon}{2},\ |w_0-w_1|<\frac{\varepsilon}{2}$$

此外 $w_n\in L$. 因此，L 逼近任一点 $w_0\in E$，亦即 $E\subseteq\Omega_P$. 此外，Λ 在 K 内没有 ω 极限点，因此 L 在 G 内也没有那样的点. 这就说明，$\Omega_P\subseteq E$，所以 E 是 L 的 ω 极

限集合. 我们指出 E 的点是方程组

$$\frac{\mathrm{d}u}{\mathrm{d}t}=P(u,v),\frac{\mathrm{d}v}{\mathrm{d}t}=Q(u,v)$$

的奇点. 作出的方程组证明了条件的充分性.

如果假定 ω 极限集合有界,且除奇点外尚含有常点,那么我们可以得到更精确的结果. 我们先引入一些记号和定义.

设 $L=f(Q,t)$ 是一轨道,并设 Ω_Q 是它的 ω 极限集合. Ω_Q 分为两部分: Ω_s 及 Ω_h,其中 Ω_s 是由奇点组成的. 这个集合显然是闭的,我们将以 C_s 来代表 Ω_s 的连通分支. 我们再引入下一定义:

定义 2 如一积分线 L_1 的 ω(或 α) 极限集合属于 C_s,我们就说当 $t\to+\infty$(或当 $t\to-\infty$) 时,它邻接奇分支 C_s.

现在我们来证明下面索恩采夫(Ю. К. Солнцев) 的定理[3].

定理 9 设轨道 $L=f(P,t)$ 的 ω 极限集合有界,则常点集合 Ω_h 充满整个 Ω_P(此时 Ω_P 是简单闭曲线),或顶多由可数条积分线构成,每一积分线都以它的两端去邻接奇点分支,同时曲线 L 盘旋逼近其中的每条积分线.

若 $\Omega_h=\Omega_P$,则按定理 4,Ω_h 是简单闭曲线. 设 $\Omega_h\neq\Omega_P$,并设点 $R\in\Omega_h$. 于是,有一积分线 $L_1=f(R,t)$ 经过这点,ω 极限集合 Ω_R 自然是在 Ω_P 内. 按定理 4′,Ω_R 不可能含有常点,同时根据定理 7 知它是连通的,所以它在 C_ε 内. 再证定理的其余论断.

设 $A\in f(R,t)$,并设 NAN' 是足够短的法线段,使得所有积分线只能在一个方向穿过它. 我们指出,若给了曲线 $f(R,t)$ 的某一闭弧 $\overparen{P_1P_2}$,则在弧上各点的小法线段的长可以选取使其有正的最小值.

设 Q' 及 Q'' 为 L 与法线 NAN' 的两个相续交点,这两点必同在 NA 上,或同在 AN' 上,若它们分别位于 A 的两侧,则曲线 $f(R,t)$ 将以它的一端进入由法线段 $Q'Q''$ 以及曲线 L 在点 Q' 与 Q'' 间的弧所围成的闭轨内,于是 $f(R,t)$ 将不可能以 A 为 ω 极限点了(图 6). 依据相仿的论证可知点 Q'' 应当较 Q' 更接近于 A. 由此即知,含于 Ω_h 内的不同积分线充其量是可数多个. 因为,若设 $f_\alpha(R,t)$ 为其中之一,则我们可在它上取两点: P_1^α 及 P_2^α,并作如此小的法线段 $N_1P_1^\alpha N_1'$ 及 $N_2P_2^\alpha N_2'$,使在由这些线段与曲线 L 的 $\overparen{N_1N_2}$ 及曲线弧 $\overparen{N_1'N_2'}$ 所围成的域 G_α 之内,除 $\overparen{P_1^\alpha P_2^\alpha}$ 外,不含 Ω_h 的其他点. 这样的域的确能找得出,因为 L 盘旋地逼近 $f_\alpha(R,t)$,所以在 $N_1P_1^\alpha$ 与 $N_2P_2^\alpha$ 上的 L 的点组成两个分别以 P_1^α 和 P_2^α 为唯一极限点的可数序列,而法线段 $P_1^\alpha N_1'$ 与 $P_2^\alpha N_2'$ 以及在 $\overparen{P_1^\alpha P_2^\alpha}$ 的中间点所作的充分小的一切相仿法线段都不与 L 相交. 以 S_α 表示以 $\overparen{P_1^\alpha P_2^\alpha}$ 的某一内点为圆心且整个浸没在域 G_α 内的圆. 对于不同的 α,此一 S_α 不含彼一 S_α 的圆心,因此,

不同的 $f_\alpha(R,t)$ 充其量是可数个.

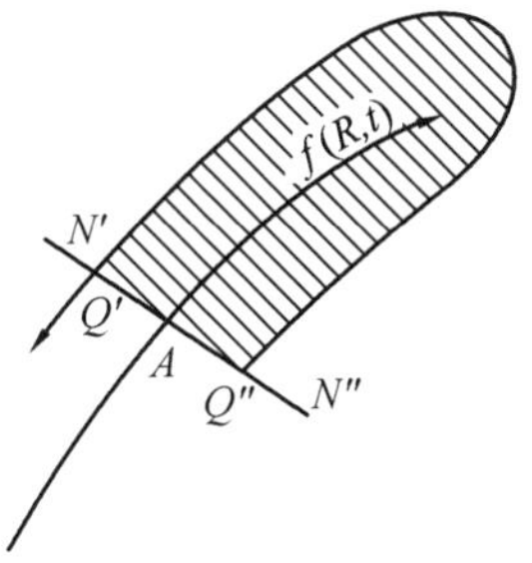

图 6

推论 1 若轨道 $f(P,t)$ 的 ω 极限集合只含一个奇点,则 Ω_P 除这点外,由有限个或可数多个以它们的两端去邻接这个奇点的轨道组成.

我们现在来阐明轨道 $L=f(P,t)$ 逼近它自己的 ω 极限集合 Ω_P 的方式. 首先,借助海涅－波莱尔(Heine-Borel) 辅助定理,容易证明,对任一 $\varepsilon>0$,能够指出一个 T,使得 $t>T$ 时,轨道 $f(P,t)$ 含于它自己的 ω 极限集合(有界的) 的 ε 邻域内. 利用 Ω_P 是某一单连通域 Γ 的边界这一事实①,我们将域 Γ 等角地及一一对应地写像到一圆 K 的内部,在这个写像下,一般来说,在圆 K 的边界 G 上对应不是一意的,但是根据卡拉特奥多的结果,在沿 Γ 域内的简单弧能够达到的 Γ 的一切边界点 R 处这个对应是一意的,而且是相互连续的. 在我们所讨论的这个情形中,无论如何,一切点 $R\in\Omega_h$ 都是这样的点. 因为,那些简单弧就是在组成 Ω_h 的积分线 L_i 之上的点处所作的与 L_i 只有一个公共点的法线段. 因此,在等角写像下 Ω_s 变成圆周上一闭集合 $\bar{\Omega}_s$,而组成 Ω_h 的诸积分线则变成这个集合的毗邻诸区间,每一积分线变成它自己所对应的唯一的一个区间. 借助所作的写像,组成 Ω_h 的诸积分线 L_s,可按它们的象在圆周上的排列,给予一个巡回次序. Ω_P 的一 ε 邻域(精确来说,这个邻域在域 Γ 内的部分) 在写像下变成毗连圆周的狭窄的环状域,自 $t\geqslant T$ 起,轨道 $f(P,t)$ 的象就在这个域内,以任意一种顺序将组成 Ω_h 的诸轨道加以编排.

设这个编排顺序是

$$L_1,L_2,\cdots,L_h,\cdots$$

环绕圆周巡行的可能方向有两个. 考查弧 L_s 上任意两点,若沿 L_s 从一点到另一点是参数 t 增加的方向,则它们的象在圆周上所确定的旋转方向,我们就将它作为正向. 我们来证明这种方式规定的旋转方向与弧 L_s 的选择无关. 否则,设

① 积分线逼近它自己的 ω 极限集合的方式的完全的分析,在 Ω_P 为有界的情形是由索恩采夫给出的,Ω_P 为无界的情形则是由维纳格勒得给出的. 在下面,为简单起见,我们只粗略地叙述他们的结果.

有在弧 L_{s_1} 上的两点 P'_{s_1} 与 P''_{s_1} 及在弧 L_{s_2} 上的两点 P'_{s_2} 与 P''_{s_2}（图 7），从在前的点分别沿所在的弧到在后的点时 t 递增，但在圆周上前两个点及后两个点却确定相反的旋转方向. 在 $\widehat{P'_{s_1}P''_{s_1}}$ 及 $\widehat{P'_{s_2}P''_{s_2}}$ 的近旁分别作域 Γ_1 和 Γ_2，使有如下诸性质，它们分别由这些弧、法线段及某曲线所围成，并且：(1) Γ_1 与 Γ_2 除 $\widehat{P'_{s_1}P''_{s_1}}$ 与 $\widehat{P'_{s_2}P''_{s_2}}$ 外不含 Ω_h 的其他点；(2) 围成此等域的法线段仅能被 L 的象从一个方向穿过. 这些域在等角写像下变成毗连圆周上的弧的域 $\bar{\Gamma}_1$ 及 $\bar{\Gamma}_2$，而那些法线段则变成简单弧，它们也仅能被 L 的象从一个方向穿过. 设线段 $P'_{s_1}P''_{s_1}$ 和 $P'_{s_2}P''_{s_2}$ 有相反的方向，我们来考查积分线 L，从在 P'_{s_1} 处所作的法线段上的点走到在 P'_{s_2} 处所引的法线段上的点的一段弧. 在这个弧上，我们记出从与在 P'_{s_1} 处的法线段的最后交点 A 到与在 P'_{s_2} 处的法线段的头一个交点 B 之间的那一部分. 若 $\widehat{P'_{s_1}P''_{s_1}}$ 及 $\widehat{P'_{s_2}P''_{s_2}}$ 的象成为方向相反的弧，则曲线 L 的象，继点 B 的象 $\bar{B}$ 之后，进入一闭域内，此域由在点 P''_{s_1} 及 P''_{s_2} 所引法线段的象、$\widehat{AB}$ 及另一圆弧 $\widehat{P''_{s_1}P'_{s_2}}$ 围成，并且从它里面不可能再外出，但这与圆周上所有点都是 $\bar{L}$ 的极限点的性质冲突. 这就确立了我们的论断. 设在圆周上引入参数 τ，并以 $f(\tau)$ 表示 Ω_P 内圆周上的点的原底. 设 U_{τ_1} 及 U_{τ_2} 为 $f(\tau_1)$ 与 $f(\tau_2)$ 的任意两个不相交的邻域，其中 $f(\tau_1)$ 与 $f(\tau_2)$ 属于 C_s，并设 $\tau_1 < \tau_2$. 于是由证得的结果，容易确定有这样的 T 存在，能使 $t > T$ 时，轨道 L 轮流进入 U_{τ_1} 及 U_{τ_2}，即是说，当 L 离开 U_{τ_1} 后再转回去访问 U_{τ_1} 之前，它必定先访问 U_{τ_2}. 一般来说，这样的 T 与 U_{τ_1} 和 U_{τ_2} 的选择有关. 这一论断的证明是根据很明显的事实，即在圆上 L 的象就是按这样的顺序访问 U_{τ_1} 和 U_{τ_2} 的象.

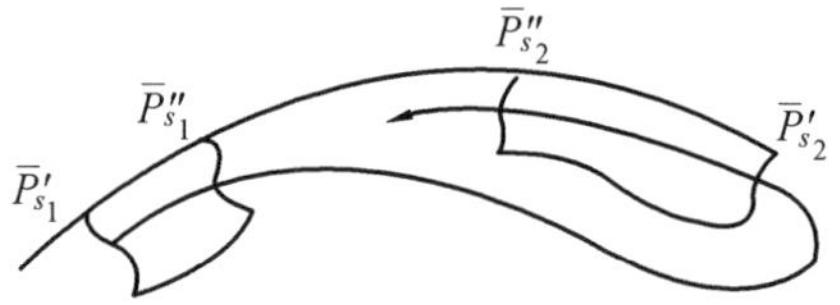

图 7

在这一节内我们研究了位于平面上的动力体系的轨道，如我们研究在柱面上的轨道时，也可得到同样的结果. 当然，论证要有某些变更. 事情是这样，在柱面上简单封闭线有两种可能类型：一类在面上围成某一有界域，这个域能与平面域一意而且相互连续地对应；另一类是环绕柱面，不是任何有界域的边界的封闭线，但它们也分柱面为两个域，并作为这两个域的公界.

在证明许多定理时，我们时常选取积分线的法线. 在研究柱面上的积分线时，我们必须以法面和柱面的交线去代替直的法线. 最后，应当注意，两类简单封闭线的任一环状邻域都与平面环同胚.

在柱面上给出一不含奇点的环状域，于是在它里面，根据定理 6，只可能包含分柱面为这样的两个域，在一个域内有环状域的边界，而在另一个域内有另一边界的闭积分线. 若利用这些指出的事项，则容易确立定理 1，2，3，4，4′，7 对于在柱面空间内的微分方程组的正确性. 周期解的邻域的特性也仍然正确. 定理 6 对于由闭轨道所围成的与圆同胚的区域也为真. 看起来好像这节所有其他结论也为真，可是现实中还没有证明出来.

§ 2　在锚圈面上的轨道

在三维空间中，借助曲线坐标 ϑ,φ 所规定的通常锚圈面 $\mathfrak{G}(\varphi,\vartheta)$，有

$$x=(R+r\cos\vartheta)\cos\varphi,\ y=(R+r\cos\vartheta)\sin\varphi,\ z=r\sin\vartheta$$
$$(0\leqslant\varphi<2\pi,\ 0\leqslant\vartheta<2\pi,\ 0<r<R)$$

其中，φ 等于常数的曲线叫作子午线，ϑ 等于常数的曲线叫作平行线，有时前者也叫经线，后者也叫纬线. 为了给出在锚圈面上的动力体系，我们必须借助于在锚圈面上连续的及单值的函数 $\Phi(\varphi,\vartheta)$ 和 $\Theta(\varphi,\vartheta)$，以规定在锚圈面上的矢量场.

假定 Φ 和 Θ 对于 φ,ϑ 的所有值都有定义，并且它们是周期的，对 φ,ϑ 而言，周期都是 2π. 我们设函数 Φ,Θ 服从保证解的唯一条件，在 $\mathfrak{G}(\varphi,\vartheta)$ 上的动力体系是由方程组

$$\frac{\mathrm{d}\varphi}{\mathrm{d}t}=\Phi(\varphi,\vartheta),\ \frac{\mathrm{d}\vartheta}{\mathrm{d}t}=\Theta(\varphi,\vartheta) \tag{1}$$

规定的. 在锚圈面上，我们着重于没有奇点的方程组，在这种情形下，方程式 $\Phi(\varphi,\vartheta)=0$ 和 $\Theta(\varphi,\vartheta)=0$ 没有公共解. 如果再加以限制，使函数 $\Phi(\varphi,\vartheta)$ 处处不为零，那么对于轨道的讨论，可用方程

$$\frac{\mathrm{d}\vartheta}{\mathrm{d}\varphi}=\frac{\Theta(\varphi,\vartheta)}{\Phi(\varphi,\vartheta)}\ \text{或}\ \frac{\mathrm{d}\vartheta}{\mathrm{d}\varphi}=A(\varphi,\vartheta) \tag{2}$$

来代替方程组(1)，其中 $A(\varphi,\vartheta)$ 是 φ,ϑ 的连续的、周期的函数，对于 ϑ 和 φ 而言，$A(\varphi,\vartheta)$ 的周期都是 2π，并且使方程(2) 的解符合唯一性.

在锚圈面上，方程组的定性理论基本上来自庞加莱[4]. 我们在下面将给出关于它的近代论述[5].

如我们看到的，有时适于在无限面 $-\infty<\varphi<+\infty$，$-\infty<\vartheta<+\infty$ 上去考虑方程组(1). 为了从在平面上的图形回到锚圈面上，我们必须将所有坐标差 2π 的整数倍的点(可数个的) 视为同一. 锚圈面在平面上的表示法是将正方形 $0\leqslant\varphi\leqslant 2\pi$，$0\leqslant\vartheta\leqslant 2\pi$ 的对边 $\varphi=0$，$\varphi=2\pi$ 及 $\vartheta=0$，$\vartheta=2\pi$ 视为同一(所有顶点视为同一个点(0，0)).

如此便可认为方程(2) 是在平面上. 由于函数 $A(\varphi,\vartheta)$ 的有界性,由初值 $\varphi=\varphi_0$,$\vartheta=\vartheta_0$ 所规定的解在整个区间 $-\infty<\varphi<+\infty$ 内可无限地延长. 我们将以

$$\vartheta=u(\varphi,\varphi_0,\vartheta_0) \tag{3}$$

表示此解.

方程(2) 的所有解,显然都可由给定参数 $\varphi_0=0$ 得出,而通解很明显与另一个参数 ϑ_0 有关,我们将此解写作

$$\vartheta=u(\varphi,\vartheta_0)=u(\varphi,0,\vartheta_0) \tag{3'}$$

我们以 L_{ϑ_0} 表示与此解对应的积分线. 今考查方程 $\vartheta=u(\varphi,0)$ 所表示的积分线 L_0. 有两种情形是可能的:

1. 当 φ 递增时,曲线 L_0 经过点 $(2p\pi,2q\pi)$,其中 p 是正整数,q 是整数. 很容易看出,由于 $A(\varphi,\vartheta)$ 的周期性,曲线 L_0 经过所有点:$(2np\pi,2nq\pi)$,$n=\pm1,\pm2,\cdots$.

从平面上返回到锚圈面上,我们即见,L_0 在锚圈面上形成封闭圈,沿着经线 p 转,沿着纬线 q 转后封闭. 我们易证,在所论的情形下

$$\lim\frac{u(\varphi,0)}{\varphi}=\frac{q}{p}$$

2. 当 φ 递增时,L_0 不与任何整点(所谓整点,是在 2π 倍的意义下) 相交. 在此情形,所有整点 $(2p\pi,2q\pi)$ 在 L_0 上方或在 L_0 下方. 首先我们指出,若点 $(2p\pi,2q\pi)$ 位于 L_0 上方(下方),则其他所有点 $(2np\pi,2nq\pi)$,$n=\pm1,\pm2,\cdots$,也是如此. 依条件,$u(2p\pi,0)<2q\pi$,故代表函数为 $\vartheta=u(\varphi;2p\pi,2q\pi)$ 的积分线 L' 在点 $(2p\pi,2q\pi)$ 的邻域内时位于 L_0 上方,因此由唯一性,L' 整个位于 L_0 上方. 由 $A(\varphi,\vartheta)$ 的周期性,曲线 L' 与 L_0 全同,因此点 $(4p\pi,4q\pi)$ 在 L' 上方,而这就意味着它在 L_0 上方. 其次,我们指出,曲线 L'',$\vartheta=u(\varphi;4p\pi,4q\pi)$ 在点 $(6p\pi,6q\pi)$ 下方,而这表示这个点在 L' 上方,因此也在 L_0 上方. 其余仿此类推.

每一整点 $(2p\pi,2q\pi)$,$p\neq0$ 对应一既约分数 $r=q/p$,而每一分数对应了无限多的此种点. 由前面的讨论可知,若在与 r 对应的整点集合中,有一个位于 L_0 上方(下方),则这个集合中的所有点都是如此.

若与 r 对应的点位于 L_0 上方,且 $r_1>r$,则与 r_1 对应的点也在 L_0 上方. 因此,如果以对应位于 L_0 下方的整点的 r 为第一类,以对应位于 L_0 上方的整点的 r 为第二类,我们就在有理数域 $\{r\}$ 中得到一戴德金(Dedekind) 分割,每一类都不空. 设当 $\vartheta=\vartheta_1$ 时,L_0 与直线 $\varphi=2\pi$ 相交,于是小于 ϑ_1 的整数属于第一类,而大于 ϑ_1 的整数属于第二类. 这个分割规定了一个实数 μ—— 旋转数,旋转数基本上确定了在锚圈面上积分线分布的特征.

首先来计算

$$\lim_{N\to\infty}\frac{u(2N\pi,0)}{2N\pi}$$

对于给定的 $\varepsilon>0$,取 $|N|>\dfrac{1}{2\varepsilon}$,并设

$$\frac{m}{N}\leqslant\mu<\frac{m+1}{N} \tag{4}$$

由上述 μ 的定义即知点 $(2N\pi,2(m-1)\pi)$ 位于 L_0 下方,而点 $(2N\pi,2(m+1)\pi)$ 位于 L_0 上方. 因此

$$2(m-1)\pi<u(2N\pi,0)<2(m+1)\pi \tag{5}$$

其次,用 $2N\pi$ 除不等式(5) 中的各项,且与不等式(4) 比较,便得

$$\left|\frac{u(2N\pi,0)}{2N\pi}-\mu\right|<\varepsilon$$

即

$$\lim\frac{u(2N\pi,0)}{2N\pi}=\mu$$

再设 φ 为任意的,选 $N=N(\varphi)$ 使 $2\pi N\leqslant\varphi<2\pi(N+1)$,因函数 $A(\varphi,\vartheta)$ 是周期的而且是连续的,所以是有界的,$|A(\varphi,\vartheta)|\leqslant M$,故

$$|u(\varphi,0)-u(2N\pi,0)|<2\pi M$$

于是,我们有

$$\begin{aligned}
&\left|\frac{u(\varphi,0)}{\varphi}-\frac{u(2N\pi,0)}{2N\pi}\right|\\
\leqslant&\left|\frac{u(\varphi,0)-u(2N\pi,0)}{\varphi}+u(2\pi N,0)\left[\frac{1}{\varphi}-\frac{1}{2\pi N}\right]\right|\\
\leqslant&\left|\frac{2\pi M}{2\pi|N|}\right|+\left|\frac{u(2N\pi,0)}{2N\pi}\right|\frac{1}{2\pi|N|}\\
<&\frac{1}{|N|}\left(M+\frac{|m|+1}{2\pi|N|}\right)\\
<&\frac{1}{|N|}\left(M+\frac{\mu}{2\pi}+\frac{1}{2\pi}\right)
\end{aligned}$$

当 $|N|$ 充分大时,上式最后一项可以任意小,因此

$$\lim_{\varphi\to\infty}\frac{u(\varphi,0)}{\varphi}=\mu$$

最后来考查任一积分线 $\vartheta=u(\varphi,\vartheta_0)$,我们可以假定 $0<\vartheta_0<2\pi$,因为初值 $\vartheta_0+2n\pi$(n 为整数) 在锚圈面上,给出同一的积分线. 由唯一性,对于所有 φ,我们都有不等式(在平面上)

$$u(\varphi,0)<u(\varphi,\vartheta_0)<u(\varphi,\vartheta_0+2\pi)=u(\varphi,\vartheta_0)+2\pi$$

由此可见

$$\left|\frac{u(\varphi,\vartheta_0)}{\varphi}-\frac{u(\varphi,\vartheta)}{\varphi}\right|<\frac{2\pi}{|\varphi|}$$

故有

$$\lim_{\varphi\to\infty}\frac{u(\varphi,\vartheta_0)}{\varphi}=\mu \tag{6}$$

因此 μ 是锚圈面上任一轨道的平均旋转数①.

今有两种完全不同的可能情形：

1. 旋转数 μ 是有理数 $\frac{q}{p}$，其中 p 是自然数，q 是整数. 若 $u(2p\pi,0)=2q\pi$，则如我们在前面所见，经过点 $(0,0)$ 的轨道 L_0 是闭的. 在一般情形下，我们注意到 $u(2\pi p,\vartheta_0)$ 是 ϑ_0 的连续递增函数，而且

$$u(2\pi p,\vartheta_0+2\pi)=u(2\pi p,\vartheta_0)+2\pi$$

今作 ϑ_0 的连续周期函数，周期是 2π，则

$$v(\vartheta_0)=u(2\pi p,\vartheta_0)-2q\pi-\vartheta_0=\vartheta_0^{(p)}-2q\pi-\vartheta_0$$

(1) 若 $v(\vartheta_0)\equiv 0$，则对于任一 ϑ_0，$u(2p\pi,\vartheta_0)=2q\pi+\vartheta_0$，在锚圈面上，由点 $(0,\vartheta_0)$ 出发的积分线，沿着经线作 p 转、沿着纬线作 q 转 $(p>0,q\in\mathbf{R})$ 后即行封闭，所有轨道都是闭的.

(2) 设 $v(\vartheta_0)\not\equiv 0$，则有 ϑ_0' 存在，能使 $v(\vartheta')\neq 0$. 为确定起见，设 $v(\vartheta_0')>0$. 我们来证不等号在整个区间 $0\leqslant\vartheta_0\leqslant 2\pi$ 上不能永远成立. 如果不然，设在全区间内，$v(\vartheta_0)\geqslant\alpha>0$，即

$$u(2\pi p,\vartheta_0)=\vartheta_0^{(p)}\geqslant\vartheta_0+2q\pi+\alpha$$

于是

$$u(4\pi p,\vartheta_0)=\vartheta_0^{(2p)}\geqslant\vartheta_0^{(p)}+2q\pi+\alpha\geqslant\vartheta_0+4q\pi+2\alpha$$

一般地

$$u(2N\pi p,\vartheta_0)\geqslant\vartheta_0+N(2q\pi+\alpha)$$

因此

$$\lim\frac{u(2N\pi p,\vartheta_0)}{2N\pi p}\geqslant\mu+\frac{\alpha}{2p\pi}>\mu$$

这与 μ 的定义矛盾. 因此，$v(\vartheta_0)$ 可为正或为负，故在区间 $0\leqslant\vartheta_0\leqslant 2\pi$ 内有在圆上 $\varphi=0$ 的闭集合 $F=\{\vartheta\}$ 存在，当 $\vartheta\in F$ 时，$v(\vartheta)=0$. 于是经过点 $(0,\vartheta)$ 的轨道在锚圈上是沿经线 p 转、沿纬线 q 转之后封闭的封闭圈.

综上所述可见：如果旋转数是有理的，那么在锚圈上必有闭轨.

今设 ϑ_0 属于上述集合 F 的毗邻区间：$\vartheta'<\vartheta_0<\vartheta''$；$\vartheta',\vartheta''\in F$. 于是

---

① 作为一个推论，我们可得：若点 $(2p\pi,2q\pi)$ 位于 L_0 下方，而点 $(2p\pi,2(q+1)\pi)$ 位于 L_0 上方，则点 $(2p\pi,2q\pi+\vartheta_0)$ 也位于 L_0 下方，而点 $(2p\pi,2(q+1)\pi+\vartheta_0)$ 也位于 L_0 上方.

$v(\vartheta_0)\neq 0$，设 $v(\vartheta_0)>0$，这个不等式在整个开区间(ϑ',ϑ'')内都成立. 将讨论从平面上转到锚圈的第一个经圈 $\varphi=0(0\leqslant\vartheta<2\pi)$. 为此我们将考虑所有 ϑ 值以 2π 为模的最小剩余. 我们引入下面的定义和记号，以供以后应用.

值 $\vartheta_0^{(n)}=u(2n\pi,\vartheta_0)$，依 mod 2π 来化简后，叫作 ϑ_0 的第 n 个继承者，用 ϑ_n 来表示，就 ϑ_n 来说，ϑ_0 叫作 ϑ_n 的第 n 个前驱者.

按上述定义，ϑ' 的第 p 个继承者 $\vartheta'_p=\vartheta'$，ϑ'' 的第 p 个继承者 $\vartheta''_p=\vartheta''$，而由不等式，$v(\vartheta_0)>0$，便知在巡回次序下，$\vartheta_p$ 在 ϑ_0 之后，但在 ϑ_{2p} 之前. 照此推下去即得点的序列 $\vartheta_0,\vartheta_p,\vartheta_{2p},\cdots,\vartheta_{np},\cdots$ 在巡回次序下单调递增，且以 ϑ'' 为其上界. 设 $\lim\limits_{n\to\infty}\vartheta_{np}=\vartheta^*$，则 $v(\vartheta^*)$ 必等于 0，否则只要 $n\geqslant N$，便有 $v(\vartheta_{np})\geqslant\alpha>0$，于是

$$u(2p\pi,\vartheta_{Np})\geqslant\vartheta_{Np}+2q\pi+\alpha$$

$$u(4p\pi,\vartheta_{Np})\geqslant u(2p\pi,\vartheta_{Np})+2q\pi+\alpha\geqslant\vartheta_{Np}+4q\pi+2\alpha$$

一般地

$$u(2kp\pi,\vartheta_{Np})\geqslant\vartheta_{Np}+k(2q\pi+\alpha)$$

因而

$$\lim_{k\to\infty}\frac{u(2kp\pi,\vartheta_{Np})}{2kp\pi}\geqslant\frac{q}{p}+\frac{\alpha}{2p\pi}>\frac{q}{p}$$

这与 $\frac{q}{p}$ 的定义矛盾①. 因为 $v(\vartheta^*)=0$，所以 $\vartheta^*=\vartheta''$. 故当 $\varphi\to\infty$ 时，积分线 L_{ϑ_0} 渐近地逼近极限圈 $L_{\vartheta''}$. 用同样的方式可证当 $\varphi\to-\infty$ 时，积分线 L_{ϑ_0} 渐近地逼近极限圈 $L_{\vartheta'}$.

在以后我们需要下列极限圈存在的判别法则，根据以上的探讨，这也是 μ 的有理性的判别法则.

辅助定理 4（庞加莱） 设 $\vartheta'_0,\vartheta''_0$ 为圆周 C 上的两点，如果有某一对它们的继承者 $\vartheta'_n,\vartheta''_n$ 进入 $\overset{\frown}{\vartheta'_0\vartheta''_0}$ 内，那么方程组必有极限圈.

辅助定理的条件包含在写像 $\vartheta_n=u(2n\pi,\vartheta_0)$ 下，$\overset{\frown}{\vartheta'_0\vartheta''_0}$ 成为含于它之内的 $\overset{\frown}{\vartheta'_n\vartheta''_n}$，而写像 $\vartheta_{2n}=u(2n\pi,\vartheta_n)=u(4n\pi,\vartheta_0)$ 将 $\overset{\frown}{\vartheta'_n\vartheta''_n}$ 写成内弧 $\overset{\frown}{\vartheta'_{2n}\vartheta''_{2n}}$，等等. 我们得到有界的单调点序列 $\vartheta'_0,\vartheta'_n,\vartheta'_{2n},\cdots$，如我们所曾见，经过极限点的是极限圈.

例 1 在锚圈面上，给定方程式

$$\frac{\mathrm{d}\vartheta}{\mathrm{d}\varphi}=\frac{q}{p}$$

其中 p 是自然数，q 是整数，且 $\frac{q}{p}$ 是既约的，以 $\vartheta=\vartheta_0,\varphi=0$ 为初值的解是

$$\vartheta=\vartheta_0+\frac{q}{p}\varphi$$

① 以上几行式子乃译者添加 —— 译者注.

所有积分线都是闭的：$\mu=\dfrac{q}{p}$.

例 2　轨道的方程是

$$\frac{\mathrm{d}\vartheta}{\mathrm{d}\varphi}=\sin\vartheta$$

此时可有两个闭轨道：$\vartheta=0$ 及 $\vartheta=\pi$，其他的轨道完全由方程式

$$\vartheta=2\arctan\left(\tan\frac{\vartheta_0}{2}\mathrm{e}^{\varphi}\right)$$

给出，当 $\varphi\to+\infty$ 时，各轨道都渐近地逼近极限圈 $\vartheta=\pi$，当 $\varphi\to-\infty$ 时，渐近地逼近极限圈 $\vartheta=0$，旋转数 $\mu=0$.

2. 旋转数 μ 是无理数. 此时无闭轨道（参看情形 1）. 先看一个例子.

例 3　轨道的微分方程为

$$\frac{\mathrm{d}\vartheta}{\mathrm{d}\varphi}=\mu$$

其中 μ 是无理数，积分线族是 $\vartheta=\vartheta_0+\mu\varphi$.

如我们所知（参看第一章），此时，任一积分线上的点在锚圈上都是到处稠密的.

回到一般的情形，我们以轨道 L_{ϑ_0} 来考查

$$\vartheta=u(\varphi,\vartheta_0)$$

它的点的继承者及前驱者 $\vartheta_n(n=\pm1,\pm2,\pm3,\cdots)$ 都是不同的.

我们来研究它们在经圈 C 上分布的次序. 设 $p_2>p_1>0$，于是对应点的巡回次序可能是 $\vartheta_0,\vartheta_{p_2},\vartheta_{p_1}$，或是 $\vartheta_0,\vartheta_{p_1},\vartheta_{p_2}$. 我们先假定

$$0\leqslant\vartheta_0<\vartheta_{p_1}<\vartheta_{p_2}<2\pi \tag{7}$$

或

$$0\leqslant\vartheta_0<\vartheta_{p_2}<\vartheta_{p_1}<2\pi \tag{7$'$}$$

转到平面上，依照定义有

$$u(2p_1\pi,\vartheta_0)=\vartheta_{p_1}+2q_1\pi$$
$$u(2p_2\pi,\vartheta_0)=\vartheta_{p_2}+2q_2\pi$$

其中 q_1,q_2 是整数.

于是，我们有 $u(2p_1\pi,\vartheta_0)-\vartheta_0=\vartheta_{p_1}-\vartheta_0+2q_1\pi$，且由于不等式(7)(7′)，有

$$2q_1\pi<u(2p_1\pi,\vartheta_0)-\vartheta_0<2(q_1+1)\pi$$

这就是点$(2p_1\pi,2q_1\pi+\vartheta_0)$位于 L_{ϑ_0} 下方，而点$(2p_1\pi,2(q_1+1)\pi+\vartheta_0)$位于 L_{ϑ_0} 上方. 记住 μ 的定义对所有轨道都是相同的（用变换 $\vartheta=\vartheta_0+\bar{\vartheta}$ 即可将所论的 L_{ϑ_0} 化为 L_0），便可断定

$$\frac{q_1}{p_1}<\mu<\frac{q_1+1}{p_1},q_1<p_1\mu<q_1+1,q_1=[p_1\mu]$$

同样的，有 $q_2=[p_2\mu]$①.

我们又有

$$u(2p_2\pi,\vartheta_0)-u(2p_1\pi,\vartheta_0)=\vartheta_{p_2}-\vartheta_{p_1}+2(q_2-q_1)\pi$$

由此知在不等式(7) 所示的情形下

$$2(q_2-q_1)\pi<u(2\pi p_2,\vartheta_0)-\vartheta_0^{(p_1)}<2(q_2-q_1+1)\pi \tag{8}$$

而在不等式(7′) 所示的情形下

$$2(q_2-q_1-1)\pi<u(2\pi p_2,\vartheta_0)-\vartheta_0^{(p_1)}<2(q_2-q_1)\pi \tag{8′}$$

我们指出，L_{ϑ_0} 可由初值

$$\varphi=2p_1\pi,\vartheta=\vartheta_0^{(p_1)}$$

来规定 $\vartheta=u(\varphi;2p_1\pi,\vartheta_0^{(p_1)})$. 由于式(2) 右端的周期性，$\varphi\geqslant 2p_1\pi$ 的半轨 L_{ϑ_0} 与曲线 $L_{\vartheta_0^{(p_1)}}:\vartheta=u(\varphi,\vartheta_0^{(p_1)})$ 的半轨 $\varphi\geqslant 0$ 重合，因而由不等式(8)(8′) 给出

$$2(q_2-q_1)\pi<u(2\pi(p_2-p_1),\vartheta_0^{(p_1)})-\vartheta_0^{(p_1)}<2(q_2-q_1+1)\pi \tag{9}$$

$$2(q_2-q_1-1)\pi<u(2\pi(p_2-p_1),\vartheta_0^{(p_1)})-\vartheta_0^{(p_1)}<2(q_2-q_1)\pi \tag{9′}$$

所以当不等式(7) 满足时，点$(2(p_2-p_1)\pi,2(q_2-q_1)\pi+\vartheta_0^{(p_1)})$ 位于 $L_{\vartheta_0^{(p_1)}}$ 下方，而点$(2(p_2-p_1)\pi,2(q_2-q_1+1)\pi+\vartheta_0^{(p_1)})$ 位于 $L_{\vartheta_0^{(p_1)}}$ 上方. 因此

$$\frac{q_2-q_1}{p_2-p_1}<\mu<\frac{q_2-q_1+1}{p_2-p_1}$$

$$q_2-q_1=[(p_2-p_1)\mu]$$

$$\begin{aligned}(p_2\mu)&=p_2\mu-[p_2\mu]=p_2\mu-q_2\\&=(p_2-p_1)\mu-(q_2-q_1)+p_2\mu-q_1\\&>p_1\mu-[p_1\mu]=(p_1\mu)\end{aligned} \tag{10}$$

同样的，若不等式(7′) 满足，便有

$$(p_2\mu)<(p_1\mu) \tag{10′}$$

不等式(10)(10′) 确立下面庞加莱的定理：

点$\{\vartheta_n\}$ 的巡回次序仅与数 μ 有关，且与$(n\mu)$ 在叠合线段$[0,1]$ 的端点而成的圆上的巡回次序一致.

附记 2 在上面的证明中，我们假定点 0 不在 $\vartheta_0,\vartheta_{p_1},\vartheta_{p_2}$ 之间. 借助 ϑ 的原点的移动，总可使得此情形成立. 这样移动不会影响以上的计算，因为以上的计算仅涉及诸 ϑ 值的差.

今来探讨集合 $E=\{\vartheta_n\}$ 的构造. 设 E 的极限集合是 P，这是一个闭集合. 若点 $\vartheta^*\in P$，则它是一递增(或递减) 的点序列 $\vartheta_{n_1},\vartheta_{n_2},\cdots,\vartheta_{n_k},\cdots$ 的极限点. 因为集合$(n\mu)$ 到处稠密，所以，根据上一定理，在每一区间$(\vartheta_{n_k},\vartheta_{n_{k+1}})$ 内都有 E 内无

---

① 记号$[a]$ 表示小于或等于 a 的最大整数(a 的整数部分)，而记号(a) 表示 $a-[a]$(a 的非整数部分).

限个点，因而也有 P 的点，故 ϑ^* 是 P 的极限点. 因此，P 是一个完全集合. 初看有三种情形：

1. P 与整个子午圈重合，即轨道在锚圈面到处稠密.

2. P 是远处稠密的完全集合.

3. P 不与子午圈重合，但含闭区间.

我们来证情形 3 是不可能的. 设 $\widehat{AB}$ 是含于 P 内的闭弧，且在下面意义下是极大的，即在任一含 $\widehat{AB}$ 的弧内都有不属于 P 的点. 设 A_n，B_n 分别为 A，B 的第 n 个继承者，于是 $\widehat{A_nB_n}\subset P$ 且包含 $\widehat{AB}$ 上一切点的第 n 个继承者. 两个弧 $\widehat{A_mB_m}$ 及 $\widehat{A_nB_n}$ 不可能有公共点. 若 $\widehat{A_mB_m}$ 与 $\widehat{A_nB_n}(m\neq n)$ 有公共点，则 $\widehat{A_{n-m}B_{n-m}}=\widehat{A_iB_i}$ 与 $\widehat{AB}$ 也将有公共点. 若 $\widehat{AB}$ 与 $\widehat{A_iB_i}$ 局部交接，例如沿 $\widehat{A_iB}$，则整个弧 $\widehat{AA_iBB_i}\subset P$，此与 $\widehat{AB}$ 的定义矛盾，但若一弧在另一弧内，则按辅助定理将有极限圈存在，但对于无理的 μ 这是不可能的.

此外，既然 $\widehat{AB}\subset P$，其内应有 E 中不同的点 ϑ_n 与 ϑ_m. 于是 $\widehat{A_mB_m}$ 与 $\widehat{A_nB_n}$ 应有公共点 ϑ_{n+m}. 此矛盾证明了我们的论断.

如例 3 所示，情形 1 是存在的. 我们现在来对此情形做一般的定性研究. 集合 $\{\vartheta_n\}$ 在第一个子午圈的圆周上到处稠密，因此积分线 L_{ϑ_0} 在锚圈面上到处稠密. 我们再作 ϑ 的圆周到单位长度圆周 $(0\leqslant\xi<1)$ 上的下述的写像. 首先，我们用关系 $\Phi(\vartheta_n)=(n\mu)$ 来在稠密集合 $\{\vartheta_n\}$ 上定义函数 $\Phi(\vartheta)$. 根据庞加莱定理，这个函数所规定的写像保持巡回次序，因此，在它自己的定义集合上 $\Phi(\vartheta)$ 是单调的. 所以在每一点 $\bar{\vartheta}$ 处沿 $\{\vartheta_n\}$ 的部分序列的值的极限 $\Phi(\bar{\vartheta}-0)$ 及 $\Phi(\bar{\vartheta}+0)$ 存在，若 $\Phi(\bar{\vartheta}-0)$ 与 $\Phi(\bar{\vartheta}+0)$ 不同，且 $\Phi(\bar{\vartheta}+0)>\Phi(\bar{\vartheta}-0)$，则将不存在 $\xi=\Phi(\vartheta)$ 能在它们之间，此与集合 $\{(n\mu)\}$ 的稠密性矛盾. 因此，如果对所有 ϑ 都令 $\Phi(\vartheta)=\Phi(\vartheta+0)=\Phi(\vartheta-0)$，我们就得到了一个从圆周 $0\leqslant\vartheta<2\pi$ 到圆周 $0\leqslant\xi<1$ 的连续可逆一意的写像 $\xi=\Phi(\vartheta)$. 其次，用 $\psi=2\pi\Phi(\vartheta)$ 将子午圈 $0\leqslant\vartheta<2\pi$，$\varphi=0$ 写像到新锚圈的子午圈 $0\leqslant\psi<2\pi$，$\varphi=0$ 上，并保留经度 φ 不变，将锚圈上的轨道 $\vartheta=\mu(\varphi,\vartheta_0)$ 写像成直性线 $\psi=\mu\varphi$. 后一写像在第一个子午圈上与前一写像一致，根据连续性，此写像可以扩展到整个锚圈面上.

显然，所有其他的轨道也变成直性线，而且方程组(2) 的整个积分线族被写像为线族 $\psi=\mu\varphi+\psi_0$.

因此我们获知，在锚圈面上，一切轨道都是到处稠密的. 除此之外，我们证明了，对应同一个数 μ 的所有积分线族，若它们在锚圈面上到处稠密，则彼此同态，且与例 3 中的诸曲线同胚.

如下一例所示，情形 2 也是可以实现的.

例 4 在锚圈的第一个子午圈 $\varphi=0$，$0\leqslant\vartheta_0<2\pi$ 上取一无处稠密的完全

集合 F,并设$\{(\alpha_n,\beta_n)\}$是它的毗邻区间族,其中 α_n 在对应着坐标 ϑ_0 增加的巡回次序下是先于 β_n 的. 设已给无理旋转数 μ,我们来考虑在长为 1 的辅助圆周 $\Gamma(0\leqslant\xi<1)$ 上到处稠密的集合$\{(k\mu)\}$,$k=0,\pm 1,\pm 2,\cdots$. 我们在圆周 $\varphi=0$ 上的区间集合$\{(\alpha_n,\beta_n)\}$及在 Γ 上的点集合$\{(k\mu)\}$之间建立一个保持巡回次序的可逆一意对应. 将点$(k\mu)$排列成 $0,(\mu),(-\mu),(2\mu),(-2\mu),\cdots,(k\mu),(-k\mu),\cdots$. 将 Γ 上的点 0 与$(\alpha_1,\beta_1)\equiv(\alpha^{(0)},\beta^{(0)})$对应;点$(\mu)$与$(\alpha_2,\beta_2)=(\alpha^{(1)},\beta^{(1)})$对应;点$(-\mu)$与区间$(\alpha^{(-1)},\beta^{(-1)})$对应,$(\alpha^{(-1)},\beta^{(-1)})$是在已取用过的两个区间之间,能使$(\alpha^{(0)},\beta^{(0)})$,$(\alpha^{(1)},\beta^{(1)})$,$(\alpha^{(-1)},\beta^{(-1)})$在圆周 $\varphi=0$ 上与点 $0,(\mu),(-\mu)$ 在圆 Γ 上的巡回次序相同,并且下标 n 为最小的那一区间(α_n,β_n).

设已对序列的前 N 个点做好与集合$\{(\alpha_n,\beta_n)\}$中的区间的对应. 于是这个序列的第 $N+1$ 个点,在 Γ 上的巡回次序中,位于两个已经取用过的毗连的点$(k\mu)$,$(k'\mu)$之间(k,k' 是整数). 我们将它与尚未利用过的,下标最小,且在 $\varphi=0$ 的巡回次序中位于$(\alpha^{(k)},\beta^{(k)})$和$(\alpha^{(k')},\beta^{(k')})$之间的区间$(\alpha_n,\beta_n)$对应. 无限制的继续此法,便得所要的对应.

今以如下方式定义从整个圆周 $\varphi=0$ 到圆周 Γ 的写像 $\Phi(\vartheta_0)=\xi$,整个闭区间$[\alpha^{(k)},\beta^{(k)}]$对应一个点$(k\mu)\in\Gamma$. 若 ϑ_0 是集合 F 的第二类点,且 $0\leqslant\vartheta_0<2\pi$,则它在圆周 $\varphi=0$ 上,除去$(\alpha_1,\beta_1)\equiv(\alpha^{(0)},\beta^{(0)})$后,在区间集合$\{(\alpha^{(k)},\beta^{(k)})\}$,$k\neq 0$ 内做出一个分割. 由于巡回次序一致,这个分割对应点集合$\{(k\mu)\}$,$k\neq 0$ 内的一个分割,它确定某点 $\xi_0\in\Gamma$. 这时令 $\Phi(\vartheta_0)=\xi_0$,于是对于第二类的点变换 Φ 是可逆一意的,有 $\vartheta_0=\Phi^{-1}(\xi_0)$.

让圆 Γ 转动一个对应于弧(μ)的角,于是点 $\xi\in\Gamma$ 变成点 $\xi+\mu(\bmod 1)$. 在此圆 Γ 到它自身上的写像 $T_1(\Gamma)$ 下,我们有 $T_1(k\mu)=(k+1)\mu(k=0,\pm 1,\pm 2,\cdots)$. 在圆 $\varphi=0$ 上集合 F 的毗邻区间相应地得到一个变换 T_1,并且 $T_1(\alpha^{(k)},\beta^{(k)})=(\alpha^{(k+1)},\beta^{(k+1)})$. 由于这个变换保持诸区间的巡回次序,所以它可以扩充到 F 的第二类点 ϑ_0 上去,而且我们将有:若 $\vartheta_0=\Phi^{-1}(\xi_0)$,则 $T_1(\vartheta_0)=\Phi^{-1}(\xi_0+\mu)$.

将 $T_1(\vartheta_0)$ 扩充到闭的诸毗邻区间的点上去,如 $\vartheta_0\in(\alpha^{(n)},\beta^{(n)})$,设 $\vartheta_0=\alpha^{(n)}+\lambda(\beta^{(n)}-\alpha^{(n)})$,$0\leqslant\lambda\leqslant 1$,这时我们令 $T_1(\vartheta_0)=\alpha^{(n+1)}+\lambda(\beta^{(n+1)}-\alpha^{(n+1)})$. 这个对应在每一个$(\alpha^{(n)},\beta^{(n)})$内可逆一意并且连续(实际上是线性的). 再者,对于圆周 $\varphi=0$ 上所有的点,$T_1(\vartheta_0)$ 显然是可逆一意的,并且保持圆周上的巡回次序不变. 我们不难证明,它是连续的,因而,在圆周 $\varphi=0$ 上可逆连续.

现在转来作锚圈 $\tau(\varphi,\vartheta)$ 上的动力体系. 为了简单明了,我们先在带状域 $0\leqslant\varphi<2\pi$,$-\infty<\vartheta<+\infty$ 内作,有 $\mu=[\mu]+(\mu)$. 我们来规定一个跟随的规律(ϑ_0 与值 $\varphi=0$ 对应,ϑ_1 与值 $\varphi=2\pi$ 对应). 首先,将 $T_1(\vartheta_0)$ 视作 $-\infty<$

$\vartheta_0 < +\infty$ 上依关系 $T_1(\vartheta_0 + 2n\pi) = T_1(\vartheta_0) + 2n\pi$ 从 $0 \leqslant \vartheta_0 < 2\pi$ 延展过后的函数，这样就给每一值 $\vartheta_0(-\infty < \vartheta_0 < +\infty)$，对应一个值 $T_1(\vartheta_0)$，$0 < T_1(\vartheta_0) - \vartheta_0 < 2\pi$. 其次，确定了 $T_1(\vartheta_0)$ 的值后，我们令继承者 ϑ_1 为

$$\vartheta_1 = 2\pi[\mu] + T_1(\vartheta_0) \quad (-\infty < \vartheta_0 < +\infty, -\infty < \vartheta_1 < +\infty) \tag{11}$$

最后，在 $0 \leqslant \varphi \leqslant 2\pi$ 时，我们用公式

$$\vartheta = u(\varphi, \vartheta_0) = \vartheta_0 \cos^2 \frac{\varphi}{4} + \vartheta_1 \sin^2 \frac{\varphi}{4} \quad (\varphi = t) \tag{12}$$

来定义积分曲线及沿它们的运动. 这样一来

$$u(0, \vartheta_0) = \vartheta_0, u(2\pi, \vartheta_0) = \vartheta_1$$

即经过时间 2π，点绕经线一周从点 $(0, \vartheta_0)$ 走到了点 $(2\pi, \vartheta_1)$，同时在起点和终点处导数 $\frac{\mathrm{d}\vartheta}{\mathrm{d}\varphi} = 0$.

将所有带坐标 ϑ 的点视为同一个点 $(\bmod 2\pi)$，我们就得可以依 t 从 $-\infty$ 到 $+\infty$ 延展的积分线族. 因为，曲线(11) 在锚圈面上的象在区间 $0 \leqslant t \leqslant 2\pi$ 上是由方程 $\vartheta = u(\varphi, \vartheta_0) = \left(\vartheta_0 \cos^2 \frac{\varphi}{4} + \vartheta_1 \sin^2 \frac{\varphi}{4}\right) (\bmod 2\pi)$ 规定的，当延展到区间 $2\pi \leqslant t \leqslant 4\pi$ 上时将为相仿的曲线

$$\vartheta = u(\varphi, \vartheta_0) = \vartheta_1 \cos^2 \frac{\varphi}{4} + \vartheta_2 \sin^2 \frac{\varphi}{4} \ (\bmod 4\pi)$$

$$\varphi + 2\pi = t \tag{12'}$$

等. 这些曲线填满整个锚圈面而且互不相交，因为 ϑ_1 是 ϑ_0 的连续单调增函数，所以 $u(\varphi, \vartheta_0)$ 也是 ϑ_0 的连续增函数. 导数存在而且连续，对于 $0 < \varphi < 2\pi$，由公式(12) 即知，当 $\varphi = 0$ 和 $\varphi = 2\pi$ 时由这个公式也知 $\frac{\mathrm{d}\vartheta}{\mathrm{d}\varphi} = 0$，因而，导数的连续性在通过第一个子午圈时仍保持. 因此，我们作出了锚圈面上具有连续导数的积分线族，满足形式(1) 或(2) 的微分方程组. 现在我们来详细探讨这些积分线的分布状况.

当 $\vartheta_0 \in F$ 且为 F 的第二类点时，它对应圆 Γ 上不在可数集合 $D \equiv \{(k\mu)\}$ 之内的一点 ξ，点 ϑ_n 对应点 $(\xi + n\mu)$，也不在 D 内，因此 $\vartheta_n \in F$，且因点 $(\xi + n\mu)$ 在 Γ 上到处稠密，所以 $\{\vartheta_n\}$ 在 F 上到处稠密. 今设 ϑ_0 属于一闭的毗邻 F 的区间，譬如 $\vartheta_0 \in (\alpha^{(0)}, \beta^{(0)})$. 在这种情形，它的第 n 个继承者 $\vartheta_n \in (\alpha^{(n)}, \beta^{(n)})$，因此，积分线 $\vartheta = u(\varphi, \vartheta_0)$ 与子午圈 $\varphi = 0$ 上的每一区间 $(\alpha^{(n)}, \beta^{(n)})$ 只交一次，故 F 的毗邻区间的内点无一能是集合 $\{\vartheta_n\}$ 的极限点. 这些就证明了 $\{\vartheta_n\}$ 的极限集合是无处稠密的完全集合 F. 最后，容易验证，所作体系的旋转数等于已给的 μ.

事实上，式(11) 显示，转移为继承点是对应于圆周 Γ 的 $[\mu]$ 个整转及旋转一个弧度为 (μ) 的角，即坐标 ξ 增加 μ. 反之，在 Γ 上与值 $\vartheta_n - \vartheta_0$ 对应的弧的增

量是由$[n\mu]$个整转及圆周的某一真部分组成. 由此即推得

$$\lim_{n\to\infty}\frac{\vartheta_n-\vartheta_0}{2n\pi}=\mu$$

附记 3 我们证明了第二种情形对于右端连续的微分方程组(2)是可能实现的. 当儒瓦[6]曾证明,当函数$A(\varphi,\vartheta)$充分平滑,例如有连续的偏微商$\frac{\partial^2 A}{\partial\vartheta^2}$时,这种情形是不可能的.

附记 4 并非所有以给定的μ为旋转数的动力体系的积分线族,都与我们在例4中所得的同胚. 我们也可得到另一拓扑类型. 如果我们将毗邻区间族(α_n,β_n)分成有限或可数个组$\{\alpha_n^{(k)},\beta_n^{(k)}\}(k=0,1,2,\cdots)$,使得在同一组的每对区间之间都有其余各组的区间. 然后给定无理数$\alpha_k(k=1,2,\cdots)$,使它们之间的区间以及它们的和数μ都线性无关(就整系数来说),并作可数数集$\{(n\mu)\cup(\alpha_1+n\mu)\cup\cdots\}$且将各组的区间重新排列,使在新的编排下区间$(\alpha_n^{(k)},\beta_n^{(k)})$和数$(\alpha_k+n\mu)$的巡回次序符合. 其余如写像到$\Gamma$上及曲线族的作法都和在例4中的一样. 此时积分线与例4不同的是,若$\vartheta_0\in(\alpha_0^{(k)},\beta_0^{(k)})$,则曲线$\vartheta=\mu(\varphi,\vartheta_0)$在第一个子午圈上只与第$k$组的区间相交. 这个作法也来自当儒瓦[6].

附记 5 我们也可讨论由方程组(1)所表现的动力体系,其中Φ和Θ在有限个点处为0(但如前述,假定Φ和Θ无公共零点). 此种情形的拓扑探讨克内泽尔曾做过[7].

附记 6 锚圈是第一类的曲面,这是唯一的有界二维流形,在其上存在没有奇点的连续矢量场. 在类$n\geqslant 2$的曲面上积分线分布情况的定性研究马依尔曾做过[8].

§3 奇点的几何分类

设点O是孤立奇点. 我们分奇点为两类:稳定的与不稳定的. 如果有围绕此奇点直径可任意小的一些闭积分线存在,那么就称此奇点为稳定的,在所有其他情况下就称之为不稳定的. 为了说清楚各个不同类型奇点的构造,我们给出下面定理:

定理 10 在孤立奇点的充分小邻域内,不可能含有不含这个奇点于其内域的闭轨道.

这个定理乃是§1定理6的一个直接推论. 定理10使我们有可能对于在稳定奇点邻域内积分线的可能性状进行分析. 设O为稳定奇点,并设$S(O,r)$为绕它画出的一个如此小的圆,使在此圆内部和边界上不再有其他的奇点.

我们来考查此圆的任一半径OP. 这个半径上有整个含于闭圆$\overline{S}(O,r)$内的闭积分线经过的那些点组成的一个集合，我们以 M 表示这个集合的高界. 经过点 M 的也是含 O 于其内的闭积分线 L，此由解对初始条件的连续相依性直接可以得知. 我们将只考虑位于 L 内的积分线. 在半径 OP 上标出位于 L 内或 L 上有闭积分线经过的那些点的全体，显然这些积分线都围着点 O. 这些积分线上的点所构成的集合，如再加上点 O，就成了一个闭集合，我们以 F 来代表它. 假定有一点 Q 在 L 内但不含于 F. 轨道 $f(Q,t)$，在任何时间，总在围绕点 O 的两个闭积分线之间的环状域内，根据 §1 辅助定理 2，当 $t\to+\infty$ 与 $t\to-\infty$ 时它的所有极限点都在围成这个域的闭曲线上，因此，它是盘旋向这些曲线的螺形线的. 如在点 O 的任意小邻域内都有这样的积分线分布时，奇点 O 即叫作中心焦点（图 8）. 当 L 内只有闭积分线时，庞加莱称点 O 为中心点.

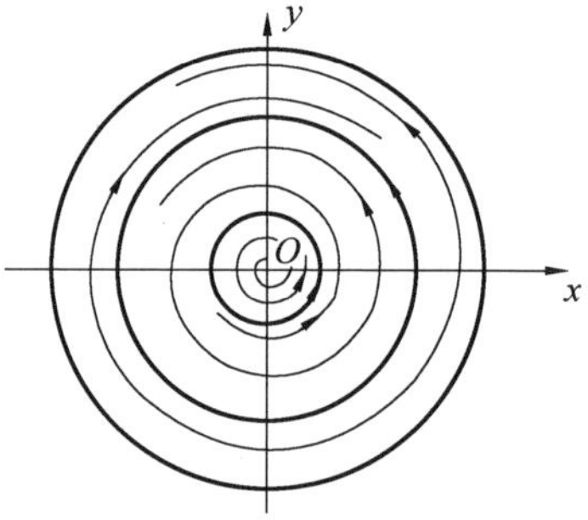

图 8

现在对不稳定奇点的邻域进行研究.

定理 11 若一孤立奇点是不稳定的，则必有半轨存在，以此奇点作为它的唯一极限点.

设 O 为不稳定的奇点. 取如此小的邻域 $S(O,r)$，使在这个邻域内部及边界上没有异于 O 的奇点，也没有周期运动的点，并来考查含于 $S(O,r)$ 内的轨道弧.

任作一半径 OP. 设 q 为这个半径上任意一点. 我们来考查在时刻 $t=0$ 时经过点 q 的运动，并以 $f(q,t)$ 来表示这个运动在时刻 t 所经过的点. 若 $f(q,t)$ 不走向奇点 O，则有两种可能情形，$f(q,t)$ 以点 O 作为它的 ω 或 α 极限点之一，或不如此.

在第一种情形，根据 §1 定理 9 的推论，有积分线两端都走向奇点 O，于是我们的定理得证.

在第二种情形，在所选的邻域内，只可能找出按参数 t 作为长，且长为有限的轨道弧. 因为，如果有整个半轨都在所选的邻域内，那么在此邻域内应当有异于 O 的奇点或有周期解，但是在邻域的选择下这都在排斥之列. 因此只需探讨经过半径 OP 上（除 O 外）每点 q 的轨道两端都越出 $S(O,r)$ 的情形.

让点q沿着半径OP向O运动，这时正方向和负方向的轨道弧从$S(O,r)$外出的(第一个)点都是单调的移动着. 但是，我们注意这个移动不能是连续的. 今考查t为正的外出点集合E. 设在点q向O运动时外出点依逆时针方向移动，我们来考查集合E此时的上限，设这一上限为m.

我们来证，经过m的是这样的轨道，它的负半轨永远在$\overline{S(O,r)}$内，设q_1，q_2，…，q_n，…是半径OP上收敛于O的点序列，而且始于它们的弧的外出点m_1，m_2，…，m_n，…并收敛于m. 因为点O是休止点，所以，根据对于初值的连续相依性，当$n\to\infty$时，$\overset{\frown}{q_1m_1}$，$\overset{\frown}{q_2m_2}$，…，$\overset{\frown}{q_nm_n}$，…的时间长度无限增大. 换言之，无论T是任何正数，在点m任意近旁都找出这样的点，从它们起始的负半轨，在其长超过T的时间区间内，总在$\overline{S(O,r)}$里面. 若设与我们所要证的相反，负半轨$f(m,t)$经过长为T的一段有限时间后越出$\overline{S(O,r)}$，则由所有与m充分接近的由m_n出发的负半轨，在长度不超过$T+\varepsilon$的时间区间内，应当会越出$\overline{S(O,r)}$，其中$\varepsilon>0$可任意小. 所得的矛盾证明了本定理.

定理 12 围绕不稳定的奇点，恒可找到如此小的邻域，能使每一半轨走向此奇点，或经过有限的一段时间后越出这一邻域.

事实上，设O为不稳定的奇点. 取点O为如此小的邻域，使在它的内部既没有异于O的奇点也没有周期解. 设$f(p,t)$为由此邻域的内点p起始的某一半轨道，并设$f(p,t)$完全含于所选的邻域内部. 若这个半轨道不走向奇点O，则在它的极限点中含有以两端走向奇点O的轨道$f(p_1,t)$.

设$f(p_1,t)$的直径为d. 我们考查$S\left(O,\dfrac{d}{2}\right)$，容易看出，此邻域满足定理的要求. 事实上，在此邻域上记出从边界走向中心且属于轨道$f(p_1,t)$的两条曲线Oq_1，Oq_2. 设r为$S\left(O,\dfrac{d}{2}\right)$内一点，但不在$Oq_1$及$Oq_2$上. 若由点$r$出发的两半轨之一不从$S\left(O,\dfrac{d}{2}\right)$外出，则它走向奇点$O$，或螺线式绕近以两端走向奇点$O$的某一轨道. 但后一情形，由于曲线$Oq_1$和$Oq_2$的存在，为不可能. 这就证明了本定理.

因此，所有能在不稳定奇点的充分小邻域内看得到的轨道，可分为三种类型[9]：

1. 抛物的 —— 一端走向奇点，另一端越出邻域的界限.
2. 双曲的或鞍形的 —— 两端都越出邻域的界限.
3. 椭圆的 —— 两端都走向奇点.

我们将以同样的名称定义被各类轨道所充满的域.

定理 13 在孤立奇点的充分小邻域内，位于椭圆和双曲轨道上的点所成集合如不空则必有内点，而且在双曲轨道上的点组成一域.

设 p 为一点，经过它的是双曲轨道，亦即两端都越出邻域的界限的轨道，于是根据连续性，所有充分接近的轨道都将如此. 设 p 在椭圆轨道上，此时位于这个椭圆轨道之内的域 G 整个被椭圆轨道所充满(图 9).

图 9

事实上，我们考查此域内的一轨道 L. 若它不走向奇点(譬如，当 $t \to +\infty$ 时)，则根据定理 4 或定理 9 的推论，它是闭轨道或是绕近闭轨道的螺线. 无论在哪种情形下都将导致与定理的条件矛盾，在 G 内有其他奇点存在的结果. 于是定理得证.

为了进一步分析，我们引入一个临时性的定义.

设已给两个同心圆周 C_1 和 C_2，圆心是奇点 O. 圆周 C_2 可退化为点 O. 设两个圆周间的距离是 d，并设在 C_1 之内除 O 外没有其他奇点.

定义 3　我们称积分弧 K 为深度为 d 的正积分弧，假若它是沿正向从圆周 C_1 出发走到圆周 C_2 的，没有离开过 C_1 和 C_2 之间的环状域，而且也没有点在 C_2 上. 深度为 d 的负积分弧可以仿此定义，它自圆周 C_1 上的点出发，沿负方向，不离开环状域而趋向 C_2.

辅助定理 5　设 O 为不稳定类型的孤立奇点，并设 C_1 是以 O 为圆心的圆周，其内不含异于 O 的其他奇点和周期解，此时在圆周 C_1 上只存在有限个彼此无公共点的弧 $\Delta_i(a_ib_i)$，能使 a_i 是深度大于或等于 d 的正弧的起点，而 b_i 是深度大于或等于 d 的负弧的起点，$a_i \equiv b_i$ 的情形也包括在内.

事实上，假定情形相反，设有辅助定理所述性质的弧的无尽单调序列 Δ_1，Δ_2，…，Δ_n，…，$\Delta_i=(a_ib_i)$. 这时从这个序列可以选出部分序列

$$\Delta_{n_1},\Delta_{n_2},\cdots,\Delta_{n_k},\cdots$$

使得这些弧的端点序列 $\{a_{n_i}\}$ 和 $\{b_{n_i}\}$ 有唯一的极限点.

设这个极限点是 C. 因为从点 a_i 和 b_i 出发的弧的深度大于或等于 d，所以它们之中的每一个在位于 C_1 与 C_2 之间的任一圆周上都有点. 我们来考查这样的一个圆周 C_3，并在它上面记出与从 a_{n_i} 及 b_{n_i} 出发的积分弧的第一个交点，设这些点是 $\bar{a}_{n_i}$ 与 $\bar{b}_{n_i}$. 弧 $\{\bar{a}_{n_i}\bar{b}_{n_i}\}(i=1,2,\cdots,k,\cdots)$ 也将没有公共点，同时不失一

般性，设点序列$\{\bar{a}_{n_i}\}$和$\{\bar{b}_{n_i}\}$也有公共极限. 考查积分弧$\widehat{a_{n_i}\bar{a}_{n_i}}$及$\widehat{b_{n_i}\bar{b}_{n_i}}$的时间长度的绝对值，这些时间长度是有界的. 因为，若相反，当$i\to\infty$时$\rho_i(a_{n_i}\bar{a}_{n_i})\to\infty$，则根据解对于初值的连续相依性，经过极限点$C$的应当是一个轨道，它有时间长度任意大的正半轨位于$C_1$与$C_3$之间的环状域内，于是轨道$f(c,t)$的$\omega$极限集合也在$C_1$与$C_3$之间的环状域内，但因这个域内既无奇点也无周期解，所以这不可能. 因此$|\rho_i(a_{n_i}\bar{a}_{n_i})|$及$|\rho_i(b_{n_i}\bar{b}_{n_i})|$是有界的，因而不失一般性，可将序列$\rho_i(a_{n_i}\bar{a}_{n_i})$及$\rho_i(b_{n_i}\bar{b}_{n_i})$当作收敛的.

取$\widehat{a_{n_i}\bar{a}_{n_i}}$是正弧，而$\widehat{b_{n_i}\bar{b}_{n_i}}$是负弧，因$a_{n_i}\to c$，$\bar{a}_{n_i}\to\bar{c}$，同时时间长度$\rho_i(a_{n_i}\bar{a}_{n_i})$收敛于$\bar{t}$，所以，一方面，应有积分弧存在，沿正方向从$c$走到$\bar{c}$；另一方面，因为$b_{n_i}\to c$，$\bar{b}_{n_i}\to\bar{c}$，所以也有积分弧存在，沿负方向从$c$走到$\bar{c}$. 因此，从点$c$和$\bar{c}$有闭积分弧经过，整个的在$C_1$与$C_3$间的环状域内. 但这不可能，因为这个域内没有奇点. 所得的矛盾证明了辅助定理.

辅助定理 6　设C是以奇点O为圆心的“小”圆周，$\widehat{ab}$是其上一弧，并设从a和b出发的正半轨都走向奇点O，则在$\widehat{ab}$上有另一些点，从这些点出发的轨道由半轨走向奇点O，或者从b出发的正半轨是从a出发的正半轨的延续.

实际上，若假定辅助定理内所述的第二种情形不出现，则可找到正积分弧序列$\{\alpha_n\beta_n\}$，使得α_n在$\widehat{ab}$上，并且当$n\to\infty$时，$\alpha_n\to a$，而β_n收敛于奇点O. 现在考查当$t\to+\infty$时这些弧的延长，它们之中只要有一个当$t\to+\infty$时走向奇点O，则定理得证. 假定不是这样，则因由β_n出发的正半轨既然不能走向O，它们就不能无限长久地停留在C以内，所以它们之中的每一个，经过有限时间后，要越出到C外. 设$f(\beta_n,t)$经过C外出的第一个点是ξ_n，并设ξ_0是ξ_n的极限点. 我们往证，经过ξ_0的积分线的负半轨走向奇点O. 因为既然$\beta_n\to 0$，那么根据解对于初值的连续相依性，我们能断定，$\widehat{\beta_n\xi_n}$的时间长度趋近于$+\infty$，也就是说，在ξ_0的任一近旁都有点ξ_n，由它们出发的负半轨停留在C以内的时间长度随$n\to+\infty$而无限的拉长，因而由ξ_0出发的负半轨必整个在C以内，因此它必走向奇点O.

以上两个辅助定理有可能对奇点附近的积分线的性状施行完全的分析. 实际上，设O是不稳定类型的孤立奇点，C是围绕它的一个“小”圆周. 我们首先在C上记出这样的点的集合F，经过此等点的轨道的一半轨是走向奇点O的——这个集合F是闭的. 在集合F中只有有限个点，经过它们的轨道才是两端都走向奇点O的——此等轨道决定一些椭圆域. 从F的其他点经过的是抛物轨道，只有一端走向奇点O. 考查F的毗邻区间，所有毗邻区间可分为两类. 我们将毗邻区间ab归入第一类，假如从a和b出发走向奇点O的半轨的方向是相反的. 按辅助定理 5，这样的毗邻区间仅能有有限多个. 从这种区间的端点出发的积分线所围成的域称为真双曲域. 今考查第二类毗邻区间 ab,它们表征的是经过 a 及 b 的轨道,走向奇点 O 的是同向的半轨. 此时,按辅助定理 6,在由这些半轨所围成的域内,无点在奇点 O 的充分小近旁,因此,它实际上是一个积分弧围成的. 由这个积分弧所围成的域称为假双曲域.

若以 d 代表边界积分弧在圆 C 内部的深度,则根据辅助定理 5 仅能有有限多个假双曲域,其深度能超过任一正数,因此,奇点 O 及圆内任何点都不能是不同的假双曲域的边界的极限点.

今从奇点的邻域将所有假双曲域除去,如此得到的域的整个边界将至多包含有限个确定真双曲域的区间,经过边界所有其他的点将是走向奇点 O 的积分线[9].

为了不被这种描述的单纯性所迷惑,我们应该补充说,在每个双曲域和椭圆域中能含可数多个不达到圆 C 的椭圆域.

§4　各种类型奇点的解析判别准则

在这一节里,我们将引入一些解析的准则,根据这些准则就可以辨识各种类型的奇点.

可积的情形　我们首先讨论可以积分出来的微分方程,由这些情形,可以推出可能的其他基本情形.

4.1　常系数线性方程组

此类型作为所要遇见的各种情形的分类基础是由庞加莱提出的,关于齐次线性方程组

$$\begin{cases}\dfrac{\mathrm{d}x}{\mathrm{d}t}=Cx+Dy\\[2mm]\dfrac{\mathrm{d}y}{\mathrm{d}t}=Ax+By\end{cases}\tag{1}$$

或微分方程

$$\frac{\mathrm{d}y}{\mathrm{d}x}=\frac{Ax+By}{Cx+Dy}\tag{1'}$$

的情形的分类,其中

$$\begin{vmatrix}A & B\\ C & D\end{vmatrix}\neq 0$$

现在引入这一分类.

作变换 $z=\dfrac{y}{x}$,化简方程(1′)为

$$x\frac{\mathrm{d}z}{\mathrm{d}x}=\frac{A+Bz-Cz-Dz^2}{C+Dz} \tag{2}$$

考查二次方程式

$$A+(B-C)z-Dz^2=0 \tag{3}$$

下列四种情形是可能的：

1. 这个方程的两个根 α_1 和 α_2 是实的而且是互异的.

2. 方程有重根.

3. $D=0$(即方程是一次的) 以及其他退化情形.

4. 根 α_1,α_2 是复的.

分别讨论每一种情形.

情形1 根 α_1,α_2 是实的而且是互异的. 这时它们提供微分方程(2) 的两个解

$$z=\alpha_1, z=\alpha_2$$

或方程(1′) 的两个对应解

$$y=\alpha_1 x, y=\alpha_2 x$$

将方程(2) 改写成

$$x\frac{\mathrm{d}z}{\mathrm{d}x}=-\frac{D(z-\alpha_1)(z-\alpha_2)}{C+Dz}$$

分离变数并积分,便得

$$-\frac{\frac{C}{D}+\alpha_1}{\alpha_1-\alpha_2}\ln|z-\alpha_1|+\frac{\frac{C}{D}+\alpha_2}{\alpha_1-\alpha_2}\ln|z-\alpha_2|=\ln|x|+\ln\overline{C}$$

引用简略记号

$$k_1=\frac{\frac{C}{D}+\alpha_1}{\alpha_1-\alpha_2}$$

$$k_2=\frac{\frac{C}{D}+\alpha_2}{\alpha_1-\alpha_2}$$

于是,便有

$$|z-\alpha_1|^{-k_1}|z-\alpha_2|^{k_2}=\overline{C}|x|$$

或

$$|y-\alpha_1 x|^{-k_1}|y-\alpha_2 x|^{k_2}=\overline{C}|x|^{1-k_1-k_2}$$

因为 $k_1-k_2=1$,所以最终

$$|y-\alpha_1 x|^{-k_1}|y-\alpha_2 x|^{k_2}=\overline{C}$$

由此有两种可能的情形：

(1)k_1 和 k_2 异号.

(2)k_1 和 k_2 同号.

在 xOy 平面上,我们引用斜坐标

$$\xi = y - \alpha_1 x, \eta = y - \alpha_2 x$$

并考查在新坐标系下的积分线族.我们有

$$|\xi|^{-k_1} |\eta|^{k_2} = \overline{C}_1$$

或以 γ 表示$\frac{k_1}{k_2}$,便得

$$\eta = \overline{C}_1 |\xi|^{\gamma} \tag{4}$$

如果 k_1, k_2 异号,那么指数 γ 是负的,于是积分线族中经过原点的只有两条:$\xi = 0$ 及 $\eta = 0$.其他的积分线都分别停留在坐标角内.

我们能这样近似地想象积分线的形状,它们好像双曲线的分支线.在这一情形下,奇点(0,0)叫作鞍点,因为积分线像一鞍状曲面的水平线(图10).

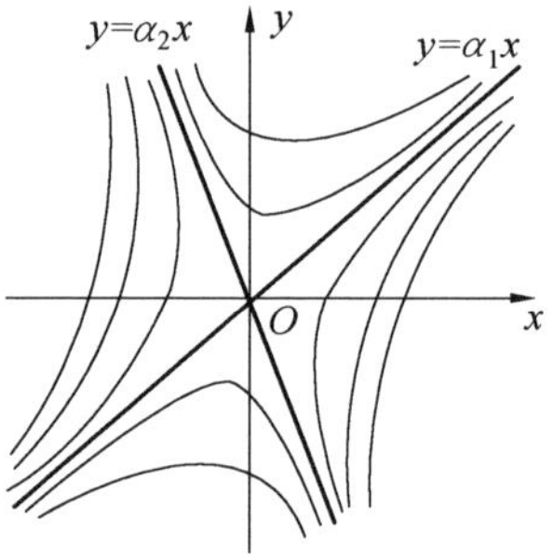

图 10

如果 k_1, k_2 同号,那么指数 γ 是正的,于是族中对应任一 $\overline{C}$ 的每一积分线都经过原点,而且,若 $\gamma > 1$,则除直线 $\xi = 0$ 外,所有积分线都与 ξ 轴在原点相切;若 $\gamma < 1$,则除 $\eta = 0$ 外,所有积分线都与 η 轴在原点相切.在 xOy 平面上,这样的现象产生自然与坐标轴无关,而是由直线 $y = \alpha_1 x$ 和 $y = \alpha_2 x$ 的关系而呈现的.积分线这样分布时,奇点(0,0)就叫作节点(图11).

应当指出在 k_1 或 k_2 等于零的退化情形下,积分线族是平行直线族

$$y - \alpha_2 x = C \quad (k_1 = 0)$$

或

$$y - \alpha_1 x = C_1 \quad (k_2 = 0)$$

而奇点在经过原点的直线上.积分线如此分布时,奇点(0,0)叫作退化的鞍点.

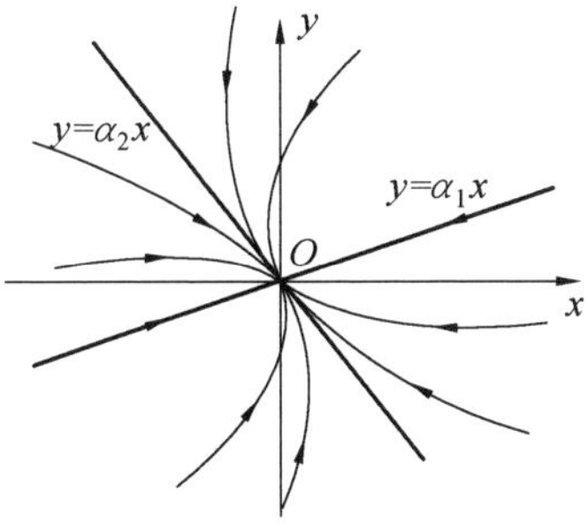

图 11

情形 2　方程(3) 有重根. 这时微分方程(2) 为

$$x\frac{\mathrm{d}z}{\mathrm{d}x}=-\frac{D(z-\alpha_0)^2}{C+Dz}$$

于是,便得通积分公式

$$(y-\alpha_0 x)^{-1}\mathrm{e}^{\frac{\frac{C}{D}+\alpha_0}{y-\alpha_0 x}x}=\overline{C}$$

这一族中所有的积分线都经过原点,并且在原点处与直线 $y=\alpha_0 x$ 相切(退化的节点)(图 12).

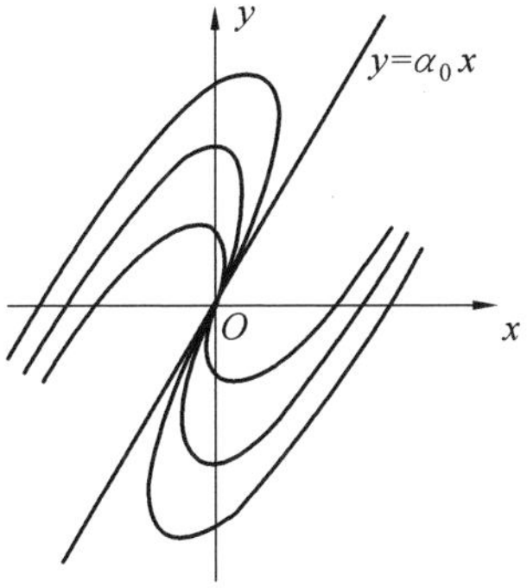

图 12

事实上,若我们借助等式

$$y-\alpha_0 x=\xi \quad (x=\eta)$$

引入新变数,并令

$$k_0=\frac{C}{D}+\alpha_0$$

则在新变数下,积分线族成为

$$\eta=k_0^{-1}\xi\ln\overline{C}\xi$$

让我们沿着积分线趋近原点 $\xi=0,\eta=0$. 于是 $\eta\to 0$,同时显然 $\frac{\xi}{\eta}\to 0$. 转回到原

来的变数，便得当 $x\to 0$ 时，$\frac{y-\alpha_0 x}{x}=\frac{y}{x}-\alpha_0\to 0$，这就证明了我们的论断.

情形 3　设 $D=0$，此时我们考查方程

$$\frac{\mathrm{d}x}{\mathrm{d}y}=\frac{Cx+Dy}{Ax+By}$$

在原方程中 D 是在分母上含所求函数那一项的系数，因此，为了将此情形的结果与前面的对照，我们交换变数以得方程

$$\frac{\mathrm{d}y}{\mathrm{d}x}=\frac{Dx+Cy}{Bx+Ay}$$

这时 A 代替 D，于是，事实上所要探讨的是下面形式的方程

$$\frac{\mathrm{d}y}{\mathrm{d}x}=\frac{Cy}{Bx+Ay}\quad (A\neq 0)$$

显然，我们可以用前面的方法来进行讨论. 但是，要注意，此时特征方程的形式是

$$(C-B)z-Az^2=0$$

因此

$$z_1=0,z_2=\frac{C-B}{A}$$

所以这时不会有复根的情形. 这时 k_1,k_2 的值分别为

$$k_1=-\frac{\frac{B}{A}}{\frac{C-B}{A}}=\frac{B}{B-C}$$

$$k_2=\frac{\frac{B}{A}+\frac{C-B}{A}}{-\frac{C-B}{A}}=\frac{C}{B-C}$$

即除特殊情形 $B=C$ 外，我们可以与以前一样来进行讨论.

因此，还没有讨论过的只有以下两种退化情形：

1. $D=0,A\neq D,B-C=0$.

2. $D=0,A=0$.

我们将它们讨论如下：

1. 在第一种情形中，特征方程的两个根都等于零，因此，这是属于等根的情况，而在经过变数变换之后方程即为

$$\frac{\mathrm{d}y}{\mathrm{d}x}=\frac{Cy}{Bx+Ay}$$

或

$$x\frac{\mathrm{d}z}{\mathrm{d}x}=\frac{-Az^2}{B+Az}$$

我们有

$$\frac{\mathrm{d}x}{x}=-\frac{B+Az}{Az^2}\mathrm{d}z=-\frac{B\mathrm{d}z}{Az^2}-\frac{\mathrm{d}z}{z}$$

$$\ln x=\frac{B}{A}\frac{1}{z}-\ln z-\ln M$$

把 $z=\frac{y}{x}$ 代入,便得

$$\ln x=\frac{B}{A}\frac{x}{y}-\ln y+\ln x-\ln M$$

$$x=\frac{A}{B}y\ln y+\frac{A\ln M}{B}y$$

此即表示,如通常重根的情况一样,我们得到退化的节点.

2. 第二种情形中,$D=0,A=0$.

所讨论的方程变成

$$\frac{\mathrm{d}y}{\mathrm{d}x}=\frac{By}{Cx}$$

暂时把方程完全退化的情况放在一边,我们可设:

(1)$B\neq 0,C\neq 0,B\neq C$. 方程的积分为

$$|x|^{B}|y|^{-C}=M$$

或

$$y=M|x|^{\frac{B}{C}}$$

因此,如果$\frac{B}{C}>0$,那么奇点是节点;如果$\frac{B}{C}<0$,那么奇点是鞍点.

(2)$B=C$. 方程变成$\frac{\mathrm{d}y}{\mathrm{d}x}=\frac{y}{x}$,它的通解是

$$y=Cx$$

所有的积分线都是直线,都经过原点,而且积分线的切线有一切可能的方程(图 13).

积分线如此分布时,奇点$(0,0)$ 称为奇节点.

最后,剩下要讨论的是微分方程组中有一个方程为

$$\frac{\mathrm{d}x}{\mathrm{d}t}=0$$

时的情况. 我们有

$$\frac{\mathrm{d}x}{\mathrm{d}t}=0,\ \frac{\mathrm{d}y}{\mathrm{d}t}=Ax+By \tag{5}$$

或

$$\frac{\mathrm{d}x}{\mathrm{d}y}=0$$

即 $x=$常数. 所有积分线都与 y 轴平行. 但是,为了解释清楚“力学的”图像,即解和 t 的相关性,我们将不把(5) 化为一个方程来积分.

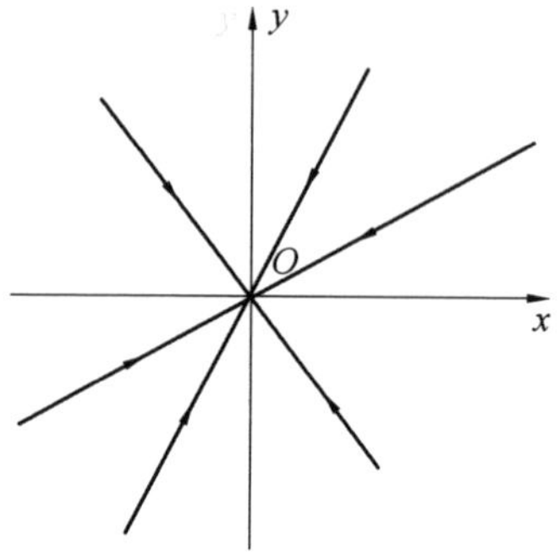

图 13

我们注意到,直线 $Ax+By=0$ 是奇曲线,也就是说,它完全是由奇点组成的.

我们着手积分方程组(5). 设当 $t=0$ 时,$x=x^{(0)}$,$y=y^{(0)}$,而且 $Ax^{(0)}+By^{(0)}\neq 0$,即$(x^{(0)},y^{(0)})$ 不是奇点.

我们有:对于任何 t,$x=x^{(0)}$,且

$$\frac{\mathrm{d}y}{\mathrm{d}t}=Ax^{(0)}+By$$

由此得

$$Ax^{(0)}+By^{(0)}=(Ax^{(0)}+By^{(0)})\mathrm{e}^{Bt}$$

因此,设 $B>0$ 或 $B<0$,当 $t\to-\infty$ 或当 $t\to+\infty$ 时,y 坐标单调地趋近于 $-\dfrac{Ax^{(0)}}{B}$,即点$(x^{(0)},y)$ 趋近于“奇直线”上的点.

如图 14 所示,即积分线的大略趋向.

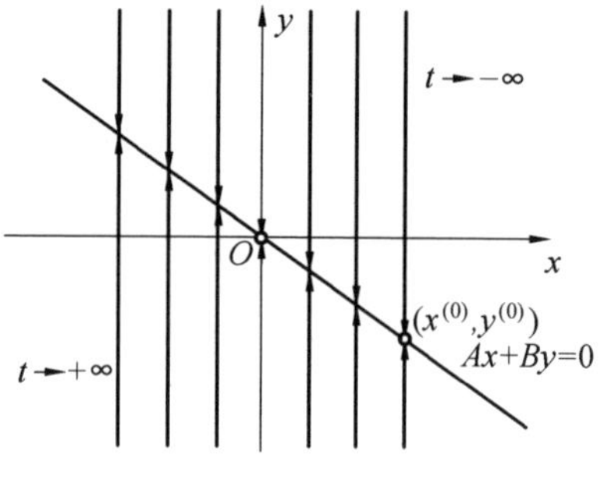

图 14

情形 4 讨论方程(3) 有复根 $\alpha_1=a+bi$,$\alpha_2=a-bi$ 的情况.

此时,微分方程(2) 可写作

$$x\frac{\mathrm{d}z}{\mathrm{d}x}=\frac{-D[(z-a)^2+b^2]}{C+Dz} \tag{2'}$$

分离变数并积分,即得通积分

$$\ln|x|=\frac{1}{2}\ln[(z-a)^2+b^2]-\frac{1}{b}\left(\frac{C}{D}+a\right)\arctan\frac{z-a}{b}+\text{常数}$$

或

$$\frac{1}{2}\ln[(y-ax)^2+b^2x^2]=-\frac{C+aD}{bD}\arctan\frac{y-ax}{bx}+\text{常数}$$

令

$$\xi=bx,\eta=y-ax$$

以将(x,y)平面变换到(ξ,η)平面,并在(ξ,η)平面上引用极坐标

$$r=\sqrt{\xi^2+\eta^2},\varphi=\arctan\frac{\eta}{\xi}$$

这时方程(2′) 的通积分就取得很简单的形式

$$r=\overline{C}\mathrm{e}^{k\varphi}$$

其中

$$k=-\frac{C+aD}{bD}$$

方程(2′) 的积分线,在平面(x,y)经过变换之后,变成了对数螺线族.若$k>0$,则当$\varphi\to-\infty$时,我们有$\rho\to 0$,即顺时针方向旋转,当转数无限增加时,曲线渐近地趋于点(0,0).若$k<0$,则当$\varphi\to+\infty$时,即逆时针方向旋转无数次后,积分线也趋向原点.若$k=0$,则各解是同心圆周.

当再返回到(x,y)平面上时,图像仅仅是稍有改变,对数螺线仍是围绕着奇点(0,0) 旋转的曲线,而且渐近地趋于这个奇点.这一类奇点称为焦点(图15).圆周仍然是闭曲线,不过成了椭圆.在此种情形,奇点(0,0) 叫作中心点(图16).

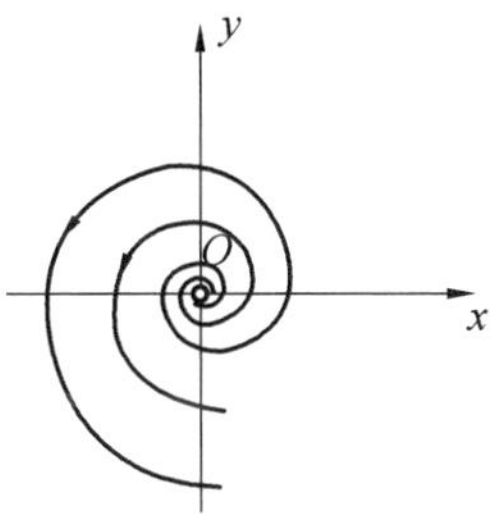

图 15

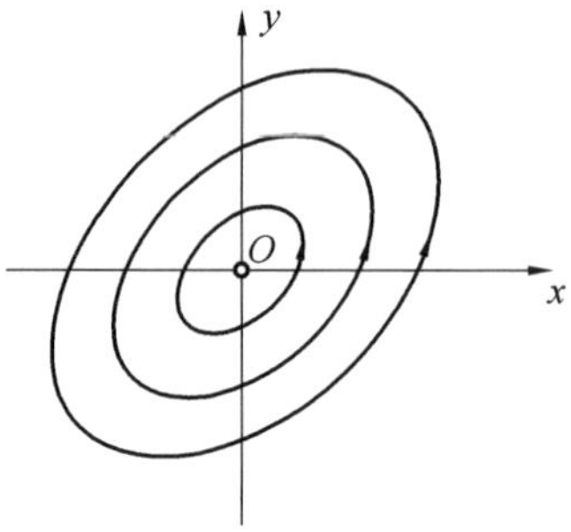

图 16

如果并不力求做出在奇点近旁积分线性状的完全描述，那么可以用较简单的识别方法以指出所给的奇点是节点、鞍点、中心点或者是焦点. 我们往述这个方法.

设已给微分方程

$$\frac{\mathrm{d}y}{\mathrm{d}x}=\frac{Ax+By}{Cx+Dy}$$

作方程 $\begin{vmatrix} A & B-\lambda \\ C-\lambda & D \end{vmatrix}=0$，它叫作永年方程. 这时有三个定理.

定理 14 如果永年方程的根 λ_1 和 λ_2 是实的，彼此不同而且都不等于零，那么当它们同号时奇点是节点，异号时则是鞍点.

定理 15 如果 $\lambda_1=\lambda_2$，那么奇点是退化的节点，不过在方程为

$$\frac{\mathrm{d}y}{\mathrm{d}x}=\frac{y}{x}$$

的情形例外，坐标原点是奇节点.

定理 16 如果 λ_1,λ_2 是复数，那么当它们的实数部分不等于零时，奇点是焦点，而当它们的实数部分等于零时，奇点是中心点.

此定理的证明，容易从前面的讨论推出，只要注意下列两点：

1. 特征方程与永年方程的判别式彼此相等.

2. 在 k_1,k_2 与 λ_1,λ_2 之间有关系

$$k_1k_2=-\frac{\lambda_1\lambda_2}{D}$$

我们将只叙述关于中心点的条件是如何推出的.

奇点是中心点的充分必要条件是特征方程的根是复数，而且

$$k=-\frac{C+Da}{Db}=0$$

此条件与 $C+Da=0$，亦即 $a=-\dfrac{C}{D}$ 相当. 此外，特征方程的根的实数部分

是$\frac{B-C}{2D}$,此即表示中心点的条件可写作

$$\frac{B-C}{2D}=-\frac{C}{D}$$

即 $B+C=0$,最后这个等式就是永年方程的根为纯虚数的充要条件.

定理 17 如果永年方程的一个根为 0,但方程组中没有一个方程退化,那么奇点是退化鞍点.

因为,若有一个根为零,则$\begin{vmatrix} A & B \\ C & D \end{vmatrix}=0$,于是倘若它的每一列都不是仅仅由零组成,则 $C=\mu A$,$B=\mu D$,因此,所论方程组的形式为

$$\frac{\mathrm{d}x}{\mathrm{d}t}=\mu(Cx+Dy)$$

$$\frac{\mathrm{d}y}{\mathrm{d}t}=Cx+Dy$$

所以奇点呈现为退化鞍点.

4.2 齐次方程

第二种可积的情况是形如

$$\frac{\mathrm{d}y}{\mathrm{d}x}=\frac{a_0x^m+a_1x^{m-1}y+\cdots+a_my^m}{b_0x^m+b_1x^{m-1}y+\cdots+b_my^m}=\frac{A(x,y)}{B(x,y)} \tag{6}$$

的齐次微分方程. 借助变换 $z=\frac{y}{x}$,易将它们化成具有分离系数的方程,我们将不作这类计算,而只引入福斯特(Forster) 所得到的结果[10]. 他曾在分子和分母上的多项式没有线性公因子的假定下,且除去例外情形

$$\frac{\mathrm{d}y}{\mathrm{d}x}=\frac{y}{x}$$

探讨了方程(6) 的一般情况. 若改用极坐标

$$x=r\cos\varphi, y=r\sin\varphi$$

则方程(6) 成为

$$\frac{\mathrm{d}r}{\mathrm{d}\varphi}=-r\frac{Z(\varphi)}{N(\varphi)}$$

此处

$$Z(\varphi)=A(\varphi)\sin\varphi+B(\varphi)\cos\varphi$$

$$N(\varphi)=B(\varphi)\sin\varphi-A(\varphi)\cos\varphi$$

其中

$$A(\varphi)=a_0\cos^m\varphi+a_1\cos^{m-1}\varphi\sin\varphi+\cdots+a_m\sin^m\varphi$$

$$B(\varphi)=b_0\cos^m\varphi+b_1\cos^{m-1}\varphi\sin\varphi+\cdots+b_m\sin^m\varphi$$

因此，$A(\varphi)$ 及 $B(\varphi)$ 是周期的连续函数．我们考查方程 $N(\varphi)=0$，显然，更精确的可以将它写作 $N_1(\tan\varphi)=0$．

因为 $N_1(\tan\varphi)$ 是 $\tan\varphi$ 的 $m+1$ 次多项式，所以它的实根最多有 $m+1$ 个．这个方程的每一个根确定两条射线

$$\varphi=\varphi_\nu, \varphi=\varphi_\nu+\pi$$

后者是射线 φ_ν 的延展，因此，共有 $2p$ 条射线，其中 p 是方程 $N_1(\tan\varphi)=0$ 的实根数．

我们现在引入借助直接积分所得结果的总结．

定理 18 1. 如果方程 $N(\varphi)=0$ 没有实根，并且：

(1) 若 $\int_0^{2\pi}\frac{Z(\varphi)}{N(\varphi)}\mathrm{d}\varphi=0$，则所有积分线是闭的，即奇点是中心点．

(2) 若 $\int_0^{2\pi}\frac{Z(\varphi)}{N(\varphi)}\mathrm{d}\varphi>0$，则 $\lim\limits_{\varphi\to+\infty} r(\varphi)=0$．

(3) 若 $\int_0^{2\pi}\frac{Z(\varphi)}{N(\varphi)}\mathrm{d}\varphi<0$，则 $\lim\limits_{\varphi\to-\infty} r(\varphi)=0$．

2. 设 $N(\varphi)$ 有 ν_λ 次实重根 φ_λ．由于 $N(\varphi)$ 是 $\sin\varphi$ 和 $\cos\varphi$ 的齐次函数，所以在此情形下

$$N(\varphi)=\sin^{\nu_\lambda}(\varphi-\varphi_\lambda)Q_\lambda(\varphi)\quad (Q(\varphi_\lambda)\neq 0)$$

于是：

(1) 如果 $\nu_\lambda=2n+1$ 是奇的并且 $\frac{Z(\varphi_\lambda)}{N(\varphi_\lambda)}>0$，那么当 $\varphi\to\varphi_\lambda$ 时，各积分线分别沿射线的两侧远离原点．福斯特称这样的射线为孤立射线．

(2) 如果 $\nu_\lambda=2n+1$，但 $\frac{Z(\varphi_\lambda)}{Q(\varphi_\lambda)}<0$，那么各积分线分别沿射线的两侧趋于坐标原点

$$\lim_{\varphi\to\varphi_\lambda} r(\varphi)=0$$

而且它们在走向原点时与射线 $\varphi=\varphi_\lambda$ 的方向相切．福斯特称这样的射线为节点式射线．

因此，ν_λ 是奇数的射线解在两侧有同一性状．

(3) 若设 $\nu_\lambda=2n$，则 φ_λ 是在两侧性状不同的射线．

如果 $\frac{Z(\varphi_\lambda)}{Q(\varphi_\lambda)}<0$，那么当 $\varphi\to\varphi_\lambda+0$ 时，$\lim r(\varphi)=0$；当 $\varphi\to\varphi_\lambda-0$ 时，$\lim r(\varphi)=+\infty$．

如果 $\frac{Z(\varphi_\lambda)}{Q(\varphi_\lambda)}>0$，那么当 $\varphi\to\varphi_\lambda-0$ 时，$\lim r(\varphi)=0$；当 $\varphi\to\varphi_\lambda+0$ 时，$\lim r(\varphi)=+\infty$．

综合在不同射线的邻域内积分线的性状，我们即能做出在奇点整个邻域内

积分线的性状的结论.

不可积的情形 与简略方程相比较的方法. 今讨论方程

$$\frac{dy}{dx}=\frac{a_0x^m+a_1x^{m-1}y+\cdots+a_my^m+d(x,y)}{b_0x^m+b_1x^{m-1}y+\cdots+b_my^m+e(x,y)} \tag{7}$$

并提出这样一个问题:对于 $d(x,y)$ 和 $e(x,y)$ 需加上什么样的条件,方能使在奇点附近,方程(7) 的积分线的性状与简略方程

$$\frac{dy}{dx}=\frac{a_0x^m+a_1x^{m-1}y+\cdots+a_my^m}{b_0x^m+b_1x^{m-1}y+\cdots+b_my^m}\left(=\frac{P_m(x,y)}{Q_m(x,y)}\right) \tag{8}$$

的积分线性状的图画一致. 尤其是当方程(8) 为分式线性方程

$$\frac{dy}{dx}=\frac{ax+by}{cx+dy}$$

时,这个问题更值得提出. 最后这种情况特别重要,因为在研究了它之后,我们即能解决这样一个问题:在何种程度内,关于奇点的邻域的研究,两个方程的非线性方程组,可由具有常系数的线性方程组来代替. 要解决这个问题,应当注意到,仅仅是关于 $d(x,y)$ 及 $e(x,y)$ 对于 $P_m(x,y)$ 及 $Q_m(x,y)$ 的无穷小性的假定,甚至为要保持积分线"粗略"的分布特点,也是并不充分的.

我们来看这样一个例子[11]

$$\frac{dx}{dt}=-x+\frac{2y}{\ln(x^2+y^2)}$$
$$\frac{dy}{dt}=-y-\frac{2x}{\ln(x^2+y^2)}$$

方程组的简略方程是

$$\frac{dy}{dx}=\frac{y}{x}$$

而对于它来说奇点是奇节点

$$y=Cx$$

为了积分原来的完全方程组,我们改用极坐标,得

$$\frac{dr}{dt}=-r,\frac{d\varphi}{dt}=-\frac{1}{\ln r}$$

把它积分,即得

$$r=r_0e^{-t},\varphi=\varphi_0+\ln(t-r_0)\quad (t>r_0)$$

因此,当 $t\to\infty$ 时,$\varphi\to\infty$,而 $r\to 0$,即原方程组以坐标原点为焦点. 不仅这样,而且给线性项加上对于它们为无穷小的项也能引致那样的情况,无论就线性或齐次方程来说都根本不可能. 我们来看这样的例子

$$\frac{dy}{dx}=\frac{y-\dfrac{x\cos\ln\dfrac{1}{|x|}}{\ln\dfrac{1}{|x|}}}{x}$$

如积分这一方程，即得

$$y=x\left(C+\sin\ln\ln\frac{1}{|x|}\right)$$

这个等式表明，当 $x\to 0$ 时，所有的解都走向原点，因而，原点是某种类似于节点的东西，但却不是节点，因为积分线的切线，当 $x\to 0$ 时，不趋于任何极限位置，而同时积分线始终在某一角内. 事实上

$$\overline{\lim_{x\to 0}}\frac{y}{x}=C+1$$

$$\underline{\lim_{x\to 0}}\frac{y}{x}=C-1$$

积分线的性状像这种形式，就前面研究过的两种可积情形来说都不可能.

有时即使另外添加线性项，也不致改变积分线的性状的图画. 例如，已给的方程

$$\frac{\mathrm{d}y}{\mathrm{d}x}=-\frac{y}{x}$$

的永年方程的根为 $\lambda_1=+1,\lambda_2=-1$，因而奇点是鞍点. 当 α 和 β 的绝对值小于 1 时，对于方程

$$\frac{\mathrm{d}y}{\mathrm{d}x}=-\frac{y+\alpha y}{x-\beta x}$$

来说，奇点仍然是鞍点. 我们不可能完全地阐明在这个方向的研究上所有已经获得的结果，而只引入福斯特的结果[11]. 因为接下来在本节我们要详细地讲述另一种研究奇点的邻域的方法，所以福斯特的结果我们也不加以证明.

再回到方程

$$\frac{\mathrm{d}y}{\mathrm{d}x}=\frac{a_0x^m+a_1x^{m-1}y+\cdots+a_my^m+d(x,y)}{b_0x^m+b_1x^{m-1}y+\cdots+b_my^m+e(x,y)}$$

或其极坐标形式

$$\frac{\mathrm{d}r}{\mathrm{d}\varphi}=-r\frac{Z(\varphi)+\Delta(r,\varphi)}{N(\varphi)+E(r,\varphi)}$$

关于“增补项”$\Delta(r,\varphi)$ 和 $E(r,\varphi)$，我们做如下的假定：

1. $\lim\limits_{r\to 0}\Delta(r,\varphi)=0$ 及 $\lim\limits_{r\to 0}E(r,\varphi)=0$ 对 φ 来说都是均匀的.

2. 若方程 $N(\varphi)=0$ 没有实根，则有 ρ_1 存在，能使环绕域 $0<r\leqslant\rho_1,0\leqslant\varphi\leqslant 2\pi$ 之内每一点 (r_0,φ_0) 可以画出一个矩形，其中

$$|\Delta(r_1,\varphi)-\Delta(r_2,\varphi)|+|E(r_1,\varphi)-E(r_2,\varphi)|\leqslant H(r_0,\varphi_0)|r_1-r_2|$$

在特殊情形，若 $\Delta(r,\varphi)$ 及 $E(r,\varphi)$ 有关于 r 的有界偏导数，则这一条件满足.

3. 若方程 $N(\varphi)=0$ 有实根，则将它们按由小到大的次序排列为 $\varphi_1,\varphi_2,\varphi_3,\cdots,\varphi_{n+1}=\varphi_1+2\pi$.

我们假定，有 ρ_1 存在，且对于每一 φ_ν 有数 $\bar{\varphi}_\nu$ 和 $\bar{\bar{\phi}}_\nu$ 能使：

(1) $\bar{\varphi}_\nu < \varphi_\nu, \bar{\bar{\varphi}}_\nu > \varphi_\nu$.

(2) 在区间 $\bar{\varphi}_\nu \leqslant \varphi \leqslant \bar{\bar{\varphi}}_\nu$ 内 $Z(\varphi)=0$ 无根.

(3) 环绕域

$$0 < r \leqslant \rho_1, \bar{\varphi}_\nu \leqslant \varphi \leqslant \bar{\bar{\varphi}}_\nu \quad (\nu = 1, 2, \cdots, n)$$

内每一点 (r_0, φ_0) 可以画出一个矩形，其中

$$|\Delta(r,\varphi_1)-\Delta(r,\varphi_2)|+|E(r,\varphi_1)-E(r,\varphi_2)| \leqslant H(r_0,\varphi_0)|\varphi_1-\varphi_2|$$

$$|\Delta(r_1,\varphi)-\Delta(r_2,\varphi)|+|E(r_1,\varphi)-E(r_2,\varphi)| \leqslant H(r_0,\varphi_0)|r_1-r_2|$$

4. 若 $\varphi=\psi_\nu$，就简略方程而言，是 λ_ν 重孤立射线，则必有 $\omega>0, \rho_2>0$ 及 $\mu<1$ 使：

(1) 在域 $\psi_\nu-\omega \leqslant \varphi \leqslant \psi_\nu+\omega, 0 \leqslant r \leqslant \rho_2$ 内，导数 $\dfrac{\partial \Delta(r,\varphi)}{\partial \varphi}$ 及 $\dfrac{\partial E(r,\varphi)}{\partial \varphi}$ 存在，有界并且连续.

(2) 若以 $g_\nu(r)$ 代表在 $\psi_\nu-\omega \leqslant \varphi \leqslant \psi_\nu+\omega$ 上等于 $\max|E(r,\varphi)|$ 的函数，则

$$\int_0^{\rho_2} \frac{g_\nu(r)}{r} \mathrm{d}r = E_\nu < +\infty$$

(3) 若令函数

$$h_\nu(r) = \min_{\psi_\nu-\omega \leqslant \varphi \leqslant \psi_\nu+\omega} \left\{ Z(\psi_\nu) \cdot \left(\mu \cdot \lambda_\nu \cdot Q_\nu(\psi_\nu)(\varphi-\psi_\nu) + \frac{\partial E}{\partial \varphi} \right); 0 \right\}$$ ①

则积分

$$\int_0^{\rho_2} \frac{h_\nu(r)}{r} \mathrm{d}r$$

有限. 因为 $h_\nu(r)$ 是无处为正的，所以可以假定

$$0 \geqslant \int_0^{\rho_2} \frac{h_\nu(r)}{r} \mathrm{d}r \geqslant -G$$

5. 若对于简略方程而言，$\varphi=\psi_\nu$ 是两侧性状不同的射线，则我们假定有这样的 $\gamma_1>0$ 及 $R'>0$ 存在，能使积分 $\displaystyle\int_0^{R'} \frac{G_\nu(r)\,|\log r|}{r} \mathrm{d}r$ 收敛，其中函数

$$G_\nu(r) = \max|E(r,\varphi)| \quad (\psi_\nu-\gamma_1 \leqslant \varphi \leqslant \psi_\nu+\gamma_1)$$

在这些条件下，福斯特证明了如下定理.

定理 19 1. 若对于简略方程而言，原点是焦点，则对完全方程而言，原点也是焦点.

2. 如对于简略方程而言，原点是中心点，则对完全方程而言，原点是中心点或是焦点.

---

① 此处对原著有更改——译者注.

3. 若完全方程有积分线，当 $t\to\pm\infty$ 时，$\lim(x^2(t)+y^2(t))\to 0$，则这是曲线或是螺线，或沿方程 $N(\varphi)=0$ 的根所决定的切线方向走向原点.

4. 若对于简略方程而言，$\varphi=\psi_\nu$ 是节点式射线，则对于完全方程而言，沿着 $\varphi=\psi_\nu$ 的方向，有无限多的积分线走向原点.

5. 若对于简略方程而言，$\varphi=\psi_\nu$ 是孤立射线，则对于完全方程而言，仅有一条积分曲线 $\varphi=\varphi(t)$，$r=r(t)$ 走向原点，同时

$$\lim_{t\to+\infty} r(t)=0,\ \lim_{t\to+\infty}\varphi(t)=\psi_\nu$$

6. 若对于简略方程 $\varphi=\psi_\nu$ 是在两侧性状不同的积分射线，则完全方程存在积分曲线，使得：

(1) $\lim r(t)=0$，$\lim \varphi(t)=\psi_\nu$.

(2) 从原点近旁射线 $\varphi=\psi_\nu$ 的某一侧的点出发的所有积分线都走向原点，其切线的角系数 $y'=\tan\psi_\nu$，而从它一侧的点出发的积分线，则不沿这个方向走向原点.

我们指出，对于齐次方程组，如果综合了在不同的射线附近的积分线的性状，那么我们即可了解积分线在整个邻域内的性状.

例外方向　积分线在法域内的性状①. 为了进一步分析奇点的邻域，我们引入例外方向这一概念. 为简单起见，我们将假定所讨论的奇点位于原点.

定义 4　由极角 θ_0 所确定的方向称为例外方向，如果存在这样的点序列 $A_1(r_1,\theta_1)$，$A_2(r_2,\theta_2)$，…，$A_n(r_n,\theta_n)$…，$r_n\to 0$，$\theta_n\to\theta_0$，并且在点 A_n 处向径与场的方向间的夹角的正切值 $\alpha_n\to 0$.

如果某一积分曲线，当 $t\to+\infty$ 或 $t\to-\infty$ 时以确定的切线方向走向原点，那么这个方向显然是例外方向. 因此，如果能够确定所有的例外方向，我们就能求出积分线可能沿着它们而走向原点的所有方向.

现证下面定理.

定理 20②　如果在数轴 $-\infty<\theta<+\infty$ 上，没有整个被例外方向所充满的区间，那么趋向奇点的任一半轨以确定的切线方向走向奇点，或是无限度的向奇点逼近的螺线③.

首先，我们把场元素与向径 $\theta=\theta_0$ 间的夹角当作正的，如果向径 $\theta=\theta_0$ 与场元素相合，或向径按逆时针方向旋转到与场元素相合时，旋转角不超过 $\frac{\pi}{2}$. 在相

---

① 本节以下所述的理论，是属于福罗美尔(M. Frommer)的[12].

② 在本定理中，ρ 与 θ 是被当作直角坐标那样来叙述的.

③ 如果 $t\to+\infty$ 或 $t\to-\infty$ 时，$\theta(t)\to+\infty$ 或 $\theta(t)\to-\infty$，那么我们称积分曲线：$\rho=\rho(t)$，$\theta=\theta(t)$ 为(广义)螺线.

反的情况下,我们将它当作负的.其次,如果在点 A_1 与 A_2 处,向径与场元素间夹角的符号相反,我们即称在该两点处积分线从相反的方向穿过向径.

我们注意到,如果 $\theta=\theta_0$ 不是例外方向,那么当 $t\to+\infty$(或 $t\to-\infty$) 时,$\lim\rho=0$ 的任一积分线 $\rho=\rho(t),\theta=\theta(t)$,恒可找到 t_0,能使当 $t>t_0$(或 $t<t_0$) 时,此曲线只从一个方向穿过向径 $\theta=\theta_0$.因为,如设 $A_1(\rho_1,\theta_0),A_2(\rho_2,\theta_0),\cdots,A_n(\rho_n,\theta_0),\cdots$ 是某一积分线与向径 $\theta=\theta_0$ 的交点,且:(1) 当 $n\to\infty$ 时,$\rho_n\to0$,$\rho_{n+1}<\rho_n$;(2) 在点 $A_k(\rho_k,\theta_0)$ 处,场的方向与向径间夹角的符号与在点 A_{k+1} 处相反,且这种点对有无穷多个.于是根据场的连续性,在任一对点 $A_k(\rho_k,\theta_0)$,$A_{k+1}(\rho_{k+1},\theta_0)$ 间将可找到点 $\bar{A}_k(\bar{\rho}_k,\theta_0)(\rho_k\geqslant\bar{\rho}_k\geqslant\rho_{k+1})$,能使在此点场的方向与向径重合(图 17).但这意味着 $\theta=\theta_0$ 是例外方向.

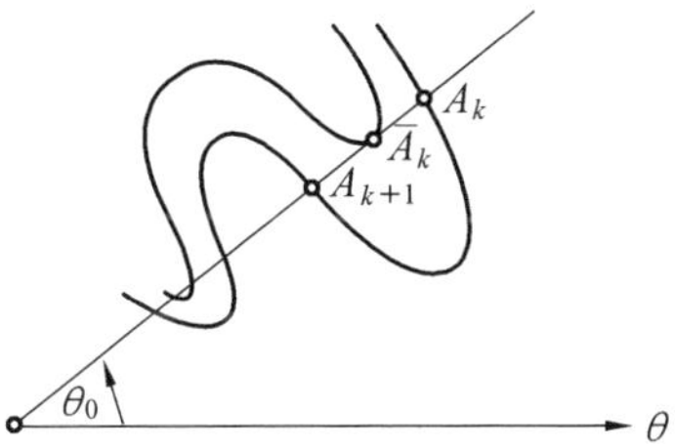

图 17

现在设已给积分线 $C:\rho=\rho(t),\theta=\theta(t)$,当 $t\to+\infty$(或 $t\to-\infty$) 时,$\rho(t)\to0$.将 ρ 与 θ 看作直角坐标,我们来讨论逻辑上可能呈现的情形.

情形 1 当 $t\to+\infty$(或 $t\to-\infty$) 时,曲线 C 在 θ 轴上没有极限点.此时显然有

$$\theta(t)\to+\infty \text{ 或 } \theta(t)\to-\infty$$

即 C 是螺线.

情形 2 曲线 C 在 θ 轴上有唯一的极限点,设它为 $A_0(0,\theta_0)$.在此情形,按极限点的定义,便知 C 是以确定的切线方向走向原点的.

我们来证,此外无其他可能.事实上,设在 θ 轴上,曲线 C 至少有两个极限点,设为 $A_1(0,\theta_1)$ 和 $A_2(0,\theta_2)$.令 $\theta=\theta_0$ 为介于 θ_1 与 θ_2 间的某一非例外方向.则一方面,$A_0(0,\theta_0)$ 是 C 的极限点,因此,有点序列 $A_k(\rho_k,\theta_0)(k=1,2,\cdots)$,$\rho_k\to0$,在此点处曲线 C 穿过向径 $\theta=\theta_0$.但另一方面,因为 $\theta=\theta_0$ 非例外方向,所以根据上面所证有 t_0 存在,当 $t>t_0$(或 $t<t_0$) 时,在极坐标平面上穿过的方向是相同的,因此,在笛卡儿坐标平面(ρ,θ) 上,C 只能与直线 $\theta=\theta_0$ 相交一次,因而 θ_0 不能是极限点.

定理得证.

定理 20′ 设 $\theta_1\leqslant\theta\leqslant\theta_2$ 是不含例外方向的角,则可以找出如此小的 ρ_0,

使在由扇状域 $\theta_1 \leqslant \theta \leqslant \theta_2, 0 \leqslant \rho \leqslant \rho_0$ 出发的任一积分线上，变数 θ 都随 t 而单调变化，因而积分线走出此域.

实际上，设与此相反的条件，不论 ρ_0 如何，都可以找到含于扇状域 $\theta_1 \leqslant \theta \leqslant \theta_2, 0 \leqslant \rho \leqslant \rho_0$，在其上 $\theta(t)$ 不是单调变化的积分弧. 今取序列 $\rho_1, \rho_2, \cdots, \rho_n, \cdots \to 0$，并设 $L_1, L_2, \cdots, L_n, \cdots$ 为 $\theta(t)$ 在其上不是单调变化的积分弧，此等弧分别在下列扇状域内

$$T_1: 0 \leqslant \rho \leqslant \rho_1, \theta_1 \leqslant \theta \leqslant \theta_2$$
$$T_2: 0 \leqslant \rho \leqslant \rho_2, \theta_1 \leqslant \theta \leqslant \theta_2$$
$$\vdots$$
$$T_n: 0 \leqslant \rho \leqslant \rho_n, \theta_1 \leqslant \theta \leqslant \theta_2$$
$$\vdots$$

因为根据假定，在 $L_n(n=1,2,\cdots)$ 上，$\theta(t)$ 的变化不是单调的，所以在 T_n 内有点 $(\rho_n, \bar{\theta}_n)$ 存在，在那里场的方向与向径 $\theta = \theta_n$ 重合或相反. $\{\bar{\theta}_n\}$ 是有界序列，因此可以选出收敛的部分序列. 并不失普遍性，设原来这个序列是收敛的，再设此序列的极限是 $\bar{\theta}_0$. 显然 $\theta_1 \leqslant \bar{\theta}_0 \leqslant \theta_2$，于是按定义 $\theta = \bar{\theta}_0$ 是例外方向，而我们这就得到了和定理的条件矛盾的结果.

定理得证.

考查以奇点为圆心、R 为半径的某充分小的扇形. 我们称围成扇形的半径 L_1 与 L_2 为扇形的侧边，环绕它的弧为后边. 这一扇形称为法域，如果：

1. 它只包含一个例外方向，但它的侧边不是例外方向.

2. 在它里面及边界上各点处，场的方向都不与在此等点的向径正交.

在扇形的侧边上任取一点 Q，因为侧边不是例外方向，所以经过点 Q 的积分线的切线一端指向扇形之内，另一端指向扇形之外. 我们来考虑朝向 t 增加那一边的切线就侧边的法线来看的位置. 由于在侧边上各点，场的方向不与向径正交，所有在侧边上的点处的正向切线都位于法线的同一边. 扇形圆心所在的法线的那一边，我们称它为正的.

这样，所有正向切线都位于法线的正的那边，或是在一侧边上的点处所引的负向切线都位于法线的正的那一边. 如图 18 所示，我们来比较在开口很小的扇形的不同侧边上的点所引切线的位置. 若在侧边 L_1 上正向切线位于法线的正的那一边，则在侧边 L_2 上正向切线也位于对应的法线的正的那一边. 此论断的正确性由条件(2) 即可推知，因为在扇形内场的方向无处与向径正交. 据此，在区分同正或同负的切线就法线来看的位置时，可以假定在 L_1 与 L_2 上它们都位于法线的正的那一边. 如果这样了解，便只有三种可能：

1. 经过 L_1 及 L_2 上之点的积分线的切线都指向扇形之内，这样的法域叫作第一型域.

2. 经过 L_1 及 L_2 上之点的积分线的切线都指向扇形之外，这样的法域叫作第二型域.

3. 经过 L_1 上的点的积分线的切线指向扇形之内，但经过 L_2 上的点的积分线的切线指向扇形之外，或与此相反.

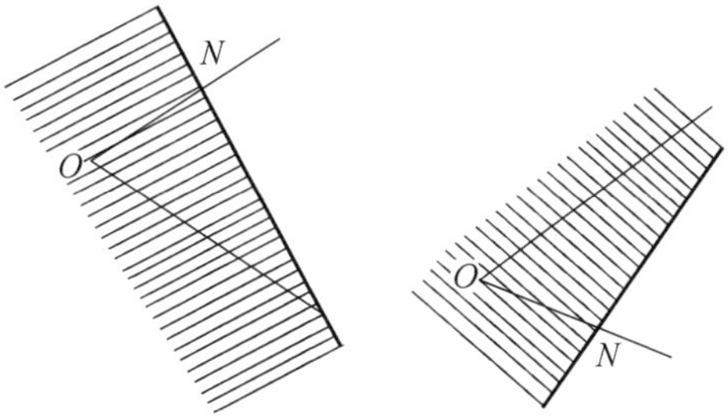

图 18

如图 19,20,21 所示的即是这三种类型.

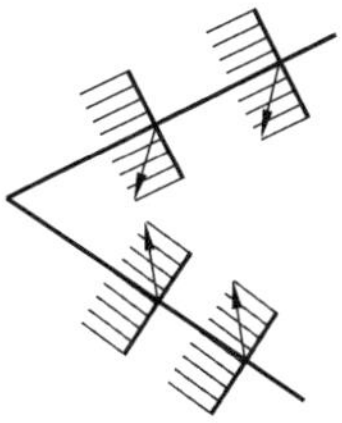

图 19

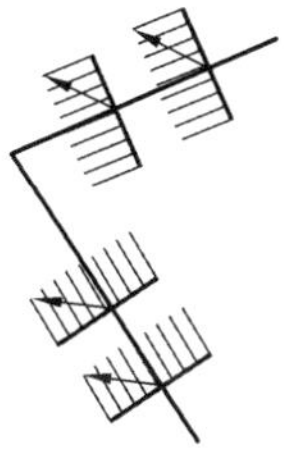

图 20

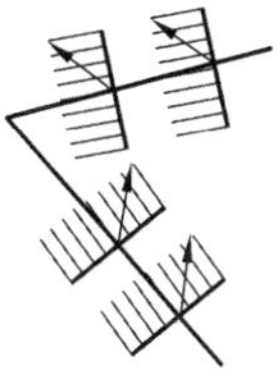

图 21

定理 21 如果在 t 增加或减少时，积分线进入第一型法域，那么在继续延展时它走向原点.

设轨道 $f(p,t)$ 进入第一型法域. 如果它能由此域外出，那么将有法域内的一点 $q \in f(p,t)$，在那里矢量场与经过点 q 的向径正交，这是不可能的. 因此 $f(p,t)$ 一直在域内，但因没有可能盘旋逼近于一闭积分线，所以它必走向原点.

定理 22 如果积分线经过侧边进入第二型法域，那么当继续延展时，它必走出此域，但在后边上有点，或由一些点组成的整个弧存在，经过此等点的积分线当 $t \to +\infty$（或 $t \to -\infty$）时走向原点.

我们考查一条经过侧边进入法域的积分线，此曲线由对面的侧边外出或走向奇点(原点)，都只有在破坏法域的第二性质时才有可能，所以它必经后边外出.

在两侧边之一，例如在 L_1 上，取动点 M，随着 M 向中心运动，积分线由法域

外出的点 M_1 沿着后边 AB，由 A 朝着 B 的方向运动. 设 R 为 $\{M_1\}$ 的极限点，我们来证，经过 R 的积分线走向奇点. 事实上，如设此曲线进入域后经过侧边上的某点 T 外出(它经由后边外出是不可能的，因为这将违背性质 2)，那么此时经过线段 OT 进入的积分线不能再外出，而如前面所证这是不可能的. 因此，经过点 R 的积分线走向原点. 同理，有点 S 存在，经过 $\overset{\frown}{BS}$ 的点的积分线由 L_2 外出，但经过点 S 本身的积分线则走向原点. 积分线 RO 及 SO 在点 O 处显然有公切线(对应奇方向)，于是由 RS 进入域内的所有积分线必沿同样的方向而走向原点(它们不能外出，这仍然是由于条件 2 的缘故). 于是定理 22 得证.

因此，关于第二型法域有两种可能情形存在，以下我们将称之为唯一性情形与非唯一性情形.

定理 23 如果属于第三型法域(例如，经 L_1 的点进入的积分线朝着离开中心的方向，而经 L_2 者则朝着向中心的方向)，那么进入域内的所有积分线走出此域，或者在 L_2 上有线段 OS 存在，经过此线段上所有点进入的积分线都走向原点.

为证此，我们先考查经过 L_1 而进入域内的积分线的性状，它们不能留在域内，因为只有在破坏第二性质时这才可能. 因此，它们经后边外出，或经 L_2 外出. 再考虑向着中心在 L_1 上运动的点 M. 积分线 $f(M,t)$ 的外出点 M_1 沿着后边单调的运动，之后，也可能沿着 L_2 向中心运动. 再设 S 为当 $M\to 0$ 时，点 M_1 的极限. 点 S 可能与点 O 重合，此时没有积分线走向奇点.

设 $S\neq O$. 根据定理 22 的证明中所阐述的理由，经过点 S 的积分线走向奇点. 于是，由边界 OS 走进域内的所有积分线，在再延伸时都走向原点. 实际上，它们不可能由后边外出，因为这样就意味着又违背了条件 2，而经过 L_2 它们都是向内走的. 根据不止一次阐明的理由，它们留在域内而不走向原点是不可能的.

由此，关于第三型法域也有两种可能，在以下我们将称之为不存在外出曲线情形和非唯一性情形.

4.3 各种类型的奇点的解析判别准则

设已给方程 $\dfrac{dy}{dx}=\dfrac{Y(x,y)}{X(x,y)}$，并设奇点是孤立的，不失一般性，我们显然可设它就是原点. 我们将给出解析的准则，使能审知在原点的邻域内，积分线怎样分布. 依照几何的研究方案，为此我们需依次解决下列问题：

1. 确定有无例外方向.
2. 求出例外方向.
3. 确定已给的例外方向能否含在法域内.

4. 确定法域的类型.

5. 当法域是第二及第三型时,所论方程的积分曲线的分布状态究竟是可能情形中的哪一个.

我们将在关于 $X(x,y)$ 与 $Y(x,y)$ 的假设下解决这些问题.

首先,设 $X(x,y)$ 有直到 $\bar{n}+1$ 阶的连续偏导数,$Y(x,y)$ 有直到 $\bar{m}+1$ 阶的连续偏导数. 其次,设在原点(0,0),$X(x,y)$ 的第一个不为零的偏导数的阶为 $n \leqslant \bar{n}$,而 $Y(x,y)$ 的第一个在原点不为零的偏导数的阶为 $m \leqslant \bar{m}$. 满足这些条件的函数 $X(x,y)$ 和 $Y(x,y)$ 称为代数型的,而对应的方程组

$$\frac{\mathrm{d}x}{\mathrm{d}t}=X(x,y),\frac{\mathrm{d}y}{\mathrm{d}t}=Y(x,y) \tag{9}$$

则称为代数型方程组.

将 $X(x,y)$ 和 $Y(x,y)$ 表示成形式

$$X(x,y)=Q_n(x,y)+\eta_2$$
$$Y(x,y)=P_m(x,y)+\eta_1$$

其中 $P_m(x,y)$ 和 $Q_n(x,y)$ 分别是 m 和 n 次的齐次多项式,而 η_1 和 η_2 则是结合高阶项而成的部分,也就是说 η_1 是 $o(r^m)$,而 η_2 是 $o(r^n)$,此处 $r=\sqrt{x^2+y^2}$.

用极坐标 r,φ 以变换方程组(9). 若限于讨论 $m=n$ 的情形,则关于 r 和 φ 的方程组将有

$$r\frac{\mathrm{d}r}{\mathrm{d}t}=(xQ_n+yP_n)+(x\eta_2+y\eta_1)$$

$$r^2\frac{\mathrm{d}\varphi}{\mathrm{d}t}=(xP_n-yQ_n)+(x\eta_1-y\eta_2)$$

或引用记号

$$G(\varphi)=Q_n(\cos\varphi,\sin\varphi)\cos\varphi+P_n(\cos\varphi,\sin\varphi)\sin\varphi$$
$$F(\varphi)=P_n(\cos\varphi,\sin\varphi)\cos\varphi-Q_n(\cos\varphi,\sin\varphi)\sin\varphi$$
$$f(r,\varphi)=\eta_1\cos\varphi-\eta_2\sin\varphi$$
$$g(r,\varphi)=\eta_1\sin\varphi+\eta_2\cos\varphi$$

即成

$$r\frac{\mathrm{d}\varphi}{\mathrm{d}r}=\frac{F(\varphi)+\dfrac{f(r,\varphi)}{r^n}}{G(\varphi)+\dfrac{g(r,\varphi)}{r^n}}$$

表示式 $r\dfrac{\mathrm{d}\varphi}{\mathrm{d}r}$ 给出在已知点处场的方向与向径间夹角的正切值,因而,如我们假定对于充分小的 r_0 与充分小的 δ,在扇形 $0\leqslant r\leqslant r_0,\varphi_0-\delta\leqslant\varphi\leqslant\varphi_0+\delta$($\varphi_0$ 是方程 $F(\varphi)=0$ 的根)内,分母 $G(\varphi)+\dfrac{g(r,\varphi)}{r^n}$ 不变为零,则便可断定,在

此扇形内场的方向不和向径正交.因$\frac{g(r,\varphi)}{r^n}=o(1)$,所以在$G(\varphi_0)\neq 0$的假定之下,对于充分小的$r_0$及$\delta$,分母便将不会变成零.

方程

$$F(\varphi)=0$$

叫作特征方程.此方程显然能确定所有可能的例外方向,而且若$F(\varphi_0)=0$,$G(\varphi_0)\neq 0$,方向$\varphi=\varphi_0$显然是例外的.

因为这一方程关于$u=\tan\varphi$是代数的,所以有两种可能的情形:只有有限个例外方向,或者$F(\varphi)\equiv 0$.于是所有方向都是例外的①.

我们来讨论扇形$|\varphi-\varphi_0|\leqslant\delta$,它只含函数$F(\varphi)$的一个零点$\varphi_0$,并假定$\varphi_0$不是函数$G(\varphi)$的零点.因为函数$\eta_1$及$\eta_2$,而函数$f$及$g$是$o(r^n)$,所以我们找出如此小的$\hat{R}(\delta)$,能使在域

$$S(\delta):|\varphi-\varphi_0|\leqslant\delta,0\leqslant r\leqslant\hat{R}(\delta)$$

之内,我们将有

$$\frac{1}{r^n}\frac{\mathrm{d}r}{\mathrm{d}t}=G(\varphi)+\frac{g}{r^n}\neq 0$$

此外,在边界

$$\varphi=\varphi_0\pm\delta,0\leqslant r\leqslant\hat{R}(\delta)$$

上,我们得到

$$\frac{1}{r^{n-1}}\frac{\mathrm{d}\varphi}{\mathrm{d}t}=F(\varphi)+\frac{f}{r^n}\neq 0$$

特别是,从第一个条件可知,若将r看作积分线上的参数,能选t的那样的变化方向,使当曲线位于域$S(\delta)$内时,r的变化是递减的.

我们再令

$$F(\varphi)=C(\varphi-\varphi_0)^k+o(|\varphi-\varphi_0|^k)$$
$$G(\varphi_0)=G_0$$

于是有下列情形.在所选的扇形中:(1)φ_0是奇次根,而$CG_0>0$;(2)φ_0是奇次根,而$CG_0<0$;(3)φ_0是偶次根.

我们现在来分别讨论这些情形.

首先是情形(1),即φ_0是奇次根,同时$CG_0>0$.在边$\varphi=\varphi_0-\delta,0<r\leqslant\hat{R}(\delta)$上,乘积$r\frac{\mathrm{d}r}{\mathrm{d}t}$的符号由数$G_0$的符号确定,$r^2\frac{\mathrm{d}\varphi}{\mathrm{d}t}$的符号由数$C$确定.因此,

---

① 事实上,设$F(\varphi)\equiv 0$.由于$F^2+G^2=P_n^2+Q_n^2\neq 0$,所以方程$G=0$最多有有限个根,因而,仅有有限个方向才可能不是例外的.但例外方向所成集合是闭的,由此便知一切方向都是例外的.

在这一边上 $r\dfrac{\mathrm{d}\varphi}{\mathrm{d}r}<0$,在另一边 $0<r\leqslant\hat{R}(\delta)$,$\varphi=\varphi_0+\delta$ 上,与此相反,函数 $F(\varphi)$ 的符号改变,因此将有 $r\dfrac{\mathrm{d}\varphi}{\mathrm{d}r}>0$. 由此可知 $S(\delta)$ 是第一型法域,即我们有如下定理.

定理 24 设 φ_0 是方程 $F(\varphi)=0$ 的奇次根,并且 $CG_0>0$,则在含此方向的某一狭小的扇形内的所有积分线,都将走向原点,即扇形是抛物型的.

现在转到情形(2),即 φ_0 也是奇次根,但 $CG_0<0$. 作出与在分析上同一种情形的扇形,同理可证,在边 $\varphi=\varphi_0-\delta$,$0<r<\hat{R}(\delta)$ 上,$r\dfrac{\mathrm{d}\varphi}{\mathrm{d}r}>0$,而在边 $\varphi=\varphi_0+\delta$,$0<r\leqslant\hat{R}(\delta)$ 上,$r\dfrac{\mathrm{d}\varphi}{\mathrm{d}r}<0$. 因此,$S(\delta)$ 是第二型法域,而此时我们有如下定理.

定理 25 如果 φ_0 是方程 $F(\varphi)=0$ 的奇次根且 $CG_0<0$,那么在扇形 $S(\delta)$ 内仅存在一条走向原点的积分线,或这样的积分线有无限多条.

只要借助进一步的补充研究,就可以确定,对于所给的方程,到底是二者中的哪一种可能情形. 关于这点我们将在下节去做.

现在转到情形(3). 设 φ_0 是 $F(\varphi)=0$ 的偶次根. 在此情形可以假定 $C>0$,$G_0>0$. 将 F 及 G 乘以 -1,或改变极轴的方向,或二者兼施即可获得此不等式. 因 k 是偶数,所以 $F(\varphi)$ 沿扇形 $S(\delta)$ 的两边有同一符号,因而,$r\dfrac{\mathrm{d}\varphi}{\mathrm{d}r}$ 沿扇形的两边也有同一符号. 所以,扇形 $S(\delta)$ 是第三型法域,因此有如下定理.

定理 26 若 φ_0 是方程 $F(\varphi)=0$ 的偶次根,则在扇形 $S(\delta)$ 内有无限条积分线走向原点,或一条也没有.

关于这两种情形的区分问题,我们在下节中去研究,这里仅指出,在解析的情形下①,所论的扇形内一定有积分线走向奇点. 此点的证明读者也可以在下节找到.

现在设 $m\neq n$,即有

$$\frac{\mathrm{d}y}{\mathrm{d}x}=\frac{P_m(x,y)+\eta_1(x,y)}{Q_n(x,y)+\eta_2(x,y)}\text{②}$$

交换 x 轴和 y 轴,我们恒可使分子的次数高于分母的次数,即可以假定 $m>n$. 现在改用极坐标,便得

---

① 即分子和分母是可以展为幂级数的函数.

② 此种情形:$m\neq n$,可以当作退化的情形来处理,因为在将坐标轴旋转任意小的一个角时,所讨论的方程即变为 $m=n$ 的那种类型.

$$r\frac{\mathrm{d}r}{\mathrm{d}t}=r^{n+1}Q_n(\cos\varphi,\sin\varphi)\cos\varphi+$$
$$r^{m+1}P_m(\cos\varphi,\sin\varphi)\sin\varphi+o(r^{n+1})$$
$$r^2\frac{\mathrm{d}\varphi}{\mathrm{d}t}=r^{m+1}P_m(\cos\varphi,\sin\varphi)\cos\varphi-$$
$$r^{n+1}Q_n(\cos\varphi,\sin\varphi)\sin\varphi+o(r^{n+1})$$

或

$$r\frac{\mathrm{d}r}{\mathrm{d}t}=r^{n+1}Q_n(\cos\varphi,\sin\varphi)\cos\varphi+o(r^{n+1})$$
$$r^2\frac{\mathrm{d}\varphi}{\mathrm{d}t}=-r^{n+1}Q_n(\cos\varphi,\sin\varphi)\sin\varphi+o(r^{n+1})$$

因此

$$r\frac{\mathrm{d}\varphi}{\mathrm{d}r}=-\frac{Q_n(\cos\varphi,\sin\varphi)\sin\varphi+o(1)}{Q_n(\cos\varphi,\sin\varphi)\cos\varphi+o(1)}=\frac{F(\varphi)+o(1)}{G(\varphi)+o(1)}$$

为了进一步开展理论，我们假定

$$Q_n(1,0)\neq 0$$

这个条件意味着 x 轴是简单的例外情形，即 $\varphi=0$ 是方程 $F(\varphi)=0$ 的单根. 由此条件即知，在充分小的扇形 $-\delta\leqslant\varphi\leqslant+\delta$，$0\leqslant r\leqslant r_0$ 内，除 $\varphi=0$ 外不含 $F(\varphi)$ 的其他零点，因此，$r\frac{\mathrm{d}\varphi}{\mathrm{d}r}=-\tan\varphi+o(1)$. 但 $r\frac{\mathrm{d}\varphi}{\mathrm{d}r}$ 是向径与场的方向间的夹角 ψ 的正切值，所以在边 $\varphi=\pm\delta$ 上，我们有近似等式

$$\tan\psi\approx-\tan\delta$$

即

$$\psi\approx-\varphi$$

因此，我们所讨论的扇形是第二型法域，所以走向奇点的积分线是一条，或者是无限多条. 我们将在以后证明，在某些限制下，第二种情形是不可能的.

现在讨论 $F(\varphi)\equiv 0$ 的情形，只有当 $m=n$ 时才可能.

施行变换：$y=ux$，便得

$$u'x+u=\frac{P_n(x,ux)+\eta_1(x,ux)}{Q_n(x,ux)+\eta_2(x,ux)}$$

或解出 u'，便得

$$u'=\frac{P_n-uQ_n+\eta_1-u\eta_2}{x(Q_n+\eta_2)}$$

在所研究的情形 $P_n-uQ_n\equiv 0$. 因此

$$u'=\frac{\eta_1-u\eta_2}{x(Q_n+\eta_2)}$$

考虑两个辅助函数

$$H_1(x,u)=\frac{\eta_1(x,ux)}{x^n}$$

$$H_2(x,u)=\frac{\eta_2(x,ux)}{x^n}$$

按假定,这些函数在 $x=0$ 处是连续的.借助它们便得

$$u'=\frac{H_1(x,u)-uH_2(x,u)}{x[\Pi(u)+H_2(x,u)]}$$

其中

$$\frac{Q_n(x,ux)}{x^n}=b_{n,0}+b_{n-1,1}u+\cdots+b_{1,n-1}u^{n-1}=\Pi(u)$$

它是 u 的 $n-1$ 次多项式,实际上,为使 $yQ_n(x,y)=xP_n(x,y)$,显然,$Q_n(x,y)$ 必须不含 $b_{0,n}y^n$ 形的项.

如果现在对于 H_1 和 H_2,除在 $x=0$ 时它们都变成 0 外,不给加上其他限制,那么便不可能得到在奇点附近积分线的性状的一般结论.因此,我们假定 $H_1(x,u)=xF(x,u)$,$H_2(x,u)=xG(x,u)$,其中 $F(x,u)$ 和 $G(x,u)$ 在 $x=0$ 的近旁内是连续的有界函数,且满足关于 u 的李普希茨条件.这时微分方程为

$$u'=\frac{F(x,u)-uG(x,u)}{\Pi(u)+xG(x,u)}$$

当 $x=0$ 时,方程右端的分母仅能在多项式 $\Pi(u)$ 的有限个零点 $u_1,u_2,\cdots,u_{n-1}$ 处为零.所有其他的点$(0,u)$ 都是方程的常点,因而,在(x,u) 平面上仅有一条积分线经过,亦即在(x,y) 平面上,仅有一条积分线沿方向

$$\lim_{x\to 0}\frac{y}{x}=u\quad(u\neq u_i)$$

走向原点.

考虑由多项式 $\Pi(u)$ 的根所决定的例外点$(0,u_1)$,$(0,u_2)$,$\cdots$,$(0,u_{n-1})$.此时,每个都是方程

$$u'=\frac{F(x,u)-uG(x,u)}{\Pi(u)+xG(x,u)}$$

的奇点,而关于这个方程的研究与原来的方程相仿,且同时也是有三种基本可能情形,即沿此方向完全不可能有积分线走向原点,等等.

如果关于这个方程仍然有奇的情形,那么对它再施行变数变换,我们即能获得结论,沿所论的方向有无数条积分线走向原点,或只有一条,或一条也没有.我们注意到,由于每作一次变数变换,多项式 $\Pi(u)$ 的次数都要降低①,所以

---

① 注意,在作第一次变数变换后所得到的方程的分母的主项,是 n 次齐次多项式及 $n-1$ 次的多项式 $\Pi(u)$.在新的方程之内,主项的次数将决定于多项式 $\Pi(u)$ 的次数而不会超过它.因此,我们的论断得证.

经过有限次变换后，我们即可得到一个已经弄明白了的情形，或者一个没有奇点的方程.

如要研究在 y 轴附近的积分线，我们可作变换 $x=vy$，并进行相仿的分析.

我们引入某些结果，并将之与 §3 所述的分类相结合.

首先是有稳定与不稳定奇点的类别. 显然，若有含在第一或第二型法域之内的例外方向存在，则奇点绝不能是稳定的. 但一般说来，例外方向的存在，并不损害奇点的稳定性，甚至也还能是中心点. 例如对于方程

$$\frac{dy}{dx}=-\frac{2x^3}{y}$$

x 轴是例外方向，但积分线族是

$$x^4+y^2=C$$

虽然此种稳定的情形可以看作例外的，但是对于它们至今还没有找到解析的判别准则. 基本的稳定情形是这样：没有例外方向存在并且特征方程没有实根. 然而即使如此也不见得奇点就是中心点. 实际上，即使积分线走向奇点，它也不一定有确定的极限方向，譬如，它可能是螺线. 如果所有积分线都是顺着一定的方向盘旋地（$\theta(t)\to+\infty$ 或 $\theta(t)\to-\infty$）趋向奇点的螺线，那么奇点是焦点.

因此，例外方向不存在，一般说来归于两种可能情形：奇点是焦点，或者是稳定奇点. 但如我们所曾证明，后一种情形自身也包含两种小情形：中心点和中心焦点. 在后面我们将专注于去寻求确定稳定奇点的类型的解析判定准则，并证明在解析的情形，稳定奇点不可能是中心焦点.

其次，设例外方向只有有限个. 容易看出在奇点的邻域内何时能有椭圆、双曲型或抛物型的域[①].

在第一、二、三型的法域内都可能有抛物域（图 22(a)(b)(c)）.

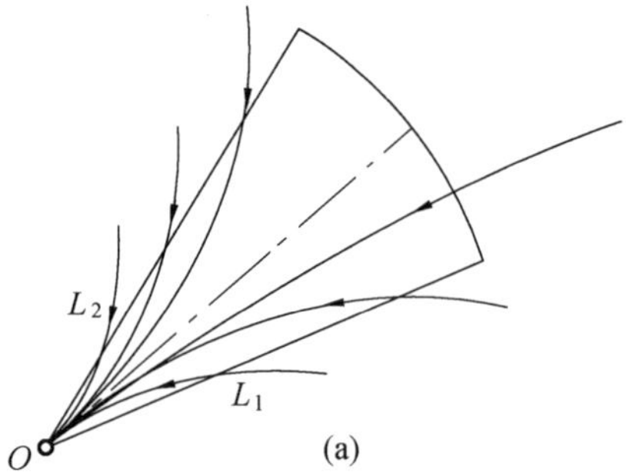

(a)

① 所用术语见本章 §2.

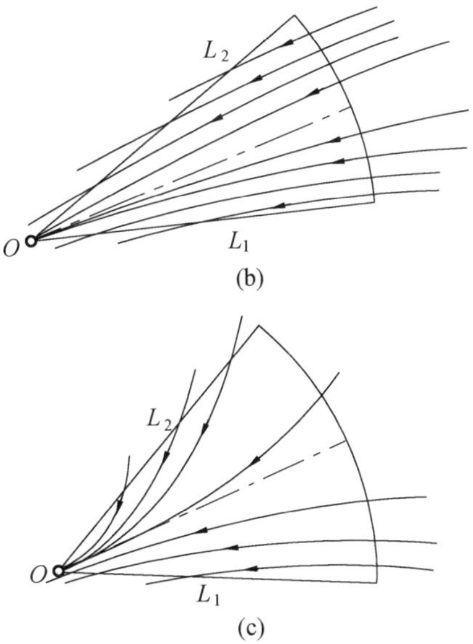

图 22

当所讨论的两个相邻例外方向含于第二(或三)型域内时可能出现双曲域(图 23).

最后,在两个相邻的例外方向都能在第一型法域内时有椭圆域(图 24).

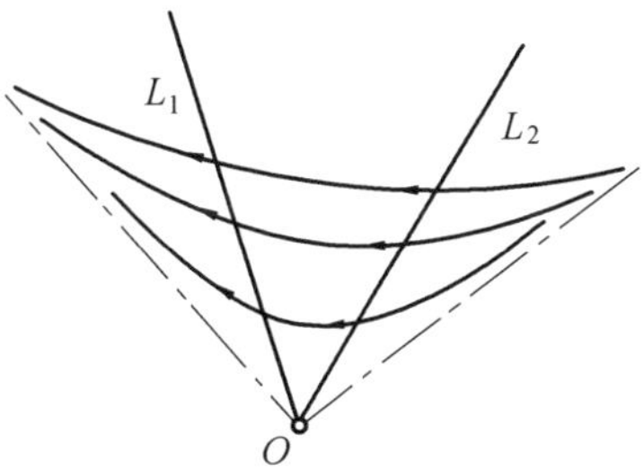

图 23

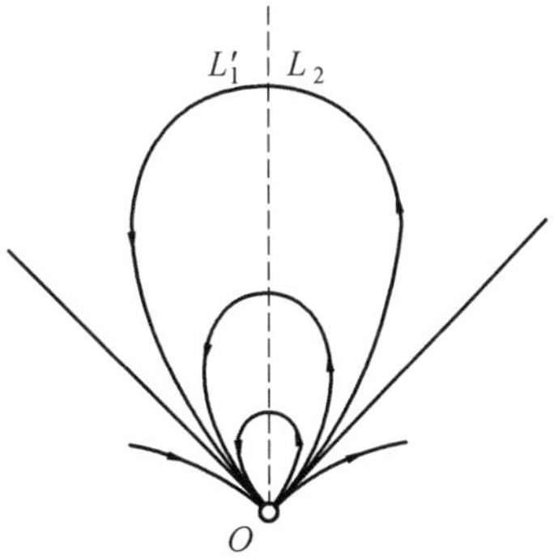

图 24

第一与第二区分问题 以上说明,以有限次运算即能求出例外方向,及确定它们能够含于何种类型的法域之内.为了进一步阐明积分线的性状,我们还需知道如何以有限次运算来区分在第二及第三型法域内,积分线的分布的可能情形.这两个区分的问题,无共通的解答.虽然对于第三型法域,如我们所将证,在解析的情形积分线的分布只有一种可能方式,但是对于第二型法域,如福罗美尔[12] 所证,任意高阶的项都能影响积分线的分布,于是在解决区分问题时,虽然就每一个已给的问题来说,所需的运算次数是有限的,但就右端为解析的全体而言,运算次数却不是有界的.福罗美尔建立关于积分线分布的方法很复杂,而且还不充分.我们将不叙述他的结果,而代之以给出罗恩(Lonn)的定理[13],这些定理,正像他自己所说,给出了“几乎必需的”充分条件.

4.4 第一区分问题

如果法域是第二型,那么如所曾证,积分线的分布有两种可能的方式,即如图 25(a)(唯一性情形)及图 25(b)(非唯一性情形)所示.

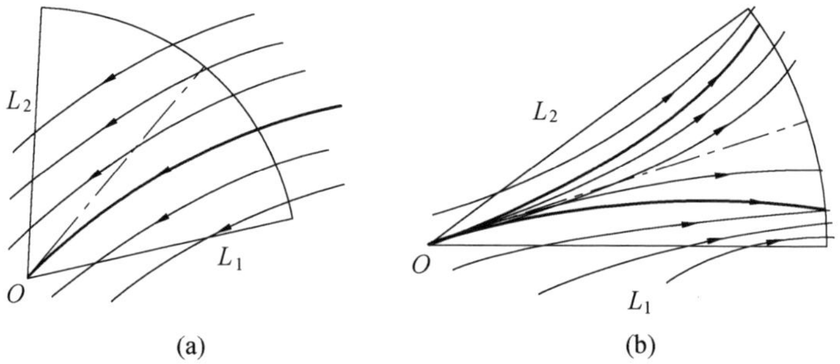

图 25

我们指出某些充分条件,当这些条件满足时积分线的分布如图 25(a) 所示.

辅助定理 7 如果 $r\dfrac{\mathrm{d}\varphi}{\mathrm{d}r}=\dfrac{F+\dfrac{f}{r^n}}{G+\dfrac{g}{r^n}}=\Psi(r,\varphi)$ 并且有连续函数 $D(r)\geqslant 0$ 存在,能使:

(1) $\displaystyle\int_0^{\hat{R}}\frac{D(r)}{r}\mathrm{d}r<+\infty$.

(2) $\dfrac{\Psi(r,\varphi_1)-\Psi(r,\varphi_2)}{\varphi_1-\varphi_2}\leqslant D(r),r<\hat{R}$.

那么分布如图 25(a) 所示.

实际上,设 $\varphi=\varphi_1(r)$ 及 $\varphi=\varphi_2(r)$ 为两条走向原点的积分曲线,因为它们不相交,所以可以假定当 $r>0$ 时,$\varphi_1>\varphi_2$. 于是,我们有

$$\frac{\mathrm{d}(\varphi_1-\varphi_2)}{\mathrm{d}r}=\frac{1}{r}\{\Psi(r,\varphi_1)-\Psi(r,\varphi_2)\}\leqslant\frac{D(r)}{r}(\varphi_1-\varphi_2)$$

因此,若 $0<r'<r''<\hat{R}$,则

$$\ln[\varphi_1(r)-\varphi_2(r)]_{r'}^{r''}\leqslant\int_0^{\hat{R}}\frac{D(r)}{r}\mathrm{d}r\leqslant k$$

即

$$\ln[\varphi_1(r'')-\varphi_2(r'')]-\ln[\varphi_1(r')-\varphi_2(r')]\leqslant k$$

其中k是常数.由此便知,$\varphi_1(r')-\varphi_2(r')\geqslant L$,其中$L$为一个与$r'$无关的正数,但这与$\varphi_1(r)$和$\varphi_2(r)$以同一切线方向走向原点的假定矛盾.

定理 27[①] 设φ_0是方程$F(\varphi)=0$的单根,同时$G(\varphi_0)\neq 0$,而且$F'(\varphi_0)G(\varphi_0)<0$,则为使分布如图 25(a) 所示,只需假定函数$\dfrac{\eta_1(r,\varphi)}{r^n}$和$\dfrac{\eta_2(r,\varphi)}{r^n}$就$\varphi$而言满足李普希茨条件

$$\frac{1}{r^n}\mid\eta_i(r\cos\varphi_1,r\sin\varphi_1)-\eta_i(r\cos\varphi_2,r\sin\varphi_2)\mid\leqslant c\mid\varphi_1-\varphi_2\mid$$

$$(i=1,2)$$

其中若r充分小,c即可相当小.

若方程右端是解析的,则这一条件恒满足.

若设φ_0是单根,则

$$F(\varphi)=C(\varphi-\varphi_0)+o(\varphi-\varphi_0)$$

其中$C=F'(\varphi_0)$.此外,若$\dfrac{\eta_1}{r^n}$及$\dfrac{\eta_2}{r^n}$尚满足具有充分小的常数的李普希茨条件,则$\tilde{f}=\dfrac{f(r,\varphi)}{r^n}$及$\tilde{g}=\dfrac{g(r,\varphi)}{r^n}$也必满足相仿的条件,即

$$\frac{1}{r^n}\left|\frac{f(r,\varphi_1)-f(r,\varphi_2)}{\varphi_1-\varphi_2}\right|\leqslant c_f$$

$$\frac{1}{r^n}\left|\frac{g(r,\varphi_1)-g(r,\varphi_2)}{\varphi_1-\varphi_2}\right|\leqslant c_g$$

设

$$\Psi=r\frac{\mathrm{d}\varphi}{\mathrm{d}r}$$

我们来考虑差

$$\Psi_1-\Psi_2=\left(G_1+\frac{g_1}{r^n}\right)^{-1}\left(G_2+\frac{g_2}{r^n}\right)^{-1}\{(F_1-F_2)G_1-F_1(G_1-G_2)+$$

$$[(F_1-F_2)g_1-F_1(g_1-g_2)]\frac{1}{r^n}+$$

① 此处所用记号见定理 24 前一段.我们所讨论的方程为

$$\frac{\mathrm{d}y}{\mathrm{d}x}=\frac{P_n(x,y)+\eta_1(x,y)}{Q_n(x,y)+\eta_2(x,y)}$$

或其极坐标形式

$$r\frac{\mathrm{d}\varphi}{\mathrm{d}r}=\frac{F(\varphi)+\dfrac{f(r,\varphi)}{r^n}}{G(\varphi)+\dfrac{g(r,\varphi)}{r^n}}$$

$$\frac{1}{r^n}[(f_1-f_2)G_1-f_1(G_1-G_2)]+$$

$$[(f_1-f_2)g_1-f_1(g_1-f_2)]\frac{1}{r^{2n}}\}^{①}$$

函数 F 和 G 满足李普希茨条件，因此只要 r 充分小，$(F_1-F_2)G_1$ 即能以任一精确度 $G_0C(\varphi_1-\varphi_2)$ 近似表示，其中 $G_0=G(\varphi_0)$. 今取 $c_f<c, c_g<c$，如再加上 $F(\varphi_0)=0$ 并且 f 与 g 是 $o(r^n)$，则对充分小的 $|\varphi_1-\varphi_0|$ 和 $|\varphi_2-\varphi_0|$，表达式

$$\frac{\Psi(r,\varphi_1)-\Psi(r,\varphi_2)}{\varphi_1-\varphi_2}$$

与

$$\frac{(F_1-F_2)G_1}{\varphi_1-\varphi_2}$$

同号. 由于当 φ_1 和 φ_2 接近于 φ_0 时，G_1 与 G_0 同号，而 F_1-F_2 与 $C(\varphi_1-\varphi_2)$ 同号，所以所述的分式与乘积 $CG_0=F'(\varphi_0)G(\varphi_0)$ 同号，但按所讨论情形的条件它是负的，所以可用恒等于零的函数作为辅助定理中的 $D(r)$.

很自然就会有这样的问题：能否证明在右端是解析的甚或是多项式的时候，一般来说都不会是如图 25(b) 所示的分布. 这个问题的答案应当是否定的，因为这样的分布也有可能. 例如，若考虑方程

$$y'=\frac{y^3-x^4y}{-x^6}$$

则如福罗美尔[12] 所曾证，积分线的分布大概如图 26 所示.

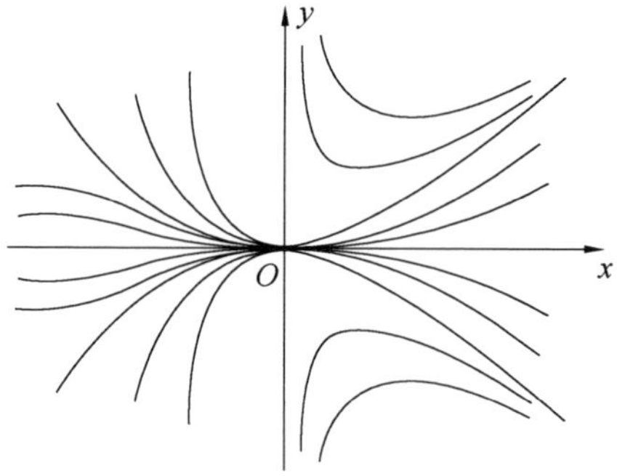

图 26

① 式中各函数所附添数 1,2 分别表示成 $\varphi=\varphi_1$ 及 $\varphi=\varphi_2$ 来考虑.

4.5 第二区分问题

设 $F(\varphi)$ 有偶次零点 φ_0，又设

$$F(\varphi)=C(\varphi-\varphi_0)^k+o(|\varphi-\varphi_0|)\quad(k\geqslant 2)$$

且 $G(\varphi_0)=G_0\neq 0$. 如前面所证，在所有的符号组合中我们可以只讨论其中之一：$G_0>0$ 同时 $C>0$. $\varphi=\varphi_0$ 这一例外方向能被包于第三型法域内，因此可能有两种情形：(a) 有无限多积分线走向奇点；(b) 没有这样的积分线.

为了给出区分这两种情形的准则，我们来讨论辅助方程

$$r\frac{\mathrm{d}\bar{\varphi}}{\mathrm{d}r}=R(\bar{\varphi}-\varphi_0)^k+S\frac{A(r)}{r^n}\tag{10}$$

其中 k 是偶数，R 和 S 是非负数，而 $A(r)$ 是 $o(r^n)$ 阶的函数. 在下面我们将选择此函数，使方程容易积分.

当 $S=0$ 时，方程(10) 有解

$$|\bar{\varphi}-\varphi_0|=\left[(k-1)R\ln\left|\frac{c}{r}\right|\right]^{-\frac{1}{k-1}}$$

我们将寻求一般情形的如下形式的解

$$\bar{\varphi}-\varphi_0=z\left(\ln\frac{1}{r}\right)^{-\frac{1}{k-1}}$$

代入方程(10)，即得

$$r\frac{\mathrm{d}z}{\mathrm{d}r}\left(\ln\frac{1}{r}\right)^{-\frac{1}{k-1}}+\frac{z}{k-1}\left(\ln\frac{1}{r}\right)^{-\frac{k}{k-1}}$$
$$=Rz^k\left(\ln\frac{1}{r}\right)^{-\frac{k}{k-1}}+S\frac{A(r)}{r^n}$$

现在令

$$A(r)=r^n\left(\ln\frac{1}{r}\right)^{-\frac{k}{k-1}}$$

这时，我们有

$$r\frac{\mathrm{d}z}{\mathrm{d}r}\left(\ln\frac{1}{r}\right)^{-\frac{1}{k-1}}+\frac{z}{k-1}\left(\ln\frac{1}{r}\right)^{-\frac{k}{k-1}}$$
$$=Rz^k\left(\ln\frac{1}{r}\right)^{-\frac{k}{k-1}}+S\left(\ln\frac{1}{r}\right)^{-\frac{k}{k-1}}$$

或消去 $\left(\ln\frac{1}{r}\right)^{-\frac{k}{k-1}}$，即有

$$r\frac{\mathrm{d}z}{\mathrm{d}r}\left(\ln\frac{1}{r}\right)=Rz^k-\frac{z}{k-1}+S\equiv N(z)$$

此方程有明显的积分

$$\Phi(z)=\int\frac{\mathrm{d}z}{N(z)}=-\ln\left(\ln\frac{1}{r}\right)+K\quad(K\text{ 为常数})$$

今讨论多项式 $N(z)$ 的根的问题. 由于 k 是偶的, 所以 $N''(z)$ 恒是非负的, 因而曲线 $W=N(z)$ 没有拐点. 若 S 充分大, 则 $N(z)$ 完全没有实根, 但若它小于某 S_0, 则 $N(z)$ 有一对实根. 当 $S=S_0$ 时, 我们有重根. 为要去求 S_0, 我们注意到使得 S_0 存在的 z, 能同时满足下面两个等式

$$Rz^k-\frac{z}{k-1}+S_0=0$$

及

$$kRz^{k-1}-\frac{1}{k-1}=0$$

由此便得

$$S_0=k^{-\frac{k}{k-1}}[R(k-1)]^{-\frac{1}{k-1}}$$

设 $S<S_0$, $N(z)$ 有两个实根 z_1 及 z_2. 因为 $R\geqslant 0$, 在此两根间, 函数 $\Phi(z)=\int_a^z\frac{\mathrm{d}z}{N(z)}$ 单调递减, 而在区间 (z_1,z_2) 的边界上它变成 ∞.

现设 r 及 $\bar{\varphi}=\varphi_0+z\left(\ln\frac{1}{r}\right)^{-\frac{k}{k-1}}$ 是极坐标, 而来讨论曲线

$$\Phi(z)=-\ln\left(\ln\frac{1}{r}\right)+C_0$$

其中 C_0 是确定的积分常数, 而 z 则是某一参数, 它沿着曲线在 z_1 与 z_2 之间变化. 如我们所曾指出, 此时 $\Phi(z)$ 从 $+\infty$ 到 $-\infty$ 是单调递减的, 因而, 如曲线方程所显示, r 从 1 递减到 0. 如果 $r\to 0$, 那么 $z\to z_2$, 因此

$$\bar{\varphi}-\varphi_0=z\left(\ln\frac{1}{r}\right)^{-\frac{k}{k-1}}$$

趋于 0, 所讨论的曲线在原点处有切线 $y=x\tan\varphi_0$.

现考虑另一情形: $S>S_0$. 多项式 $N(z)$ 没有实根, $\Phi(z)$ 是连续单调递增的函数, 而且当 z 从 $-\infty$ 变到 $+\infty$ 时它仍有界, 这是由于 $k\geqslant 2$, 所以 $\int_{-\infty}^{+\infty}\frac{\mathrm{d}z}{N(z)}$ 收敛的缘故.

在每一条曲线

$$\Phi(z)=-\ln\left(\ln\frac{1}{r}\right)+C_0\quad\left(\Phi(z)=\int_{+\infty}^{z}\frac{\mathrm{d}z}{N(z)}\right)$$

上, $\ln\left(\ln\frac{1}{r}\right)$ 有界, 因此 r 将不能任意接近于 0 也将不能任意接近于 1. 在这些曲线上, 如微分方程本身所显示, $\bar{\varphi}$ 是 r 的单调函数, 而且当 z 从 $-\infty$ 变到 $+\infty$ 时

$$\bar{\varphi}-\varphi_0=z\left(\ln\frac{1}{r}\right)^{-\frac{1}{k-1}}$$

也从 $-\infty$ 变到 $+\infty$.

如果取所讨论曲线对于 $|\bar{\varphi}-\varphi_0|\leqslant\delta$ 的一段,那么它将从法域的一侧边走到另一侧边而不走向奇点,并且在原点的任一近旁都有这样的曲弧存在. 若设 $C_0=\ln\left(\ln\frac{1}{r^*}\right)$,则在曲线上到处皆有 $r<r^*$.

利用此研讨,我们证明下一定理.

定理 28(罗恩) 首先,设 φ_0 是函数 $F(\varphi)$ 的 k 重根(k 是偶数),$C>0$, $G_0>0$. 其次

$$A(r)=r^n\left(\ln\frac{1}{r}\right)^{-\frac{k}{k-1}}$$

$$D=\left(\frac{G_0}{k}\right)^{\frac{k}{k-1}}[C(k-1)]^{-\frac{1}{k-1}}$$

则当函数 $f(r,\varphi)=\eta_1\cos\varphi-\eta_2\sin\varphi$ 在扇形 $|\varphi-\varphi_0|\leqslant\delta$ 内,对于充分小的 r 满足条件

$$f(r,\varphi)\leqslant C_1A(r)\quad(0<C_1<D)\tag{11}$$

时,我们得分布如图 25(a) 所示,而当它满足条件

$$f(r,\varphi)\geqslant C_2A(r)\quad(C_2>D)\tag{12}$$

时我们得分布如图 25(b) 所示.

我们开始证明,假定奇点的法域选取得如此小,使定理的条件中的不等式 (11) 在其内成立. 于是

$$r\frac{\mathrm{d}\varphi}{\mathrm{d}r}=\frac{F+\frac{f}{r^n}}{G+\frac{g}{r^n}}<\frac{C(\varphi-\varphi_0)^k+C_1\frac{A(r)}{r^n}}{G_0}(1+\delta_1)=\Psi(r,\varphi)$$

其中 δ_1 是某一正常数,只要法域充分小它就可任意小. 根据我们的假定

$$\frac{C_1}{C_0}<k^{-\frac{k}{k-1}}\left[\frac{C}{G_0}(k-1)\right]^{-\frac{1}{k-1}}$$

因此,对于小的 δ_1,有

$$\frac{C_1}{G_0}(1+\delta_1)<k^{-\frac{k}{k-1}}\left[\frac{C}{G_0}(1+\delta_1)(k-1)\right]^{-\frac{1}{k-1}}$$

我们来考虑辅助方程

$$r\frac{\mathrm{d}\bar{\varphi}}{\mathrm{d}r}=\Psi(r,\bar{\varphi})$$

这一方程与我们以上所讨论过的相仿,不过此时

$$R=\frac{C}{G_0}(1+\delta_1)$$

$$S=\frac{C_1}{G_0}(1+\delta_1)$$

我们有

$$S<S_0=k^{-\frac{k}{k-1}}[R(k-1)]^{-\frac{1}{k-1}}$$

因此,存在满足辅助方程并以 $y=x\tan\varphi_0$ 为切线而走向原点的曲线.

以 K 表示此曲线并充分缩小 r,使就它的被考虑的值来看时,K 停留在扇形 $|\varphi-\varphi_0|<\delta$ 之内.现在就很容易证明分布只能是如图 25(a) 所示.

实际上,设若分布如图 25(b) 所示,则将有积分线与 K 相交,而在交点处将会有不等式

$$r\frac{\mathrm{d}\varphi}{\mathrm{d}r}\geqslant r\frac{\mathrm{d}\bar{\varphi}}{\mathrm{d}r}=\Psi(r,\bar{\varphi})=\Psi(r,\varphi)$$

成立,但此不等式与前面已建立的矛盾.因此,分布只能是如图 25(a) 所示.

我们进而证明定理的第二部分.

设法域如此之小,使定理的条件中所写的不等式(12) 成立.于是

$$r\frac{\mathrm{d}\varphi}{\mathrm{d}r}=\frac{F+\dfrac{f}{r^n}}{G+\dfrac{g}{r^n}}>\frac{C(\varphi-\varphi_0)^k+C_2\dfrac{A(r)}{r^n}}{G_0}(1-\delta_1)=\Psi(r,\varphi)$$

其中 $\delta_1>0$,只要法域充分小,它即可任意小.根据定理的条件,容易看出

$$\frac{C_2}{G_0}>k^{-\frac{k}{k-1}}\left[\frac{C}{G_0}(k-1)\right]^{-\frac{1}{k-1}}$$

因而对于充分小的 δ_1,有

$$\frac{C_2}{G_0}(1-\delta_1)>k^{-\frac{k}{k-1}}\left[\frac{C}{G_0}(1-\delta_1)(k-1)\right]^{-\frac{1}{k-1}}$$

我们来考虑辅助方程

$$r\frac{\mathrm{d}\bar{\varphi}}{\mathrm{d}r}=\Psi(r,\bar{\varphi})$$

它也具有我们所研究过的形式,此时

$$R=\frac{C}{G_0}(1-\delta_1)$$

$$S=\frac{C_2}{G_0}(1-\delta_1)$$

并且

$$S>S_0$$

考虑原给方程经过法域内某点(r^*,φ^*)的积分曲线 L.如所曾证,对于辅

助方程来说，存在整个位于圆 $r<r^*$ 之内横断法域的积分曲线 K. 若设分布如图 25(a) 所示，而积分曲线 L 走向奇点，则 L 必与 K 相交，但这不可能，因为在交点 $(r,\varphi=\bar{\varphi})$ 我们将有

$$r\frac{\mathrm{d}\varphi}{\mathrm{d}r}\leqslant r\frac{\mathrm{d}\bar{\varphi}}{\mathrm{d}r}=\Psi(r,\bar{\varphi})=\Psi(r,\varphi)$$

与前面所建立的不等式矛盾. 因此，分布如图 25(b) 所示. 定理得证.

现引入简单的例子

$$\frac{\mathrm{d}y}{\mathrm{d}x}=\frac{x+y+\eta_1}{x+\eta_2}$$

此时

$$P_1(x,y)=x+y$$
$$Q_1(x,y)=x$$

特征方程

$$F(\varphi)=[\sin\varphi+\cos\varphi]\cos\varphi-\cos\varphi\cdot\sin\varphi=\cos^2\varphi=0$$

有两个重根：$\varphi=\frac{\pi}{2}$ 及 $\varphi=-\frac{\pi}{2}$，所以发生第二区分问题. 因此，适当的选取函数 η_1 和 η_2，我们能获得在 $+\frac{\pi}{2}$ 及 $-\frac{\pi}{2}$ 处有情形(b). 于是，此时积分线不可能以定的切线方向走向原点，因此，奇点是焦点或中心点(能够证明，此时中心点是不可能出现的，因为 $r\frac{\mathrm{d}\varphi}{\mathrm{d}r}$ 保持一定的符号，所以 $\frac{\mathrm{d}r}{\mathrm{d}\varphi}$ 亦然). 同时，与之对应的线性方程

$$\frac{\mathrm{d}y}{\mathrm{d}x}=\frac{x+y}{x}$$

以原点为节点.

我们指出，在右端是解析的情形，分布必如图 25(a) 所示. 实际上，在此情形我们有，当 $r\to 0$ 时，$\frac{f(r,\varphi)}{r^{n+1}}$ 有界，因此，对于任一 $C_1>0$ 及充分小的 r，有

$$f(r,\varphi)\leqslant C_1r^{n+1}<C_1r^n\left(\ln\frac{1}{r}\right)^{-\frac{k}{k-1}}.$$

罗恩定理不能直接应用于分子和分母的次数不同的情形，但是我们却能够直接应用罗恩的辅助定理，或以辅助方程来比较的方法. 特别是对于前节所曾研究的，当

$$r\frac{\mathrm{d}\varphi}{\mathrm{d}r}=-\tan\varphi+o(r)$$

的情形，罗恩辅助定理是可以应用的，并且可以得到结果：若 $m>n$ 且 x 轴是简单的例外方向，则沿着它只有一条积分线走向原点.

中心点和焦点的问题　若特征方程没有实根，则能够出现的是稳定奇点或是焦点．求关于辨识中心点和焦点的解析法则．我们将见，一般来说，中心点的存在由无穷多次运算才能建立[14]．

设已给的方程是

$$y'=\frac{P_n(x,y)+P_{n+1}(x,y)+P_{n+2}(x,y)+\cdots}{Q_n(x,y)+Q_{n+1}(x,y)+Q_{n+2}(x,y)+\cdots}$$

其中 $P_i(x,y)$ 和 $Q_i(x,y)$ 是 i 次齐次多项式，并假定右端的分子、分母都是 x 和 y 在点 $(0,0)$ 的某一邻域内的解析函数．如引用极坐标 r 和 φ，则此方程即变成

$$\frac{\mathrm{d}r}{\mathrm{d}\varphi}=\frac{rp_{n+1}+r^2p_{n+2}+r^3p_{n+3}+\cdots}{q_{n+1}+rq_{n+2}+r^2q_{n+3}+\cdots}$$

其中

$$p_{n+i+1}=P_{n+i}(\cos\varphi,\sin\varphi)\sin\varphi+Q_{n+i}(\cos\varphi,\sin\varphi)\cos\varphi$$

$$q_{n+i+1}=Q_{n+i}(\cos\varphi,\sin\varphi)\cos\varphi-P_{n+i}(\cos\varphi,\sin\varphi)\sin\varphi$$

而且按假定 $q_{n+1}=0$ 没有实根．

考查闭曲线族

$$f(r,\varphi)=rf_0(\varphi)+r^2f_1(\varphi)+r^3f_2(\varphi)+\cdots=K\quad(K\text{ 为常数})$$

并提出这样的问题：确定 φ 的周期函数（周期为 2π）$f_0(\varphi)$，$f_1(\varphi)$，$f_2(\varphi)$，…，使

$$f(r,\varphi)=K\quad(K\text{ 为常数})$$

是所讨论方程的形式解．

此曲线族所满足的微分方程是

$$\frac{\mathrm{d}r}{\mathrm{d}\varphi}=-\frac{rf'_0+r^2f'_1+r^3f'_2+\cdots}{f_0+2rf_1+3r^2f_2+\cdots}$$

为了得到所要的结果，就应当使下列等式

$$\frac{rp_{n+1}+r^2p_{n+2}+r^3p_{n+3}+\cdots}{q_{n+1}+rq_{n+2}+r^2q_{n+3}+\cdots}=-\frac{rf'_0+r^2f'_1+r^3f'_2+\cdots}{f_0+2rf_1+3r^2f_2+\cdots}$$

成立．

如施行级数的运算，便得级数形的方程

$$r(q_{n+1}f'_0+p_{n+1}f_0)+r^2(q_{n+1}f'_1+2p_{n+1}f_1+f'_0q_{n+2}+f_0p_{n+2})+\cdots=0$$

因此，若我们希望有周期解 f_i 能使左端形式上变为零，则必须且只需可数多个线性方程有以 2π 为周期的解．

这组方程可以写成如下形式

$$q_{n+1}f'_i+(i+1)p_{n+1}f_i+R_i=0\quad(i=0,1,2,\cdots)\tag{13}$$

其中 R_i 只与 f_k，f'_k 有关 $(k<i)$．

定理 29　为了使 $(0,0)$ 是中心点，必须而且只需方程组 (13) 有周期为 2π 的周期解．

事实上，对于 $i=0$，方程组 (13) 为

$$q_{n+1}f'_0+p_{n+1}f_0=0 \tag{14}$$

此方程的解 $f_0=Ce^{-\int_0^{\varphi}\frac{p_{n+1}}{q_{n+1}}d\varphi}$,对一切 C(在以下我们取 $C=1$) 在且仅在

$$\int_0^{2\pi}\frac{p_{n+1}}{q_{n+1}}d\varphi=0 \tag{15}$$

的条件下才是周期的. 因此,根据定理 18 和定理 19 的前面部分(都是容易证实的),便知方程组(13) 中第一个方程,即方程(14),有周期解,是以(0,0) 为中心点的第一个必要条件. 容易验证解 f_0 无处能变为零①.

假若第一个必要条件满足,但(13) 的解 $f_1,f_2,\cdots$ 中有不以 2π 为周期的,则如设它们之中的第一个为 f_i,就将有完全确定的常数 $D_i\neq 0$ 存在,能使方程

$$q_{n+1}F'_i+(i+1)p_{n+1}F_i+R_i=D_i \tag{16}$$

有周期解 F_i. 事实上,对 $i>0$,方程(16) 的解是

$$F_i=e^{-(i+1)\int_0^{\varphi}\frac{p_{n+1}}{q_{n+1}}d\varphi}\left[C-\int_0^{\varphi}\frac{R_i-D_i}{q_{n+1}}e^{(i+1)\int_0^{\varphi}\frac{p_{n+1}}{q_{n+1}}d\varphi}d\varphi\right]$$

且当 $D_i=0$ 时,右端即是 f_i 的表达式的一个常数倍数. 假定第一个必要条件是满足的,那么从(15) 便得

$$\begin{aligned}F_i(2\pi)-F_i(0)=&-\int_0^{2\pi}\frac{R_i}{q_{n+1}}e^{(i+1)\int_0^{\varphi}\frac{p_{n+1}}{q_{n+1}}d\varphi}d\varphi+\\&D_i\int_0^{2\pi}\frac{1}{q_{n+1}}e^{(i+1)\int_0^{\varphi}\frac{p_{n+1}}{q_{n+1}}d\varphi}d\varphi\end{aligned} \tag{17}$$

若

$$\int_0^{2\pi}\frac{R_i}{q_{n+1}}e^{(i+1)\int_0^{\varphi}\frac{p_{n+1}}{q_{n+1}}d\varphi}d\varphi=0$$

则 f_i 便将会是以 2π 为周期的周期解. 如果它不等于零,那么在方程 $F_i(2\pi)-F_i(0)=0$ 中 D_i 的系数不等于零,所以此方程确定具有所述性质的 D_i. 现在我们来利用周期曲线族

$$rf_0+r^2f_1+\cdots+r^{i+1}F_i=K \quad (K\text{ 为常数})$$

容易验证原点是这族曲线所满足的微分方程的中心点. 从上式左端各函数的作法便知,当我们计算这族曲线所决定的场与由所讨论方程所决定的场之间所夹之角的正切值时,所得分式分子上的 r 的次数小于或等于 i 的项都消失,而 r 的次数为 $i+1$ 的项有系数 D_i. 因此,可以得到原点的这样一个邻域,在它里面分子不能为零,例如始终是正的. 由此便知,在这个邻域内两个场的方向无处重合,因而经过这个邻域的积分线以确定的切线方向走向原点,或是走向原点的螺线. 但前者由于例外方向不存在而无可能,所以积分线都是走向原点的螺线,

① 此处及以下在译文中有添加 —— 译者注.

奇点是焦点.

条件的必要性由此得证.

再证所述条件的充分性. 取所论方程的极坐标形式

$$r' = \frac{\mathrm{d}r}{\mathrm{d}\varphi} = \frac{rp_{n+1} + r^2 p_{n+2} + r^3 p_{n+3} + \cdots}{q_{n+1} + rq_{n+2} + r^2 q_{n+3} + \cdots} = \frac{L}{Z}$$

因为 q_{n+1} 是特征方程的左端,所以对于充分小的 r,函数 Z 不会为零. 假如所述条件是满足的,则对任一正整数 n,显然我们都能求得以原点为中心点的比较方程

$$\bar{r}' = \frac{L_1}{Z_1}$$

能使在表示差 $r' - \bar{r}'$ 的分式中,分子上凡是 r 的次数小于或等于 $2n+1$ 的项都消失. 同时,只要 r 充分小时分母即不为零,因此我们便有估计

$$| r' - \bar{r}' | < r^{2n+1} M'$$

其中 M' 是一常数.

回到所讨论的方程并用逐步逼近法去求它的解.

取域 $r \leqslant k$,使在此域内 $\frac{\mathrm{d}r}{\mathrm{d}\varphi}$ 的分母不为零,因而有确定的符号. 这样就有常数 M 存在,使在此域内满足不等式

$$\left| \frac{\mathrm{d}r}{\mathrm{d}\varphi} \right| < M$$

在这个域内有

$$-M < \frac{\mathrm{d}r}{\mathrm{d}\varphi} < +M$$

如果 $r_0 < k$,那么经过 $(r_0, 0)$ 的积分线位于两个阿基米德螺线 $r = M\varphi + r_0$ 与 $r = -M\varphi + r_0$ 之间.

当 $k \to 0$ 时,常数 M(如适当地选取)也趋于零. 因此,如 r_0 取得充分小,则 φ 从 0 变到 2π 时,积分线仍在分母具有确定记号的域 $r \leqslant k_1$ 内.

现在我们用逐步逼近法去求经过点 $(r_0, 0)$ 的解. 显然,当 φ 从 0 变到 2π 时,每一近似解(r_0 的幂级数)都收敛,且都在分母保持一定符号的域 $r \leqslant k_1$ 之内. 如将解表示成以它们为部分和的级数,便得展式

$$r = r_0 w_1 + r_0^2 w_2 + r_0^3 w_3 + \cdots$$

其中 w_i 是只和 $\sin\varphi$ 及 $\cos\varphi$ 有关的连续可微函数,同时,当 $i > 1$ 时,$w_i(0) = 0$,而 $w_1(0) = 1$.

因为,当 $0 \leqslant \varphi \leqslant 2\pi$ 时所有近似解都位于域 $r \leqslant k_1$ 内,且都在 $[0, 2\pi]$ 上收敛,所以上面所写的级数在 $[0, 2\pi]$ 上是收敛的.

令

$$\rho = r_0 w_1(2\pi) + r_0^2 w_2(2\pi) + r_0^3 w_3(2\pi) + \cdots$$

我们来考查函数

$$\psi(r_0) = r_0 - \rho = C_0 r_0 + C_1 r_0^2 + \cdots$$

我们往证所有的 C_i 都等于零.

实际上,设 n 固定,但可任意大,并设

$$\bar{r}' = \frac{L_1}{Z_1}$$

是以原点为中心点的方程,能使差 $r' - \bar{r}'$ 按 r 的幂展开时,所有从第 1 次到第 $2n+1$ 次的项都消去. 于是,若我们将这个方程的解写成级数形式,如我们对基本方程的解所作过的那样,即令

$$\bar{r} = r_0 \bar{w}_1 + r_0^2 \bar{w}_2 + \cdots + r_0^n \bar{w}_n + \cdots$$

$$\bar{\rho} = \bar{r}(2\pi) = r_0 \bar{w}_1(2\pi) + r_0^2 \bar{w}_2(2\pi) + \cdots$$

并对比较方程作函数

$$\bar{\psi}(r_0) = r_0 - \bar{\rho} = \sum_{i=0}^{\infty} \bar{C}_i r_0^{i+1}$$

则它恒等于零,即 $\bar{C}_i = 0$.

按假定选取比较方程,使有

$$w_i'(\varphi) = \bar{w}_i'(\varphi) \quad (i = 0, 1, 2, \cdots, 2n+1)$$

因此,对于 $i \leqslant 2n+1$,所有 $C_i = \bar{C}_i$. 但 $\bar{C}_i = 0$,因此,$C_i = 0(i = 0, 1, 2, \cdots, 2n+1)$,又因 n 可任意大,所以所有 $C_i = 0(i = 0, 1, 2, \cdots)$.

但 $C_i = w_i(2\pi) - w_i(0)$,因而 $w_i(2\pi) = w_i(0)(i = 0, 1, 2, \cdots)$,即所述的条件是充分的.

在上面我们用以判定中心点是否存在的方法是超越的,并且需要解微分方程,但如果方程右端始于一次项,那么在解析情形下,上述方法可用另一种方法替代,这种方法只要求解代数方程. 这个确定中心点存在的方法来自庞加莱. 我们简述此法如下:

当方程右端分子、分母有一次项时,中心点只在下述情形存在,即在借助于非奇异的线性变换可将与所讨论方程组相当的方程组变成

$$\frac{dx}{dt} = y + q(x, y), \frac{dy}{dt} = -x - p(x, y) \tag{18}$$

的时候,其中 $p(x, y)$,$q(x, y)$ 是从二次项开始的解析函数. 因此,可设

$$q(x, y) = q_2(x, y) + q_3(x, y) + \cdots + q_i(x, y) + \cdots$$

$$p(x, y) = p_2(x, y) + p_3(x, y) + \cdots + p_i(x, y) + \cdots$$

其中 $p_i(x, y)$,$q_i(x, y)$ 是 i 次齐次多项式. 我们可取方程

$$\frac{dy}{dx} = \frac{f'_x(x, y)}{f'_y(x, y)} = -\frac{2x + f'_{3x}(x, y) + f'_{4x}(x, y) + \cdots}{2y + f'_{3y}(x, y) + f'_{4y}(x, y) + \cdots}$$

作为比较方程，其中

$$f(x,y)=x^2+y^2+f_3+f_4+\cdots+f_k+\cdots$$

是封闭曲线族，而且次数分别为 3，4，…，k，… 次的齐次多项式 $f_3, f_4, \cdots, f_k, \cdots$ 的系数暂时不确定. 设

$$f_k(x,y)=\sum_{n=0}^{k}A_{n,k-n}x^n y^{k-n}$$

将从方程(18) 得到的 $\frac{\mathrm{d}y}{\mathrm{d}x}$ 的表达式减去比较方程的右端得

$$[-(x+p_2+p_3+\cdots)(2y+f'_{3y}+f'_{4y}+\cdots)+$$
$$(y+q_2+q_3+\cdots)(2x+f'_{3x}+f'_{4x}+\cdots)][(y+q(x,y))f'_y(x,y)]^{-1}$$

立刻可见，在分子上的二次项是消去了的.

三次项的全体是

$$-xf'_{3y}-2yp_2+yf'_{3x}+2xq_2$$

上式可写作

$$(-xf'_{3y}+yf'_{3x})+(2xq_2-2yp_2)$$

在上式第二个括弧内的多项式，其系数可由多项式 $p_2(x,y)$，$q_2(x,y)$ 的系数的线性式子表示. 将它记作

$$B_{30}x^3+B_{21}x^2y+B_{12}xy^2+B_{03}y^3$$

至于多项式 $-xf'_{3y}+yf'_{3x}$，则可把它写作

$$\begin{aligned}-xf'_{3y}+yf'_{3x}&=-x(A_{21}x^2+2A_{12}xy+3A_{03}y^2)+\\&\quad y(3A_{30}x^2+2A_{21}xy+A_{12}y^2)\\&=A_{21}x^3+(-2A_{12}+3A_{30})x^2y+\\&\quad(-3A_{03}+2A_{21})xy^2+A_{12}y^3\end{aligned}$$

因此，若要使三次项消失，则应由下列方程

$$-A_{21}+B_{30}=0$$
$$-2A_{12}+3A_{30}+B_{21}=0$$
$$-3A_{03}+2A_{21}+B_{12}=0$$
$$A_{12}+B_{03}=0$$

确定 A_{03}，A_{12}，A_{21} 和 A_{30}.

考查四次项，它们的和是

$$-xf'_{4y}-p_2f'_{3y}-2yp_3+yf'_{4x}+q_2f'_{3x}+2xq_3$$

即

$$(-xf'_{4y}+yf'_{4x})+(-p_2f'_{3y}-2yp_3+q_2f'_{3x}+2xq_3)$$

上式第二个括弧内仍是具有已经确定了的系数的多项式. 将它记作

$$B_{40}x^4+B_{31}x^3y+B_{22}x^2y^2+B_{13}xy^3+B_{04}y^4$$

第一个括弧内的多项式可写作

$$-x(A_{31}x^3+2A_{22}x^2y+3A_{13}xy^2+4A_{04}y^3)+$$
$$y(4A_{40}x^3+3A_{31}x^2y+2A_{22}xy^2+A_{13}y^3)$$

如果我们要所有四次项的系数都消失，那么我们得出一组方程，一般来说，这组方程没有解，但我们可选择系数 A_{ik} 使得所有四次项化成 $D_1(x^4+y^4)$.

事实上，我们如令 x^3y,x^2y^2,xy^3 的系数为零并使 x^4 与 y^4 的系数相等，便得方程组

$$-A_{31}+B_{40}=A_{13}+B_{04}$$
$$-2A_{22}+4A_{40}+B_{31}=0$$
$$-3A_{13}+3A_{31}+B_{22}=0$$
$$-4A_{04}+2A_{22}+B_{13}=0$$

由上述方程 A_{13} 与 A_{31} 可唯一决定，而 A_{40}，A_{22}，A_{04} 则与一个参数的任意值有关.

对于 A_{31}，可得

$$A_{31}=\frac{1}{6}(3B_{40}-B_{22}-3B_{04})$$

因此，x^4 和 y^4 的系数是

$$D_1=-A_{31}+B_{40}=\frac{1}{6}(3B_{40}+B_{22}+3B_{04})$$

可能是 $D_1\neq 0$ 或 $D_1=0$.

一方面，如果 $D_1\neq 0$，那么在原点近旁可作如此小的邻域，使得在其内场的方向无处与作比较方程所规定的场的方向重合，因此，所有积分线走向原点，但因为，在另一方面，没有例外方向，所以它们都是螺线，按照 D_1 的符号，这些螺线当 $t\to-\infty$ 时或当 $t\to+\infty$ 时走向原点，因而奇点是焦点.

设 $D_1=0$，于是考查五次项. 我们指出使 f'_{5x} 和 f'_{5y} 的系数消失是可能的. 再考查六次项，一般来说，我们不能使六次项全体的系数消失，但可以变成 $D_2\cdot(x^6+y^6)$. 同样的，如果 $D_2\neq 0$，那么奇点是焦点；如果 $D_2=0$，那么再继续此步骤.

因此，为了使中心点存在，必须满足无穷多个条件.

我们可以证明，这些条件是充分的. 如李雅普诺夫所曾证对于具有一次项的方程，这些条件与此处第一个方法所述及的条件是代数相当的. 李雅普诺夫还证明[14]，如果所有 $D_i=0$，那么对 $f(x,y)$ 所得的级数，对充分小的 $|x|$，$|y|$ 是收敛的，即当有一次项时(即方程组形如(18))，在中心点的情形存在全纯积分

$$f(x,y)\equiv x^2+y^2+f_3(x,y)+f_4+\cdots=K\quad(K\text{ 为常数})$$

反之，如果特征方程没有实根，那么由在原点邻域内有全纯积分的存在可以证

明原点是中心点.

如果方程始于高次项,那么当奇点是中心点时,全纯积分不一定存在,此可由具有通积分

$$(2x^2+y^2)e^{-\frac{1}{x^2+y^2}}=K \quad (K\text{ 为常数})$$

的方程

$$y'=-\frac{x[(2x^2+y^2)+2(x^2+y^2)^2]}{y[(2x^2+y^2)+(x^2+y^2)^2]}$$

来说明.此积分规定围着原点的封闭曲线族,因此,原点是中心点.然而通积分式的左端(以及它的任意解析函数)在 $x=0,y=0$ 处不是全纯的.

我们可以指出中心点存在的某些充分条件.引入一个这样的判别法则:如果由方程组(18)所规定的场对称于 x 轴,那么奇点是中心点(庞加莱).事实上,由原点的充分小邻域内的点 $A(x_0,0)(x_0>0)$ 出发的这个方程的任一积分线,在往上半平面延展一段之后将再与 x 轴相交于一点 $B(-x_1,0)(x_1>0)$,且在 A,B 两点处有铅直的切线.由于场的对称性,当这个曲线向下半平面延展时,所得的积分弧是 $\overset{\frown}{AB}$ 的映象,因而积分线是闭的.

在解析上,这表示,当 y 以 $-y$,t 以 $-t$ 代替时,方程组(18)不改变,即函数 p,q 满足条件

$$p(x,-y)=p(x,y),q(x,-y)=-q(x,y)$$

我们曾见,在方程组中方程的右端可表示为幂级数的情形下,为使中心点存在,联系此级数的系数的无穷多个条件必须满足.但如果右端是多项式,那么这些条件(无穷多个)联系着有限多个系数.我们曾见,这些条件归结于方程 $D_i=0$,其中 D_i 是关于已知系数的多项式.为使中心点存在,必须且只需消失的多项式的集合是一个具有有限多个变数的多项式环中的理想集合.这样的理想集合有一个有限的基.因此,在所讨论的情形下,代数独立的条件只有有限个.在方程组中微分方程的右端是多项式的情形下,关于中心点及焦点的实际区分问题应是:设方程组中方程的多项式的次数是 n,指出自然数 $N(n)$ 能使当 $i>n$ 时,方程 $D_i=0$ 可由前面方程推出.这个问题仍未得到解决.

第二个问题就是对于个别类型的方程,来求出奇点是中心点的所有可能情形.

对于二次多项式,这个问题已经解决.

福罗美尔关于这个问题的最初论文是有错的,其中一个错处由鲍金(Н. Н. Баутин)[15] 指出,其最后结果则来自沙哈尔尼可夫(Н. А. Сахарников)[16],今引入这个结果.如果将方程写作

$$\frac{dy}{dx}=-\frac{x+ax^2+(2b+\alpha)xy+cy^2}{y+bx^2+(2c+\alpha)xy+dy^2}$$

那么中心点发生在以下情形：

(1)$a+c=0, b+d=0$；

(2) $\frac{\alpha}{\beta}=\frac{b+d}{a+c}=k, ak^3-(3b+\alpha)k^2+(3c+\beta)k-d=0$；

(3)$\alpha=0, \beta=0$；

(4)$a=c=\beta=0$；

(5)$b+d=\alpha=\beta+5a+5c=ac+2a^2+d^2=0(a+c\neq 0)$；

(6)$a_1+c_1=\beta_1=\alpha_1+5b_1+5d_1=b_1d_1+2d_1^2+a_1^2=0(b+d\neq 0)$.

其中 $a_1, b_1, \cdots$ 是从原来的方程由转轴

$$x=x_1\cos\varphi-y_1\sin\varphi$$
$$y=x_1\sin\varphi+y_1\cos\varphi$$
$$\tan\varphi=-\frac{a+c}{b+d}$$

所得的方程的系数.

对于形如

$$\frac{\mathrm{d}y}{\mathrm{d}x}=\frac{-x+F(x,y)}{y}$$

的方程，库克列斯（И. С. Куклес）已建立了中心点存在的一般判别法则[17]. 这些法则可应用于 $F(x,y)$ 是三次和五次的多项式的情形. 例如，在 $F(x,y)$ 是三次多项式的时候，库克列斯得出以下的结果：

设

$$-x+F(x,y)=a_2^0y^2+a_3^0y^3+(a_0^1+a_1^1y+a_2^1y^2)x+(a_0^2+a_1^2y)x^2+a_0^3x^3$$

则为使上述方程有中心点，必须且只需满足下列四组条件之一：

(1) $\alpha=a_0^3(a_1^1)^2+a_1^2(a_2^0a_1^1+3a_3^0)=0$,

$$\delta=[3a_3^0(a_2^0a_1^1+3a_3^0)+(a_2^0a_1^1+3a_3^0)^2+a_2^1(a_1^1)^2]a_1^2-3a_3^0(a_2^0a_1^1+3a_3^0)^2-a_2^1(a_1^1)^2(a_2^0a_1^1+3a_3^0)=0,$$

$$\chi=(a_2^0+a_0^2)a_1^1+a_1^2+3a_3^0=0,$$

$$\tau=9a_2^1(a_1^1)^2+2(a_1^1)^4+9(a_2^0a_1^1+3a_2^0)^2+27a_3^0(a_2^0a_1^1+3a_3^0)=0;$$

(2)$a_3^0=\alpha=\delta=\chi=0$；

(3)$a_3^0=a_1^1=a_1^2=0$；

(4)$a_3^0=a_2^0=a_0^2=a_1^2=0$.

在 $F(x,y)$ 是五次多项式时，他得到了与上面相仿的九组条件（И. С. Куклес. ДАН，т. 57(1994)，No 4и5).

最后，还有第三型的条件，这种条件，虽然关系无尽多个系数，但可表示为

确定的且预先指出的规则. 例如，阿列木哈麦多夫(Альмухамедов) 条件就是这种类型[18]. 将方程写成

$$\frac{dy}{dx}=\frac{X_h+X'}{Y_h+Y'}$$

其中 X_h 和 Y_h 是 h 次齐次多项式，且 $xY_h-yX_h\neq 0$(特征方程没有实根)，则此方程有中心点，假如在展开式 $X'=\sum\limits_{m+k>h}b_{mk}x^my^k$ 中没有偶次项，而在展开式 $Y'=\sum\limits_{m+k>h}c_{mk}x^my^k$ 中没有奇次项.

但是，这个方向的研究，尚不能认为已达最后阶段.

奇点的指标 在某些问题中，有个虽然粗略但是却容易用来描述奇点特征的方法，这就是庞加莱指标或指标法[19].

设在某一平面单连通域 G 内给定连续矢量场 $\mathbf{V}=\{\mathbf{V}(M)\}$，设在点 M 的矢量分支为

$$\{P(x,y);Q(x,y)\}$$

如在一点 $P^2(x,y)+Q^2(x,y)=0$，则我们就说该点为奇点，在该点的矢量为零矢量. 如所熟知，这样的矢量场可由下面形式的微分方程组来规定

$$\frac{dx}{dt}=P(x,y)$$

$$\frac{dy}{dt}=Q(x,y)$$

设在 G 内给定某一闭的若尔当(Jordan) 曲线 K(曲线 K 也可以自己相交)，且假定 K 不经过奇点. 在此曲线上取一点 $M(x,y)$，经此点作矢量 $\mathbf{V}(M)$. 如果让点 M 沿着曲线 K 移动，那么矢量 $\mathbf{V}(M)$ 就转动. 当点 M 绕曲线 K 旋转又回到原来的位置时，$\mathbf{V}(M)$ 经历几个整转，即转动了 $2\pi J$，其中 J 是整数. 当矢量的旋转方向与点 M 沿着曲线 K 移动的方向重合时，我们就将矢量的旋转方向认作正的. 为确定起见，我们可假定点 M 永远沿着曲线 K 依逆时针方向移动. 于是 J 可以是正的也可以是负的整数. 这个数我们将以 J_k 来表示，并称之为在矢量场 V 内闭曲线 K 的指标.

我们所引入的整数 J_k 有三个特性，这对于以后的讨论是很基本的.

1. 当我们使闭曲线 K 连续变形，如果在变形过程中不经过奇点并且不退化成一点，则 J_k 的值不变. 因为，在此种变形下，一方面，指标应该是连续的变动，而另一方面，它仍旧是整数，因而它不改变.

2. 若我们使矢量场 $\mathbf{V}$ 经过一个连续变形 $f(V,\lambda)$，而在变形过程中，在 K 上任一点处，矢量不转变到相反的方向，也不转变为零，则 J_k 不变.

事实上，设两个矢量场 $\mathbf{V}(M)$ 和 $\mathbf{V}'(M)$ 在 K 上任一点处都具有性质

$$\alpha\mathbf{V}(M)+\beta\mathbf{V}'(M)\neq 0$$

其中 $\alpha \geqslant 0, \beta \geqslant 0, \alpha+\beta>0$. 考虑辅助矢量场

$$\mathbf{V}''(M)=(1-\lambda)\mathbf{V}(M)+\lambda\mathbf{V}'(M) \quad (0 \leqslant \lambda \leqslant 1)$$

对于任何在 K 上的 M,都不等于零,因此,关于 $\mathbf{V}''(M)$,K 的指标是唯一决定的,又因为,这个指标应与 λ 一起连续的变化,所以它不变. 由此可知,对于变换行列式是正的平面仿射变换,指标不改变.

为了叙述第三个性质,先引入沿着不经过奇点的开弧 $L=\overset{\frown}{AB}$ 的矢量场的旋转量的概念. 设在开弧 L 上已给由 A 到 B 的运动的正向,并在其端点 A 处作矢量 $\mathbf{V}(A)$. 今考虑沿着 L 而运动的点 M. 当 M 运动时,矢量 $\mathbf{V}(M)$ 的方向是转动着的. 矢量 $\mathbf{V}(B)$ 与 $\mathbf{V}(A)$ 间的角($\geqslant 0$, $<2\pi$) 叫作沿着 $\overset{\frown}{AM}$ 矢量场的既约旋转量. 既约旋转量以及当点由点 A 运动到点 B 时,矢量 $\mathbf{V}(M)$ 所作的正的与负的整转数的代数和叫作沿 $\overset{\frown}{AB}$ 矢量场的实在旋转量或简单的就叫作沿 $\overset{\frown}{AB}$ 矢量场的旋转量.

今以 w_{AB} 表示沿着 $\overset{\frown}{AB}$ 矢量场的旋转量.

由这个定义立得:

(1) 沿着闭曲线矢量场的旋转量等于在矢量场内此曲线的指标;

(2) 设有两个弧 $\overset{\frown}{AB}$, $\overset{\frown}{BC}$,则沿着 $\overset{\frown}{AC}$ 矢量场的旋转量等于沿着 $\overset{\frown}{AB}$ 与 $\overset{\frown}{BC}$ 矢量场旋转量的和. 因此,沿着 $\overset{\frown}{AB}$ 与 $\overset{\frown}{BA}$,矢量场旋转量的和等于零.

今引入第三个性质(指标的可加性).

3. 如图 27 所示,给定有公共弧 $\overset{\frown}{AB}$ 的两个闭曲线 $k_1=(MABM)$, $k_2=(M_1BAM_1)$,并设在 k_1 与 k_2 旋转的正方向,在 k_1 上沿 $\overset{\frown}{AB}$ 运动的正方向与在 k_2 上沿 $\overset{\frown}{AB}$ 运动的正方向相反,则

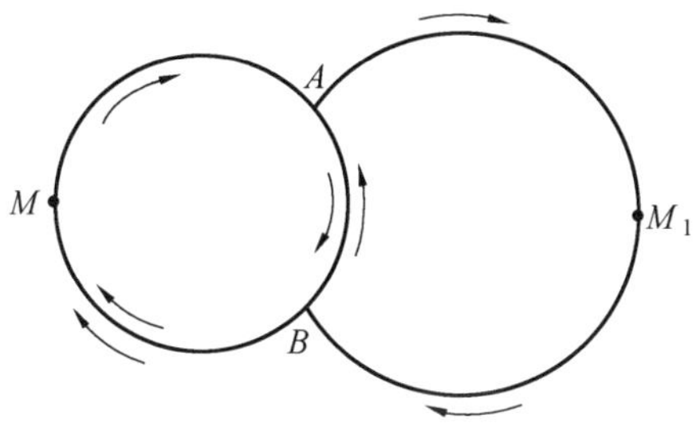

图 27

$$J_{k_1}+J_{k_2}=(MAM_1BM) \text{ 的指标}$$

事实上

$$J_{k_2}=w_{M_1BAM_1}=w_{M_1B}+w_{BA}+w_{AM_1}$$
$$J_{k_1}=w_{MABM}=w_{MA}+w_{AB}+w_{BM}$$

所以相加后,便得

$$J_{k_2}+J_{k_1}=w_{MAM_1BM}=J_{MAM_1BM}$$

有了这些结果以后,我们转到点的指标的定义. 给定某点 M,今以闭回线 k 围着点 M. 若点 M 是常点,则此闭回线不包含奇点于其内;若 M 是奇点,则使此闭回线除点 M 不包含其他奇点.

点 M 的指标就是 J_k,并以 J_M 表示. 根据数 J_k 的第一个性质,我们可知 J_M 与围绕点 M 的曲线的形状无关.

设 M_0 为常点,则 $J_M=0$.

事实上,可作如此小的圆 C 包含 M_0,使得在这个圆 C 内各点处的矢量 $\mathbf{V}(M)$ 方向与在点 M_0 处的矢量方向相差不超过$\frac{\pi}{2}$. 将在 C 内的矢量场与矢量场 $\mathbf{V}'(M)$(在 $\mathbf{V}'(M)$ 内,所有矢量与矢量 $w(M_0)$ 平行(图 28))作比较,对于这些矢量场,第二个性质可以应用的条件是满足的,因此,关于 $\mathbf{V}(M)$ 的指标与关于 $\mathbf{V}'(M)$ 的指标相同,但关于 $\mathbf{V}'(M)$ 的指标显然是零,因此,$J_k=J_M=0$.

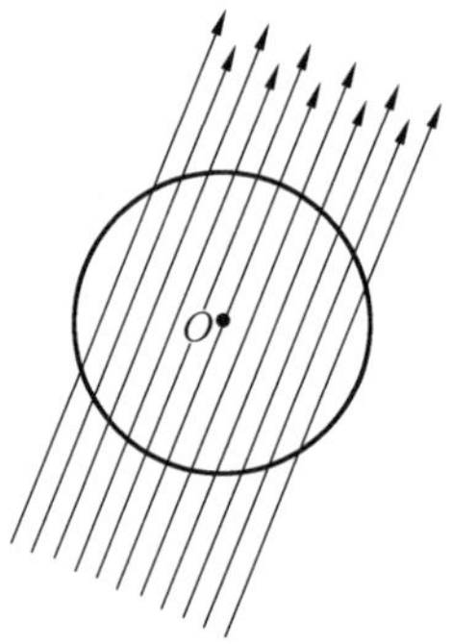

图 28

此结果的逆不真,也就是可能有奇点存在,它的指标是零. 很明显,由方程组

$$\frac{\mathrm{d}x}{\mathrm{d}t}=Ax,\frac{\mathrm{d}y}{\mathrm{d}t}=Bx$$

所给出的"退化鞍点"即是一例.

也有其他更复杂类型的奇点,它的指标是零的.

我们不给出这样点的解析例子,而只指出如图 29 所示的几何的例子. 为了说明此图形,我们只指出:所有走向原点的积分线是与 y 轴相切的.

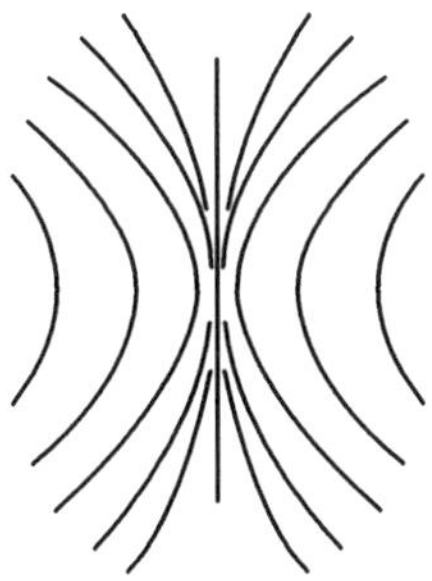

图 29

定理 30 如果在隆起的闭回线 k 内,有有限个奇点,那么 k 的指标,即 J_k,等于位于这个闭曲线内的奇点的指标的代数和①.

设所给的闭曲线是 k,我们易将 k 所围成的域,分成由一些闭回线所围成的部分域,使在每一部分域内只包含一个奇点(图 30).

如果依照 k 上面的走向以定沿着各回线上的走向,那么界限两个相邻部分域的回线具备可加性(性质 Ⅲ)定理中所述的条件,所以依照奇点的数目多少,我们连续应用此性质多少次,即可得到所要的结论.

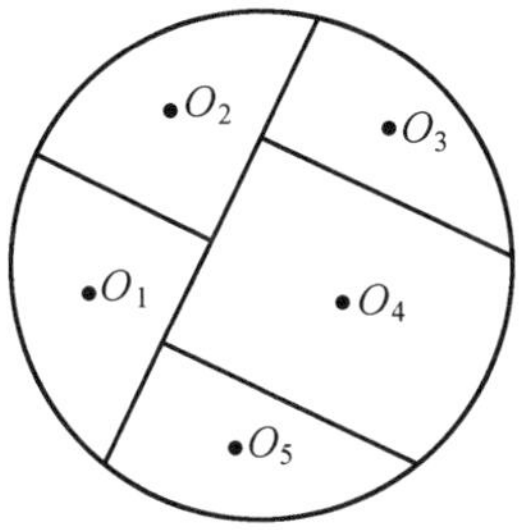

图 30

定理 31 给定微分方程组

$$\begin{cases} \dfrac{\mathrm{d}x}{\mathrm{d}t} = P_n(x,y) + F_n(x,y) \\ \dfrac{\mathrm{d}y}{\mathrm{d}t} = Q_m(x,y) + F_m(x,y) \end{cases} \tag{19}$$

及

$$\lim \sqrt{\frac{F_n^2(x,y) + F_m^2(x,y)}{P_n^2(x,y) + Q_m^2(x,y)}} \to 0 \quad (x^2 + y^2 \to 0)$$

① 利用性质 3,即 J_k 的"可加性",可将定理的条件加以扩充。

并设原点是孤立奇点. 设对于简略方程

$$\frac{\mathrm{d}x}{\mathrm{d}t}=P_n(x,y),\frac{\mathrm{d}y}{\mathrm{d}t}=Q_m(x,y) \tag{20}$$

的奇点(原点) 的指标是 J_0,则方程组(19) 的奇点的指标也是 J_0.

考虑由方程组(19) 所规定的矢量场 $\mathbf{V}(M)$

$$\mathbf{V}(M)=\{P_n+F_n,Q_m+F_m\}$$

由方程组(20) 所规定的矢量场是

$$\mathbf{V}'(M)=\{P_n,Q_m\}$$

利用定理的条件,我们可取以原点为心的如此小的圆周 C,使得在其上矢量 $\mathbf{V}''(M)=\{F_n,F_m\}$ 的模小于 $\alpha\,|\,\mathbf{V}(M)\,|$,其中 α 是预先指定的小正数. 沿着圆 C,矢量场 $\mathbf{V}(M)$ 可以看作由 $\mathbf{V}'(M)$ 的每个矢量加上一矢量 $\mathbf{V}''(M)$ 而成的,其中 $\mathbf{V}''(M)$ 的模对于矢量 $\mathbf{V}'(M)$ 的模来说是均匀的小,因而矢量 $\mathbf{V}(M)$ 的幅角与 $\mathbf{V}'(M)$ 的幅角相差就很小. 无论如何我们总可取 α 如此小,使得此差不超过 $\frac{\pi}{4}$,因此,由性质 2,曲线 C 关于矢量场 $\mathbf{V}(M)$ 与 $\mathbf{V}'(M)$ 有同一指标.

由此定理可知,如果对于线性微分方程组

$$\frac{\mathrm{d}x}{\mathrm{d}t}=cx+dy,\frac{\mathrm{d}y}{\mathrm{d}t}=ax+by,\begin{vmatrix}a & b\\ c & d\end{vmatrix}\neq 0$$

原点的指标已知,那么对于方程组

$$\frac{\mathrm{d}x}{\mathrm{d}t}=cx+dy+P_1(x,y)$$

$$\frac{\mathrm{d}y}{\mathrm{d}t}=ax+by+P_2(x,y)$$

其中,$P_1(x,y)$,$P_2(x,y)$ 是高于一阶的无穷小,原点的指标与前一线性齐次方程组一样. 为了建立我们所需要的定理,我们往述庞加莱关于计算孤立奇点的指标的公式.

因为 $\arg\mathbf{V}(M)=\cot\frac{Q}{P}$,所以沿着封闭曲线 k,矢量场的旋转量

$$J_k=\frac{1}{2\pi}\int_k \mathrm{d}\cot\frac{Q}{P}=\frac{1}{2\pi}\int_k\frac{P\,\mathrm{d}Q-Q\mathrm{d}P}{P^2+Q^2}$$

因为在 k 上没有奇点,所以沿着 k,被积函数是连续的.

利用这个公式,我们来证:

定理 32 如果在坐标原点的奇点对方程组

$$\frac{\mathrm{d}x}{\mathrm{d}t}=cx+dy,\frac{\mathrm{d}y}{\mathrm{d}t}=ax+by,\begin{vmatrix}a & b\\ c & d\end{vmatrix}\neq 0$$

来说是焦点、中心点或节点,那么奇点的指标是 $+1$,如果是鞍点,则它的指标是 -1.

利用庞加莱的公式,就得

$$J_0=\frac{1}{2\pi}\int_k \frac{(ax+by)\mathrm{d}(cx+dy)-(cx+dy)\mathrm{d}(ax+by)}{(ax+by)^2+(cx+dy)^2}$$

作为曲线 k,我们取椭圆①

$$(ax+by)^2+(cx+dy)^2=1$$

如果设 $q=\begin{vmatrix} a & b \\ c & d \end{vmatrix}$,那么

$$J_0=\frac{q}{2\pi}\int_k (x\mathrm{d}y-y\mathrm{d}x)$$

设 S 为上述椭圆的面积,则

$$J_0=\frac{q}{2\pi}S$$

为计算此椭圆的面积,可利用变换

$$\xi=ax+by,\eta=cx+dy$$

于是椭圆变成圆 $\xi^2+\eta^2=1$,根据解析几何的公式可知此圆的面积为

$$S_1=S\left|\frac{D(\xi,\eta)}{D(x,y)}\right|=S\left|\begin{vmatrix} a & b \\ c & d \end{vmatrix}\right|=S\mid q\mid$$

由此即得 $S=\frac{\pi}{\mid q\mid}$,而最后

$$J_0=\frac{q}{\mid q\mid}$$

因为特征方程式

$$\begin{vmatrix} a & b-\lambda \\ c-\lambda & d \end{vmatrix}=0$$

的两根之积是 q,所以立得本定理.

我们称变数的变换:$x'=\varphi(x,y),y'=\psi(x,y)$ 在原点处为规则的,如果函数 $\varphi(x,y),\psi(x,y)$ 在原点处是全纯的,并且

$$x'=\alpha x+\beta y+P_2(x,y),y'=\gamma x+\delta y+Q_2(x,y) \tag{21}$$

其中 $\begin{vmatrix} \alpha & \beta \\ \gamma & \delta \end{vmatrix}>0$,而 $P_2(x,y),Q_2(x,y)$ 是从二次项开始的幂级数.

辅助定理 8 如果原点是方程组

$$\frac{\mathrm{d}x}{\mathrm{d}t}=P(x,y)$$

$$\frac{\mathrm{d}y}{\mathrm{d}t}=Q(x,y)$$

---

① 此处我们利用安德罗诺夫及哈依肯的《振动论》一书中所述的证明法[20].

的奇点，并设变换 $x'=\varphi(x,y)$，$y'=\psi(x,y)$ 在原点是规则的，那么对于变换后的方程组，原点的指标与原来的一样.

首先我们指出，依定理的条件，矩阵 $\mathbf{A}=\begin{pmatrix}\alpha & \beta\\ \gamma & \delta\end{pmatrix}$，有逆元 $\mathbf{A}^{-1}=\begin{pmatrix}\alpha_1 & \beta_1\\ \gamma_1 & \delta_1\end{pmatrix}$.
先考查线性变换

$$x''=\alpha_1 x'+\beta_1 y',\ y''=\gamma_1 x'+\delta_1 y' \tag{22}$$

按性质 2，这个变换不改变指标，因此，我们可将所给的变换

$$x'=\alpha x+\beta y+P_2(x,y)$$
$$y'=\gamma x+\delta y+Q_2(x,y)$$

以变换(22) 与(21) 的乘积来替代. 新的变换如下面形式

$$x'=x+P_2(x,y)$$
$$y'=y+Q_2(x,y)$$

这个变换将方程组化为

$$\frac{\mathrm{d}x'}{\mathrm{d}t}=P'(x',y')=P+\frac{\partial P_2}{\partial x}P+\frac{\partial P_2}{\partial y}Q$$
$$\frac{\mathrm{d}y'}{\mathrm{d}t}=Q'(x',y')=Q+\frac{\partial Q_2}{\partial x}P+\frac{\partial Q_2}{\partial y}Q$$

考虑矢量

$$\mathbf{V}''(M)=\left\{\frac{\partial P_2}{\partial x}P+\frac{\partial P_2}{\partial y}Q,\frac{\partial Q_2}{\partial x}P+\frac{\partial Q_2}{\partial y}Q\right\}$$

它与矢量 $\mathbf{V}=\{P,Q\}$ 相比是“无穷小”的. 因为

$$\begin{aligned}\frac{|\,V''(M)\,|^2}{|\,V(M)\,|^2}&=\frac{\left(\frac{\partial P_2}{\partial x}P+\frac{\partial P_2}{\partial y}Q\right)^2+\left(\frac{\partial Q_2}{\partial x}P+\frac{\partial Q_2}{\partial y}Q\right)^2}{P^2+Q^2}\\&\leqslant\frac{2\left\{\left[\left(\frac{\partial P_2}{\partial x}\right)^2P^2+\left(\frac{\partial P_2}{\partial y}\right)^2Q^2\right]+\left[\left(\frac{\partial Q_2}{\partial x}\right)^2P^2+\left(\frac{\partial Q_2}{\partial y}\right)^2Q^2\right]\right\}}{P^2+Q^2}\\&\leqslant 2\left[\left(\frac{\partial P_2}{\partial x}\right)^2+\left(\frac{\partial P_2}{\partial y}\right)^2+\left(\frac{\partial Q_2}{\partial x}\right)^2+\left(\frac{\partial Q_2}{\partial y}\right)^2\right]\end{aligned}$$

根据变换规则性的条件，当 $x\to 0$，$y\to 0$ 时，右端的式子趋于零. 我们应用定理 31 便知辅助定理成立.

推论 2 设变换 $x'=\varphi(x,y)$，$y'=\psi(x,y)$ 在某域 G 内每点处都是规则的，G 域的边界为闭曲线 K，并设包含在 K 内的奇点数只有有限个，设 K' 是在此变换下 K 的象，则

$$J_K=J_{K'}$$

由所证得的辅助定理和定理，便直接可推得这个结果.

推论 3 只包含有限个奇点的闭积分线的指标等于 1.

事实上,设 K 为闭积分线. 我们引入 (x,y) 平面的等角写像,在此写像下, K 变成圆周 C,而 K 的内域 Ω 变到圆周 C 的内部. 因为在 Ω 的每点处,等角写像是规则的,所以 $J_K=J_C$. 在新的方程组中,在 J_C 上的矢量场是对 J_C 的切线场. 沿着 C 的这种场的旋转量显然是 1,因此 $J_C=1$.

推论 4 设 K 是这样的简单闭曲线,在其上场的所有矢量的方向,或是从外到内,或是从内到外,则 $J_K=1$.

再引入等角写像,使 K 变成圆周,K 内的矢量场变到位于圆内的矢量场,这样,指标是不变的.

如果将所得的矢量场与方向沿半径向中心的矢量场比较,则根据性质 2,我们知在这两个矢量场内,圆周的指标是重合的,然而圆周关于方向沿半径而指向圆内的矢量场的指标显然是 1①.

§5 周期解存在的判别法则

这一节中,我们要叙述某些法则,依照方程右端的性质,即依照 $P(x,y)$ 及 $Q(x,y)$ 的性质来判别周期解是否存在.

定理 33(本迪克森判别法则[20]) 如果在单连域 G 内,$P(x,y)$ 及 $Q(x,y)$ 的偏微分是连续的,并且 $\dfrac{\partial P}{\partial x}+\dfrac{\partial Q}{\partial y}$ 保持符号不变并不恒等于零,那么在 G 内方程组

$$\frac{\mathrm{d}x}{\mathrm{d}t}=P(x,y),\frac{\mathrm{d}y}{\mathrm{d}t}=Q(x,y) \tag{1}$$

没有周期解.

设若不然,方程组(1)在 G 内有周期解:$x=x(t),y=y(t)$,其周期是 l. 以 Γ 表示此解所围成的域,以 C 表示此解的图形. 于是

$$\int_C P\,\mathrm{d}y-Q\mathrm{d}x=\int_0^l(PQ-QP)\,\mathrm{d}t\equiv 0$$

即

$$\int_C P\,\mathrm{d}y-Q\mathrm{d}x=\int_\Gamma\int\left(\frac{\partial P}{\partial x}+\frac{\partial Q}{\partial y}\right)\mathrm{d}x\,\mathrm{d}y=0$$

但上式只当 $\dfrac{\partial P}{\partial x}\equiv-\dfrac{\partial Q}{\partial y}$ 或 $\dfrac{\partial P}{\partial x}+\dfrac{\partial Q}{\partial y}$ 变号时方能成立. 这些都与定理的假设不符.

---

① 这是很显然的,只要我们注意:如果在矢量场内,所有矢量被与其方向相反的矢量代替,那么闭曲线的指标不改变.

所得的矛盾就证实了定理.显然,所得的判别法则很适用于下面形式的方程组

$$\frac{\mathrm{d}x}{\mathrm{d}t}=\varphi(x)+\psi(y)$$

$$\frac{\mathrm{d}y}{\mathrm{d}t}=\bar{\varphi}(x)+\bar{\psi}(y)$$

我们也将这个判别法则用来研究方程

$$\ddot{x}+f(x)\dot{x}+g(x)=0$$

的解,上一方程在非线性振动中占有很重要的地位(在以后将说明这个事实).

我们考虑相当于上一方程的方程组

$$\frac{\mathrm{d}x}{\mathrm{d}t}=y$$

$$\frac{\mathrm{d}y}{\mathrm{d}t}=-f(x)y-g(x)$$

本迪克森判别法则归于下面结果:

如果在场$a\leqslant x\leqslant b$内,函数$f(x)$不恒为零,且保持符号不变,那么在这个场内没有周期解.

事实上

$$\frac{\partial P}{\partial x}=0,\frac{\partial Q}{\partial y}=-f(x)$$

于是

$$\frac{\partial P}{\partial x}+\frac{\partial Q}{\partial y}=-f(x)$$

另外一个判别方法来自庞加莱[10].现在这个方法叫作切性曲线法.

考查一封闭的、可连续微分的、互不相交的曲线族$F(x,y)=C$,其中$\left(\frac{\partial F}{\partial x}\right)^2+\left(\frac{\partial F}{\partial y}\right)^2\neq 0$(但若干孤立点可例外).这族曲线叫作地形族.

地形族的曲线与方程组

$$\frac{\mathrm{d}x}{\mathrm{d}t}=P(x,y)$$

$$\frac{\mathrm{d}y}{\mathrm{d}t}=Q(x,y)$$

的积分线的接触点的轨迹叫作切性曲线.

切性曲线的方程是

$$\frac{P}{Q}=-\frac{\dfrac{\partial F}{\partial y}}{\dfrac{\partial F}{\partial x}}$$

在特殊情形下,如果地形族是一组同心圆:$x^2+y^2=R^2$,那么切性曲线的

方程是$\frac{P}{Q}=-\frac{y}{x}$. 显然,如果切性曲线没有实分支,例如$\frac{Px+Qy}{xQ}$在某一域内保持符号不变(且不消失),那么在这个域内没有周期解. 举一例如下:

考虑具有阻尼并在定动量的作用之下的摆.

运动方程的形式是

$$I\ddot{\varphi}+mgl\sin\varphi+h\dot{\varphi}=P$$

其中 I,m,g,l,h,P 都是常数.

写出与之相当的方程组

$$\frac{\mathrm{d}\varphi}{\mathrm{d}t}=u,\frac{\mathrm{d}u}{\mathrm{d}t}=-\frac{mgl}{I}\sin\varphi-\frac{h}{I}u+\frac{P}{I}$$

因为角坐标 φ 只能取区间$[0,2\pi]$内的值,所以相空间是柱面. 我们取在柱面上平行的圆族 $u=k$ 作为地形族. 切性曲线的方程是

$$\frac{-\frac{mgl}{I}\sin\varphi-\frac{h}{I}u+\frac{P}{I}}{u}=0$$

即 $u=\frac{P-mgl\sin\varphi}{h}$. 因此,在带域

$$\frac{P-mgl}{h}<u<\frac{P+mgl}{h}$$

外,没有周期解.

周期解的存在可借助于几何原理得到.

对称原理 设给定方程组

$$\frac{\mathrm{d}x}{\mathrm{d}t}=P(x,y)$$

$$\frac{\mathrm{d}y}{\mathrm{d}t}=Q(x,y)$$

并设原点是孤立奇点.

设 $P(x,y)$ 关于 x 是奇函数,即 $-P(x,y)=P(-x,y)$,而 $Q(x,y)$ 关于 x 是偶函数,即 $Q(-x,y)=Q(x,y)$. 在 $P(x,y)$ 关于 x 是偶函数,而 $Q(x,y)$ 关于 x 是奇函数的假定下,我们也可得出相仿的结果. 由这些假定可知,所有积分线与 y 轴对称,因此,为要证明某一积分线是闭的,只要证明它从 y 轴出发后,当继续延展时,能再回到 y 轴上. 如果变更坐标轴所担任的角色,自然也可得出相似的对称原理.

例如设方程为

$$\frac{\mathrm{d}y}{\mathrm{d}x}=\frac{-x+P(x,y)}{y+Q(x,y)}$$

其中 $P(x,y)$ 及 $Q(x,y)$ 是解析函数,它们的展开式从高于一次的项开始. 于是

由奇点邻域的一般分析可得,原点是焦点,或是中心点.根据对称原理可得,如果 $P(x,y)$ 只包含关于 x 的奇次项,而 $Q(x,y)$ 只包含关于 x 的偶次项,则奇点是中心点.

对于 y 来说,我们可得,如果 $P(x,y)$ 只包含关于 y 的偶次项,而 $Q(x,y)$ 只包含关于 y 的奇次项,那么奇点是中心点.

当奇点是高次时,对称原理的应用很复杂.基本的困难在于要去证明:从 y 轴出发的积分线,当再延展时,仍回到 y 轴.

作为一个例子,我们引入最近由费利波夫[21] 所得到的定理.

定理 34 如果 $f(x)$ 及 $g(x)$ 是 x 的连续奇函数,且当 $x>0$ 时,$f(x)>0$,$g(x)>0$,并且有定值 x_1 存在,能使当 $0<x<x_1$ 时,$g(x)\geqslant\left(\frac{1}{4}+\varepsilon\right)f(x)\cdot F(x)$,其中 $\varepsilon>0$,$F(x)=\int_0^x f(x)\mathrm{d}x$,则对所有充分小的 x 及 $\dot{x}$,方程 $\ddot{x}+f(x)\dot{x}+g(x)=0$ 有周期解.将所给的方程换为方程组

$$\frac{\mathrm{d}x}{\mathrm{d}t}=v,\frac{\mathrm{d}v}{\mathrm{d}t}=-f(x)v-g(x) \tag{2}$$

然后在相平面(x,v) 上再换成一个方程

$$\frac{\mathrm{d}v}{\mathrm{d}x}=-f(x)-\frac{g(x)}{v} \tag{3}$$

将式(2) 的第一个方程乘以 $g(x)$ 与第二个方程乘以 v 相加,便得

$$g(x)\frac{\mathrm{d}x}{\mathrm{d}t}+v\frac{\mathrm{d}v}{\mathrm{d}t}=-f(x)v^2$$

我们引入记号 $G(x)=\int_0^x g(x)\mathrm{d}x$,便得方程

$$\frac{\mathrm{d}\lambda(x,v)}{\mathrm{d}t}=-f(x)v^2 \tag{4}$$

其中 $\lambda(x,v)=\frac{1}{2}v^2+G(x)$.闭曲线族 $\lambda(x,v)=C$ 与 x 轴及 v 轴都是对称的,它可作为庞加莱所谓的地形族.

设点 A 的坐标是$(0,v_0)$,其中 $0<v_0\leqslant x_1$,以 L 表示方程组(2) 的在 $t=0$ 时经过点 A 的积分线.

我们的问题是要证,当 L 继续延展时,它仍回到 v 轴.如果证明了这点,那么根据对称原理,我们立知它是闭的.如果 $x\geqslant 0$,$v>0$,那么方程组(2) 表明,当 $t>0$ 时,x 递增,而方程(3) 表明,$\frac{\mathrm{d}v}{\mathrm{d}x}<0$,即当 x 增大时,v 减小.从方程(4) 可知,只要 $x>0$ 同时 $v\neq 0$,则$\frac{\mathrm{d}\lambda(x,v)}{\mathrm{d}t}<0$,这就意味着当 L 尚在第一象限内时,它是从地形族的曲线之外往地形族曲线之内走的,因而还在曲线 $\lambda(x,v)=$

$\lambda(0,v_0)=\frac{1}{2}v_0^2$ 所围成的域内. 所以积分线 L 必与 Ox 轴相交于某点 $B(\xi,0)$，其中 $\xi>0$，而且因为沿着 L 的 $\widehat{AB}$，$\lambda(x,v)$ 是递减的，所以在点 $B(\xi,0)$ 处，参数 C 的值 $\lambda(\xi,0)=G(\xi)<\frac{1}{2}v_0<\frac{1}{2}x_1$. 在相平面 $x\geqslant 0, v\leqslant 0$ 的部分内，$\frac{\mathrm{d}\lambda(x,v)}{\mathrm{d}t}$ 继续是负的，因此，从在这个部分内的点 $B(\xi,0)$ 出发的积分线在尚未走出这部分时是停留在由曲线 $\lambda(x,v)=G(\xi)\leqslant\frac{1}{2}v_0^2$ 所围成的域内的.

为了完成定理的证明，我们只要证，在第二象限由曲线 $\lambda(x,v)=G(\xi)$ 所截出的域内，积分线不能走向原点(奇点). 首先，当 $v<0, 0<x<x_1$ 时，我们有

$$\frac{\mathrm{d}v}{\mathrm{d}x}=-f(x)-\frac{g(x)}{v}\geqslant-\frac{f(x)}{v}\left(v+\frac{1}{4}F(x)+\varepsilon F(x)\right)$$

其次

$$\begin{aligned}\frac{\mathrm{d}}{\mathrm{d}x}\left(\frac{v(x)}{F(x)}\right)&=\frac{v'F(x)-vF'(x)}{F^2}\\&\geqslant\frac{-\frac{f(x)}{v}\left(v+\frac{1}{4}F(x)+\varepsilon F(x)\right)F(x)-vf(x)}{F^2}\\&=-\frac{f}{vF^2}\left(vF+\frac{1}{4}F^2+\varepsilon F^2+v^2\right)\\&=-\frac{f}{vF^2}\left[\left(v+\frac{F}{2}\right)^2+\varepsilon F^2\right]>0\end{aligned}$$

当 $x\to 0$ 时，$\frac{v(x)}{F(x)}$ 递减，因此

$$\lim_{x\to 0}\frac{v(x)}{F(x)}=-\beta<0$$

取 x_0 使得当 $0<x\leqslant x_0$ 时

$$-\beta<\frac{v(x)}{F(x)}<-\beta+\frac{\varepsilon}{2\beta}$$

此外

$$g(x)\geqslant\left(\frac{1}{4}+\varepsilon\right)f(x)\cdot F(x)$$

由这些不等式可得

$$\begin{aligned}\frac{\mathrm{d}v}{\mathrm{d}x}&=-f(x)-\frac{g(x)}{v(x)}>-f(x)+\frac{\left(\frac{1}{4}+\varepsilon\right)f(x)\cdot F(x)}{\beta F(x)}\\&=-f(x)\left(1-\frac{\frac{1}{4}+\varepsilon}{\beta}\right)\end{aligned}$$

如果设积分线走向原点,那么

$$v(x_0)=\int_0^{x_0}\frac{\mathrm{d}v}{\mathrm{d}x}\mathrm{d}x>-\left(1-\frac{\left(\frac{1}{4}+\varepsilon\right)}{\beta}\right)\int_0^{x_0}f(x)\mathrm{d}x$$

$$=-\left(1-\frac{\frac{1}{4+\varepsilon}}{\beta}\right)F(x_0)$$

因此

$$-\beta^2+\frac{\varepsilon}{2}+\beta-\frac{1}{4}-\varepsilon>0$$

或

$$-\left(\beta-\frac{1}{2}\right)^2-\frac{\varepsilon}{2}>0$$

于是,我们得到错误的不等式.

我们指出,$\frac{1}{4}+\varepsilon$ 不能被 $\frac{1}{4}$ 代替.很明显,对称原理不能被应用着去发现极限圈的存在,因此,要想知道它们是否存在应直接应用本迪克森定理①.

设方程组是

$$\frac{\mathrm{d}x}{\mathrm{d}t}=P(x,y)$$

$$\frac{\mathrm{d}y}{\mathrm{d}t}=Q(x,y)$$

设在平面上有环状域 Γ,当 $t>0$ 时,积分线经过 Γ 的边界都是往 Γ 内走的.如果 Γ 域内不包含奇点,那么由 §1 定理 4 便知它包含极限圈.

环状域里面的一个边界也可以退化为一个奇点,但是此时这个奇点必须是"远离型"的,这就是说,此奇点有小邻域存在,能使所有从这个邻域出发的积分线都要离开这个奇点.

这些简单的几何原理,实际应用起来是很困难的.因为对于作所需要的环状域不可能只有一般的方法.

最通常的方法就是考查一地形族 $F(x,y)=C$,并利用组成地形族的曲线来研究积分线的性状.实际上,这个研究可归于,依据所给出的方程组求出 $F(x,y)$ 对 t 的全微分,并研究这个全微分的符号.这个方法在研究稳定性的问题时,广泛地被李雅普诺夫所采用.例如,设地形族是圆族 $x^2+y^2=C^2$,依据方程组

$$\frac{\mathrm{d}x}{\mathrm{d}t}=P(x,y),\frac{\mathrm{d}y}{\mathrm{d}t}=Q(x,y) \tag{5}$$

---

① $\beta=-\infty$ 的情形,可以看作 $\beta\to-\infty$ 的极限情形.

求出的 $F(x,y)=x^2+y^2$ 的全微分是

$$2(xP+yQ)=\frac{\mathrm{d}F}{\mathrm{d}t}$$

上式也可由另外的方法得到. 将方程组(5)的第一个方程乘以 x,第二个方程乘以 y,然后相加即得

$$x\frac{\mathrm{d}x}{\mathrm{d}t}+y\frac{\mathrm{d}y}{\mathrm{d}t}=xP+yQ$$

即

$$\frac{\mathrm{d}r^2}{\mathrm{d}t}=2(xP+yQ)=\frac{\mathrm{d}F}{\mathrm{d}t},r^2=x^2+y^2$$

由此可得:

定理 35 如果有定数 r_0 及 $r_1(r_0<r_1)$ 存在,能使对于 $x^2+y^2=r_0^2$,$xP+yQ>0$;对于 $x^2+y^2=r_1^2$,$xP+yQ<0$,并且在 $x^2+y^2=r_0^2$ 及 $x^2+y^2=r_1^2$ 所围成的环状域 Γ 中没有奇点,那么在 Γ 内有稳定的极限圈存在. 若 $xP+yQ$ 的符号与此相反,则在 Γ 内,有不稳定的极限圈存在.

事实上,等式(5)指出,在第一种情形下,经过圆 $x^2+y^2=r_0^2$ 及 $x^2+y^2=r_1^2$,当 t 增加时,积分线不能从环状域外出. 我们很容易将这个定理应用于分析在第一章中所引入的极限圈的例子.

事实上,设有方程组

$$\frac{\mathrm{d}x}{\mathrm{d}t}=y+\frac{x}{\sqrt{x^2+y^2}}[1-(x^2+y^2)]=P(x,y)$$

$$\frac{\mathrm{d}y}{\mathrm{d}t}=-x+\frac{y}{\sqrt{x^2+y^2}}[1-(x^2+y^2)]=Q(x,y)$$

$$\begin{aligned}Px+Qy&=\frac{x}{\sqrt{x^2+y^2}}[1-x^2-y^2]+\frac{y^2}{\sqrt{x^2+y^2}}[1-x^2-y^2]\\&=\sqrt{x^2+y^2}[1-x^2-y^2]\end{aligned}$$

由这个等式可知,如果 $x^2+y^2<1+\varepsilon$,那么 $Px+Qy<0$;如果 $x^2+y^2>1-\varepsilon$,那么 $Px+Qy>0$,其中 ε 为任意小的正数,于是,按刚才证得的定理,在由 $x^2+y^2=1-\varepsilon$ 及 $x^2+y^2=1+\varepsilon$ 所围成的环内有稳定的极限圈,但因 ε 可以任意小,所以极限圈就是圆:$x^2+y^2=1$.

同样的方法可用以研究方程组

$$\frac{\mathrm{d}x}{\mathrm{d}t}=-y+x(x^2+y^2-1)$$

$$\frac{\mathrm{d}y}{\mathrm{d}t}=x+y(x^2+y^2-1)$$

我们有

$$Px+Qy=(x^2+y^2)(x^2+y^2-1)$$

如果 $x^2+y^2\geqslant 1-\varepsilon$，那么 $Px+Qy>0$；如果 $x^2+y^2\leqslant 1+\varepsilon$，那么 $Px+Qy<0$.

根据已证的定理，这些不等式表明，$x^2+y^2=1$ 是不稳定极限圈.

包含半稳定极限圈的方程组不能借助定理 35 来研究，也不能借助另外的几何原理来研究.

今转到另一些更复杂的作所需要的环状域的边界的方法. 因为这些方法是应用于非线性二阶微分方程的周期解的研究的，所以为了说明所要作的一些限制的意义，我们需要对问题的物理方面稍加解说.

讨论在一动力系统中或电学系统中振动的消长问题. 如果以 $2a$ 表示"阻尼"系数，以 b 表示弹力系数，那么运动方程是

$$\ddot{x}+2a\dot{x}+bx=0$$

若 $a>0, b>a^2$，则上式的通解可写作

$$x=A\mathrm{e}^{-at}\sin(\omega t+\alpha),\omega^2=b-a^2$$

由于阻尼的存在，系统中的能量是散失的，因而振动渐渐减弱. 在如此的系统中，当然不能产生具有固定的振幅的振动，或者说不能有自振动. 我们也很容易做出动力系统的具有负的"阻尼"的模型，所谓负的"阻尼"是这样的一种，它不使能量散失，而是使能量的储量增加(这个当然是从外界得到). 如此系统的例子可在安德罗诺夫和哈依肯所著的《振动论》和切奥道耳契克(Теодорчик)著的《自振动系统》两书中见到.

如果将具有负阻尼的方程写作

$$\ddot{x}-2a\dot{x}+bx=0\quad(a>0,b>a^2)$$

那么此方程的通解是

$$x=A\mathrm{e}^{at}\sin(\omega t+\alpha)$$

而振动的振幅将始终增加.

在这样的系统中也不能产生自振动. 因此，自振动或弛振动只有当阻尼系数改变的时候才能发生，而且弛振动的出现，必须当位移 x 充分小，阻尼系数 $f(x)$ 是负的时，或当位移 x 充分大，$f(x)$ 是正的时. 如是，则当位移 x 充分小时，由于负的阻尼，系统中的能量增加因而振幅趋大；但当位移 x 充分大时，正的阻尼使系统中的能量减少因而使振幅趋小.

从以上的叙述，自然引我们转到下列方程的讨论

$$\ddot{x}+f(x)\dot{x}+x=0$$

或讨论假定阻尼系数也与 $\dot{x}$ 有关的如下形式的方程

$$\ddot{x}+f(x,\dot{x})\dot{x}+x=0$$

最后，当位移 x 充分大时，"回复力"一般来说也不一定是 x 的线性函数，所以我

们转而讨论方程

$$\ddot{x}+f(x,\dot{x})\dot{x}+g(x)=0$$

关于函数 $f(x)$(或 $f(x,\dot{x})$)及 $g(x)$ 有物理方面的理由所要求的假定. 当 $|x|$ 充分小时,$f(x)<0$;当 $|x|>k$(定数)时,$f(x)>0$. 同样的条件,假定对 $f(x,\dot{x})$ 也是满足的,即对充分大的 $|x|$,$f(x,\dot{x})>0$;当 $|x|$,$|\dot{x}|$ 充分小时,$f(x,\dot{x})<0$.

至于 $g(x)$,则自然假定它有 x 的符号,即不同方向的位移引起不同符号的回复力,而且当 $|x|$ 增大时,即当位移增大时,$|g(x)|$ 不递减,或至少不递减得很快.

先引入下一定理(证明从略).

定理 36(列文森(Levinson)与史密斯(Smith)[22]) 若 $g(x)$ 满足下列条件:当 $|x|>0$ 时,$xg(x)>0$,$\int_0^{\pm\infty}g(x)\mathrm{d}x=\infty$,$f(0,0)<0$,并且有 $x_0>0$ 存在,能使当 $|x|\geqslant x_0$ 时,$f(x,\dot{x})\geqslant 0$;并有 M 存在,能使当 $|x|\leqslant x_0$ 时,$f(x,v)\geqslant -M$,有 $x_1>x_0$ 存在,能使 $\int_{x_0}^{x_1}f(x,v)\mathrm{d}x\geqslant 10Mx_0$①,其中 $v(x)$ 是 x 的任意的递减的正的连续函数,则方程

$$\ddot{x}+f(x,\dot{x})\dot{x}+g(x)=0 \tag{6}$$

至少有一个是极限圈的周期解($g(x)$ 及 $f(x,y)$ 都假定是可连续微分的).

替代上一定理的证明,我们引入由德拉吉廖夫(A. B. Драгилёв)[28] 所建立的一个定理的证明,这个定理是伊凡诺夫(B. C. Иванов)[24] 的一个定理的推广. 伊凡诺夫的结果比列文森和史密斯的早发表几年. 这四人所用的方法都很相像.

为了陈述此定理,我们使用由李恩纳(Liénard)所创的变数变换. 我们考虑方程

$$\ddot{x}+f(x)\dot{x}+g(x)=0$$

令 $\dot{x}=v$ 并以 x 作自变数,便得方程

$$v\frac{\mathrm{d}v}{\mathrm{d}x}+f(x)v+g(x)=0$$

即

$$\frac{\mathrm{d}v}{\mathrm{d}x}+f(x)+\frac{g(x)}{v}=0$$

再令

① 最近阿达莫夫(H. B. Адамов)用另一方法证明了这个定理,而且证明常数 10 可减为 4.

$$F(x)=\int_0^x f(x)\mathrm{d}x$$

$$y=v+F(x)$$

便有

$$\frac{\mathrm{d}y}{\mathrm{d}x}+\frac{g(x)}{y-F(x)}=0$$

最后，再回到相空间(x,y)，我们即得方程组

$$\frac{\mathrm{d}x}{\mathrm{d}t}=y-F(x)$$

$$\frac{\mathrm{d}y}{\mathrm{d}t}=-g(x)$$

即

$$\frac{\mathrm{d}x}{\mathrm{d}t}=y-\int_0^x f(x)\mathrm{d}x,\frac{\mathrm{d}y}{\mathrm{d}t}=-g(x) \tag{7}$$

对于新方程组(7)，我们来建立它的周期解存在的条件.

定理 37(德拉吉辽夫)　如果：

1. $g(x)$(在任一有界区间上)满足李普希茨条件，并且

$$xg(x)>0,x\neq 0;\int_0^{\pm\infty}g(x)\mathrm{d}x=\infty$$

2. 在区间$-\infty<x<+\infty$上，$F(x)$是单值的，而对于每一个有尽区间，$F(x)$满足李普希茨条件，并且对于充分小的$|x|$，当$x>0$时，$F(x)<0$；当$x<0$时，$F(x)>0$.

3. 有正数M,k及定数$k'(k'<k)$存在，能使

$$F(x)\geqslant k\quad(x>M)$$

$$F(x)\leqslant k'\quad(x<-M)$$

那么方程组(7)至少有一极限圈.

在证明这个定理并分析其中各条件的物理意义之前，我们先指出，在列文森与史密斯的定理中，若假定$f(x,\dot{x})$只与x有关，则它便是德拉吉辽夫定理的特殊情况.一看便知，在两个定理中，关于$g(x)$的限制，基本上是一样的.

条件2已包含于列文森的条件$f(0)<0,f(x)$连续之内.现在建立最后一个条件.我们假定列文森与史密斯的定理中的条件满足.于是，有M存在，能使当$|x|\leqslant x_0$时，$f(x)\geqslant -M$.

由此可得

$$\int_0^{x_0}f(x)\mathrm{d}x\geqslant -Mx_0$$

$$\int_0^{-x_0}f(x)\mathrm{d}x\leqslant Mx_0$$

现在设 $|x|>x_1$，其中 $x_1>x_0$，并且$\int_{x_0}^{x_1}f(x)\mathrm{d}x\geqslant 3Mx_0$.

我们来计算积分

$$\int_0^x f(x)\mathrm{d}x=F(x)\quad(x>x_1)$$

及

$$\int_0^x f(x)\mathrm{d}x=F(x)\quad(x<-x_1)$$

若 $x>x_1$，则

$$\begin{aligned}\int_0^x f(x)\mathrm{d}x&=\int_0^{x_0}f(x)\mathrm{d}x+\int_{x_0}^{x_1}f(x)\mathrm{d}x+\int_{x_1}^{x}f(x)\mathrm{d}x\\&\geqslant -Mx_0+3Mx_0=2Mx_0\end{aligned}$$

若 $x<-x_0$，则

$$\int_0^x f(x)\mathrm{d}x=\int_0^{-x_0}f(x)\mathrm{d}x+\int_{-x_0}^{x}f(x)\mathrm{d}x$$

且因为$\int_0^{-x_0}f(x)\mathrm{d}x\leqslant Mx_0$，并且当 $|x|\geqslant x_0$ 时，$f(x)\geqslant 0$，所以$\int_0^x f(x)\mathrm{d}x\leqslant Mx_0$. 因此，若取 x_1 作为德拉吉辽夫定理中的 M，令 $k=2Mx_0$，$k'=Mx_0$，则我们有 $k>k'$，并且当 $x\geqslant x_1$ 时，$F(x)\geqslant k$；而当 $x<-x_1$ 时，$F(x)\leqslant k'$，此即表示德拉吉辽夫定理的条件满足. 至于德拉吉辽夫定理的条件在物理上的解释显然如下：条件 2 说，在带域 $-\varepsilon\leqslant x\leqslant+\varepsilon$ 内，阻尼是负的，或者说“基本上是负的”，因为我们不是计算 $f(x)$ 的符号而是计算$\int_0^x f(x)\mathrm{d}x$ 的符号. 至于说到大的位移 $|x|\geqslant M$ 时，则对于 $x\geqslant M$，阻尼应该“基本上”是正的并且充分大，因为当 $x\geqslant M$ 时，$\int_0^x f(x)\mathrm{d}x\geqslant k$. 在此区间内，阻尼的性质虽不是固定的，但它也不能到处都是负的. 关于 $x\leqslant -M$ 时，即使阻尼是负的，但其绝对值不会太大.

如果当 $x\leqslant -M$ 时阻尼是负的，并且它的绝对值等于当 $x>M$ 时的值，那么我们可以举例证明，自振动可能不会发生.

回到定理的证明. 为保留历史的实况，应当指出，德拉吉辽夫所用的证明方法是从伊凡诺夫、列文森与史密斯处借鉴来的，而其定理的陈述则是伊凡诺夫的直接推广.

证明　我们来考查在 (x,y) 平面上围着原点一个包一个的闭曲线族

$$\lambda(x,y)=\frac{1}{2}y^2+G(x)=c\text{①}$$

其中

---

① 注意，这就是我们在前面一个定理中考查过的能量方程.

$$G(x)=\int_0^x g(x)\mathrm{d}x$$

c 的增大对应着由族中里层的曲线转到外层的曲线. 因为 $g(x)$,$F(x)$ 在 y 轴的近旁有相反的符号,所以

$$\frac{\mathrm{d}\lambda}{\mathrm{d}t}=y\dot{y}+g(x)\dot{x}=-g(x)F(x)>0$$

(参见条件 2).

在原点的近旁沿着各积分线的这个不等式是成立的,因此,当 t 增加时,没有一条积分线走向方程组的唯一个奇点——原点. 我们再指出,因为在 $-M\leqslant x\leqslant+M$ 上,$F(x)$ 是连续的,所以有正数 D 存在,能使在 $-M\leqslant x\leqslant+M$ 上,$|F(x)|<D$. 此外,我们假定 $D>k$,$-D<k'$,并假定 k 和 k' 为正. 我们来研究由直线 $x=\pm M$ 上纵坐标的绝对值超过 D 的点处出发的积分弧的性状.

先考查位置在 $x=+M$ 上,纵坐标 $y_Q>D$ 的点 Q(图 31). 先设 t 往负方向变化. 因为当 $-M\leqslant x\leqslant+M$,$y>D$ 时

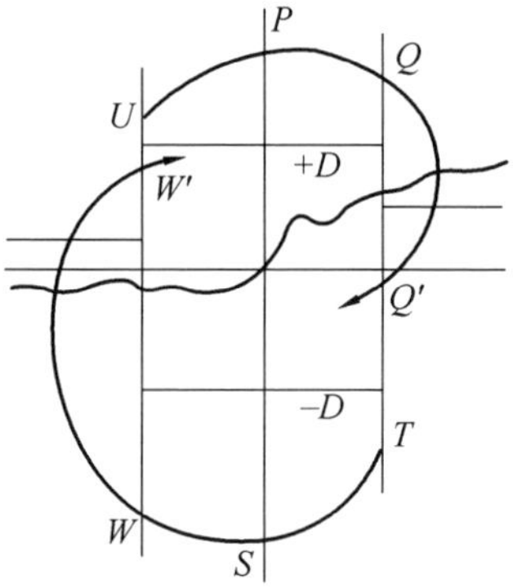

图 31

$$\frac{\mathrm{d}x}{\mathrm{d}t}=y-F(x)>\gamma>0$$

$$\frac{\mathrm{d}y}{\mathrm{d}t}=-g(x)<0$$

所以当 t 往负方向变化时,积分线往左上方行走,而由于不等式 $\frac{\mathrm{d}x}{\mathrm{d}t}=y-F(x)>\gamma$ 的存在,它必走到 y 轴上某点 P. 现在设 t 往正方向变化. 于是在运动的开始,$\frac{\mathrm{d}x}{\mathrm{d}t}>0$,$\frac{\mathrm{d}y}{\mathrm{d}t}<0$,因此,积分线往右下方行走. 这个曲线必与函数 $F(x)$ 的图形相遇. 事实上,$\frac{\mathrm{d}y}{\mathrm{d}x}=\frac{-g(x)}{y-F(x)}$,并因沿着积分线,当它还在 $y=F(x)$ 上方时:(1) 分式的分母是正的;(2) 函数 $g(x)$ 是正的;(3)$F(x)\geqslant k$;(4)y 是递减

的，因为任一 $y < y_Q$，所以$\frac{\mathrm{d}y}{\mathrm{d}x} < \frac{-g(x)}{y_Q - k}$. 从 M 到 x 积分此式，便有不等式

$$y - y_Q < -\frac{1}{y_Q - k}\int_M^x g(x)\mathrm{d}x$$

即

$$y < y_Q - \frac{1}{y_Q - k}\int_M^x g(x)\mathrm{d}x$$

而且按定理的条件，当 $x \to \infty$ 时，$\int_M^x g(x)\mathrm{d}x \to +\infty$. 若允许当 $x \to \infty$ 时，积分线仍留在 $y=F(x)$ 的图形上方，则刚刚所得到的不等式应当对所有 $x(x \geqslant M)$ 都成立，但这不可能，因为当 x 充分大时，不等式的右端总是负的. 因此，从点 Q 出发的积分线必与函数 $y=F(x)$ 的图形相遇于点 B^*，且按方程$\frac{\mathrm{d}y}{\mathrm{d}x} = \frac{-g(x)}{y - F(x)}$，在此点它的切线方向是垂直向下的. 当再延展时，积分线位于 $y=F(x)$ 的图形下，而不再与 $y=F(x)$ 在半平面 $x \geqslant 0$ 内相遇. 因为对于位于 $y=F(x)$ 下面横坐标大于零的点，有

$$\frac{\mathrm{d}y}{\mathrm{d}t} = -g(x) < 0, \frac{\mathrm{d}x}{\mathrm{d}t} < 0$$

所以积分线从点 B^* 出发的运动是向左下的，并且经过某段时间后，此积分弧与$x = +M$ 相交于某点 Q'，Q' 位于 $y=F(x)$ 的图形下.

现在考虑在 $x=-M$ 上的一点 U，其纵坐标 $y_U > D$. 经过点 U 引正半轨

$$\frac{\mathrm{d}x}{\mathrm{d}t} = y - F(x)$$

$$\frac{\mathrm{d}y}{\mathrm{d}t} = -g(x)$$

因为对于 $-M \leqslant x < 0$，有 $g(x) < 0$，所以$\frac{\mathrm{d}y}{\mathrm{d}t} > 0$，且因沿着 $-M \leqslant x < 0$ 的轨道的弧 $y - F(x) > \gamma$，所以此轨道弧在 y 轴上有交点 V.

我们可以假定 V 与 P 重合而不失一般性.

实际上，设 V 的纵坐标为 y_V，若选 $y_Q = y_V$，则此时 $y_P > y_V$. 现在如从 y_P 出发向负方向引积分弧，它必与 $x=-M$ 相遇于 $y=D$ 上方的某点，这个点就可取为新的 U. 因此，我们得到积分弧$\overparen{UPQQ'}$，其中 Q' 位于 $y=F(x)$ 的图像下方. 在直线 $y=-D$ 下方，我们也可这样做. 我们先在 $x=-M$ 上取一点 W，其纵坐标 $y_W < -D$，与上法相同，从点 W 出发引正的及负的积分弧，我们可得到积分弧$\overparen{TSWW'}$，其中点 T 在 $x=+M$ 上，位于点 Q' 的下方，点 S 在 y 轴上，W 及 W' 在 $x=-M$ 上，而且点 W' 在 $y=F(x)$ 的图像上方. 以上所得的两条积分弧有两个

可能的位置，即点 W' 可能在点 U 之下或与 U 重合，也可能在点 U 之上.

若点 W' 是在点 U 之下或与 U 重合，则定理得证. 因为此时所作的积分弧及线段 $Q'T$ 与 $W'U$ 围成一域 G，且不难证实，只有正的半轨能进入域 G. 事实上，线段 $Q'T$ 位于半平面 $x>0$ 内，在其上 $\frac{\mathrm{d}x}{\mathrm{d}t}=y-F(x)<0$，而线段 $W'U$ 在半平面 $x<0$ 内，且在其上 $\frac{\mathrm{d}x}{\mathrm{d}t}=y-F(x)>0$. 于是，因在域 G 内只有一个奇点，而且是远离型的，所以在域 G 内有极限圈.

再考查 W' 在 U 之上的情形，此时从点 W' 延展正半轨，直到它与 y 轴相交. 设交点为 P'(图 32). 在以后，主要是考虑由 $\widehat{PQQ'}$，$\widehat{TWP'}$，线段 PP' 及线段 $Q'T$ 所围成的域 Γ. 正半轨只有经过线段 $Q'T$ 才能进入域 Γ，且当再延展时，它们或者总在域 Γ 内，于是它们的 ω 集合是极限圈；或者可能经 PP' 走出域 Γ，即这时将走到 y 轴的正部分上位于点 P' 之下的一点. 因为，在 PP' 上我们有

$$\frac{\mathrm{d}x}{\mathrm{d}t}=y-F(0)\quad(y>0)$$

所以当 t 增加时，x 是递增的.

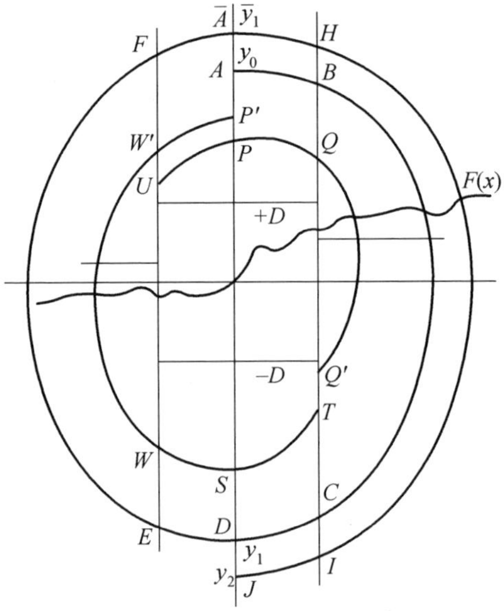

图 32

首先，我们取位于 P' 上方的一点作为起点 A. 若取好这样的一点，则对于从此点出发的正半轨 $f(A,t)$，可以如以前作边界弧完全一样的来讨论，这样便知从点 A 出发，它与 $x=+M$ 相交于一点 B，再与 $x=+M$ 相交于一点 C. 其次，轨道与 Oy 轴相交于纵坐标为 y_1 的点，然后与 $x=-M$ 相继相交于两点 E 和 F，

最后，再回到 Oy 轴上某点 $\overline{A}$ 处，其纵坐标我们记为 $\bar{y}_1(\bar{y}_1 > D)$. 我们来证，当 y_0 充分大时，$\bar{y}_1 < y_0$.

如果点 C(它显然是在点 Q' 之下) 在 TQ' 上，那么我们所讨论的正半轨进入域 Γ，或者盘近极限圈，或者再在点 P' 下面与 Oy 轴的正的部分相交，即 $\overline{A}$ 在点 A 之下，$\bar{y}_1 < y_0$.

今假定情形相反，不论 y_0 多大，恒有 $\bar{y}_1 > y_0$. 设点 H 是 $f(\overline{A},t)$ 与 $x = +M$ 的交点，设 $f(\overline{A},t)$ 第二次与 $x = +M$ 相交于 I，最后，设它与 Oy 的负半轴相交于 J，并设点 J 的纵坐标是 y_2. 按照假定，知 $y_2 < y_1 < 0$. 现将由计算沿着积分线地形族中的曲线上的参数 λ 的改变量来得出我们所要的矛盾. 先求沿着积分线的 $\frac{\mathrm{d}\lambda}{\mathrm{d}y}$，我们有

$$\frac{\mathrm{d}\lambda}{\mathrm{d}y} = \frac{\partial\lambda}{\partial y} + \frac{\partial\lambda}{\partial x}\frac{\mathrm{d}x}{\mathrm{d}y} = y + g(x)\frac{y - F(x)}{-g(x)} = F(x)$$

设 λ_R 为曲线族 $\lambda(x,y) = C$ 中经过点 R 的曲线上的参数的值. 我们有

$$\lambda_C - \lambda_B = \int_B^C F(x)\mathrm{d}y = -\int_C^B F(x)\mathrm{d}y \leqslant -k(y_B - y_C)$$

$$\lambda_F - \lambda_E = \int_E^F F(x)\mathrm{d}y \leqslant k'(y_F - y_E)$$

为了计算在其余部分上参数 λ 的改变量，我们首先证明 λ 的改变量，因而 y 的改变量沿着积分线在每一带域 $0 \leqslant x \leqslant M$, $-M \leqslant x \leqslant 0$ 内的部分是有界的. 事实上，沿着积分线

$$\begin{aligned}\frac{\mathrm{d}\lambda}{\mathrm{d}x} &= \frac{\partial\lambda}{\partial y}\frac{\mathrm{d}y}{\mathrm{d}x} + \frac{\partial\lambda}{\partial x} = y\frac{\mathrm{d}y}{\mathrm{d}x} + g(x) \\ &= y\frac{-g(x)}{y - F(x)} + g(x) \\ &= \frac{-g(x)F(x)}{y - F(x)}\end{aligned}$$

考虑 $\overset{\frown}{PQ}$, $\overset{\frown}{TS}$, $\overset{\frown}{SW}$, $\overset{\frown}{UP}$，并作常数

$$L_{PQ}, L_{TS}, L_{SW}, L_{UP}$$

它们都由同一方式作成，例如

$$L_{PQ} = \int_P^Q \left|\frac{g(x)F(x)}{y_{PQ} - F(x)}\right| \mathrm{d}x$$

设 L_1 是这四个常数中最大的一个，则如 A_1B_1 代表任一在 PQ 之上带域 $0 \leqslant x \leqslant M$ 之内的积分弧时

$$|\lambda_{B_1} - \lambda_{A_1}| = \left|\int_{A_1}^{B_1} \frac{-g(x)F(x)}{y_{A_1B_1} - F(x)}\mathrm{d}x\right| \leqslant L_1$$

因为 $y_{A_1B_1} > y_{PQ}$，所以

$$|y_{PQ}-F(x)|\leqslant|y_{A_1B_1}-F(x)|$$

同理可证，在域 Γ 外，带域 $-M\leqslant x\leqslant 0$ 或 $0\leqslant x\leqslant M$ 之内，沿任一积分弧 λ 的改变量在数值上都被 L_1 所囿于上，于是 y 的改变量，也必是有界的. 事实上，我们恒有

$$\bar{y}^2-\bar{\bar{y}}^2=2(\bar{\lambda}-\bar{\bar{\lambda}})+2\int_{\bar{x}}^{\bar{\bar{x}}}g(x)\mathrm{d}x$$

因此

$$|\bar{y}^2-\bar{\bar{y}}^2|\leqslant 2|\bar{\lambda}-\bar{\bar{\lambda}}|+4M\max|g(x)|\leqslant 2L_1+4M\max|g(x)|$$

即

$$|\bar{y}-\bar{\bar{y}}|\leqslant\frac{2|\bar{\lambda}-\bar{\bar{\lambda}}|+4M\max|g(x)|}{|\bar{y}+\bar{\bar{y}}|}$$

因为在所讨论的积分弧上，$\bar{y}$ 和 $\bar{\bar{y}}$ 的符号相同，且数值上都超过 D，所以

$$|\bar{y}-\bar{\bar{y}}|\leqslant N\quad(N\text{ 为正的常数})$$

这就证明了在所讨论的部分内，沿任一积分弧，y 的改变量都是有界的.

令 λ_1 和 λ_2 分别代表 λ 在 y 轴上纵坐标为 y_1 和 y_2 的点处的值. 于是，一方面应有 $\lambda_2>\lambda_1$ 的关系，但在另一方面差数 $\lambda_2-\lambda_1$ 可借助于下列不等式来计算

$$\lambda_E-\lambda_1\leqslant L_1$$

$$\lambda_F-\lambda_E\leqslant k'(y_F-y_E)\leqslant k'(\bar{y}_1+|y_2|)$$

$$\lambda_H-\lambda_F\leqslant 2L_1$$

$$\lambda_I-\lambda_H\leqslant -k(y_H-y_I)$$

因为 $y_H>\bar{y}_1-N, y_I<y_2+N$，所以

$$\lambda_I-\lambda_H\leqslant -k(\bar{y}_1-y_2-2N)$$

又因为 $y_2<0$，所以

$$\lambda_I-\lambda_H\leqslant -k(\bar{y}_1+|y_2|-2N)$$

最后有 $\lambda_2-\lambda_I\leqslant L_1$.

将所有这些不等式相加，就得

$$\lambda_2-\lambda_1\leqslant 4L_1+2Nk-(k-k')(\bar{y}_1+|y_2|)$$

且如果 $\bar{y}_1>y_0$，那么

$$\lambda_2-\lambda_1\leqslant 4L_1+2Nk-(k-k')y_0$$

因此，如果

$$y_0>\frac{4L_1+2Nk}{k-k'}$$

那么 $\lambda_2-\lambda_1<0$，即 $\lambda_2<\lambda_1$.

所得的矛盾证明：如果 $y_0>\dfrac{4L+2Nk}{k-k'}$，那么 $\bar{y}_1<y_0$. 如果是这样，那么由

y_0 出发的积分线在正方向经过 $\bar{y}_1$ 后进入有界的域中，此域的边界是积分弧 $\overset{\frown}{y_0\bar{y}_1}$ 及线段 $y_0\bar{y}_1$. 它不能由此域外出，因为经过线段 $y_0\bar{y}_1$ 的所有积分线都进入这个域内.

在这个域内只有一个奇点，且积分曲线不能走向此奇点，因此，根据 §1 定理 4，它的 ω 集合是极限圈.

下一可能解析的探讨的问题是寻求极限圈的唯一性的条件.

若能证明积分线是邻接的，则唯一性可以建立. 事实上，如果这样的现象出现，那么根本没有极限圈，或只有一个.

考虑应用此法的例子，即来证明列文森与史密斯的定理[22].

定理 38　设已给的方程是

$$\ddot{x}+f(x)\dot{x}+g(x)=0$$

假定：

1. $g(x)$ 为奇函数且当 $x>0$ 时，$g(x)>0$；

2. $F(x)=\int_0^x f(x)\mathrm{d}x$ 为奇函数，而且有 x_0 存在，能使当 $0<x<x_0$ 时，$F(x)<0$；当 $x\geqslant x_0$ 时，$F(x)\geqslant 0$ 且单调递增；

3. $\int_0^\infty f(x)\mathrm{d}x=\int_0^\infty g(x)\mathrm{d}x=+\infty$；

4. $f(x)$ 及 $g(x)$（在任一有界区间上）满足李普希茨条件；

在这种情形下，方程有极限圈而且是唯一的.

转到李恩纳的相空间，即将方程用方程组

$$\frac{\mathrm{d}x}{\mathrm{d}t}=y-F(x)$$

$$\frac{\mathrm{d}y}{\mathrm{d}t}=-g(x)$$

替代. 我们首先建立，由定理的条件即可得出德拉吉辽夫存在定理的条件.

事实上，关于 $g(x)$，本定理的条件比德拉吉辽夫定理的强. 设关于函数 $F(x)$ 本定理的条件满足. 于是定理的第二个条件就给出极限圈存在定理第二个条件的满足. 再者，由 $F(x)$ 的单调性及 $\int_0^\infty f(x)\mathrm{d}x=+\infty$ 的条件可给出由 $x\geqslant M>x_0$ 开始，$F(x)$ 成为正的且总大于某一正数 k，因此，由于 $F(x)$ 是奇函数，所以当 $x\leqslant -M$ 时，$F(x)<-k$，而且显然 $-k<k$，由此即得极限圈存在. 今往证它的唯一性.

我们注意到，任何闭积分线如经过 $(0,y_0)$，也必经过 $(0,-y_0)$. 事实上，方程

$$\frac{\mathrm{d}y}{\mathrm{d}x}=\frac{-g(x)}{y-F(x)}$$

当以 $-x$ 替换 x，同时以 $-y$ 替换 y 时，不改变它的形状，因此，如果有闭积分线存在，它经过 $(0,y_0)$ 而不经过 $(0,-y_0)$，那么经过 $(0,-y_0)$ 也必还有闭积分线，它与前者相交，这样就不符合解的唯一性的假定. 事实上，这就证明了闭积分线必须与原点对称. 如在前面的那些定理中一样，我们考虑曲线族

$$\lambda(x,y)=\frac{1}{2}y^2+G(x)=C$$

此族中的曲线与 x 轴对称，因此，对于闭积分线，$\lambda(0,y)$ 对于具有同一绝对值的正的 y 和负的 y 都是一样的.

考虑积分 $\widehat{ACB}$，$\widehat{A'C'B'}$，$\widehat{A''C''B''}$，它们都是从 y 轴出发而又回到 y 轴的（图 33）. 因为当 $x>0$ 且 $y>F(x)$ 时，$\frac{\mathrm{d}y}{\mathrm{d}x}<0$；而当 $x>0$ 但 $y<F(y)$ 时，$\frac{\mathrm{d}y}{\mathrm{d}x}>0$. 又在方程为 $y=F(x)$ 的曲线之上，有 $\frac{\mathrm{d}y}{\mathrm{d}x}=-\infty$，所以每一弧与曲线 $y=F(x)$ 都有且只有一交点. 考虑两种情形：第一种情形，交点 C 的横坐标小于 x_0；第二种情形，交点 C' 及 C'' 的横坐标大于或等于 x_0. 考虑 $\frac{\mathrm{d}\lambda}{\mathrm{d}y}=F(x)$ 及 $\widehat{ACB}$.

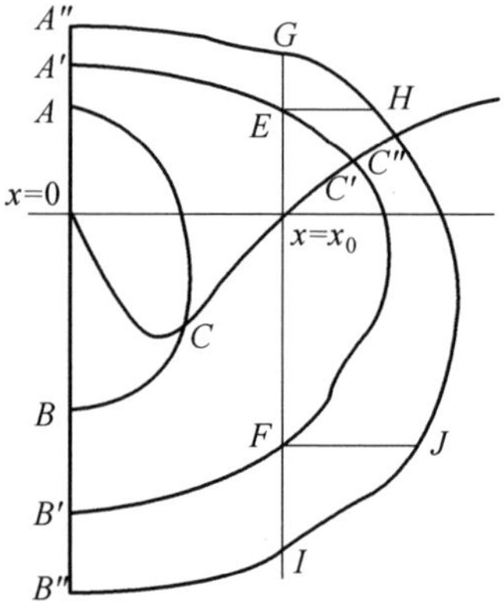

图 33

假设 C 的横坐标小于 x_0，所以沿着积分弧，有 $F(x)<0$. 又因 $\frac{\mathrm{d}y}{\mathrm{d}t}=-g(x)$，所以当 $x>0$ 时，$\frac{\mathrm{d}y}{\mathrm{d}t}<0$，即沿 $\widehat{AB}$，$\mathrm{d}y<0$，因而 $\mathrm{d}\lambda(x,y)>0$. 因此，$\int_A^B \mathrm{d}\lambda(x,y)>0$，即 $\lambda_B-\lambda_A>0$. 又因曲线 $\lambda(x,y)=C$ 与 x 轴对称，所以 $\overline{OB}-\overline{OA}>0$，因而 $\widehat{ACB}$ 不能是闭积分线的一部分. 再考虑 $\widehat{A'C'B'}$ 及 $\widehat{A''C''B''}$，由假设，两弧与 $y=F(x)$ 的交点 C'，C'' 的横坐标大于或等于 x_0.

我们有

$$\frac{\mathrm{d}\lambda}{\mathrm{d}x}=-\frac{F(x)g(x)}{y-F(x)}$$

我们的问题是去证

$$\overline{OB''}-\overline{OA''}<\overline{OB'}-\overline{OA}$$

计算 $\lambda=\lambda(x,y)$ 沿着组成$\widehat{A'C'B'}$ 及$\widehat{A''C''B''}$ 的个别积分弧的改变量. 设 E,G 为这些弧与直线 $x=x_0$ 的交点. 因为当 $0<x\leqslant x_0$ 时,$F(x)<0$,所以沿着$\widehat{A''G}$ 的 $y-F(x)$ 大于沿着$\widehat{A'E}$ 的 $y-F(x)$,因此,$\int_{A''}^{G}\mathrm{d}\lambda(x,y)<\int_{A'}^{E}\mathrm{d}\lambda(x,y)$,即

$$\lambda_G-\lambda_{A''}<\lambda_E-\lambda_{A'}$$

因为 $\mathrm{d}\lambda(x,y)=F(x)\mathrm{d}y$,又因沿着$\widehat{GH}$,$F(x)>0$,所以 $\mathrm{d}\lambda(x,y)<0$,因此

$$\lambda_H-\lambda_G<0$$

比较沿着$\widehat{EF}$ 及$\widehat{HJ}$ 的λ 的改变量. 首先,因为当 $x\geqslant x_0$ 时 $F(x)$ 的单调性,对于同一 y,沿着$\widehat{HJ}$ 的 $F(x)$ 超过沿着$\widehat{EF}$ 的 $F(x)$,所以由等式

$$\mathrm{d}\lambda(x,y)=F(x)\mathrm{d}y$$

及

$$\mathrm{d}y<0$$

可得

$$\int_H^J\mathrm{d}\lambda(x,y)<\int_E^F\mathrm{d}\lambda(x,y)$$

即

$$\lambda_J-\lambda_H<\lambda_F-\lambda_E$$

其次,按照和在$\widehat{GH}$ 上的同一原因,在$\widehat{IJ}$ 上也有

$$\lambda_J-\lambda_I<0$$

最后,同样可证

$$\lambda_{B''}-\lambda_J<\lambda_{B'}-\lambda_F$$

把所有得出的不等式相加,即有

$$\lambda_{B''}-\lambda_{A''}<\lambda_{B'}-\lambda_{A'}$$

或利用曲线 $\lambda(x,y)=C$ 的对称性,便得

$$\overline{OB''}-\overline{OA''}<\overline{OB'}-\overline{OA'}$$

设取$\widehat{A'C'B'}$ 和$\widehat{A''C''B''}$ 中的一条为周期解的弧,即假定 $OB'=OA'$. 于是,对另一积分曲线 $A''C''B''$,有$\overline{OB''}-\overline{OA''}<0$,因此,它不能是另一周期解的弧,由此定理得证. 作为例子,我们考虑范・德・波尔(Van der Pol) 方程

$$\ddot{x}-\mu(1-x^2)\dot{x}+x=0\quad(\mu>0)$$

因为

$$F(x)=-\mu\int_0^x(1-x^2)\mathrm{d}x=-\mu\left(x-\frac{x^3}{3}\right)$$

所以 $F(x)$ 为奇函数，并且当 $0<x<3$ 时，$F(x)<0$；当 $x>3$ 时，$F(x)>0$，且 $F'(x)>0$. 因而 $F(x)$ 单调递增. 最后，$\int_0^\infty x\mathrm{d}x=\infty$，$-\mu\int_0^\infty(1-x^2)\mathrm{d}x=\infty$. 因此，定理的所有条件都满足，所以范・德・波尔方程有一个且仅有一个周期解.

参考资料

[1] Пуанкаре, А., О кривых, определяемых дифференциальными уравнениями. ГТТИ, М. — Л., 1947. Первоначально работы А. Пуанкаре опубликованы в Journ. de Mathématique, 1881, т. 7, 1882, т. 8, 1885, т. 1, 1886, т. 2.

Бендиксон, И., О кривых, определяемых дифференциальными уравнениями. успехи Математических наук, т. 9, 1941. Первоначально работа И. Бендиксона опубликована в журнале Acta Mathem., т. 24, 1901. В русском переводе имеется лишь первая глава этой работы. См. также сводную работу: Е. Леонтович и А. Майер. Общая качественная теория. Дополнение к главам Ⅴ и Ⅵ. Опубликовано в книге: Анри Пуанкаре《О кривых, определяемых дифференциальными уравнениямн》, М. — Л., ГТТИ, 1947.

[2] Виноград, Р. Э., О предельном поведении неограниченной интегральной кривой. Учёные записки МГУ, 1949.

[3] Солнцев, Ю. К., О предельном поведении интегральных кривых одной системы дифференциальных уравнений. Изв. Акад. Наук СССР, 1945, 9(3).

[4] См. сноску[1].

[5] Weil, A., On systems of curves of a ringshaped surface, Journ. of the Indian Math. Soc., т. 19, 1931-1932.

[6] Denjoy, A., Sur les courbes définies par les équations différentielle à la surface du tore. Journ. de Math., т. 11, 1932.

[7] Kneser, H., Reguläre Kurvenscharen auf Ringflächen. Math. Ann. 91, 1923.

[8] Майер, А. Г., Trajectories on the closed orientable surfaces. Математический сборник, т. 12(54), вып. 1, 1943.

[9] Brouwer, L. E., On continuous vector distributions on surfaces. Verhandl.

d. Konikl. Akad. van. Wet. te Amsterdam,т. 11,1909;т. 12,1910.
[10]Forster,H. ,Über das Verhalten der Integralkurven einer gewöhnlichen Differentialgleichung erster Ordnung in der Umgebung eines singulären Punktes. Math. Ztschr. ,т. 43,1938.
[11]Perron,O. ,Über die Gestalt der Integralkurven einer Differentialgleichung erster Ordnung in der Umgebung eines singulären Punktes. Math. Ztschr. ,т. 15,1922.
[12]Фроммер,М. ,Интегральные кривые обыкновенного дифференциального уравнения первого порядка в окрестности особой точки, имеющей рациональный характер. успехи математич. наук, вып. 9, 1941. Первоначально эта работа опубликована в журнале Math. Annal. ,т. 99, 1928.
[13]Lohn,R. ,Über singuläre Punkte gewöhnlicher Differentialgleichungen. Math. Ztschr. ,т. 44,Nr. 4,1938.
[14]Пуанкаре,А. 1)См. сноску[1)] к главе I. 2)А. М. Ляпунов. Исследованиеодного нз особенных случаев задачи об устойчивости движения. Математический сборник, т. 17, вып. 2(1893). 3)M. Frommer. Über das Auftreten der Wirbeln und Strudeln in der Umgebung rationaler Unbestimmtheitsstellen. Math. Annalen, т. 109(1934). См. также сводную работу А. Майер. Центр. Дополнение к главе X, опубликованную в книге: Анри Пуанкаре《О кривых,определяемых дифференциальными уравнениями》, ГТТИ,М. —Л. ,1947.
[15]Баутин, Н. Н. ,О числе предельных циклов, рождающихся при изменении коэффициентов из состояний равновесия типа фокус или центр,ДАН,т. 24,№ 7, 1939.
[16]Сахарников,Н. А. ,Об условиях фроммера существования центра,Прикладная математика и механика,вып. 5,1946.
[17]Куклес,И. С. ,1)О необходимых и достаточных условиях наличия центра, ДАН,т. 42,№ 4,1944. 2)О некоторых случаях отличия фокуса от центра,ДАН, т. 42,№ 5,1944.
[18]Альмухамедов,М. И. ,1)О проблеме центра,Казань,Изв. физ. -матем. о-ва(3),8(1936—1937),29—37. 2)Об условиях наличия особой точки типа《центр》,Казань,Изв. физ. -матем. о-ва(3),1937,9:107—126.
[19]Пуанкаре,А. ,См. сноску к главе I《Об индексе》. См. также сводную работу: S. Lefschetz. Lectures on differential equations,Princeton,1946.

[20] Андронов, А. А. и Хайкин, С. Э. , Теория колебаний, ОНТИ, М. -Л. , 1937.

[21] филиппов, А. Ф. , Об одном критерии существования периодических решений (готовится к печати). Теорема Филиппова является обобщением теоремы. E. Harg. A differential equation, Proc. of London math. Soc. , т. 22, 1947.

[22] Levinson N. and Smith, O. K. , A general equation of relaxation oscillations. Duke math. Journ. , т. 9, 1942.

[23] Драгилёв, А. В. , Об одной теореме существования периодического решения уравнения (Готовится к печати).

[24] Иванов, В. С. , Обоснование одной гипотезы Ван-дер-Поля из области теории автоколебаний. Учёные записки Ленинградского университета, № 40, серия математическая, 1940.

第三章 n 维微分方程组的一般研究（解的渐近性动态）

引　　言

n 维微分方程组的解的定性研究，按问题本身不同而截然分成两个领域，即看我们研究的积分线的方程组，其右端是与 t 无关（定态动力体系）还是有关.

如果定态体系的几何 n 维相空间及其轨道族，基本上反映了统治着此动力体系的规律，那么对于非定态体系来说情形就不一样了. 这从数学观点来看是异常明显的. 因为在定态的情况：

(1) 一点 $(x_1, x_2, \cdots, x_n)$ 唯一决定经过它的轨道，而与何时何刻无关；

(2) 在相空间内经过一轨道 L 的一 ω 极限点的轨道上面全部的点，都是 L 的 ω 极限点，这种轨道表征了动力体系的极限状况，而且此极限状况可由某初值集合来认识.

对非定态体系来说，无一相仿. 第一，对于这种体系，相空间内的点不决定确定的轨道，在不同时刻不同的轨道可以经过同一点；第二，经过一 ω 极限点的轨道没有意义，因为未明确在经过该点的无数轨道中指的是哪一个. 由于这种原因，极限状况仅是某种理想的东西，而一般来说是不能由一些初值去认识的. 但是，有时通过某种变换，一非定态体系化为某一定态体系，于是即可引用对于定态体系已经确立了的方法去研究，但这也只不过是能解决关于此体系的一些特殊问题.

能否因此就推断几何的考虑完全不能应用于非定态的动力体系呢？当然不能. 对非定态体系做几何研究，可将方程组写成

$$\frac{\mathrm{d}x_i}{\mathrm{d}\tau}=f_i(x_1,x_2,\cdots,x_n,t),\frac{\mathrm{d}t}{\mathrm{d}\tau}=1$$

而转到 $n+1$ 维空间 $(x_1,x_2,\cdots,x_n,t)$ 内去讨论.

我们首先指出，如在第一章内所曾建立，方程组

$$\frac{\mathrm{d}x_i}{\mathrm{d}\tau}=f_i(x_1,x_2,\cdots,x_n,t),\frac{\mathrm{d}t}{\mathrm{d}\tau}=1$$

的积分线族，就拓扑学上来看，是与平行直线族相当的. 因此，研究任一轨道的极限状况，只是研究此轨道渐近逼近于某一曲线，或更一般地渐近逼近于某一集合的状况，而且这种渐近逼近应当理解为像双曲线逼近于它的渐近线那样的意义.

尽管如上所说，在研究定态和非定态体系的轨道族上出现了原则上的差异，但在定态和非定态体系的理论中却有许多相同的特征. 例如，我们试取“有界轨道”一词对于定态与非定态体系的含义来加以分析. 就解析上说，这表示轨道方程 $y_i=\varphi_i(t)(i=1,2,\cdots,n)$ 右端的函数 $\varphi_i(t)$，当 $t\geqslant t_0$ 或 $t\leqslant t_0$ 时是有界的. 对于定态体系来说，这表示轨道恒在某一球内，而对于非定态体系则表示轨道恒在与 t 轴平行的某一柱体内. 我们指出，对于非定态体系，轨道不可能恒在一球

$$x_1^2+x_2^2+\cdots+x_n^2+t^2\leqslant R^2$$

之内. 我们再讨论轨道方程右端的函数 $\varphi_i(t)$，当 $t\to+\infty$ 时有确定极限的情形：$\varphi_i(t)\to a_i(t\to+\infty)$. 对于定态体系，这表示相空间的点 $(a_1,a_2,\cdots,a_n)$ 是平衡位置，也就是方程组的奇点，但对非定态体系来说，这只不过是表示轨道渐近逼近于直线 $\{x_i=a_i;t=\tau\}$，而绝对不表示 $(a_1,a_2,\cdots,a_n)$ 是动力体系的平衡位置，即不表示直线 $\{x_i=a_i;t=\tau\}$ 是此体系的轨道.

除了将规定解的函数的趋向拿来与一常数组 $\{a_i\}$ 比较，也可以将这些函数的渐近趋向拿来与某一单调函数 $f(t)$ 的渐近趋向相比较. 就是遵循着这一想法，李雅普诺夫创立了特征数的理论，我们将在以后讲解它. 为了转到也是由李雅普诺夫所开辟的另一问题，我们来考虑方程组

$$\frac{\mathrm{d}x_i}{\mathrm{d}t}=f_i(x_1,x_2,\cdots,x_n,t) \tag{A}$$

的任一解

$$x_i=x_i(t)\quad(i=1,2,\cdots,n;t\geqslant 0)$$

作变数变换

$$x_i=z_i+x_i(t)$$

经此变换,方程组(A)变为方程组

$$\begin{aligned}\frac{\mathrm{d}z_i}{\mathrm{d}t}&=f_i(z_1+x_1(t),\cdots,z_n+x_n(t),t)-f_i(x_1(t),\cdots,x_n(t),t)\\&=F(z_1,z_2,\cdots,z_n,t)\end{aligned}$$

只要$\{x_1(t),\cdots,x_n(t)\}$是方程组(A)对于一切$t\geqslant 0$都有定义的解,则函数组

$$z_1=0,z_2=0,\cdots,z_n=0$$

将是方程组

$$\frac{\mathrm{d}z_i}{\mathrm{d}t}=F_i(z_1,z_2,\cdots,z_n,t)\quad(t\geqslant 0)$$

的具有任一如下形式初始条件

$$\{z_1=0,z_2=0,\cdots,z_n=0,t=t_0\}$$

的解. 如果将上一方程组写成

$$\frac{\mathrm{d}z_i}{\mathrm{d}\tau}=F_i(z_1,z_2,\cdots,z_n,t),\frac{\mathrm{d}t}{\mathrm{d}\tau}=0$$

那么t的正半轴是此方程组的解. 按与解$\{z_i=0\}$的关系,可将其他解加以分类. 从这样的着眼点来研究也创自李雅普诺夫.

为方便起见,我们还是用原来的记号,即将所研究的方程组写成

$$\frac{\mathrm{d}x_i}{\mathrm{d}t}=f_i(x_1,x_2,\cdots,x_n,t)$$

并预先假定

$$f_i(0,0,\cdots,0,t)\equiv 0$$

我们引入下一定义. 如果对任意小的$\varepsilon>0$,都能找出η及t_0,能使在$t=t_0$时初值满足$\sum\limits_{i=1}^{n}x_{i_0}^2\leqslant\eta$的任一解$\{x_i(t)\}$,在$t\geqslant t_0$时总在柱体$\sum\limits_{i=1}^{n}x_i^2\leqslant\varepsilon$内,则解$\{x_i=0\}(i=1,2,\cdots,n)$就叫作李雅普诺夫式稳定的. 如果除当$t\geqslant t_0$时不等式$\sum\limits_{i=1}^{n}x_i^2(t)\leqslant\varepsilon$满足外,还满足下一条件:当$t\to\infty$时$\sum\limits_{i=1}^{n}x_i^2(t)\to 0$,那么稳定性称为渐近的. 这一定义在许多场合需要修改,彼尔西茨基已经这样做过. 承接我们在本书中所取的几何观点,我们给出彼尔西茨基的定义的几何形式. 如果对于任意小的$\varepsilon>0$,都能找到$\delta>0$,能使由柱体$\sum\limits_{i=1}^{n}x_i^2\leqslant\delta$内出发的任意解,在

延展时不令它走出柱体 $\sum_{i=1}^{n} x_i^2 \leqslant \varepsilon$ 的范围，则解 $x_i=0(i=1,2,\cdots,n)$ 就叫作均匀稳定的，如果当 $t\to\infty$ 时，$\sum_{i=1}^{n} x_i^2(t)\to 0$，那么此稳定性将叫作渐近的.

若方程组右端与 t 无关，则李雅普诺夫式稳定将一定是均匀的.

我们以后也需要这样的术语，如果某一积分曲线 $x=x_i(t)$，当 $t\to+\infty$ 时趋向空间 $(x_1,x_2,\cdots,x_n)$ 的原点，那么我们将称它为 O^+ 曲线；如果当 $t\to-\infty$ 时，它趋向原点，那么称它为 O^- 曲线.

稳定性的研究，以及寻找 O 曲线族，大多是用比较法. 这个方法基本上是下面这样的.

设已给某一方程组

$$\frac{\mathrm{d}x_i}{\mathrm{d}t}=f_i(x_1,x_2,\cdots,x_n,t)$$

我们称之为比较组，并设所要研究的方程组为

$$\frac{\mathrm{d}x_i}{\mathrm{d}t}=f_i(x_1,x_2,\cdots,x_n,t)+X_i(x_1,x_2,\cdots,x_n,t) \tag{B}$$

其中 X_i 在某种意义下很“小”. 于是，我们根据方程组(A)的积分线的性状，有时即可推出方程组(B)的积分线的性状. 我们常常取比较方程组为常系数或变系数的线性组. 以后我们将会熟悉这个方向的基本结果. 除此之外，李雅普诺夫还讲过另一方法，就是所谓的直接方法. 关于这个方法的大概，读者可在下一章最后一节见到.

§1　关于线性方程组的定理

记号　设线性方程组为

$$\frac{\mathrm{d}y_i}{\mathrm{d}t}=\sum_{k=1}^{n} a_{ik}(t)y_k \quad (i=1,2,\cdots,n) \tag{1}$$

应用以下列三个矩阵来讨论，系数矩阵

$$\boldsymbol{A}=(a_{ik}(t))$$

及两个单行矩阵

$$\boldsymbol{Y}=\begin{pmatrix} y_1 \\ y_2 \\ \vdots \\ y_n \end{pmatrix},\boldsymbol{Y}_1=\begin{pmatrix} \frac{\mathrm{d}y_1}{\mathrm{d}t} \\ \vdots \\ \frac{\mathrm{d}y_n}{\mathrm{d}t} \end{pmatrix}$$

由矩阵的微分规则可知 $\boldsymbol{Y}_1=\frac{\mathrm{d}\boldsymbol{Y}}{\mathrm{d}t}$，而由矩阵的相乘规则可知

$$\boldsymbol{AY}=\begin{pmatrix} a_{11}y_1+a_{12}y_2+\cdots+a_{1n}y_n \\ a_{21}y_1+a_{22}y_2+\cdots+a_{2n}y_n \\ \vdots \\ a_{n1}y_1+a_{n2}y_2+\cdots+a_{nn}y_n \end{pmatrix}$$

因此，如果利用矩阵的记法，那么我们可将方程组(1) 写成

$$\frac{\mathrm{d}\boldsymbol{Y}}{\mathrm{d}t}=\boldsymbol{AY} \tag{1'}$$

如果我们再引入一个单行矩阵

$$\boldsymbol{F}=\begin{pmatrix} f_1(t) \\ \vdots \\ f_n(t) \end{pmatrix}$$

那么可将非齐次方程组

$$\frac{\mathrm{d}y_i}{\mathrm{d}t}=\sum_{k=1}^{n}a_{ik}(t)y_k+f_i(t) \tag{2}$$

写作

$$\frac{\mathrm{d}\boldsymbol{Y}}{\mathrm{d}t}=\boldsymbol{AY}+\boldsymbol{F} \tag{2'}$$

齐次方程组　设 $\boldsymbol{Y}$ 为矩阵

$$\boldsymbol{Y}=\begin{pmatrix} \overset{\text{第1解}}{y_{11}} & y_{12} & \cdots & \overset{\text{第}n\text{解}}{y_{1n}} \\ y_{21} & y_{22} & \cdots & y_{2n} \\ \vdots & \vdots & & \vdots \\ y_{n1} & y_{n2} & \cdots & y_{nn} \end{pmatrix}$$

它的各行构成方程组(1) 的基本解组. 因为 $\boldsymbol{Y}$ 是由方程组(1) 的解所组成，因此它是矩阵方程(1′) 的解，所以我们可得矩阵等式

$$\frac{\mathrm{d}\boldsymbol{Y}}{\mathrm{d}t}=\boldsymbol{AY}$$

更详细地写就是

$$\begin{pmatrix} \frac{\mathrm{d}y_{11}}{\mathrm{d}t} & \frac{\mathrm{d}y_{12}}{\mathrm{d}t} & \cdots & \frac{\mathrm{d}y_{1n}}{\mathrm{d}t} \\ \frac{\mathrm{d}y_{21}}{\mathrm{d}t} & \frac{\mathrm{d}y_{22}}{\mathrm{d}t} & \cdots & \frac{\mathrm{d}y_{2n}}{\mathrm{d}t} \\ \vdots & \vdots & & \vdots \\ \frac{\mathrm{d}y_{n1}}{\mathrm{d}t} & \frac{\mathrm{d}y_{n2}}{\mathrm{d}t} & \cdots & \frac{\mathrm{d}y_{nn}}{\mathrm{d}t} \end{pmatrix}=\begin{pmatrix} a_{11} & a_{12} & \cdots & a_{1n} \\ a_{21} & a_{22} & \cdots & a_{2n} \\ \vdots & \vdots & & \vdots \\ a_{n1} & a_{n2} & \cdots & a_{nn} \end{pmatrix}\cdot\begin{pmatrix} y_{11} & \cdots & y_{1n} \\ y_{21} & \cdots & y_{2n} \\ \vdots & & \vdots \\ y_{n1} & \cdots & y_{nn} \end{pmatrix}$$

齐次方程组的一般解可以写作单行矩阵

$$\begin{pmatrix} C_1 y_{11} + C_2 y_{12} + \cdots + C_n y_{1n} \\ C_1 y_{21} + C_2 y_{22} + \cdots + C_n y_{2n} \\ \vdots \\ C_1 y_{n1} + C_2 y_{n2} + \cdots + C_n y_{nn} \end{pmatrix}$$

即可写作 $\boldsymbol{Y} \cdot \boldsymbol{C}$,其中

$$\boldsymbol{C} = \begin{pmatrix} C_1 \\ C_2 \\ \vdots \\ C_n \end{pmatrix}$$

因为 $\boldsymbol{YC}$ 表示解,我们可得矩阵等式

$$\frac{\mathrm{d}\boldsymbol{Y}}{\mathrm{d}t} \cdot \boldsymbol{C} = (\boldsymbol{AY}) \cdot \boldsymbol{C}$$

即

$$\boldsymbol{Y}'\boldsymbol{C} = (\boldsymbol{AY})\boldsymbol{C}$$

如果 $\boldsymbol{A}$ 是常量,那么方程组

$$\frac{\mathrm{d}\boldsymbol{Y}}{\mathrm{d}t} = \boldsymbol{AY}$$

的解以矩阵的形式来表示就可写作

$$\boldsymbol{Y} = \mathrm{e}^{\boldsymbol{A}t}\boldsymbol{Y}(t_0) \tag{3}$$

其中 $\mathrm{e}^{\boldsymbol{A}t}$ 表示下列级数的极限和

$$\mathrm{e}^{\boldsymbol{A}t} = \boldsymbol{E} + \frac{\boldsymbol{A}t}{1!} + \frac{\boldsymbol{A}^2 t^2}{2!} + \cdots + \frac{\boldsymbol{A}^n t^n}{n!} + \cdots$$

其中 $\boldsymbol{E}$ 是单位矩阵. 上一级数,对于任意 t 值及任意常数矩阵 $\boldsymbol{A}$,易证是收敛的.

利用矩阵的微分法则,我们立得

$$\frac{\mathrm{d}\boldsymbol{Y}}{\mathrm{d}t} = \boldsymbol{A}\mathrm{e}^{\boldsymbol{A}t}\boldsymbol{Y}(t_0)$$

即

$$\frac{\mathrm{d}\boldsymbol{Y}}{\mathrm{d}t} = \boldsymbol{AY}$$

共轭方程组 在线性微分方程组的理论里起重要作用的方程组叫作共轭方程组.

如果给定方程组

$$\frac{\mathrm{d}\boldsymbol{Y}}{\mathrm{d}t} = \boldsymbol{AY}$$

那么它的共轭方程组是

$$\frac{\mathrm{d}\boldsymbol{Z}}{\mathrm{d}t} = \boldsymbol{Z}(-\boldsymbol{A}) \text{ 或 } (-\boldsymbol{A}^*)(\boldsymbol{Z}^*) = \frac{\mathrm{d}\boldsymbol{Z}^*}{\mathrm{d}t} \tag{4}$$

其中$\boldsymbol{A}^*$是$\boldsymbol{A}$的转置矩阵,$\boldsymbol{Z}$是单列矩阵.在已知方程组与它的共轭方程组的解间有下列的关系.

如果$\boldsymbol{Z}$是共轭方程组的基本解矩阵的转置矩阵,那么不论$\boldsymbol{C}$是哪一个非奇异常数矩阵,$\boldsymbol{Z}^{-1}\boldsymbol{C}$都是原方程组的基本解矩阵;反之,原方程组的任一基本解矩阵都可表示为$\boldsymbol{Z}^{-1}\boldsymbol{C}$的形式.若$\boldsymbol{Y}$为已知方程的基本解矩阵,则$\boldsymbol{Y}^{-1}$是共轭方程组的基本解矩阵的转置矩阵.

事实上,设已知方程组及其共轭方程组分别为

$$\frac{\mathrm{d}\boldsymbol{Y}}{\mathrm{d}t}=\boldsymbol{AY}$$

$$\frac{\mathrm{d}\boldsymbol{Z}}{\mathrm{d}t}=-\boldsymbol{ZA}$$

再设$\boldsymbol{Z}$是共轭方程组的解矩阵的转置,$\boldsymbol{Y}$是已知方程组的解矩阵,则

$$\boldsymbol{Z}\frac{\mathrm{d}\boldsymbol{Y}}{\mathrm{d}t}+\frac{\mathrm{d}\boldsymbol{Z}}{\mathrm{d}t}\boldsymbol{Y}=\boldsymbol{Z}(\boldsymbol{AY})+(-\boldsymbol{ZA})\boldsymbol{Y}\equiv 0$$

由此得$\mathrm{d}(\boldsymbol{ZY})=0$,即$\boldsymbol{ZY}=\boldsymbol{C}$.如果$\boldsymbol{C}=\boldsymbol{E}$,那么则$\boldsymbol{Z}\cdot\boldsymbol{Y}=\boldsymbol{E}$.以上等式就证明了我们的论断.

非齐次方程组　设给定的非齐次方程组为

$$\frac{\mathrm{d}\boldsymbol{Y}}{\mathrm{d}t}=\boldsymbol{AY}+\boldsymbol{F}$$

我们将去找它的形式如下列单行矩阵形式的解

$$\boldsymbol{Z}=\boldsymbol{Y}\cdot\boldsymbol{C}(t) \tag{5}$$

其中$\boldsymbol{C}(t)$是未知的单行矩阵,而$\boldsymbol{Y}$是(2′)的对应齐次方程组的基本解组的矩阵.将(5)代入(2′)中,便得

$$\boldsymbol{Y}'\boldsymbol{C}(t)+\boldsymbol{Y}\cdot\boldsymbol{C}'=(\boldsymbol{AY})\boldsymbol{C}+\boldsymbol{F} \tag{6}$$

因为$\boldsymbol{Y}'=\boldsymbol{AY}$,所以由式(6)得

$$\boldsymbol{YC}'=\boldsymbol{F}$$

即

$$\boldsymbol{C}'=\boldsymbol{Y}^{-1}\boldsymbol{F} \tag{7}$$

因为

$$\det|\boldsymbol{Y}|=\mathrm{e}^{\int_{t_0}^{t}(a_{11}+a_{22}+\cdots+a_{nn})\mathrm{d}t}|\boldsymbol{Y}(t_0)|$$

所以$\boldsymbol{Y}^{-1}$是存在的,又因为$\boldsymbol{C}'$是单行矩阵,所以由积分式(7),便得

$$\boldsymbol{C}(t)=\boldsymbol{C}(t_0)+\int_{t_0}^{t}\boldsymbol{Y}^{-1}(\tau)\boldsymbol{F}(\tau)\mathrm{d}\tau$$

如果令

$$\boldsymbol{C}(t_0)=\begin{pmatrix}C_1\\C_2\\\vdots\\C_n\end{pmatrix}=v$$

那么

$$\boldsymbol{C}(t)=v+\int_{t_0}^{t}\boldsymbol{Y}^{-1}(\tau)\boldsymbol{F}(\tau)\mathrm{d}\tau$$

由此知方程组(2′)的特殊解是

$$\boldsymbol{Z}=\int_{t_0}^{t}\boldsymbol{Y}(t)\boldsymbol{Y}^{-1}(\tau)\boldsymbol{F}(\tau)\mathrm{d}\tau \tag{8}$$

因此,方程组(2′)的通解可写作

$$\overline{\boldsymbol{Y}}=\boldsymbol{Y}(t)\boldsymbol{C}+\int_{t_0}^{t}\boldsymbol{Y}(t)\boldsymbol{Y}^{-1}(\tau)\boldsymbol{F}(\tau)\mathrm{d}\tau$$

其中$\boldsymbol{C}$是单行常数矩阵.如果$\boldsymbol{Y}(t)$是标准基本组(即$\boldsymbol{Y}(t_0)=\boldsymbol{E}$),那么可将$\boldsymbol{C}$看作原始条件所成单行矩阵,而通解可写为

$$\overline{\boldsymbol{Y}}=\boldsymbol{Y}(t)\boldsymbol{Y}_0+\int_{t_0}^{t}\boldsymbol{Y}(t)\boldsymbol{Y}^{-1}(\tau)\boldsymbol{F}(\tau)\mathrm{d}\tau$$

最后,我们也可从纯矩阵论的观点出发,寻求矩阵方程

$$\frac{\mathrm{d}\boldsymbol{Y}}{\mathrm{d}t}=\boldsymbol{AY}+\boldsymbol{F}$$

的方阵形式的解.此时它的通解也可写成同样的形式,不过$\boldsymbol{Y}_0$将是原始条件所成的方阵,$\boldsymbol{Y}(t)$是标准基本矩阵.

如果矩阵$\boldsymbol{A}$是常数,那么所得的公式可以大大简化.此时我们能证

$$\boldsymbol{Y}(t)\boldsymbol{Y}^{-1}(\tau)=\boldsymbol{Y}_1(t-\tau)\text{①} \tag{9}$$

为此,我们只需记住,$\boldsymbol{Y}_1(0)=\boldsymbol{E}$是单位矩阵.因为方程组(1)的右端不包含$t$,所以矩阵$\boldsymbol{Y}_1(t-\tau)$也是方程

$$\frac{\mathrm{d}\boldsymbol{Y}}{\mathrm{d}t}=\boldsymbol{AY}$$

的解.当$t=\tau$时,矩阵$\boldsymbol{Y}_1(t-\tau)$变为$\boldsymbol{Y}_1(0)=\boldsymbol{E}$,同理,对于任意$\tau$,矩阵$\boldsymbol{Y}(t)\boldsymbol{Y}^{-1}(\tau)$也是方程$\frac{\mathrm{d}\boldsymbol{Y}}{\mathrm{d}t}=\boldsymbol{AY}$的解,当$t=\tau$时,$\boldsymbol{Y}(t)\boldsymbol{Y}^{-1}(\tau)$也成为单位矩阵,因此,由唯一性定理得

$$\boldsymbol{Y}(t)\boldsymbol{Y}^{-1}(\tau)=\boldsymbol{Y}_1(t-\tau)$$

于是,非齐次方程组的解可写为

---

① $\boldsymbol{Y}_1(t)$代表由初值条件$\boldsymbol{Y}_1(0)=\boldsymbol{E}$所确定的解矩阵——译者注.

$$\boldsymbol{Z}(t)=\boldsymbol{Y}(t)\boldsymbol{Y}_0+\int_{t_0}^{t}\boldsymbol{Y}_1(t-\tau)\boldsymbol{F}(\tau)\mathrm{d}\tau \tag{10}$$

如果利用 $\boldsymbol{Y}_1(t)=\mathrm{e}^{\boldsymbol{A}t}$ 的结果，那么非齐次方程组的通解即可写作

$$\boldsymbol{Z}(t)=\mathrm{e}^{\boldsymbol{A}(t-t_0)}\boldsymbol{Y}_0+\int_{t_0}^{t}\mathrm{e}^{\boldsymbol{A}(t-\tau)}\boldsymbol{F}(\tau)\mathrm{d}\tau \tag{10$'$}$$

我们现在利用第一章 §2 的辅助定理，来做上述方程组的解的一些估计.

定理 1 设 $f(t)$ 满足下列不等式

$$|a_{ik}(t)|\leqslant f(t)\quad (t\geqslant t_0)$$

则

$$|y_i(t)|\leqslant\sum_{i=1}^{n}|y_i(t_0)|\mathrm{e}^{n\int_{t_0}^{t}|f(t)|\mathrm{d}t}$$

其中 $y_1(t),\cdots,y_n(t)$ 是方程组

$$\frac{\mathrm{d}\boldsymbol{Y}}{\mathrm{d}t}=\boldsymbol{AY}$$

的解.

设所给方程组是

$$\frac{\mathrm{d}\boldsymbol{Y}}{\mathrm{d}t}=\boldsymbol{AY}$$

将它详细地写出来就是

$$\frac{\mathrm{d}y_i}{\mathrm{d}t}=a_{i1}(t)y_1+\cdots+a_{in}(t)y_n$$

或

$$y_i(t)=y_i(t_0)+\int_{t_0}^{t}(a_{i1}y_1+\cdots+a_{in}y_n)\mathrm{d}t$$

因为 $|a_{ik}(t)|\leqslant f(t)$，所以可得

$$|y_i(t)|\leqslant|y_i(t_0)|+\int_{t_0}^{t}f(t)\sum_{i=1}^{n}|y_i(t)|\mathrm{d}t$$

对 $i=1,2,\cdots,n$，将上面的不等式相加，便得

$$\sum_{i=1}^{n}|y_i(t)|\leqslant\sum_{i=1}^{n}|y_i(t_0)|+n\int_{t_0}^{t}f(t)\sum_{i=1}^{n}|y_i(t)|\mathrm{d}t$$

于是由第一章 §2 的不等式，立得

$$\sum_{i=1}^{n}y_i(t)\leqslant\sum_{i=1}^{n}|y_i(t_0)|\mathrm{e}^{n\int_{t_0}^{t}f(t)\mathrm{d}t}$$

推论 1 如果 $\int_{t_0}^{\infty}|a_{ik}(t)|\mathrm{d}t$ 为收敛 $(i,k=1,2,\cdots,n)$，那么方程组

$$\frac{\mathrm{d}\boldsymbol{Y}}{\mathrm{d}t}=\boldsymbol{A}(t)\boldsymbol{Y}$$

的所有解都是有界的.

此时，我们可取 $\sum_{i=1}^{n}\sum_{k=1}^{n} \mid a_{ik}(t) \mid$ 作为 $f(t)$.

方程组的线性变换　设所给方程组是

$$\frac{\mathrm{d}\boldsymbol{Z}}{\mathrm{d}t}=\boldsymbol{BZ}$$

再设 $\boldsymbol{Z}=\boldsymbol{KY}$ 为对于变数 $\{z_i\}$ 的非奇异线性变换. 于是，对于新的变数，我们也得到线性方程组

$$\frac{\mathrm{d}\boldsymbol{Y}}{\mathrm{d}t}=\boldsymbol{AY}$$

我们要找矩阵 $\boldsymbol{A}$，有

$$\frac{\mathrm{d}\boldsymbol{Z}}{\mathrm{d}t}=\frac{\mathrm{d}\boldsymbol{K}}{\mathrm{d}t}\boldsymbol{Y}+\boldsymbol{K}\frac{\mathrm{d}\boldsymbol{Y}}{\mathrm{d}t}=\boldsymbol{BKY}$$

或

$$\frac{\mathrm{d}\boldsymbol{Y}}{\mathrm{d}t}=\boldsymbol{K}^{-1}\boldsymbol{BKY}-\left(\boldsymbol{K}^{-1}\frac{\mathrm{d}\boldsymbol{K}}{\mathrm{d}t}\right)\boldsymbol{Y}$$

如果 $\boldsymbol{K}$ 是数值矩阵，那么上式可化为

$$\frac{\mathrm{d}\boldsymbol{Y}}{\mathrm{d}t}=\boldsymbol{K}^{-1}\boldsymbol{BKY}$$

因此，对于非奇异的常系数线性变换

$$\boldsymbol{A}=\boldsymbol{K}^{-1}\boldsymbol{BK}$$

利用上述结果，当 $\boldsymbol{B}$ 是数值矩阵时，我们恒可找到矩阵 $\boldsymbol{K}$ 能使变换后的方程组

$$\frac{\mathrm{d}\boldsymbol{Y}}{\mathrm{d}t}=\boldsymbol{AY}$$

中，矩阵 $\boldsymbol{A}$ 为若尔当标准形，即

$$\boldsymbol{A}=\begin{pmatrix}\boldsymbol{A}_1 & & & \\ & \boldsymbol{A}_2 & & \\ & & \ddots & \\ & & & \boldsymbol{A}_n\end{pmatrix}$$

其中

$$\boldsymbol{A}_i=\begin{pmatrix}\lambda_i & \varepsilon & & & \boldsymbol{0}\\ & \lambda_i & \varepsilon & & \\ & & \lambda_i & \ddots & \\ & & & \ddots & \varepsilon\\ \boldsymbol{0} & & & & \lambda_i\end{pmatrix}$$

而 λ_i 是特征方程 $|\boldsymbol{A}-\lambda\boldsymbol{E}|=0$ 的根，因而，可将方程组 $\frac{\mathrm{d}\boldsymbol{Y}}{\mathrm{d}t}=\boldsymbol{A}\boldsymbol{Y}$ 写为矩阵方程组

$$\frac{\mathrm{d}\boldsymbol{Y}_i}{\mathrm{d}t}=\boldsymbol{A}_i\boldsymbol{Y}_i$$

具有一个初等因子的标准形矩阵方程的解容易详细地写出来. 设

$$\boldsymbol{A}=\begin{pmatrix}\lambda & 1 & & & \boldsymbol{0}\\ & \lambda & \ddots & & \\ & & \ddots & \ddots & \\ & & & \lambda & 1\\ \boldsymbol{0} & & & & \lambda\end{pmatrix}\quad (m\text{ 行}, m\text{ 列})$$

且所给方程是

$$\frac{\mathrm{d}\boldsymbol{Y}}{\mathrm{d}t}=\boldsymbol{A}\boldsymbol{Y}$$

我们已经知道，上述方程的基本解是

$$\boldsymbol{Y}=\boldsymbol{E}\mathrm{e}^{\boldsymbol{A}t}=\boldsymbol{E}+\boldsymbol{A}t+\frac{\boldsymbol{A}^2t^2}{2!}+\cdots+\frac{\boldsymbol{A}^nt^n}{n!}+\cdots$$

而在此时易得(参阅马尔采夫(Мальцев)的《线性代数基础》第六章 §1)

$$\boldsymbol{A}^n=\begin{pmatrix}\lambda^n & \binom{n}{1}\lambda^{n-1} & \cdots & \binom{n}{m-1}\lambda^{n-m+1}\\ 0 & \lambda^n & \cdots & \binom{n}{m-2}\lambda^{n-m+2}\\ \vdots & \vdots & & \vdots\\ 0 & 0 & \cdots & \lambda^n\end{pmatrix}$$

其中

$$\binom{n}{k}=\frac{n(n-1)\cdots(n-k+1)}{1\cdot 2\cdot\cdots\cdot k}$$

将此关系代入上面的幂级数中，并将它们相加便得

$$\boldsymbol{Y}=\begin{pmatrix}\mathrm{e}^{\lambda t} & t\mathrm{e}^{\lambda t} & \cdots & \frac{t^{m-1}}{(m-1)!}\mathrm{e}^{\lambda t}\\ 0 & \mathrm{e}^{\lambda t} & \cdots & \frac{t^{m-2}}{(m-2)!}\mathrm{e}^{\lambda t}\\ \vdots & \vdots & & \vdots\\ 0 & 0 & \cdots & \mathrm{e}^{\lambda t}\end{pmatrix}$$

这就是初等课程中所谓的基本组.

§2　可简化方程组

我们引入下列来自李雅普诺夫的定义.

定义 1　如果方程组$\frac{\mathrm{d}\boldsymbol{Z}}{\mathrm{d}t}=\boldsymbol{BZ}$经过变换$\boldsymbol{Z}=\boldsymbol{KY}$后,所得的方程组$\frac{\mathrm{d}\boldsymbol{Y}}{\mathrm{d}t}=\boldsymbol{AY}$是具有常系数的,其中矩阵$\boldsymbol{K}(t)$在$(0,+\infty)$上有界,并且$\det|\boldsymbol{K}^{-1}(t)|$在$(0,+\infty)$上也有界,那么方程组$\frac{\mathrm{d}\boldsymbol{Z}}{\mathrm{d}t}=\boldsymbol{BZ}$叫作可简化的.

具有上述特性的矩阵$\boldsymbol{K}(t)$称为李雅普诺夫矩阵(简称 *Л* 矩阵).

我们首先建立下面定理.

定理 2(叶鲁金(Н. П. Еругин))　方程$\frac{\mathrm{d}\boldsymbol{Z}}{\mathrm{d}t}=\boldsymbol{BZ}$可简化的充要条件是此方程的基本解组可表示为

$$\boldsymbol{Z}=\boldsymbol{K}(t)\mathrm{e}^{\boldsymbol{A}t}$$

其中对于$t\geqslant t_0$,矩阵$\boldsymbol{K}(t)$与$\det|\boldsymbol{K}^{-1}(t)|$都是有界的,而矩阵$\boldsymbol{A}$是若尔当形数值矩阵.

实际上,设方程组

$$\frac{\mathrm{d}\boldsymbol{Z}}{\mathrm{d}t}=\boldsymbol{BZ}$$

为可简化的,则有线性变换$\boldsymbol{Z}=\boldsymbol{KY}$存在,其中$\boldsymbol{K}$满足定理所述的条件,能使变换后的方程$\frac{\mathrm{d}\boldsymbol{Y}}{\mathrm{d}t}=\boldsymbol{AY}$中的矩阵$\boldsymbol{A}$是常量. 设$\boldsymbol{Y}=\boldsymbol{CU}$是新的变换,它使得方程组$\frac{\mathrm{d}\boldsymbol{Y}}{\mathrm{d}t}=\boldsymbol{AY}$变为若尔当形,其中$\boldsymbol{C}$是非奇异的数值矩阵,于是,线性变换

$$\boldsymbol{Z}=\boldsymbol{KCU}$$

显然,可将$\frac{\mathrm{d}\boldsymbol{Z}}{\mathrm{d}t}=\boldsymbol{BZ}$变成下面形式的方程组

$$\frac{\mathrm{d}\boldsymbol{U}}{\mathrm{d}t}=\bar{\boldsymbol{A}}\boldsymbol{U}$$

其中$\bar{\boldsymbol{A}}$是若尔当形的矩阵. 这就证明了条件的必要性.

现在我们来建立条件的充分性. 设给定的方程组是$\frac{\mathrm{d}\boldsymbol{Z}}{\mathrm{d}t}=\boldsymbol{BZ}$,设它的解的形式是$\boldsymbol{Z}_1=\boldsymbol{K}\mathrm{e}^{\boldsymbol{A}t}$,其中$\boldsymbol{K}$与$\boldsymbol{A}$满足定理所述的条件. 作变换$\boldsymbol{Z}=\boldsymbol{KY}$. 依照假定,矩阵$\boldsymbol{K}$是 *Л* 矩阵,且显然$\boldsymbol{K}=\boldsymbol{Z}_1\mathrm{e}^{-\boldsymbol{A}t}$.

我们有

$$\frac{\mathrm{d}\boldsymbol{Z}}{\mathrm{d}t} \equiv \underline{\frac{\mathrm{d}\boldsymbol{Z}_1}{\mathrm{d}t}}\mathrm{e}^{-\boldsymbol{A}t}\boldsymbol{Y} + \boldsymbol{Z}_1(-\boldsymbol{A})\mathrm{e}^{-\boldsymbol{A}t}\boldsymbol{Y} + \boldsymbol{Z}_1\mathrm{e}^{-\boldsymbol{A}t}\frac{\mathrm{d}\boldsymbol{Y}}{\mathrm{d}t} = \underline{\boldsymbol{B}\boldsymbol{Z}_1\mathrm{e}^{-\boldsymbol{A}t}\boldsymbol{Y}}$$

因为 $\boldsymbol{Z}_1$ 是解，所以上式在下面划有横线的项互相抵消，又因矩阵 $\boldsymbol{Z}_1$，$(-\boldsymbol{A})$，$\mathrm{e}^{-\boldsymbol{A}t}$ 都是非奇异的，所以

$$\frac{\mathrm{d}\boldsymbol{Y}}{\mathrm{d}t} = \boldsymbol{A}y$$

证毕.

我们来讨论方程组可简化性的判别法则(充分条件). 迄今已经有两种类型的判别法则：第一个法则来自李雅普诺夫，是先假定矩阵 $\boldsymbol{B}$ 的周期性；第二个法则是先假定矩阵 $\boldsymbol{B}$ 的元素充分快地趋于零.

定理3 方程组$\frac{\mathrm{d}\boldsymbol{Z}}{\mathrm{d}t}=\boldsymbol{BZ}$能化为方程组$\frac{\mathrm{d}\boldsymbol{Y}}{\mathrm{d}t}=0$的充分条件是方程组$\frac{\mathrm{d}\boldsymbol{Z}}{\mathrm{d}t}=\boldsymbol{BZ}$的所有解都是有界的，并且对于所有 t，有

$$\int_0^t (b_{11}(t) + b_{22}(t) + \cdots + b_{nn}(t))\mathrm{d}t > d > -\infty$$

设 $\boldsymbol{Z}_0$ 是方程组$\frac{\mathrm{d}\boldsymbol{Z}}{\mathrm{d}t}=\boldsymbol{BZ}$ 的基本解矩阵，则 $\boldsymbol{Z}_0$ 具有 $Л$ 矩阵的特性. 因为由假定，$\boldsymbol{Z}_0$ 是有界的，并且它的逆矩阵 $\boldsymbol{Z}_0^{-1}$ 的元素为$\frac{|Z_{ik}|}{|\boldsymbol{Z}_0|}$，其中 Z_{ik} 是对应矩阵 $\boldsymbol{Z}_0$ 各元素的余因子. 因此，如果当 $t\to\infty$ 时，$\det|\boldsymbol{Z}_0|$ 不趋于零，那么 $\det|\boldsymbol{Z}_0^{-1}|$ 是有界的. 但

$$\det|\boldsymbol{Z}_0| = \mathrm{e}^{\int_0^t (b_{11}+b_{22}+\cdots+b_{nn})\mathrm{d}t}$$

由定理的条件知

$$\int_0^t (b_{11} + b_{22} + \cdots + b_{nn})\mathrm{d}t > d > -\infty$$

因而可得

$$\det|\boldsymbol{Z}_0| > \mathrm{e}^a$$

作变数变换 $\boldsymbol{Z}=\boldsymbol{Z}_0\boldsymbol{Y}$，经此变换后可得

$$\frac{\mathrm{d}\boldsymbol{Z}}{\mathrm{d}t} \equiv \underline{\frac{\mathrm{d}\boldsymbol{Z}_0}{\mathrm{d}t}}\boldsymbol{Y} + \boldsymbol{Z}_0\frac{\mathrm{d}\boldsymbol{Y}}{\mathrm{d}t} = \underline{\boldsymbol{B}\boldsymbol{Z}_0\boldsymbol{Y}}$$

因为上式中画横线的项是相等的，又因为 $\boldsymbol{Z}_0$ 是非奇异矩阵，所以由上式立得

$$\frac{\mathrm{d}\boldsymbol{Y}}{\mathrm{d}t} = 0$$

证毕.

这个法则有一些假定性质，因为它没有说明由什么条件可以判断所有的解

是有界的. 我们可以指出某些特殊情形，例如由本章定理 1，可得①方程组 $\frac{\mathrm{d}\boldsymbol{Z}}{\mathrm{d}t}=\boldsymbol{BZ}$，可化为方程组 $\frac{\mathrm{d}\boldsymbol{Y}}{\mathrm{d}t}=0$ 的充分条件是

$$\int_0^{\infty}\|\boldsymbol{B}(t)\|\,\mathrm{d}t<\infty$$

其中 $\|\boldsymbol{B}(t)\|$ 是矩阵 $\boldsymbol{B}$ 的范数，即

$$\|\boldsymbol{B}(t)\|=\sqrt{\sum_{i,k}|b_{ik}(t)|^2}$$

因为由上述条件立可推出

$$\int_0^t(b_{11}(t)+b_{22}(t)+\cdots+b_{nn}(t))\mathrm{d}t>d>-\infty$$

转到李雅普诺夫定理的证明[1,4].

定理 4 如果矩阵 $\boldsymbol{A}(t)$ 是周期的，即 $\boldsymbol{A}(t+\omega)=\boldsymbol{A}(t)$，那么借助周期矩阵可将方程组 $\frac{\mathrm{d}\boldsymbol{Z}}{\mathrm{d}t}=\boldsymbol{AZ}$ 简化.

设 $\boldsymbol{Z}(t)$ 为方程组 $\frac{\mathrm{d}\boldsymbol{Z}}{\mathrm{d}t}=\boldsymbol{AZ}$ 的解的基本矩阵，则矩阵 $\boldsymbol{Z}(t+\omega)$ 也是解矩阵. 我们指出 $\boldsymbol{Z}(t+\omega)$ 是解矩阵，则必得 $\boldsymbol{Z}(t+\omega)=\boldsymbol{Z}(t)\boldsymbol{C}$.

我们要证 $\boldsymbol{C}$ 是非奇异的数值矩阵. 因为

$$\det|\boldsymbol{Z}(t)|=\det|\boldsymbol{Z}(t_0)|\,\mathrm{e}^{\int_{t_0}^{t}\sum_{i=1}^{n}a_{ii}(t)\mathrm{d}t}$$

所以可得

$$\det|\boldsymbol{Z}(t+\omega)|=\det|\boldsymbol{Z}(t_0)|\,\mathrm{e}^{\int_{t_0}^{t_0+\omega}\sum_{i=1}^{n}a_{ii}(t)\mathrm{d}t}$$

以 t_0 代替 t 便有

$$\det|\boldsymbol{Z}(t_0+\omega)|=\det|\boldsymbol{Z}(t_0)|\,\mathrm{e}^{\int_{t_0}^{t_0+\omega}\sum_{i=1}^{n}a_{ii}(t)\mathrm{d}t}$$

但 $\sum a_{ii}(t)$ 是周期函数，因而

$$\int_{t_0}^{t_0+\omega}a_{ii}(t)\mathrm{d}t=\int_0^{\omega}a_{ii}(t)\mathrm{d}t$$

所以最终可得

$$\det|\boldsymbol{Z}(t_0+\omega)|=\det|\boldsymbol{Z}(t_0)|\,\mathrm{e}^{\int_0^{\omega}\sum_{i=1}^{n}a_{ii}(t)\mathrm{d}t}$$

将上式与等式

$$\det|\boldsymbol{Z}(t_0+\omega)|=\det|\boldsymbol{Z}(t_0)|\cdot\det|\boldsymbol{C}|$$

---

① 读者如果想了解可简化的其他判别方法，可参看叶鲁金的论文《Приводимые системы》，Труды Математического института имени Стеклова，т. ⅩⅢ，Л. — М.，1946.

比较,便得

$$\det|C|=e^{\int_0^{\omega}\sum_{i=1}^{n}a_{ii}(t)\mathrm{d}t}$$

由此知,解组 $\boldsymbol{Z}(t+\omega)$ 是由基本解组乘以非奇异矩阵而得,因此它也是基本解组.

我们恒可以选择解组 $\boldsymbol{Z}(t)$ 使其对应的矩阵 $\boldsymbol{C}$ 呈若尔当形. 如果以 $\boldsymbol{ZP}$ 代替 $\boldsymbol{Z}$,其中 $\boldsymbol{P}$ 是任一非奇异数值矩阵,那么 $\boldsymbol{Z}(t+\omega)$ 就变成 $\boldsymbol{Z}(t+\omega)P$,并且矩阵

$$\boldsymbol{C}=\boldsymbol{Z}^{-1}(t)\cdot\boldsymbol{Z}(t+\omega)$$

变成 $\boldsymbol{P}^{-1}\boldsymbol{Z}^{-1}(t)\boldsymbol{Z}(t+\omega)\boldsymbol{P}$,即变成 $\boldsymbol{P}^{-1}\boldsymbol{CP}$. 因此,如果选择 $\boldsymbol{P}$ 使 $\boldsymbol{P}^{-1}\boldsymbol{CP}$ 是若尔当形矩阵,那么以 $\boldsymbol{ZP}$ 为基本解组时,我们就得到所要求的结果. 于是,如果特征方程 $|\boldsymbol{C}-\lambda\boldsymbol{E}|=0$ 的所有根都相异,那么

$$\boldsymbol{C}=\begin{pmatrix}\lambda_1 & 0 & \cdots & 0\\ 0 & \lambda_2 & \cdots & 0\\ \vdots & \vdots & & \vdots\\ 0 & 0 & \cdots & \lambda_n\end{pmatrix}$$

而在一般情形下

$$\boldsymbol{C}=\begin{pmatrix}\boldsymbol{C}_1 & & & \\ & \boldsymbol{C}_2 & & \\ & & \ddots & \\ & & & \boldsymbol{C}_n\end{pmatrix}$$

因为 $\det|\boldsymbol{C}|\neq 0$,所以 $\det|\boldsymbol{C}_i|\neq 0(i=1,2,\cdots,n)$,因此可选择非奇异矩阵 $\boldsymbol{B}$,使 $\boldsymbol{C}_i=e^{\omega\boldsymbol{B}_i}$,并且如令

$$\boldsymbol{B}=\begin{pmatrix}\boldsymbol{B}_1 & & & \\ & \boldsymbol{B}_2 & & \\ & & \ddots & \\ & & & \boldsymbol{B}_n\end{pmatrix}$$

则

$$\boldsymbol{C}=e^{\omega\boldsymbol{B}}$$

设矩阵

$$\boldsymbol{P}(t)=e^{\boldsymbol{B}t}\boldsymbol{Z}^{-1}$$

我们要证,$\boldsymbol{P}(t)$ 是周期的.

事实上,我们有

$$\begin{aligned}\boldsymbol{P}(t+\omega)&=\mathrm{e}^{\boldsymbol{B}(t+\omega)}\boldsymbol{Z}^{-1}(t+\omega)\\&=\mathrm{e}^{\boldsymbol{B}t}\mathrm{e}^{\omega\boldsymbol{B}}[\boldsymbol{Z}(t)\boldsymbol{C}]^{-1}\\&=\mathrm{e}^{\boldsymbol{B}t}\mathrm{e}^{\boldsymbol{B}\omega}\boldsymbol{C}^{-1}\boldsymbol{Z}^{-1}(t)\\&=\mathrm{e}^{\boldsymbol{B}t}\mathrm{e}^{\boldsymbol{B}\omega}\mathrm{e}^{-\boldsymbol{B}\omega}\boldsymbol{Z}^{-1}(t)\\&=\mathrm{e}^{\boldsymbol{B}t}\boldsymbol{Z}^{-1}(t)=\boldsymbol{P}(t)\end{aligned}$$

因而 $\boldsymbol{P}(t)$ 是周期的.由于 $\boldsymbol{P}(t)$ 的周期性,便知 $\boldsymbol{P}(t)$ 是有界的,并且 $\boldsymbol{P}^{-1}(t)$ 也是周期的.又因 $\det|\boldsymbol{P}(t)|=\det|\mathrm{e}^{\boldsymbol{B}t}|\det|\boldsymbol{Z}^{-1}(t)|$,所以 $\det|\boldsymbol{P}(t)|\neq 0$(因为 $\boldsymbol{Z}^{-1}(t)$ 是共轭方程组的基本解矩阵的转置矩阵).

现在令

$$\boldsymbol{Y}=\boldsymbol{P}\boldsymbol{Z}=\mathrm{e}^{\boldsymbol{B}t}$$

便得

$$\frac{\mathrm{d}\boldsymbol{Y}}{\mathrm{d}t}=\boldsymbol{B}\boldsymbol{Y}$$

因此,所化得的方程组是 $\frac{\mathrm{d}\boldsymbol{Y}}{\mathrm{d}t}=\boldsymbol{B}\boldsymbol{Y}$,其中

$$\boldsymbol{B}=\frac{1}{\omega}\ln\boldsymbol{C}$$

特征方程 $|\boldsymbol{B}-\lambda\boldsymbol{E}|=0$ 的根的实数部分叫作方程组 $\frac{\mathrm{d}\boldsymbol{Z}}{\mathrm{d}t}=\boldsymbol{A}\boldsymbol{Z}$ 的特征指数.

我们不禁要问,特征指数是否能由矩阵 $\boldsymbol{A}$ 唯一决定?叶鲁金在我们前面所征引过的那篇论文内证明了此问题的答案是肯定的.叶鲁金对这个重要定理的证明我们从略.

特征指数的实际决定相当困难,这个问题直到今天还没有得到圆满的解决.在文献中有过某些近似方法,例如,在这方面我们可以参考 И. А. Артемьев 的论文《Метод определения характеристических показателей и приложение его к двум задачам небесной механики》.

最后,我们再做一些说明.矩阵 $\boldsymbol{C}$ 与方程组的关系,较矩阵 $\boldsymbol{B}$ 来得更直接,因此寻常都是借助它而不是借助 $\boldsymbol{B}$ 来定义特征指数.我们来考查方程

$$\det|\boldsymbol{B}-\lambda\boldsymbol{E}|=0$$

及

$$\det|\boldsymbol{C}-\lambda\boldsymbol{E}|=0$$

的根和它们的初等因子之间的某些关系.此时可用下面定理(斯米尔诺夫(В. И. Смирнов[5])),设 $\boldsymbol{X}$ 为一矩阵,$f(\boldsymbol{X})$ 为矩阵 $\boldsymbol{X}$ 的收敛幂级数.若 λ 是矩阵 $\boldsymbol{X}$ 的特征数,并且 $\boldsymbol{X}$ 的初等因子是简单的,则 $f(\lambda)$ 是 $f(\boldsymbol{X})$ 的特征数,同时 $f(\boldsymbol{X})$ 的初等因子也是简单的.因此,若 $s_1,s_2,\cdots,s_n$ 是特征方程 $\det|\boldsymbol{C}-\lambda\boldsymbol{E}|=0$ 的

根，而 $z_1, z_2, \cdots, z_n$ 是特征方程 $\det|\boldsymbol{B}-\lambda\boldsymbol{E}|=0$ 的根，则 $s_i=\mathrm{e}^{\omega z_i}$. 于是特征指数是

$$r_i=\mathrm{Re}\ z_i,\ \mathrm{Re}\ z_i=\frac{1}{\omega}\mathrm{Re}(\ln s_i)$$

如果矩阵 $\boldsymbol{C}$ 的初等因子不是简单的，那么 s_i 与 z_i 之间的关系将相当复杂. 关于这些的详细讨论，读者最好看前面征引过的斯米尔诺夫的书中第 485 页 154 款.

§3 李雅普诺夫的特征数理论[1]

设给定方程组

$$\frac{\mathrm{d}y_i}{\mathrm{d}t}=\sum_{k=1}^{n}p_{ik}(t)y \tag{1}$$

假定函数 p_{ik} 在区间 $[0,+\infty)$ 上是连续的. 我们要在函数 $p_{ik}(t)$ 的各种假定下，来讨论当 $t\to\infty$ 时，方程组(1)的解的渐近性状. 因为方程组的任意解是基本解组的线性组合，所以我们只要讨论标准解组

$$\begin{cases}y_{11}(t,t_0),y_{21}(t,t_0),\cdots,y_{n1}(t,t_0)\\y_{12}(t,t_0),y_{22}(t,t_0),\cdots,y_{n2}(t,t_0)\\\vdots\\y_{1n}(t,t_0),y_{2n}(t,t_0),\cdots,y_{nn}(t,t_0)\end{cases} \tag{2}$$

的性状就够了，上面的解组是标准的这句话，是说它们满足初始条件

$$y_{ik}(t_0,t_0)=\delta_{ik} \tag{3}$$

其中 δ_{ik} 是克罗内克(Kronecker)记号. 但有时我们也以其他基本解组矩阵来讨论.

我们先来讨论当 $t\to+\infty$ 时解正态分布的情况，这就是任一解的任一坐标，当 $t\to+\infty$ 时，有完全确定的极限值

$$\lim_{t\to+\infty}y_{ik}(t,t_0)=b_{ik}\neq\pm\infty$$

的那种情况.

如果我们考查 $n+1$ 维的空间 $\{y_1,y_2,\cdots,y_n,t\}$，那么在此空间内，每一个解都有垂直渐近线

$$\{y_1=b_1,y_2=b_2,\cdots,y_n=b_n,t=\tau\}$$

定理 5 如果对于任意 i 与 k，有 $\int_{t_0}^{+\infty}|p_{ik}(t)|\,\mathrm{d}t<+\infty$，那么积分线的分布是正态的.

利用定理 1 的推论便知所有解都是有界的，因为解的各坐标满足等式

$$y_i = y_i(t_0) + \int_{t_0}^{t} \sum_{k=1}^{n} p_{ik}(u) y_k(u) \mathrm{d}u$$

按所证，$y_k(u)$ 是有界的，并且按定理的条件，积分$\int_{t_0}^{+\infty} |p_{ik}(t)| \mathrm{d}t$ 收敛，所以当 $t \to +\infty$ 时上述等式右端的各积分有确定的极限，即$\lim\limits_{t\to\infty} y_i(t)$ 存在.

定理完全证明.

我们所研究过的积分线(解)正态分布的情况，显然是所有解都是有界的情况的特殊情形.

关于寻找解的有界性判别法则，也是难题之一. 直到现在甚至对于一个二阶微分方程也还没有圆满解决.

解的渐近性状的实际研究的另一途径是由李雅普诺夫所开创的. 我们现在来叙述李雅普诺夫的特征数的定义：设 $f(t)$ 为在半轴$[x_0, +\infty)$ 上连续的某一函数，而 $\psi(x)$ 是单调且无限增加的正函数. 我们说 λ 是 $f(t)$ 关于 $\psi(t)$ 的特征数，如果对所有 $\varepsilon > 0$，有

$$\overline{\lim_{t\to+\infty}}(|f(t)|[\psi(t)]^{\lambda+\varepsilon}) = \infty$$

$$\lim_{t\to+\infty}(|f(t)|[\psi(t)]^{\lambda-\varepsilon}) = 0$$

如果对任一 $\lambda > 0$，有 $\lim |f(t)|[\psi(t)]^{\lambda-\varepsilon} = 0$，那么我们说 $f(t)$ 关于 $\psi(t)$ 的特征数等于 $+\infty$，而如果对任一 λ，有$\overline{\lim} |f(t)|[\psi(t)]^{\lambda} = \infty$，那么我们说特征数等于$-\infty$. 易见这样定义的特征数存在而且唯一.

在关于特征数的估计中，算术运算与特征数之间的关系是很基本的.

辅助定理 1 如果这两个特征数是相异的，那么两个函数之和的特征数不小于这两个函数的两个特征数中的最小者，即等于最小的那一个特征数.

实际上，设

$$y = y_1(t) + y_2(t)$$

并设 λ_1, λ_2 分别是 $y_1(t)$ 和 $y_2(t)$ 关于某一函数 $\psi(t)$ 的特征数，则如 $\lambda_1 \leqslant \lambda_2$，我们即有下列等式

$$\lim y_1(t)[\psi(t)]^{\lambda_1-\varepsilon} = 0$$

$$\lim y_2(t)[\psi(t)]^{\lambda_1-\varepsilon} = 0$$

因此

$$\lim(y_1(t) + y_2(t))[\psi(t)]^{\lambda_1-\varepsilon} = 0$$

这就证明了辅助定理的前一半. 现在设 $\varepsilon < \lambda_2 - \lambda_1$ 为任意小的正数，便有等式

$$\overline{\lim} |y_1(t) + y_2(t)|[\psi(t)]^{\lambda_1+\varepsilon} = \infty$$

而辅助定理的后一半也由此得证.

辅助定理 2 两个函数的积的特征数不小于这两个函数的特征数之和.

如利用上一辅助定理中的记号，便有

$$\lim |y_1 y_2| [\psi(t)]^{(\lambda_1+\lambda_2-\varepsilon)} = \lim |y_1| [\psi(t)]^{\lambda_1-\frac{\varepsilon}{2}} \cdot$$
$$\lim |y_2| [\psi(t)]^{\lambda_2-\frac{\varepsilon}{2}} = 0$$

如果以 e^t 作为 $\psi(t)$，那么我们将称如上定义的特征数为李雅普诺夫特征数.除已知函数的特征这一概念外，我们还引入函数群的特征数的概念，所谓一群函数的特征数，就是此群中函数的最小特征数.

李雅普诺夫特征数也可以以另外的方式(佩隆方式)[6] 来定义，即

$$\lambda = -\overline{\lim_{t\to\infty}} \frac{\ln |f(t)|}{t}$$

实际上，如果 λ 是 $f(t)$ 关于 $\psi(t)=e^t$ 的李雅普诺夫特征数，那么对任意 $\varepsilon>0$，有

$$\overline{\lim} |f(t)| e^{(\lambda+\varepsilon)t} = +\infty$$
$$\lim |f(t)| e^{(\lambda-\varepsilon)t} = 0$$

上面所写的两个等式相当于说：

1.找出序列 $t_1, t_2, \cdots, t_n, \cdots \to +\infty$，能使

$$|f(t_n)| e^{\lambda t_n} e^{\varepsilon t_n} \to +\infty$$

亦即对于任一 $\varepsilon>0$，找出趋于 $+\infty$ 的这样的序列 $\{t_n\}$，能使

$$\ln |f(t_n)| + \lambda t_n > -\varepsilon t_n$$

或

$$\frac{\ln |f(t_n)|}{t_n} + \lambda > -\varepsilon, \frac{\ln |f(t_n)|}{t_n} > -\lambda - \varepsilon \tag{4}$$

2.从第二个等式可得，对任一 $\varepsilon>0$，当 $t>T$ 时有

$$|f(t)| e^{\lambda t} \cdot e^{-\varepsilon t} < 1$$

因此，当 $t>T$ 时

$$\frac{\ln |f(t)|}{t} + \lambda - \varepsilon < 0$$

也就是说，此时

$$\frac{\ln |f(t)|}{t} < -\lambda + \varepsilon \text{ 或 } \overline{\lim_{t\to+\infty}} \frac{\ln |f(t)|}{t} \leqslant -\lambda \tag{5}$$

由关系式(4) 与(5) 即给出

$$-\lambda = \overline{\lim_{t\to+\infty}} \frac{\ln |f(t)|}{t}$$

设给定一群函数

$$f_1(t), f_2(t), \cdots, f_n(t)$$

则此群函数的特征数等于

$$-\overline{\lim_{t\to+\infty}} \frac{\ln(|f_1(t)| + |f_2(t)| + \cdots + |f_n(t)|)}{t}$$

因为，$f(t)$ 的特征数等于 $|f(t)|$ 的特征数，并且如果给定两个函数 $f_1(t)\geqslant 0$，$f_2(t)\geqslant 0$，且 $f_1(t)\geqslant f_2(t)$，则 $f_1(t)$ 的特征数小于或等于 $f_2(t)$ 的特征数.

因此，和

$$|f_1(t)|+|f_2(t)|+\cdots+|f_n(t)|$$

的特征数小于或等于和中任一函数的特征数，但根据辅助定理 1，前者不能小于所有特征数. 因此，和

$$|f_1(t)|+|f_2(t)|+\cdots+|f_n(t)|$$

的特征数等于其中各项的最小特征数，即等于所讨论群函数的特征数.

为了考查一已知函数群中各函数的绝对值之和的特征数，我们可代替考查这些函数的平方和. 由此存在着关系式

$$\begin{aligned}&\overline{\lim}\frac{\ln(f_1^2(t)+f_2^2(t)+\cdots+f_n^2(t))}{t}\\&=2\,\overline{\lim}\frac{\ln[|f_1(t)|+|f_2(t)|+\cdots+|f_n(t)|]}{t}\\&=-2\lambda\end{aligned}$$

实际上，$\sum_{i=1}^{n}f_i^2(t)$ 的特征数等于特征数为最小的那一个 $f_i^2(t)$ 的特征数，而 $f_i^2(t)$ 的特征数等于

$$-\overline{\lim}\frac{\ln|f_i^2(t)|}{t}=-2\lim\frac{\ln|f_i(t)|}{t}$$

也就是说，等于 $f_i(t)$ 的特征数的两倍(2λ). λ 显然是各函数的特征数中的最小者，因为 $f_i(t)$ 与 $f_i^2(t)$ 的特征数必同时是最小的.

最后指出一点，若以 $e^{q(t)}$($q(t)$ 是趋于 $+\infty$ 的单调函数) 来代替 e^t，则在确定其他函数关于 $e^{q(t)}$ 的特征数时，只需将佩隆公式内的分母 t 用 $q(t)$ 去代替即可得到相当的公式. 有了这些初步讨论，我们转到关于线性微分方程组的特征数的理论.

设已知方程组是(1). 我们先建立下面定理.

定理 6 线性微分方程组不能有多于 n 个对于函数 e^t 或更一般的对于函数 $e^{\int_{t_0}^{t}q(t)dt}$ 的不同特征数的解，其中对于任意 i 及 k，当 $t\geqslant t_0$ 时，$q(t)\geqslant|p_{ik}(t)|$.

我们利用反证法. 设具有相异特征数 $\lambda_i=-\gamma_i$ 的 $n+1$ 个解 $\{y_{i1},y_{i2},\cdots,y_{in}\}(i=1,2,\cdots,n+1)$ 存在. 我们假定 $-\gamma_i$ 是以递减的次序排列. 根据特征数的定义有

$$\overline{\lim}\frac{1}{t}\ln|y_{ik_i}|=\gamma_i\geqslant\overline{\lim}\frac{1}{t}\ln|y_{ik}|\quad(k=1,2,\cdots,n)$$

其中 k_i 是与 i 有关的添数.

在上述 $n+1$ 个解中必有一线性关系

$$C_1 y_{1k} + C_2 y_{2k} + \cdots + C_n y_{nk} + C_{n+1} y_{n+1,k} = 0 \quad (k = 1, 2, \cdots, n)$$

其中 $C_1, C_2, \cdots, C_{n+1}$ 不全都等于零. 设 C_{p+1} 是在各 C_i 之中最后一个不等于零的. 可以假定 $C_{p+1} = -1$. 于是,便得

$$y_{p+1,k} = \sum_{\lambda=1}^{p} C_\lambda y_{\lambda k}$$

设 $\varepsilon > 0$ 任意小,则对于所有 $\lambda \leqslant p$,当 t 充分大时,我们有

$$| y_{\lambda k}(t) | \leqslant e^{(\gamma_p + \varepsilon)t}$$

因而

$$| y_{p+1,k} | \leqslant \sum_{\lambda=1}^{p} | C_\lambda | e^{(\gamma_p + \varepsilon)t}$$

于是 $\gamma_{p+1} \leqslant \gamma_p + \varepsilon$. 但 ε 任意小,矛盾.

附记 如果在上面的后一线性关系中以有界函数 $\varphi_\lambda(t)$ 替代常数 C_λ,不等式 $\gamma_{p+1} \leqslant \gamma_p$ 仍然是成立的,此即若干函数的线性组合,当其为系数在正方向的一半轴上面的有界函数时,其特征数大于或等于此函数的最小特征数.

设已给某一基本解组. 此组中的解的特征数都是所讨论方程组的解所能有的特征数,但是方程组的解所能有的特征数却不一定都是组中的解的特征数,而且这些解的线性组合可能给出特征数较在组合内解的特征数均大的解. 如一基本组有这样的性质:组中的解的任一线性组合的特征数,都等于出现在组合之中的解所成的那一群函数的特征数,则我们就遵照李雅普诺夫称此基本解组为正常组. 借助解的线性组合,显然能够作出正常组. 在正常组中方程组的解所能有的每一特征数都按一定的重复次数出现. 这些重复次数我们将称之为所讨论微分方程组的特征数的重复次数,而各个特征数按其重复次数取来作成的和数叫作微分方程组的特征数之和. 此和数对于正常组,是所有基本解组内的各解的特征数所成各和数当中最大的一个(参见前一附记).

设方程组经历线性变换,再设此线性变换的矩阵满足李雅普诺夫条件(参看 §1),则经历变换后的方程组的特征数组恒等于原来方程组的特征数组.

设所给方程组是具有常系数的. 借助非奇异变换,我们可将方程组化为若尔当形,则对应特征方程式的根 λ_1 的解是

$$p_1(t) e^{\lambda_1 t}, p_2(t) e^{\lambda_1 t}, \cdots, p_n(t) e^{\lambda_1 t}$$

其中 $p_1(t), \cdots, p_n(t)$ 是 t 的多次式. 于是,可得

$$\lim_{t \to \infty} \frac{\ln | p(t) e^{\lambda t} |}{t} = \mathrm{Re}\, \lambda$$

这就是说,对于具有常系数的方程组而言,它的特征数等于特征方程的根的实数部分取反号.

因此,对于可简化的方程组,我们也可以得到同样的结果. 特征数与特征指数所指的是一回事.

由以上的叙述，我们当然要问，在什么情形下，规定特征数的上限可以由极限值来替代？关于它的回答，读者可参看本书第四章 §2 谢斯达可夫（А. А. Шестаков）的定理.

特征数的估计 设所给方程组是

$$\frac{\mathrm{d}y_i}{\mathrm{d}t}=\sum_{k=1}^{n}p_{ik}(t)y_k$$

特征数的第一个估计是由李雅普诺夫所建立的.

定理 7 方程组(1) 的基本解组内各解的特征数的和不超过函数

$$\mathrm{e}^{\int_0^t\sum_s p_{ss}(t)\mathrm{d}t}$$

的特征数.

实际上，我们有下列等式

$$\Delta=\Delta_0\,\mathrm{e}^{\int_{t_0}^t\sum_s p_{ss}(t)\mathrm{d}t}$$

其中 Δ 为由作为基本组的各函数所组成的行列式.

根据辅助定理 1 与 2，$\Delta(t)$ 的特征数不小于 $\lambda_1+\lambda_2+\cdots+\lambda_n$，其中 λ_i 是第 i 个解的特征数. 事实上，行列式的展开式中每一项的特征数不小于每一个解中取作因子的那个函数的特征数的和，这就是说，不小于各解的特征数的和，又因 Δ 等于 n^2 个相似的项的代数和，所以 Δ 的特征数不小于各解的特征数的和.

推论 2 设方程组为

$$\frac{\mathrm{d}z_i}{\mathrm{d}t}=\sum_{k=1}^{n}c_{ik}z_k+\sum_{k=1}^{n}q_{ik}(t)z_k\quad(i=1,2,\cdots,n)$$

其中 c_{ik} 是常数，而 $|q_{ik}(t)|\leqslant\rho$，则基本解组内各解的特征数的和不大于

$$-(|c_{11}|+|c_{22}|+\cdots+|c_{nn}|-n\rho)$$

因为

$$\begin{aligned}\mathrm{e}^{\int_0^t\sum_{s=1}^{n}|p_{ss}(t)|\mathrm{d}t}&\geqslant\mathrm{e}^{(|c_{11}|+|c_{22}|+\cdots+|c_{nn}|)t-\int_0^t\sum_{s=1}^{n}|q_{ss}(t)|\mathrm{d}t}\\&\geqslant\mathrm{e}^{(|c_{11}|+|c_{22}|+\cdots+|c_{nn}|)t-n\rho t}\\&=\mathrm{e}^{[(|c_{11}|+|c_{22}|+\cdots+|c_{nn}|)-n\rho]t}\end{aligned}$$

所以由刚刚证得的定理便知：解的基本组的特征数和不超过函数 $\mathrm{e}^{(|c_{11}|+|c_{22}|+\cdots+|c_{nn}|-n\rho)t}$ 的特征数，即不超过 $-(|c_{11}|+\cdots+|c_{nn}|-n\rho)$.

如果假定 $|p_{ik}(t)|\leqslant b$，那么特征数的上、下界都可以估计[7].

我们先引入关于特征数的一些初步估计，作变数变换 $z_i=y_i\mathrm{e}^{\lambda t}$（$\lambda$ 暂时不确定），便有

$$\frac{\mathrm{d}z_i}{\mathrm{d}t}=p_{1i}(t)z_1+p_{2i}(t)z_2+\cdots+(p_{ii}(t)+\lambda)z_i+\cdots+p_{ni}(t)z_n$$

$$(i=1,2,\cdots,n)\tag{6}$$

设 $u=z_1^2+\cdots+z_n^2$，将组中方程分别乘以对应的 z_i，并将它们相加，就得到

$$\frac{1}{2}\frac{\mathrm{d}u}{\mathrm{d}t}=A(\lambda)+B(\lambda)=\Gamma(\lambda)$$

其中

$$A(\lambda)=\sum_{i}(p_{ii}(t)+\lambda)z_i^2$$

$$B(\lambda)=\sum_{s\neq i}p_{si}(t)z_sz_i$$

关于 $B(\lambda)$ 的估计,我们可以利用不等式

$$\sum_{s\neq i}|\alpha_s\alpha_i|\leqslant(n-1)(\alpha_1^2+\cdots+\alpha_n^2)\quad(s,i=1,2,\cdots,n)$$

由此便得

$$|B(\lambda)|\leqslant b\sum_{s\neq i}|z_sz_i|\leqslant(n-1)bu$$

设 $\eta>0$ 任意小,令

$$\lambda_0=nb+\frac{\eta}{2}$$

并来估算 $A(\lambda)$. 如果 $\lambda\geqslant\lambda_0$,那么 $p_{ii}(t)+\lambda\geqslant\lambda_0-b>0$,因此

$$A(\lambda)\geqslant(\lambda_0-b)u>0$$

利用上面的结果,便得

$$\Gamma(\lambda)=A(\lambda)+B(\lambda)\geqslant(\lambda_0-b)u-(n-1)bu=\frac{\eta}{2}u$$

其中 $\lambda\geqslant\lambda_0,t\geqslant t_0$. 于是,当 $\lambda\geqslant\lambda_0$ 时

$$\frac{1}{2}\frac{\mathrm{d}u}{\mathrm{d}t}\geqslant\frac{\eta}{2}u$$

即 $u\geqslant c\mathrm{e}^{\eta t}$,$c$ 是常数.

如果利用与以上面相仿的计算,那么当 $\lambda\leqslant-\lambda_0$ 时,可得

$$\Gamma(\lambda)\leqslant-\frac{\eta}{2}u$$

即

$$u\leqslant c_1\mathrm{e}^{-\eta t}$$

其中 $\lambda\leqslant-\lambda_0,c_1>0$ 是常数.

利用这些估计,我们容易建立下面的定理:

定理 8 设 $|p_{ik}(t)|\leqslant b<\infty$,则函数 $v=y_1^2+\cdots+y_n^2$ 对于 e^t 的特征数处于 $2nb$ 和 $-2nb$ 两数之间,其中$\{y_i\}$ 是任意一解.

我们只需利用上面得到的估计.

在这里我们有

$$u=z_1^2+z_2^2+\cdots+z_n^2,z_i=y_i\mathrm{e}^{\lambda t}$$

因而

$$u = e^{2\lambda t} v$$

只要

$$\lambda \leqslant -\lambda_0 = -nb - \frac{\eta}{2}$$

即有 $u < c_1 e^{-\eta t}$，当 $\lambda \leqslant -\lambda_0$ 时

$$\lim u = \lim e^{2\lambda t} v = 0$$

同时当 $\lambda \geqslant \lambda_0$ 时

$$u > c_2 e^{\eta t}$$

所以

$$\lim u = \lim e^{2\lambda t} v = +\infty$$

由于 η 可任意小，所以

$$\lim e^{2\lambda t} v = +\infty \quad (\lambda > nb)$$
$$\lim e^{2\lambda t} v = 0 \quad (\lambda < -nb)$$

我们现在来证明函数 v 的特征数 μ 不可能大于 $2nb$. 事实上，如设 $\mu > 2nb$ 为可能，则我们可选 ε，使

$$0 < 3\varepsilon < \mu - 2nb$$

于是

$$\lim e^{(\mu-\varepsilon)t} v = \lim e^{2(nb+\varepsilon)t} v e^{(\mu-3\varepsilon-2nb)t} = +\infty$$

这个等式与 μ 是 v 的特征数的假定矛盾.

仿此可证不可能有 $\mu < -2nb$.

推论 3 如果当 $t \to \infty$ 时，$p_{ik}(t) \to 0$，那么任一解对于函数 e^t 的特征数等于零.

因为对于充分大的 t_0，我们可使 $|p_{ik}(t)| \leqslant \varepsilon$，其中 $\varepsilon > 0$ 可以任意小，换句话说，就是定理 8 中的 b 可选得任意小.

最后利用一简单的变数变换，我们即可得到这样的定理.

推论 4 如果 $|p_{ik}(t)| \leqslant at^{-\alpha}$（其中 $a > 0, \alpha > 1, t \geqslant t_0 > 0$），那么函数 $v = \sum_{k=1}^{n} y_k^2$ 对于函数 $\frac{t}{t_0}$ 的特征数（其中 $\{y_k(t)\}$ 是方程组的任意解）等于零.

令 $at^{-\alpha} = p(t)$，并设当 $t \to \infty$ 时，$\rho(t) \to 0$，$\lim \frac{p(t)}{\rho(t)} = 0$，同时 $\int_{t_0}^{\infty} \rho(t) dt$ 是发散的. 在我们所讨论的情况中可取 $\frac{1}{t}$ 作为 $\rho(t)$.

作变数变换 $\tau = \int_{t_0}^{t} \rho(t) dt$，便得新方程组

$$\frac{dy_i}{d\tau} = \sum_{k=1}^{\infty} \frac{p_{ik}(t)}{\rho(t)} y_k$$

而且当 $t \to +\infty$ 时，$\left|\dfrac{p_{ik}(t)}{\rho(t)}\right| \leqslant \dfrac{p(t)}{\rho(t)} \to 0$.

于是对新方程组应用上一定理的推论，便知函数 $v=\sum\limits_{k=1}^{n} y_k^2$ 作为 τ 的函数时，它对于 e^{τ} 的特征数等于零，因此作为 t 的函数，它对于函数 $e^{\int_{t_0}^{t}\rho(t)\mathrm{d}t}$ 的特征数等于零.

因此，如果取 $\dfrac{1}{t}$ 作为 $\rho(t)$，那么 $v(t)$ 对于函数 $e^{\int_{t_0}^{t}\frac{\mathrm{d}t}{t}}=\dfrac{t}{t_0}$ 的特征数等于零.

这里估计特征数所用的变数变换方法，显然在 $p(t)$ 是其他的函数时，而且在 $\int_{t_0}^{\infty} p(t)\mathrm{d}t$ 发散时也可以应用.

我们引入下列来自佩隆关于从方程组的系数去算特征数的定理.

定理 9(佩隆)　设方程组为

$$\frac{\mathrm{d}y_i}{\mathrm{d}t}=\sum_{k} p_{ik}(t)y_k$$

并且

$$\lim p_{ik}(t)=0 \quad (i\neq k)$$

$$\mathrm{Re}(p_{k-1,k-1}(t)-p_{kk}(t))\geqslant c$$

其中 $t\geqslant t_0, c>0$，则特征数

$$-\gamma_k=-\lim\frac{1}{t}\int_0^t \mathrm{Re}(p_{kk}(\tau))\mathrm{d}\tau$$

若微分方程组右端系数 $p_{ik}(t)$ 有下列性质

$$\lim_{t\to\infty} p_{ik}(t)=0 \quad (i\neq k)$$

则此方程组叫作几乎对角线式的，因而上面定理中所述的方程组是几乎对角线类中的某一子类.

定理 9 的证明是根据下列两个辅助定理，而这两个辅助定理的本身也很有趣[8].

辅助定理 3　设方程组为(一般说来，其系数是复的)

$$\frac{\mathrm{d}y_i}{\mathrm{d}t}=p_i(t)y_i+\sum_{k=1}^{n} p_{ik}(t)y_k$$

并且

$$\mathrm{Re}\ p_1(t)>\mathrm{Re}\ p_i(t)+c \quad (i\neq 1, c>0)$$

$$\lim_{t\to\infty} p_{ik}(t)=0$$

方程组的解 $\{y_1, y_2, \cdots, y_n\}$ 存在，使

$$\lim_{t\to\infty}\frac{y_i}{y_1}=0, i\neq 1; \lim_{t\to\infty}\left(\frac{y_1'}{y_1}-p_1\right)=0$$

设 $t_1 > t_0$，并设 $|\eta_1| > |\eta_i|$ $(i \neq 1)$. 我们考查由初值 $y_i(t_1) = \eta_i$ 所规定的解. 将所给方程组的两端乘以 $\bar{y}_i$($\bar{y}_i$ 表示 y_i 的共轭复数)，便得

$$\bar{y}_i y_i' = p_i(t) |y_i|^2 + \sum_{k=1}^{n} p_{ik}(t) \bar{y}_i y_k$$

由此便知

$$|\operatorname{Re}(\bar{y}_i y_i') - \operatorname{Re}(p_i(t) |y_i|^2)| \leqslant \sum_{k=1}^{n} |p_{ik}(t) \bar{y}_i y_k|$$

即

$$\left|\frac{1}{2} \frac{\mathrm{d}}{\mathrm{d}t} |y_i^2| - \operatorname{Re}(p_i(t) |y_i|^2)\right| \leqslant \sum_{k=1}^{n} |p_{ik}(t) \bar{y}_i y_k|$$

由此即得不等式

$$-\sum_{k=1}^{n} |p_{ik}(t) \bar{y}_i y_k| \leqslant \frac{1}{2} \frac{\mathrm{d}}{\mathrm{d}t} |y_i^2| - \operatorname{Re}(p_i(t) |y_i|^2)$$

$$\leqslant \sum_{k=1}^{n} |p_{ik}(t) \bar{y}_i y_k| \tag{7}$$

今设 t_1 充分大，使得当 $t \geqslant t_1$ 时，$|p_{ik}(t)| \leqslant \frac{c}{2n}$，则不等式(7) 可变为

$$-\frac{c}{2n} \sum_{k=1}^{n} |\bar{y}_i y_k| \leqslant \frac{1}{2} \frac{\mathrm{d}}{\mathrm{d}t} |y_i^2| - \operatorname{Re}(p_i(t) |y_i|^2)$$

$$\leqslant \sum_{k=1}^{n} \frac{c}{2n} |\bar{y}_i y_k| \tag{8}$$

利用以上不等式，我们首先要证当 $t = t_1$ 时(由于 η_i 的选择) 不等式

$$|y_1(t)|^2 > |y_i(t)|^2 \tag{9}$$

成立，对任一 $t > t_1$ 仍是对的.

假定以上的论断不成立. 设 t_2 为大于 t_1 的不满足不等式(9) 的 t 值的下确界. 换言之，即对于某一添数 $k(k \neq 1)$ 有下列关系式

$$|y_1(t_2)|^2 = |y_k(t_2)|^2 \geqslant |y_i(t_2)|^2 \quad (i \neq 1, i \neq k)$$

成立，并且

$$\left(\frac{\mathrm{d}}{\mathrm{d}t} |y_i|^2\right)_{t=t_2} \leqslant \left(\frac{\mathrm{d}}{\mathrm{d}t} |y_k|^2\right)_{t=t_2} \tag{10}$$

由不等式(8) 及(10) 便得

$$\operatorname{Re}(p_1(t_2) |y_1(t_2)|^2) - \frac{c}{2} |y_1(t_2)|^2$$

$$\leqslant \frac{1}{2} \frac{\mathrm{d}}{\mathrm{d}t} |y_1^2(t)|_{t=t_2}^2$$

$$\leqslant \left(\frac{1}{2} \frac{\mathrm{d}}{\mathrm{d}t} |y_k(t)|^2\right)_{t=t_2}$$

$$\leqslant \operatorname{Re}(p_k(t_2)\mid y_k(t_2)\mid^2)+\frac{c}{2}\mid y_k(t_2)\mid^2$$

因为

$$\mid y_1(t_2)\mid \geqslant \mid y_i(t_2)\mid \quad (i\neq 1)$$

所以

$$y_1(t_2)\neq 0$$

因此,将上一不等式两端除以 $\mid y_1(t_2)\mid^2$,便得

$$\operatorname{Re}(p_1(t_2))-\frac{c}{2}\leqslant \operatorname{Re}(p_k(t_2))+\frac{c}{2}$$

这与辅助定理的条件相矛盾.

今再证

$$\lim\frac{\mid y_i\mid}{\mid y_1\mid}=0 \quad (t\to+\infty, i\neq 1)$$

如果对于某些 k,有

$$\overline{\lim}\left|\frac{y_k}{y_1}\right|^2=\alpha>0$$

那么从这个不等式,有任意大的 t 值(固定的),使下列两个不等式

$$\left|\frac{y_k}{y_1}\right|^2>\frac{\alpha}{2},\frac{\mathrm{d}}{\mathrm{d}t}\left|\frac{y_k}{y_1}\right|^2>-\frac{c\alpha}{2} \tag{11}$$

同时成立.

可知,不能自某 t 值开始就有

$$\frac{\mathrm{d}}{\mathrm{d}t}\left|\frac{y_k}{y_1}\right|^2\leqslant-\frac{c\alpha}{2}$$

否则就将有

$$\lim_{t\to\infty}\left|\frac{y_k}{y_1}\right|^2=-\infty$$

因此,可找到任意大的 t 值,能使

$$\frac{\mathrm{d}}{\mathrm{d}t}\left|\frac{y_k}{y_1}\right|^2>-\frac{c\alpha}{2}$$

成立. 如果对于所有充分大的 t 值,$\left|\frac{y_k}{y_1}\right|$ 总大于 $\frac{\alpha}{2}$,那么我们的论断就得证. 假定有任意大的 $t=\xi$ 存在,能使 $\left|\frac{y_k}{y_1}\right|^2\leqslant\frac{\alpha}{2}$,因为 $\overline{\lim}\left|\frac{y_k}{y_1}\right|^2=\alpha$,所以在大于 ξ 且能使 $\left|\frac{y_k}{y_1}\right|^2=\frac{3}{4}\alpha$ 的 t 值中有一个最小者存在. 对于这个 t 值,$\frac{\mathrm{d}}{\mathrm{d}t}\left|\frac{y_k}{y_1}\right|^2\geqslant 0$,因此对于这个 t 值,有下列不等式

$$\left|\frac{y_k}{y_1}\right|^2=\frac{3\alpha}{4}>\frac{\alpha}{2}$$

及

$$\frac{\mathrm{d}}{\mathrm{d}t}\left|\frac{y_k}{y_1}\right|^2 \geqslant 0 > -\frac{c\alpha}{2}$$

因而在这种情形下也有任意大的 t 值能使式(11) 成立.

如果

$$\frac{\mathrm{d}}{\mathrm{d}t}\left|\frac{y_k}{y_1}\right|^2 = \frac{1}{|y_1|^2}\frac{\mathrm{d}}{\mathrm{d}t}|y_k|^2 - \frac{|y_k|^2}{|y_1|^4}\frac{\mathrm{d}}{\mathrm{d}t}|y_1|^2 \tag{12}$$

那么,重复应用不等式(7) 两次即得

$$\frac{1}{2}\frac{\mathrm{d}}{\mathrm{d}t}\left|\frac{y_k}{y_1}\right|^2 \leqslant \sum_v \frac{|p_{kv}(t)\bar{y}_k y_v|}{|y_1|^2} + \mathrm{Re}\left(p_k(t)\left|\frac{y_k}{y_1}\right|^2\right) + \sum_v \frac{|p_{1v}\bar{y}_1 y_v||y_k|^2}{|y_1|^4} - \mathrm{Re}\left(p_1(t)\left|\frac{y_k}{y_1}\right|^2\right)$$

即

$$\frac{1}{2}\frac{\mathrm{d}}{\mathrm{d}t}\left|\frac{y_k}{y_1}\right|^2 + \mathrm{Re}(p_1(t) - p_k(t))\left|\frac{y_k}{y_1}\right|^2 \leqslant \sum_v \frac{|p_{kv}(t)\bar{y}_k y_v|}{|y_1|^2} + \sum_v \frac{|p_{1v}\bar{y}_1 y_v||y_k|^2}{|y_1|^4}$$

但因为按已证 $|y_i| < |y_1|$,所以由此得

$$\frac{1}{2}\frac{\mathrm{d}}{\mathrm{d}t}\left|\frac{y_k}{y_1}\right|^2 + \mathrm{Re}(p_1(t) - p_k(t))\left|\frac{y_k}{y_1}\right|^2 \leqslant \sum_v |p_{kv}(t)| + \sum_v |p_{1v}(t)|$$

如果 t 是能使式(11) 成立的任意大的值,那么对于这个 t 值就有

$$-\frac{c\alpha}{4} + \frac{c\alpha}{2} = \frac{c\alpha}{2} \leqslant \sum_v |p_{kv}(t)| + \sum_v |p_{1v}(t)|$$

但这与 $\lim\limits_{t\to\infty} p_{ik}(t) = 0$ 的条件相矛盾,因而辅助定理的第一部分得证. 至于辅助定理的第二部分,据已证结果,显然可由方程组的第一个方程式得出. 证毕.

辅助定理 4 设方程组为

$$\frac{\mathrm{d}y_i}{\mathrm{d}t} = p_i(t)y_i + \sum_{k=1}^{n} p_{ik}(t)y_k \quad (i = 1,2,\cdots,n)$$

并且:

(1) 当 $t \geqslant t_0$ 时,$p_i(t)$ 及 $p_{ik}(t)$ 是连续的;

(2) $\mathrm{Re}(p_i(t)) \geqslant \mathrm{Re}(p_{i+1}(t)) + c \quad (i = 1,2,\cdots,n-1)$;

(3) $\lim\limits_{t\to\infty} p_{ik}(t) = 0$.

方程组有 n 个线性无关的解

$$y_1 = y_{1k}, y_2 = y_{2k}, \cdots, y_n = y_{nk} \quad (k = 1,2,\cdots,n)$$

满足下列条件

$$\lim_{t\to\infty}\frac{y_{\mu k}}{y_{kk}} = 0 \quad (\mu \neq k)$$

及

$$\lim_{t\to\infty}\left|\frac{y'_{kk}}{y_{kk}}-p_k\right|=0$$

我们撇开详细的证明，而只指出利用归纳法可如下述那样证出这个辅助定理. 根据辅助定理 3 可知有解

$$y_1=y_{11},y_2=y_{21},\cdots,y_n=y_{n1}$$

存在，能使

$$\lim_{t\to\infty}\frac{y_{\mu 1}}{y_{11}}=0$$

$$\lim_{t\to\infty}\left(\frac{y'_{11}}{y_{11}}-p_1(t)\right)=0$$

作置换

$$y_1=y_{11}\int u\mathrm{d}t,y_2=y_{21}\int u\mathrm{d}t+z_1,\cdots,y_n=y_{n1}\int u\mathrm{d}t+z_{n-1}$$

经过上面的置换，所设方程组变成下面方程组

$$\frac{\mathrm{d}z_{\lambda-1}}{\mathrm{d}t}=p_\lambda z_{\lambda-1}+\sum_{\mu=2}^{n}\left(p_{\lambda\mu}(t)-\rho_{1\mu}(t)\frac{y_{\lambda 1}}{y_{11}}\right)z_{\mu-1}\quad(\lambda=2,3,\cdots,n)\tag{13}$$

因为 $p_{\lambda\mu}(t)\to 0,\frac{y_{\lambda 1}}{y_{11}}\to 0$，所以 $z_{\mu-1}$ 的系数趋于零. 方程组(13) 只包含 $n-1$ 个方程，对于此方程组，我们就可以应用数学归纳法.

利用以上两个辅助定理即容易证明定理 9.

由此定理的条件，立得各数

$$\gamma_i=\overline{\lim}\frac{1}{t}\int_0^t\mathrm{Re}(p_{ii}(\tau))\mathrm{d}\tau$$

是相异的，并且 $\gamma_1>\gamma_2>\cdots>\gamma_n$. 我们只需再证明对于每个 i，有解 y_{1i}，$y_{2i},\cdots,y_{ni}$ 存在，能使

$$\overline{\lim}\frac{1}{t}\ln\sum_{k=1}^{n}|y_{ki}(t)|=\gamma_i\tag{14}$$

并且这些解是线性独立的.

利用辅助定理 4，对于每个 k，我们考查使下列关系式

$$\lim_{t\to\infty}\frac{y_{ik}}{y_{kk}}=0\quad(i\neq k)\tag{15}$$

$$\lim\left(\frac{y'_{kk}}{y_{kk}}-p_{kk}(t)\right)=0\tag{16}$$

成立的解$(y_{1k},y_{2k},\cdots,y_{nk})$. 此等解就是所要求的. 因为，如果设 $\varepsilon>0$ 任意小，那么对于充分大的 t_0 值，由等式(16) 可得

$$\mathrm{e}^{\int_{t_0}^{t}\mathrm{Re}(p_{kk}(\tau))\mathrm{d}\tau-\varepsilon t}\leqslant|y_{kk}(t)|\leqslant\mathrm{e}^{\int_{t_0}^{t}\mathrm{Re}(p_{kk}(\tau))\mathrm{d}\tau+\varepsilon t}\quad(t\geqslant t_0)$$

于是由等式(15)易得所要证的结果. 因为,对于充分大的 t 值,$|y_{ik}(t)|<|y_{kk}(t)|$,因此

$$e^{\int_{t_0}^{t}\mathrm{Re}(p_{kk}(\tau))\mathrm{d}\tau-\varepsilon t}\leqslant\sum_{i=1}^{n}|y_{ik}(t)|\leqslant ne^{\int_{t_0}^{t}\mathrm{Re}(p_{kk}(\tau))\mathrm{d}\tau+\varepsilon t}$$

由此取对数,便得

$$\begin{aligned}\int_{t_0}^{t}\mathrm{Re}(p_{kk}(\tau))\mathrm{d}\tau-\varepsilon t&\leqslant\ln\sum_{i=1}^{n}|y_{ik}(t)|\\&\leqslant\ln n+\int_{t_0}^{t}\mathrm{Re}(p_{kk}(\tau))\mathrm{d}\tau+\varepsilon t\end{aligned}$$

即

$$\begin{aligned}\frac{1}{t}\int_{t_0}^{t}\mathrm{Re}(p_{kk}(\tau))\mathrm{d}\tau-\varepsilon&\leqslant\frac{1}{t}\ln\sum_{i=1}^{n}|y_{ik}(t)|\\&\leqslant\frac{\ln n}{t}+\frac{1}{t}\int_{t_0}^{t}\mathrm{Re}(p_{kk}(\tau))\mathrm{d}\tau+\varepsilon\end{aligned}$$

于是,就有

$$\overline{\lim}\,\frac{1}{t}\sum_{i=1}^{n}|y_{ik}(t)|=\overline{\lim}\,\frac{1}{t}\int_{t_0}^{t}\mathrm{Re}(p_{kk}(\tau))\mathrm{d}\tau=\gamma_k$$

证毕.

对于特征数的计算,我们也常利用比较法,即知道了方程组

$$\frac{\mathrm{d}x_i}{\mathrm{d}t}=\sum_{i=1}^{n}p_{ik}(t)x_k$$

的特征数后,若$\lim\limits_{t\to\infty}|p_{ik}(t)-q_{ik}(t)|=0$,则我们在适当的条件下可以推知方程组

$$\frac{\mathrm{d}x_i}{\mathrm{d}t}=\sum_{i=1}^{n}q_{ik}(t)x_k$$

的各特征数的值. 但是关于此种方法可以应用的条件的讨论尚未完全. 存在这样的例子,虽然$\lim\limits_{t\to\infty}|p_{ik}(t)-q_{ik}(t)|=0$,但对应方程组的特征数却是相异的. 我们举这样一个例子

$$\frac{\mathrm{d}x}{\mathrm{d}t}=[\sin\ln(t+1)+\cos\ln(t+1)]x$$

$$\frac{\mathrm{d}y}{\mathrm{d}t}=[-\sin\ln(t+1)+\cos\ln(t+1)]y$$

由直接积分可得,上述方程组的特征数是$\lambda_1=-1$,$\lambda_2=-1$. 如果与上一方程组相对应取下列方程组

$$\frac{\mathrm{d}x}{\mathrm{d}t}=[\sin\ln(t+1)+\cos\ln(t+1)]x$$

$$\frac{\mathrm{d}y}{\mathrm{d}t}=[-\sin\ln(t+1)+\cos\ln(t+1)]y+\frac{\alpha}{t+1}x$$

其中 α 为任意预选指定的数，那么由直接积分易得方程组的特征数是

$$\lambda'_1=-1,\lambda'_2=-\left(1+\frac{1}{e^{4\pi}}\right)$$

我们现在来考查特殊的情形. 假定 $\lim\limits_{t\to\infty} p_{ik}(t)=a_{ik}$，其中 a_{ik} 是常数，则我们可证方程组

$$\frac{dx_i}{dt}=\sum_{i=1}^{n}p_{ik}(t)x_k$$

与方程组

$$\frac{dx_i}{dt}=\sum_{i=1}^{n}a_{ik}x_k$$

有相同的特征数. 当方程组

$$\frac{dx_i}{dt}=\sum_{i=1}^{n}p_{ik}(t)x_k$$

是非常系数而且是可简化的时，上述结果也是正确的. 以上两个古典的结果是第四章 §2 所述谢斯达可夫定理的推论.

规则的方程组　决定方程组的特征数的困难程度以及研究关于当方程右端受非线性扰动时，显明解是否保持稳定的问题，使得李雅普诺夫引入下列规则方程组的概念. 其后这个概念引起了极大的注意，除李雅普诺夫外，佩隆、切塔耶夫以及彼尔西茨基[10] 在这方面都得到了很重要的结果. 本书中，我们不准备叙述这个理论的全体，而只给出大概的结果.

我们已经证明基本解组特征数的和小于或等于函数

$$e^{\int_0^t \sum p_{ss}(t)dt}$$

的特征数. 今引入下面定义：

定义 2　如果方程组的特征数的和等于函数 $e^{\int_0^t \sum_{s=1}^{n} p_{ss}(t)dt}$ 的特征数，那么这个方程组叫作规则的.

由李雅普诺夫所给出的非规则方程组的例是

$$\frac{dx}{dt}=x\cos\ln t+y\sin\ln t$$

$$\frac{dy}{dt}=x\sin\ln t+y\cos\ln t$$

所述的定义显然有使人不满意之处，因为我们没有提到规则方程组系数的性质. 以下再叙述由李雅普诺夫所指出的规则方程组的一些例子.

我们易见具有常系数的方程组是规则的. 因为，如果将已知方程组化为若尔当形，那么对角系数的实数部分变号就是方程组的特征数，因此它们的和等于系数矩阵的迹数的实数部分变号，即等于 $\mathrm{Re}\sum_{s=1}^{n}-a_{ss}$，而函数 $e^{\int_0^t \sum_{s=1}^{n} a_{ss}dt}$ 的特征

数等于 $e^{(\sum_{s=1}^{n} a_{ss})t}$ 的特征数，即等于这个矩阵迹数的实数部分变号. 如果我们再注意到方程组的规则性经历满足李雅普诺夫条件的线性变换后是不变的，那么可知规则方程组类包括所有可简化方程组，特别是包括了具有周期系数的方程组. 后一事实表明，可以依照此种方程组的外形来计算解组的特征指数之和. 规则方程组类不能被可简化方程组类所包含，在下一节中我们要深入研究规则方程组，于是指出下面这个来自佩隆的定理[6]：方程组为规则的充分条件是与其对应的共轭方程组也是规则的，而且共轭方程组的特征数与已知方程组特征数的绝对值相等而符号相反.

§4 线性常系数方程组以及可简化方程组的定性研究

设给定的方程组为

$$\begin{cases} \dfrac{\mathrm{d}y_1}{\mathrm{d}t}=a_{11}y_1+a_{12}y_2+\cdots+a_{1n}y_n \\ \dfrac{\mathrm{d}y_2}{\mathrm{d}t}=a_{21}y_1+a_{22}y_2+\cdots+a_{2n}y_n \\ \qquad\vdots \\ \dfrac{\mathrm{d}y_n}{\mathrm{d}t}=a_{n1}y_1+a_{n2}y_2+\cdots+a_{nn}y_n \end{cases} \tag{1}$$

其中系数 $a_{ij}(i=1,2,\cdots,n;j=1,2,\cdots,n)$ 是实常数.

我们注重于经过非奇异线性变数变换后仍能保持的特性. 因此，我们可先假定所设的方程组呈若尔当形

$$\frac{\mathrm{d}\boldsymbol{Z}}{\mathrm{d}t}=\boldsymbol{BZ}$$

其中矩阵 $\boldsymbol{B}$ 的形式是

$$\boldsymbol{B}=\begin{pmatrix} \boldsymbol{M}_1 & & & \\ & \boldsymbol{M}_2 & & \\ & & \ddots & \\ & & & \boldsymbol{M}_n \end{pmatrix}$$

而 $\boldsymbol{M}_i$ 是

$$\boldsymbol{M}_i=\underbrace{\begin{pmatrix}\lambda_i & 1 & 0 & \cdots & 0\\ 0 & \lambda_i & 1 & \cdots & 0\\ \vdots & \vdots & \vdots & & \vdots\\ 0 & 0 & 0 & \cdots & \lambda_i\end{pmatrix}}_{l_i\text{行}}$$

λ_i 是特征方程 $\det|\boldsymbol{A}-\lambda\boldsymbol{E}|=0$ 的根($\boldsymbol{A}=|a_{ij}|$),$(\lambda-\lambda_i)^{l_i}$ 是 $\boldsymbol{A}-\lambda\boldsymbol{E}$ 的初等因子.

如果特征方程有复根 $\lambda_s=\alpha_s+\mathrm{i}\beta_s$,那么我们将原方程组化为上面形式的线性变换自然不是实的.但是此时特征方程必有同次共轭复根 $\alpha_s-\mathrm{i}\beta_s$,且因为所有不变因式都是带实系数的多项式,所以对应矩阵 $\boldsymbol{B}-\lambda\boldsymbol{E}$ 的初等因子$[\lambda-(\alpha_s+\mathrm{i}\beta_s)]^{l_s}$ 必有共轭初等因子$[\lambda-(\alpha_s-\mathrm{i}\beta_s)]^{l_s}$ 存在,因而在矩阵 $\boldsymbol{B}$ 中必有矩阵

$$\boldsymbol{M}^{(1)}=\begin{pmatrix}\alpha_s+\mathrm{i}\beta_s & 1 & 0 & \cdots & 0\\ 0 & \alpha_s+\mathrm{i}\beta_s & 1 & \cdots & 0\\ \vdots & \vdots & \vdots & & \vdots\\ 0 & 0 & 0 & \cdots & \alpha_s+\mathrm{i}\beta_s\end{pmatrix}$$

和

$$\boldsymbol{M}^{(2)}=\begin{pmatrix}\alpha_s-\mathrm{i}\beta_s & 1 & 0 & \cdots & 0\\ 0 & \alpha_s-\mathrm{i}\beta_s & 1 & \cdots & 0\\ \vdots & \vdots & \vdots & & \vdots\\ 0 & 0 & 0 & \cdots & \alpha_s-\mathrm{i}\beta_s\end{pmatrix}$$

因为矩阵 $\boldsymbol{M}^{(1)}$ 和 $\boldsymbol{M}^{(2)}$ 位于矩阵 $\boldsymbol{M}$ 的不同列和不同行,所以可将它们合二为一,即可成为

$$\boldsymbol{M}^{(3)}=\begin{pmatrix}\boldsymbol{M}^{(1)} & \boldsymbol{0}\\ \boldsymbol{0} & \boldsymbol{M}^{(2)}\end{pmatrix}$$

如已经指出,有两个初等因子$(\lambda-\alpha-\mathrm{i}\beta)^{l_s}$ 和$(\lambda-\alpha+\mathrm{i}\beta)^{l_s}$.

我们借助简单的线性变换,可将 $\boldsymbol{B}$ 变成另一种形式,在其中,所有与实的$(\lambda-\lambda^i)^{l_i}$ 对应的 $\boldsymbol{M}_i$ 仍不动,而对应的复的$(\lambda-\lambda_s)^{l_s}$ 的 $\boldsymbol{M}^{(3)}$ 却成为如下的形式①

① 此页与下两页中,对原著有改动——译者注.

$$
\boldsymbol{C}_s=\begin{pmatrix}
\alpha_s & -\beta_s & 1 & 0 & 0 & 0 & \cdots & 0 & 0 \\
\beta_s & \alpha_s & 0 & 1 & 0 & 0 & \cdots & 0 & 0 \\
0 & 0 & \alpha_s & -\beta & 1 & 0 & \cdots & 0 & 0 \\
0 & 0 & \beta_s & \alpha_s & 0 & 1 & \cdots & 0 & 0 \\
\vdots & \vdots & \vdots & \vdots & \vdots & \vdots & & \vdots & \vdots \\
0 & 0 & 0 & 0 & 0 & 0 & \cdots & \alpha_s & -\beta_s \\
0 & 0 & 0 & 0 & 0 & 0 & \cdots & \beta_s & \alpha_s
\end{pmatrix}
$$

就这个新形式的 $\boldsymbol{B}$ 来说，方程组

$$
\frac{\mathrm{d}\boldsymbol{Z}}{\mathrm{d}t}=\boldsymbol{BZ} \tag{1'}
$$

是原方程组经过一个实的非奇异线性变换的结果，而它所包含的方程显然可以分为两种不同类型的小组.

如果 $\boldsymbol{M}_i$ 是对应实的初等因子$(\lambda-\lambda_i)^{l_i}$ 的矩阵，那么它对应下列形式的一组方程式

$$
\frac{\mathrm{d}\tilde{z}}{\mathrm{d}t}=\boldsymbol{M}_i\tilde{z} \tag{2}
$$

如果 $\boldsymbol{C}_s$ 是对应一对复的初等因子$(\lambda-\lambda_s)^{l_s}$ 及$(\lambda-\bar{\lambda}_s)^{l_s}$ 的矩阵，那么它对应下列形式的一组方程

$$
\frac{\mathrm{d}\hat{z}}{\mathrm{d}t}=\boldsymbol{C}_s\hat{z} \tag{3}
$$

因此，整个变换后的方程组，可分为(2) 形和(3) 形的小组.

对于(2)，如设$\lambda=\lambda_i$，$\rho=l_i$，由直接积分，我们便可得到它的基本解矩阵（参看斯捷潘诺夫的《微分方程教程》）

$$
\begin{pmatrix}
\mathrm{e}^{\lambda t} & t\mathrm{e}^{\lambda t} & \cdots & \dfrac{t^{\rho-2}\mathrm{e}^{\lambda t}}{(\rho-2)!} & \dfrac{t^{\rho-1}\mathrm{e}^{\lambda t}}{(\rho-1)!} \\
0 & \mathrm{e}^{\lambda t} & \cdots & \dfrac{t^{\rho-3}\mathrm{e}^{\lambda t}}{(\rho-3)!} & \dfrac{t^{\rho-2}\mathrm{e}^{\lambda t}}{(\rho-2)!} \\
0 & 0 & \cdots & \cdots & \cdots \\
\vdots & \vdots & & \vdots & \vdots \\
0 & 0 & \cdots & \mathrm{e}^{\lambda t} & t\mathrm{e}^{\lambda t} \\
0 & 0 & \cdots & 0 & \mathrm{e}^{\lambda t}
\end{pmatrix} \tag{4}
$$

对于(3)，若令 $\alpha=\alpha_s$，$\beta=\beta_s$，$\rho=l_s$，则由直接积分，我们便可得到它的基本解矩阵

$$
(\hat{z}_{ij}) \tag{5}
$$

其中

$$
\hat{z}_{11}=\frac{t^{\rho-1}\mathrm{e}^{\alpha t}}{(\rho-1)!}\cos\beta t,\ \hat{z}_{21}=\frac{t^{\rho-1}\mathrm{e}^{\alpha t}}{(\rho-1)!}\sin\beta t
$$

$$\hat{z}_{31}=\frac{t^{\rho-2}\mathrm{e}^{\alpha t}}{(\rho-2)!}\cos\beta t,\hat{z}_{41}=\frac{t^{\rho-2}\mathrm{e}^{\alpha t}}{(\rho-2)!}\sin\beta t$$

$$\vdots$$

$$\hat{z}_{2\rho-1,1}=\mathrm{e}^{\alpha t}\cos\beta t,\hat{z}_{2\rho,1}=\mathrm{e}^{\alpha t}\sin\beta t$$

$$\hat{z}_{12}=\frac{t^{\rho-2}\mathrm{e}^{\alpha t}}{(\rho-2)!}\cos\beta t,\hat{z}_{22}=\frac{t^{\rho-2}\mathrm{e}^{\alpha t}}{(\rho-2)!}\sin\beta t$$

$$\vdots$$

$$\hat{z}_{2\rho-3,2}=\mathrm{e}^{\alpha t}\cos\beta t,\hat{z}_{2(\rho-1),2}=\mathrm{e}^{\alpha t}\sin\beta t$$

$$\hat{z}_{2\rho-1,2}=0,\hat{z}_{2\rho,2}=0$$

$$\vdots$$

$$\hat{z}_{1,\rho}=\mathrm{e}^{\alpha t}\cos\beta t,\hat{z}_{2,\rho}=\mathrm{e}^{\alpha t}\sin\beta t$$

$$\hat{z}_{3,\rho}=0,\hat{z}_{4,\rho}=0$$

$$\vdots$$

$$\hat{z}_{2\rho-1,\rho}=0,\hat{z}_{2\rho,\rho}=0$$

$$\hat{z}_{1,\rho-1}=-\frac{t^{\rho-1}\mathrm{e}^{\alpha t}}{(\rho-1)!}\sin\beta t,\hat{z}_{2,\rho+1}=\frac{t^{\rho-1}\mathrm{e}^{\alpha t}}{(\rho-1)!}\cos\beta t$$

$$\hat{z}_{3,\rho-1}=-\frac{t^{\rho-2}\mathrm{e}^{\alpha t}}{(\rho-2)!}\sin\beta t,\hat{z}_{4,\rho+1}=\frac{t^{\rho-2}\mathrm{e}^{\alpha t}}{(\rho-2)!}\cos\beta t$$

$$\vdots$$

$$\hat{z}_{2\rho-1,\rho+1}=-\mathrm{e}^{\alpha t}\sin\beta t,\hat{z}_{2\rho,\rho+1}=\mathrm{e}^{\alpha t}\cos\beta t$$

$$\hat{z}_{1,\rho+2}=-\frac{t^{\rho-2}\mathrm{e}^{\alpha t}}{(\rho-2)!}\sin\beta t,\hat{z}_{2,\rho+2}=\frac{t^{\rho-2}\mathrm{e}^{\alpha t}}{(\rho-2)!}\cos\beta t$$

$$\vdots$$

$$\hat{z}_{2\rho-3,\rho+2}=-\mathrm{e}^{\alpha t}\sin\beta t,\hat{z}_{2(\rho-1),\rho+2}=\mathrm{e}^{\alpha t}\cos\beta t$$

$$\hat{z}_{2\rho-1,\rho+2}=0,\hat{z}_{2\rho,\rho+2}=0$$

$$\vdots$$

$$\hat{z}_{1,2\rho}=-\mathrm{e}^{\alpha t}\sin\beta t,\hat{z}_{2,2\rho}=\mathrm{e}^{\alpha t}\cos\beta t$$

$$\hat{z}_{3,2\rho}=0,\hat{z}_{4,2\rho}=0$$

$$\vdots$$

$$\hat{z}_{2\rho-1,2\rho}=0,\hat{z}_{2\rho,2\rho}=0$$

如我们在前面所述，方程组(1′)是(2)形和(3)形的一些方程组的直和，因而它的一个基本解矩阵是

$$(z_{ik})=\begin{pmatrix}\boldsymbol{A} & & & & & \boldsymbol{0}\\ & \boldsymbol{A} & & & & \\ & & \boldsymbol{A} & & & \\ & & & \ddots & & \\ & & & & \boldsymbol{B} & \\ \boldsymbol{0} & & & & & \boldsymbol{B}\end{pmatrix}$$

其中对角线上的方形是(4)形或(5)形的矩阵.

由此可知原方程组(1)的一个基本解矩阵是

$$(y_{ik})$$

其中每一个基本函数 $y_{ik}=\alpha_{i1}z_{1k}+\alpha_{i2}z_{2k}+\cdots+\alpha_{in}z_{nk}$ 是 $P_{ik}(t)\mathrm{e}^{\lambda t}$，或是 $\mathrm{e}^{\alpha t}[P_{ik}(t)\cos\beta t+Q_{ik}(t)\sin\beta t]$，$\lambda$(或 $\alpha+\mathrm{i}\beta$)是解$(z_{1k},z_{2k},\cdots,z_{nk})$所对应的特征方程的根，而 $P_{ik}(t)$ 及 $Q_{ik}(t)$ 则是次数不比$(z_{1k},z_{2k},\cdots,z_{nk})$所对应的初等因子的次数减 1 高的多项式. 而上面的 α_{ij} 是借助将(1)化为(2)的变换的逆的系数.

最后，原来方程组的通解是

$$\begin{aligned}y_1&=C_1y_{11}+C_2y_{12}+\cdots+C_ny_{1n}\\ y_2&=C_1y_{21}+C_2y_{22}+\cdots+C_ny_{2n}\\ &\vdots\\ y_n&=C_1y_{n1}+C_2y_{n2}+\cdots+C_ny_{nn}\end{aligned}$$

因此规定通解的函数 y_i 的最普遍形式是

$$\begin{aligned}y_i=&P_{i1}(t)\mathrm{e}^{\lambda_1 t}+P_{i2}(t)\mathrm{e}^{\lambda_2 t}+\cdots+P_{il}(t)\mathrm{e}^{\lambda_l t}+\\ &\mathrm{e}^{\alpha_{l+1}t}[P_{i,l+1}(t)\cos\beta_{l+1}t+Q_{i,l+1}(t)\sin\beta_{l+1}t]+\\ &\mathrm{e}^{\alpha_{l+2}t}[P_{i,l+2}(t)\cos\beta_{l+2}t+Q_{i,l+2}(t)\sin\beta_{l+2}t]+\cdots+\\ &\mathrm{e}^{\alpha_{l+r}t}[P_{i,l+r}(t)\cos\beta_{l+r}t+Q_{i,l+r}(t)\sin\beta_{l+1}t]\quad(i=1,2,\cdots,n)\end{aligned}$$

其中 $P_{ik}(t)$ 及 $Q_{ik}(t)$ 是多项式或是常数，而 $\lambda_1,\lambda_2,\cdots,\lambda_l$ 是特征方程式的实根，而

$$\alpha_{l+1}\pm\beta_{l+1}\sqrt{-1},\alpha_{l+2}\pm\beta_{l+2}\sqrt{-1},\cdots,\alpha_{l+r}\pm\beta_{l+r}\sqrt{-1}$$

是特征方程的复根.

最后，我们指出，由规定 y_i 的等式可见，这些等式的右端对于任意 i 所出现的项，一般来说，是对应 $\boldsymbol{A}-\lambda\boldsymbol{E}$ 的所有不同的初等因子的. 通解是与 n 个参数 $C_1,C_2,\cdots,C_n$ 有关，这些参数我们将看作解的始点的坐标，而且在下面的讨论中，我们将把解的始点当作参数空间内的点叙述.

我们现在对特征方程的根的可能情况加以分析. 可能的情况有下列六种：

1. 特征方程的所有根都有不等于零的实数部分,而且它们是同号的;

2. 特征方程的所有根都具有不等于零的实数部分,但其中至少有一对根的实数部分是异号的;

3. 有不等于零的根存在,它们的实数部分等于零,所有其他根的实数部分都是同号的;

4. 有不等于零的根存在,它们的实数部分等于零,所有其他根的实数部分不等于零,其中至少有一对根的实数部分是异号的;

5. 所有根不等于零,但它们的实数部分都等于零;

6. 有零根.

以上每一种情形对应着积分线在原点附近分布状态的特别拓扑类型①.

我们引入下面术语:如果在奇点充分小的邻域内,除可能位于维数小于 n 的流形内的积分线外,所有积分都是鞍形的,或都是 O 曲线,或都是渐近的,那么我们就说几乎所有积分线都是上述各类型的.

我们现将上述六种情况分别加以讨论:

1. 如果特征方程所有根的实数部分都同号,那么所有函数 y_{jk},当 $t\to+\infty$ 时,或当 $t\to-\infty$ 时,都趋于零,于是因为所有解的坐标都是函数 $y_{jk}(t)$ 的线性组合,所以也具有上述性质.

在这种情况下,我们称原点形成广义的节点,所有积分线都是 O 曲线.

2. 设 $k(0<k<n)$ 个根 $\lambda_1,\lambda_2,\cdots,\lambda_k$ 有负的实数部分,而其他 $n-k$ 个根 $\lambda_{k+1},\lambda_{k+2},\cdots,\lambda_n$ 有正的实数部分.

设 $y_{1j},y_{2j},\cdots,y_{nj}(j=1,2,\cdots,k)$ 是对应 $\lambda_1,\lambda_2,\cdots\lambda_k$ 的基本解组,设 y_{1j},$y_{2j},\cdots,y_{nj}(j=k+1,k+2,\cdots,n)$ 是对应 $\lambda_{k+1},\lambda_{k+2},\cdots,\lambda_n$ 的基本解组,则由线性组合

$$y_j=C_1y_{j1}+C_2y_{j2}+\cdots+C_ky_{jk}$$

规定的解 $y_1,y_2,\cdots,y_n$ 形成 k 个参数的族,而所有它们的始点充满 k 维超越平面.当 $t\to+\infty$ 时,始点在此超越平面内的所有积分线走向原点.同样的,各解 $y_j=C_{k+1}y_{j,k+1}+C_{k+2}y_{j,k+2}+\cdots+C_ny_{j,n}$ 的始点也充满与第一个超越平面正交的 $n-k$ 维超越平面,而当 $t\to-\infty$ 时,始点在此超越平面内的所有积分线走向原点.

其他所有始点不在上面所说的两个超越平面的 n 维流形内的积分线都与

① 但这并不是说每一种情况决定唯一一个拓扑类型,即我们并非肯定,对于上述情况中的任一已知的积分线的分布,都存在一个 n 维空间自身内的一个拓扑变换,能将它变成另一已知的同种情况的积分线的分布.这种变换存在与否与另一还研究得很少的题目有关,即在方程组右端连续变动下,积分线的分布状态的变动.

原点有正的最小距离，并且当 t 递增及递减时，此等积分线离开原点而去，即它们是鞍形曲线. 奇点的构造像这样时叫作第一型广义鞍点.

因此，在广义鞍点的邻域内，几乎所有积分线都是鞍形的.

在分析其余各情况前，我们先指出，对应一对虚根 $\beta_k\sqrt{-1}$ 和 $-\beta_k\sqrt{-1}$ 的基本函数的性质. 一般来说，它们是形式如

$$P_{jk}(t)\cos\beta_k t + Q_{jk}\sin\beta_k t$$

的一些函数，但如果这对虚根对应 p 对单纯初等因子，那么这些基本函数中有 p 对将是

$$u_{j1}(t), u_{j2}(t), \cdots, u_{jp}(t)$$
$$v_{j1}(t), v_{j2}(t), \cdots, v_{jp}(t)$$

其中

$$u_{jl} = C_{jl}\cos\beta_k t, v_{jl} = D_{jl}\sin\beta_k t \quad (l = 1, 2, \cdots, p)$$

而 C_{jl} 和 D_{jl} 则是一些常数.

回到情况 3.

3. 设 $\lambda_1, \lambda_2, \cdots, \lambda_{2p}$（相等或不等）为特征方程的一些根（不等于零），它们的实数部分等于零（就是纯虚根），设 $\lambda_{2p+1}, \lambda_{2p+2}, \cdots, \lambda_n$ 为其余的根，它们的实数部分不等于零且有同一符号（为确定起见，我们可假定它们都是正的）. 设对应各根 $\lambda_1, \lambda_2, \cdots, \lambda_{2p}$ 的相异初等因子共 $2q$ 个. 今分两种情形来讨论：(1) $2p = 2q$；(2) $2q < 2p$.

先讨论 $2p = 2q$ 的情形，即实数部分为零的所有根都对应单纯的初等因子.

这时我们考虑两个特殊的积分线族. 第一个是由等式

$$y_j = C_1 u_{j1} + C_2 u_{j2} + \cdots + C_p u_{jp} + D_1 v_{j1} + D_2 v_{j2} + \cdots + D_p v_{jp}$$
$$(j = 1, 2, \cdots, n)$$

规定的. 这种积分线的所有始点充满 $2p$ 维的超越平面，规定曲线坐标的是几乎周期的函数（其中也可能有周期函数）. 这个族中的曲线充满在不同维数的锚圈面上.

第二个积分线族，其坐标由表达式

$$y_j = \bar{C}_1 y_{j1}(t) + \bar{C}_2 y_{j2}(t) + \cdots + \bar{C}_{n-2p} y_{j,n-2p}(t) \quad (j = 1, 2, \cdots, n)$$

规定，其中当 $t \to -\infty$ 时，$y_{jk}(t) \to 0$，这是一个 O 曲线族，它们的所有始点充满一个 $n-2p$ 维的超越平面.

始点位于上述两个相互垂直的超越平面之外的全空间内的其他积分线的坐标系由等式

$$y_j = \tilde{C}_1 y_{j1}(t) + \tilde{C}_2 y_{j2}(t) + \cdots + \tilde{C}_{n-2p} y_{j,n-2p}(t) + C_1 u_{j1} + C_2 u_{j2} + \cdots + C_p u_{jp} + D_1 v_{j1} + D_2 v_{j2} + \cdots + D_p v_{jp}$$
$$(j = 1, 2, \cdots, n)$$

规定，而且总有一个 $\widetilde{C}_k$，以及总有一个 C_l 或 D_l 不等于零.

当 $t\to-\infty$ 时，这些曲线渐近地趋向坐标由几乎周期的函数表示的积分曲线. 按前面所引入的术语，这种曲线是(在负方向) 渐近的.

因此，在所讨论的情况，几乎所有积分线都是渐近曲线. 积分线在它附近这样分布的奇点叫作广义的焦点.

现在我们来讨论 $2q<2p$ 的情形，即对应这些根的初等因子中有次数大于1的. 此时我们仍有几乎周期的曲线族，它们的初值与 $2q$ 个参数有关，并且也有与 $n-2p$ 个参数有关的 O 曲线族，最后有渐近几乎周期解的曲线族，它们的初值是与 $n-2p+2q$ 个参数有关. 但几乎所有积分曲线，即除位于低维流形的外，都是鞍形曲线，因为它们的坐标是由如下等式

$$y_j=C_1y_{j1}+C_2y_{j2}+\cdots+C_ny_{jn}\quad(j=1,2,\cdots,n)$$

规定，并且在函数 y_{jk} 中有当 $t\to+\infty$ 时，是无界的函数，也有当 $t\to-\infty$ 时，是无界的函数. 因此在这种情形下，几乎所有曲线都是鞍形曲线，所以在原点邻近积分线的分布情形叫作广义鞍点式的. 为与上面一类区别，我们可称它是第二型广义鞍点式的.

4. 关于第4种情况，积分线可能分布状态的分析可同情况3一样的去进行. 因此仅引入分析的结果.

设特征方程的根中具有正实数部分的是 $\lambda_1,\lambda_2,\cdots,\lambda_p$，具有负实数部分的是 $\lambda_{p+1},\lambda_{p+2},\cdots,\lambda_{p+q}$，再设 $\lambda'_1,\lambda'_2,\cdots,\lambda'_s$是实数部分为零的根，并且每一个根都按其重次写出. 我们在此处所讨论的情况 $p\neq0,q\neq0$. 于是就有三个相互垂直的超越平面：第一个，p 维超越平面，它被 O 曲线的始点所充满，当 $t\to-\infty$ 时，这种曲线趋向原点；第二个，q 维超越平面，它被当 $t\to+\infty$ 时趋向原点的积分曲线的始点所充满；第三个，s 维超越平面，它被几乎周期解的始点所充满. 此外可能有两组渐近曲线：第一组充满一个维数不高于 $p+s$ 的流形，它是由当 $t\to-\infty$ 时渐近趋向几乎周期解的曲线所组成；另一组充满一个维数不高于 $q+s$ 的流形，它是由当 $t\to+\infty$ 时渐近趋向几乎周期解的曲线所组成. 所有其他始点充满一 n 维流形内的积分线都是鞍形的，因此，在此情形下几乎所有积分线都是鞍形曲线，所以原点叫作复杂鞍点.

5. 最后讨论第5种情况. 首先我们指出，这种情况只当 n 为偶数时才成立，我们也分两种情形来讨论：第一，所有初等因子都是一次的；第二，初等因子有高于一次的.

若初等因子都是一次的，则积分线的所有坐标是

$$y_j=C_1u_{j1}+C_2u_{j2}+\cdots+C_pu_{jp}+D_1v_{j1}+D_2v_{j2}+\cdots+D_pv_{jp}$$
$$(j=1,2,\cdots,n;n=2p)\tag{6}$$

因此，它们是几乎周期的函数. 我们指出下面重要的特殊情形，即特征方程式的

根的虚数部分 $\beta_1, \beta_2, \cdots, \beta_n$ 是可通约的，此时所有解是周期的. 在这种情形下，原点叫作广义中心点.

设初等因子并不都是简单的，则除由形如方程(6) 的式子所规定的积分线族外，还有坐标是下列形式

$$P_{jk}(t)\sin\beta_k t + Q_{jk}(t)\cos\beta_k t$$

的函数所规定的积分线，其中 P_{jk} 与 Q_{jk} 不能化为常数，所有这样的积分线都是鞍形的，即几乎所有积分线都是鞍形的. 此时原点叫作第三型广义鞍点.

6. 如果特征方程的所有根都不等于零时，广义节点、广义焦点、第一型、第二型、第三型的广义鞍点、复杂鞍点以及广义中心点包括了积分线在原点邻近的可能性状.

现在简单的论述最后一种情况，就是特征方程的根有些是等于零的. 我们假定

$$\lambda_1 = \lambda_2 = \cdots = \lambda_s = 0$$

而且我们只限于讨论这些零根所对应的都是一次的初等因子的特殊情况.

在此情形下，借助线性变换，可将方程组变成

$$\frac{\mathrm{d}y_1}{\mathrm{d}t} = 0, \frac{\mathrm{d}y_2}{\mathrm{d}t} = 0, \cdots, \frac{\mathrm{d}y_s}{\mathrm{d}t} = 0, \frac{\mathrm{d}y_{s+1}}{\mathrm{d}t} = \lambda_{s+1} y_{s+1}, \cdots$$

这个方程组的相空间$(y_1, y_2, \cdots, y_s, y_{s+1}, \cdots, y_n)$可分成一层层的 $n-s$ 维的超越平面. 在每一个超越平面内，积分线的性状与由下列部分方程组

$$\frac{\mathrm{d}y_{s+1}}{\mathrm{d}t} = \lambda_{s+1} y_{s+1}, \cdots$$

所规定的积分线的性状相同，因而其特性是前面分析过的种种情况之一.

我们指出，在此种情况，原点不是孤立奇点. 奇点充满了一个 S 维的超越平面.

讨论以上六种情况，我们只指出了积分线的分布的“粗略”特点，这些就是在我们不是利用常数线性变换以改变原方程组，而是利用在整个空间或原点的一邻域内一一对应而且相互连续的变换也是有可能得知的. 但我们所用的是常系数非奇异线性变换，因此，从研讨变换后的方程组的积分曲线，就可得到原方程组有积分曲线与某些方向或某些平面相切等较不粗略的知识.

我们试着去辨识规则的 O 曲线与奇异的 O 曲线.

设特征方程有对应一次初等因子的某一对共轭复根. 此时如在方程组(1′)中，将除此对共轭复根外的 z 都命为零并改变记号，便得方程组

$$\frac{\mathrm{d}u}{\mathrm{d}t} = \alpha u - \beta v$$

$$\frac{\mathrm{d}v}{\mathrm{d}t} = \beta u - \alpha v$$

上述方程组的解是

$$u = Ae^{\alpha t}\cos\beta t$$

$$v = Be^{\alpha t}\sin\beta t$$

即是螺线族,因而在(u,v)平面上的积分线的投影也是螺线. 分布在经过原点的某些流形上的积分线也为螺族曲线. 例如,以三维空间来说,则在顶点是原点的抛物形物体的面上积分线是螺旋形的. 由此立得:如果特征方程有对应一次初等因子的一对复根,那么方程组有奇异 O 曲线存在.

我们现在往证下列定理:

定理 10 如果特征方程的所有根都是实根并且同号,那么所有积分线都是规则 O 曲线.

为确定起见,我们假定所有根都是正的. 这个证明将在标准变数 z_1, $z_2, \cdots, z_n$ 的空间内来进行,即证明$(1')$的积分曲线是如此的.

在原点处切线的方向是由方向余弦来表示,或由

$$\lim_{t\to-\infty}\frac{z_i}{R}$$

其中

$$R = \sqrt{z_1^2 + z_2^2 + \cdots + z_n^2}$$

表示.

设与 z_i 对应的根是 λ_i,如果 z_i 所对应的初等因子是一次的,那么此时 $z_i = C_i e^{\lambda_i t}$. 如果 z_i 所对应的初等因子不是一次的,而是 k 次,那么此时 z 是以下函数

$$e^{\lambda_i t}, te^{\lambda_i t}, \cdots, t^{s-1}e^{\lambda_i t} \quad (s \leqslant k)$$

的线性组合. 因此所求的余弦为

$$\lim_{t\to-\infty}\frac{[A_1^{(i)}t^{s-1} + A_2^{(i)}t^{s-2} + \cdots + A_s^{(i)}]e^{\lambda_i t}}{\sqrt{z_1^2 + z_2^2 + \cdots + z_n^2}}$$

可能有两种情形:(1)λ_i 是最小根;(2)λ_i 不是最小根.

先讨论第一种情形. 将$\dfrac{z_i}{R}$的分子、分母分别以 $e^{\lambda_i t}$ 除之,便得

$$\frac{z_i}{R} = \frac{A_1^{(i)}t^{s-1} + A_2^{(i)}t^{s-2} + \cdots + A_s^{(i)}}{\sqrt{(z_1 e^{-\lambda_i t})^2 + (z_2 e^{-\lambda_i t})^2 + \cdots + (z_n e^{-\lambda_i t})^2}}$$

因为 λ_i 是最小的根,所以除将含因子 $e^{-\lambda_i t}$ 的那些 $z_i e^{-\lambda_i t}$ 内指数函数因子消去外,所有其他的 $z_j e^{-\lambda_i t}$ 所包含的指数函数因子是 $e^{(\lambda_j-\lambda_i)t}$,其中 $\lambda_j - \lambda_i > 0$,因此当$t\to-\infty$ 时,它们都趋于零. 于是

$$\lim_{t\to-\infty}\frac{z_i}{R} = \lim_{t\to-\infty}\frac{A_1^{(i)}t^{s-1} + A_2^{(i)}t^{s-2} + \cdots + A_s^{(i)}}{\sqrt{p_1^2(t) + p_2^2(t) + \cdots + p_s^2(t)}}$$

其中 $p_1(t), p_2(t), \cdots, p_s(t)$ 是 t 的多次式,而且在它们中间有与分子相重合的

多项式.我们指出,分子上的多项式的次数不但与初等因子的次数有关,并且与初值的选择有关.

如果在多项式 $p_1(t),p_2(t),\cdots,p_s(t)$ 中有次数高于 $s-1$ 次的多项式,那么 $\lim\limits_{t\to-\infty}\dfrac{z_i}{R}=0$.如果在这些多项式中只有一个多项式的次数是 $s-1$(在这种情形下,显然它就是也在分子上的那一个),而其他多项式的次数都比 $s-1$ 次低,那么 $\lim\limits_{t\to-\infty}\dfrac{z_i}{R}=1$,最后,如果有一些 $s-1$ 次的多项式,那么 $\lim\limits_{t\to-\infty}\dfrac{z_i}{R}$ 是与在这些多项式中 t^{s-1} 项的系数值有关,也就是说,依最初的选择,上述极限值可以使它等于任意数值.对于每一已知解,此极限值显然都是有完整意义的.

在第二种情形下,就是在 λ_i 不是最小根的情形,有

$$\lim_{t\to+\infty}\frac{z_i}{R}=0$$

因此,对于已知积分线,角的余弦的极限,只有在根 λ_i 与一个以上的初等因子对应时,可以不是 0 或 1.由此可知,如果没有那样的根,那么当 $t\to-\infty$ 时每条积分线都与某一坐标轴相切.如果转回到原来方程组的积分线(坐标是 $y_1,y_2,\cdots,y_n$),那么所有积分线都是规则 O 曲线,并且在没有重根的情形下,每一积分线都与经过原点的 n 条直线中的某一直线在原点处相切.我们能再进一步去探讨与某一轴 Oz_i 相切的积分线所经过的点的全体的维数.我们假定特征方程的所有根

$$\lambda_1,\lambda_2,\cdots,\lambda_n$$

有正的实数部分,并将它们按实数部分的大小次序排列(由小到大).为了使得讨论简单起见,我们限制 λ_i 都是不同的并且都是实数的情形.设 $0<\lambda_1<\lambda_2<\cdots<\lambda_n$.我们考查下列关系式

$$\frac{z_i}{z_j}=\frac{C_i e^{\lambda_i t}}{C_j e^{\lambda_j t}}=\frac{C_i}{C_j}e^{(\lambda_i-\lambda_j)t}$$

设 $C_1\neq 0$,则 $\lim\limits_{t\to-\infty}\dfrac{z_i}{z_1}=0$,$i\neq 1$,即所有积分线除始点属于由 $C_1=0$ 所规定的 $n-1$ 维流形的那些外,都与 z_1 轴相切.如设 $C_1=0$,$C_2\neq 0$,则

$$\lim_{t\to-\infty}\frac{z_i}{z_2}=0\quad(i\neq 1,2)$$

即位于上述 $n-1$ 维流形内的所有积分线,除始点属于由 $C_1=0$,$C_2=0$ 所规定的 $n-2$ 维流形的那些外,都与 z_i 轴相切,等等.因此,我们可将所有积分线分为 $n-1$ 类,每后一类包含在前一类内,并且第一类的所有始点充满 $n-1$ 维平面流形,第二类的始点位于 $n-1$ 维流形中的 $n-2$ 维平面流形内,等等.

在有复根或有实重根时情形相当复杂,我们不准备在这里做详细的讨论.

设特征方程的根的实数部分是正的. 坐标为 z_i，当它所对应的特征方程的根具有最小的实数部分，则我们就称它为引导坐标，如果这种坐标不止一个，那么我们就说它们是引导坐标组. 设 $z_1, z_2, \cdots, z_k$ 是引导坐标组，于是如果一解的始点之前 k 个坐标 $C_1, C_2, \cdots, C_k$ 全部不等于零，那么 $\lim\limits_{t\to-\infty} \dfrac{z_i}{z_j} = 0, j \leqslant k, i > k$. 此即表示所有积分线，除始点属于由 $C_1 = C_2 = \cdots = C_k = 0$ 所规定的流形内的那些外，都在原点处与由 $z_1, z_2, \cdots, z_k$ 所规定的平面相切. 如果引导坐标只有一个，那么所有积分线(除在 $n-1$ 维流形内的积分线外) 都与 z_1 轴相切.

至此，我们结束了关于具有常系数的线性方程组的分析，在以后我们要证：对于非线性方程组来说，在很多情形下，积分线分布图形也是这样的.

非齐次线性方程　设方程组

$$\frac{\mathrm{d}y_i}{\mathrm{d}t} = \sum_{k=1}^{n} a_{ik} y_k + b_i \quad (i = 1, 2, \cdots, n) \tag{7}$$

其中 a_{ik} 与 b_i，对于所有 i 及 k，都是常数.

此时有下列情形：

线性方程组

$$\sum_{k=1}^{n} a_{ik} y_k + b_i = 0$$

(其中 y_i 看作未知数) 有解，且不必是唯一的. 设$\{c_i\}$ 是这个解.

作变换

$$y_i = z_i + c_i$$

则方程组(7)，经此变换后，变成齐次方程组

$$\frac{\mathrm{d}z_i}{\mathrm{d}t} = \sum_{k=1}^{n} a_{ik} z_k \tag{8}$$

因为我们所作的变换是线性平移，所以我们能用方程组(8) 的讨论来替代对方程组(7) 的讨论.

可简化方程组的解的定性研究　设所给线性方程组

$$\frac{\mathrm{d}y_i}{\mathrm{d}t} = \sum_{k=1}^{n} a_{ik}(t) y_k \tag{9}$$

并设借助下列变换

$$z_i = \sum_{k=1}^{n} K_{ik}(t) y_k \tag{10}$$

其中(K_{ik}) 是 Л 矩阵，能将方程组(9) 变成具有常系数的方程组

$$\frac{\mathrm{d}z_i}{\mathrm{d}t} = \sum_{k=1}^{n} b_{ik} z_k \tag{11}$$

于是，如前面所曾指出，特征方程

$$\det(\boldsymbol{B}-\lambda\boldsymbol{E})=0$$

的根的实数部分是唯一决定的. 对于方程组(11) 来说，我们有前述六种情形. 由变换(10)，在每种情形下，我们都可以得出方程(9) 的积分线在奇解$\{x_i=0\}$邻近分布的可能性状. 这个结论的根据是下列简单的论证. 设方程(11) 有解

$$\{z_i=\varphi_i(t,t_0)\}$$

则由相互可逆的变换(10)，对应此解的方程组(9) 的解是

$$y_i=\sum_{k=1}^{n}\widetilde{K}_{ik}(t)\varphi_i(t,t_0) \tag{12}$$

其中$(\widetilde{K}_{ik})$是(K_{ik})的逆矩阵. 此对应是一对一并且是相互连续的.

由此可知，如果解$\{\varphi_i(t,t_0)\}$是O曲线，那么它的对应解$\{y_i\}$也是O曲线，这就是说，在$n+1$维空间$(y_1,y_2,\cdots,y_n,t)$内，在每一个超越平面$t=t_0$上O曲线出发的点的集合与方程组(11) 的O曲线起点的集合有同一维数，而且如果方程(11) 的所有解都是O曲线，那么方程组(9) 的所有解也都有O曲线.

我们再来证明，如果方程组(11) 的解$\varphi_i(t,t_0)$是渐近解，那么通过变换(10) 与之对应的方程组(9) 的解也是渐近趋向于同组某解的.

设解$\{z_i(t)\}$满足下列条件，当$t\to\infty$时，差数$|z_i(t)-z_{i0}|\to 0$，其中$\{z_{i0}(t)\}$也是方程组(11) 的某一解. 如果以$\{y_i(t)\}$表示与$\{z_i(t)\}$对应的解，以$\{y_{i0}(t)\}$表示与$\{z_{i0}(t)\}$对应的方程组(9) 的解，那么

$$|y_i(t)-y_{i0}(t)|\to 0 \quad (t\to\infty)$$

因为，如果我们利用等式(12)，便得

$$|y_i(t)-y_{i0}(t)|=\sum_{k=1}^{n}\widetilde{K}_{ik}(t)(z_i(t)-z_{i0}(t))$$

因此

$$|y_i(t)-y_{i0}(t)|\leqslant \sup|\widetilde{K}_{ik}(t)|\sum_{k=1}^{n}|z_i(t)-z_{i0}(t)|$$

所以我们的论断得证.

如果方程的系数是周期函数，那么所得的结果可以有另一个几何解释. 为此我们将把相空间内，具有下列坐标

$$(y_1,y_2,\cdots,y_n,t+2k\pi),(y_1,y_2,\cdots,y_n,t)$$

的点看作重合的.

于是邻域$y_1^2+y_2^2+\cdots+y_n^2\leqslant r^2$变为锚圈，而在锚圈轴上的奇点则变为周期解. $\sum\limits_{i=0}^{n}y_i^2$可以解释成解对锚圈轴的偏差的平方，而方程组(9) 可以看作叙述在周期运动的邻域内解的性状的方程组. 关于这种解释的详细叙述，我们留到第四章去讲.

§ 5　几乎线性方程组

设方程组为

$$\frac{\mathrm{d}x_i}{\mathrm{d}t}=\sum_k a_{ik}x_k+f_i(t,x_1,\cdots,x_n)\quad(i=1,2,\cdots,n)\tag{1}$$

其中 $\boldsymbol{A}=(a_{ik})$ 是常数矩阵，而函数 $f_i(t,x_1,x_2,\cdots,x_n)$ 满足条件 $f_i(t,0,0,\cdots,0)=0$，并且

$$\begin{aligned}&|f_i(t,y_1',y_2',\cdots,y_n')-f_i(t,y_1'',y_2'',\cdots,y_n'')|\\ \leqslant\ & g(t)\sum_{i=1}^n|y_i'-y_i''|\end{aligned}\tag{2}$$

或更普遍的

$$|f_i(t,y_1,y_2,\cdots,y_n)|\leqslant g(t)\sum_{i=1}^n|y_i|\tag{3}$$

如果函数 $g(t)$，当 $t\geqslant t_0$ 时，连续且有界，那么方程组(1) 叫作与线性方程组可比较的. 如第一章所曾证明，这样的方程组的任一解，对于所有 $t\geqslant t_0$ 都是有定义的.

如果 $g(t)$ 满足更强的条件，即

$$\int_0^{\infty}g(t)\mathrm{d}t<\infty$$

那么方程组叫作几乎线性的.

我们对与线性组可比较的方程组的解的可能增长予以估计.

将所给方程组写成

$$\frac{\mathrm{d}\boldsymbol{X}}{\mathrm{d}t}=\boldsymbol{AX}+f(t,\boldsymbol{X})$$

此处 $\boldsymbol{X}$ 代表向量 $(x_1,x_2,\cdots,x_n)$，即代表单行矩阵 $\begin{pmatrix}x_1\\x_2\\\vdots\\x_n\end{pmatrix}$，而 f 代表向量 $(f_1,f_2,\cdots,f_n)$.

在以后的讨论中，我们假定矩阵 $\boldsymbol{A}$ 已经是标准形，即

$$\boldsymbol{A}=\begin{pmatrix}\boldsymbol{M}_1 & & & \\ & \boldsymbol{M}_2 & & \\ & & \ddots & \\ & & & \boldsymbol{M}_n\end{pmatrix}$$

其中

$$\boldsymbol{M}_i=\begin{pmatrix}\lambda_i & & & \boldsymbol{0} \\ 1 & \lambda_i & & \\ & \ddots & \ddots & \\ \boldsymbol{0} & & 1 & \lambda_i\end{pmatrix}$$

我们并引入下列记号：

m_i 表示矩阵 $\boldsymbol{M}_i$ 的阶数；

$\lambda=\max \operatorname{Re} \lambda_i$，对所有 i；

$m=\max m_i$，对使 $\operatorname{Re} \lambda_i=\lambda$ 的 i；

$p=\max m_i$，对使 $\operatorname{Re} \lambda_i=0$ 的 i；

$p=1$，如果没有使 $\operatorname{Re} \lambda_i=0$ 的 λ_i；

$\lambda^*=\max \operatorname{Re} \lambda_i$，对使 $\operatorname{Re} \lambda_i<0$ 的 $i(\lambda^*<0)$；

$m^*=\max m_i$，对使 $\operatorname{Re} \lambda_i=\lambda^*$ 的 i.

我们以后的问题是将方程组(1) 的解与方程组

$$\frac{\mathrm{d}\boldsymbol{Y}}{\mathrm{d}t}=\boldsymbol{A}\boldsymbol{Y} \tag{4}$$

的解来比较.

我们将方程组(4) 的解写成矩阵的形式. 如果以 $\boldsymbol{Y}(t)$ 表示方程组(4) 的解的矩阵，且初值矩阵是单位矩阵，则 $\boldsymbol{Y}=\mathrm{e}^{\boldsymbol{A}t}$. 将矩阵 $\boldsymbol{A}$ 表示为两个矩阵的和，即

$$\boldsymbol{A}=\begin{pmatrix}\mathfrak{M}_1' & \\ & \mathfrak{M}_2'\end{pmatrix}=\begin{pmatrix}\mathfrak{M}_1' & \boldsymbol{0} \\ \boldsymbol{0} & \boldsymbol{0}\end{pmatrix}+\begin{pmatrix}\boldsymbol{0} & \boldsymbol{0} \\ \boldsymbol{0} & \mathfrak{M}_2'\end{pmatrix}$$

其中 $\mathfrak{M}_1'$ 是对应于 $\operatorname{Re} \lambda_i \geqslant 0$ 的所有矩阵 $\boldsymbol{M}_i$ 的全体，而 $\mathfrak{M}_2'$ 是对应于 $\operatorname{Re} \lambda_i<0$ 的所有矩阵 $\boldsymbol{M}_i$ 的全体，则矩阵 $\boldsymbol{Y}=\mathrm{e}^{\boldsymbol{A}t}$ 也可表示为两个矩阵的和，即

$$\boldsymbol{Y}=\boldsymbol{Y}_1+\boldsymbol{Y}_2=\begin{pmatrix} e^{\mathfrak{M}_1'} & \mathbf{0} \\ \mathbf{0} & \mathbf{0} \end{pmatrix}+\begin{pmatrix} \mathbf{0} & \mathbf{0} \\ \mathbf{0} & e^{\mathfrak{M}_2't} \end{pmatrix}$$

$$=\begin{pmatrix} e^{M_1t} & & & \\ & \ddots & & \mathbf{0} \\ & & e^{M_kt} & \\ & \mathbf{0} & & \mathbf{0} \end{pmatrix}+\begin{pmatrix} \mathbf{0} & & \mathbf{0} & \\ & e^{M_{k+1}t} & & \\ \mathbf{0} & & \ddots & \\ & & & e^{M_nt} \end{pmatrix}$$

我们再引入下一记号

$$X_k(t)=\begin{cases} t^{k-1} & (t\geqslant 1) \\ 1 & (t\leqslant 1) \end{cases}$$

为了以后，我们指出，当 $t>t_0$ 时

$$X_k(t-t_0)=\frac{X_k(t-t_0)}{X_k(t)}\cdot X_k(t)=\left(1-\frac{t_0}{t}\right)^{k-1}X_{k-1}$$

并且如果 $t\geqslant t_0$，那么 $X_k(t-t_0)\leqslant X_k(t)$.

以下始终以 $|\boldsymbol{A}|$ 表示矩阵 $\boldsymbol{A}$ 的范数，即令

$$|\boldsymbol{A}|=\sum_{ij}|a_{ij}|$$

关于范数有下列不等式

$$|\boldsymbol{A}+\boldsymbol{B}|\leqslant|\boldsymbol{A}|+|\boldsymbol{B}|,\quad|\boldsymbol{AB}|\leqslant|\boldsymbol{A}|\cdot|\boldsymbol{B}|$$

下面的向量指的是单行矩阵.

利用以上记号，当 $t\geqslant 0$ 时，我们有下列不等式

$$\begin{cases} |\boldsymbol{Y}(t)|\leqslant Ce^{\lambda t}X_m(t) \\ |\boldsymbol{Y}_1(-t)|\leqslant C_1X_p(t) \\ |\boldsymbol{Y}_2(t)|\leqslant C_2e^{\lambda^* t}X_{m^*}(t) \end{cases}\tag{5}$$

利用 §1 的公式(7)，方程组(1) 可用与之相当的矩阵积分方程来代替，即

$$\boldsymbol{X}(t)=e^{\boldsymbol{A}(t-t_0)}\boldsymbol{X}_0+\int_{t_0}^t e^{\boldsymbol{A}(t-\tau)}f(\tau,\boldsymbol{X})d\tau\tag{6}$$

或将矩阵 $\boldsymbol{Y}(t-t_0)=e^{\boldsymbol{A}(t-t_0)}$ 写成两个矩阵之和 $\boldsymbol{Y}_1+\boldsymbol{Y}_2$，则积分方程(6) 就成为

$$\boldsymbol{X}(t)=\boldsymbol{Y}(t-t_0)\boldsymbol{X}_0+\int_{t_0}^t\boldsymbol{Y}_1(t-\tau)f(\tau,\boldsymbol{X})d\tau+$$
$$\int_{t_0}^t\boldsymbol{Y}_2(t-\tau)f(\tau,\boldsymbol{X})d\tau\tag{7}$$

利用积分方程(6) 并借助第一章的基本不等式,我们即能得到 $|\boldsymbol{X}(t)|$ 的估计. 当 $t \geqslant t_0$ 时,我们有

$$|\boldsymbol{X}(t)| \leqslant |\boldsymbol{Y}(t-t_0)| |\boldsymbol{X}_0| + \int_{t_0}^{t} |\boldsymbol{Y}(t-\tau)| |g(\tau)| |\boldsymbol{X}| \mathrm{d}\tau$$

利用估计式

$$|\boldsymbol{Y}(t-t_0)| \leqslant C\mathrm{e}^{\lambda(t-t_0)} X_m(t-t_0)$$

便得

$$|\boldsymbol{X}(t)| \leqslant C\mathrm{e}^{\lambda(t-t_0)} X_m(t-t_0) |\boldsymbol{X}_0| + \int_{t_0}^{t} C\mathrm{e}^{\lambda(t-\tau)} X_m(t-\tau) g(\tau) |\boldsymbol{X}| \mathrm{d}\tau$$

即

$$|\boldsymbol{X}(t)| \leqslant C\mathrm{e}^{\lambda(t-t_0)} X_m(t-t_0) |\boldsymbol{X}_0| \left[1 + |\boldsymbol{X}_0| \int_{t_0}^{t} \mathrm{e}^{\lambda(t_0-\tau)} \frac{X_m(t-\tau)}{X_m(t-t_0)} g(\tau) |\boldsymbol{X}| \mathrm{d}\tau\right]$$

由函数 $X_k(t)$ 的定义,当 $t_0 \leqslant \tau \leqslant t$ 时,可得

$$X_m(t-\tau) \leqslant X_m(t-t_0)$$

于是,便有

$$\frac{|\boldsymbol{X}(t)|}{\mathrm{e}^{\lambda(t-t_0)} X_m(t-t_0)} \leqslant C |\boldsymbol{X}_0| \left[1 + \frac{1}{|\boldsymbol{X}_0|} \int_{t_0}^{t} X_m(t-\tau) g(\tau) \frac{|\boldsymbol{X}(\tau)|}{\mathrm{e}^{\lambda(\tau-t_0)} X_m(t-t_0)} \mathrm{d}\tau\right]$$

利用第一章的基本不等式,在其中以 $\dfrac{|\boldsymbol{X}(t)|}{\mathrm{e}^{\lambda(t-t_0)} X_m(t-t_0)}$ 作为 $y(t)$,便得

$$\frac{|\boldsymbol{X}(t)|}{\mathrm{e}^{\lambda(t-t_0)} X_m(t-t_0)} \leqslant C |\boldsymbol{X}_0| \mathrm{e}^{C\int_{t_0}^{t} X_m(\tau-t_0) g(\tau) \mathrm{d}\tau}$$

或以 A 与 B 表示常数(只与初值有关),则当 $t \geqslant t_0$ 时对于与线性组可比较的方程组的解的可能增长的估计是

$$|\boldsymbol{X}(t)| \leqslant A\mathrm{e}^{\lambda t} X_m(t) \mathrm{e}^{B\int_{t_0}^{t} X_m(\tau) g(\tau) \mathrm{d}\tau} \tag{8}$$

利用完全相同的方法,如利用条件(2),则可得不等式

$$|\boldsymbol{X}(t) - \boldsymbol{X}^1(t)| \leqslant A |\boldsymbol{X}_0 - \boldsymbol{X}_0^1| \mathrm{e}^{\lambda t} X_m(t) \mathrm{e}^{B\int_{t_0}^{t} X_m(\tau) g(\tau) \mathrm{d}\tau} \tag{9}$$

我们指出,在上面不等式的左端可为某一解的范数或是组成解的某一函数的模.

我们的目的是将方程组

$$\frac{\mathrm{d}x_i}{\mathrm{d}t} = \sum_k a_{ik} x_k + f_i(t, x_1, x_2, \cdots, x_n) \tag{10}$$

的解与具有常系数的线性方程组

$$\frac{\mathrm{d}y_i}{\mathrm{d}t} = \sum_{k=1}^{n} a_{ik} y_k \tag{11}$$

的解,在方程组(10) 是几乎线性时,做一个比较.

我们往证以下由雅库包维奇(В. Я. Якубович) 所建立的定理[11].

定理 11 设 $\lambda \geqslant 0$,即方程组(11) 的所有解不都趋于零,$\int_{t_0}^{t} t^{m+p-2}\mathrm{e}^{\lambda t}g(t)\mathrm{d}t$ 收敛且条件(2)(几乎线性条件) 满足,则在方程组(10) 的解的初值$(\boldsymbol{X}_0, t_0)$ 与方程组(11) 的解的初值$(\boldsymbol{Y}_0, t_0)$ 间可建立一个相互一对一并且连续的对应关系,能使在此对应下,分别满足上述初值的解 $\boldsymbol{X}(t)$ 与 $\boldsymbol{Y}(t)$ 有下列性质

$$|\boldsymbol{X}(t) - \boldsymbol{Y}(t)| \to 0 \quad (t \to \infty)$$

如果方程组(11) 的所有解都趋于零,且对于任意 $\alpha > 0$,当 $t \to +\infty$ 时,$-\alpha t + \int_{t_0}^{t} g(t)\mathrm{d}t \to -\infty$,并且满足条件(2),那么方程组(10) 的所有解也趋于零.

为了证明定理的第一部分,我们将从讨论积分方程

$$\boldsymbol{X}(t) = \boldsymbol{Y}(t-t_0)\boldsymbol{X}_0 + \boldsymbol{Y}_1(t)\int_{t_0}^{t}\boldsymbol{Y}_1(-\tau)f(\tau,\boldsymbol{X})\mathrm{d}\tau + \int_{t_0}^{t}\boldsymbol{Y}_2(t-\tau)f(\tau,\boldsymbol{X})\mathrm{d}\tau \tag{12}$$

开始,我们先要证,当 $\tau \to +\infty$,即当 $-\tau \to -\infty$ 时,组成矩阵 $\boldsymbol{Y}_1(-\tau)$ 的各解是有界的. 为此目的,先估计积分

$$v_1(\boldsymbol{X}_0, t_0) = \int_{t_0}^{\infty}\boldsymbol{Y}_1(-\tau)f(\tau,\boldsymbol{X}(\tau))\mathrm{d}\tau$$

其中 $\boldsymbol{X}(t)$ 是方程组(10) 的解,当 $t = t_0$ 时,它变为 $\boldsymbol{X}_0$.

利用关于$\boldsymbol{Y}_1(-\tau)$ 的估计(5) 及利用关于 $f(\tau,\boldsymbol{X})$ 的条件(3),便得,当 τ 充分大时

$$|\boldsymbol{Y}_1(-\tau)f(\tau,\boldsymbol{X})| \leqslant C_1\tau^{p-1}g(\tau)\,|\boldsymbol{X}(\tau)|$$

现在利用基本不等式(8),可得当 τ 充分大时

$$\begin{aligned}|\boldsymbol{Y}_1(-\tau)f(\tau,\boldsymbol{X})| &\leqslant C_1\tau^{p-1}g(\tau)A\mathrm{e}^{\lambda\tau}\tau^{m-1}\mathrm{e}^{B\int_{t_0}^{\tau}X_m(\tau)g(\tau)\mathrm{d}\tau} \\ &\leqslant C_1A\mathrm{e}^{B\int_{t_0}^{\infty}\tau^{m-1}g(\tau)\mathrm{d}\tau}\mathrm{e}^{\lambda\tau}\tau^{p+m-2}g(\tau)\end{aligned}$$

由定理的条件

$$\int_{t_0}^{\infty}\tau^{m-1}g(\tau)\mathrm{d}\tau < +\infty$$

因此

$$|\boldsymbol{Y}_1(-\tau)f(\tau,\boldsymbol{X})| < D\tau^{p+m-2}\mathrm{e}^{\lambda\tau}g(\tau)$$

故得

$$|v_1(\boldsymbol{X}_0, t_0)| \leqslant D\int_{t_0}^{\infty}\tau^{m+p-2}\mathrm{e}^{\lambda\tau}g(\tau)\mathrm{d}\tau < +\infty$$

由于 $v_1(\boldsymbol{X}_0, t_0)$ 是有尽的,我们可将前述积分方程写作

$$\boldsymbol{X}(t) = \boldsymbol{Y}(t) - \int_{t}^{\infty}\boldsymbol{Y}_1(t-\tau)f(\tau,\boldsymbol{X})\mathrm{d}\tau + \int_{t_0}^{t}\boldsymbol{Y}_2(t-\tau)f(\tau,\boldsymbol{X})\mathrm{d}\tau \tag{13}$$

其中

$$\boldsymbol{Y}(t)=\boldsymbol{Y}(t-t_0)(\boldsymbol{X}_0+v_1(\boldsymbol{X}_0,t_0))$$

是方程组(11) 的解. 由式(13) 即得

$$\boldsymbol{X}(t)-\boldsymbol{Y}(t)=-\int_t^{\infty}\boldsymbol{Y}_1(t-\tau)f(\tau,\boldsymbol{X})\mathrm{d}\tau+\int_{t_0}^{t}\boldsymbol{Y}_2(t-\tau)f(\tau,\boldsymbol{X})\mathrm{d}\tau$$

我们要证上式右端两个积分,当 $t\to\infty$ 时都趋于零. 因为

$$|\boldsymbol{Y}_1(t-\tau)|\leqslant C_1X_p(t-\tau)\leqslant C_1\tau^{p-1}\quad(\tau\geqslant t)$$

$$|\boldsymbol{Y}_1(t-\tau)f(\tau,\boldsymbol{X})|\leqslant K\,\mathrm{e}^{\lambda\tau}\tau^{m+p-2}g(\tau)\quad(K\text{ 为常数})$$

所以

$$\int_t^{\infty}\boldsymbol{Y}_1(t-\tau)f(\tau,\boldsymbol{X})\mathrm{d}\tau=O\left(\int_t^{\infty}\mathrm{e}^{\lambda\tau}\tau^{m+p-2}g(\tau)\mathrm{d}\tau\right)\to 0 \tag{14}$$

第二个积分只有当存在 λ_i 使 $\mathrm{Re}\,\lambda_i<0$ 时,才是存在的(即在当 $t\to\infty$ 时方程组(11) 有解趋于零的情形).

现在,我们来估计第二个积分

$$\int_{t_0}^{t}Y_2(t-\tau)f(\tau,X)\mathrm{d}\tau=\int_{t_0}^{\frac{t_0+t}{2}}+\int_{\frac{t_0+t}{2}}^{t}$$

当 $t-\tau\geqslant\dfrac{t-t_0}{2}$ 时,我们有

$$|\boldsymbol{Y}_2(t-\tau)|\leqslant K\,\mathrm{e}^{\lambda^*(t-\tau)}(t-\tau)^{m^*-1}\leqslant K\,\mathrm{e}^{\frac{\lambda^*(t-t_0)}{2}}t^{m^*-1}\quad(K\text{ 为常数})$$

因此

$$\left|\int_{t_0}^{\frac{t+t_0}{2}}\right|\leqslant K\mathrm{e}^{\frac{\lambda^*t}{2}}t^{m^*-1}\int_{t_0}^{\frac{t_0+t}{2}}g(\tau)\mathrm{e}^{\lambda\tau}\tau^{m-1}\mathrm{d}\tau$$

$$=O(\mathrm{e}^{\frac{\lambda^*t}{2}}t^{m^*-1})\quad(K\text{ 为常数}) \tag{15}$$

又当$\dfrac{t-t_0}{2}\leqslant\tau\leqslant t$ 时, $|\boldsymbol{Y}_2(t-\tau)|\leqslant K$($K$ 为常数). 因此

$$\left|\int_{\frac{t_0+t}{2}}^{t}\right|\leqslant K\int_{\frac{t_0+t}{2}}^{t}|f(\tau,\boldsymbol{X})|\mathrm{d}\tau$$

$$\leqslant K\int_{\frac{t_0+t}{2}}^{t}\tau^{m-1}\mathrm{e}^{\lambda\tau}g(\tau)\mathrm{d}\tau \tag{16}$$

由式(13) 到式(16) 便知,当 $t\to\infty$ 时

$$|\boldsymbol{X}(t)-\boldsymbol{Y}(t)|=O\left(\int_t^{\infty}\mathrm{e}^{\lambda t}\tau^{m+p-2}g(\tau)\mathrm{d}\tau\right)+O\left(\int_{\frac{t_0+t}{2}}^{t}\tau^{m-1}\mathrm{e}^{\lambda\tau}g(\tau)\mathrm{d}\tau\right)+O(\mathrm{e}^{\frac{\lambda^*t}{2}}t^{m^*-1})\to 0$$

这样就证明了,对应每个当 $t=t_0$ 时变为$\{\boldsymbol{X}_0\}$的解 $\boldsymbol{X}(t)$ 有一个解 $\boldsymbol{Y}$,当 $t=t_0$ 时,它变为$\{\boldsymbol{X}_0+v_1(x_0,t_0)\}$,并且 $|\boldsymbol{X}(t)-\boldsymbol{Y}(t)|\to 0$. 今往证:给定方程组(11)的解 $\boldsymbol{Y}(t)$,我们可找到满足式(13)的方程组(10)的解 $\boldsymbol{X}(t)$. 我们按下列公式来逐步逼近所要的 $\boldsymbol{X}(t)$

$$\boldsymbol{X}^0(t)=\boldsymbol{Y}(t)$$

$$\boldsymbol{X}^{(j)}(t)=\boldsymbol{Y}(t)-\int_t^{\infty}\boldsymbol{Y}_1(t-\tau)f(\tau,\boldsymbol{X}^{(j-1)})\mathrm{d}\tau+$$
$$\int_{T_0}^{t}\boldsymbol{Y}_2(t-\tau)f(\tau,\boldsymbol{X}^{(j-1)})\mathrm{d}\tau\quad(t\geqslant T_0)\tag{13'}$$

T_0 的值将在以后指出,我们要证在(13′)中所有旁义积分都是收敛的,并且对于所有 j,有

$$|\boldsymbol{X}^{(j)}(t)-\boldsymbol{Y}(t)|\to 0$$

实际上,当 $j=0$ 时这显然是正确的,设当 $j=0,1,2,\cdots,k$ 时式子成立,即当 $j=0,1,\cdots,k$ 时,在式(13)中的积分是收敛的,并且 $|\boldsymbol{X}^{(j)}-\boldsymbol{Y}|\to 0$.

于是,从充分大的 t 值开始,便有

$$|\boldsymbol{X}^{(k)}(t)|\leqslant 2|\boldsymbol{Y}(t)|\leqslant K\mathrm{e}^{\lambda t}t^{m-1}\quad(K\text{ 为常数})$$

于是因 $t-\tau\leqslant 0$ 时

$$|\boldsymbol{Y}_1(t-\tau)f(\tau,\boldsymbol{X}^{(k)})|\leqslant K\mathrm{e}^{\lambda t}\tau^{m+p-2}g(\tau)\quad(K\text{ 为常数})$$

所以积分

$$\int_t^{\infty}\boldsymbol{Y}_1(t-\tau)f(\tau,\boldsymbol{X}^{(k)})\mathrm{d}\tau$$

是收敛的,并且当 $t\to\infty$ 时它趋于零.

如像在上一段证明的末尾那样来推证,即可得

$$\int_{T_0}^{t}\boldsymbol{Y}_2(t-\tau)f(\tau,\boldsymbol{X}^{(k)})\mathrm{d}\tau\to 0$$

因此

$$|\boldsymbol{X}^{(k+1)}(t)-\boldsymbol{Y}(t)|\to 0$$

由此便知式(13′)对所有 j 都有意义,而且对于所有 j,下列不等式也都是成立的,即

$$|\boldsymbol{X}^{(j)}(t)|\leqslant C_j\mathrm{e}^{\lambda t}t^{m-1},\ |\boldsymbol{X}^{(j)}(t)-\boldsymbol{Y}(t)|\to 0\quad(t\to\infty)\tag{17}$$

$$|\boldsymbol{X}^{(j+1)}(t)-\boldsymbol{X}^{(j)}(t)|\leqslant|\boldsymbol{X}(t)-\boldsymbol{Y}(t)|+|\boldsymbol{Y}(t)-\boldsymbol{X}^{(j)}(t)|\to 0\quad(t\to\infty)$$

因此,当 $t\geqslant t_0$ 时

$$|\boldsymbol{X}^{(j+1)}(t)-\boldsymbol{X}^{(j)}(t)|$$

是有界的.

设

$$\alpha_{j+1}=\sup|\boldsymbol{X}^{(j+1)}(t)-\boldsymbol{X}^{(j)}(t)|$$

我们便得

$$|\boldsymbol{X}^{(j+1)}(t)-\boldsymbol{X}^{(j)}(t)|\leqslant\left[\int_{T_0}^{t}|\boldsymbol{Y}_2(t-\tau)|g(\tau)\mathrm{d}\tau+\int_{t}^{\infty}|\boldsymbol{Y}_1(t-\tau)|g(\tau)\mathrm{d}\tau\right]\alpha_j \tag{18}$$

当 $t\to\infty$ 时，上式两个积分都趋于零. 设 T_0 充分大，使当 $t\geqslant T_0$ 时，式(18)中的方括弧内的值小于或等于 $\beta(\beta<1)$，于是，当 $t\geqslant T_0$ 时

$$|\boldsymbol{X}^{(j+1)}(t)-\boldsymbol{X}^{(j)}(t)|\leqslant\beta\alpha_j,\alpha_{j+1}\leqslant\beta\alpha_j$$

$$\alpha_j\leqslant\beta^j\alpha_0\to 0\quad(j\to\infty)$$

因此，级数

$$\boldsymbol{X}^{(0)}(t)+[\boldsymbol{X}^{(1)}(t)-\boldsymbol{X}^{(0)}(t)]+[\boldsymbol{X}^{(2)}(t)-\boldsymbol{X}^{(1)}(t)]+\cdots$$

当 $t\geqslant T_0$ 时，均匀收敛于某一矢量函数 $\boldsymbol{X}(t)$，且由式(13′)可知，当 $t\geqslant T_0$ 时，有下列关系式

$$\boldsymbol{X}(t)=\boldsymbol{Y}(t)-\int_{t}^{\infty}\boldsymbol{Y}_1(t-\tau)f(\tau,\boldsymbol{X})\mathrm{d}\tau+\int_{T_0}^{t}\boldsymbol{Y}_2(t-\tau)f(\tau,\boldsymbol{X})\mathrm{d}\tau \tag{19}$$

由此便知 $\boldsymbol{X}(t)$ 是(10)的解. 当 $t\leqslant T_0$ 时，我们将它延展，并且当 $t\leqslant T_0$ 时，式(19)也成立. 于是，对于所给解 $\boldsymbol{Y}(t)$，我们作出了(10)的解 $\boldsymbol{X}(t)$，它有下列性质

$$|\boldsymbol{X}(t)-\boldsymbol{Y}(t)|\to 0\quad(t\to\infty)$$

如我们所曾证(10)的每一个解都可表示为式(19)的形式，因此，我们已经在方程组(10)与(11)间建立了所要的对应关系.

方程组(10)满足式(19)的解 $\boldsymbol{X}(t)$ 是唯一决定的. 如设 $\widetilde{\boldsymbol{X}}(t)$ 为满足式(19)的另一解，即

$$\widetilde{\boldsymbol{X}}(t)=\boldsymbol{Y}(t)-\int_{t}^{\infty}\boldsymbol{Y}_1(t-\tau)f(\tau,\tilde{x})\mathrm{d}\tau+\int_{T_0}^{t}\boldsymbol{Y}_2(t-\tau)f(\tau,\tilde{x})\mathrm{d}\tau \tag{19′}$$

则将(19)与(19′)两式相减可得

$$|\boldsymbol{X}(t)-\widetilde{\boldsymbol{X}}(t)|\leqslant\int_{T_0}^{t}|\boldsymbol{Y}_2(t-\tau)|g(\tau)|\boldsymbol{X}(\tau)-\widetilde{\boldsymbol{X}}(\tau)|\mathrm{d}\tau+\int_{t}^{\infty}|\boldsymbol{Y}_1(t-\tau)|g(\tau)|\boldsymbol{X}(\tau)-\widetilde{\boldsymbol{X}}(\tau)|\mathrm{d}\tau$$

设

$$\alpha=\sup_{t\geqslant T_0}|\widetilde{\boldsymbol{X}}(t)-\boldsymbol{X}(t)|$$

(因为 $|\widetilde{\boldsymbol{X}}(t)-\boldsymbol{X}(t)|\leqslant|\widetilde{\boldsymbol{X}}(t)-\boldsymbol{Y}(t)|+|\boldsymbol{Y}(t)-\boldsymbol{X}(t)|\to 0$，所以 α 是有限的)，于是当 $t\geqslant T_0$ 时，根据 T_0 的选择，便得

$$|\boldsymbol{X}(t)-\widetilde{\boldsymbol{X}}(t)|\leqslant\beta\alpha$$

其中 $\beta<1$，但 $\alpha\leqslant\beta\alpha$，由此便得 $\alpha=0$. 即当 $t\geqslant T_0$ 时，$\boldsymbol{X}(t)=\widetilde{\boldsymbol{X}}(t)$. 因此，根据解的唯一性，$\boldsymbol{X}(t)$ 与 $\widetilde{\boldsymbol{X}}(t)$ 是处处相等的. 所以 $\boldsymbol{X}(t)$ 与 $\boldsymbol{Y}(t)$ 间的对应关系可由在时刻 t_0 的初值来规定，即命

$$\boldsymbol{X}_0=\boldsymbol{Y}_0-v(t_0,\boldsymbol{X}_0)\tag{20}$$

其中

$$v(t_0,\boldsymbol{X}_0)=\int_{t_0}^{\infty}\boldsymbol{Y}_1(t_0-\tau)f(\tau,\boldsymbol{X})\mathrm{d}\tau+\int_{t_0}^{T_0}\boldsymbol{Y}_2(t_0-\tau)f(\tau,\boldsymbol{X})\mathrm{d}\tau\tag{21}$$

这一对应关系应照下面那样来了解. 对于给定的矢量 $\boldsymbol{X}_0$，我们作，当 $t=t_0$ 时经过 $\boldsymbol{X}_0$ 的解 $\boldsymbol{X}(t)$，并按(20) 与(21) 去定出 $\boldsymbol{Y}_0$. 如果 $\boldsymbol{Y}(t)$ 是(11) 的解，且当 $t=t_0$ 时，它经过 $\boldsymbol{Y}_0$，那么 $\boldsymbol{Y}(t)$ 满足式(19)，因为在式(19) 中 $\boldsymbol{Y}(t)$ 也是(11) 的解，并且当 $t=t_0$ 时，它也经过 $\boldsymbol{Y}_0$，于是有 $\boldsymbol{X}(t)-\boldsymbol{Y}(t)\to0$. 如果给定 $\boldsymbol{Y}_0$，那么我们可作当 $t=t_0$ 时经过 $\boldsymbol{Y}_0$ 的解 $\boldsymbol{Y}(t)$. 于是由以上的证明可知，方程组(10) 有满足式(19) 的唯一解 $\boldsymbol{X}(t)$，于是 $\boldsymbol{X}_0=\boldsymbol{X}(t_0)$ 由 $\boldsymbol{Y}_0$ 所唯一决定.

我们要证，所作的对应 $\boldsymbol{X}_0\sim\boldsymbol{Y}_0$ 是同胚的. 由(9) 可得，$t\geqslant t_0$ 时

$$|\boldsymbol{X}(t)-\widetilde{\boldsymbol{X}}(t)|\leqslant K\mathrm{e}^{\lambda(t-t_0)}X_m(t)\,|\boldsymbol{X}_0-\widetilde{\boldsymbol{X}}_0|\tag{22}$$

为了证明 $\boldsymbol{Y}_0$ 依存于 $\boldsymbol{X}_0$ 的连续性，我们只要证明 $v(t_0,\boldsymbol{X}_0)$ 是 $\boldsymbol{X}_0$ 的连续函数就够了. 我们有

$$|v(t_0,\boldsymbol{X}_0)-v(t_0,\widetilde{\boldsymbol{X}}_0)|\leqslant\int_{t_0}^{\infty}|\boldsymbol{Y}_1(t_0-\tau)|\,g(\tau)\,|\boldsymbol{X}(\tau)-\widetilde{\boldsymbol{X}}(\tau)|\,\mathrm{d}\tau+\int_{t_0}^{T_0}|\boldsymbol{Y}_2(t_0-\tau)|\,g(\tau)\,|\boldsymbol{X}(\tau)-\widetilde{\boldsymbol{X}}(\tau)|\,\mathrm{d}\tau$$

(我们假定 $T_0\geqslant t_0$，若 $t_0\geqslant T_0$，则只要积分的上下限互换即可).

利用式(5)，式(6) 及式(22) 以及积分 $\int_t^{\infty}t^{m+p-2}\mathrm{e}^{\lambda t}g(t)\mathrm{d}t$ 的收敛性，便得

$$|v(t_0,\boldsymbol{X}_0)-v(t_0,\widetilde{\boldsymbol{X}}_0)|\leqslant\text{const.}\ |\boldsymbol{X}_0-\widetilde{\boldsymbol{X}}_0|$$

因此，$\boldsymbol{Y}_0$ 是连续依存于 $\boldsymbol{X}_0$ 的.

根据式(9)，由于积分 $\int_{t_0}^{\infty}t^{m+p-2}\mathrm{e}^{\lambda t}g(t)\mathrm{d}t$ 的收敛性，如果选择 $t_0\geqslant K>-\infty$(K 为常数)，那么(22) 中的常数可看作与 t_0 无关.

选择 $t_0\geqslant T_0$ 如此大，使得

$$K\mathrm{e}^{-\lambda t_0}\left[\int_{t_0}^{\infty}|\boldsymbol{Y}_1(t_0-\tau)|\,g(\tau)\mathrm{e}^{\lambda\tau}X_m(\tau)\mathrm{d}\tau+\int_{T_0}^{t_0}|\boldsymbol{Y}_2(t_0-\tau)|\,g(\tau)\mathrm{e}^{\lambda\tau}X_m(\tau)\mathrm{d}\tau\right]\leqslant\beta<1\tag{23}$$

(上式两个积分,当 $t_0 \to +\infty$ 时,都趋于零,因而这个选择是可能的).

但

$$\boldsymbol{X}(t_0)-\widetilde{\boldsymbol{X}}(t_0)=\boldsymbol{Y}(t_0)-\widetilde{\boldsymbol{Y}}(t_0)-\int_{t_0}^{\infty}\boldsymbol{Y}_1(t_0-\tau)[f(\tau,\boldsymbol{X})-f(\tau,\widetilde{\boldsymbol{X}})]\mathrm{d}\tau+$$

$$\int_{T_0}^{t_0}\boldsymbol{Y}_2(t_0-\tau)[f(\tau,\boldsymbol{X})-f(\tau,\widetilde{\boldsymbol{X}})]\mathrm{d}\tau$$

因而,利用式(22) 及式(23),可得

$$|\boldsymbol{X}(t_0)-\widetilde{\boldsymbol{X}}(t_0)|\leqslant|\boldsymbol{Y}(t_0)-\widetilde{\boldsymbol{Y}}(t_0)|+\beta|\boldsymbol{X}(t_0)-\widetilde{\boldsymbol{X}}(t_0)|$$

$$|\boldsymbol{X}(t_0)-\widetilde{\boldsymbol{X}}(t_0)|\leqslant\frac{1}{1-\beta}|\boldsymbol{Y}(t_0)-\widetilde{\boldsymbol{Y}}(t_0)|$$

因此,对充分大的 t_0,$\boldsymbol{X}_0$ 是连续依存于 $\boldsymbol{Y}_0=\boldsymbol{Y}(t_0)$ 的. 于是,利用在有尽时间区间上,解对于初值的连续性,我们立知定理的第一部分完全得证.

现在来证明定理的第二部分,设特征方程 $\det|\boldsymbol{A}-\lambda\boldsymbol{E}|=0$ 的根的实数部分都是负的,用我们以上的记号,此即 $\lambda=\lambda^*<0$,$m=m^*$. 先设 $m^*=1$,则 $X_m(t)=1$,且由不等式(8) 即得

$$|\boldsymbol{X}(t)|\leqslant\boldsymbol{A}\mathrm{e}^{\lambda^* t+\boldsymbol{B}\int_{t_0}^{t}g(t)\mathrm{d}t}$$

因此,如果 $-\alpha t+\int_{t_0}^{t}g(t)\mathrm{d}t\to-\infty$($\alpha>0$ 是任意的),那么 $|\boldsymbol{X}(t)|\to 0$.

至于 $m>1$ 的情形,则可化为 $m=1$ 的情形.

用以下两个方程

$$\frac{\mathrm{d}x_{n+1}}{\mathrm{d}t}=(\lambda+\varepsilon)x_{n+1}$$

$$\frac{\mathrm{d}y_{n+1}}{\mathrm{d}t}=(\lambda+\varepsilon)y_{n+1}$$

分别加到方程组(10) 与(11) 中,则新的矩阵 $\boldsymbol{A}$ 是

$$\boldsymbol{A}'=\begin{pmatrix}\boldsymbol{A} & 0\\ & \vdots\\ & 0\\ 0\cdots 0 & \lambda+\varepsilon\end{pmatrix},\quad \mathrm{e}^{\boldsymbol{A}'t}=\begin{pmatrix}\mathrm{e}^{\boldsymbol{A}t} & 0\\ & \vdots\\ & 0\\ 0\cdots 0 & \mathrm{e}^{(\lambda+\varepsilon)t}\end{pmatrix}$$

由此便得

$$|\mathrm{e}^{\boldsymbol{A}'t}|=\sqrt{|\mathrm{e}^{\boldsymbol{A}t}|^2+\mathrm{e}^{2(\lambda+\varepsilon)t}}\leqslant C_\varepsilon\mathrm{e}^{(\lambda+\varepsilon)t}$$

如果将 C_ε 明显地写出来,则立得,当 $\varepsilon\to 0$ 时,$C_\varepsilon\to 0$. 因此,如果对某 $\varepsilon>0$ 有

$$(\lambda+\varepsilon)t+C_\varepsilon\int_{t_0}^{t}g(\tau)\mathrm{d}\tau\to-\infty$$

或

$$\frac{\lambda+\varepsilon}{C_\varepsilon}t+\int_{t_0}^{t}g(\tau)\mathrm{d}\tau\to-\infty \tag{24}$$

那么方程组(10) 的所有解都趋于零. 很难写出 C_ε 的明显表示式.

如果当 $t\to+\infty$ 时, $-\alpha t+\int_{t_0}^{t} g(\tau)\mathrm{d}\tau\to-\infty$,那么条件(24) 显然是满足的.

以 t 代替 $-t$,我们可以找到对应于 $t\to-\infty$ 时的条件.

我们来解释这个定理的几何意义,例如设对于线性组 $\frac{\mathrm{d}\boldsymbol{Y}}{\mathrm{d}t}=\boldsymbol{AY}$,有 k 维流形 P_k 存在,当 $t=t_0$ 时,经过其内的点的积分线是渐近趋向于周期积分线的. 此时,我们可将所有讨论转移到 $n+1$ 维空间$(y_1,y_2,\cdots,y_n,t)$ 内去,在此空间中,流形 P_k 是在一个位于 n 维空间 $t=t_0$ 内的超越平面内(例如,在二维平面上的直线). 于是在与空间$(y_1,y_2,\cdots,y_n,t)$ 对应的空间$(x_1,x_2,\cdots,x_n,t)$ 上,我们由所证得的定理可知有 k 维流形存在,它与 P_k 是同胚的,并且它位于 $t=t_0$ 的超越平面上,由此流形各点出发的积分线当 $t\to+\infty$ 时也无限趋向于曲线

$$x_1=\varphi_1(\tau),x_2=\varphi_2(\tau),\cdots,x_n=\varphi_n(\tau)\quad(t=\tau)$$

其中 $\varphi_i(\tau)$ 是周期函数.

如果对于方程组(11),从流形 P_k 的点出发的积分线都是周期解,那么可得同样的(但并不更尖锐的) 结果.

在上面所讨论的情形中,方程组(10) 的轨道的极限体系,普遍来说,不能由一个轨道就可认识到. 为避免误解起见,我们指出,如果方程组(11) 有鞍形曲线的某一流形,那么不能由上述定理推出,方程组(10) 也将有同维鞍形曲线的流形. 与此相反,若方程组(10) 有有界解的 k 维流形,则方程组(11) 也有有界解的 k 维流形. 有趣的是方程组(10) 的解都是有界的或都趋于零的极端情形. 此时,我们可得关于李雅普诺夫式稳定性的定理.

推论 5 方程组

$$\frac{\mathrm{d}y}{\mathrm{d}t}=\boldsymbol{A}y+f(y,t)$$

的明显解为渐近稳定的充分条件是:特征方程 $|\boldsymbol{A}-\lambda\boldsymbol{E}|=0$ 的所有根具有负的实数部分并且

$$|f(\bar{y},t)-f(\bar{\bar{y}},t)|\leqslant g(t)|\bar{y}-\bar{\bar{y}}|$$

及

$$-\alpha t+\int_{t_0}^{t} g(t)\mathrm{d}t\to-\infty\quad(\alpha>0)$$

如果考虑 $\frac{\mathrm{d}\boldsymbol{Y}}{\mathrm{d}t}=\boldsymbol{AY}$ 的所有解都是有界的情形,那么我们可得相应的定理. 由有界条件可知,特征方程所有根的实数部分是负的,或等于零,而且对应实数部分等于零的根的初等因子是一次的. 假定不是所有根的实数部分都是负的,则用以上的记号就是 $\lambda=0,m=1$. 利用这些,我们可得下面这个有趣的定理.

推论 6 方程组

$$\frac{\mathrm{d}y}{\mathrm{d}t}=\mathbf{A}y+f(y,t)$$

的明显解是李雅普诺夫式稳定的充分条件,是:

1. 特征方程的所有根的实数部分等于零,或是负的,并且实数部分是零的根其所对应的初等因子是一次的;

2. $|f(\bar{y},t)-f(\bar{\bar{y}},t)|\leqslant g(t)|\bar{y}-\bar{\bar{y}}|$,而且积分

$$\int_{t_0}^{+\infty}t^{p-1}g(t)\mathrm{d}t$$

是收敛的.

参考资料

[1] Ляпунов, А. М., Общая задача об устойчивости движения. Избранные труды А. М. Ляпунова. Изд. Акад. Наук, 1948. Предыдущие издания сочинения: Общая задача об устойчивости Движения, 1892, Харьков; 1935, ОНТИ, Л. —М.

[2] Еругин, Н. П., Неприводимые системы, Труды Математического института имени Стеклова, В. А., т. XIII, 1946.

[3] Смирнов, В. И., Курс высшей математики для техников и физиков, т. III, М.-Л., 1933, стр. 467 и след.

[4] См. также Lefschetz, S., Lectures on differential equations. Princeton, 1946.

[5] Смирнов, В. И., См. ссылку, стр. 478, а также книгу Мальцев, А. И., Основы линейной алгебры, гл, VI, стр. 67-69.

[6] Perron, O., Die Ordnungszahlen der Differentialgleichungssysteme. Math. Ztschr., т. 31, 1929.

[7] Perron, O., См. также Trjitzinsky, W. J., Properties of growth for solutions of differential equations of dynamical type. Trans. of the Amer. mathem. Soc., 1941, 50(2).

[8] Perron, O., Über lineare Differentialgleichungen, bei denen die unabhängige Variabe reel ist. Journ. d. reine und angewandte Mathematik, 142, 1913.

[9] Персидский, Қ. П., О характеристических числах дифференциальных уравнений. Изв. Акад. Наук Қазахской ССР, 1947, вып, 1.

[10] См. ссылки, а также Четаев, Н. Г., Устойчивость движения, ОГИЗ, 1946.

[11] Якубович, В. Я., Об асимптотическом поведении решений систем дифференциальных уравнений, ДАН, 1948, 24(7). См. также Weyl, H., Comment. on the preceeding paper, Amer. Journal of Math., 1946, 68(1).

n 维微分方程组的奇点邻域和周期解的研究

第四章

§1 在解析情形下奇点邻域的研究

在这一节中,我们讨论如下形式的方程组

$$\frac{\mathrm{d}x_i}{\mathrm{d}t}=\sum_{k=1}^{n}a_{ik}(t)x_k+\varphi_i(x_1,x_2,\cdots,x_n,t)$$

$$(i=1,2,\cdots,n) \tag{1}$$

其中 $a_{ik}(t)$ 是对于 $t\geqslant t_0$ 或 $t\leqslant t_0$ 为有界的函数,而 $\varphi_i(x_1,x_2,\cdots,x_n,t)$ 是变数 $x_1,x_2,\cdots,x_n$ 的整幂的幂级数,其系数当 $t\geqslant t_0$ 时或当 $t\leqslant t_0$ 时,是 t 的有界函数.函数 $\varphi_i(x_1,x_2,\cdots,x_n,t)$ 的展开式中只含有从二次幂开始的项.

我们先研究当方程组

$$\frac{\mathrm{d}x_i}{\mathrm{d}t}=\sum_{i=1}^{n}a_{ik}x_i+\varphi_i(x_1,x_2,\cdots,x_n) \tag{1'}$$

中的 a_{ik} 是常数,同时 $\varphi_i(x_1,x_2,\cdots,x_n)$ 是从二次项起且系数是常数的情况.为了表明这一事实,有时将方程组(1)写成

$$\frac{\mathrm{d}x_i}{\mathrm{d}t}=\sum_{k=1}^{n}a_{ik}x_k+[x_1,x_2,\cdots,x_n]_2\quad(i=1,2,\cdots,n)$$

我们的目的是研究在奇点邻域内积分线的性状.这里的基本结果是来自庞加莱、毕卡和李雅普诺夫[1].

我们开始讨论方程组(1′).

由于函数 φ_i 是解析的，所以当系数 $a_{ik}(i=1,2,\cdots,n;k=1,2,\cdots,n)$ 以及变数 $x_1,x_2,\cdots,x_n$ 取复数值(有时这样假定) 时，我们所阐发的理论仍有意义.

今设法求由等式

$$x_i=g_i(z_1,z_2,\cdots,z_n)\quad(i=1,2,\cdots,n)$$

所表示的在原点邻近的解析的通积分，其中 $g_i(i=1,2,\cdots,n)$ 是它所含变量的解析函数，而 $z_1,z_2,\cdots,z_n$ 是线性方程组

$$\frac{\mathrm{d}y_i}{\mathrm{d}t}=\sum_{k=1}^{n}a_{ik}y_k\quad(i=1,2,\cdots,n)\tag{2}$$

的解. 不但如此，在很一般的条件下，我们还有可能将所给的方程组利用变数的解析变换化到可逐步积分的方程组的形式. 这样，在研究了方程组(2) 的解之后，即可得出所有在解析变换下保持不变的方程组的解的性质. 这就包括可以阐明一些积分线的流形的拓扑特征以及在原点处对某个轴所有的切触度的性质，实际上，所有这些性质给出了对 n 个方程的方程组所要研究的定性性质.

这个研究由两部分组成. 第一部分就是在很一般的情形下去证明存在形式积分，即去证明存在满足方程组的一般说来是发散的形式幂级数. 第二部分是在相当狭义的假定下去证明这些级数的收敛性. 这些研究来自庞加莱、毕卡和杜拉克(Dulac).

形式积分法　首先假定条件：

(1) 特征矩阵的所有初等因子都是简单的；

(2) 在特征方程的诸根 $\lambda_1,\lambda_2,\cdots,\lambda_n$ 之间，下列形式的线性关系式

$$k_1\lambda_1+k_2\lambda_2+\cdots+(k_i-1)\lambda_i+\cdots+k_n\lambda_n=0$$

不存在，其中 $k_i\geqslant 0$ 是整数，且 $\sum\limits_{i=1}^{n}k_i>1$.

在这些假定下，去证明下列预备定理.(在以后的定理中，将去掉这两个限制.)

定理 1　如果条件(1) 和(2) 成立，那么有形式级数

$$z_i=g_i(x_1,x_2,\cdots,x_n)\quad(i=1,2,\cdots,n)$$

存在，因此可将原方程组化为

$$\frac{\mathrm{d}z_i}{\mathrm{d}t}=\lambda_iz_i\quad(i=1,2,\cdots,n)$$

证明　假定利用一般说来具有复数系数的线性变换，将原方程组化成

$$\frac{\mathrm{d}x_i}{\mathrm{d}t}=\lambda_ix_i+F_i(x_1,x_2,\cdots,x_n)\quad(i=1,2,\cdots,n)\tag{3}$$

其中 $F_i(i=1,2,\cdots,n)$ 是变数 $x_1,x_2,\cdots,x_n$ 的幂级数，它是从不低于二次的项开始的.

今考虑解析变换

$$\bar{y}_i = x_i + \varphi_{i2} + \varphi_{i3} + \cdots + \varphi_{iN} \quad (i = 1, 2, \cdots, N)$$

其中 $\varphi_{ik}(i = 1, 2, \cdots, N)$ 是变数 $x_1, x_2, \cdots, x_n$ 的 k 次多项式

可利用上述变换，将原方程组化为

$$\frac{\mathrm{d}\bar{y}_i}{\mathrm{d}t} = \lambda_i \bar{y}_i + \Phi_i^{[N]} \quad (i = 1, 2, \cdots, n) \tag{4}$$

其中 $\Phi_i^{[N]}$ 是至少从 $N + 1$ 次的项开始的幂级数.

事实上，设

$$F_i(x_1, x_2, \cdots, x_n) = F_{i2} + F_{i3} + \cdots + F_{iN} + \cdots$$

其中 F_{ik} 是 k 次项的全体. 在方程组(3) 中引入新变量 $\bar{y}_i$ 并去选择多项式 $\varphi_{ik}(k = 2, 3, \cdots, N)$ 的系数，使得直到 N 次的所有项都消失. 这样就得到一组等式

$$\begin{cases} F_{i2} + \sum\limits_{j=1}^{n} \dfrac{\partial \varphi_{i2}}{\partial x_j} \lambda_j x_j = \partial_i \varphi_{i2} \\ F_{i3} + \sum\limits_{j=1}^{n} \left(\dfrac{\partial \varphi_{i3}}{\partial x_j} \lambda_j x_j + \dfrac{\partial \varphi_{i2}}{\partial x_j} F_{j2} \right) = \lambda_i \varphi_{i3} \\ \quad\vdots \\ F_{iN} + \sum\limits_{j=1}^{n} \left(\dfrac{\partial \varphi_{iN}}{\partial x_j} \lambda_j x_j + \sum\limits_{p+q=N+1} \dfrac{\partial \varphi_{ip}}{\partial x_j} F_{jq} \right) = \lambda_i \varphi_{iN} \end{cases} \tag{5}$$

将这些等式看作确定多项式 $\varphi_{i2}, \varphi_{i3}, \cdots, \varphi_{iN}(i = 1, 2, \cdots, n)$ 的偏微分方程.

以 c_i 表示 φ_{i2} 的 $x_1^{e_1} x_2^{e_2} \cdots x_n^{e_n}$ 项的系数，其中 $e_1 + e_2 + \cdots + e_n = 2$，而以 d_i 表示 F_{i2} 的对应项的系数. 于是为使等式(5) 中的第一式成立，只要

$$d_i + [e_1\lambda_1 + e_2\lambda_2 + \cdots + (e_i - 1)\lambda_i + \cdots + e_n\lambda_n]c_i = 0$$

因为按照定理的条件，在括弧中的量不等于零，所以由上式可求出 c_i 的值.

这样一步一步地推下去，后面一些方程就可确定多项式 $\varphi_{i3}, \varphi_{i4}, \cdots$ 的系数. 因为，如果假定多项式 $\varphi_{i2}, \varphi_{i3}, \cdots, \varphi_{i,k-1}$ 的系数已求得，那么可将多项式 φ_{ik} 的方程写成

$$\left(F_{ik} + \sum_{j=1}^{n} \sum_{p+q=k+1} \frac{\partial \varphi_{ip}}{\partial x_j} F_{jq} \right) + \sum_{j=1}^{n} \frac{\partial \varphi_{ik}}{\partial x_j} \lambda_j x_j = \lambda_j \varphi_{ik}$$

因为 $q \geqslant 2$，所以 $p \leqslant k - 1$，因而在括弧中的值是已知的. 这样，就变成与第一个方程相同的情形，其唯一的差别是此时 $e_1 + e_2 + \cdots + e_n = k$.

以上证明了我们的论断.

在方程(4) 中，表示附加项 $\Phi_i^{[N]}$ 的次数的 N 可以取得任意大，且由方程组(5) 的性质可见，多项式 $\varphi_{i2}, \varphi_{i3}, \cdots, \varphi_{ik}(k < N)$ 等的系数可以依次确定而与数 N 无关. 如果认定运算过程无限继续下去($N \to \infty$)，便得到定理所要求的级数

$$z_i = g_i(x_1, x_2, \cdots, x_n) \equiv x_i + \sum_{k=2}^{\infty} \varphi_{ik} \quad (i=1,2,\cdots,n)$$

这些级数是下列偏微分方程

$$(\lambda_1 x_1 + F_1)\frac{\partial g}{\partial x_1} + (\lambda_2 x_2 + F_2)\frac{\partial g}{\partial x_2} + \cdots + (\lambda_n x_n + F_n)\frac{\partial g}{\partial x_n} = \lambda_i g \quad (*)$$

$$(i=1,2,\cdots,n)$$

的明显的形式积分，而多项式 $\varphi_{ik}(i=1,2,\cdots,n;k=2,3,\cdots)$ 的系数的逐次计算就是准确到常数因子的求偏导数 $\frac{\partial^{e_1+e_2+\cdots+e_n} g}{\partial x_1^{e_1}\partial x_2^{e_2}\cdots\partial x_n^{e_n}}$ 在 $x_1=0, x_2=0, \cdots, x_n=0$ 处的计算过程.

由此易证函数 $z_i = g_i(x_1, x_2, \cdots, x_n)(i=1,2,\cdots,n)$ 满足方程组

$$\frac{\mathrm{d}z_i}{\mathrm{d}t} = \lambda_i z_i \quad (i=1,2,\cdots,n)$$

因为，若设 $x_1, x_2, \cdots, x_n$ 满足原方程组(3)，即设

$$\frac{\mathrm{d}x_i}{\mathrm{d}t} = \lambda_j x_j + F_j \quad (j=1,2,\cdots,n)$$

则由此便可将等式(*)写成

$$\frac{\partial g_i}{\partial x_1}\frac{\mathrm{d}x_1}{\mathrm{d}t} + \frac{\partial g_i}{\partial x_2}\frac{\mathrm{d}x_2}{\mathrm{d}t} + \cdots + \frac{\partial g_i}{\partial x_n}\frac{\mathrm{d}x_n}{\mathrm{d}t} = \lambda_i g_i$$

即

$$\frac{\mathrm{d}z_i}{\mathrm{d}t} = \lambda_i z_i \quad (i=1,2,\cdots,n)$$

定理证毕.

我们指出下一事实：可以用另外的方法来求导数 $\left(\frac{\partial^{e_1+e_2+\cdots+e_n} g}{\partial x_1^{e_1}\partial x_2^{e_2}\cdots\partial x_n^{e_n}}\right)_0$，即接连地微分偏微分方程组(5). 用这个方法就可得到所求导数与前面逐步已求得的值之间的关系式. 我们易证，在经必要的微分后得到的这样的关系式中，所求导数的系数等于 $e_1\lambda_1 + e_2\lambda_2 + \cdots + (e_i - 1)\lambda_i + \cdots + e_n\lambda_n$. 在后面将利用这个事实. 今再指出，所得到的系数是与函数 $F_1, F_2, \cdots, F_n$ 的特殊形式无关的，只要它们可表示成从二次项开始的级数.

收敛性问题　如果所得的形式级数是收敛的，那么它们就能给出原点附近积分线的性状. 很显然，若有解析的解存在，则它就可由这些级数表示出来(由于唯一性).

现对特征方程的根加以下列限制.

基本条件　以复数平面上的点表示复数 $\lambda_1, \lambda_2, \cdots, \lambda_n$. 今要求存在经过原点的直线能使所得到的这 n 个点位于这条直线的一侧.

在实系数的情形下，这个限制即排斥了某一些根有正的实数部分，而另一

些根有负的实数部分的可能，也排斥了至少有一对纯虚根的情形，但这远未述尽所有例外情形. 基本条件也可叙述如下：如果$\lambda_1,\lambda_2,\cdots,\lambda_n$是作为在复数平面上一些点的标记，那么有凸域(闭的) 存在，它包含这些点但不包含原点. 下面利用这一种说法来证明级数的收敛性.

设所需要的凸域已经给出，考虑表达式

$$\left|\frac{\lambda_1 p_1+\lambda_2 p_2+\cdots+\lambda_n p_n}{p_1+p_2+\cdots+p_n}\right| \tag{6}$$

对于任意的不全为零的非负整数 $p_i(i=1,2,\cdots,n)$，上式大于某一常数，因为它所确定的是位于 $\lambda_1,\lambda_2,\cdots,\lambda_n$ 诸点处的质量为 $p_1,p_2,\cdots,p_n$ 的重心的标记的模.

现在再考虑式子

$$\frac{\lambda_1(p_1-1)+\lambda_2 p_2+\cdots+\lambda_n p_n}{p_1-1+p_2+\cdots+p_n}$$

并将它写作

$$\frac{\dfrac{\lambda_1 p_1+\lambda_2 p_2+\cdots+\lambda_n p_n}{p_1+p_2+\cdots+p_n}-\dfrac{\lambda_1}{p_1+p_2+\cdots+p_n}}{1-\dfrac{1}{p_1+p_2+\cdots+p_n}} \tag{7}$$

分子和分母中第二项的模随 $p_i(i=1,2,\cdots,n)$ 的增大而趋于零. 因此，若 $p_1+p_2+\cdots+p_n\geqslant K$，其中 K 充分大，则式(7) 的模大于某一正的常数. 当 $1<p_1+p_2+\cdots+p_n<K$ 时，式(7) 分子的模有已知的极小值，而由于各根 $\lambda_1,\lambda_2,\cdots,\lambda_n$ 的线性无关性(条件(2))，这个极小值是不等于零的.

因此，可找到正的常数 ε，能使对满足条件 $p_1+p_2+\cdots+p_n>1$ 的正整数 p_i，有下列不等式

$$\left|\frac{\lambda_1(p_1-1)+\lambda_2 p_2+\cdots+\lambda_n p_n}{p_1-1+p_2+\cdots+p_n}\right|>\varepsilon$$

成立. 同样的，在条件 $\sum_{i=1}^{n} p_i>1$ 下，也有

$$\left|\frac{\lambda_1 p_1+\lambda_2 p_2+\cdots+\lambda_{i-1}p_{i-1}+\lambda_i(p_i-1)+\lambda_{i+1}p_{i+1}+\cdots+\lambda_n p_n}{p_1+p_2+\cdots+p_{i-1}+(p_i-1)+p_{i+1}+\cdots+p_n}\right|>\varepsilon$$
$$(i=1,2,\cdots,n) \tag{8}$$

且可选择正数 ε 使其与 i 无关. 式(8) 在收敛性的证明中是很根本的.

今转到收敛性的直接证明，且将在复数平面上来研究形式级数的收敛性.

考虑方程

$$(\lambda_1 x_1+F_1)\frac{\partial g}{\partial x_1}+(\lambda_2 x_2+F_2)\frac{\partial g}{\partial x_2}+\cdots+(\lambda_n x_n+F_n)\frac{\partial g}{\partial x_n}=\lambda_i g \tag{9}$$

设 $g_i=Ax_i+v$ 是这个方程的形式积分，其中 v 是从二次项起始的级数，而

A 是任意常数.

将 g_i 代入方程(9),便有

$$\lambda_1 x_1 \frac{\partial v}{\partial x_1} + \lambda_2 x_2 \frac{\partial v}{\partial x_2} + \cdots + \lambda_n x_n \frac{\partial v}{\partial x_n} - \lambda_i v =$$

$$-F_1 \frac{\partial v}{\partial x_1} - F_2 \frac{\partial v}{\partial x_2} - \cdots - F_n \frac{\partial v}{\partial x_n} + H$$

其中 $F_1, F_2, \cdots, F_n$ 和 H 是最低从二次项起始的级数.

用 M 表示当变数在一个半径为 a、原点为中心的圆内改变时,函数 F_1, $F_2, \cdots, F_n$ 和 H 的模的极大值.

考虑方程

$$\varepsilon\left(x_1 \frac{\partial V}{\partial x_1} + x_2 \frac{\partial V}{\partial x_2} + \cdots + x_n \frac{\partial V}{\partial x_n} - V\right) =$$

$$\left(\frac{M}{1-\frac{X}{a}} - M - \frac{MX}{a}\right)\left(\frac{\partial V}{\partial x_1} + \frac{\partial V}{\partial x_2} + \cdots + \frac{\partial V}{\partial x_n} + 1\right) \tag{10}$$

其中 $X = x_1 + x_2 + \cdots + x_n$,而 ε 是由不等式(8)所确定的.假定此方程有积分存在,且它与其一阶偏导数在 $x_1 = x_2 = \cdots = x_n = 0$ 时同等于 0.

比较(9)和(10)的解,从式(9)计算而得的

$$\frac{p_1!\ p_2!\ \cdots p_n!}{(p_1 + p_2 + \cdots + p_n)!}\left(\frac{\partial^{p_1+p_2+\cdots+p_n} v}{\partial x_1^{p_1} \partial x_2^{p_2} \cdots \partial x_n^{p_n}}\right)_{x_1=0, x_2=0, \cdots, x_n=0}$$

的系数 c,由前面知,是

$$\lambda_1 p_1 + \lambda_2 p_2 + \cdots + \lambda_{i-1} p_{i-1} + \lambda_i (p_i - 1) + \lambda_{i+1} p_{i+1} + \cdots + \lambda_n p_n$$

而对于式(10),同一导数的系数 $\bar{c}$ 等于[①]

$$\varepsilon[p_1 + p_2 + \cdots + p_{i-1} + (p_i - 1) + p_{i+1} + \cdots + p_n]$$

由于 ε 的选择,显然

$$|c| > |\bar{c}|$$

由此易知,方程(10)的积分的级数是对于方程(9)的积分的级数的优级数.

事实上,v 和 V 在原点处的导数的值可从如下方程

$$c \frac{p_1!\ p_2!\ \cdots p_n!}{(p_1 + p_2 + \cdots + p_n)!} \frac{\partial^{p_1+p_2+\cdots+p_n} v}{\partial x_1^{p_1} \partial x_2^{p_2} \cdots \partial x_n^{p_n}} = d$$

$$\bar{c} \frac{p_1!\ p_2!\ \cdots p_n!}{(p_1 + p_2 + \cdots + p_n)!} \frac{\partial^{p_1+p_2+\cdots+p_n} V}{\partial x_1^{p_1} \partial x_2^{p_2} \cdots \partial x_n^{p_n}} = \bar{d}$$

得到,而且如上述所证,$|\bar{c}| < |c|$.至于 d 和 $\bar{d}$,它们是前面的导数和 F_1,

① 在计算此系数时不需重做计算,只需简单地将它看作所有的 λ_i 都等于 ε,而函数 $F_1, F_2, \cdots, F_n$ 和 H 等于圆括弧中的表达式所出现的方程(9)的特殊情形,因为如所曾指出的,我们所要求的系数与这些函数的特殊形态无关.

$F_2,\cdots,F_n,H$ 以及它们的导数的线性式子，且因：(1) 在比较方程中，函数 F_1，$F_2,\cdots,F_n$ 和 H 被它们的优函数所代替；(2) 不能利用此方程来计算的一次导数等于零，所以，如果依次计算 d 和 $\bar{d}$，即可知 $|d|<|\bar{d}|$. 这就证得 V 的级数是 v 的级数的优级数.

如设 $x_1+x_2+\cdots+x_n=X$，便知 V 可作为 X 的函数而得到. 方程(10) 变成方程

$$\varepsilon\left(X\frac{\mathrm{d}V}{\mathrm{d}X}-V\right)=\left[\frac{M}{1-\frac{X}{a}}-M-M\frac{X}{a}\right]\left(n\frac{\mathrm{d}V}{\mathrm{d}X}+1\right)$$

它可以改写为

$$X\frac{\mathrm{d}V}{\mathrm{d}X}-V=\frac{M'X^2}{a-X}\left(n\frac{\mathrm{d}V}{\mathrm{d}X}+1\right)$$

其中 M' 是某一常数. 由此得

$$\left(X-\frac{nM'X^2}{a-X}\right)\frac{\mathrm{d}V}{\mathrm{d}X}-V=\frac{nM'X^2}{a-X}$$

对应的齐次线性方程为

$$\left(X-\frac{nM'X^2}{a-X}\right)\frac{\mathrm{d}\bar{V}}{\mathrm{d}X}-\bar{V}=0$$

则

$$\frac{\mathrm{d}\bar{V}}{\bar{V}}=\frac{(a-X)\mathrm{d}X}{X[a-X(1+nM')]}=\frac{\mathrm{d}X}{X}+\frac{nM'\mathrm{d}X}{a-X(1+nM')}$$

因而

$$\bar{V}=CX[a-X(1+nM')]^{-\frac{nM'}{1+nM'}}$$

即 $\bar{V}=X\varphi(X)$，其中 $\varphi(X)$ 是在原点邻域内的全纯函数，且 $\varphi(0)\neq 0$.

若令

$$V=C(X)\cdot X\varphi(X)$$

则 $\frac{\mathrm{d}C}{\mathrm{d}X}$ 将是在 $X=0$ 的邻域内的全纯函数. 由此，便可唯一地由条件 $C(0)=0$ 来确定它. 于是便得方程的全纯积分，其展开式是由 X^2 项起始的. 由此，收敛性完全获证.

因此，得出下列定理.

定理 2 如果：(1) 矩阵 $\boldsymbol{A}-\lambda\boldsymbol{E}$ 的初等因子都是简单的；(2) 在诸根之间不存在下面线性的关系式

$$k_1\lambda_1+k_2\lambda_2+\cdots+(k_i-1)\lambda_i+\cdots+k_n\lambda_n=0$$

其中 k_i 是非负的整数且 $\sum_{i=1}^{n}k_i>1$；(3) 标记为 $\lambda_1,\lambda_2,\cdots,\lambda_n$ 的诸点的分布的基本条件满足，则在原点的某一邻域中有收敛级数存在，利用它可将方程组

$$\frac{\mathrm{d}x_i}{\mathrm{d}t}=\sum_{i=1}^{n}a_{ik}z_k+[x_1,x_2,\cdots,x_n]_2$$

变为

$$\frac{\mathrm{d}z_i}{\mathrm{d}t}=\lambda_i z_i$$

且如果利用线性变换，方程组(1) 可化为

$$\frac{\mathrm{d}x_i}{\mathrm{d}t}=\lambda_i x_i+F_i(x_1,x_2,\cdots,x_n)$$

那么级数 $g_i(x_1,x_2,\cdots,x_n)$ 就是偏微分方程

$$(\lambda_1 x_1+F_1)\frac{\partial g}{\partial x_1}+(\lambda_2 x_2+F_2)\frac{\partial g}{\partial x_2}+\cdots+(\lambda_n x_n+F_n)\frac{\partial g}{\partial x_n}=\lambda_i g$$

的解析积分.

这个方向的进一步工作属于杜拉克[2].

将这个结果应用到稳定性问题上去，便有下列论断.

推论　如果特征方程的诸根 $\lambda_1,\lambda_2,\cdots,\lambda_n$ 有负的实数部分，且在诸根间不具有前述带整系数的线性关系式，那么方程组(1) 的所有解都是 O 曲线，而且它们在原点附近可用收敛级数表示，此级数是按 $\mathrm{e}^{\lambda_1 t},\mathrm{e}^{\lambda_2 t},\cdots,\mathrm{e}^{\lambda_n t}$ 的幂展开的.

有些相仿，然而更一般的定理曾被李雅普诺夫所建立. 今引入这个定理的陈述.

定理 3　给定方程组

$$\frac{\mathrm{d}x_i}{\mathrm{d}t}=\sum_{k=1}^{n}p_{ik}(t)x_k+X_i(x_1,x_2,\cdots,x_n,t)\quad(i=1,2,\cdots,n)$$

首先，设 $X_i(x_1,x_2,\cdots,x_n,t)$ 是 $x_1,x_2,\cdots,x_n$ 的幂级数，其系数当 $t\geqslant t_0$ 时为有界且是连续的；其次设 $p_{ik}(t)$，当 $t\geqslant t_0$ 时也是连续和有界的，同时设第一次近似方程组是规则的①，并且 $\lambda_1,\lambda_2,\cdots,\lambda_k$ 是同号的第一次近似方程组的解的某些特征数②，则有下列形式的级数

$$x_s=\sum L_s^{(m_1,m_2,\cdots,m_k)}\alpha_1^{m_1}\alpha_2^{m_2}\cdots\alpha_k^{m_k}\mathrm{e}^{-\sum_{i=1}^{k}m_i\lambda_i t}$$

存在，其中 $L_s^{(m_1,m_2,\cdots,m_k)}$ 是在 $t\geqslant t_0$ 时 t 的某些与任意常数无关的有界函数. 在这个级数之中求和时是遍及条件 $m_1+m_2+\cdots+m_k>0$ 的所有非负整数 m_1，$m_2,\cdots,m_k$ 的. 为确定起见，设 $\lambda_1,\cdots,\lambda_s$ 是正的，则这些级数对于任意的模不超过某一限度的 $\alpha_1,\alpha_2,\cdots,\alpha_n$ 都是绝对收敛的，并且它们表示原有方程组当 $t>t_0$ 时的解.

---

① 提醒读者，常系数以及周期系数的方程组都属于规则的方程组.

② 重提一下，在方程组的系数是常数的情况下，特征数是方程的根的实数部分带负号，而对于周期系数的方程组则是解的特征指数.

我们不引入这个定理的证明，因为包含在这个出色的命题内的定性结果可由后面将叙述的更一般的定理推出. 李雅普诺夫又研究了特征方程有纯虚根的情形，且对于一个很普遍的解析方程类，他证明了周期解的存在[1].

特征方程有纯虚根的情形和李雅普诺夫定理 设所讨论的方程组具有标准形，即方程组

$$\frac{\mathrm{d}x_i}{\mathrm{d}t}=-\frac{\partial H}{\partial y_i},\frac{\mathrm{d}y_i}{\mathrm{d}t}=\frac{\partial H}{\partial x_i}\quad (i=1,2,\cdots,n)$$

其中 H 与 t 无关，当

$$x_1=x_2=\cdots=x_n=y_1=y_2=\cdots=y_n=0$$

时，它与其一阶导数同时为零.

关于函数 H，假定它满足下列条件：

(1) 函数 H 在原点邻域内是全纯的，即它能按变数 $x_i,y_j(i=1,2,\cdots,n;j=1,2,\cdots,n)$ 的幂展开成为级数，而在这些变数的模都不超过某一正常数时，级数是收敛的；

(2) 在函数 H 中的最低次项形成一个不恒等于零的二次形式.

满足上述两个条件的函数 H 叫作非奇异的.

定理 4(李雅普诺夫) 给定具有非奇异的函数 H 的标准形方程组

$$\frac{\mathrm{d}x_s}{\mathrm{d}t}=-\frac{\partial H}{\partial y_s},\frac{\mathrm{d}y_s}{\mathrm{d}t}=\frac{\partial H}{\partial x_s}\quad (s=1,2,\cdots,n)\tag{11}$$

再设由线性项所作的特征方程有 k 对纯虚根，并且它们之中两两所成的比中没有一个是整数. 于是方程组(11) 有 k 个不同的周期解族，每一族与一个本性参数有关.

这个命题的证明很复杂且解析思想很细致. 为叙述方便起见，将这个李雅普诺夫的定理的证明分成几个辅助定理，这些辅助定理本身也是很有意思的，因为它们指出在适当的限制下，可以解除方程组是标准的条件.

辅助定理 1 给定方程组

$$\frac{\mathrm{d}r}{\mathrm{d}\theta}=R,\frac{\mathrm{d}z_s}{\mathrm{d}\theta}=q_{s1}z_1+q_{s2}z_2+\cdots+q_{sn}z_n+\varphi_s(\theta)r+Z_s\quad (s=1,2,\cdots,n)\tag{12}$$

其中 $q_{s1},q_{s2},\cdots,q_{sn}$ 是常数，$\varphi_s(\theta)$ 是 $\sin\theta$ 和 $\cos\theta$ 的二次形式，R 和 Z_s 是从二次项起始的级数，按变数 $r,z_1,z_2,\cdots,z_n$ 的升幂排列且其系数是 $\sin\theta$ 和 $\cos\theta$ 的多项式. 今假定这些级数具有系数为常数的优级数，它们在 $|r|$ 和 $|z_s|(s=1,2,\cdots,n)$ 小于某正常数时，是收敛的. 再设特征方程

$$\begin{vmatrix} q_{11}-\mu & q_{12} & \cdots & q_{1n} \\ q_{21} & q_{22}-\mu & \cdots & q_{2n} \\ \vdots & \vdots & & \vdots \\ q_{n1} & q_{n2} & \cdots & q_{nn}-\mu \end{vmatrix}=0$$

没有为$\sqrt{-1}$的整数倍的根. 于是:(1) 方程组(12) 有周期为 2π 的周期解族,它可用 $|c|\leqslant c_0$ 时为收敛的级数

$$\begin{cases} r=c+u^{(2)}(\theta)c^2+u^{(3)}(\theta)c^3+\cdots \quad (u^{(l)}(0)=0) \\ z_s=u_s^{(1)}c+u_s^{(2)}c^2+u_s^{(3)}c^3+\cdots \quad (s=1,2,\cdots,n) \end{cases} \tag{13}$$

表示,其中 $u^{(l)}$ 和 $u_s^{(l)}$ 是周期为 2π 的 θ 的周期函数;(2) 将级数(13) 代入方程组(12) 并比较 c 的相同幂的系数来定诸系数时,经有限步后一定得系数 $u^{(m)}$,它是形如

$$u^{(m)}=g\theta+v(\theta)$$

的函数,其中 g 是不为零的常数,$v(\theta)$ 是周期为 2π 的周期函数,而当 $j<m$ 时,所有 $u^{(j)}$ 和 $u_s^{(j)}$ 是 θ 的周期函数.

对 $z_1,z_2,\cdots,z_s$ 作线性变换,将线性方程组

$$\frac{\mathrm{d}z_s}{\mathrm{d}\theta}=q_{s1}z_1+q_{s2}z_2+\cdots+q_{sn}z_n \quad (s=1,2,\cdots,n)$$

变成标准形. 于是系数 q'_{sj} 除

$$q'_{11}=\mu_1,q'_{22}=\mu_2,\cdots,q'_{nn}=\mu_n$$
$$q'_{21}=\sigma_1,q'_{32}=\sigma_2,\cdots,q'_{n,n-1}=\mu_{n-1}$$

外,其余的都等于零,其中 $\mu_1,\mu_2,\cdots,\mu_n$ 是特征方程的根①,而 $\sigma_1,\sigma_2,\cdots,\sigma_{n-1}$ 是常数.

经变换后,方程组(12) 变为

$$\begin{cases} \dfrac{\mathrm{d}r}{\mathrm{d}\theta}=R \\ \dfrac{\mathrm{d}z_1}{\mathrm{d}\theta}=\mu_1 z_1+\varphi_1(\theta)r+Z_1 \\ \dfrac{\mathrm{d}z_2}{\mathrm{d}\theta}=\sigma_1 z_1+\mu_2 z_2+\varphi_2(\theta)r+Z_2 \\ \qquad\vdots \\ \dfrac{\mathrm{d}z_n}{\mathrm{d}\theta}=\sigma_{n-1} z_{n-1}+\mu_n z_n+\varphi_n(\theta)r+Z_n \end{cases} \tag{13$'$}$$

此外,为简单计算,未知函数与非线性项仍采用以前的记号. 如为证明这个辅助定理所需做的,今去求方程(13$'$) 的形式如

$$\begin{cases} r=u^{(1)}(\theta)c+u^{(2)}(\theta)c^2+u^{(3)}(\theta)c^3+\cdots \quad (u^{(1)}(\theta)\equiv 1,u^{(l)}(0)=0) \\ z_s=u_s^{(1)}(\theta)c+u_s^{(2)}(\theta)c^2+u_s^{(3)}(\theta)c^3+\cdots \quad (s=1,2,\cdots,n) \end{cases} \tag{14}$$

的级数解,它们是按任意常数 c 的幂展开的,其中待定系数 $u^{(l)}$,$u_s^{(l)}$ 是作为以 2π

---

① 在诸根间也可以有相等的.

为周期的函数去确定的.后一点并不是一定可能的,然而从下面的推导可以看出,一旦是可能的,则它们尚可作为 θ 的整倍数的正弦与余弦的有限级数而依次定出,这一事实在下面将要利用,特在这里指出.

将级数(14) 代入(13′) 中,于是,如比较 c 的相同幂的系数来确定函数 $u^{(l)}$ 和 $u_s^{(l)}$ $(s=1,2,\cdots,n;l=1,2,\cdots)$,便得到下列微分方程组

$$\begin{cases}\dfrac{\mathrm{d}u^{(l)}}{\mathrm{d}\theta}=U^{(l)}(\theta)\\ \dfrac{\mathrm{d}u_1^{(l)}}{\mathrm{d}\theta}=\mu_1 u_1^{(l)}+\varphi_1(\theta)u^{(l)}+U_1^{(l)}\\ \dfrac{\mathrm{d}u_s^{(l)}}{\mathrm{d}\theta}=\sigma_{s-1}u_{s-1}^{(l)}+\mu_s u_s^{(l)}+\varphi_s(\theta)u_s^{(l)}+U_s^{(l)}\end{cases}\tag{15}$$

其中 $s=2,3,\cdots,n;l=1,2,\cdots$. 函数 $U^{(l)}$ 和 $U_s^{(l)}$ 可由方程组(13′) 的右端直接得出,或与 $u^{(j)}$ 和 $u_s^{(j)}$ 有关,其中 $j<l$. 由此可以推知,在式(15) 中的方程可以依次积分出来.首先对于 $l=1$,然后对于 $l=2$,等等.

现在设当 $j<l$ 时,方程组(15) 已积分出来,并且对于 $j<l$,所有函数 $u^{(j)}$ 和 $u_s^{(j)}$ 都是以 2π 为周期的 θ 的周期函数.于是,对于 $j\leqslant l$,函数 $U^{(j)}$ 和 $U_s^{(j)}$ 也将是周期的.事实上,$U^{(j)}$ 是函数 $R(r,z_1,z_2,\cdots,z_n,\theta)$ 按 c 的幂展开的展开式中 c^j 的系数.因为作为按变数 $r,z_1,\cdots,z_n$ 的幂来展开的级数的函数 R 是从不低于二次的项起始的,而这些变数本身可表示为按 c 来展开的没有常数项的幂级数,所以 c_j 的系数是变数 r 和 $z_s(s=1,2,\cdots,n)$ 按 c 展开的系数 $u^{(k)}(\theta)$ 和 $u_s^k(\theta)$ 之中最高指标 k 小于 j 的有理整函数.根据假定,函数 $u^{(k)}(\theta),u_s^{(k)}(\theta)(k\leqslant j<l)$ 以及函数 R 按 $r,z_1,z_2,\cdots,z_n$ 的展开式的诸项的系数都是 θ 的整倍数的正弦与余弦的有限级数.因此,对于 $j\leqslant l$,$U^{(j)}$ 也是具有同样性质的周期函数.当 $j\leqslant l$ 时,对函数 $U_s^{(j)}(s=1,2,\cdots,n)$ 也可应用同样的论证.

指出了这一点,今再回到方程(15) 的积分.

第一个方程给出

$$u^{(l)}(\theta)=\int_0^\theta U^{(l)}(\theta)\mathrm{d}\theta\tag{16}$$

可以有两种情形:

(1)$u^{(l)}(\theta)$ 是周期的;

(2)$u^{(l)}(\theta)$ 是非周期的.

在第一种情形下,方程组(15) 的其余方程是

$$\frac{\mathrm{d}u_s^{(l)}}{\mathrm{d}\theta}=\mu_s u_s^{(l)}+f_{ls}(\theta)$$

其中 $f_{ls}(\theta)$ 是以 2π 为周期的周期函数.容易直接验证,这样的方程以 2π 为周期的周期解可按下面公式求得

$$u_s^{(l)}=\frac{e^{\mu_s\theta}}{e^{-2\pi\mu_s}-1}\int_\theta^{\theta+2\pi}e^{-\mu_s\theta}f_{ls}(\theta)d\theta \tag{17}$$

这个公式仅当 $-2\pi\mu_s=-2\pi k\sqrt{-1}$，即当 $\mu_s=k\sqrt{-1}$ 时，才没有周期解，其中 k 是整数，但这个情形由辅助定理的条件知其不会发生.

因此，如果 $u^{(l)}(\theta)$ 是周期的，且其周期为 2π，那么 $u_s^{(l)}(\theta)(s=1,2,\cdots,n)$ 也可选为周期的.

在第二种情形下，公式

$$u^{(l)}(\theta)=\int_0^\theta U^{(l)}(\theta)d\theta$$

给出非周期函数，即给出

$$u^l(\theta)=g\theta+V(\theta)$$

其中 g 是异于零的常数，而 $V(\theta)$ 是以 2π 为周期的周期函数.

假定对于所有 l 只出现第一种情形. 于是便得到形如(14) 的级数，它们形式地满足方程组(12). 为了证明这些级数确定是解，还应证明它们的收敛性.

在开始证明这个时，我们指出，为证明李雅普诺夫定理，不但要对方程组(12) 建立周期解的存在，而且对于更一般型的方程组也要来建立它. 因此，不但要对所有实数值 θ 来证明级数(14) 的收敛性，而且还要对复数值 $\alpha+\beta\sqrt{-1}$ 来证它，其中 α 是任意实数，而实数 β 的绝对值不超过某一充分小的正常数.

先对 $u^{(l)}$ 和 $u_s^{(l)}$ 做一些估计.

如果利用公式(17)，那么对于 $u_s^{(l)}$ 便有等式

$$\begin{cases}u_1^{(l)}=\dfrac{e^{\mu_1\theta}}{e^{-2\pi\mu_1}-1}\displaystyle\int_\theta^{\theta+2\pi}e^{-\mu_1\theta}[\varphi_1(\theta)u^{(l)}(\theta)-U_1^{(l)}]d\theta\\ u_s^{(l)}=\dfrac{e^{\mu_s\theta}}{e^{-2\pi\mu_s}-1}\displaystyle\int_\theta^{\theta+2\pi}e^{-\mu_s\theta}[\sigma_{s-1}u_{s-1}^{(l)}+\varphi_s(\theta)u^{(l)}+U_s^{(l)}]d\theta\quad(s=2,\cdots,n)\end{cases} \tag{18}$$

今引入下列记号

$$\mu_s=\lambda_s+\kappa_s\sqrt{-1}$$

$$\rho_s=\frac{|\lambda_s||1-e^{-2\pi\mu_s}|}{|e^{2\pi\lambda_s}-1|}=\frac{|\lambda_s|}{|e^{-2\pi\lambda_s}-1|}\sqrt{1-2e^{-2\pi\lambda_s}\cos 2\pi\kappa_s+e^{-4\pi\lambda_s}}$$

若 $\lambda_s=0$，则令 $\rho_s=\lim\limits_{\lambda\to0}\rho(\lambda)=\dfrac{|\sin\pi\kappa_s|}{\pi}$. 因为辅助定理的条件 $\mu_s\neq m\sqrt{-1}$，所以容易直接验证 ρ_s 对于任一 s 都不等于零.

先以 $v^{(l)}$ 和 $v_s^{(l)}$ 分别表示函数 $u^{(l)}(\alpha+\beta\sqrt{-1})$ 和 $u_s^{(l)}(\alpha+\beta\sqrt{-1})$ 的模的高界，其中 α 可随意变化，而 $|\beta|$ 不超过某一充分小的常数，且取 $v^{(1)}=1$. 由于 θ 为实值时，函数 $u^{(l)}(\theta)$ 和 $u_s^{(l)}(\theta)$ 的周期性，数 $v^{(l)}$ 和 $v_s^{(l)}$ 都是有限的. 再设 a_s 是在变量 $\theta=\alpha+\beta\sqrt{-1}$ 的上述变化范围内 $|\varphi_s(\theta)|$ 的高界. 最后，设 $V^{(l)}$ 和 $V_s^{(l)}$

分别将以出现于 $U^{(l)}$ 和 $U_s^{(l)}$ 的表达式中的函数 $u^{(i)}$ 和 $u_s^{(i)}$ 的模的高界来代替，各项的系数以其模的高界来代替后而得出的常数. 利用这些记号，由公式(16)和(18) 便得

$$v^{(l)} \leqslant CV^{(l)} \quad (l \geqslant 1)$$

其中 C 是某一绝对常数，且

$$v_s^{(l)} \leqslant \frac{e^{\lambda_s \alpha - \kappa_s \beta}}{|e^{-2\pi\mu_s} - 1|} \left| \int_\theta^{\theta+2\pi} |e^{-\mu_s \theta}| \{|\sigma_{s-1}| v_{s-1}^{(l)} + a_s v^{(l)} + V_s^{(l)}\} d\theta \right|$$

$$(s = 1, 2, \cdots, n; \sigma_0 = 0)$$

经简单的计算便给出下面估计

$$v_s^{(l)} \leqslant \frac{e^{\lambda_s \alpha}}{|e^{-2\pi\mu_s} - 1|} \int_\alpha^{\alpha+2\pi} e^{-\lambda_s \alpha} \{|\sigma_{s-1}| v_{s-1}^{(l)} + a_s v^{(l)} + V_s^{(l)}\} d\alpha$$

$$(s = 1, 2, \cdots, n; \sigma_0 = 0)$$

当 $s = 1$ 时，便得到更简单的式子

$$v_1^{(l)} = \frac{e^{\lambda_1 \alpha}}{|e^{-2\pi\mu_1} - 1|} \int_\alpha^{\alpha+2\pi} e^{-\lambda_1 \alpha} \{a_1 v^{(l)} + V_1^{(l)}\} d\alpha$$

设 $\bar{v}^{(l)}$ 和 $\bar{v}_s^{(l)}$ 是由等式

$$\bar{v}^{(l)} = CV^{(l)}$$

$$\bar{v}_s^{(l)} = \frac{e^{\lambda_s \alpha}}{|e^{-2\pi\mu_s} - 1|} \int_\alpha^{\alpha+2\pi} e^{-\lambda_s \alpha} \{|\sigma_{s-1}| \bar{v}_{s-1}^{(l)} + a_s v^{(l)} + V_s^{(l)}\} d\alpha$$

$$(s = 1, 2, \cdots, n)$$

依次得到的值.

初看起来，可能以为上述等式是矛盾的，因为它们的左端不与 α 有关，而其右端与 α 有关. 如现在所证，这个相关性仅仅是表面的. 事实上，我们有

$$\bar{v}_s^{(l)} = \frac{e^{\lambda_s \alpha}}{|1 - e^{-2\pi\mu_s}|} \{|\sigma_{s-1}| \bar{v}_{s-1}^{(l)} + a_s v^{(l)} + V_s^{(l)}\} \left| \int_\alpha^{\alpha+2\pi} e^{-\lambda_s \alpha} d\alpha \right| =$$

$$\frac{|1 - e^{-2\pi\lambda_s}|}{|\lambda_s| |1 - e^{-2\pi\mu_s}|} \{|\sigma_{s-1}| \bar{v}_{s-1}^{(l)} + a_s \bar{v}^{(l)} + V_s^{(l)}\}$$

即

$$\bar{v}_s^{(l)} = \frac{1}{\rho_s} \{|\sigma_{s-1}| \bar{v}_{s-1}^{(l)} + a_s v^{(l)} + V_s^{(l)}\} \quad (s = 1, 2, \cdots, n)$$

显然

$$v_s^{(l)} \leqslant \bar{v}_s^{(l)}$$

今对于 c 值的模充分小时，直接证明级数(14) 的收敛性.

根据辅助定理的条件，函数 R 与 $Z_s (s = 1, 2, \cdots, n)$ 是具有常系数的收敛的优级数. 可以假定，在求 $V^{(l)}$ 和 $V_s^{(l)}$ 的过程中，已用这些系数代替了相应的 R 和 Z_s 的展式中的系数. 设这些优级数是 $F(r, z_1, z_2, \cdots, z_n)$ 和 $F_s(r, z_1, z_2, \cdots, z_n) (s = 1, 2, \cdots, n)$. 于是由上列等式所确定的 $\bar{v}^{(l)}$ 和 $\bar{v}_s^{(l)}$ 就是在变量 r 和 z_s 按 c

的正幂的展开式中的系数

$$\begin{cases} r = c + \overline{v}^{(2)}c^2 + \overline{v}^{(3)}c^3 + \cdots \\ z_s = \overline{v}_s^{(1)}c + \overline{v}_s^{(2)}c^2 + \overline{v}_s^{(3)}c^3 + \cdots \quad (s = 1, 2, \cdots, n) \end{cases} \tag{N}$$

其中 r 和 z_s 满足方程

$$\begin{cases} r = c + CF(r, z_1, z_2, \cdots, z_n) \\ \rho_1 z_1 = a_1 r + F_1(r, z_1, z_2, \cdots, z_n) \\ \rho_s z_s = | \sigma_{s-1} | z_{s-1} + a_s r + F_s(r, z_1, z_2, \cdots, z_n) \quad (s = 1, 2, \cdots, n) \end{cases} \tag{N'}$$

且当 $c = 0$ 时为零.事实上,如果去解方程组(N′),以级数(N)代入,并对 c 的同次幂来比较系数,则对于在左端的 c^l 将分别得到 $\overline{v}^{(l)}$ 和 $\rho_s\overline{v}_s^{(l)}$,而在右端得到的就是前面 $\overline{v}^{(l)}$ 和 $\rho_s\overline{v}_s^{(l)}$ 以 $\overline{v}^{(l)}$ 和 $\overline{v}_s^{(l)}$ 来表示的式子.所以当变数 c 的模充分小时,这些级数是收敛的,因此,当 $|c|$ 充分小时,级数(14)对所有实数值 θ 是绝对收敛的,故它也就是方程组(12)的周期解.再提一下,对于以后来说,下列事实是重要的,即已证得形如式(14)的级数不但对实数值 θ 是收敛的,而且对复数值 $\alpha + \beta\sqrt{-1}$ 也是收敛的,其中 α 是任意数,而 $|\beta|$ 是不超过某一常数的.

定理 5 给定方程组

$$\begin{cases} \dfrac{dx}{dt} = -\lambda y + X, \dfrac{dy}{dt} = \lambda x + Y \quad (\lambda > 0) \\ \dfrac{dx_s}{dt} = p_{s1}x_1 + p_{s2}x_2 + p_{sn}x_n + X_s \quad (s = 1, 2, \cdots, n) \end{cases} \tag{19}$$

其中 X, Y, X_s 表示按变数 $x, y, x_1, x_2, \cdots, x_n$ 展开的级数,它们是从不低于二次的项开始的.设特征方程

$$\begin{vmatrix} p_{11} - \mu & p_{12} & \cdots & p_{1n} \\ p_{21} & p_{22} - \mu & \cdots & p_{2n} \\ \vdots & \vdots & & \vdots \\ p_{n1} & p_{n2} & \cdots & p_{nn} - \mu \end{vmatrix} = 0$$

没有形如 $m\lambda\sqrt{-1}$ 的根,m 为非负的整数.

于是,如果有按变数 c 的整幂排列的形式级数解

$$x = (c + u^{(2)}c^2 + \cdots)\cos\theta, y = (c + u^{(2)}c^2 + \cdots)\sin\theta$$

$$x_s = u_s^{(1)}c + u_s^{(2)}c^2 + \cdots \quad (s = 1, 2, \cdots, n)$$

存在,且它具有对 θ 的以 2π 为周期的周期系数,那么对于充分小的值 $|c|$,它们是收敛的,从而可确定出方程组(19)的一族周期解.

首先,作变数代换

$$x = r\cos\theta, y = r\sin\theta; x_1 = rz_1, x_2 = rz_2, \cdots, x_n = rz_n$$

其中取 θ 作为新的独立变数.

由简单的计算可得

$$\frac{\mathrm{d}r}{\mathrm{d}t}=X\cos\theta+Y\sin\theta$$

$$\frac{\mathrm{d}\theta}{\mathrm{d}t}=\lambda+\Theta$$

其中

$$\Theta=\frac{Y\cos\theta-X\sin\theta}{r}$$

且因为 X 和 Y 是包含不低于二次项的级数，所以函数 Θ 是按变数 $r,z_1,z_2,\cdots,z_n$ 的幂的收敛级数，其系数是 $\sin\theta$ 和 $\cos\theta$ 的有理整函数.

今指出进一步的计算方法，我们有

$$\frac{\mathrm{d}r}{\mathrm{d}\theta}=\frac{\mathrm{d}r}{\mathrm{d}t}\frac{\mathrm{d}t}{\mathrm{d}\theta}=\frac{1}{\lambda+\Theta}(X\cos\theta+Y\sin\theta)$$

或

$$\frac{\mathrm{d}r}{\mathrm{d}\theta}=R$$

其中 R 是按变数 $r,z_1,z_2,\cdots,z_n$ 的幂级数，其首项不低于二次，并具有以 2π 为周期的周期系数. 因为级数 R 是对于 X 和 Y 由变数代换和有理运算而得到的，所以此级数的系数是 $\cos\theta$ 和 $\sin\theta$ 的有理整函数. 很显然，如果设 $\theta=\alpha+\beta\sqrt{-1}$，当 α 为任意数，而 β 的模充分小时，级数 R 具有常系数的优级数. 此外

$$z_s=\frac{x_s}{r}$$

$$\frac{\mathrm{d}z_s}{\mathrm{d}t}=\frac{1}{r}\frac{\mathrm{d}x_s}{\mathrm{d}t}-\frac{1}{r^2}x_s\frac{\mathrm{d}r}{\mathrm{d}t}=p_{s1}z_1+p_{s2}z_2+\cdots+p_{sn}z_n+\frac{1}{r}X_s-\frac{1}{r}z_s\frac{\mathrm{d}r}{\mathrm{d}t}$$

今单独考虑项 $\frac{1}{r}X_s$. 在 X_s 内，可能有包含 x,y 和 $x_i(i=1,2,\cdots,n)$ 的二次项. 在变数变换后，这些项给出表达式 $\frac{1}{r}r^2\overline{\varphi}_s(\theta)$，其中 $\overline{\varphi}_s(\theta)$ 是 $\sin\theta$ 和 $\cos\theta$ 的一个二次形式. 注意到上面的情况并考虑到 $\frac{\mathrm{d}r}{\mathrm{d}t}$ 的形式，便知

$$\frac{\mathrm{d}z_s}{\mathrm{d}\theta}=\frac{p_{s1}}{\lambda}z_1+\frac{p_{s2}}{\lambda}z_2+\cdots+\frac{p_{sn}}{\lambda}z_n+\frac{\overline{\varphi}_s(\theta)}{\lambda}r+Z_s$$

其中函数 Z_s 具有函数 X_s 的性质.

这样，在变数变换后，便得下列方程组

$$\begin{cases}\dfrac{\mathrm{d}r}{\mathrm{d}\theta}=R\\[2mm]\dfrac{\mathrm{d}z_s}{\mathrm{d}\theta}=q_{s1}z_1+q_{s2}z_2+\cdots+q_{sn}z_n+\varphi_s(\theta)r+Z_s\quad(s=1,2,\cdots,n)\end{cases}\tag{20}$$

其中 $q_{si}=\frac{p_{si}}{\lambda}$，$\varphi_s(\theta)$ 是 $\sin\theta$ 和 $\cos\theta$ 的二次形式，而 R 和 Z_s 是由不低于二次的

项开始的按 $r, z_1, z_2, \cdots, z_n$ 的幂的级数，具有以 2π 为周期的周期系数($\sin\theta$ 和 $\cos\theta$ 的多项式)，且这些级数具有常系数的按 $r, z_1, z_2, \cdots, z_n$ 的幂的优级数.最后这点，对于 R 是已经证明了的，以完全相同的方式可证明它对于 Z_s 也是成立的.最后，如果注意到辅助定理的条件，那么便可断定，特征方程

$$\begin{vmatrix} q_{11}-\mu & q_{12} & \cdots & q_{1n} \\ q_{21} & q_{22}-\mu & \cdots & q_{2n} \\ \vdots & \vdots & & \vdots \\ q_{n1} & q_{n2} & \cdots & q_{nn}-\mu \end{vmatrix} = 0$$

不存在为 $\sqrt{-1}$ 的倍数的根.所有这些证明是在辅助定理 1 的条件之下的，因此，如果方程组(20)的形式解存在，此解为

$$r = c + u^{(2)}c^2 + \cdots + u^{(l)}c^l + \cdots$$

$$z_s = u_s^{(1)}c + u_s^{(2)}c^2 + \cdots + u_s^{(l)}c^l + \cdots \quad (s=1,2,\cdots,n)$$

并具有以 2π 为周期的周期系数，那么它们确定方程组(20)的对 θ 来说周期为 2π 的一族周期解.

今利用这些级数来求方程组(19)的周期解.为此，应回到变数 $x, y, x_1, x_2, \cdots, x_n$，并以 t 表示参数 θ.应用变数变换公式，由 r 和 z_s 的级数便得

$$x = (c + u^{(2)}c^2 + \cdots)\cos\theta, y = (c + u^{(2)}c^2 + \cdots)\sin\theta$$

$$x_s = (c + u^{(2)}c^2 + \cdots)(u_s^{(1)}c + u_s^{(2)}c^2 + \cdots) \quad (s=1,2,\cdots,n)$$

最后，再利用公式

$$\frac{\mathrm{d}\theta}{\mathrm{d}t} = \lambda + \Theta(r, z_1, z_2, \cdots, z_s) \tag{21}$$

在 Θ 中以所求得的级数代替 r 和 r_s，再将函数 $\dfrac{\lambda}{\lambda+\Theta}$ 按 c 的幂展开成为级数.因为此函数当 $c=0$ 时变成 1，所以便得

$$\frac{\lambda}{\lambda+\Theta} = 1 + \Theta_1 c + \Theta_2 c^2 + \cdots$$

其中 θ 的周期函数 $\Theta_i(i=1,2,\cdots)$ 是 θ 的倍数的三角多项式.如将方程(21)写作

$$\frac{\lambda\,\mathrm{d}\theta}{\lambda+\Theta} = \lambda\,\mathrm{d}t$$

并将它积分，便有

$$\theta + c\int_0^\theta \Theta_1\,\mathrm{d}\theta + c^2\int_0^\theta \Theta_2\,\mathrm{d}\theta + \cdots = \lambda(t - t_0) \tag{22}$$

其中 t_0 为任意常数.这个等式的左端，除周期项外，还包含着与 θ 成比例的项.如设

$$\frac{1}{2\pi}\int_0^{2\pi} \Theta_m\,\mathrm{d}\theta = h_m$$

则此类项的全体能以级数

$$(1+h_1c+h_2c^2+\cdots)\theta$$

表示出来，而联系 t 和 θ 的方程(22) 即为

$$(1+h_1c+h_2c^2+\cdots)[\theta+c\Phi_1(\theta)+c^2\Phi_2(\theta)+\cdots]=\lambda(t-t_0) \quad (23)$$

其中 $\Phi_i(\theta)$ 是三角多项式.

今假定 $\theta=\alpha+\beta\sqrt{-1}$，并利用在辅助定理 1 所证明的，对于变数 θ 的复数值的级数(14) 的收敛性.

设

$$\frac{2\pi}{\lambda}(1+h_1c+h_2c^2+\cdots)=T$$

$$\frac{2\pi(t-t_0)}{T}=\tau,\theta-\tau=\varphi$$

于是方程(23) 成为

$$\varphi+c\Phi_1(\varphi+\tau)+c^2\Phi_2(\varphi+\tau)+\cdots=0 \quad (24)$$

如果在此方程中，将 τ 当作取形如 $\tau=\rho+\sigma\sqrt{-1}$ 的值的独立变数，其中 ρ 为任意的，而 σ 的模小于某个充分小的正常数，并且再对 φ 做同样的假定，则利用级数

$$c\mid\Phi_1(\theta)\mid+c^2\mid\Phi_2(\theta)\mid+\cdots$$

的收敛性，可以断定，满足方程(24) 的函数 φ，当 $c\to 0$ 时，可以变成任意小. 因此，问题归结于从方程(24) 去确定函数 φ，它与 c 有关，当选择 $|c|$ 充分小时，其模可以任意小.

函数 $\Phi_j(\theta)$ 是 θ 的三角多项式，因此，$\Phi_j(\varphi+\tau)$ 可以表示为 φ 的幂级数，它对于所有 φ 和 τ 是收敛的，即可以说，方程(24) 的左端是变数 c 和 φ 的幂级数，对于充分小的 $|c|$ 和任意的 φ，它是收敛的. 这个级数的系数与 τ 有关，而且这个级数具有常系数的对 c 和 φ 的收敛的优幂级数.

方程(24) 的左端，当 $\varphi=c=0$ 时，变为零，而且对 φ 的偏导数在此点处等于 1. 因此所求函数 φ 可表示为关于 c 的幂级数

$$\varphi=\varphi_1c+\varphi_2c^2+\varphi_3c^3+\cdots+\varphi_kc^k+\cdots$$

其中 $\varphi_k(k=1,2,\cdots)$ 是 τ 的某些函数，它们与 c 无关，且可由 $\Phi_i(\tau)$ 及其导数来表示，因此，它们是 τ 的周期函数，而且对于充分小的 $|c|$，这个级数是收敛的. 由此知，θ 可按公式

$$\theta=\tau+\varphi_1c+\varphi_2c^2+\cdots+\varphi_nc^n+\cdots$$

而求得. 将这个表达式代到确定 x,y 和 $x_s(s=1,2,\cdots,n)$ 的级数中，并结合 c 的同次项，且以 $\dfrac{2\pi(t-t_0)}{T}$ 代替 τ，则便知确定 x,y 和 x_s 的级数是 t 和任意常数 t_0 和 c 的函数. 这些级数代表方程组(20) 以 T 为周期，即以

$$T=\int_0^{2\pi}\frac{\mathrm{d}\theta}{\lambda+\theta}=\frac{2\pi}{\lambda}(1+h_1c+h_2c^2+\cdots)$$

为周期的周期解.这样,定理 5 完全获证.

定理 6 给定形如式(9)的方程组

$$\frac{\mathrm{d}x}{\mathrm{d}t}=-\lambda y+X,\frac{\mathrm{d}y}{\mathrm{d}t}=\lambda x+Y\quad(\lambda>0)$$

$$\frac{\mathrm{d}x_s}{\mathrm{d}t}=p_{s1}x_1+p_{s2}x_2+\cdots+p_{sn}x_n+X_s\quad(s=1,2,\cdots,n)$$

且假定定理 5 的所有条件都满足.如果再假定此方程组有积分

$$x^2+y^2+F(x,y,x_1,x_2,\cdots,x_n)=C\tag{25}$$

其中 F 是从不低于二次的项开始的幂级数,而在二次项中不含有 x 和 y,则方程组(19)有与一个本性参数有关的周期解族.

如在定理 5 所做的,先引入变数代换

$$x=r\cos\theta,y=r\sin\theta,x_1=rz_1,x_2=rz_2,\cdots,x_n=rz_n$$

于是,变换后的方程组便有积分

$$r^2+r^2\overline{F}(r,\theta,z_1,z_2,\cdots,z_n)=C$$

其中 $\overline{F}$ 是关于 $r,\cos\theta,\sin\theta,z_1,z_2,\cdots,z_n$ 的幂级数.

由此开平方,便得积分

$$r+r\varphi(r,\theta,z_1,z_2,\cdots,z_n)=C'\tag{26}$$

而且函数 φ 是幂级数,当 $r=z_1=z_2=\cdots=z_n=0$ 时,它等于零,它的系数是 θ 的周期函数.

利用反证法,假定周期解不存在.根据辅助定理 1,在计算形如(14)的形式级数的系数的第 l 步上,便会发生下列情况

$$u^{(2)},u^{(3)},\cdots,u^{(l-1)};u_s^{(1)},u_s^{(2)},\cdots,u_s^{(l-1)}\quad(s=1,2,\cdots,n)$$

是周期函数,而函数 $u^{(l)}$ 有下列形式

$$u^{(l)}=g\theta+V$$

其中 g 为异于零的常数,而 V 是 θ 的周期函数.

在这个假定下,对积分表达式(26)作置换

$$\begin{cases}r=c+u^{(2)}c^2+\cdots+u^{(l-1)}c^{l-1}+u^lc^l\\z_s=u_s^{(1)}c+u_s^{(2)}c^2+\cdots+u_s^{(l-1)}c^{l-1}\quad(s=1,2,\cdots,n)\end{cases}\tag{27}$$

并将结果按 c 的幂排列.因为在置换(27)中,r 和 z_s 的表达式满足方程组(20)的形式级数的前几项,且将它们代入此方程组的积分中,所以任意常数 c 的各次幂直到包括 l 次在内的系数应该是与 θ 无关的常数.然而,在我们的假定下,这是不可能的.事实上,具有参数 c 的 l 次幂的 $r\varphi$ 的展开项显然应有关于 θ 的周期系数,而这个系数与函数 r 的项 $(g\theta+V)c^l$ 的系数的和不会是常数值.

因此,关于变换后的方程组没有周期解的假定是一个矛盾,所以根据定理

5，方程组便有一族与任意常数 c 有关的周期解，周期为

$$T=\frac{2\pi}{\lambda}(1+h_1c+h_2c^2+\cdots)$$

李雅普诺夫定理的证明 李雅普诺夫定理是上面所证明定理的推论. 设给定具有非奇异函数 H 的标准形方程组，并设特征方程有 k 对不同的纯虚数根 $\pm\beta_1\sqrt{-1},\pm\beta_2\sqrt{-1},\cdots,\pm\beta_k\sqrt{-1}$，此诸 β_i 之间两两所成的比无一为整数. 于是，如下面要证的，可以作出切触线性变换，因此可以作保持方程组的哈密尔顿形式的变换，在此变换下，关于新的坐标，函数

$$H=\frac{\beta_1}{2}(x_1^2+y_1^2)+\frac{\beta_2}{2}(x_2^2+y_2^2)+\cdots+$$
$$\frac{\beta_k}{2}(x_k^2+y_k^2)+\overline{H}_2+\overline{H}_3 \tag{28}$$

其中 $\overline{H}_2$ 包含二次项，但其内不含变数 $x_1,x_2,\cdots,x_k;y_1,y_2,\cdots,y_k$，而 $\overline{H}_3$ 是一个函数，其幂级数展开式至少从三次项开始. 由此可得，如果把注意力集中在对应某一对确定虚根 $\pm\beta_s\sqrt{-1}$ 的某对变数上，那么在所述的变数变换后，标准形方程组转变为式(19) 形式的方程组，它具有形如式(25) 的积分 $H=C$，因此，按照定理 6，它有一族周期解，周期为

$$T_s=\frac{2\pi}{\beta_s}(1+h_1c+h_2c^2+\cdots)$$

因为同样的讨论可以用于任意一对变数$(x_1,y_1),(x_2,y_2),\cdots,(x_k,y_k)$，所以结果可得 k 族周期解，每一族与一个任意常数有关.

还需证明，有线性切触变换存在，它可以使函数 H 变成(28) 的形式.

考虑方程组

$$\frac{\mathrm{d}x_s}{\mathrm{d}t}=-\frac{\partial H_2}{\partial y_s},\frac{\mathrm{d}y_s}{\mathrm{d}t}=\frac{\partial H_2}{\partial x_s}\quad(s=1,2,\cdots,n)$$

其中 H_2 表示在 H 中的二次项的全体，这是线性方程组. 今假定，它的特征方程的诸根是

$$\pm\mathrm{i}\beta_1,\pm\mathrm{i}\beta_2,\cdots,\pm\mathrm{i}\beta_n$$

其中

$$\mathrm{i}=\sqrt{-1},\beta_m\neq\beta_l\quad(m\neq l)$$

因而通解是

$$x_1=C_1a_{11}\mathrm{e}^{\mathrm{i}\beta_1t}+C_2a_{12}\mathrm{e}^{\mathrm{i}\beta_2t}+\cdots+C_na_{1n}\mathrm{e}^{\mathrm{i}\beta_nt}+$$
$$C_{n+1}\overline{a}_{11}\mathrm{e}^{-\mathrm{i}\beta_1t}+C_{n+2}\overline{a}_{12}\mathrm{e}^{-\mathrm{i}\beta_2t}+\cdots+C_{2n}\overline{a}_{1n}\mathrm{e}^{-\mathrm{i}\beta_nt}$$
$$x_2=C_1a_{21}\mathrm{e}^{\mathrm{i}\beta_1t}+C_2a_{22}\mathrm{e}^{\mathrm{i}\beta_2t}+\cdots+C_na_{2n}\mathrm{e}^{\mathrm{i}\beta_nt}+$$
$$C_{n+1}\overline{a}_{21}\mathrm{e}^{-\mathrm{i}\beta_1t}+C_{n+2}\overline{a}_{22}\mathrm{e}^{-\mathrm{i}\beta_2t}+\cdots+C_{2n}\overline{a}_{2n}\mathrm{e}^{-\mathrm{i}\beta_nt}$$
$$\vdots$$

$$x_n = C_1 a_{n1} e^{i\beta_1 t} + C_2 a_{n2} e^{i\beta_2 t} + \cdots + C_n a_{nn} e^{i\beta_n t} +$$
$$C_{n+1} \bar{a}_{n1} e^{-i\beta_1 t} + C_{n+2} \bar{a}_{n2} e^{-i\beta_2 t} + \cdots + C_{2n} \bar{a}_{nn} e^{-i\beta_n t}$$
$$y_1 = C_1 b_{11} e^{i\beta_1 t} + C_2 b_{12} e^{i\beta_2 t} + \cdots + C_n b_{1n} e^{i\beta_n t} +$$
$$C_{n+1} \bar{b}_{11} e^{-i\beta_1 t} + C_{n+2} \bar{b}_{12} e^{-i\beta_2 t} + \cdots + C_{2n} \bar{b}_{1n} e^{-i\beta_n t}$$
$$y_2 = C_1 b_{21} e^{i\beta_1 t} + C_2 b_{22} e^{i\beta_2 t} + \cdots + C_n a_{2n} e^{i\beta_n t} +$$
$$C_{n+1} \bar{b}_{21} e^{-i\beta_1 t} + C_{n+2} \bar{b}_{22} e^{-i\beta_2 t} + \cdots + C_{2n} \bar{b}_{2n} e^{-i\beta_n t}$$
$$\vdots$$
$$y_n = C_1 b_{n1} e^{i\beta_1 t} + C_2 b_{n2} e^{i\beta_2 t} + \cdots + C_n b_{nn} e^{i\beta_n t} +$$
$$C_{n+1} \bar{b}_{n1} e^{-i\beta_1 t} + C_{n+2} \bar{b}_{n2} e^{-i\beta_2 t} + \cdots + C_{2n} \bar{b}_{nn} e^{-i\beta_n t}$$

其中 $\bar{a}_{sj}, \bar{b}_{sj}$ 是 a_{sj}, b_{sj} 共轭的复数($s=1,2,\cdots,n; j=1,2,\cdots,n$).

如就

$$C_1 e^{i\beta_1 t}, C_2 e^{i\beta_2 t}, \cdots, C_n e^{i\beta_n t}, C_{n+1} e^{-i\beta_1 t}, C_{n+2} e^{-i\beta_2 t}, \cdots, C_{2n} e^{-i\beta_n t}$$

解这些方程,便得到对于这些值的关于 $x_s, y_s (s=1,2,\cdots,n)$ 的线性形式,而且对于 $C_{n+s} e^{-i\beta_s t}$ 的表达式是与对于 $C_s e^{i\beta_s t}$ 的表达式共轭的

$$C_s e^{i\beta_s t} = u_s(x,y) + i v_s(x,y)$$
$$C_{n+s} e^{-i\beta_s t} = u_s(x,y) - i v_s(x,y)$$

其中 u_s, v_s 是具有实系数的线性形式. 如将所得到的表达式分别乘以 $e^{-i\beta_s t}, e^{i\beta_s t}$,则便有线性方程组的 $2n$ 个各不相关的积分

$$(u_s + i v_s) e^{-i\beta_s t} = C_s, (u_s - i v_s) e^{i\beta_s t} = C_{s+n} \quad (s=1,2,\cdots,n)$$

根据泊松定理①,这些积分中每对的括弧也是方程组的积分(或恒等于常数). 今考查泊松括弧$(u_s \pm i v_s, u_\sigma \pm i v_\sigma)$,如将括弧打开,便得四项,每一项有下列形

---

① 设 u 和 v 为变数 $x_1, x_2, \cdots, x_n; y_1, y_2, \cdots, y_n$ 的两个任意函数. 于是关于 u, v 的泊松括弧就是

$$(u,v) = \sum_{r=1}^{n} \left(\frac{\partial u}{\partial x_r} \frac{\partial v}{\partial y_r} - \frac{\partial u}{\partial y_r} \frac{\partial v}{\partial x_r} \right)$$

由泊松括弧的形式立即可看出下列性质: (1)$(au, bv) = ab(u,v)$,其中 a, b 是常数因子; (2)$(u,v) = -(v,u)$; (3)$(u_1 + u_2, v) = (u_1, v) + (u_2, v)$; (4)$(u,u) = 0$.

下列两个基本定理,对以后的讨论是重要的:

(1) 欲使变数$(x_1, x_2, \cdots, x_n; y_1, y_2, \cdots, y_n)$ 到$(u_1, u_2, \cdots, u_n; v_1, v_2, \cdots, v_n)$ 的变换是切触变换,只需

$$(u_i, u_j) = 0, (v_i, v_j) = 0 \quad (i,j = 1,2,\cdots,n)$$
$$(v_i, v_j) = 0 \quad (i,j = 1,2,\cdots,n; i \neq j), (u_i, v_i) = 1$$

(2) 泊松定理. 设 φ 和 ψ 是哈密尔顿方程组

$$\frac{\partial x_s}{\partial t} = -\frac{\partial H}{\partial y_s}, \frac{dy_s}{dt} = \frac{\partial H}{\partial x_s}$$

的两个积分,则对于所有的 t 值,$(\varphi, \psi) =$ 常数.

这些定理的证明可参见魏塔克(Whittaker) 的《解析力学》.

式的指数因子

$$e^{\pm i(\beta_s \pm \beta_\sigma)t}$$

这个表达式分别以泊松括弧(u_s, u_σ)，(u_s, v_σ)，(v_s, v_σ)乘之，由于u_s, v_s是x_r的线性函数，所以这些括弧是常数. 考查下面两种情形：

(1)$\sigma \neq s$. 如果常数$(u_s + iv_s, u_\sigma + iv_\sigma)$不等于零，那么便有积分$Ce^{\pm i(\beta_s \pm \beta_\sigma)t} =$常数，这是不可能的，因为$t$是独立变数. 因此

$$(u_s + iv_s, u_\sigma + iv_\sigma) = 0 \quad (\sigma \neq s)$$

(2)$s = \sigma$. 泊松括弧

$$((u_s + iv_s)e^{-i\beta_s t}, (u_s - iv_s)e^{i\beta_s t}) = (u_s + iv_s, u_s - iv_s) =$$
$$(u_s, u_s) + i(v_s, u_s) - i(u_s, v_s) + (v_s, v_s) = -2i(u_s, v_s)$$

不能为零，否则对于给定的ε，便有$2n$个方程

$$(u_s + iv_s, u_r + iv_r) = 0, (u_s + iv_s, u_r - iv_r) = 0 \quad (r = 1, 2, \cdots, n)$$

如将这些等式看作关于$\dfrac{\partial(u_s + iv_s)}{\partial x_l}$，$\dfrac{\partial(u_s + iv_s)}{\partial y_l}$的线性代数方程组，注意到，这个方程组的行列式(不管其符号)就等于雅可比行列式

$$\frac{D(u_1 + iv_1, u_2 + iv_2, \cdots, u_n + iv_n; u_1 - iv_1, u_2 - iv_2, \cdots, u_n - iv_n)}{D(x_1, x_2, \cdots, x_n; y_1, y_2, \cdots, y_n)}$$

因为$u_s + iv_s$不恒等于常数，所以这个雅可比行列式应为零，这与诸积分$u_s \pm iv_s$的无关性相矛盾.

今取出泊松括弧的实数部分和虚数部分. 当$s \neq \sigma$时，便有

$$(u_s \pm iv_s, u_\sigma \pm iv_\sigma) = (u_s, u_\sigma) \pm (v_s, v_\sigma) + i[(v_s, u_\sigma) \pm (u_s, v_\sigma)] = 0$$

由此得

$$(u_s, u_\sigma) = (v_s, v_\sigma) = (u_s, v_\sigma) = (u_\sigma, v_s) = 0$$

最后，有

$$(u_s + iv_s, u_s - iv_s) = -2i(u_s, v_s) = \text{常数} \neq 0$$

因为(u_s, v_s)是u_s, v_s的系数的双线性形式，所以可以(在括弧(u_s, v_s)为负号的情形下，用$-v_s$代替v_s)这样来标准化$u_s + iv_s$使$(u_s, v_s) = 1$，且仍保持u_s, v_s的系数为实数. 这样做了以后，便可得

$$\begin{cases} (u_s, u_\sigma) = 0, (v_s, v_\sigma) = 0 \\ (u_s, v_\sigma) = 0, (u_s, v_s) = 1 \end{cases} \quad (s, \sigma = 1, 2, \cdots, n; s \neq \sigma)$$

由于以上所指出的定理(参看211页脚注)，将变数$x_1, x_2, \cdots, x_n; y_1, y_2, \cdots, y_n$转为变数$u_1, u_2, \cdots, u_n; v_1, v_2, \cdots, v_n$的具有实系数的变数的线性变换是切触变换，因而，保持方程的哈密尔顿性.

这也可由直接计算来证实. 一方面，有

$$\begin{cases}(u_\sigma, v_s) = \sum\limits_r \dfrac{\partial u_\sigma}{\partial x_r}\dfrac{\partial v_s}{\partial y_r} - \sum\limits_r \dfrac{\partial u_\sigma}{\partial y_r}\dfrac{\partial v_s}{\partial x_r} = 0 \\ (v_\sigma, v_s) = \sum\limits_r \dfrac{\partial v_\sigma}{\partial x_r}\dfrac{\partial v_s}{\partial y_r} - \sum\limits_r \dfrac{\partial v_\sigma}{\partial y_r}\dfrac{\partial v_s}{\partial x_r} = 0 \quad (\sigma \neq s) \\ (u_s, v_s) = \sum\limits_r \dfrac{\partial u_s}{\partial x_r}\dfrac{\partial v_s}{\partial y_r} - \sum\limits_r \dfrac{\partial u_s}{\partial y_r}\dfrac{\partial v_s}{\partial x_r} = 1 \end{cases} \tag{29}$$

另一方面,如利用变数 x_r, y_r 来计算导数$\dfrac{\partial u_\sigma}{\partial u_s}, \dfrac{\partial v_\sigma}{\partial u_s}$,便有(对固定的 s)

$$\begin{cases}\dfrac{\partial u_\sigma}{\partial u_s} = \sum\limits_r \dfrac{\partial u_\sigma}{\partial x_r}\dfrac{\partial x_r}{\partial u_s} + \sum\limits_r \dfrac{\partial u_\sigma}{\partial y_r}\dfrac{\partial y_r}{\partial u_s} = 0 \\ \dfrac{\partial v_\sigma}{\partial u_s} = \sum\limits_r \dfrac{\partial v_\sigma}{\partial x_r}\dfrac{\partial x_r}{\partial u_s} + \sum\limits_r \dfrac{\partial v_\sigma}{\partial y_r}\dfrac{\partial y_r}{\partial u_s} = 0 \quad (s \neq \sigma) \\ \dfrac{\partial u_s}{\partial u_s} = \sum\limits_r \dfrac{\partial u_s}{\partial x_r}\dfrac{\partial x_r}{\partial u_s} + \sum\limits_r \dfrac{\partial u_s}{\partial x_r}\dfrac{\partial y_r}{\partial u_s} = 1 \end{cases} \tag{30}$$

$$(\sigma = 1, 2, \cdots, n)$$

由方程组(29) 中的方程减去方程组(30) 中对应的方程,便得到齐次方程组

$$\begin{cases}\sum\limits_r \dfrac{\partial u_\sigma}{\partial x_r}\left(\dfrac{\partial v_s}{\partial y_r} - \dfrac{\partial x_r}{\partial u_s}\right) - \sum\limits_r \dfrac{\partial u_\sigma}{\partial y_r}\left(\dfrac{\partial v_s}{\partial x_r} + \dfrac{\partial y_r}{\partial u_s}\right) = 0 \\ \sum\limits_r \dfrac{\partial v_\sigma}{\partial x_r}\left(\dfrac{\partial v_s}{\partial y_r} - \dfrac{\partial x_r}{\partial u_s}\right) - \sum\limits_r \dfrac{\partial v_\sigma}{\partial y_r}\left(\dfrac{\partial v_s}{\partial x_r} + \dfrac{\partial y_r}{\partial u_s}\right) = 0 \end{cases} \quad (\sigma = 1, 2, \cdots, n)$$

因为此方程组的行列式不等于零(u_σ, v_σ 的雅可比行列式),所以有恒等式

$$\frac{\partial v_s}{\partial y_r} = \frac{\partial x_r}{\partial u_s}, \frac{\partial v_s}{\partial x_r} = -\frac{\partial y_r}{\partial u_s}$$

同理(交换 u 和 v) 可得

$$\frac{\partial u_s}{\partial x_r} = \frac{\partial y_r}{\partial v_s}, \frac{\partial u_s}{\partial y_s} = -\frac{\partial x_r}{\partial v_s}$$

将标准方程组

$$\frac{\mathrm{d}x_r}{\mathrm{d}t} = -\frac{\partial H}{\partial y_r}, \frac{\mathrm{d}y_r}{\mathrm{d}t} = \frac{\partial H}{\partial x_r} \quad (r = 1, 2, \cdots, n)$$

中的变数变到变数 u_r, v_r. 我们得到

$$\sum_s \frac{\partial x_r}{\partial u_s}\frac{\mathrm{d}u_s}{\mathrm{d}t} + \sum_s \frac{\partial x_r}{\partial v_s}\frac{\mathrm{d}v_s}{\mathrm{d}t} = -\sum_s \frac{\partial H}{\partial u_s}\frac{\partial u_s}{\partial y_r} - \sum_s \frac{\partial H}{\partial v_s}\frac{\partial v_s}{\partial y_r}$$

$$\sum_s \frac{\partial y_r}{\partial u_s}\frac{\mathrm{d}u_s}{\mathrm{d}t} + \sum_s \frac{\partial y_r}{\partial v_s}\frac{\mathrm{d}v_s}{\mathrm{d}t} = \sum_s \frac{\partial H}{\partial u_s}\frac{\partial u_s}{\partial x_r} + \sum_s \frac{\partial H}{\partial v_s}\frac{\partial v_s}{\partial x_r}$$

或利用上面的恒等式,便得

$$\sum_s \frac{\partial v_s}{\partial y_r}\left(\frac{\mathrm{d}u_s}{\mathrm{d}t} + \frac{\partial H}{\partial v_s}\right) - \sum_s \frac{\partial u_s}{\partial y_r}\left(\frac{\mathrm{d}v_s}{\mathrm{d}t} - \frac{\partial H}{\partial u_s}\right) = 0$$

$$\sum_s \frac{\partial v_s}{\partial x_r}\left(\frac{\mathrm{d}u_s}{\mathrm{d}t}+\frac{\partial H}{\partial v_s}\right)-\sum_s \frac{\partial u_s}{\partial x_r}\left(\frac{\mathrm{d}v_s}{\mathrm{d}t}-\frac{\partial H}{\partial u_s}\right)=0$$

$$(r=1,2,\cdots,n)$$

由此,由于行列式不等于零,便有

$$\frac{\mathrm{d}u_s}{\mathrm{d}t}=-\frac{\partial H}{\partial v_s},\frac{\mathrm{d}v_s}{\mathrm{d}t}=\frac{\partial H}{\partial u_s}\quad (s=1,2,\cdots,n)$$

即又得到标准形方程组.

对于线性方程组($H=H_2$),变换后的方程为

$$\frac{\mathrm{d}}{\mathrm{d}t}(u_s+\mathrm{i}v_s)\mathrm{e}^{-\mathrm{i}\beta_s t}=0,\frac{\mathrm{d}}{\mathrm{d}t}(u_s-\mathrm{i}v_s)\mathrm{e}^{-\mathrm{i}\beta_s t}=0\quad (s=1,2,\cdots,n)$$

即

$$\frac{\mathrm{d}}{\mathrm{d}t}(u_s+\mathrm{i}v_s)=\mathrm{i}\beta_s(u_s+\mathrm{i}v_s),\frac{\mathrm{d}}{\mathrm{d}t}(u_s-\mathrm{i}v_s)=-\mathrm{i}\beta_s(u_s-\mathrm{i}v_s)$$

分离实数部分和虚数部分,便有

$$\frac{\mathrm{d}u_s}{\mathrm{d}t}=-\beta_s v_s,\frac{\mathrm{d}v_s}{\mathrm{d}t}=\beta_s u_s\quad (s=1,2,\cdots,n) \tag{31}$$

因此,在新变数下,对于函数 H_2,可得

$$\frac{\partial H_2}{\partial v_s}=\beta_s v_s,\frac{\partial H}{\partial u_s}=\beta_s u_s$$

即

$$H_2=\frac{\beta_1}{2}(u_1^2+v_1^2)+\frac{\beta_2}{2}(u_2^2+v_2^2)+\cdots+\frac{\beta_n}{2}(u_n^2+v_n^2) \tag{32}$$

如果特征方程只有 $2k$ 个根是纯虚数($k<n$),那么只对变数

$$x_1,x_2,\cdots,x_k;y_1,y_2,\cdots,y_k$$

应用所指出的变换(例如,对于 $r>k$,设 $x_r=u_r,y_r=v_r$)后,便能说函数 H 的全部二次项中取出关于这些变数的形如式(32)的式子,而且在变数变换后,u_s,$v_s(s\leqslant k)$ 不出现在其二次项中(否则方程组(31)的右端所给出的 u_s 和 v_s 的导数将有与 x_r 和 y_r 有关的项($r>k$)).

今应用后一个切触变换于原哈密尔顿方程组.于是它仍变成具有以新变数表示的同一函数 H 的哈密尔顿方程组.如回到原来的记号,便知哈密尔顿函数成为

$$H=\frac{\beta_1}{2}(x_1^2+y_1^2)+\frac{\beta_2}{2}(x_2^2+y_2^2)+\cdots+\frac{\beta_k}{2}(x_k^2+y_k^2)+H_2'+H_3'$$

其中 H_2' 是只包含变数 $x_{k+1},y_{k+1},\cdots,x_n,y_n$ 的二次项的全体,而 H_3' 是高于二次项的全体.

这样,李雅普诺夫定理完全获证.

§2 在一般情形下奇点邻域的研究

今讨论方程组

$$\frac{d\boldsymbol{X}}{dt}=\boldsymbol{AX}+f(\boldsymbol{X},t) \tag{1}$$

对函数 $f_i(\boldsymbol{X},t)$ 我们给予一颇小的限制，这个限制叫作“基本条件”，即假定 $f_i(0,0,\cdots,0,t)=0$，同时当 $\sum_{i=1}^{n}x_i^2\to 0$ 时，对 t 均匀地有

$$\frac{\partial f(x_1,x_2,\cdots,x_n,t)}{\partial x_j}\to 0$$

这个条件特别可能被右端不包含 t 的常驻方程组所满足. 今要证：在这个假定下，积分线分布的情形与线性方程组

$$\frac{d\boldsymbol{Y}}{dt}=\boldsymbol{AY} \tag{2}$$

的积分线分布的情形有很多相似之处，但这并非是在全空间内，如对几乎线性方程组那样，只是在原点的充分小的邻域内如此.

定理 7 给定方程组 $\frac{d\boldsymbol{X}}{dt}=\boldsymbol{AX}+f(\boldsymbol{X},t)$，其中 $\boldsymbol{A}$ 是常数矩阵，设 $f_i(0,0,\cdots,0,t)=0$，同时当 $\sum_{i=1}^{n}x_i^2\to 0$ 时，$\frac{\partial f}{\partial x_i}(x_1,x_2,\cdots,x_n,t)\to 0$ 对 t 是均匀的. 如果 $\boldsymbol{A}$ 的特征方程的所有根都有负的实数部分，那么当 $t\to\infty$ 时，方程组(1)从原点的充分小的邻域内出发的所有解都趋于零. 如果特征方程中具有负的实数部分的根的个数 $k<n$，那么有初值条件的流形存在，它与 k 个独立参数有关，且由它的各点出发的积分线，当 $t\to+\infty$ 时，趋向原点. 如果特征方程中具有正的实数部分的根的个数等于 s，那么有流形存在，它与 s 个参数有关，由它的各点出发的积分线，当 $t\to-\infty$ 时，趋向原点①.

今先建立定理的第一个结论.

我们从积分方程

$$\boldsymbol{X}(t)=\boldsymbol{Y}(t)\boldsymbol{Y}_0+\int_0^t\boldsymbol{Y}(t-\tau)f(\boldsymbol{X},\tau)d\tau$$

出发，其中 $\boldsymbol{Y}(t)$ 是

① 如在前节曾经指出过的，李雅普诺夫在右端为解析的假定下最先证明这个定理. 李雅普诺夫之后，有许多作家，例如佩隆、彼得罗夫斯基等，曾在不同的更一般的假定之下证明了这个定理[3].

$$\frac{\mathrm{d}\boldsymbol{Y}}{\mathrm{d}t}=\boldsymbol{AY}$$

的基本解矩阵，它满足初始条件 $\boldsymbol{Y}(0)=\boldsymbol{E}$，而 $\boldsymbol{Y}_0$ 是初始矢量 $(x_1^0,x_2^0,\cdots,x_n^0)$.

今用逐步逼近法来解此方程. 为此，令

$$\boldsymbol{X}_0=\boldsymbol{Y}\cdot\boldsymbol{Y}_0$$

$$\boldsymbol{X}_{n+1}(t)=\boldsymbol{Y}\cdot\boldsymbol{Y}_0+\int_0^t \boldsymbol{Y}(t-\tau)f(\boldsymbol{X}_n,\tau)\mathrm{d}\tau$$

今往证，只要 $|\boldsymbol{Y}_0|$ 充分小，所有这些近似 $\boldsymbol{X}_n$ 将是一致有界的，我们有

$$|\boldsymbol{X}_{n+1}(t)|\leqslant|\boldsymbol{Y}\cdot\boldsymbol{Y}_0|+\int_0^t|\boldsymbol{Y}(t-\tau)||f(\boldsymbol{X}_n,\tau)|\mathrm{d}\tau\leqslant$$

$$|\boldsymbol{Y}\cdot\boldsymbol{Y}_0|+\int_0^t|\boldsymbol{Y}(t-\tau)|c|\boldsymbol{X}_n|\mathrm{d}\tau$$

其中常数 c 当 $|\boldsymbol{X}_n|$ 充分小时，可选为任意小. 再者，因为组成 $\boldsymbol{Y}(t)$ 的所有函数的绝对值自某 t_0 起即将小于 $\mathrm{e}^{-\alpha t}$，其中 $\alpha>0$，所以只要 $|\boldsymbol{Y}_0|$ 充分小，就有 $|\boldsymbol{Y}\cdot\boldsymbol{Y}_0|<C_1$，则

$$|\boldsymbol{X}_{n+1}(t)|\leqslant C_1+c\max|\boldsymbol{X}_n(t)|\int_0^{\infty}|\boldsymbol{Y}(u)|\mathrm{d}u$$

或

$$|\boldsymbol{X}_{n+1}(t)|\leqslant C_1+cD\max|\boldsymbol{X}_n(t)|\quad(t\geqslant0)$$

其中

$$D=\int_0^{+\infty}|\boldsymbol{Y}(u)|\mathrm{d}u$$

常数 c 和 c_1 只需 $|\boldsymbol{Y}_0|$ 充分小时，即可取得任意小，而由此即知 $|\boldsymbol{X}_{n+1}(t)|$ 不超过某常数.

今建立逐次近似序列的收敛性.

先估计

$$|\boldsymbol{X}_{n+1}-\boldsymbol{X}_n|=\left|\int_0^t\boldsymbol{Y}(t-\tau)(f(\boldsymbol{X}_n,\tau)-f(\boldsymbol{X}_{n-1},\tau))\mathrm{d}\tau\right|$$

我们有

$$|\boldsymbol{X}_{n+1}-\boldsymbol{X}_n|\leqslant\int_0^t|\boldsymbol{Y}(t-\tau)|c|z_n-z_{n-1}|\mathrm{d}\tau$$

因而

$$\max|\boldsymbol{X}_{n+1}-\boldsymbol{X}_n|\leqslant cD\max|\boldsymbol{X}_n-\boldsymbol{X}_{n-1}|$$

于是选原点的邻域为充分小，当 $\boldsymbol{Y}_0$ 在其内时即可以取 c 为任意小，所以这时逐次近似是均匀收敛于方程组的某一解 $\boldsymbol{X}$ 的.

今证，$|\boldsymbol{X}|\leqslant P\mathrm{e}^{-\alpha t}$，其中 $\alpha>0$，而 P 是某常数，这样定理即将完全获证.

利用归纳法：对于 $\boldsymbol{X}_0=\boldsymbol{YY}_0$，有

$$|X_0| \leqslant \frac{P}{2}e^{-\alpha t}$$

假定欲证的不等式对于 X_n 是正确的，于是根据已证，有

$$|X_{n+1}(t)| \leqslant \frac{P}{2}e^{-\alpha t} + c\max|X_n|\int_0^{\infty}|Y(u)|\,du = \frac{P}{2}e^{-\alpha t} + cDPe^{-\alpha t}$$

因为可以选 c 小于$\frac{1}{2D}$，所以便得估计

$$|X_{n+1}(t)| \leqslant Pe^{-\alpha t}$$

由此定理的第一部分即完全获证.

为了建立定理的第二部分，需从第三章 §5 的积分方程(7)

$$X(t) = Y(t)Y_0 + \int_0^t Y_1(t-c)f(X,\tau)d\tau + \int_0^t Y_2(t-\tau)f(X,\tau)d\tau$$

出发①.

今将用逐次逼近法来解它. 设 $W^{(1)}, W^{(2)}, \cdots, W^{(h)}$ 为方程组$\frac{dY}{dt} = AY$ 的 k 个线性无关解，当 $t \to +\infty$ 时，它们的模趋于零，并设$\overline{Y} = \sum_{r=1}^{k} a_r W^{(r)}$. 选 a_r 充分小，就可使 $|\overline{Y}|$ 对所有 $t \geqslant 0$ 为任意小.

令$\max_{t \geqslant 0}|\overline{Y}| = c$. 这个常数可再做处理.

现在利用递推关系式

$$X_0 = \overline{Y}$$

$$X_{n+1} = \overline{Y} + \int_0^t Y_1(t-\tau)f(X_n,\tau)d\tau - \int_0^{\infty} Y_2(t-\tau)f(X_n,\tau)d\tau$$②

以作近似序列. 由于 $Y_2(t-\tau)f(X(\tau),\tau)$ 对于任意的 τ 均为方程组$\frac{dY}{dt} = AY$ 的解，所以对任一有界函数 $X(\tau)$ 来说

$$\int_0^{+\infty} Y_2(t-\tau)f(X(\tau),\tau)d\tau$$

也是此方程组的解. 因此，如能证明序列 X_n 均匀收敛，则其极限便是方程组

$$\frac{dX}{dt} = AX + f(X,t)$$

的解.

---

① 我们指出，此处 Y_1 是 Y 中与线性方程组$\frac{dY}{dt} = AY$ 化为若尔当标准形后的基本解矩阵内的 $\mathrm{Re}\,\lambda_i < 0$ 的诸矩阵 M_i 相对应的部分，而 Y_2 则是 Y 中与 $\mathrm{Re}\,\lambda_i \geqslant 0$ 的诸 M_i 相对应的部分.

② 以后就会看到积分$\int_0^{\infty} Y_2(t-\tau)f(X,\tau)d\tau$ 是收敛的.

如果利用矩阵 $\boldsymbol{Y}$ 的分为和 $\boldsymbol{Y}_1+\boldsymbol{Y}_2$ 的分解式，递推关系式就可写成

$$\boldsymbol{X}_0=\overline{\boldsymbol{Y}}$$

$$\boldsymbol{X}_{n+1}=\overline{\boldsymbol{Y}}+\int_0^t \boldsymbol{Y}_1(t-\tau)f(\boldsymbol{X}_n,\tau)\mathrm{d}\tau-\int_0^{+\infty}\boldsymbol{Y}_2(t-\tau)f(\boldsymbol{X}_n,\tau)\mathrm{d}\tau$$

设 λ 为特征方程 $\det|\boldsymbol{A}-\lambda\boldsymbol{E}|=0$ 的根中为负的实数部分的最小绝对值. 选择 λ_1,λ_2 使它们满足条件 $\lambda>\lambda_2>\lambda_1>0$. 选择常数 c_1,c_2，使得当 $t>0$ 时

$$|\overline{\boldsymbol{Y}}|\leqslant c_1\mathrm{e}^{-\lambda_1 t}$$

$$|\boldsymbol{Y}_1|\leqslant c_2\mathrm{e}^{-\lambda_2 t}$$

并设 μ 为特征方程的根的所有实数部分中的最大者，设 $\mu_1>\mu\geqslant 0$. 于是可找出常数 c_3，使得当 $t>0$ 时，$|\boldsymbol{Y}_2|\leqslant c_3\mathrm{e}^{\mu_1 t}$.

为用归纳法，假定

$$|\boldsymbol{X}_n|\leqslant 2c_1\mathrm{e}^{-\lambda_1 t}$$

往证 $|\boldsymbol{X}_{n+1}|$ 也满足同样的不等式. 事实上

$$\begin{aligned}|\boldsymbol{X}_{n+1}|\leqslant{}&|\overline{\boldsymbol{Y}}|+\int_0^t|\boldsymbol{Y}_1(t-\tau)||f(\boldsymbol{X}_n,\tau)|\mathrm{d}\tau+\\&\int_t^{+\infty}|\boldsymbol{Y}_2(t-\tau)||f(\boldsymbol{X}_n,\tau)|\mathrm{d}\tau\leqslant\\&c_1\mathrm{e}^{-\lambda_1 t}+\int_0^t c_2\mathrm{e}^{-\lambda_2(t-\tau)}c\cdot 2c_1\mathrm{e}^{-\lambda_1\tau}\mathrm{d}\tau+\\&\int_t^{+\infty}c_3\mathrm{e}^{\mu_1(t-\tau)}c\cdot 2c_1\mathrm{e}^{-\lambda_1\tau}\mathrm{d}\tau\end{aligned}$$

其中 c 为超过 $\left|\dfrac{\partial f}{\partial x_i}\right|$ 的常数. 由此便得

$$\begin{aligned}|\boldsymbol{X}_{n+1}|\leqslant{}&c_1\mathrm{e}^{-\lambda_1 t}+c\left[2c_1c_2\int_0^t\mathrm{e}^{-\lambda_2(t-\tau)-\lambda_1\tau}\mathrm{d}\tau+2c_1c_3\int_t^{\infty}\mathrm{e}^{\mu_1(t-\tau)-\lambda_1\tau}\mathrm{d}t\right]\leqslant\\&c_1\mathrm{e}^{-\lambda_1 t}\left[1+2cc_2\int_0^t\mathrm{e}^{(\lambda_1-\lambda_2)(t-\tau)}\mathrm{d}\tau+2cc_3\int_t^{\infty}\mathrm{e}^{\mu_1(t-\tau)}\mathrm{d}t\right]\end{aligned}$$

因为在上式中，积分号下的式子的指数都是负的，而且如果限于原点的充分小邻域内，那么可选择常数 c 为任意小，所以在上式方括弧内的值可看作小于 2 的，于是便得

$$|\boldsymbol{X}_{n+1}|\leqslant 2c_1\mathrm{e}^{-\lambda_1 t}$$

所建立的不等式指出，当 $t\to\infty$ 时，$|\boldsymbol{X}_n|$ 以某一指数函数的速度趋于零.

至于序列 $\{\boldsymbol{X}_n\}$ 的均匀收敛性的证明，与定理的第一部分的证明完全相同，所以此处略. 由此，定理即完全获证，因为 $\overline{\boldsymbol{Y}}$ 与 k 个任意常数有关. 当然，还应指出，当以 $-t$ 代替 t 时，特征方程的正的实数部分就代替了它的负的实数部分.

还可以建立线性方程组与非线性方程组的 O 曲线分布的进一步的相似之处.

在叙述曲线趋向原点的速度的定理之前，先引入关于“λ 变换”的概念.

如果使用变换

$$x_i = e^{\lambda t}\overline{x}_i$$

（就称这个变换为“λ 变换”），那么原方程组（1）就变成方程组

$$\frac{d\overline{x}_i}{dt} = \sum_{k=1}^{n} a_{ik}\overline{x}_k - \lambda\overline{x}_i + e^{-\lambda t} f(\overline{x}_1 e^{\lambda t}, \overline{x}_2 e^{\lambda t}, \cdots, \overline{x}_n e^{\lambda t}, t)$$

$$(i = 1, 2, \cdots, n)$$

而且易知，如果$\lambda > 0$，那么变换后的方程组其特征方程的所有根都减小了λ. 如引用新记号，便有

$$\frac{d\overline{x}_i}{dt} = \sum_{k=1}^{n} a_{ik}\overline{x}_k - \lambda\overline{x}_i + \psi_i(\overline{x}_1, \overline{x}_2, \cdots, \overline{x}_n; t) \tag{3}$$

且如果函数 $f_i(x_1, x_2, \cdots, x_n)$ 满足基本条件，那么当 $\lambda > 0$ 时，对于 $\psi_i(\overline{x}_1, \overline{x}_2, \cdots, \overline{x}_n; t)$ 来说，下列条件是满足的：在$(\overline{x}_1, \overline{x}_2, \cdots, \overline{x}_n)$ 的任一有界域内，函数 ψ_i 对所有 $\overline{x}_i$ 的导数，当 $t \to -\infty$ 时，是均匀趋于零的.

事实上

$$\frac{\partial\psi_i(\overline{x}_1, \overline{x}_2, \cdots, \overline{x}_n; t)}{\partial\overline{x}_j} = e^{-\lambda t}\frac{\partial f_i(x_1, x_2, \cdots, x_n, t)}{\partial x_j}\frac{\partial x_j}{\partial\overline{x}_j} = \frac{\partial f_i(x_1, x_2, \cdots, x_n, t)}{\partial x_i}$$

由条件：当 $t \to -\infty$ 时，$\overline{x}_i$ 是有界的，因此，$x_i \to 0$，从而，根据对 f_i 所加的条件，便知当 $t \to -\infty$ 时，$\frac{\partial f_i}{\partial x_j} = \frac{\partial\psi_i}{\partial\overline{x}_j}$ 趋于零.

首先，表述方程组（1）的积分线趋向原点的速度.

定理 8（谢斯达可夫）[4]　设 $0 > \alpha_1 \geqslant \alpha_2 \geqslant \cdots \geqslant \alpha_n; \alpha_i \neq 0 (i = 1, 2, \cdots, n)$ 是特征方程

$$\det|\boldsymbol{A} - \lambda\boldsymbol{E}| = 0$$

的根的实数部分，如果方程组

$$\frac{dx_i}{dt} = \sum_{i=1}^{n} a_{ik}x_k + f_i(x_1, x_2, \cdots, x_n; t)$$

的右端满足基本条件，那么：

（1）$\lim\limits_{t\to\infty}\dfrac{\ln\sum\limits_{i=1}^{n}|x_i(t)|}{t}$ 恒存在且等于 α_k 中之一或 $\sum\limits_{i=1}^{n}|x_i(t)| \equiv 0$.

（2）满足关系式

$$\sum_{i=1}^{n}|x_i|^2 \leqslant e^{(2\alpha+\eta(t))t}$$

的 O 曲线的原始条件的流形与 p 个任意参数有关,其中 $a<0$,当 $t\to+\infty$ 时,$\eta(t)\to 0$,而 p 是满足不等式 $\alpha_i\leqslant a$ 的特征方程的根的个数.

第一部分的证明.利用非奇异线性变换

$$x_i=\sum_{j=1}^{n}C_{ij}y_j\quad(i=1,2,\cdots,n)\tag{4}$$

便可使方程组(1)变为

$$\frac{\mathrm{d}y_i}{\mathrm{d}t}=\lambda_i y_i+\sum_{k=1}^{i-1}b_{ik}y_k+\psi_i(y_1,y_2,\cdots,y_n,t)\tag{5}$$

(三角矩阵),并且系数 b_{ik} 可以任意小,$|b_{ik}|\leqslant b$,其中 b 为任意正数.在方程组(5)中的非线性项 ψ_i 也满足"基本条件".不难看出,上极限与下极限

$$\overline{\lim_{t\to+\infty}}\frac{\ln\sum_{i=1}^{n}|x_i|}{t}=M,\ \underline{\lim_{t\to+\infty}}\frac{\ln\sum_{i=1}^{n}|x_i|}{t}=m\tag{6}$$

是变换(4)的不变量.

事实上,如利用变换(4)及其逆,便有

$$g_1\sum_{i=1}^{n}|y_i|\leqslant\sum_{i=1}^{n}|x_i|\leqslant g_2\sum_{i=1}^{n}|y_n|\tag{7}$$

其中 g_1 和 g_2 是可由矩阵(C_{ik})确定的正常数.由式(7)可得

$$M=\overline{\lim_{t\to+\infty}}\frac{\ln\sum_{i=1}^{n}|x_i|}{t}=\overline{\lim_{t\to+\infty}}\frac{\sum_{i=1}^{n}|y_i|}{t}$$

$$m=\underline{\lim_{t\to+\infty}}\frac{\ln\sum_{i=1}^{n}|x_i|}{t}=\underline{\lim_{t\to+\infty}}\frac{\sum_{i=1}^{n}|x_i|}{t}$$

这就证明了论断.

如曾经多次所做的,由方程组(5)易得下列不等式

$$\begin{cases}\dfrac{\mathrm{d}|y_i|^2}{\mathrm{d}t}=2|y_i|\dfrac{\mathrm{d}|y_i|}{\mathrm{d}t}\leqslant 2\alpha_i|y_i|^2+2b\displaystyle\sum_{k=1,i=1}^{n}|y_i||y_k|+2|y_i||\psi_i|\\ \dfrac{\mathrm{d}|y_i|^2}{\mathrm{d}t}\geqslant 2\alpha_i|y_i|^2-2b\displaystyle\sum_{k=1}^{n}|y_i||y_k|-2|y_i||\psi_i|\end{cases}\tag{8}$$

其中 $i=1,2,\cdots,n$.因为函数 ψ_i 满足基本条件,所以可得

$$|\psi_i(y_1,y_2,\cdots,y_n,t)|\leqslant\varepsilon\sum_{k=1}^{n}|y_k|\quad(t\geqslant T_\varepsilon)\tag{9}$$

其中 $\varepsilon>0$ 为任意的数.

为简便起见,设 $|y_i|=r_i$,当 $t\geqslant T_\varepsilon$ 时,由不等式(8)和(9)可得

$$\begin{cases}\dfrac{\mathrm{d}r_i^2}{\mathrm{d}t} \leqslant 2\alpha_i r_i^2 + 2(b+\varepsilon)r_i\sum_{k=1}^{n} r_k \\ \dfrac{\mathrm{d}r_i^2}{\mathrm{d}t} \geqslant 2\alpha_i r_i^2 - 2(b+\varepsilon)r_i\sum_{k=1}^{n} r_k\end{cases} \quad (i=1,2,\cdots,n) \tag{10}$$

如对不等式(10)求和,便得

$$\begin{cases}\dfrac{\mathrm{d}\omega}{\mathrm{d}t} \leqslant 2(\alpha_1 + nb + n\varepsilon)\omega \\ \dfrac{\mathrm{d}\omega}{\mathrm{d}t} \geqslant 2(\alpha_n - nb - n\varepsilon)\omega\end{cases} \quad \left(\omega = \sum_{i=1}^{n} r_i^2\right) \tag{11}$$

亦即

$$\begin{cases}\dfrac{\mathrm{d}}{\mathrm{d}t}\left[\omega \mathrm{e}^{-2(\alpha_1+nb+n\varepsilon)t}\right] \leqslant 0 \\ \dfrac{\mathrm{d}}{\mathrm{d}t}\left[\omega \mathrm{e}^{-2(\alpha_n-nb-n\varepsilon)t}\right] \geqslant 0\end{cases} \tag{11$'$}$$

不等式(11)给出

$$2M = \overline{\lim_{t\to+\infty}} \frac{\ln \sum_{i=1}^{n} r_i^2}{t} \leqslant 2\alpha_1 + 2nb$$

$$2m = \underline{\lim_{t\to+\infty}} \frac{\ln \sum_{i=1}^{n} r_i^2}{t} \geqslant 2\alpha_n - 2nb$$

因为 m 和 M 是变换(4)的不变量(与 b 无关),所以便有

$$m \geqslant \alpha_n, M \leqslant \alpha_1 \tag{12}$$

如果 $m=\alpha_1$,那么 $m=M=\alpha_1$,定理即获证.设 $m<\alpha_1$.于是对于某一下标 k,便有

$$\alpha_k \leqslant m < \alpha_{k-1} \quad (1<k\leqslant n)$$

为书写简单起见,令

$$\omega_1(t) = \sum_{i=1}^{k-1} r_i^2, \omega_2(t) = \sum_{i=k}^{n} r_i^2$$

并对不等式(10)分别就 $i=1,2,\cdots,k-1$ 和 $i=k,k+1,\cdots,n$ 求和,便可得

$$\begin{cases}\dfrac{\mathrm{d}\omega_1}{\mathrm{d}t} \geqslant 2\alpha_{k-1}\omega_1 - 2(nb+n\varepsilon)(\omega_1+\omega_2) \\ \dfrac{\mathrm{d}\omega_2}{\mathrm{d}t} \leqslant 2\alpha_k\omega_2 + 2(nb+n\varepsilon)(\omega_1+\omega_2)\end{cases} \tag{12$'$}$$

因而如用第一个不等式减去第二个,便有

$$\frac{\mathrm{d}(\omega_1-\omega_2)}{\mathrm{d}t} \geqslant (2\alpha_{k-1} - 4nb - 4n\varepsilon)\omega_1 - (2\alpha_k + 4nb + 4n\varepsilon)\omega_2 \tag{13}$$

选择 τ 使得 $m<\tau<\alpha_{k-1}$,并取 ε 和 b 充分小,使它们满足不等式

$$\alpha_{k-1} - 2nb - 2n\varepsilon > \tau > \alpha_k + 2nb + 2n\varepsilon$$

于是由不等式(13) 可得

$$\frac{d(\omega_1-\omega_2)}{dt}\geqslant 2\tau(\omega_1-\omega_2)$$

或

$$\frac{d}{dt}((\omega_1-\omega_2)e^{-2\tau t})\geqslant 0 \tag{14}$$

由不等式(14) 可知函数

$$\Phi(t)=(\omega_1-\omega_2)e^{-2\tau t}$$

是单调递增的.

另外,对于任意大的无穷多个 t 值,不等式

$$\frac{\ln\sum_{i=1}^{n}r_i^2}{t}<m+\tau$$

或

$$(\omega_1+\omega_2)e^{-2\tau t}<e^{(m-\tau)t}$$

成立,又因 $\lim\limits_{t\to+\infty} e^{(m-\tau)t}=0$,所以对 t 值从充分大开始,将有

$$(\omega_1+\omega_2)e^{-2\tau t}<\gamma \tag{15}$$

其中 $\gamma>0$ 是任意小的数.

由不等式(14) 和(15) 即知,当 t 充分大时必有

$$\omega_2(t)\geqslant\omega_1(t)$$

因为 $\omega_1+\omega_2>0$,所以 $\omega_2>0(t>T_\varepsilon)$. 由于 $\omega_2\geqslant\omega_1$,所以(12′) 的第二个不等式给出

$$\frac{d\omega_2}{dt}\leqslant(2\alpha_k+4nb+4n\varepsilon)\omega_2$$

由此便可推出

$$\overline{\lim_{t\to+\infty}}\frac{\ln\omega_2}{t}\leqslant 2\alpha_k+4nb \tag{16}$$

因为

$$2M=\overline{\lim_{t\to+\infty}}\frac{\ln(\omega_1+\omega_2)}{t}\leqslant\overline{\lim_{t\to+\infty}}\frac{\ln 2\omega_2}{t}=\overline{\lim_{t\to+\infty}}\frac{\ln\omega_2}{t}$$

所以由不等式(16) 即得 $M\leqslant\alpha_k$.

因此,$m=M=\alpha_k$,定理的第一部分获证.

第二部分的证明. 如果 $p=n$,那么定理的结论显然. 今假定 $p<n$,设 $n-p=k$,即有:当 $i\leqslant k$ 时,$\alpha_i>a$;当 $i>k$ 时,$\alpha_i\leqslant a$. 此时,恒可找到这样的数 $\lambda>0$ 且 $\lambda<-a$,使得不等式

$$\begin{cases}\alpha_i+\lambda>0 & (i\leqslant k)\\ \alpha_i+\lambda<0 & (i>k)\end{cases} \tag{17}$$

成立. 对方程组(1) 作 λ 变换:$x_i = y_i e^{-\lambda t}$,则

$$\frac{dy_i}{dt} = \sum_{\substack{k=1\\k\neq i}}^{n} a_{ik} y_k + (a_{ii} + \lambda) y_i + \psi_i(y_1, y_2, \cdots, y_n, t) \tag{18}$$

函数 ψ_i 也满足基本条件. 变换后的方程组的特征方程的根是 $\lambda_i + \lambda (i=1,2,\cdots,n)$.

根据式(17),由定理 7 知,方程组(18) 有 O 曲线族,它与 $p=n-k$ 个任意参数有关,且当 $t \to +\infty$ 时,趋向于0. 设本定理的条件(2) 满足,则当 $t \geqslant T_\varepsilon$ 时,由此条件便有

$$\sum_{i=1}^{n} | x_i | < e^{-(a+\varepsilon)t} < e^{-(\lambda+\varepsilon)t}$$

$$\sum_{i=1}^{n} | y_i | = e^{\lambda t} \sum_{i=1}^{n} | x_i | \leqslant e^{-\varepsilon t}$$

即解 $y_i(t)$ 是 O 曲线. 反之,如设 $y_i(t)$ 是方程组(18) 的 O 曲线,则

$$\lim_{t\to+\infty} \frac{\ln \sum_{i=1}^{n} | x_i |}{t} = -\lambda + \lim_{t\to+\infty} \frac{\ln \sum_{i=1}^{n} | y_i |}{t} \leqslant -\lambda$$

因为由 $\alpha_i \leqslant -\lambda$ 可得到 $\alpha_i \leqslant a$,所以根据证明的第一部分,便知定理第二部分的结论是正确的.

由此,本定理获证.

今再证,描述不是 O 曲线的积分线在奇点附近的性状的定理.

定理 9(彼得罗夫斯基) 如果特征方程的所有根都具有异于零的实数部分,则经过奇点的充分小邻域的任一积分线或趋向奇点(即 O 曲线),或走出此邻域.

将方程组写成

$$\frac{d\boldsymbol{X}}{dt} = \boldsymbol{A}\boldsymbol{X} + f(\boldsymbol{X}, t)$$

其对应的积分方程为

$$\boldsymbol{X}(t) = \boldsymbol{Y}(t - t_0)\boldsymbol{Y}_0 + \int_{t_0}^{t} \boldsymbol{Y}(t - \tau) f(\boldsymbol{X}, \tau) d\tau$$

由矩阵 $\boldsymbol{Y}$ 的分解 $\boldsymbol{Y} = \boldsymbol{Y}_1 + \boldsymbol{Y}_2$ 可知,上面矩阵方程可分为

$$\boldsymbol{X}^{(1)}(t) = \boldsymbol{Y}_1(t - t_0)\boldsymbol{Y}_0^{(1)} + \int_{t_0}^{t} \boldsymbol{Y}_1(t - \tau) f(\boldsymbol{X}, \tau) d\tau \tag{19}$$

$$\boldsymbol{X}^{(2)}(t) = \boldsymbol{Y}_2(t - t_0)\boldsymbol{Y}_0^{(2)} + \int_{t_0}^{t} \boldsymbol{Y}_2(t - \tau) f(\boldsymbol{X}, \tau) d\tau \tag{20}$$

此处假定 $\operatorname{Re} \lambda_1 \leqslant \operatorname{Re} \lambda_2 \leqslant \cdots \leqslant \operatorname{Re} \lambda_n$,那么:对 $i = 1,2,\cdots,k$,$\operatorname{Re} \lambda_i < 0$;对 $i=k+1,\cdots,n$,$\operatorname{Re} \lambda_i > 0$;$\boldsymbol{X}^{(1)} = \{x_1(t), x_2(t), \cdots, x_k(t)\}$ 是 k 维矢量,$\boldsymbol{X}^{(2)} = \{x_{k+1}(t), \cdots, x_n(t)\}$ 是 $n-k$ 维矢量;$\boldsymbol{Y}_0^{(1)} = \boldsymbol{X}^{(1)}(t_0)$,$\boldsymbol{Y}_0^{(2)} = \boldsymbol{X}^{(2)}(t_0)$.

令模 $|\boldsymbol{X}|=\max\{|x_1|,|x_2|,\cdots,|x_n|\}$，并设 $|\boldsymbol{Y}_0|<m$. 函数 $f(\boldsymbol{X},t)$ 满足"基本条件"，因此对于充分小的 $\varepsilon>0$ 可找到 $m>0$，使得在域 G_m：$|\boldsymbol{X}|<m$ 内，$|f(\boldsymbol{X},t)|<\varepsilon m$.

于是在域 G_m 内，矩阵方程(19) 给出

$$|\boldsymbol{X}^{(1)}(t)|<\frac{2\varepsilon m}{|\lambda_k|}$$

而在简单初等因子的情形下①，方程组(20) 给出

$$\boldsymbol{X}_i(t)=\boldsymbol{Y}_{i0}\mathrm{e}^{\lambda_i(t-t_0)}+\chi_i(t)\quad(i=k+1,\cdots,n)$$

其中

$$|\chi_i(t)|=\left|\mathrm{e}^{\lambda_i t}\int_{t_0}^{t}\mathrm{e}^{-\lambda_i\tau}f_i(\boldsymbol{X},\tau)\mathrm{d}\tau\right|<\frac{\varepsilon m}{|\lambda_i|}[\mathrm{e}^{\mathrm{Re}\,\lambda_i(t-t_0)}-1]<\frac{\varepsilon m}{|\lambda_i|}\mathrm{e}^{\mathrm{Re}\,\lambda_i(t-t_0)}$$

今选择充分小的 $\varepsilon>0$，使得 $\frac{\varepsilon}{|\lambda_i|}<\frac{1}{8}$.

假定在域 G_m 内，存在不越出此域而不是 O 曲线的积分线.

设

$$L=\max_{i=1,2,\cdots,n}\overline{\lim_{t\to\infty}}|x_i(t)|$$

根据假定，$0<L\leqslant m$. 如在必要时减小 m，便能假定 $L\leqslant m<2L$. 关于矩阵方程(19) 的估计表明 L 不能是 $i\leqslant k$ 的 $|\boldsymbol{X}^{(1)}(t)|$. 设

$$L=\overline{\lim_{t\to\infty}}|x_i(t)|\quad(i\geqslant k+1)$$

今选择 t_0 使得 $|x_i(t_0)|=|y_{i0}|>\frac{L}{2}$. 关于 $|x_i|$ 的计算给出

$$|x_i(t)|\geqslant\mathrm{e}^{\mathrm{Re}\,\lambda_i(t-t_0)}\left(|y_{i0}|-\frac{\varepsilon m}{|\lambda_i|}\right)>\mathrm{e}^{\mathrm{Re}\,\lambda_i(t-t_0)}\left(\frac{m}{4}-\frac{m}{8}\right)=\frac{m}{8}\mathrm{e}^{\mathrm{Re}\,\lambda_i(t-t_0)}$$

而这就指出，当 $t\to\infty$ 时，$|x_i(t)|$ 不能总小于或等于 m.

定理证毕.

最后，再探讨在原点处与 O 曲线相切的方向的特征. 先要证明一个辅助定理，它使得从关于右端包含 t 的经过 $\lambda(\lambda>0)$ 变换得到的方程组的 O 曲线的结论中能够得出关于原来的常驻方程组的 O 曲线的性状的结论[5].

辅助定理 2 设以记号 A 表示原常驻方程组，而以记号 $\overline{A}$ 表示经 $\lambda(\lambda>0)$ 变换后得到的新方程组. 再以记号 $\overline{N}$ 表示方程组 $\overline{A}$ 的 $t\to-\infty$ 的 O 曲线族，而以记号 N 表示对应于 $\overline{N}$ 的方程组 A 的积分曲线族.

如果对于方程组 $\overline{A}$，特征方程的根有 k 个有负的实数部分，$n-k$ 个有正的

① 对于高阶的初等因子结果仍真，但为叙述简明起见，只限于简单的情形.

实数部分，那么方程组 A 的积分曲线族 N 组成一 $n-k$ 维超越平面，并当将坐标适当的选取时，每一个与由坐标 $(0,0,\cdots,0,x_{k+1},x_{k+2},\cdots,x_n)$ 所确定的 $n-k$ 维超平面直交的 k 维线性流形只能与此曲面相交于一点.

根据辅助定理的条件，变换后的方程组有 k 个特征根具有负的实数部分.当将坐标适当的选取时，可以做到，在原点的充分小的邻域 $|\overline{x}_i|\leqslant M(i=1,2,\cdots,n)$ 内，任给一个位于超越平面

$$\overline{x}_1=0,\overline{x}_2=0,\cdots,\overline{x}_k=0$$

上的一点，并给出满足条件 $-\infty<t'\leqslant t_0<0$ 的 t 值，便可得到 $\overline{N}$ 中的一条曲线.

设 G_M 是方程组 A 的相空间中的域，它位于由坐标 $x_{k+1},x_{k+2},\cdots,x_n$ 所确定的超越平面上，并且 G_M 中的点的坐标满足条件：当 $1\leqslant i\leqslant k$ 时，$x_i=0$；当 $k+1\leqslant i\leqslant n$ 时，$|x_i|\leqslant Me^{-\lambda t_0}$. 因为方程组 $\overline{A}$ 是由方程组 $A\lambda$ 变换得出的，λ 为正，所以后一方程组当然也有 $n-k$ 个具有正的实数部分的根，因此，对于由坐标 $x_{k+1},x_{k+2},\cdots,x_n$ 所确定的超越平面上与原点充分接近的每一点，一定对应 $t\to-\infty$ 的一条 O 曲线. 但因为，一般说来，方程组 A 可以有更多个具有正的实数部分的特征根，所以超越平面 $(0,0,\cdots,0,x_{k+1},x_{k+2},\cdots,x_n)$ 的一点可以对应无穷多条 O 曲线. 然而，今要证：如果这样，那么所有这些曲线就不是与由 $\overline{A}$ 的相空间的邻域 $|\overline{x}_i|\leqslant M(i=1,2,\cdots,n)$ 起始的 O 曲线相对应的 O 曲线，也不属于集合 N.

今用反证法. 假定在超越平面 $(0,0,\cdots,0,x_{k+1},x_{k+2},\cdots,x_n)$ 的某点处所引的 k 维线性流形与 N 中两条相异的①曲线

$$x_i=f_i(t)\quad(1\leqslant i\leqslant n)$$

$$x_i=\overline{f}_i(t)\quad(1\leqslant i\leqslant n)$$

相交. 因此，对于某 t_1 和 t_2 有

$$x_{i_0}=f_i(t_1)=\overline{f}_i(t_2)\quad(k+1\leqslant i\leqslant n)$$

首先证明，变更参数，可以假定 $t_1=t_2$.

事实上，设 $t_2<t_1<t_0$，代替函数 $\overline{f}_i(t)$ 我们考虑函数 $\overline{\overline{f}}_i(t)=\overline{f}_i(t-t_1+t_2)$. 因为方程组 A 不明显的包含 t，所以曲线

$$x_i=\overline{\overline{f}}_i(t)\quad(1\leqslant i\leqslant n)$$

是方程组(1) 的积分线而且从几何上来说，它是与曲线 $x_i=\overline{f}_i(t)(1\leqslant i\leqslant n)$ 是

① 常驻方程组 A 的积分线是理解为对应于确定的 t 的初值的解在相空间内的图线.

重合的.

今要证：如果曲线 $x_i=\overline{f}_i(t)$ 也具有相仿的性质，那么此曲线的原象 $\overline{\overline{x}}_i=e^{-\lambda t}\overline{\overline{f}}_i(t)$，当 $-\infty<t\leqslant t_0$ 时，位于邻域 $|\overline{x}_i|\leqslant M$ 内.

假定当 $t\leqslant t_0$ 时，曲线 $\overline{x}_i=\overline{f}_i(t)e^{-\lambda t}$ 不越出域 $|\overline{x}_i|\leqslant M$.

当 $t\leqslant t_0$ 时，有

$$
\begin{aligned}
|e^{-\lambda t}\overline{\overline{f}}_i(t)|=|e^{-\lambda t}\overline{f}_i(t-t_1+t_2)|= \\
e^{-\lambda(t_1-t_2)}|e^{-\lambda(t-t_1+t_2)}\overline{f}_i(t-t_1+t_2)|= \\
e^{-\lambda(t_1-t_2)}|e^{-\lambda t^*}\overline{f}_i(t^*)|<|e^{-\lambda t^*}\overline{f}_i(t^*)|
\end{aligned}
$$

其中 $t^*<t_0-t_1+t_2<t_0$，这就是所要证的.

其次，如果假定 N 中有两条曲线交超越平面：$x_1=0,x_2=0,\cdots,x_k=0$ 的一 k 维线性法流形，那么可找到 N 中这样两条线，就几何上来说，它们与前者相重合，而对于这些曲线，对参数 t 的同一值 t_1 有

$$\overline{f}_i(t_1)=f_i(t_1)=x_{i_0}^* \quad (k+1\leqslant i\leqslant n)$$

然而，如果在方程组 $\overline{A}$ 的相空间中，在区间 $t_1\geqslant t>-\infty$ 上来考虑积分线 $f_i(t)e^{-\lambda t}$，$\overline{f}_i(t)e^{-\lambda t}$，那么这两条曲线是由同一原始条件：

1. $f_i(t_1)e^{-\lambda t_1}=\overline{f}_i(t_1)e^{-\lambda t_1}=x_{i_0}^*(k+1\leqslant i\leqslant n)$；

2. 当 $t\to-\infty$ 时，$\overline{x}_i(t)$ 是趋于零的 $(0\leqslant i\leqslant k)$，

来确定的.

此外，因为这些曲线属于集合 $\overline{N}$，所以，如在定理中所证的，它们是重合的，因而曲线

$$x_i=\overline{f}_i(t),x_i=f_i(t) \quad (i=1,2,\cdots,n)$$

也是重合的.

这就证明了辅助定理.

今转到叙述说明 O 曲线趋近于原点的性态的定理.

定理 10(彼得罗夫斯基)[5]　如果矩阵 $\boldsymbol{A}$ 的特征方程的所有根的实数部分都是正的(负的)且函数 f_i 满足“基本条件”，那么当 $t\to-\infty(t\to+\infty)$ 时，几乎所有(1)的积分线都切于由引导坐标①所确定的平面.

假定方程组已化为标准形，即其线性部分的系数矩阵是标准形. 设此矩阵的实的初等因子为 $(\lambda-\lambda_i)^{l_i}(i=1,2,\cdots,k)$，而复的初等因子需要首先假定其都是一次的，它们是 $[\lambda-(\alpha_j\pm\beta_j\sqrt{-1})](j=1,2,\cdots,s)$. 于是，我们认为所讨论

---

① 重提一下(参看第三章 §4)，已化成标准形的线性方程组的引导坐标，就是所对应的特征方程的根的实数部分为最小者的那些坐标.

方程组为如下形式各组所合成的

$$(E_j):\begin{cases}\dfrac{dx_{m_i}}{dt}=\lambda_i x_{m_i}+\varphi_{m_i}\\ \dfrac{dx_{m_{i+1}}}{dt}=\gamma x_{m_i}+\lambda_i x_{m_{i+1}}+\varphi_{m_{i+1}}\\ \quad\vdots\\ \dfrac{dx_{m_{i+1}}}{dt}=\gamma x_{m_{i+1}-1}+\lambda_i x_{m_{i+1}}+\varphi_{m_{i+1}}\end{cases}\quad (i=1,\cdots,k;m_1=0,m_{i+1}=m_i+l_i-1)$$

$$(\widetilde{E}_j):\begin{cases}\dfrac{du_j}{dt}=\alpha_j u_j-\beta_j v_j+\bar{\varphi}_{2j}\\ \dfrac{dv_j}{dt}=\beta u_j+\alpha v_j+\bar{\varphi}_{2j-1}\end{cases}\quad (j=1,\cdots,s)$$

其中 γ 为任意小的正常数，而函数 φ_l 与 $\tilde{\varphi}_m$ 满足“基本条件”，对于某个 i，若 $m_{i+1}=m_i$，亦即 $l_i=1$ 时，我们了解到 (E_i) 仅由上式中第一个方程组成.

作下列的变数置换

$$x_v=R\bar{x}_v\quad (v=1,2,\cdots,m_{k+1})$$

$$u_j=R\bar{u}_j,v_j=R\bar{v}_j\quad (j=1,2,\cdots,s)$$

$$r_j=R\bar{r}_j\quad (j=1,2,\cdots,s)$$

其中

$$r_j=\sqrt{u_j^2+v_j^2}$$

而

$$R=\sqrt{x_1^2+x_2^2+\cdots+x_{m_k+1}^2+r_1^2+r_2^2+\cdots+r_s^2}$$

经此置换后，便得方程组

$$\begin{cases}\dfrac{d\bar{x}_{m_i}}{dt}=\left(\lambda_i-\dfrac{R'_t}{R}\right)\bar{x}_{m_i}+\bar{\psi}_1^{(i)}(\bar{x},\bar{u},\bar{v};t)\quad (i=1,2,\cdots,k)\\ \dfrac{d\bar{r}_j}{dt}=\left(\alpha_j-\dfrac{R'_t}{R}\right)\bar{r}_j+\bar{\psi}_2^{(j)}(\bar{x},\bar{u},\bar{v};t)\quad (j=1,2,\cdots,s)\\ \dfrac{d\bar{x}_{m_i+1}}{dt}=\left(\lambda_i-\dfrac{R'_t}{R}\right)\bar{x}_{m_i+1}+r\bar{x}_{m_i}+\bar{\psi}_{m_i+1}(\bar{x},\bar{u},\bar{v};t)\\ \dfrac{d\bar{x}_{m_i+2}}{dt}=\left(\lambda_i-\dfrac{R'_t}{R}\right)\bar{x}_{m_i+2}+r\bar{x}_{m_i+1}+\bar{\psi}_{m_i+2}(\bar{x},\bar{u},\bar{v};t)\\ \quad\vdots\\ \dfrac{d\bar{x}_{m_{i+1}}}{dt}=\left(\lambda_i-\dfrac{R'_t}{R}\right)\bar{x}_{m_{i+1}}+r\bar{x}_{m_{i+1}-1}+\bar{\psi}_{m_{i+1}}(\bar{x},\bar{u},\bar{v};t)\end{cases}\tag{21}$$

其中

$$i=1,2,\cdots,k$$

$$\overline{x}=(x_1,x_2,\cdots,x_{m_{k+1}})$$

$$\overline{u}=(u_1,u_2,\cdots,u_s)$$

$$\overline{v}=(v_1,v_2,\cdots,v_s)$$

r 为任意小的正数，而具有任意下标的函数 $\overline{\psi}$ 仍满足基本条件.

为确定起见，首先假定

$$\operatorname{Re}\lambda_i>0\quad(i=1,2,\cdots,k)$$

$$\alpha_j>0\quad(j=1,2,\cdots,s)$$

且设

$$\sigma_0=\min(\operatorname{Re}\lambda_i,\alpha_j)$$

其次假定，沿着所研究的积分线，当 $t\to-\infty$ 时，$R(t)\to 0$. 因为所有函数 $\overline{\psi}$ 满足基本条件，所以如果点 $(x_1,x_2,\cdots,x_{n_{k+1}},u_1,v_1,u_2,v_2,\cdots,u_s,v_s)$ 位于原点的充分小但为固定的域 N 内，那么可使上述方程组右端的最后的一些项充分小.

将方程组(21) 的第一个方程乘以 $\overline{x}_{n_1}$，第二个方程乘以 $\overline{x}_{n_2}$，然后将第二组的方程乘以 $\overline{r}_1,\overline{r}_2,\cdots$. 对方程组(21) 的所有方程都这样做，再将所得的方程相加，于是利用关系式

$$\sum_{v=1}^{m_{k+1}}\overline{x}_v^2+\sum_{i=1}^{s}\overline{r}_i^2=1$$

便得

$$\begin{aligned}0=&\sum_{i=1}^{k}\left(\lambda_i-\frac{R'_t}{R}\right)\overline{x}_{m_i}^2+\sum_{j=1}^{s}\left(\alpha_j-\frac{R'_t}{R}\right)\overline{r}_j^2+\\&\sum_{i=1}^{k}\left(\lambda_i-\frac{R'_t}{R}\right)\sum_{p=1}^{l_i-1}\overline{x}_{m_i+p}^2+r\sum_{i=1}^{k}\sum_{p=1}^{l_i-1}\overline{x}_{m_i+p}\overline{x}_{m_i+p-1}+\\&\psi_1(\overline{x}_1,\overline{x}_2,\cdots,\overline{x}_{m_k+1};\overline{u}_1,\overline{v}_1,\cdots,\overline{u}_s,\overline{v}_s;t)\end{aligned}$$

其中 ψ_1 为一个函数，它对于小于一个定数的所有 t 值，其绝对值总小于 ε.

今将这样一些坐标(即引导坐标)$\overline{x}_v,\overline{u}_j$ 和 $\overline{v}_j$ 取出，它们所对应的特征方程的根具有最小的实数部分 σ_0. 将它们的平方和用 ω^2 表示，于是便可将所得的等式写成下面的形式

$$\begin{aligned}0=&\left(\sigma_0-\frac{R'_t}{R}\right)\omega^2+\sum_{i=1}^{k}{}'\left(\lambda_i-\frac{R'_t}{R}\right)\overline{x}_{m_i}^2+\sum_{j=1}^{s}{}'\left(\alpha_i-\frac{R_t^2}{R}\right)\overline{r}_i^2+\\&\sum_{i=1}^{k}{}'\left(\lambda_i-\frac{R'_t}{R}\right)\sum_{p=1}^{l_i-1}\overline{x}_{m_i+p}^2+\gamma\sum_{i=1}^{k}\sum_{p=1}^{l_i-1}\overline{x}_{n_i+p}\overline{x}_{m_i+p-1}+\\&\psi_1(\overline{x}_1,\overline{x}_2,\cdots,\overline{x}_{m_{k+1}};\overline{u}_1,\overline{v}_1,\cdots,\overline{u}_s,\overline{v}_s;t)\end{aligned}$$

其中和数记号上有一撇的表示在没有一撇的对应和数中除去可能在其中出现的引导坐标.特别是

$$\omega^2=1-\sum_{v=1}^{m_{k+1}}{}'\bar{x}_v^2-\sum_{j=1}^{s}{}'\bar{r}_j^2$$

如果利用这后一关系式,那么上面的等式便可写成

$$\left(\sigma_0-\frac{R_t'}{R}\right)=-\sum_{i=1}^{k}{}'(\lambda_i-\sigma_0)\sum_{p=0}^{l_i-1}\bar{x}_{m_i+p}^2-\sum_{j=1}^{s}{}'(\alpha_j-\sigma_0)\bar{r}_j^2-\gamma\sum_{i=1}^{k}\sum_{p=1}^{l_i-1}\bar{x}_{m_i+p}\bar{x}_{m_i+p-1}-\psi_1 \tag{22}$$

以 $\frac{1}{L}$ 和 $\frac{1}{l}$ 分别表示在和数 $\sum{}'$ 中所出现的差数 $\lambda_i-\sigma_0$ 和 $\alpha_i-\sigma_0$ 中的最小者和最大者.为了以后的计算,我们指出

$$1>\sum_{i=1}^{k}\sum_{p=0}^{l_i-1}\bar{x}_{m_i+p}^2>\sum_{i=1}^{k}\sum_{p=1}^{l_i-1}|\bar{x}_{m_i+p}||\bar{x}_{m_i+p-1}|$$

又设

$$\rho^2(t)=\sum_{v=1}^{m_{k+1}}{}'\bar{x}_v^2+\sum_{j=1}^{s}{}'\bar{r}_j^2$$

在几何中,$\rho^2=\rho^2(t)$ 表示积分线上的切线与非引导坐标轴间夹角余弦的平方和.如果我们证明,对于沿着 O 曲线运动,$\rho^2\to 0$,那么这就证明了曲线切于由诸引导坐标所确定的超越平面.

由式(22)可得下列两个不等式

$$\rho^2<L\left|\sigma_0-\frac{R_t'}{R}\right|+L(\gamma+|\psi_1|) \tag{23}$$

$$\rho^2>l\left|\sigma_0-\frac{R_t'}{R}\right|-l(\gamma+|\psi_1|) \tag{24}$$

若以 $\bar{x}_v(v=1,2,\cdots,m_{k+1})$ 和 $\bar{r}_j(j=1,2,\cdots,s)$ 分别乘方程组(21)中的相应方程,并将所有的方程相加(对应引导坐标的方程除外),则有

$$\frac{1}{2}\frac{\mathrm{d}\rho^2}{\mathrm{d}t}>\left(\lambda-\frac{R_t'}{R}\right)\rho^2-\gamma\sum_{v=1}^{m_{k+1}}{}'\bar{x}_v^2+\psi_2$$

其中 λ 是 $\lambda_i(i=1,2,\cdots,m_{k+1})$ 和 $\alpha_j(j=1,2,\cdots,s)$ 的较 σ_0 为大者中的最小者,而 ψ_2 是一个函数,当 $t\to-\infty$ 时,它均匀地趋于零.

设 $\varepsilon_0>0$ 为充分小的正常数,且能使 $\varepsilon_0\left(\frac{1}{l}+\frac{1}{4L}\right)<\frac{1}{2L}$.假定有绝对值可任意大的负值 t_0,能使

$$\rho^2(t_0)<\varepsilon_0$$

并设 $\varepsilon>0$ 充分小,能使

$$\varepsilon_0 > 4L\varepsilon,\varepsilon_0\left(\frac{1}{l}+\frac{1}{4L}\right)+\varepsilon<\frac{1}{2L}$$

最后，选择 γ 小于数 $\frac{\varepsilon_0}{4L}$ 和 ε. 此外，再要求当 $t\leqslant t_0$ 时，$|\psi_1|<\varepsilon$ 和 $|\psi_2|<\varepsilon$. 这是可能的，只要把 t_0 取成绝对值充分大的负数. 在这些假定下，可以证实，对一切 $t\leqslant t_0$，有 $\rho^2(t)<\varepsilon_0$.

事实上，若不然，则有 $\rho^2(t)$ 在其内总小于 ε_0 的最大有限区间 $I=(t_1,t_0)$，当 $t_1<t<t_0$ 时，$\rho^2(t)<\varepsilon_0$，而 $\rho^2(t_1)=\varepsilon_0$.

在区间 I 中，由式(24)可得

$$\left|\sigma_0-\frac{R'_t}{R}\right|<\frac{\varepsilon_0}{l}+\gamma+\varepsilon<\varepsilon_0\left(\frac{1}{l}+\frac{1}{4L}\right)+\varepsilon<\frac{1}{2L}$$

因此

$$\lambda-\frac{R'_t}{R}\geqslant\lambda-\sigma_0-\left|\sigma_0-\frac{R'_t}{R}\right|>\frac{1}{L}-\frac{1}{2L}=\frac{1}{2L}>0 \tag{25}$$

由此便可得出，对于在 I 中使不等式

$$\frac{1}{2}\frac{\mathrm{d}\rho^2}{\mathrm{d}t}>\left(\lambda-\frac{R'_t}{R}\right)\rho^2-\gamma\sum_{v=1}^{m_{k+1}}\bar{x}_v^2+\psi_2 \tag{26}$$

的左端不是正值的那些 t 值，必有不等式

$$\frac{\rho^2}{2L}<\left(\lambda-\frac{R'_t}{R}\right)\rho^2\leqslant\gamma\sum_{v=1}^{m_{k+1}}{}'\bar{x}_v^2+|\psi_2|$$

从而

$$\rho^2<2L(\gamma\rho^2+|\psi_2|)<\varepsilon_0$$

对于使不等式(26)的右端是正值的 t 值，$\rho^2(t)$ 与 t 一同递减. 因此，在整个区间内以及在点 $t=t_1$ 处，有

$$\rho^2<\varepsilon_0$$

此与区间 I 的定义相矛盾.

因此，必须对一切 $t\leqslant t_0$ 都有 $\rho^2(t)<\varepsilon_0$，从而由上面的推导立即可得，对于所有 $t\leqslant t_0$ 的值，$\rho^2(t)$ 满足不等式

$$\rho^2\leqslant 2L(\gamma\rho^2+|\psi_2|)$$

或与 t 一同递减.

由此容易推出

$$\rho^2(t)\to 0$$

事实上，当 $t\leqslant t_0$ 时，有不等式 $\rho^2\leqslant 2L(\gamma\rho^2+|\psi_2|)$，则由条件，当 $t\to-\infty$ 时，$|\psi_2|\to 0$，以及与 t 无关的数 γ 可以选得小于 $\frac{1}{2L}$，由这一事实，即可推出所要证的.

假定第二个从逻辑上是可能的情形成立，即从某一绝对值充分大的负 t 值开始，$\rho(t)$ 随 t 减小而单调递减. 于是，若假定当 $t\to-\infty$ 时，$\rho^2(t)$ 趋于某一正数 D，则不等式(26) 的右端，对于所有绝对值充分大的负值 t，总要大于某一正常数，因为

$$\lambda-\frac{R_t'}{R}>\frac{1}{2L}$$

所以根据当 $t\to-\infty$ 时，$|\psi_2|$ 趋于零，便知从某一绝对值充分大的负 t 值开始，便有

$$\frac{1}{2}\frac{\mathrm{d}\rho^2}{\mathrm{d}t}>\left(\frac{1}{2L}-\gamma\right)D$$

由此就推得当 $t\to-\infty$ 时，$\rho^2(t)$ 递减到 $-\infty$，矛盾.

因此，在所有情形下

$$\rho^2(t)\to 0\quad(t\to-\infty)$$

所有对存在绝对值可任意大的负值 t_0 能使 $\rho^2(t_0)<\varepsilon_0$ 的 O 曲线，当 $t\to-\infty$ 时，它们切于由引导坐标所确定的平面.

今要证，其他的曲线组成低维的流形.

这些曲线有这样的特性，即对其中每一条曲线都可以找得参数 t 的绝对值充分大的负值 t_0，能使对于所有 $t<t_0$ 有

$$\rho^2(t)\geqslant\varepsilon_0$$

由不等式(23) 可得

$$\varepsilon_0\leqslant\rho^2(t)<L\,|\,\psi_1\,|+\left|\sigma_0-\frac{R_t'}{R}\right|L+\gamma L$$

因为当 $t\to-\infty$ 时，$\psi_1\to 0$，而与 t 无关的 γ 事先可取得任意小，所以对绝对值充分大的负值 t，有

$$\left|\sigma_0-\frac{R_t'}{R}\right|>\delta>0$$

即

$$\sigma_0-\frac{R_t'}{R}<-\delta$$

或

$$\sigma_0-\frac{R_t'}{R}>\delta$$

因为由不等式(22) 可知，第二个不等式是不可能成立的，所以

$$\sigma_0-\frac{R_t'}{R}<-\delta$$

由此知，对于 $t<t_0$，有

$$\int_{t}^{t_0} \frac{dR(t)}{R} > \sigma_0 + \delta$$

因而

$$R(t) < R_0 e^{(\sigma_0+\delta)(t-t_0)} = Ce^{(\sigma_0+\sigma)t}$$

其中 C 为某一正的常数.

因此,当 $t \to -\infty$ 时,这些曲线的坐标,比 $e^{(\sigma_0+\sigma)t}$ 趋于零更快.于是,根据定理 8,它们形成维数小于 n 的流形.从而,在所有复的初等因子(如果存在的话)都是一次的条件下,定理得证.

最后,讨论一下在 $t \to -\infty$ 时与引导坐标所确定的平面相切的 O 曲线趋向原点的方式.关于这个问题的研究并不完善,只能说,如果引导坐标仅仅是对应着简单的初等因子$[\lambda-(\alpha_s \pm \beta_s\sqrt{-1})]$的坐标 u_s 和 v_s,那么 O 曲线对这些坐标就是螺线,即积分线在平面(u_s,v_s)的投影是螺线.

事实上,由前面的方程小组$(\widetilde{E}_s)$直接可得

$$\frac{d\left(\arctan \frac{v_s}{u_s}\right)}{dt} = \beta_s + \hat{\varphi}_s$$

其中

$$\hat{\varphi}_s = \frac{u_s\overline{\varphi}_{2s-1} - v_s\overline{\varphi}_{2s}}{u_s^2 + v_s^2}$$

而函数 $\overline{\varphi}_{2s}$ 和 $\overline{\varphi}_{2s-1}$ 满足基本条件.因为对于所述的情形,量 $x_1, x_2, \cdots, x_{m_{k+1}}$ 和 $u_1, v_1, u_2, v_2, \cdots, v_{s-1}, v_{s-1}$ 比 $r_s = \sqrt{u_s^2 + v_s^2}$ 趋于零更快,所以上面等式的左端当 $t \to -\infty$ 时,趋于 $\beta_s > 0$,因而

$$\arctan \frac{v_s}{u_s} \to -\infty \quad (t \to -\infty)$$

由此便证明结论.

在这种情形下能够断定,当 $t \to -\infty$ 时,积分线是具有确定切线方向是趋向原点的,在一般情形下这还是未知的.

为了完成定理的证明,还需考虑至少有一对复的初等因子对的次数大于 1 的情形.对应于一对复的初等因子

$$[\lambda-(\alpha_j+\beta_j\sqrt{-1})]^{p_j},[\lambda-(\alpha_j-\beta_j\sqrt{-1})]^{p_j}$$

有下列形式的方程组

$$\frac{du_{n_j+1}}{dt} = \alpha_j u_{n_j+1} - \beta_j v_{n_j+1} + \gamma u_{n_j+2} + \varphi^{(n_j+1)}(x_1, x_2, \cdots, x_{m_{k+1}}; u_1, v_1, \cdots, u_s, v_s; t)$$

$$\frac{dv_{n_j+1}}{dt} = \beta_j u_{n_j+1} + \alpha_j v_{n_j+1} + \gamma v_{n_j+2} +$$

$$\bar{\varphi}^{(n_j+1)}(x_1,x_2,\cdots,x_{m_{k+1}};u_1,v_1,\cdots,u_s,v_s;t)$$

$$\vdots$$

$$\frac{\mathrm{d}u_{n_j+p_j-1}}{\mathrm{d}t}=\alpha_j u_{n_j+p_j-1}-\beta_j v_{n_j+p_j-1}+\gamma u_{n_j+p_j}+\varphi^{(n_j+p_j-1)}(x_1,x_2,\cdots,x_{m_{k+1}};u_1,v_1,\cdots,u_s,v_s;t)$$

$$\frac{\mathrm{d}v_{n_j+p_j-1}}{\mathrm{d}t}=\beta_j u_{n_j+p_j-1}+\alpha_j v_{n_j+p_j-1}+\gamma v_{n_j+p_j}+\bar{\varphi}^{(n_j+p_j-1)}(x_1,x_2,\cdots,x_{m_{k+1}};u_1,v_1,\cdots,u_s,v_s;t)$$

$$\frac{\mathrm{d}u_{n_j+p_j}}{\mathrm{d}t}=\alpha_j u_{n_j+p_j}-\beta_j v_{n_j+p_j}+\varphi^{(n_j+p_j)}(x_1,x_2,\cdots,x_{m_{k+1}};u_1,v_1,\cdots,u_s,v_s;t)$$

$$\frac{\mathrm{d}v_{n_j+p_j}}{\mathrm{d}t}=\beta_j u_{n_j+p_j}+\alpha_j v_{n_j+p_j}+\bar{\varphi}^{(n_j+p_j)}(x_1,x_2,\cdots,x_{m_{k+1}};u_1,v_1,\cdots,u_s,v_s;t)$$

今作下列变数变换：

对于奇下标 v 有

$$\begin{aligned}u_{n_j+p_j-v}=\mathrm{e}^{mt}(&a_0t^v\bar{v}_{n_j+p_j}+a_1t^{v-1}\bar{u}_{n_j+p_j}+a_2t^{v-2}\bar{v}_{n_j+p_j}+\cdots+\\&b_0t^{v-1}\bar{u}_{n_j+p_j-1}+b_1t^{v-2}v_{n_j+p_j-1}+b_2t^{v-3}\bar{u}_{n_j+p_j-1}+\cdots+\\&l_0t\bar{v}_{n_j+p_j-v+1}+l_1\bar{u}_{n_j+p_j-v+1}+\bar{u}_{n_j+p_j-v})\end{aligned}$$

$$\begin{aligned}v_{n_j+p_j-v}=\mathrm{e}^{mt}(&-a_0t^v\bar{u}_{n_j+p_j}+A_1t^{v-1}\bar{v}_{n_j+p_j}+A_2t^{v-2}\bar{u}_{n_j+p_j}+\cdots-\\&B_0t^{v-1}\bar{v}_{n_j+p_j-1}+B_1t^{v-2}u_{n_j+p_j-1}+B_2t^{v-3}\bar{v}_{n_j+p_j-1}+\cdots-\\&l_0t\bar{u}_{n_j+p_j-v+1}+L_1v_{n_j+p_j-v+1}+\bar{v}_{n_j+p_j-v})\end{aligned}$$

对于偶的下标 v,变换如下

$$\begin{aligned}u_{n_j+p_j-v}=\mathrm{e}^{mt}(&a_0t^v\bar{u}_{n_j+p_j}+a_1t^{v-1}\bar{v}_{n_j+p_j}+a_2t^{v-2}\bar{u}_{n_j+p_j}+\cdots+b_0t^{v-1}\bar{v}_{n_j+p_j-1}+\\&b_1t^{v-2}\bar{u}_{n_j+p_j-1}+b_2t^{v-3}\bar{v}_{n_j+p_j-1}+\cdots+l_0t\bar{v}_{n_j+p_j-v+1}+\\&l_1\bar{u}_{n_j+p_j-v+1}+\bar{u}_{n_j+p_j-v})\end{aligned}$$

$$\begin{aligned}v_{n_j+p_j-v}=\mathrm{e}^{mt}(&a_0t^v\bar{v}_{n_j+p_j}+A_1t^{v-1}\bar{u}_{n_j+p_j}+A_2t^{v-2}\bar{v}_{n_j+p_j}+\cdots+b_0t^{v-1}\bar{u}_{n_j+p_j-1}+\\&B_1t^{v-2}\bar{v}_{n_j+p_j-1}+B_2t^{v-3}\bar{u}_{n_j+p_j-1}+\cdots+l_0t\bar{u}_{n_j+p_j-v+1}+\\&L_1\bar{v}_{n_j+p_j-v+1}+\bar{v}_{n_j+p_j-v})\end{aligned}$$

且 $1\leqslant v\leqslant p_j-1$,$m$ 是某一正数,而 $a_0\neq 0$,$b_0\neq 0$,$\cdots$,$l_0\neq 0$.

对应于其他方程组的变数,施行 m 变换. 不难证明,可以选取常数 a_i,b_i,$\cdots$,l_i 和 A_i,B_i,$\cdots$,L_i 使得变换后的方程组仍具有原来的形式,仅仅是对角线上的系数减小 m,最主要的是包含 γ 的那些项消失了. 这些论断的证明最简单的是用完全归纳法,可以注意,对于 $p_j=1$,它们是必然成立的.

若 $m < \alpha_j$，则新方程组的几乎所有 O 曲线都与原方程组的 O 曲线相对应. 因为量 $\rho(t)$ 趋于零的阶大于 t 的幂，所以这一理由表明，当 $t \to -\infty$ 时切于由引导坐标所确定的超越平面的新方程组的几乎所有 O 曲线在原坐标系中都是当 $t \to -\infty$ 时切于由原方程组的引导坐标所确定的超越平面的 O 曲线. 由此，需要记住，引导坐标是变成引导坐标的. 最后，容易证明，只要原方程组的函数 φ 和 $\overline{\varphi}$ 满足条件，变换后的方程组的函数 φ 和 $\overline{\varphi}$ 就仍满足基本条件. 因此，将以前所述的论证应用于变换后的方程组，便得出定理 10 的完全证明.

§3　按第一次近似决定李雅普诺夫式稳定性

今讨论方程组

$$\frac{\mathrm{d}\boldsymbol{X}}{\mathrm{d}t}=\boldsymbol{A}(t)\boldsymbol{X}+f(\boldsymbol{X},t) \tag{1}$$

其中 $\boldsymbol{A}(t)$ 是具有变系数的矩阵. 与上一节一样，问题是比较非线性方程组(1)在原点附近的积分线分布情况与线性方程组

$$\frac{\mathrm{d}\boldsymbol{Y}}{\mathrm{d}t}=\boldsymbol{A}(t)\boldsymbol{Y} \tag{2}$$

在原点附近的积分线分布情况. 大体上说来，对这个问题的研究不多，大部分研究结果都是关于显然解的李雅普诺夫式稳定性. 在这一节中，叙述一下这个方面的某些结果.

我们以与方程组(1) 等价的积分方程为讨论的出发点. 根据第三章 §1 的公式，此方程可写作

$$\boldsymbol{X}(t)=\boldsymbol{Y}(t)\boldsymbol{Y}_0+\int_{t_0}^{t}\boldsymbol{Y}(t)\boldsymbol{Y}^{-1}(\tau)f(\boldsymbol{X},\tau)\mathrm{d}\tau$$

其中 $\boldsymbol{Y}(t)$ 是线性方程组 $\frac{\mathrm{d}\boldsymbol{Y}}{d\mathrm{t}}=\boldsymbol{A}(t)\boldsymbol{Y}$ 的基本解矩阵，而 $\boldsymbol{Y}^{-1}(\tau)$ 是前一矩阵的逆，也就是共轭方程组的基本解矩阵(见 §1). 将 $\boldsymbol{Y}(t)\boldsymbol{Y}^{-1}(\tau)$ 的表达式作变形.

为确定起见，设

$$\begin{gathered}y_{11}(t,t_0),y_{21}(t,t_0),\cdots,y_{n1}(t,t_0)\\ \vdots\\ y_{1n}(t,t_0),y_{2n}(t,t_0),\cdots,y_{nn}(t,t_0)\end{gathered}$$

是以矩阵 $\boldsymbol{Y}(t)$ 表示的基本解组，并为确定起见，设初值矩阵是单位矩阵.

于是，如果以 $\Delta\boldsymbol{Y}(t)$ 表示矩阵 $\boldsymbol{Y}(t)$ 的行列式，以 $\Delta_{rk}(t,t_0)$ 表示元素 $y_{rk}(t,t_0)$ 的余子式，那么矩阵 $\boldsymbol{Y}(t)\boldsymbol{Y}^{-1}(\tau)$ 的元素就是

$$\sum_{k=1}^{n}\frac{y_{sk}(t,t_0)\Delta_{rk}(\tau,t_0)}{\Delta\boldsymbol{Y}(\tau)}$$

如记号 $y_{sr}(t,\tau)(t=\tau)$ 为在 $s=r$ 时等于1，而在 $s\neq r$ 时等于0的式(2)的解，则可证

$$\sum_{k=1}^{n}\frac{y_{sk}(t,t_0)\Delta_{rk}(\tau,t_0)}{\Delta\boldsymbol{Y}(t)}=y_{sr}(t,\tau) \tag{3}$$

事实上，因为 $\{y_{sk}(t,t_0)\}$ 是基本解组，所以

$$y_{sr}(t,\tau)=\sum_{k=1}^{n}c_{kr}y_{sk}(t,t_0)$$

由此得

$$c_{kr}=\sum_{j=1}^{n}\frac{\Delta_{jk}(t,t_0)}{\Delta\boldsymbol{Y}(t)}y_{jr}(t,\tau)$$

如在上式中令 $t=\tau$，于是当 $j=r$ 时，$y_{jr}(\tau,\tau)=1$，当 $j\neq r$ 时，$y_{jr}(\tau,\tau)=0$，故有

$$c_{kr}=\frac{\Delta_{rk}(\tau,t_0)}{\Delta\boldsymbol{Y}(t)}$$

由此知式(3)成立. 利用这个关系，前一积分方程可以写成

$$\boldsymbol{X}=\boldsymbol{Y}+\int_{t_0}^{t}\boldsymbol{Y}_1(t,\tau)f(\boldsymbol{X},\tau)\mathrm{d}\tau \tag{4}$$

其中 $\boldsymbol{Y}_1(t,\tau)$ 是线性方程组(2)的解 $y_{sr}(t,\tau)$ 所组成的矩阵[6].

定理 11 如果线性方程组 $\frac{\mathrm{d}\boldsymbol{Y}}{\mathrm{d}t}=A\boldsymbol{Y}$ 有基本解组 $y_{ik}(t,t_0)$，它具有下列性质

$$|y_{ik}|\leqslant B\mathrm{e}^{-\alpha(t-t_0)}$$

其中 B 和 α 是正的常数与初值 t_0 无关，那么当 $f(\boldsymbol{X},t)$ 满足基本条件时，方程组(1)的所有解是 O 曲线，换言之，明显解是李雅普诺夫式稳定的[7].

这个定理的证明可对积分方程(4)用逐步逼近法得出. 很显然，此与前节定理9的前半部分的证明相同. 也可证明，此定理的条件是必要的.

任意的非线性方程组和李雅普诺夫方法 设任意的非线性方程组为

$$\frac{\mathrm{d}x_i}{\mathrm{d}t}=f_i(x_1,x_2,\cdots,x_n,t)$$

对于这种方程组来说，详细探究过的问题只是关于奇点邻域的构造的研究，而大部分的著作都只在探讨明显解的稳定性或非稳定性.

在这一节中，只讨论稳定性问题.

为了叙述和证明李雅普诺夫关于稳定性的定理，必须先说一说关于多变数函数 $v(x_1,x_2,\cdots,x_n,t)$ 的等高面. 先看某连续函数 $w(x_1,x_2,\cdots,x_n)$，如果：

(1) $w(0,0,\cdots,0)=0$；

(2) 当 $\sum_{i=1}^{n}x_i^2\neq 0$ 时，$w(x_1,x_2,\cdots,x_n)>0$，

那么函数 $w(x_1,x_2,\cdots,x_n)$ 叫作正定的.

同样的，可引入负定的函数的概念. 今讨论在 $n+1$ 维空间 $x_1, x_2, \cdots, x_n, t$ 中，函数 $w(x_1, x_2, \cdots, x_n)$ 的等高面，这就是柱面，其基准面是在 n 维空间 $x_1, x_2, \cdots, x_n$ 中的等高面 $w=c$. 如要证这些等高面对于充分小的 c，它们将空间分为两个域：将含 t 轴的域称为内域，而另一个称为外域. 首先，由 t 轴出发的每一条简单弧除与 $w=0$ 外，尚要与其他等高面相交，否则将不仅是对于 $x_i=0$ $(i=1,2,\cdots,n)$ 才会有 $w=0$；其次，由函数 w 的连续性可得，如果某一简单弧与等高面 $w=c_0$ 相交，那么它也必与任一面 $w=c$ 相交，其中 $c<c_0$. 如假定不论 $h>0$ 如何小，都有正的 $c<h$ 能使等高面 $w=c$ 不分割空间. 于是在球面 $\sum_{i=1}^{n} x_i^2=1$ 上可找到一点，可将它与 t 轴以简单弧连接，沿着此弧 $w<h$，且因为 h 可任意小，所以在球面 $\sum_{i=1}^{n} x_i^2=1$ 上便可找到一点，在此点处 $w=0$，矛盾.

一方面，如果给定任一 ρ_0，那么恒可找得 c_{ρ_0} 能使等高面 $w=c_{\rho_0}$ 全部在球 $\sum_{i=1}^{n} x_i^2=\rho_0$ 内部，否则在球面上便可找到一点，在此点处 $w=0$；另一方面，如果给定某一等高面 $w=c$，那么恒可找到充分小的 ρ_c，能使球 $\sum x_i^2 \leqslant \rho_0^2$ 全部位于域 $w<c_\rho$ 内，否则 $w(0,0,\cdots,0) \geqslant c_p$.

设连续函数 $v(x_1, x_2, \cdots, x_n, t)$ 与 t 有关，如果能找到正定的函数 $w(x_1, x_2, \cdots, x_n)$ 满足条件 $v \geqslant w$，那么函数 $v(x_1, x_2, \cdots, x_n, t)$ 也叫作正定的①. 等高面 $v=(x_1, x_2, \cdots, x_n, t)=c$ 已不是柱面，但对于充分小的 c，它也分割空间.

此时，无论 c 是何值，等高柱面 $w=c$ 的内部含有曲面 $v=c$，因此，$v=c$ 位于域 $w<c$ 内，即接近于 t 轴. 从几何上来说，这表示不论 $\rho<\rho_0$ 如何，可找得充分小的 c 能使 $v=c$ 位于圆柱 $\rho=\rho_0$ 内. 在正定的函数中，有特殊意义的是当 $\sum_{i=1}^{n} x_i^2 \to 0$ 时，对 t 均匀的趋于零的那些函数 $(t \geqslant t_0)$②. 对于这类函数，显然，下一论断是成立的：无论 ε 如何小，可找到 ρ_0 能使由条件 $\sum_{i=1}^{n} x_i^2 \leqslant \rho_0$ 与 $t \geqslant t_0$ 得出

$$v(x_1, x_2, \cdots, x_n, t) \leqslant \varepsilon$$

函数 $v(x_1, x_2, \cdots, x_n, t)$ 关于 t 均匀趋于零这种情形就其等高面的位置来说，即表示无论 c 如何，都可找到充分小的 ρ_0 能使柱体 $\sum_{i=1}^{n} x_{i_0}^2 \leqslant \rho_0$ 完全位于等

① v 为负定的定义的陈述与此相仿.

② 李雅普诺夫称这样的函数为有无穷小上界者.

高面 $v(x_1,x_2,\cdots,x_n,t)=c$ 的内部,即等高面为平面 $t=h$ 所截的截痕,当 $h\to\infty$ 时,不会缩成一点.显然,对与 t 无关的任一连续函数,此性质是满足的.

再引入一个定义.表达式

$$\frac{\mathrm{d}v}{\mathrm{d}t}=\frac{\partial v}{\partial t}+\frac{\partial v}{\partial x_1}f_1+\frac{\partial v}{\partial x_2}f_2+\cdots+\frac{\partial v}{\partial x_n}f_n$$

称为函数 $v(x_1,x_2,\cdots,x_n,t)$ 根据方程组 $\frac{\mathrm{d}x_i}{\mathrm{d}t}=f_i(x_1,x_2,\cdots,x_n,t)$ 所取的导数.

定理 12(李雅普诺夫)[8] 为使诸 f_i 具有连续偏导数的方程组

$$\frac{\mathrm{d}x_i}{\mathrm{d}t}=f_i(x_1,x_2,\cdots,x_n,t)$$

的明显解是均匀稳定的①,只要有连续可微的正定的函数 $v(x_1,x_2,\cdots,x_n,t)$ 存在,它当 $\sum_{i=1}^{n}x_i^2\to 0$ 时关于 t 均匀地趋于零,其根据方程组所取的导数在原点的充分小的邻域内不是正的②.

假定定理的条件满足,则可找到 $t=t_0$ 和 ρ_0 能使 $\sum_{i=1}^{n}x_i^2\leqslant\rho_0$,当 $t\geqslant t_0$ 时,$\frac{\mathrm{d}v}{\mathrm{d}t}\leqslant 0$.

今设 $\varepsilon<\rho_0$ 任意小,我们找出完全位于柱体 $\sum_{i=1}^{n}x_i^2=\varepsilon$ 内部的等高面 $v=c$ 以及 η,使得 $\sum x_i^2=\eta$ 全部位于等高面 $v=c$ 的内部.今考虑由初值 $\sum x_{i_0}^2\leqslant\eta$ 和 $t_1\geqslant t_0$ 所确定的任意积分线,设 $v(x_{10},\cdots,x_{n0},t_1)=v_0<c$.当 t 渐增时,这条积分线决不会超出柱体 $\sum_{i=1}^{n}x_i^2\leqslant\varepsilon$ 的范围.因为,如果它超出这个柱体,那么在未走出柱体 $\sum_{i=1}^{n}x_i^2=\rho$ 前,它必到达某一等高面 $v=c_1$,其中 $c_1>c$.

但这是不可能的,因为沿着位于柱体 $\sum_{i=1}^{n}x_i^2\leqslant\rho_0$ 内部的积分线

$$\frac{\mathrm{d}v}{\mathrm{d}t}\leqslant 0,v=v_0+\int_{t_0}^{t}\frac{\mathrm{d}v}{\mathrm{d}t}\mathrm{d}t$$

因此,$v<v_0\leqslant c$.定理证毕.

由定理证明的方法可知,此定理可推广到下列情形,就是当等高面 $v=c$ 含一些曲线,沿着此等曲线仅仅有对 $\{x_i\}$ 的右边或左边的偏导数的情形,此时,

---

① 均匀稳定性的定义见第三章引论.

② 这里所采取的定理 12 和 13 的陈述是属于彼尔西茨基的,与李雅普诺夫原来的陈述稍有不同.

以$\frac{\mathrm{d}v}{\mathrm{d}t}$表示左导数.

设方程组$\frac{\mathrm{d}x_i}{\mathrm{d}t}=f_1(x_1,\cdots,x_n)$的右端不包含$t$,并设可找到满足定理12的条件的函数$v(x_1,x_2,\cdots,x_n)$,则可以证明,在原点的充分小的邻域内,所有的解都将是有界的,而且对任意的$\varepsilon>0$,可找到如此小的原点邻域使得由此邻域起始的所有解,当$t>0$时,总是在原点的ε邻域内.但是,一般说来,不能证明当$t\to\infty$时,每一个所给的解都趋于零,即奇点是广义节点,亦即如果转到非常驻情形,那么渐近稳定性不一定出现.为了具备渐近稳定性,必须对函数加上补充条件.

定理13(关于渐近稳定性) 为了使方程组

$$\frac{\mathrm{d}x_i}{\mathrm{d}t}=f_i(x_1,x_2,\cdots,x_n,t)$$

的明显解是渐近的、均匀的且稳定的,则只要有正定的连续可微函数$v(x_1,x_2,\cdots,x_n,t)$存在,当$\sum x_c^2\to 0$时,它对t均匀趋于零,且它对根据方程组所取的导数是负定的.

设$t=t_0$充分大,而$\rho=\rho_0$充分小,使得在$t\geqslant t_0$而$\sum x_c^2\leqslant\rho_0$时

$$v(x_1,x_2,\cdots,x_n,t)\geqslant w(x_1,x_2,\cdots,x_n)\geqslant 0$$

$$\frac{\mathrm{d}w}{\mathrm{d}t}(x_1,x_2,\cdots,x_n,t)\leqslant w_1(x_1,x_2,\cdots,x_n)\leqslant 0$$

其中w和w_1分别是正定的和负定的函数.

今设c_{ρ_0}是使等高面$v=c$完全含于柱体$\sum_{i=1}^{n}x_i^2=\rho_0$的内部的数,其中$c\leqslant c_{\rho_0}$.今要证:任一条在$t=t_0$时由等高面$v=c_{\rho_0}$上一点$P_0$起始的积分线,在$t>t_0$时要往曲面$v=c$内部走.设位于$v=c_{\rho_1}$和$v=c$间的环状域内,$l=\min\left|\frac{\mathrm{d}v}{\mathrm{d}t}\right|\neq 0$.于是在这个域内的各处$\frac{\mathrm{d}v}{\mathrm{d}t}\leqslant -l$.

由这个不等式,首先可知,所讨论的积分线不会走出$v=c_{\rho_0}$,其次可知,只要积分线是在环状域内,则在积分线上

$$v\leqslant v(P_0)-l(t-t_0)$$

因此,积分线不能总在这个环状域的内部,故必由此域的边界$v=c$外出.在$v=c_{\rho_1}$上,$\frac{\mathrm{d}v}{\mathrm{d}t}<0$,即积分线要进入$v=c$内部且对于所有更大的$t$,积分线总是在$v=c$内.由此定理即获证,因为,不论$\varepsilon>0$如何,都可找到$c_\varepsilon$能使等高面$v=c_\varepsilon$含于柱体$\sum_{i=1}^{n}x_{i_0}^2\leqslant\varepsilon$的内部.利用函数$v(x_1,x_2,\cdots,x_n,t)$,或说利用作李雅普

诺夫函数，便可得出许多定理的新的证明，这些是关于接近线的方程组，线性方程组以及正则方程组的明显解的稳定性的定理. 我们不可能完完全全来叙述这在应用上尤为重要的广泛的部分，而只限于所作的附记，请读者参看李雅普诺夫的原著或参看切塔耶夫(Cetaev) 所著的《运动的稳定性》一书.

§4　在周期解邻域内的积分线的研究

问题的提出[9]　设给定方程组

$$\frac{\mathrm{d}y_i}{\mathrm{d}t}=f_i(y_1,y_2,\cdots,y_{n+1})\quad (i=1,2,\cdots,n+1) \tag{1}$$

并设 $y_i=\varphi_i(t)(i=1,2,\cdots,n+1)$ 是周期解，因而它的轨道是某一闭曲线. 今以 $\widetilde{\omega}$ 表示此解的周期，即

$$\varphi_i(t+\widetilde{\omega})\equiv\varphi_i(t)\quad (i=1,2,\cdots,n+1)$$

对于平面的情形，在周期运动的充分小的邻域内，所有轨道可能是周期的，或是以一端盘旋到闭轨上的螺线，或者周期运动的任意小邻域内都有周期轨道，而在它们中间可能有以一端盘旋到一条闭轨而以另一端盘旋到另一条闭轨的螺线. 对于空间的情形，周期运动的邻域的构造更为复杂. 近代定性理论的创始者庞加莱、李雅普诺夫和伯克霍夫(Birkhoff) 对在周期运动的邻域的研究上，付出了很大的努力.

首先，需要区分出周期运动的邻域的构造为线性项的特性所确定的那些基本情形. 为此，对方程组(1) 的右端加以某些限制. 今假定：

(1) 函数 $f_i(y_1,y_2,\cdots,y_{n+1})(i=1,2,\cdots,n+1)$ 是连续的并且在曲线 $y_i=\varphi_i(t)(i=1,2,\cdots,n+1)$ 的某一邻域 G 内，它对其所有自变数有直到二阶的偏导数；

(2) 在这条曲线上，这些偏导数是连续的. 此外，当然还要假定，对于曲线 $y_i=\varphi_i(t)(i=1,2,\cdots,n+1)$ 上的点，函数 $\sum\limits_{i=1}^{n+1}f_i^2(y_1,y_2,\cdots,y_{n+1})$ 不为零(因而，在此曲线的某一邻域内它也不等于零).

如果不具有这些条件，那么在此曲线上就有奇点，因而函数组 $y_i=\varphi_i(t)$ $(i=1,2,\cdots,n+1)$ 就不能是周期解了. 这一组条件叫作条件(A).

今取弧长 s 作为参数代替 t. 于是便有

$$\frac{\mathrm{d}y_i}{\mathrm{d}s}=f_i(y_1,y_2,\cdots,y_{n+1})\frac{1}{\frac{\mathrm{d}s}{\mathrm{d}t}}=\frac{f_i(y_1,y_2,\cdots,y_{n+1})}{\sqrt{\sum\limits_{i=1}^{n+1}\left(\frac{\mathrm{d}y_i}{\mathrm{d}t}\right)^2}}$$

即

$$\frac{\mathrm{d}y_i}{\mathrm{d}s}=\frac{f_i(y_1,y_2,\cdots,y_{n+1})}{\sqrt{f_1^2+f_2^2+\cdots+f_{n+1}^2}}=\overline{f}_i(y_1,y_2,\cdots,y_{n+1})\quad(i=1,2,\cdots,n+1)\tag{2}$$

因为在曲线本身上以及在它的邻域内，$\sum_{i=1}^{n+1}f_i^2\neq 0$，所以在此邻域内，不会有任何新的奇异性出现，而只是改变了体系的轨道上的速率.

在曲线 $y_i=\varphi_i(t)=\overline{\varphi}_i(s)(i=1,2,\cdots,n+1)$ 上的每一点处引 n 维的法超越平面. 因为 $\{y_i=\varphi_i(t)\}$ 是方程组的解，且按条件(A)，函数 $\varphi_i(t)(i=1,2,\cdots,n+1)$ 有连续的二阶偏导数，所以曲线有连续变化的曲率半径 ρ，其中

$$\rho^2=\frac{1}{\sum_{i=1}^{n+1}\left(\frac{\mathrm{d}^2y_i}{\mathrm{d}s^2}\right)^2}=\frac{1}{\sum_{i=1}^{n+1}\left(\frac{\mathrm{d}\overline{f}_i}{\mathrm{d}s}\right)^2}$$ ①

由上一等式可知，ρ 总超过某一与 s 无关的正常数. 如果是这样，那么便可选取周期运动的充分小的邻域，使得不论所给的周期运动在几何上不同的两点 S_1 和 S_2 上是怎样，此邻域与通过 S_1 和 S_2 两点所引的法超越平面相交的连通分支(分别包含此两点者)没有公共点.

在此邻域内引入新坐标系.

在每一个法超越平面上引入相互垂直的轴，取周期曲线上的点作为原点. 这些轴用 $O_sx_1,O_sx_2,\cdots,O_sx_n$ 表示，且假定矢量 O_sx_i 的方向是 s 的连续可微分的函数. 作为新坐标系，我们取：巡回坐标 s，它可由 $-\infty$ 变到 $+\infty$，和对于所引入的轴的 n 个坐标 $x_1,x_2,\cdots,x_n$. 于是对应着邻域的每一点就有无穷多个 s 的值(它们相差周期 ω 的一个倍数)和唯一确定的坐标 $x_1,x_2,\cdots,x_n$.

原来的坐标可用新的坐标借助下面的公式表示

$$y_i=\sum_{j=1}^{n}b_{ij}(s)x_j+\overline{\varphi}_i(s)\quad(i=1,2,\cdots,n+1)$$

其中函数 b_{ij}，根据所述，具有连续的一阶导数，而作为方程组的解的函数 $\overline{\varphi}_i(s)$，表示弧长为 s 的函数，具有连续的二阶导数. 所有这些函数都是周期的，周期为 ω. 沿着周期解 $x_1=0,x_2=0,\cdots,x_n=0$，新坐标轴与原来的坐标轴的方向，有微分关系式

$$\mathrm{d}y_i=\sum_{j=1}^{n}b_{ij}(s)\mathrm{d}x_j+\overline{\varphi}'_i(s)\mathrm{d}s$$

联系着，且如果引入记号 $\overline{\varphi}_i(s)=b_{i,n+1}$，那么

---

① 见布拉施克(Blaschke)的《微分几何》.

$$\det|b_{ik}|=\pm 1 \quad (i,k=1,2,\cdots,n+1)$$

因为坐标系$(x_1,x_2,\cdots,x_n,s)$在周期解的每一点处都是正交的.

作方程组(2)的对应变数变换.我们有

$$\sum_{j=1}^{n} b'_{ij}(s)x_j+\sum_{j=1}^{n} b_{ij}(s)\frac{\mathrm{d}x_j}{\mathrm{d}s}+\bar{\varphi}'_i(s)=$$
$$\bar{\bar{f}}_i(x_1,x_2,\cdots,x_n,s) \quad (i=1,2,\cdots,n+1)$$

函数$\bar{\bar{f}}_i(x_1,x_2,\cdots,x_n,s)$是以$\bar{\omega}$为周期的$s$的连续周期函数.

将所得的方程组写成

$$\sum_{j=1}^{n} b_{ij}(s)\frac{\mathrm{d}x_j}{\mathrm{d}s}+b_{i,n+1}(s)\frac{\mathrm{d}s}{\mathrm{d}s}=\bar{\bar{f}}_i-\sum_{j=1}^{n} b'_{ij}(s)x_j \quad (i=1,2,\cdots,n+1)$$

并注意行列式$|b_{ij}|=\pm 1$,便得

$$\pm\frac{\mathrm{d}x_i}{\mathrm{d}s}=\begin{vmatrix} b_n(s) & \cdots & \bar{\bar{f}}_1-\sum\limits_{j=1}^{n+1} b'_{1j}(s)x_j & \cdots & b_{1,n+1}(s) \\ b_{21}(s) & \cdots & \bar{\bar{f}}_2-\sum\limits_{j=1}^{n+1} b'_{2j}(s)x_j & \cdots & b_{2,n+1}(s) \\ \vdots & & \vdots & & \vdots \\ b_{n+1,1}(s) & \cdots & \bar{\bar{f}}_{n+1}-\sum\limits_{j=1}^{n+1} b'_{n+1,j}(s)x_j & \cdots & b_{n+1,n+1}(s) \end{vmatrix}$$
$$(i=1,2,\cdots,n+1)$$

将上式右端的行列式用$F_i(x_1,x_2,\cdots,x_n,s)$表示.因为函数$\bar{\bar{f}}_i(i=1,2,\cdots,n+1)$是连续的并有对变数$x_1,x_2,\cdots,x_n$的前两阶的连续导数,所以函数$F_i(i=1,2,\cdots,n)$显然也具有这个性质.

由于$x_1=x_2=\cdots=x_n=0$是方程组的解,故有$F_i(0,0,\cdots,0;s)=0(i=1,2,\cdots,n)$,因而$F_i$可表示为

$$F_i(x_1,x_2,\cdots,x_n,s)=\sum_{i=1}^{n} a_{ij}(s)x_i+\theta_i(x_1,x_2,\cdots,x_n,s)$$

对于变数$x_i(i=1,2,\cdots,n)$的小的值,关于$\theta_i(x_1,x_2,\cdots,x_n,s)$有不等式

$$|\theta_i(x_1,x_2,\cdots,x_n,s)|\leqslant\varepsilon(|x_1|+|x_2|+\cdots+|x_n|) \quad (i=1,2,\cdots,n)$$

其中ε是任意小的正数且与s无关.

这样,研究在周期解邻近的解的性态,便转化为研究方程组

$$\frac{\mathrm{d}x_i}{\mathrm{d}s}=\sum_{j=1}^{n} a_{ij}(s)x+\theta_i(x_1,x_2,\cdots,x_n,s) \quad (i=1,2,\cdots,n) \tag{3}$$

的解位于原点的奇点的邻域内的性态的问题,且此处a_{ij}和θ_i是s的周期函数.

此方程组的解应写作

$$x_i=\varphi_i(s,s_0) \quad (i=1,2,\cdots,n)$$

当 s_0 固定时，便得到积分线，它将是局部坐标空间内的曲线在周期解 $x_1=0$，$x_2=0,\cdots,x_n=0$ 的邻域的截痕上的“投影”. 因此，研究变换后的方程组的积分线，当然只能发现为这样的投影所保持的积分线的性质.

今将在周期运动邻域内的所有可能的积分线分成几个类型：闭的；渐近的，它们就是这样的曲线，在一端无限延展时仅以周期解的点为其自身的极限点，而在另一端延展时，在有限时间内走出所研究的邻域；双重渐近的，它们的 α 和 ω 极限点在周期运动上；在一端是拉格朗日稳定的，它们就是这样的曲线，对于它们，α 和 ω 极限集合在周期运动的某一有界邻域内；两端都是拉格朗日稳定的；鞍形的，它们是这样的曲线，不论往正向或负向延展时，它们都走出所论的邻域. 显然，属于上述各类中某一类的曲线的性质对于所指出的投影是保持不变的. 对于在所给周期运动邻域内的积分线，我们只研究这些性质.

变分方程　今引入一个基本概念. 设 $F_i(x_1,x_2,\cdots,x_n,t)(i=1,2,\cdots,n)$ 是变数 $x_1,x_2,\cdots,x_n,t$ 的连续可微函数，而 $x_i=\varphi_i(t)(i=1,2,\cdots,n)$ 是方程组

$$\frac{\mathrm{d}x_i}{\mathrm{d}t}=F_i(x_1,\cdots,x_n,t)\quad(i=1,2,\cdots,n)\tag{$*$}$$

的一给定解. 于是齐次线性方程组

$$\frac{\mathrm{d}\xi_i}{\mathrm{d}t}=\left(\frac{\partial F_i}{\partial x_1}\right)\xi_1+\left(\frac{\partial F_i}{\partial x_2}\right)\xi_2+\cdots+\left(\frac{\partial F_i}{\partial x_n}\right)\xi_n\quad(i=1,2,\cdots,n)\tag{$**$}$$

叫作方程组($*$)关于解 $x_i=\varphi_i(t)$ 的变分方程组，式中 $\left(\frac{\partial F_i}{\partial x_j}\right)$ 表示在 $\frac{\partial F_i}{\partial x_j}$ 中以 $\varphi_i(t)$ 代替 x_i 的结果.

方程组($**$)的这一名称源于得到它的下列方法. 作变数变换

$$x_i=\varphi_i(t)+\xi_i\quad(i=1,2,\cdots,n)\tag{4}$$

其中函数 $\xi_i(t)$(一般来说，其绝对值很小)叫作 x_i 的变分函数. 经此变换后，($*$)成为

$$\frac{\mathrm{d}\xi_i}{\mathrm{d}t}=-\frac{\mathrm{d}\varphi_i}{\mathrm{d}t}+F_i(\xi_1+\varphi_1,\xi_2+\varphi_2,\cdots,\xi_n+\varphi_n,t)\quad(i=1,2,\cdots,n)$$

但因

$$\frac{\mathrm{d}\varphi_i}{\mathrm{d}t}=F_i(\varphi_1,\varphi_2,\cdots,\varphi_n,t)$$

所以最后得

$$\frac{\mathrm{d}\xi_i}{\mathrm{d}t}=\left(\frac{\partial F_i}{\partial x_1}\right)\xi_1+\left(\frac{\partial F_i}{\partial x_2}\right)\xi_2+\cdots+\left(\frac{\partial F_i}{\partial x_n}\right)\xi_n+\psi_i(\xi_1,\xi_2,\cdots,\xi_n,t)\quad(i=1,2,\cdots,n)\tag{5}$$

式中 ψ_i 是关于变数 $\xi_1,\xi_2,\cdots,\xi_n$ 为高于一阶的量. 在(5)中略去右端关于微小的 ξ_i 高于一阶的项，便得到变分方程组($**$).

再给出变分方程组（* *）的第二个推导法，它能使我们得到一些定理.

设所讨论的解 $x_i=\varphi_i(t)(i=1,2,\cdots,n)$ 含于这样一个单参数解族 $x_i=\tilde{\varphi}_i(t,\mu)(i=1,2,\cdots,n)$，当 $\mu=\mu_0$ 时，有 $\tilde{\varphi}_i(t,\mu)=\varphi_i(t)$. 将恒等式

$$\frac{\mathrm{d}\tilde{\varphi}_i}{\mathrm{d}t}=F_i(\tilde{\varphi}_1,\tilde{\varphi}_2,\cdots,\tilde{\varphi}_n,t)\quad(i=1,2,\cdots,n)$$

对 μ 微分并在结果中令 $\mu=\mu_0$，且设 $\left(\frac{\partial\tilde{\varphi}_i}{\partial\mu}\right)_{\mu=\mu_0}=\xi_i(i=1,2,\cdots,n)$，则得

$$\frac{\mathrm{d}\xi_i}{\mathrm{d}t}=\left(\frac{\partial F_i}{\partial x_1}\right)\xi_1+\left(\frac{\partial F_i}{\partial x_2}\right)\xi_2+\cdots+\left(\frac{\partial F_i}{\partial x_n}\right)\xi_n\quad(i=1,2,\cdots,n)$$

这也就是变分方程组（* *）.

今证明定理：如果 $\Phi(x_1,x_2,\cdots,x_n,t)=C$ 为原（非线性）方程组的积分，那么 $\left(\frac{\partial\Phi}{\partial x_1}\right)\xi_1+\left(\frac{\partial\Phi}{\partial x_2}\right)\xi_2+\cdots+\left(\frac{\partial\Phi}{\partial x_n}\right)\xi_n=W$（$W$ 为常数）常数是变分方程组的积分. 此处 $\left(\frac{\partial\Phi}{\partial x_i}\right)$ 表示在对应的导数中要代入被变分的解.

为证此，首先指出，如果被变分的解为 $x_i=\varphi_i(t)$，而 $x_i=\tilde{\varphi}_i(t,\mu_1,\cdots,\mu_n)$ 为原方程组的适合初始条件 $\tilde{\varphi}_i(t_0,\mu_1,\cdots,\mu_n)=\varphi_i(t_0)+\mu_i$ 的解，那么据熟知的解对初值的可微性定理，$\xi_{ij}(t)=\tilde{\varphi}_{i\mu_j}(t,0,\cdots,0)(j=1,\cdots,n)$ 构成变分方程组的一个基本解组. 令

$$\Phi(\varphi_1,\varphi_2,\cdots,\varphi_n,t)=\tilde{C}(\mu_1,\cdots,\mu_n)$$

其中按积分的定义，右端与 t 无关，但显然是 $\mu_1,\cdots,\mu_n$ 的函数. 将此恒等式对 μ_j 微分，并把 $\mu_1=0,\cdots,\mu_n=0$ 代入，便得恒等式

$$\left(\frac{\partial\Phi}{\partial x_1}\right)_{x_i=\varphi_i(t)}\xi_{1j}(t)+\left(\frac{\partial\Phi}{\partial x_2}\right)_{x_i=\varphi_i(t)}\xi_{2j}(t)+\cdots+\left(\frac{\partial\Phi}{\partial x_n}\right)_{x_i=\varphi_i(t)}\xi_{nj}(t)=C'_j$$

其中 C'_j 是常数 $(j=1,2,\cdots,n)$，这就是所要证的.

以下是定义的直接推论.

设给定的方程组（*）有一组与几个参数有关的解

$x_1=\tilde{\varphi}_1(t;h_1,h_2,\cdots,h_p),x_2=\tilde{\varphi}_2(t;h_1,h_2,\cdots,h_p),\cdots,x_n=\tilde{\varphi}_n(t;h_1,h_2,\cdots,h_p)$

而且所要讨论的解是令 $h_1=h_2=\cdots=h_p=0$ 而得到的，即

$$\tilde{\varphi}_i(0,0,\cdots,0;t)=\varphi_i(t)\quad(i=1,2,\cdots,n)$$

于是变分方程组（* *）就有 p 个特解

$$\xi_1^{(k)}=\left(\frac{\partial\tilde{\varphi}_1}{\partial h_k}\right)_0,\xi_2^{(k)}=\left(\frac{\partial\tilde{\varphi}_2}{\partial h_k}\right)_0,\cdots,\xi_n^{(k)}=\left(\frac{\partial\tilde{\varphi}_n}{\partial h_k}\right)_0\quad(k=1,2,\cdots,p)$$

此处记号 $\left(\frac{\partial\tilde{\varphi}_i}{\partial h_j}\right)_0$ 表示在对应的导数中令 $h_1=h_2=\cdots=h_p=0$.

线性方程组的研究[10]　假定在方程组(3)中(以变数 t 代替变数 s)函数 $\theta_i(x_1, x_2, \cdots, x_n; t)(i=1,2,\cdots,n)$ 等于零. 于是所考虑的方程组成为线性的

$$\frac{\mathrm{d}x_i}{\mathrm{d}t}=\sum_{k=1}^{n} a_{ik}(t)x_k \quad (i=1,2,\cdots,n) \tag{6}$$

其中 $a_{ik}(t)(i,k=1,2,\cdots,n)$ 是有同一周期 ω 的周期函数. 注意到,(6)其实也就是(3)关于其零解 $x_i=0(i=1,2,\cdots,n)$ 的变分方程组.

研究此方程组的解的定性性态. 设 n 个解

$$x_{1k}=x_{1k}(t), x_{2k}=x_{2k}(t), \cdots, x_{nk}=x_{nk}(t) \quad (k=1,2,\cdots,n)$$

组成基本解组. 此时,函数

$$\overline{x}_{1k}=x_{1k}(t+\omega), \overline{x}_{2k}=x_{2k}(t+\omega), \cdots, \overline{x}_{nk}=x_{nk}(t+\omega)$$

也组成基本解组,因而解 $\overline{x}_{ik}$ 就是解 x_{ik} 的具有不等于零的系数行列式的线性组合.

设

$$\begin{gathered}
x_{i1}(t+\omega)=b_{11}x_{i1}(t)+b_{12}x_{i2}(t)+\cdots+b_{1n}x_{in}(t)\\
x_{i2}(t+\omega)=b_{21}x_{i1}(t)+b_{22}x_{i2}(t)+\cdots+b_{2n}x_{in}(t)\\
\vdots\\
x_{in}(t+\omega)=b_{n1}x_{i1}(t)+b_{n2}x_{i2}(t)+\cdots+b_{nn}x_{in}(t)\\
(i=1,2,\cdots,n)
\end{gathered}$$

其中 $|b_{ik}|\neq 0$.

今考虑此置换的特征方程

$$B(s)=\begin{vmatrix} b_{11}-s & b_{12} & \cdots & b_{1n}\\ b_{21} & b_{22}-s & \cdots & b_{2n}\\ \vdots & \vdots & & \vdots\\ b_{n1} & b_{n2} & \cdots & b_{nn}-s \end{vmatrix}=0$$

首先假定对应的特征矩阵只有简单的初等因子

$$s-s_1, s-s_2, \cdots, s-s_n$$

其中 $s_1, s_2, \cdots, s_n$ 为特征方程的根. 于是便存在非奇异线性变换能将特征矩阵变成对角形式

$$\begin{pmatrix} s_1-s & 0 & \cdots & 0\\ 0 & s_2-s & \cdots & 0\\ \vdots & \vdots & & \vdots\\ 0 & 0 & \cdots & s_n-s \end{pmatrix}$$

因此,可求得基本解组

$$F_{1k}(t), F_{2k}(t), \cdots, F_{nk}(t) \quad (k=1,2,\cdots,n)$$

能使

$$F_{i1}(t+\omega)=s_1F_{i1}(t)$$

$$F_{i2}(t+\omega)=s_2F_{i2}(t)$$
$$\vdots$$
$$F_{in}(t+\omega)=s_nF_{in}(t)$$

令 $s_i=\mathrm{e}^{\omega r_i}$，便可将函数 $F_{i1},F_{i2},\cdots,F_{in}$ 表示为

$$\begin{cases}F_{i1}(t)=\mathrm{e}^{r_1t}\varphi_{i1}(t)=s_1^{\frac{t}{\omega}}\varphi_{i1}(t)\\F_{i2}(t)=\mathrm{e}^{r_2t}\varphi_{i2}(t)=s_2^{\frac{t}{\omega}}\varphi_{i2}(t)\\\qquad\vdots\\F_{in}(t)=\mathrm{e}^{r_nt}\varphi_{in}(t)=s_n^{\frac{t}{\omega}}\varphi_{in}(t)\end{cases}\tag{7}$$

其中 $\varphi_{i1}(t),\varphi_{i2}(t),\cdots,\varphi_{in}(t)(i=1,2,\cdots,n)$ 是 t 的以 ω 为周期的周期函数.

事实上，一方面应有

$$F_{ij}(t+\omega)=\mathrm{e}^{r_j(\omega+t)}\varphi_{ij}(t+\omega)=\mathrm{e}^{\omega r_j}\mathrm{e}^{r_jt}\varphi_{ij}(t+\omega)=s_j\mathrm{e}^{r_jt}\varphi_{ij}(t+\omega)$$

另一方面又有

$$F_{ij}(t+\omega)=s_jF_{ij}(t)=s_j\mathrm{e}^{r_jt}\varphi_{ij}(t)$$

因此

$$\varphi_{ij}(t+\omega)=\varphi_{ij}(t)\quad(j=1,2,\cdots,n)$$

如果假定特征矩阵有初等因子

$$(s-s_1)^{\mu_1},(s-s_2)^{\mu_2},\cdots,(s-s_k)^{\mu_k}\quad(\mu_1+\mu_2+\cdots+\mu_k=n)$$

那么可将它化成标准形式

$$\begin{pmatrix}\boldsymbol{M}_1 & & & \boldsymbol{0}\\ & \boldsymbol{M}_2 & & \\ & & \ddots & \\ \boldsymbol{0} & & & \boldsymbol{M}_k\end{pmatrix}$$

其中

$$\boldsymbol{M}_i=\begin{pmatrix}s-s_i & 0 & 0 & \cdots & 0 & 0\\ 1 & s-s_i & 0 & \cdots & 0 & 0\\ 0 & 1 & s-s_i & \cdots & 0 & 0\\ \vdots & \vdots & \vdots & & \vdots & \vdots\\ 0 & 0 & 0 & \cdots & 1 & s-s_i\end{pmatrix}\quad(i=1,2,\cdots,k)$$

因此，可以求出分成 k 个小组的标准基本解组

$$[F_{i\alpha_1}(t),F_{i\alpha_2}(t),\cdots,F_{i\alpha_{\mu_\alpha}}(t)]\quad(\alpha=1,2,\cdots,k;i=1,2,\cdots,n)$$

对于每一组以 $t+\omega$ 代替 t 时，有等式

$$F_{i\alpha_1}(t+\omega)=s_\alpha F_{i\alpha_1}(t)$$
$$F_{i\alpha_2}(t+\omega)=s_\alpha F_{i\alpha_2}(t)+F_{i\alpha_1}(t)$$
$$\vdots$$

$$F_{i\alpha_{\mu_\alpha}}(t+\omega)=s_\alpha F_{i\alpha_{\mu_\alpha}}(t)+F_{i\alpha_{\mu_\alpha-1}}(t)$$

今去求这个标准基本组的解析形式. 引入下列记号

$$g_1(t)=\frac{t}{\omega},g_2(t)=\frac{g_1(g_1-1)}{2!},\cdots,$$

$$g_q(t)=\frac{(g_1-1)\cdots(g_1-q+1)}{q!},\cdots$$

这样确定的函数 $g_q(t)$ 满足下列关系式(差分方程组)

$$g_1(t+\omega)=g_1(t)+1$$
$$g_2(t+\omega)=g_2(t)+g_1(t)$$
$$\vdots$$
$$g_q(t+\omega)=g_q(t)+g_{q-1}(t)$$
$$\vdots$$

利用函数 $g_q(t)$ 的这些性质,易证实解组的下列表示式

$$\begin{cases}F_{i\alpha_1}(t)=e^{r_\alpha t}\varphi_1^{(i\alpha)}(t)\\ F_{i\alpha_2}(t)=e^{r_\alpha t}\left[\varphi_2^{(i\alpha)}(t)+\frac{1}{s_\alpha}\varphi_1^{(i\alpha)}(t)g_1(t)\right]\\ F_{i\alpha_3}(t)=e^{r_\alpha t}\left[\varphi_3^{(i\alpha)}(t)+\frac{1}{s_\alpha}\varphi_2^{(i\alpha)}(t)g_1(t)+\frac{1}{s_\alpha}\varphi_1^{(i\alpha)}(t)g_2(t)\right]\\ \vdots\\ F_{i\alpha_{\mu_\alpha}}(t)=e^{r_\alpha t}\left[\varphi_{\mu_\alpha}^{(i\alpha)}(t)+\frac{1}{s_\alpha}\varphi_{\mu_\alpha-1}^{(i\alpha)}(t)g_1(t)+\cdots+\frac{1}{s_\alpha}\varphi_1^{(i\alpha)}(t)g_{\mu_\alpha-1}(t)\right]\end{cases}\tag{8}$$

其中 $\varphi_j^{(i\alpha)}(t)$ 是以 ω 为周期的周期函数($i=1,2,\cdots,n;j=1,2,\cdots,\mu_\alpha-1;\alpha=1,2,\cdots,k$).

事实上,如假定它们具有周期性,便有

$$F_{i\alpha_1}(t+\omega)=e^{r_\alpha t}e^{\omega r_\alpha}\varphi_1^{(i\alpha)}(t+\omega)=e^{r_\alpha t}s_\alpha\varphi_1^{(i\alpha)}(t)=s_\alpha F_{i\alpha_1}(t)$$

$$\begin{aligned}F_{i\alpha_2}(t+\omega)&=e^{r_\alpha t}s_\alpha\left[\varphi_2^{(i\alpha)}(t)+\frac{1}{s_\alpha}\varphi_1^{(i\alpha)}(t)(g_1(t)+1)\right]=\\&s_\alpha e^{r_\alpha t}\left[\varphi_2^{(i\alpha)}(t)+\frac{1}{s_\alpha}g_1(t)\varphi_1^{(i\alpha)}(t)\right]+e^{r_\alpha t}\varphi_1^{(i\alpha)}(t)=\\&s_\alpha F_{i\alpha_2}(t)+F_{i\alpha_1}(t)\end{aligned}\tag{9}$$

$$\vdots$$

注意到,多项式 $g_{m-1}(t)$ 可作为多项式 $g_m(t)$ 的有限差分而得出,即 $g_{m-1}(t)=\Delta g_m(t)=g_m(t+\omega)-g_m(t)$. 因此,公式(9)可写成更简洁的形式. 设

$$F_{i\alpha_{\mu_\alpha}}=e^{r_\alpha t}P_{i\alpha}(t)\quad(i=1,2,\cdots,n;\alpha=1,2,\cdots,k)$$

其中 $P_{i\alpha}$ 是 t 的具有周期系数的 $\mu_\alpha-1$ 次多项式. 今规定以记号 $\overline{\Delta}$ 表示取这样的

多项式的差分(只对 t 的幂来取差分,而将系数当作常数). 于是有

$$\begin{cases} F_{i\alpha_{\mu_\alpha-1}} = e^{r_\alpha t}\overline{\Delta}P_{i\alpha}(t) \\ \quad\vdots \\ F_{i\alpha_2} = e^{r_\alpha t}\overline{\Delta}^{\mu_\alpha-2}P_{i\alpha}(t) \\ F_{i\alpha_1} = e^{r_\alpha t}\overline{\Delta}^{\mu_\alpha-1}P_{i\alpha}(t) \end{cases} \tag{10}$$

众所周知,多项式的 m 阶有限差分可由从 m 阶开始的多项式的导数的线性组合来表示,反之,m 阶导数也可由 m 阶和高于 m 阶的差分线性地表示,而且在此等表示式中的系数只与多项式的次数(和差的步度 ω)有关,而与多项式的系数无关①.

根据这个定理,便可将基本解组(8)以新的形式来代替,其中代替 $\mu_\alpha-1$ 次的 t 的某一多项式的某阶差分(其系数是以 ω 为周期的周期函数)是此多项式的同阶导数(但在微分时,将系数当作常数). 因此,如以记号 D 表示这样的微分,便得到新的基本组

$$\begin{cases} \overline{F}_{i\alpha_{\mu_\alpha-1}} = e^{r_\alpha t}P_{i\alpha}(t) \\ \overline{F}_{i\alpha_{\mu_\alpha-2}} = e^{r_\alpha t}DP_{i\alpha}(t) \\ \quad\vdots \\ \overline{F}_{i\alpha_1} = e^{r_\alpha t}D^{\mu_\alpha-1}P_{i\alpha}(t) \end{cases} \tag{11}$$

或将多项式 $P_{i\alpha}(t)$ 写成展开形式

$$\overline{F}_{i\alpha_{\mu_\alpha-1}} = e^{r_\alpha t}\left[\frac{t^{\mu_\alpha-1}}{(\mu_\alpha-1)!}p_{i\alpha_{\mu_\alpha-1}}(t) + \frac{t^{\mu_\alpha-2}}{(\mu_\alpha-2)!}p_{i\alpha_{\mu_\alpha-2}}(t) + \cdots + p_{i\alpha_0}(t)\right]$$

---

① 事实上,设 $P(x)$ 为 n 次多项式,则按泰勒公式,有

$$\Delta P(x) = P(x+\omega) - P(x) = \omega P'(x) + \frac{\omega^2}{2!}P''(x) + \cdots + \frac{\omega^n}{n!}P^{(n)}(x)$$

对两端运用算子 Δ,便得

$$\Delta^2 P(x) = \omega^2 P''(x) + \omega^3\left(\frac{1}{2!}+\frac{1}{2}\right)P'''(x) + \cdots + \omega^n\left[\frac{1}{(n-1)!} + \frac{1}{2!}\frac{1}{(n-2)!} + \cdots + \frac{1}{(n-1)!}\right]P^n(x)$$

同样的

$$\Delta^k P(x) = \omega^k P^{(k)}(x) + \cdots$$
$$\vdots$$
$$\Delta^n P(x) = \omega^n P^{(n)}(x)$$

由这些关系式,很容易逐次地将

$$P^n(x), P^{(n-1)}(x), \cdots$$

以 $\Delta^n P(x), \Delta^{n-1}P(x), \cdots$ 表示. 我们的论断得证.

$$\overline{F}_{i\alpha_{\mu_\alpha-2}}=e^{r_\alpha t}\left[\frac{t^{\mu_\alpha-2}}{(\mu_\alpha-2)!}p_{i\alpha_{\mu_\alpha-1}}(t)+\frac{t^{\mu_\alpha-3}}{(\mu_\alpha-3)!}p_{i\alpha_{\mu_\alpha-2}}(t)+\cdots+p_{i\alpha_1}(t)\right]$$

$$\vdots$$

$$\overline{F}_{i\alpha_1}=e^{r_\alpha t}p_{i\alpha_{\mu_\alpha-1}}(t)$$

$$(\alpha=1,2,\cdots,k;\mu_1+\mu_2+\cdots+\mu_k=n;i=1,2,\cdots,n) \tag{12}$$

其中 $p_{i\alpha_v}(v=0,1,\cdots,\mu_\alpha-1)$ 是以 ω 为周期的周期函数.

因为特征方程的根是具有常系数的非奇异线性置换的不变量,所以它们以及数 $r_1,r_2,\cdots,r_k$ 都与基本解组的选择无关,数 $r_1,r_2,\cdots,r_k$ 叫作具有周期系数的所讨论方程组(6)的特征指数,或由方程组(6)的解反映的是方程组(1)在所研究的周期解的邻域内的积分线的性态这一观念出发,而称这些数为所研究的周期运动的特征指数①. 在对方程组(6)的解作定性描绘时,也将从这同一观念出发.

关于方程组(1)的周期解的邻域内可能出现的情况,可以分为一些类别.

设有(1)的周期解 C 和它的不自交叉的充分窄的锚圈形邻域 U. 于是下列四种情形是可能的.

第一种情形 周期解 C 是渐近稳定的,或如将要说的,它是极限圈. 在这种情形,C 是由其邻域 U 内各点出发的积分线的 α 极限集合(ω 极限集合). 如果 $n=2$, 那么邻域 U 的这种结构叫作抛物式的.

当对应的方程组(3)是线性时,只要所有特征指数的实数部分都不等于零且有同一符号,则周期解 C 就是渐近稳定的.

第二种情形 周期解 C 是非稳定的,即积分线在邻域 U 中形成鞍形. 此处所有从曲线 C 的邻域 U 的点出发的积分线,除曲线 C 本身和某一组位于低于 $n+1$ 维的流形内的曲线外,都是鞍形的,即当 t 增加或减小时,它们都走出邻域外. 如果 $n=2$,那么邻域的这种结构叫作双曲式的. 当对应的方程组(3)是线性时,在下列两种情形之一,周期解 C 将是不稳定的:(2a) 至少有一对特征指标存在,它们有不同符号的实数部分;(2b) 所有特征指标是纯虚数的,但特征矩阵具有高于一次的初等因子.

第三种情形 周期解 C 是稳定的或周期解是复合极限圈. 从 C 的某个含于 U 的邻域 U' 出发的所有积分线有 α 极限集合位于 U 内或有 ω 极限集合位于 U 内. 在这些曲线中有一族曲线 F 的闭包属于 U. 此族中的积分线是由不属于族 F 的曲线的 α 或 ω 极限点组成. 当 $n=2$ 时,积分曲线的这种分布以及第四种情形所述的分布叫作椭圆式的. 当对应的方程组(3)是线性时,只要某些特征指标具有等于零的实数部分而其余特征指标的实数部分为同号,则周期解 C 便是复合极限圈.

---

① 见第三章 §2.

第四种情形 周期解 C 是完全稳定的. 从 C 的某个含于 U 内的邻域 U' 出发的所有积分线的闭包都属于 U.

考虑当对应的方程组(3) 是线性方程组(6) 时,在第四种情形下积分线的可能分布. 为此,按特征矩阵的构造分成两种情形.

情形(4a):所有初等因子都是简单的,且特征指标 r_α 是有理数.

于是基本解组(7) 能以解组

$$\begin{cases} F'_{i1}(t)=\varphi'_{i1}(t)\sin r'_1 t \\ F''_{i1}(t)=\varphi''_{i1}(t)\cos r'_1 t \\ \qquad\vdots \\ F'_{ip}(t)=\varphi'_{ip}(t)\sin r'_p t \\ F''_{ip}(t)=\varphi''_{ip}(t)\cos r'_p t \end{cases} \quad (i=1,2,\cdots,n;2p=n)$$

代替,其中 $\varphi'_{ij},\varphi''_{ij}(i=1,2,\cdots,n;j=1,2,\cdots,p)$ 具有周期 ω. 因此,所有坐标都是 t 的周期函数,也就是说,所有积分线都是围绕给定周期解 C 的闭曲线.

情形(4b):所有初等因子都是简单的,但某些 r''_j 是无理数. 于是,对应的解

$$\begin{cases} F'_{ij}(t)=\varphi'_{ij}(t)\sin r'_j t \\ F''_{ij}(t)=\varphi''_{ij}(t)\cos r'_j t \end{cases} \quad (i=1,2,\cdots,n)$$

将是波尔意义下的殆周期函数. 所有的积分线都是殆周期的且分布在一个内部的锚圈面族上.

非线性方程组的研究 考虑在本节开始时涉及的非线性方程组

$$\frac{\mathrm{d}x_i}{\mathrm{d}s}=\sum_{j=1}^{n}a_{ij}(s)x_s+\theta_i(x_1,x_2,\cdots,x_n,s) \quad (i=1,2,\cdots,n)$$

关于函数 $\theta_i(x_1,x_2,\cdots,x_n,s)$,已假定对于变数 $x_1,x_2,\cdots,x_n$ 的所有绝对值充分小的值和对于所有 s,有下面的不等式

$$\frac{\partial\theta_i}{\partial x_i}=0(|x_1|+|x_2|+\cdots+|x_n|) \quad (i,j=1,2,\cdots,n)$$

特别地,$\theta_i(0,0,\cdots,0,s)=0$,此即原点是非线性方程组的奇点. 在本节开始时曾说明,在已给周期运动邻域内的运动的研究可归结于在原点的邻域内方程组(3) 的解的研究.

根据李雅普诺夫定理(第三章),方程组(3) 的第一次近似线性方程组,即变分方程组

$$\frac{\mathrm{d}x_i}{\mathrm{d}s}=\sum_{j=1}^{n}a_{ij}(s)x_j \quad (i=1,2,\cdots,n) \tag{13}$$

是可简化的. 这就是说,具有周期系数且行列式不等于零的变换存在

$$x_i=\sum_{j=1}^{n}c_{ij}(s)z_j \quad (i=1,2,\cdots,n) \tag{14}$$

它能将方程组(13) 化为具有常系数的方程组,而且可假定此方程组是标准形

式. 方程组(13) 的特征指标等于变换后方程组的特征方程的根.

对方程组(13) 作变数变换(14),便可将(13) 化成 §2 内考虑过的形式

$$\frac{\mathrm{d}\mathbf{Z}}{\mathrm{d}s}=\mathbf{AZ}+f(\mathbf{Z},s) \tag{15}$$

其中 $\mathbf{A}$ 是常数矩阵,而且函数 $f_i(\mathbf{Z},s)$ 满足 §2 的"基本条件".

今将 §2 定理 7 应用于方程组(15). 我们假定,特征方程的所有根都有异于零的实数部分. 如果根的所有实数部分都有同一个符号,那么方程组(15) 的所有解都是 O 曲线,它们当 $s\to+\infty$ 或 $s\to-\infty$ 时趋向原点.

注意到,首先置换(14) 和它的逆置换都有有界的系数,因而从变数 z_i 趋于零可推得变数 x_i 趋于零,反之亦然;其次再注意,坐标 s(和 s_0) 有几何意义;最后,在方程组(15) 没有零实数部分的情形,亦即方程组(13) 没有零特征指数的情形,不是 O 曲线的每一条积分曲线,当 $s\to+\infty$(或 $s\to-\infty$) 时都离开原点. 今将此结果叙述为下面的定理.

定理 14 如果对应的线性方程组(13) 的特征指数的实数部分都大于或小于零,那么所有讨论的周期运动都是极限圈,所有轨道都渐近趋向于它. 如果 k 个特征指数($0<k<n$) 有负的实数部分而其余 $n-k$ 个有正的实数部分,那么在所讨论周期轨道的邻域内,有 $k+1$ 维流形存在,由其上出发的轨道当 $s\to+\infty$ 时渐近趋向此周期运动,也有 $n-k+1$ 维流形存在,由其上出发的轨道,当 $s\to-\infty$ 时,渐近趋向此周期运动. 所有其他的轨道(形成整个 $n+1$ 维流形) 在两端都是非稳定的.

形式展开法[11] 再考虑方程组

$$\frac{\mathrm{d}x_i}{\mathrm{d}t}=\sum_{k=1}^{n}a_{ik}(t)x_k+\theta_i(x_1,x_2,\cdots,x_n;t) \quad (i=1,2,\cdots,n)$$

现在假定 θ_i 是变数 $x_1,x_2,\cdots,x_n$ 的幂级数且由不低于二次的项起始,而这些级数的系数是 t 的周期函数,它们的周期,为简单起见,取为 2π.

再假定,特征矩阵的所有初等因子都是简单的并且在特征指数 $r_1,r_2,\cdots,r_n$ 和数 $\sqrt{-1}$ 之间不存在具有整系数的线性关系. 根据李雅普诺夫定理,利用具有周期系数的非奇异线性变换,可将给定方程组(3) 化成①

$$\frac{\mathrm{d}x_i}{\mathrm{d}t}=r_ix_i+F_i(x_1,x_2,\cdots,x_n;t) \quad (i=1,2,\cdots,n) \tag{16}$$

其中 $r_i(i=1,2,\cdots,n)$ 是特征指标,而 F_i 仍是有前述性质的幂级数.

今去求这样的变数变换

$$z_i=x_i+\psi_i(x_1,x_2,\cdots,x_n;t) \quad (i=1,2,\cdots,n)$$

① 在此,新变数仍用表示原来的变数的字母表示.

其中 $\psi_i(x_1,x_2,\cdots,x_n;t)$ 是从不低于二次的项开始且具有周期为 2π 的周期系数的形式级数,能使在变换后,方程组(16) 变为方程组

$$\frac{\mathrm{d}z_i}{\mathrm{d}t}=r_iz_i \quad (i=1,2,\cdots,n)$$

今引入记号

$$F_i=F_{i_2}+F_{i_3}+\cdots+F_{i_n}+\cdots$$
$$\psi_i=\psi_{i_2}+\psi_{i_3}+\cdots+\psi_{i_n}+\cdots$$

其中 F_{i_k} 和 ψ_{i_k} 是对应展开式中 k 次项的全体. 在方程组(16) 中以差数 $z_i-\psi_i(x_1,x_2,\cdots,x_n;t)$ 代替 x_i,便得

$$\frac{\mathrm{d}z_i}{\mathrm{d}t}-\frac{\partial\psi_i}{\partial t}-\sum_{j=1}^{n}\frac{\partial\psi_i}{\partial x_j}\frac{\mathrm{d}x_j}{\mathrm{d}t}=r_iz_i-r_i\psi_i+F_i(x_1,x_2,\cdots,x_n;t) \quad (i=1,2,\cdots,n)$$

因为按假定$\frac{\mathrm{d}z_i}{\mathrm{d}t}=r_iz_i$,所以

$$-\frac{\partial\psi_i}{\partial t}-\sum_{j=1}^{n}\frac{\partial\psi_i}{\partial x_j}\frac{\mathrm{d}x_j}{\mathrm{d}t}=-r_i\psi_i+F_i(x_1,x_2,\cdots,x_n;t)$$

即

$$-r_i\psi_i+\frac{\partial\psi_i}{\partial t}+\sum_{j=1}^{n}\frac{\partial\psi_i}{\partial x_j}(r_jx_j+F_j)+F_i(x_1,x_2,\cdots,x_n;t)=0$$

令有相同幂的项的全体等于零,便得到用来确定函数 $\psi_{i_2},\psi_{i_3},\cdots,\psi_{i_n}$ 的一组方程.

$$r_i\psi_{i_2}=\frac{\partial\psi_{i_2}}{\partial t}+\sum_{j=1}^{n}\frac{\partial\psi_{i_2}}{\partial x_j}r_jx_j+F_{i_2}$$

$$r_i\psi_{i_3}=\frac{\partial\psi_{i_3}}{\partial t}+\sum_{j=1}^{n}\left(\frac{\partial\psi_{i_3}}{\partial x_j}r_jx_j+\frac{\partial\psi_{i_2}}{\partial x_j}F_{j_2}\right)+F_{i_3}$$

$$\vdots$$

$$r_i\psi_{i_k}=\frac{\partial\psi_{i_k}}{\partial t}+\sum_{j=1}^{n}\left(\frac{\partial\psi_{i_k}}{\partial x_j}r_jx_j+\sum_{p+q=k+1}\frac{\partial\psi_{i_p}}{\partial x_j}F_{i_q}\right)+F_{i_k}$$

$$\vdots$$

今考虑函数 ψ_{i_2} 的某一项,它的形式将为 $c_i(t)x_1^{l_1}x_2^{l_2}\cdots x_n^{l_n}(l_1\geqslant 0,l_2\geqslant 0,\cdots,l_n\geqslant 0;l_1+l_2+\cdots+l_n=2)$. 如以 $d_i(t)$ 表示 F_{i_2} 中对应项的系数,则为确定 $c_i(t)$,就有方程

$$\frac{\mathrm{d}c_i}{\mathrm{d}t}+k_ic_i+d_i(t)=0$$

其中

$$k_i=l_1r_1+l_2r_2+\cdots+(l_i-1)r_i+\cdots+l_nr_n$$

因为已假定 $r_1,r_2,\cdots,r_n$ 线性无关,所以 $c_i(t)$ 的系数 k_i 不等于零,因而所得的线性方程有周期解

$$c_i(t) = -\frac{e^{-k_i t}}{e^{2\pi k_i}-1}\int_t^{t-2\pi} d_i(\tau)e^{k_i\tau}\,d\tau$$

只要 k_i 不是数$\sqrt{-1}$ 的整倍数. 在所讨论的情形,由于 $r_1, r_2, \cdots, r_n$ 与$\sqrt{-1}$ 没有线性关系,所以 k_i 不是$\sqrt{-1}$ 的整倍数.

求出了对应于 $\sum l_k = 2$ 的所有 c_i,就可以转而去确定 ψ_{i_3} 的系数. 关于它们的计算,将有同一形式的方程,因为表达式 $\sum_{i=1}^{n} \frac{\partial \psi_{i_2}}{\partial x_j}$ 已知. 这些论证指出,所需要的形式变换是存在的,因而所讨论的有界方程组可以形式地变为

$$\frac{dz_i}{dt} = r_i z_i \quad (i=1,2,\cdots,n)$$

标准形方程组的情形　设所考虑的方程组有标准形式

$$\frac{dx_s}{dt} = -\frac{\partial H}{\partial y_s}, \frac{dy_s}{dt} = \frac{\partial H}{\partial x_s} \quad (s=1,2,\cdots,n) \tag{17}$$

而且假定函数 H 可展开为变数 $x_1, x_2, \cdots, x_n, y_1, y_2, \cdots, y_n$ 的正整数次幂的级数并是以 T 为周期的周期函数,即

$$H = H_2 + H_3 + \cdots + H_s + \cdots$$

其中 H_s 是 s 次的系数为 t 的并以 T 为周期的周期函数.

这种类型的方程组有某些特殊性,将在下面叙述.

首先证明下面的定理①.

定理 15(李雅普诺夫)[12]　如果具有周期系数的方程组有标准形式(17),那么对应于其任一以 T 为周期的解的变分方程组的特征方程是反商方程.

为了以后计算的对称起见,将未知函数 $x_1, x_2, \cdots, x_n, y_1, y_2, \cdots, y_n$ 重新编号,即只给 x 奇号而只给 y 偶号. 于是所讨论的标准形方程便成为

$$\frac{dx_{2i-1}}{dt} = -\frac{\partial H}{\partial y_{2i}}, \frac{dy_{2i}}{dt} = \frac{\partial H}{\partial x_{2i-1}} \quad (i=1,2,\cdots,n) \tag{17'}$$

为确定起见,今只考虑零解的变分方程组,如果 $H = H_2 + H_3 + \cdots$,那么它就是

$$\frac{dx_{2i-1}}{dt} = -\frac{\partial H_2}{\partial y_{2i}}, \frac{dy_{2i}}{dt} = \frac{\partial H_2}{\partial x_{2i-1}} \tag{18}$$

其中

$$H_2 = \sum a_{ij} x_i y_j$$

把在变分方程组(18)中变数 x 和 y 的系数所组成的矩阵以 $\boldsymbol{A}(t) = (a_{ik}(t))$ 表示,立刻可以证实下列关系式

① 此处所采用的定理的证明来自温特纳.

$$\begin{cases} a_{2i-1,2h} = a_{2h-1,2i} \\ a_{2i,2h-1} = a_{2h,2i-1} \\ a_{2i-1,2h-1} = -a_{2h,2i} \text{①} \end{cases} \quad (h,i=1,2,\cdots,n) \tag{19}$$

由此便可得出标准形方程组(18)的两个解之间的重要关系.

设

$$x_1^{(1)}, y_2^{(1)}, x_3^{(1)}, y_4^{(1)}, \cdots, x_{2n-1}^{(1)}, y_{2n}^{(1)}$$

$$x_1^{(2)}, y_2^{(2)}, x_3^{(2)}, y_4^{(2)}, \cdots, x_{2n-1}^{(2)}, y_{2n}^{(2)}$$

为标准方程组(18)的两个任意解. 于是

$$c = \sum_{i=1}^{n} \begin{vmatrix} x_{2i-1}^{(1)}(t) & y_{2i}^{(1)}(t) \\ x_{2i-1}^{(2)}(t) & y_{2i}^{(2)}(t) \end{vmatrix}$$

与 t 无关.

事实上

$$\frac{\mathrm{d}c}{\mathrm{d}t} = \sum_{i=1}^{n} \left(x_{2i-1}^{(1)} \frac{\mathrm{d}y_{2i}^{(2)}}{\mathrm{d}t} + y_{2i}^{(2)} \frac{\mathrm{d}x_{2i-1}^{(1)}}{\mathrm{d}t} - x_{2i-1}^{(2)} \frac{\mathrm{d}y_{2i}^{(1)}}{\mathrm{d}t} - y_{2i}^{(1)} \frac{\mathrm{d}x_{2i-1}^{(2)}}{\mathrm{d}t} \right) =$$

$$\sum_{i=1}^{n} \{ x_{2i-1}^{(1)} (a_{2i,1} x_1^{(2)} + a_{2i,2} y_2^{(2)} + \cdots + a_{2i,2n-1} x_{2n-1}^{(2)} + a_{2i,2n} y_{2n}^{(2)}) +$$

$$y_{2i}^{(2)} (a_{2i-1,1} x_1^{(1)} + a_{2i-1,2} y_2^{(1)} + \cdots + a_{2i-1,2n-1} x_{2n-1}^{(1)} + a_{2i-1,2n} y_{2n}^{(1)}) -$$

$$x_{2i-1}^{(2)} (a_{2i,1} x_1^{(1)} + a_{2i,2} y_2^{(1)} + \cdots + a_{2i,2n-1} x_{2n-1}^{(1)} + a_{2i,2n} y_{2n}^{(2)}) -$$

$$y_{2i}^{(1)} (a_{2i-1,1} x_1^{(2)} + a_{2i-1,2} y_2^{(2)} + \cdots + a_{2i-1,2n-1} x_{2n-1}^{(2)} + a_{2i-1,2n} y_{2n}^{(2)}) \}$$

利用关系式(19),可以证实,上式右端恒等于零. 例如,考虑形为 $\tilde{c} x_{2i-1}^{(1)} x_1^{(2)}$ 的项的全体. 显然,这样的项有两个,即 $+a_{2i,1} x_{2i-1}^{(1)} x_1^{(2)}$ 和 $-a_{2,2i-1} x_{2i-1}^{(1)} x_1^{(2)}$. 根据式(19)中的第二个等式,令 $h=1$,便得

$$a_{2i,1} = a_{2,2i-1}$$

因而所述的两项相互抵消.

同样的,可以证实我们的论断对于所有其他类似的项,也是正确的.

转到定理的证明. 设 $x_1^{(j)}, y_2^{(j)}, \cdots, x_{2n-1}^{(j)}, y_{2n}^{(j)} (j=1,2,\cdots,2n)$ 为方程组(18)的基本解组.

引入下列四个对以后都很重要的矩阵:

(1) $\boldsymbol{X}(t)$,非奇异矩阵,由变分方程组(18)的上述基本解组所组成;

(2) $\boldsymbol{A}(t)$ 为由变分方程组(18)右端以 x 和 y 的系数所组成;

---

① 因

$$a_{2i-1,2h} = \frac{\partial}{\partial y_{2h}} \left(\frac{\mathrm{d}x_{2i-1}}{\mathrm{d}t} \right) = -\frac{\partial^2 H_2}{\partial y_{2i} \partial y_{2h}}$$

$$a_{2h-1,2i} = \frac{\partial}{\partial y_{2i}} \left(\frac{\mathrm{d}x_{2h-1}}{\mathrm{d}t} \right) = -\frac{\partial 2 H_2}{\partial y_{2h} \partial y_{2i}}$$

(3)$\boldsymbol{C}_x$ 为以下列常数为元素的矩阵

$$c_{jk}=\sum_{i=1}^{n}\begin{vmatrix}x_{2i-1}^{(j)}(t) & y_{2i}^{(j)}(t)\\ x_{2i-1}^{(k)}(t) & y_{2i}^{(l)}(t)\end{vmatrix}=\sum_{i=1}^{n}\begin{vmatrix}x_{2i-1}^{(j)}(0) & y_{2i}^{(j)}(0)\\ x_{2i-1}^{(k)}(0) & y_{2i}^{(k)}(0)\end{vmatrix}$$

(根据上面所证明的结果)；

(4)$\boldsymbol{\Gamma}_{\boldsymbol{X}}$ 为特征矩阵,即具有常数元素的矩阵,由等式

$$\boldsymbol{X}(t+T)=\boldsymbol{X}(t)\boldsymbol{\Gamma}_{\boldsymbol{X}}$$

所规定.

矩阵 $\boldsymbol{\Gamma}_{\boldsymbol{X}}$ 不是奇异的,因为 $\boldsymbol{X}(t+T)$ 是由基本解组所组成的矩阵.

问题是去证明方程

$$\det|s\boldsymbol{E}-\boldsymbol{\Gamma}_{\boldsymbol{X}}|=0$$

是反商方程,其中 $\boldsymbol{E}$ 为单位矩阵.

建立所引入矩阵之间的下列关系式:

Ⅰ. $\boldsymbol{C}_{\boldsymbol{X}\boldsymbol{\Gamma}_{\boldsymbol{X}}}=\boldsymbol{C}_{\boldsymbol{X}}$；

Ⅱ. $\boldsymbol{C}_{\boldsymbol{X}\boldsymbol{K}}=\boldsymbol{K}^{*}\boldsymbol{C}_{\boldsymbol{X}}\boldsymbol{K}$；

Ⅲ. $\boldsymbol{\Gamma}_{\boldsymbol{X}\boldsymbol{K}}=\boldsymbol{K}^{-1}\boldsymbol{\Gamma}_{\boldsymbol{X}}\boldsymbol{K}$.

第一个关系式立即可由矩阵 $\boldsymbol{C}_{\boldsymbol{X}}$ 的元素和 t 的不相关性推出.

事实上

$$\boldsymbol{C}_{\boldsymbol{X}\boldsymbol{\Gamma}_{\boldsymbol{X}}}=\boldsymbol{C}_{\boldsymbol{X}(t+T)}=\boldsymbol{C}_{\boldsymbol{X}}$$

为了导出第二个关系式,指出下面直接可证得的公式

$$\boldsymbol{C}_{\boldsymbol{X}}=\boldsymbol{X}^{*}\boldsymbol{I}\boldsymbol{X}$$

其中

$$\boldsymbol{I}=\begin{pmatrix}0 & 1 & 0 & 0 & \cdots & 0 & 0 & 0\\ -1 & 0 & 1 & 0 & \cdots & 0 & 0 & 0\\ 0 & -1 & 0 & 1 & \cdots & 0 & 0 & 0\\ 0 & 0 & -1 & 0 & \cdots & 0 & 0 & 0\\ \vdots & \vdots & \vdots & \vdots & & \vdots & \vdots & \vdots\\ 0 & 0 & 0 & 0 & \cdots & -1 & 0 & 1\\ 0 & 0 & 0 & 0 & \cdots & 0 & -1 & 0\end{pmatrix}$$

而 $\boldsymbol{X}^{*}$ 是 $\boldsymbol{X}$ 的转置矩阵. 由此即得

$$\boldsymbol{C}_{\boldsymbol{X}\boldsymbol{K}}=(\boldsymbol{X}\boldsymbol{K})^{*}\boldsymbol{I}(\boldsymbol{X}\boldsymbol{K})=\boldsymbol{K}^{*}\boldsymbol{X}^{*}\boldsymbol{I}\boldsymbol{X}\boldsymbol{K}=\boldsymbol{K}^{*}\boldsymbol{C}_{\boldsymbol{X}}\boldsymbol{K}$$

再指出,由等式 $\boldsymbol{C}_{\boldsymbol{X}}=\boldsymbol{X}^{*}\boldsymbol{I}\boldsymbol{X}$ 立即可得

$$\det\boldsymbol{C}_{\boldsymbol{X}}=[\det(\boldsymbol{X})]^{2}$$

因而 $\boldsymbol{C}_{\boldsymbol{X}}$ 不是奇异的.

第三个关系式可完全形式地得出. 我们有

$$\boldsymbol{X}(t+T)\boldsymbol{K}=\boldsymbol{X}(t)\boldsymbol{\Gamma}_{\boldsymbol{X}}\boldsymbol{K}$$

因为 $\boldsymbol{X}(t)$ 是基本解矩阵，而 $\boldsymbol{K}$ 不是奇异的，所以 $\boldsymbol{X}(t)\boldsymbol{K}$ 也是基本解矩阵而按矩阵 $\boldsymbol{\Gamma}_{XK}$ 的定义，有

$$\boldsymbol{X}(t+T)\boldsymbol{K}=\boldsymbol{X}(t)\boldsymbol{K}\boldsymbol{\Gamma}_{XK}$$

由此知，因为 $\boldsymbol{\Gamma}_{XK}$ 由基本解矩阵 $\boldsymbol{XK}$ 唯一确定，故有

$$\boldsymbol{\Gamma}_{XK}=\boldsymbol{K}^{-1}\boldsymbol{\Gamma}_{X}\boldsymbol{K}$$

由以上三个关系式，定理的论断几乎可立即推得. 关系式 Ⅲ 表明，当由已知基本解组变到另一基本解组时，特征方程

$$\det|s\boldsymbol{E}-\boldsymbol{\Gamma}_{X}|=0$$

的根以及矩阵 $(s\boldsymbol{E}-\boldsymbol{\Gamma}_{X})$ 的初等因子是不变的.

由关系式 Ⅱ，如取特征矩阵 $\boldsymbol{\Gamma}_{X}$ 作为非奇异矩阵 $\boldsymbol{K}$，则得

$$\boldsymbol{C}_{X\Gamma_X}=\boldsymbol{\Gamma}_{X}^{*}\boldsymbol{C}_{X}\boldsymbol{\Gamma}_{X}$$

或利用关系式 Ⅰ，可得

$$\boldsymbol{C}_{X}=\boldsymbol{\Gamma}_{X}^{*}\boldsymbol{C}_{X}\boldsymbol{\Gamma}_{X}$$

最后，因为 $\boldsymbol{C}_{X}$ 和 $\boldsymbol{\Gamma}_{X}$ 不是奇异的，所以由所导出的关系式知

$$\boldsymbol{\Gamma}_{X}^{*-1}\boldsymbol{C}_{X}=\boldsymbol{C}_{X}\boldsymbol{\Gamma}_{X}$$

即

$$\boldsymbol{C}_{X}^{-1}\boldsymbol{\Gamma}_{X}^{*-1}\boldsymbol{C}_{X}=\boldsymbol{\Gamma}_{X}$$

上面等式表明 $\boldsymbol{\Gamma}_{X}$ 和 $\boldsymbol{\Gamma}_{X}^{*-1}$ 的特征方程有完全相同的根，所以 $\boldsymbol{\Gamma}_{X}$ 与 $\boldsymbol{\Gamma}_{X}^{-1}$ 的特征方程也有完全相同的根. 但因逆矩阵的特征根与原矩阵的特征根互为倒数，所以若 s 为方程 $\det|s\boldsymbol{E}-\boldsymbol{\Gamma}_{X}|=0$ 的一根，则 $\dfrac{1}{s}$ 也必为其一根.

至此，李雅普诺夫定理得证. 我们还可由这个证明得出下列一些简单的推论：

1. 因为特征指数是特征方程的根数，所以所有特征指数可分为一对一对的，能使在每一对中的特征指数的绝对值相等而符号相反.

2. 如果特征方程有根为 $+1$，那么它必是重根，因而，如果一个特征指数等于零，那么必有另一个也等于零. 一般说来，等于零的特征指数是偶数个.

现在往证，标准形方程组恒有等于零的特征指数.

定理 16(庞加莱) 如果标准方程组(17) 有 $p+1$ 个解析积分：$H=0$，$H_1=0,\cdots,H_p=0$(彼此独立) 都对 t 是以 T 为周期的，那么这个方程组的任一以 T 为周期的解的变分方程组至少有 $p+1$ 个特征指数等于零.

设所讨论的哈密尔顿方程组

$$\frac{\mathrm{d}x_s}{\mathrm{d}t}=-\frac{\partial H}{\partial y_s},\frac{\mathrm{d}y_s}{\mathrm{d}t}=\frac{\partial H}{\partial x_s}\quad(s=1,2,\cdots,n)$$

有解析积分 $F(x_1,x_2,\cdots,x_n;t)=0$，它对 t 是以 T 为周期的. 于是，根据前面的证明，有函数

$$\Phi=\frac{\partial F}{\partial x_1}\xi_1+\frac{\partial F}{\partial x_2}\xi_2+\cdots+\frac{\partial F}{\partial x_n}\xi_n+\frac{\partial F}{\partial y_1}\eta_1+\frac{\partial F}{\partial y_2}\eta_2+\cdots+\frac{\partial F}{\partial y_n}\eta_n$$

令其等于常数，就是变分方程组的积分，此变分方程组对哈密尔顿方程组就是

$$\frac{\mathrm{d}\xi_s}{\mathrm{d}t}=-\sum_{\sigma=1}^{n}\frac{\partial^2 H}{\partial y_s\partial x_\sigma}\xi_\sigma-\sum_{\sigma=1}^{n}\frac{\partial^2 H}{\partial y_s\partial y_\sigma}\eta_\sigma$$

$$\frac{\mathrm{d}\eta_s}{\mathrm{d}t}=\sum_{\sigma=1}^{n}\frac{\partial^2 H}{\partial x_s\partial x_\sigma}\xi_\sigma+\sum_{\sigma=1}^{n}\frac{\partial^2 H}{\partial x_s\partial y_\sigma}\eta_\sigma$$

因而根据变分方程组，取 Φ 对 t 的全微分，就得到零.

我们有

$$\sum_{i=1}^{n}\frac{\mathrm{d}}{\mathrm{d}t}\left[\frac{\partial F}{\partial x_i}\right]\xi_i+\sum_{i=1}^{n}\frac{\mathrm{d}}{\mathrm{d}t}\left[\frac{\partial F}{\partial y_i}\right]\eta_i-$$

$$\sum_{i=1}^{n}\frac{\partial F}{\partial x_i}\left[\sum_{\sigma=1}^{n}\frac{\partial^2 H}{\partial y_i\partial x_\sigma}\xi_\sigma+\sum_{\sigma=1}^{n}\frac{\partial^2 H}{\partial y_i\partial y_\sigma}\eta_\sigma\right]+$$

$$\sum_{i=1}^{n}\frac{\partial F}{\partial y_i}\left[\sum_{\sigma=1}^{n}\frac{\partial^2 H}{\partial x_i\partial x_\sigma}\xi_\sigma+\sum_{\sigma=1}^{n}\frac{\partial^2 H}{\partial x_i\partial y_\sigma}\eta_\sigma\right]=0$$

因为 F 和 H 的导数的表达式是 t 的确定函数，而在上式中出现的 ξ_i，η_i 表示变分方程组的任一解，因而与 $2n$ 个任意常数有关，所以 ξ_i 和 η_i 的系数等于0，否则便会有任意常数与 t 之间的(线性) 关系式. 据此，便得

$$\frac{\mathrm{d}}{\mathrm{d}t}\left[\frac{\partial F}{\partial x_i}\right]=\sum_{k=1}^{n}\frac{\partial^2 H}{\partial y_k\partial x_i}\left[\frac{\partial F}{\partial x_k}\right]-\sum_{k=1}^{n}\frac{\partial^2 H}{\partial x_k\partial x_i}\left[\frac{\partial F}{\partial y_k}\right]$$

$$\frac{\mathrm{d}}{\mathrm{d}t}\left[\frac{\partial F}{\partial y_i}\right]=\sum_{k=1}^{n}\frac{\partial^2 H}{\partial y_k\partial y_i}\left[\frac{\partial F}{\partial x_k}\right]-\sum_{k=1}^{n}\frac{\partial^2 H}{\partial x_k\partial y_i}\left[\frac{\partial F}{\partial y_k}\right]$$

或与变分方程组比较，便可证实

$$\xi_i=\frac{\partial F}{\partial y_i},\eta_i=-\frac{\partial F}{\partial x_i}\quad(i=1,2,\cdots,n)$$

是变分方程组的解.

变分方程组的每一解都是形如

$$x_i=\mathrm{e}^{\alpha t}p_{2i-1}(t),y_i=\mathrm{e}^{\alpha t}p_{2i}(t)\quad(i=1,2,\cdots,n)$$

的，其中诸 $p_j(t)$ 是具有周期系数的 t 的多项式，也可能为周期函数，而 α 是一特征指数. 因而，$\dfrac{\partial F}{\partial y_i}$ 和 $-\dfrac{\partial F}{\partial x_i}$ 也应是这样的形式. 但是它们是 t 的周期函数，只要将 $x_1,x_2,\cdots,x_n$ 以所讨论周期解来代替. 因此，对于它们 $\alpha=0$.

这样便有，如果

$$H=0,H_1=0,H_2=0,\cdots,H_p=0$$

是解析积分，且对 t 为以 T 为周期的且彼此之间不相关，那么变分方程组必至少有 $p+1$ 个特征指数等于零.

我们指出，这个定理对非哈密尔顿方程组也是成立的. 此外，庞加莱还曾证

明这样的定理：对于哈密尔顿方程组，如果它有这样的一些彼此独立的积分 $H, H_1, H_2, \cdots, H_p$，其中任两个的泊松括弧都为零，那么至少有 $2p$ 个特征指数等于零. 由庞加莱与前述李雅普诺夫定理，立即可以推出，哈密尔顿方程组至少有两个特征指数等于零.

§5 截痕曲面法

庞加莱—李雅普诺夫的特征指数法已能使我们完全说明积分曲线的构造，只要特征指数是相异的并且它们的实数部分不等于零. 然而在其他一些情形下，我们能说到的便很少，或者是什么也不能说，例如在有纯虚数的特征指数和零的特征指数的情形下，特征指数就根本不能确定积分曲线的性状. 然而，庞加莱的定理指出，对于标准方程组，这后一种情形是典型的，并且非常重要，因为对于应用所需要的解的"稳定性"大部分仅仅是在纯虚的特征指数的情形时才能察觉到. 这也曾促使庞加莱去寻求更细致的方法. 由庞加莱所提供的但实际上是由伯克霍夫[13] 所阐发的一个方法就是截痕曲面法.

为了叙述这个方法，我们可回到本章的 §1 去. 在那里，我们曾以下面的方法来进行：经过所研究的周期轨道的每一点引一个法超越平面，将其中一个取作起始的并将方程放置于动的坐标系中，前 n 个坐标表示点在超越平面中的位置，而第 $n+1$ 个坐标规定了超越平面本身的位置. 假定在新的坐标下，解已表示成初值的幂级数

$$x_i = \sum_{s=1}^{n} d_{is}(t) x_{s0} + \text{关于 } x_{10}, x_{20}, \cdots, x_{n0} \text{ 的更高次项} \quad (i=1,2,\cdots,n)$$

其中一次项就是变分方程的解，而 $x_{10}, x_{20}, \cdots, x_{n0}$ 为点在开始时间 $t=0$ 时的坐标. 设所研究的运动的周期为 2π，于是

$$x_{i1} = \sum_{s=1}^{n} d_{is}(2\pi) x_{s0} + \text{更高次项} \quad (i=1,2,\cdots,n)$$

对于充分小的 $\{x_{s0}\}$，就是截痕的原平面上 $t=0$ 到自身的变换 T. 研究了这个变换的性质，也就研究了积分曲线在给定周期解的邻域内的性质.

在很多情形下，我们很容易建立特征指数与变换 T 的性质之间的联系.

设给定方程组

$$\frac{\mathrm{d}x_i}{\mathrm{d}t} = \sum_{j=1}^{n} a_{ij}(t) x_j + \theta_i(x_1, x_2, \cdots, x_n; t) \quad (i=1,2,\cdots,n)$$

其中 $\theta_i (i=1,2,\cdots,n)$ 是诸方程的右端的非线性项的全体. 如果特征方程的根都是单纯的，那么利用带周期系数的非奇异线性变换，便可将此方程组化成

$$\frac{\mathrm{d}\overline{x}_i}{\mathrm{d}t}=r_i\overline{x}_i+\overline{\theta}_i(\overline{x}_1,\overline{x}_2,\cdots,\overline{x}_n;t)\quad(i=1,2,\cdots,n)$$

因而此方程组的解可以写成

$$\overline{x}_i=\overline{x}_{i0}\mathrm{e}^{r_it}+\overline{\psi}_i(\overline{x}_{10},\overline{x}_{20},\cdots,\overline{x}_{n0};t)\quad(i=1,2,\cdots,n)$$

其中 $\overline{\psi}_i(i=1,2,\cdots,n)$ 为变数 $\overline{x}_{10},\overline{x}_{20},\cdots,\overline{x}_{n0}$ 的解析函数，它们的展开式开始于不低于二次的项，而且这些展开式的系数是以 2π 为周期的 t 的周期函数.

因此，如果以 $\overline{x}_{i1}$ 表示解在 $t=2\pi$ 时的值，那么

$$\overline{x}_{i1}=\overline{x}_{i0}\mathrm{e}^{2\pi r_i}+\overline{\psi}_i(\overline{x}_{10},\overline{x}_{20},\cdots,\overline{x}_{n0};2\pi)\quad(i=1,2,\cdots,n)$$

即

$$\overline{x}_{i1}=s_i\overline{x}_{i1}+\overline{\psi}_i$$

其中 $s_i=\mathrm{e}^{2\pi r_i}$，而 $\overline{\psi}_i$ 为给定初始值的级数，它不包含一次项.

两个方程的标准组　设所研究的方程组是带两个所求函数的标准组，即设有方程组

$$\frac{\mathrm{d}u}{\mathrm{d}t}=-\frac{\partial H}{\partial v},\frac{\mathrm{d}v}{\mathrm{d}t}=\frac{\partial H}{\partial u}$$

于是按照特征方程存在此一或彼一类型的根，变换 T 便成为下列形式之一：

1. 设特征方程的根都是实的. 于是，如果其中一个根 $\rho\neq1$，那么如前节所证，另一个根便是 $\frac{1}{\rho}$，因而变换有

$$u_1=\rho u+\sum_{m+n=2}^{\infty}\varphi_{mn}u^mv^n$$

$$u_1=\frac{1}{\rho}v+\sum_{m+n=2}^{\infty}\psi_{mn}u^mv^n$$

而且此处还应区分正的 ρ 和负的 ρ 的情形.

2. 设 $|\rho|=1$，即 $\rho_1=\mathrm{e}^{\mathrm{i}\theta},\rho_2=\mathrm{e}^{-\mathrm{i}\theta}$ 且对应这些根的初等因子是单纯的. 于是利用不包含虚量的线性变换，便得出方程组

$$u_1=u\cos\theta-v\sin\theta+\sum_{m+n=2}^{\infty}\varphi_{mn}u^mv^n$$

$$v_1=u\sin\theta+v\cos\theta+\sum_{m+n=2}^{\infty}\psi_{mn}u^mv^n$$

这种情形也要分成下面两种情况：① $\frac{\theta}{2\pi}$ 为无理数；② $\frac{\theta}{2\pi}$ 为有理数.

最后，属于这种情形的还有：③$\rho_1=1,\rho_2=1$；④$\rho_1=-1,\rho_2=-1$.

3. $\rho=\pm1$ 但初等因子不是单纯的. 于是

$$u_1=\pm u+\sum_{m+n=2}^{\infty}\varphi_{mn}u^mv^n$$

$$v_1 = \pm v + \mathrm{d}u + \sum_{m+n=2}^{\infty} \psi_{mn} u^m v^n \quad (d \neq 0)$$

今来考虑这些情形中的每一种.

如果没有非线性项,那么在第一种情形,点(u,v)总是在双曲线$uv=1$上移动,因而这种情形叫作双曲的;在第二种情形,变换归结于转一个θ角,因而这种情形叫作椭圆的;在第三种情形,直线$u=0$上的点是不变的,因而这种情形叫作抛物的.

我们给出将用以分析积分曲线的性状的变换T的一些几何性质的概述:

1. 变换T的不变点. 每一个不变点给出在所研究的邻域内的周期解. 我们指出,每一个对于变换T为不变的点同时也是对于此变换的重叠,即对于变换$T^2, T^3, \cdots$的不变点,但可能有一些点,它们对于T^k是不变的,而对于任一$T^m (m < k)$就不是不变点了. 这样一些点也给出周期解,即给出闭积分曲线,但它们是若干次绕过给定周期解的. 庞加莱称这种解为第二类周期解或称为同楔的.

2. 变换T的不变流形. 某一流形M,如果此流形的每一个点经变换T后仍变到此流形的点,或超出所研究的周期解邻域的界限之外,那么此流形叫作关于变换T的不变流形. 例如,设有不包含坐标原点的不变流形. 这就表示,在所考虑的邻域内有不逼近于周期解的积分曲线族存在. 如果截痕曲面是二维的且不变流形是曲线,那么论证便特别明显. 所有能代表这种情形者可分为两类.

第一种情形有进入原点的不变积分线,第二种情形就是没有这种曲线存在. 按照与变换的解析性质相关联的一些原因,又可将第一种情形分成:

(1) 进入原点的不变曲线是解析的(双曲情形),或者不存在进入原点的解析不变曲线(例如在所谓椭圆的不稳定情形下会发生);

(2) 存在着围绕原点的不变曲线,这就在所谓椭圆的稳定情形下产生的.

也可能发生任一所考虑的不变点的邻域为带一个参数的积分曲线族所充满. 伯克霍夫称这种情形为可积情形.

双曲点的邻域的构造 基于解析的判定法则,双曲点就是这样的奇点,对于它,特征方程有相异的实根. 在这种情形,我们仅去讨论右端是解析函数的第二个方程的标准组. 于是特征方程是再归的,因而如果ρ为其一根,那么$\frac{1}{\rho}$即为其另一根. 由此便知有四种不同的情形存在:(1)$\rho > 1$;(2)$\rho < 1$;(3)$\rho = 1$;(4)$\rho = -1$.

特征指数r与特征方程的根以关系式$r = \frac{1}{\omega} \ln \rho$相联系,其中$\omega$为所研究的解的周期. 因此,在第一种情形和第二种情形中我们见到,从特征指数的观点来看,这两种情形彼此之间并无区别,因为此时特征指数的实数部分都异于零且有相反的符号.因此,根据李雅普诺夫－庞加莱的一般定理,除带一个参数的两族渐近运动外(其中一族是对于 $t\to+\infty$ 的,另一族是对于 $t\to-\infty$ 的),几乎所有运动都是鞍形的.进一步的问题就是去深入研究渐近运动族的构造.

在前段所提到的变换 T,此时有

$$u_1=\rho u+\sum_{m+n=2}^{\infty}\varphi_{mn}u^m v^n$$

$$v_1=\frac{1}{\rho}v+\sum_{m+n=2}^{\infty}\psi_{mn}u^m v^n$$

其中 φ_{mn} 和 ψ_{mn} 为常量.立即可以看出,如果 $\rho<0$,那么变换 T^2 总为如下形式

$$u_2=\rho^2 u+\sum_{m+n=2}^{m}\varphi_{mn}u^m v^n$$

$$v_2=\frac{1}{\rho^2}v+\sum_{m+n=2}^{n}\psi_{mn}u^m v^n$$

因而在负根的情形下变换 T^2 与正根的情形下变换 T 有相同的性质,故我们只需考虑正根的情形.

定理 17(阿达玛(Hadamard))[14] 如果变换 T 有下面的形式

$$u_1=f(u,v)=su+F(u,v)$$

$$v_1=\varphi(u,v)=s'v+\Phi(u,v)$$

其中 s 和 s' 为实数,$s>0$, $|s'|<s(s'\neq 0)$,F 和 Φ 为从二次项开始的展开式,那么存在两条且只有两条经过坐标原点的不变曲线.

我们经过坐标原点引曲线 C 使得:(1) 不与 u 轴在原点相切;(2) 沿此曲线,v 为 u 的单值函数;(3) $\left|\frac{\mathrm{d}v}{\mathrm{d}u}\right|<\alpha$,其中 α 为某一正数(图 34).

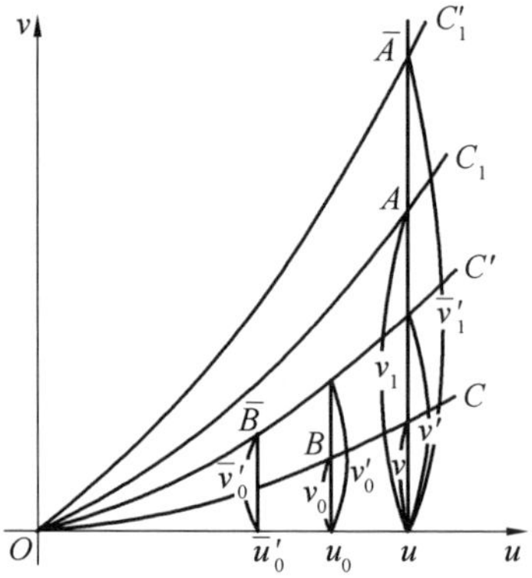

图 34

考虑此曲线在变换 T 下的象.设这些象为曲线 $C_1,C_2,\cdots$,只要它们还在原点的某一小的邻域内,它们便与曲线 C 具有相同的性质.

事实上,在第一次变换后,便得到曲线 C_1,它具有参数方程(参数 u)

$$u_1 = su + F(u, v(u))$$
$$v_1 = s'v(u) + \Phi(u, v(u))$$

因此

$$\frac{dv_1}{du_1} = \frac{s'v'(u) + \Phi'}{s + F'} \tag{1}$$

其中 Φ' 和 F' 为关于 u 的全微分,且因为 $s'v'(0) \neq 0$,所以第一个性质得证. 第二个性质,根据式(1),可以由条件 $s \neq 0$ 得到保证. 第三个性质显然也是具有的.

首先,设 C' : $v = v'(u)$ 为具有这些性质的第二条曲线. 于是,当 $u=0$ 时,函数 $v' - v$ 变为零. 其次,因为$\frac{dv'}{du}$ 和$\frac{dv}{du}$ 的绝对值小于α,所以函数$\frac{|v' - v|}{u}$ 在围着原点的某一闭域 D 内是连续且有界的,因而在此域内它有最大值 μ.

再设 C_1 和 C_1'分别为曲线 C 和C' 在变换 T 下的象,并设 μ_1 为关于这两条曲线与上述的 μ 相当的数.

今往证,$\frac{\mu_1}{\mu}$ 总小于某一正数σ,而它与$\frac{|s'|}{s}$ 相差一个任意小的量,只要域 D 有充分小的直径.

设 v 和v' 为曲线C 和C' 的对应着同一个u 值(在以后将假定此值为正)的纵坐标,而 v_1 和 v_1'为在曲线 C_1 和 C_1'上对应着同一个 u 值的纵坐标. 点 $A(u, v_1)$ 和 $\overline{A}(u, v_1')$ 就是在曲线 C 和C' 上的某两点 $B(u_0, v_0)$,$\overline{B}(\overline{u}_0', \overline{v}_0')$ 的象,其中 u_0 和 $\overline{u}_0'$显然都是正的.

首先,根据曲线 C 的性质(3),对于充分小的 u,有

$$|v_0| < \alpha u_0 \tag{2}$$

其次,因为 $u = su_0 + F(u_0, v_0)$,所以由于函数 F 关于u 和 v 为无穷小,便得

$$|u - su_0| \leqslant |F(u_0, v_0)| \leqslant \eta(u_0 + |v_0|) \tag{3}$$

其中 $\eta = \max\left(\left|\frac{\partial F}{\partial u}\right|, \left|\frac{\partial F}{\partial v}\right|, \left|\frac{\partial \Phi}{\partial u}\right|, \left|\frac{\partial \Phi}{\partial v}\right|\right)$ 在所考虑的域D 内是关于它的直径的无穷小. 不等式(2) 和(3) 给出

$$|u - su_0| < \eta u_0(1 + \alpha)$$

从而

$$u - su_0 > -\eta u_0(1 + \alpha)$$

即

$$u > [s - \eta(1 + \alpha)]u_0$$

因此

$$u_0 < \frac{u}{s-\eta(1+\alpha)}$$

因为曲线 C' 与曲线 C 有相同的性质，所以对于 $\bar{u}_0'$ 也有同样的不等式

$$\bar{u}_0' < \frac{u}{s-\eta(1+\alpha)}$$

设 v_0' 为曲线 C' 的对应着横坐标 u_0 的纵坐标，于是根据数 μ 的定义，便有

$$|v_0' - v_0| \leqslant \mu u_0 < \frac{\mu u}{s-\eta(1+\alpha)} \tag{4}$$

又因为点 $\bar{B}(\bar{a}_0', \bar{v}_0')$ 和带坐标 (u_0, v_0') 的点都在曲线 C' 上，而 C' 具有性质(3)，所以

$$|\bar{v}_0' - v_0'| < \alpha |\bar{u}_0' - u_0|$$

最后，我们考虑点 $B(u_0, v_0)$ 和 $\bar{B}(\bar{u}_0', \bar{v}_0')$. 因为对于变换 T，点 $B(u_0, v_0)$ 变成点 $A(u, v_1)$，而点 $\bar{B}(\bar{u}_0', \bar{v}_0')$ 变成点 $\bar{A}(u, v_1')$，所以有

$$u = su_0 + F(u_0, v_0)$$

$$u = s\bar{u}_0' + F(\bar{u}_0', \bar{v}_0')$$

由此便可推得

$$s|u_0 - \bar{u}_0'| = |F(u_0, v_0) - F(\bar{u}_0', \bar{v}_0')|$$

即

$$s|u_0 - \bar{u}_0'| \leqslant \eta[|u_0 - \bar{u}_0'| + |v_0 - \bar{v}_0'|] \tag{5}$$

其中 $\eta = \max\left(\left|\frac{\partial F}{\partial u}\right|, \left|\frac{\partial F}{\partial v}\right|, \left|\frac{\partial \Phi}{\partial u}\right|, \left|\frac{\partial \Phi}{\partial v}\right|\right)$ 在所考虑的域内.

因此

$$|u_0 - \bar{u}_0'| < \frac{\eta}{s-\eta} |v_0 - \bar{v}_0'| \tag{6}$$

注意到，不等式(4)(5)(6)，便可估计出 $|v_0 - \bar{v}_0'|$ 的上界.

事实上

$$|v_0 - v_0'| \geqslant |v_0 - \bar{v}_0'| - |\bar{v}_0' - v_0'| > |v_0 - \bar{v}_0'| - \frac{\alpha\eta}{s-\eta} |v_0 - \bar{v}_0'|$$

即

$$|v_0 - v_0'| > |v_0 - \bar{v}_0'| \left|1 - \frac{\alpha\eta}{s-\eta}\right|$$

因此

$$|v_0 - \bar{v}_0'| < \frac{|v_0 - v_0'|}{\left|1 - \frac{\alpha\eta}{s-\eta}\right|} < \frac{\mu u}{[s-\eta(1+\alpha)]\left(1 - \frac{\alpha\eta}{s-\eta}\right)} =$$

$$\frac{\mu u(s-\eta)}{[s-\eta(1+\alpha)]^2} \tag{6'}$$

按照点 B 和 B' 的定义,有

$$v_1 = s'v_0 + \Phi(u_0, v_0)$$
$$v_1' = s'\bar{v}_0' + \Phi(\bar{u}_0', \bar{v}_0')$$

从而

$$|v_1 - v_1' - s'(v_0 - \bar{v}_0')| \leqslant \eta(|u_0 - \bar{u}_0'| + |v_0 - \bar{v}_0'|) \tag{7}$$

不等式(6)(6′)和(7)便给出我们所要的 $|v_1 - v_1'|$ 的估计. 我们有

$$|v_1 - v_1'| \leqslant \eta|u_0 - \bar{u}_0'| + (\eta + |s'|)|v_0 - \bar{v}_0'|$$

利用(6),便得

$$|v_1 - v_1'| < \left[\frac{\eta^2}{s - \eta} + (\eta + |s'|)\right]|v_0 - \bar{v}_0'|$$

今利用(6′),得

$$|v_1 - v_1'| < \left(\frac{\eta^2}{s - \eta} + \eta + |s'|\right)\frac{\mu u(s - \eta)}{[s - \eta(1 + \alpha)]^2} =$$
$$\mu u\left[\frac{|s'|s + \eta s - |s'|\eta}{s^2 + \eta^2(1 + \alpha)^2 - 2s\eta(1 + \alpha)}\right]$$

即

$$|v_1 - v_1'| \leqslant \mu u\left(\frac{|s'|s + \eta A}{s^2 - \eta\beta}\right)$$

其中 A 和 B 为当 $\eta \to 0$ 时不趋于 0 的量. 由此便得

$$|v_1 - v_1'| \leqslant \mu u\left(\frac{|s'|}{s} + \varepsilon\right)$$

其中 ε 任意小,只要 η 充分小. 因此,对于自变量的所有值

$$\frac{|v_1 - v_1'|}{u} \leqslant \mu\left(\frac{|s'|}{s} + \varepsilon\right) < \mu\sigma \quad (\sigma < 1)$$

有

$$\mu_1 \leqslant \mu\left(\frac{|s'|}{s} + \varepsilon\right)$$

即

$$\frac{\mu_1}{\mu} \leqslant \frac{|s'|}{s} + \varepsilon$$

我们的命题于是得证.

利用上面的不等式可以建立曲线 $C_1, C_2, \cdots, C_k, \cdots$ 收敛于某一曲线 S. 事实上,如假定 $C' = C_1$,则它的象 C_1' 便与 C_2 重合. 根据所得的估计便知:C 和 C_1 间的纵坐标之差小于 μu;C_1 和 C_2 间的纵坐标之差小于 $\mu\sigma u$;C_2 和 C_3 间的纵坐标之差小于 $\mu\sigma^2 u$,等等,由于 $\sigma < 1$,这就证明了收敛性.

今往证,曲线 S 不依从于起始曲线 C 的选择. 事实上,估计式

$$|v_1 - v_1'| < \mu\sigma u \quad (\sigma < 1)$$

表明，如果重叠的数目趋向 ∞，那么对应于给定的 u 的纵坐标的差趋于 0.

如果取形如 $u=u(v)$ 的曲线作为起始的曲线，并考虑变换 T^{-1} 的重叠，其中 T^{-1} 为逆变换，那么便得到一串曲线，它们收敛于某一极限曲线 S'，而与以上一样，可建立曲线 S' 不依从于起始曲线的选择.

另外的可微不变曲线便不会有了. 事实上，假定还有类似的曲线 S''，则因它在坐标原点处不切于 v 轴或不切于 u 轴，故可将它取为形如 $v=v(u)$ 或形如 $u=u(v)$ 的起始曲线. 因此，对它分别应用 T 的重叠或 T^{-1} 的重叠，便得出曲线 S 或曲线 S'，而这与曲线 S'' 的不变性相矛盾.

曲线 S 和 S'，一般说来，可能重合，然而若假定 $s>1$ 和 $|s'|<1$，则从变换的形式直接可得，不变曲线 S 的点，在对它应用变换 T^{-1} 时，将沿着曲线 S 逼近于原点. 更精确地说，$u_1<ru$，其中 $r<1$ 且不依从于在曲线 S 上的点的选择，而曲线 S' 的点，在对它应用变换 T 时，将沿着曲线 S' 逼近于原点，即 $v_1<rv$，其中 $r<1$ 且不依从于在曲线 S' 上的点的选择. 因此，S 和 S' 是相异的.

由不等式 $u_1<ru$ 和 $v_1<rv$ 可得，在变换 T^{-1} 和 T 的无限多次重叠下，曲线 S 和 S' 上的点便无限接近于原点，即由曲线 S 和 S' 的存在，便证得分别在 $t\to-\infty$ 和 $t\to+\infty$ 时渐近逼近于给定周期解的两族解的存在.

这个定理虽然给出积分曲线在原点的邻域内的分布性状，但它并不能使我们建立在此邻域内另一些不变曲线的存在. 不过，我们是能得到双曲周期解邻域的更完全的性状的. 事实上，如果变换 T 为下面的形式

$$u_1=\rho u$$

$$v_1=\frac{1}{\rho}v$$

或者可利用变数的解析变换将它变成这样的形式，那么我们便有可积的情形，此时点（$u=0$，$v=0$）的整个邻域是由作为不变曲线的双曲线 $uv=Q$（Q 为常数）所充满的. 因为，根据假定，邻域很小，在其中没有其他的不变点，所以经过有限多个正的或负的重叠后，每一个点都会走出所考虑的小的邻域的范围. 对应于它的曲线与坐标原点有最小的正距离，而当时间增加或减小时，将从给定的双曲点的邻域外出. 这些“鞍形的”曲线形成充满所考虑的周期运动的整个邻域的解析曲面族.

在非可积的情形，如为伯克霍夫所建立，也有类似的情况. 为了证明和叙述这个定理，我们应利用下面的辅助定理，它的证明是基于此形式展开的理论，今从略，虽然这个证明并不是微不足道的[①].

辅助定理 3　当适当的选择变数 u 和 v 时，可将变换 T 写成下列形式之一：

① 证明见伯克霍夫的 *Nouvelles recherches sur les systèmes dynamiques*.

$$(1)u_1=\rho u\mathrm{e}^{cu^lv^l}(1+u^\mu v^\mu P(u,v)),v_1=\frac{1}{\rho}v\mathrm{e}^{-cu^lv^l}(1+u^\mu v^\mu Q(u,v));$$

$$(2)u_1=\rho u(1+u^\mu v^\mu P(u,v)),v_1=\frac{1}{\rho}v(1+u^\mu v^\mu Q(u,v)),$$

而且 $\rho>1$,c 和 u 为正,且 μ 任意大,l 为某一自然数,而 P 和 Q 在原点处为解析的.

为了叙述下面的定理,我们引用一个定义:如果任一点 A 在变换 T 下的象与此曲线的某一点间的距离是关于点 A 与不变点(坐标原点)的距离的任意高(指数的)阶的无穷小,那么位于原点的充分小的邻域内的某一曲线 L 叫作关于变换 T 是“几乎不变的”.

利用辅助定理以及上面的定义,便可叙述下面定理.

定理 18(伯克霍夫) 设选择坐标 u 和 v 使得变换 T 有(1)型或(2)型.在这些变换下,存在“几乎不变”的曲线族,这些曲线充满除渐近不变曲线的点外的整个邻域,且这些几乎不变的曲线及其象组成 C^p 类的不变曲线(p 为任一自然数),它们是在下一意义下与双曲线 $uv=Q$(Q 为常数)非常相似,即它们与双曲线的重合度可达到任意高阶,而它们的切线斜率与 $-\dfrac{v}{u}$ 也只差同一阶的无穷小.

对于 $u>0$ 和 $v>0$ 引入新变数

$$u=\mathrm{e}^{-U},v=\mathrm{e}^{-V}$$

如果将变换 T 取成(1)型,那么对于新的变数,它便成为下面的形式

$$U_1=U-\ln\rho-c\mathrm{e}^{-l(U+V)}+\mathrm{e}^{-\mu(U+V)}\varphi(\mathrm{e}^{-U},\mathrm{e}^{-V})$$
$$V_1=V+\ln\rho+c\mathrm{e}^{-l(U+V)}+\mathrm{e}^{-\mu(U+V)}\psi(\mathrm{e}^{-U},\mathrm{e}^{-V})$$

其中 $c>0$,φ 和 ψ 为在 $u=0$,$v=0$ 处是解析的函数且在其展开式中不包含低于二次的项.

事实上

$$U=-\ln u,V=-\ln v$$

因而

$$\ln u_1=-U_1=\ln\rho+\ln u+cu^lv^l+\ln(1+u^\mu v^\mu P(u,v))$$

即

$$\ln u_1=-U_1=\ln\rho+\ln u+cu^lv^l-u^\mu v^\mu\varphi(u,v)$$

其中 $\varphi(u,v)$ 为在原点处为解析的函数,即

$$U_1=U-\ln\rho-c\mathrm{e}^{-l(U+V)}+\mathrm{e}^{-\mu(U+V)}\varphi(\mathrm{e}^{-U},\mathrm{e}^{-V})$$

对于 v_1,作相同的计算,便得出

$$V_1=V+\ln\rho+c\mathrm{e}^{-l(U+V)}+\mathrm{e}^{-\mu(U+V)}\psi(\mathrm{e}^{-U},\mathrm{e}^{-V})$$

原点邻域中的任一域 $u\leqslant\mathrm{e}^{-K}$,$v\leqslant\mathrm{e}^{-K}$(大的 K)对应着在平面(U,V)上的

域 Γ_K，其中

$$U \geqslant K, V \geqslant K$$

设 $W = U + V$，于是

$$W_1 = U_1 + V_1 = W + e^{-\mu W}\chi(e^{-U}, e^{-V})$$

今就充分大的 K 来考虑 Γ_K，于是在其中

$$U_1 < U - \frac{1}{2}\ln\rho, V_1 > V + \frac{1}{2}\ln\rho \quad (\rho > 1)$$

在变换 T 的 $n \geqslant \left[\frac{2W}{\ln\rho}\right] + 1$ 回重叠后，将有

$$U_n < U - W, V_n > V + W$$

所以 U_n 和 V_n 不能同时都大于 K. 因此，经重叠变换后的点从 Γ_K 外出. 但当还在域 Γ_K 内时，则

$$| W_1 - W | \leqslant e^{-\mu W} M$$

其中 M 是函数

$$\chi(e^{-U}, e^{-V}) = \chi(U, V)$$

的最大模. 所得的在此域内的不等式表明，$W_n = W(n)$ 随着 n 增加并不会比由微分方程

$$\frac{d\overline{W}}{dn} = e^{-\mu\overline{W}} M$$

确定的函数 $\overline{W}(n)(\overline{W}(0) = W)$ 增长得快，也不会比由微分方程

$$\frac{d\overline{\overline{W}}}{dn} = -e^{-\mu\overline{\overline{W}}} M$$

确定的函数 $\overline{\overline{W}}(n)(\overline{\overline{W}}(0) = W)$ 减少得快. 这些方程给出

$$e^{\mu\overline{W}(n)} - e^{\mu W} = \mu M_n$$

$$e^{\mu\overline{\overline{W}}(n)} - e^{\mu W} = -\mu M_n$$

因此，如果重叠的次数

$$n < 2\frac{W}{\ln\rho}$$

那么便有

$$\frac{1}{\mu}\ln\left(e^{\mu W} - \frac{2\mu MW}{\ln\rho}\right) \leqslant W(n) \leqslant \frac{1}{\mu}\ln\left(e^{\mu W} + \frac{2\mu MW}{\ln\rho}\right)$$

由这些不等式可知

$$| W(n) - W | \leqslant W\Omega e^{-\mu W}$$

其中 Ω 为数值常数. 我们利用下面的方法也可推得这个不等式.

由前面所写出的不等式可得

$$e^{\mu W} - \frac{2\mu MW}{\ln\rho} \leqslant e^{\mu W(n)} \leqslant e^{\mu W} + \frac{2\mu MW}{\ln\rho}$$

$$1-\frac{2\mu MW}{\ln \rho}e^{-\mu W} \leqslant e^{\mu(W(n)-W)} \leqslant 1+\frac{2\mu MW}{\ln \rho}e^{-\mu W}$$

即

$$\ln\left(1-\frac{2\mu MW}{\ln \rho}e^{-\mu W}\right) \leqslant \mu(W(n)-W) \leqslant \ln\left(1+\frac{2\mu MW}{\ln \rho}e^{-\mu W}\right)$$

由此，如假定$\frac{2\mu MW}{\ln \rho}e^{-\mu W}<1$，便得

$$|W(n)-W| \leqslant W\Omega e^{-\mu W}$$

其中 Ω 为某一常数，从而即得所证.

所得的不等式可用下面的方式解释：对于变换 T 的重叠，$U+V=W$ 在域 Γ_K 内总是准确到 $We^{-\mu W}$ 的常量，关于 W 是任意高阶的无穷小，即曲线 $U+V=Q$（Q 为常数），若不是不变的，则总是"几乎不变的".

由确定 U 和 V 的也是确定 U_n 和 V_n 的等式给出

$$U_n = U - n\ln \rho - cne^{-l(U+V)} + ne^{-\mu(U+V)}\varphi_n(e^{-U}, e^{-V})$$
$$V_n = V + n\ln \rho + cne^{-l(U+V)} + ne^{-\mu(U+V)}\psi_n(e^{-U}, e^{-V})$$

所以，如果 $n<\frac{2W}{\ln \rho}$，那么

$$|U_n - U + n\ln \rho + cne^{-lW}| \leqslant W\Omega^* e^{-\mu W}$$
$$|V_n - V - n\ln \rho - cne^{-lW}| \leqslant W\Omega^* e^{-\mu W}$$

考虑平面(U,V)上的直线$U+V=Q$（Q为常数）. 此直线的每一点(U_0,V_0)都变换成点(U_1,V_1)，其坐标几乎等于

$$(U_0-\ln \rho+ce^{-l(U_0+V_0)}, V_0+\ln \rho+ce^{-l(U_0+V_0)})$$

我们取 $U_0=V_0$，并将点(U_0,V_0)和(U_1,V_1)以直线段联结. 如由确定 U_1 和 V_1 的等式指明，此线段的长与$\sqrt{2}\ln \rho$ 相差很小，而对 U 轴的倾角与$\frac{3\pi}{4}$相差很小. 此线段的象是联结(U_1,V_1)和(U_2,V_2)两点的某一解析弧，由关于重叠的公式指明，此曲线弧的倾角也与$\frac{3\pi}{4}$相差很小.

将联结点(U_0,V_0)和(U_1,V_1)的直线段以联结这两点的正则弧来替代，此弧的位置及其倾斜与此直线相差很小，且此弧与直线段在点(U_1,V_1)的象有公切线. 例如，可取此曲线为

$$V-V_0=\frac{V_1-V_0}{U_1-U_0}(U-U_0)+\left[\frac{V_1-V_0}{U_1-U_0}-\frac{\frac{\partial V_1}{\partial U}(U_1-U_0)+\frac{\partial V_1}{\partial V}(V_1-V_0)}{\frac{\partial U_1}{\partial U}(U_1-U_0)+\frac{\partial U_1}{\partial V}(V_1-V_0)}\right]\left(\frac{U-U_0}{U_1-U_0}\right)^2(U_1-U)$$

其中

$$U_0=V_0$$

这个方程代表 U 的三次抛物线,它经过 (U_0,V_0),(U_1,V_1) 两点,而且其切线在点 (U_0,V_0) 和 (U_1,V_1) 的方向分别与以这些点为端点的线段的方向,以及此线段的象在点 (U_1,V_1) 处的切线的方向重合.前三个事实很显然.为了证明第四个事实,我们注意到

$$\left(\frac{\mathrm{d}V}{\mathrm{d}U}\right)_{(U_1,V_1)}=\frac{\dfrac{\partial V_1}{\partial U}(U_1-U_0)+\dfrac{\partial V_1}{\partial V}(V_1-V_0)}{\dfrac{\partial U_1}{\partial U}(U_1-U_0)+\dfrac{\partial U_1}{\partial V}(V_1-V_0)}$$

而这就证明了所要证的事实.

以参数 $U_0=V_0$ 去表示 (U_1,V_1),即

$$U_1=U_0-\ln\rho-c\mathrm{e}^{-2lU_0}+\mathrm{e}^{-2\mu U_0}\varphi(\mathrm{e}^{-U_0},\mathrm{e}^{-U_0})$$
$$V_1=U_0+\ln\rho+c\mathrm{e}^{-2lU_0}+\mathrm{e}^{-2\mu U_0}\psi(\mathrm{e}^{-U_0},\mathrm{e}^{-U_0})$$

于是抛物线的方程便成为

$$V=2U_0-U+\mathrm{e}^{-2\mu U_0}(U-U_0)\{\alpha(\mathrm{e}^{-U_0})+\beta(\mathrm{e}^{-U_0})(U-U_0)+\gamma(\mathrm{e}^{-U_0})(U-U_0)^2\}\tag{8}$$

其中 α,β 和 γ 都是 e^{-U_0} 的解析函数.因此,联结所有可能的 (U_0,V_0) 和 (U_1,V_1) 的这些抛物线弧便是一族解析弧,它们充满直线 $U+V=2U_0$ 及其象之间的域,而且每一点位于这些曲线中的一条上且仅在一条上,这由上面的等式直接可见①.这些曲线本身及其依次的象联合成 C_1 类不变曲线且接近于直线 $U+V=2U_0$,更精确地说,在这条直线与所作的抛物线之间的距离不超过 $SU_0\mathrm{e}^{-2\mu U_0}$,其中 S 为某一常数.由此,定理的第一部分至少在 $\mu=1$ 时得证.

研究这些不变曲线的斜率.显然,对于基本弧,切线的斜率与 -1 相差一个 $\mathrm{e}^{-2\mu U_0}$ 阶的量.为了进一步研究斜率的变化,我们运用 U_1 与 V_1 关于 U 和 V 的表达式,将这些表达式微分,便得

$$\begin{cases}\mathrm{d}U_1=d(U-c\mathrm{e}^{-l(U+V)})+\mathrm{e}^{-\mu(U+V)}(F_{11}\mathrm{d}U+F_{12}\mathrm{d}V)\\ \mathrm{d}V_1=d(V+c\mathrm{e}^{-l(U+V)})+\mathrm{e}^{-\mu(U+V)}(F_{21}\mathrm{d}U+F_{22}\mathrm{d}V)\end{cases}\tag{9}$$

其中 $F_{ij}(i=1,2;j=1,2)$ 为 $u=\mathrm{e}^{-U}$ 和 $v=\mathrm{e}^{-V}$ 的解析函数,当 $u=0,v=0$ 时,即在平面 (u,v) 的原点处,变为零.从这组方程便得

$$\mathrm{d}V\mathrm{d}U_1-\mathrm{d}U\mathrm{d}V_1=lc\mathrm{e}^{-l(U+V)}(\mathrm{d}U+\mathrm{d}V)^2+\mathrm{e}^{-\mu(U+V)}[g_{11}(\mathrm{d}U)^2+2g_{12}\mathrm{d}U\mathrm{d}V+g_{22}(\mathrm{d}V)^2]\tag{10}$$

---

① 对应着参数 U_0 不同的充分大的值的抛物线方程(8)是不会相交的,因为方程(8)的右端对变数 U_0 的导数异于零.

其中函数 g_{ij} 与 F_{ij} 有同一性质.

以 θ 表示所研究的不变曲线的切线与直线 $V=-U+Q$(Q 为常数) 的方向之间的角,而以 $\mathrm{d}s$ 表示在点(U,V) 处这条曲线的弧的元素,同样的,以 θ_1 表示这条曲线与直线族 $V=-U+Q$(Q 为常数) 中的经过点(U,V) 的直线之间的角,而以 $\mathrm{d}s_1$ 表示在点(U_1,V_1) 处这条曲线的弧的元素(图 35).

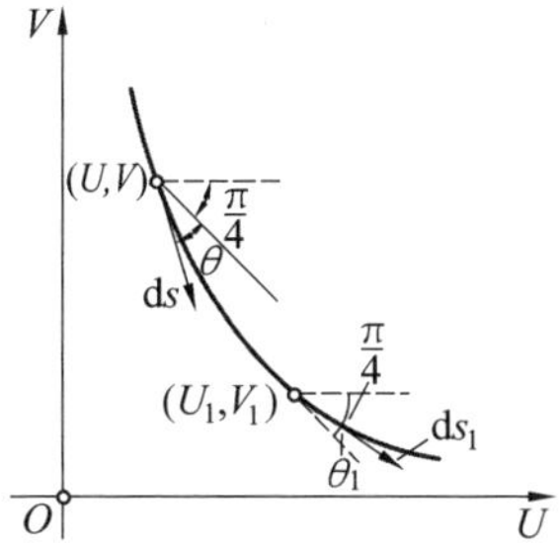

图 35

利用这些记号,便可将 $\mathrm{d}V\mathrm{d}U_1-\mathrm{d}U\mathrm{d}V_1$ 的表达式写成下面的形式

$$\sin(\theta_1-\theta)=\left[2lc\,\mathrm{e}^{-l(U+V)}\sin^2\theta+\mathrm{e}^{-\mu(U+V)}A(\mathrm{e}^{-U},\mathrm{e}^{-V},\theta)\right]\frac{\mathrm{d}s}{\mathrm{d}s_1}\tag{11}$$

其中 A 为关于 θ 的周期为 2π 的有界周期函数,根据(9),有 $\frac{\mathrm{d}s}{\mathrm{d}s_1},\frac{\mathrm{d}s_1}{\mathrm{d}s}$ 都是有界的.

事实上,设 α 和 α_1 为所讨论曲线在(U,V) 和(U_1,V_1) 处的切线分别与 U 轴所成的角,则 $\theta_1-\theta=\alpha_1-\alpha$,即

$$\sin(\theta_1-\theta)=\sin(\alpha_1-\alpha)$$

而

$$\theta=\pm\left(\alpha-\frac{3\pi}{4}\right),\ \pm\sqrt{2}\sin\theta=\sin\theta+\cos\alpha$$

注意到这些关系式,并将等式(10) 的两端以 $\mathrm{d}s\mathrm{d}s_1$ 除之,便得

$$\begin{aligned}&\frac{\mathrm{d}V}{\mathrm{d}s}\cdot\frac{\mathrm{d}U_1}{\mathrm{d}s_1}-\frac{\mathrm{d}U}{\mathrm{d}s}\cdot\frac{\mathrm{d}V_1}{\mathrm{d}s_1}=\\&\left\{lc\,\mathrm{e}^{-l(U+V)}\cdot\left(\frac{\mathrm{d}U}{\mathrm{d}s}+\frac{\mathrm{d}V}{\mathrm{d}s}\right)^2+\right.\\&\left.\mathrm{e}^{-\mu(U+V)}\left[g_{11}\left(\frac{\mathrm{d}U}{\mathrm{d}s}\right)^2+2g_{12}\frac{\mathrm{d}U}{\mathrm{d}s}\frac{\mathrm{d}V}{\mathrm{d}s}+g_{22}\left(\frac{\mathrm{d}V}{\mathrm{d}s}\right)^2\right]\right\}\frac{\mathrm{d}s}{\mathrm{d}s_1}\end{aligned}$$

即

$$\begin{aligned}&\cos\alpha\sin\alpha_1-\sin\alpha\cos\alpha_1=\\&\left[lc\,\mathrm{e}^{-l(U+V)}(\cos\alpha+\sin\alpha)^2+\right.\\&\left.\mathrm{e}^{-\mu(U+V)}(g_{11}\cos^2\alpha+2g_{12}\cos\alpha\sin\alpha+g_{22}\sin^2\alpha)\right]\frac{\mathrm{d}s}{\mathrm{d}s_1}\end{aligned}$$

由此立即可见等式(11) 成立. 由所得的等式,便可得出不等式

$$|\theta_1-\theta|\leqslant\overline{K}(e^{-lW}\theta^2+e^{-\mu W})$$

其中 $\overline{K}$ 为某一常数. 因此，在变换的重叠后，$|\theta|$ 的增长并不快于微分方程

$$\frac{d\theta}{dn}=\overline{K}(e^{-lW}\theta^2+e^{-\mu W})$$

的解，但因为对于变换的重叠，W 也增长，所以如果将此微分方程以另一微分方程

$$\frac{d\theta}{dn}=\overline{K}(e^{-lW_0}\theta^2+e^{-\mu W_0})$$

代替，可得到更强的不等式. 最后，如果注意到 $W_0=2U_0$ 并取方程

$$\frac{d\theta}{dn}=\overline{K}(e^{-lU_0}\theta+e^{-\mu U_0})^2$$

那么便可将不等式强化，且因为如所证，在开始时刻，θ_0 是 $e^{-2\mu U_0}$ 阶的量，所以可以假定

$$\theta_0=Ce^{-2\mu U_0}$$

其中 C 为某一常数. 将上一个方程积分，便得

$$2\overline{K}n=\int_{\theta_0}^{0}\frac{d\theta}{(e^{-lU_0}\theta+e^{-\mu U_0})^2}$$

即

$$2\overline{K}n=\left.\frac{e^{lU_0}}{e^{-lU_2}\theta+e^{-\mu U_0}}\right|_{\theta}^{\theta_0}$$

也即

$$2\overline{K}n=\frac{e^{lU_0}}{e^{-lU_0}\theta_0+e^{-\mu U_0}}-\frac{e^{lU_0}}{e^{-lU_0}\theta+e^{-\mu U_0}}$$

为了估计 $\theta(n)$，我们考虑上面方程的带初值 $\theta_0=0$ 的解. 将此解以 θ^* 记之. 我们有

$$2\overline{K}ne^{-lU_0}\theta^*+2\overline{K}ne^{-\mu U_0}=-e^{lU_0}+e^{\mu U_0}\theta^*+e^{lU_0}$$

即

$$\theta^*(n)=\frac{2\overline{K}ne^{-\mu U_0}}{e^{\mu U_0}-2\overline{K}ne^{-lU_0}}=\frac{2\overline{K}ne^{-2\mu U_0}}{1-2\overline{K}ne^{-(\mu+l)U_0}}$$

当 $n=1$ 时，就有

$$\theta_1^*=\frac{2\overline{K}e^{-2\mu U_0}}{1-2Ke^{-(\mu+l)U_0}}$$

即对于充分大的 U_0，θ_1^* 相当于 $2\overline{K}e^{-2\mu U_0}$，也即恰好相当于开始的 θ_0.

因此，$\theta(n)$ 不超过上面方程具有初值 $\theta^*(0)=0$ 的解 $\theta^*(n+1)$. 于是，根据所得的解 $\theta^*(n)$，便知 $\theta(n)$ 在 Γ_K 内不超过 $Le^{-2\mu U_0}$，其中 L 为某一常数.

因此，定理完全获证，假若只要求证明 C_1 类(即有第一阶导数)的曲线族的存在.

同样的,我们也可以作出与零相差很小的高阶导数的曲线族,而这便可在一般情形下证明定理.

如果不变的渐近曲线彼此不相交,那么双曲解的邻域的构造非常简单,但当不变的分支是相交时,情形就完全不同了.我们立即可以指出,如果它们仅相交于有限个点,那么它们的交点便对应着周期解,因为在应用变换 T 时,这些交点仍在两条曲线上,即相互对换.但它们也可能相交于无穷多个点,于是便会产生双重渐近解.一般说来,这些运动的出现会引出整类周期运动的存在,虽然它们并不位于原点的附近,但在它们之中存在着在 $u=0$, $v=0$ 的任意近旁的点的解.庞加莱曾证明,类似的情形实际上是会碰到的.

椭圆点的邻域的构造 今在截痕曲面上考虑椭圆点 O,可能有两种情形:(1) 在这个点的所有充分小的(球形的)邻域 U_s 内部可找出另一个小的邻域能使集合 $T(\sigma)$, $T^2(\sigma)$, …, $T^n(\sigma)$, … 仍都在 U_s 内部;(2) 存在一个固定的球形邻域 U_s 使得对于在其中的任一小的邻域 σ,集合 $T(\sigma)$, $T^2(\sigma)$, …, $T^n(\sigma)$, … 中的一个在 U_s 之外有点.在第一种情形,点 O 是稳定椭圆点,在第二种情形,点 O 是不稳定椭圆点.

在以后的叙述中,我们只限于考虑变换 T 是保持面积的情形,即如果 $S(\sigma)$ 为域 σ 的面积(更确切地说是测度),那么

$$S(\sigma)=S(T(\sigma))$$

注意到,如果方程组是标准的,那么变换 T 是保持面积的(见第五章).

首先来证明一些定理,它们是不依从于椭圆点的解析性质的.

定理 19(庞加莱) 一个椭圆点关于保持面积的变换 T 是稳定的,必要且充分的条件就是在它的每一个任意小的邻域内,存在着围着这个点的不变的闭曲线.

此条件的充分性很显然,今往证它的必要性.

我们取任意小的邻域 U_s 且在其内部再取小的邻域 σ,使得变换 T 的任一重叠都不会将它引出 U_s 之外.

考虑

$$T(\sigma), T^2(\sigma), \cdots, T^n(\sigma), \cdots$$

设

$$G=\sigma+T(\sigma)+T^2(\sigma)+\cdots+T^n(\sigma)+\cdots$$

对于变换 T,域 G 应变到自身内,但由于变换 T 保持面积,因而它不能变为自己的一个真部分.因此,$T(G)=G$.

在这种情形下,域 G 的边界就是所要的不变曲线.因为 U_s 可任意小,所以庞加莱定理得证.

庞加莱定理指出,如果变换 T 保持面积,那么关于一稳定椭圆点 O,在逻辑

上可能有两种情形：点 O 的某一充分小的邻域完全由不变曲线所充满，或者在点 O 的任一邻域中存在着环形域在其内部没有闭的不变曲线，而其边界是不变曲线. 这样的域叫作不稳定环. 这个名称由下面伯克霍夫的定理得来.

定理 20 设 C' 和 C'' 为关于保持面积的变换 T 的两条不变闭曲线，它们构成不稳定环的边界. 于是对于在 C'（或 C''）上的任一点 P，可以在它的任一 ε 邻域内找到一点 P'，能使其某一象 $T^n(P')$ 包含在曲线 C''（或 C'）上某点的任意小的邻域内.

假定定理的结论不正确并设在曲线 C' 上的点 P，对任一小的 ε，在点 P 的 ε 邻域内不能找到一点 P'，此点在变换 T 的依次重叠下会无限逼近曲线 C''. 今考虑点 P 在环内部的 ε 邻域. 设此邻域为 U_ε，而 $T(U_\varepsilon)$，$T^2(U_\varepsilon)$，…，$T^n(U_\varepsilon)$，… 为其象.

我们考虑域

$$G_\varepsilon = U_\varepsilon + T(U_\varepsilon) + \cdots + T^n(U_\varepsilon) + \cdots$$

根据假定此域的边界点之中没有曲线 C'' 上的点. 很显然，对于变换 T，G_ε 变到其自身内，由于变换 T 保持面积，此域不能变成它的一真部分，因此，它的边界对于 T 是不变的. 因为曲线 C' 是不变的，所以域 G_ε 的外面的边界与 C' 重合，而里面的边界则形成位于 C' 和 C'' 之间的闭的不变曲线，矛盾.

在解析情形下能否在稳定椭圆点的任一邻域中出现不稳定环，还是一个尚未解决的问题. 然而伯克霍夫已成功地作出有不稳定环的动力体系

$$\frac{\mathrm{d}p}{\mathrm{d}t} = -\frac{\partial H}{\partial q}$$

$$\frac{\mathrm{d}q}{\mathrm{d}t} = -\frac{\partial H}{\partial p}$$

的例子，其中 $H = H(p, q, t)$ 有对其自变数的任意阶连续导数且是到处解析的，但有可能要除去 $t = 0, \pm 2\pi, \cdots, \pm n\pi, \cdots$ 诸值.

根据所证明的定理，便可叙述出下面命题.

定理 21 对于稳定的椭圆周期运动来说，在此运动的邻域内只可能有下列两种积分线的分布：周期运动的某一三维锚圈形邻域完全为二维锚圈面形不变曲面所充满；或者任意邻域内都有一对锚圈面形的积分曲面，在它们之间存在积分曲线，这些曲线在这两个积分曲面的任意近旁都有点. 对于解析的方程组，后一种情形很可能不出现.

转到不稳定的椭圆点 O.

辅助定理 4 存在含所论点 O 和固定在圆 U_s 的边界上的点的连续统 Σ_α 和 Σ_ω，能使 $T^{-1}(\Sigma_\alpha) \subset \Sigma_\alpha$ 和 $T(\Sigma_\omega) \subset \Sigma_\omega$.

考虑点 O 的闭圆形邻域的序列：$\sigma_1, \sigma_2, \sigma_3, \cdots, \sigma_k, \cdots$，半径是趋于零的.

对每一个邻域 $\sigma_k (k = 1, 2, \cdots)$，我们都作出序列

$$T(\sigma_k),T^2(\sigma_k),\cdots,T^n(\sigma_k),\cdots$$

按辅助定理的条件，点 O 是不稳定的，因而存在着某一闭圆 U_s，能使对于带充分大的下标的每一 σ_k 都可找到 $n(\sigma_k)$①，使得 $T^{n(\sigma_k)}(\sigma_k)$ 在 U_s 之外有点，而 $T^{n(\sigma_k)-1}(\sigma_k)$ 却还是整个在 U_s 的内部. 集合 $T^{n(\sigma_k)}(\sigma_k)$ 是闭的连通集合，它包含点 O 且在圆 U_s 的边界上有点. 今考虑集合

$$U_s \cap T^{n(\sigma_k)}(\sigma_k)$$

的包含点 O 和边界上的点的分支，将此分支以 L_k 记之. 集合 L_k 是一连续统而且按定义

$$T^{-1}(L_k),T^{-2}(L_k),\cdots,T^{-n(L_k)}(L_k)$$

都在 U_s 内.

考虑在 U_s 内的连续统的序列

$$\widetilde{L}_1,\widetilde{L}_2,\widetilde{L}_3,\cdots$$

其中

$$\widetilde{L}_k=L_k+T^{-1}(L_k)+\cdots+T^{-n(\sigma_k)}(L_k)$$

并从中取出一收敛的序列：$\widetilde{L}_{k_1},\widetilde{L}_{k_2},\cdots,\widetilde{L}_{k_n},\cdots$，设此序列的极限连续统为 Σ_α. 我们往证，它便具有所有所要的性质.

事实上，因为所有 $\widetilde{L}_k$ 都包含 O 以及在圆 U_s 的边界上的点，所以 Σ_α 也含 O 以及在圆 U_s 的边界上的点.

今要证，$T^{-1}(\Sigma_\alpha)\subset\Sigma_\alpha$.

为了证明这个，我们指出，由变换 T 的相互连续性以及邻域 σ_k 的半径，当它的下标无限增加时，是趋于零的事实，便知 $\sigma_k+T^{-1}(\sigma_k)$ 的直径，当 $k\to\infty$ 时，趋于零.

考虑集合 $T^{-1}(\widetilde{L}_k)$，它是连通集合，而且它是由 $\widetilde{L}_k$ 的点以及进入 $T^{-1}(\sigma_k)$ 内的点所组成，即

$$T^{-1}(\widetilde{L}_k)\subset\widetilde{L}_k+T^{-1}(\sigma_k)$$

但

$$\lim_{n\to\infty}(\widetilde{L}_{k_n}+T^{-1}(\sigma_{k_n}))=\Sigma_\alpha$$

且因为 $\lim\limits_{n\to\infty}d(T^{-1}(\sigma_{k_n}))=0$，而 σ_{k_n} 包含不变点 0，所以当 $n\to\infty$ 时，$T^{-1}(\sigma_{k_n})$ 收敛于点 0. 因此，$\lim\limits_{n\to\infty}T^{-1}(\widetilde{L}_{k_n})\subset\Sigma_\alpha$. 因为 $T^{-1}(\Sigma_\alpha)=\lim\limits_{n\to\infty}T^{-1}(\widetilde{L}_{k_n})$，从而便得

$$T^{-1}(\Sigma_\alpha)\subset\Sigma_\alpha$$

① 根据变换 $T^n(n=1,2,\cdots)$ 的连续性，当 $k\to\infty$ 时，数 $n(\sigma_k)$ 无限增加.

即所欲证.

对于变换 T^{-1} 作相似的论证,便可证明连续统 Σ_ω 的存在.

如果对此辅助定理用力学陈述,便得出下面定理.

定理 22 在椭圆的不稳定的周期运动的邻域内,存在着运动的两个连续族,其中一个是正向(即当 $t \to +\infty$ 时)拉格朗日稳定的,而另一个是负向(即当 $t \to -\infty$ 时)拉格朗日稳定的.

此时我们见到与双曲线情形的某些相似之处.然而在一般情形下,我们是不能断言这两族运动是渐近的.

为了得到更精确的结果,我们需要引入一些纯粹是解析性质的补充限制.我们考虑伯克霍夫所谓的一般稳定情形,这就是借助于变数的形式变换可将变换 T 化到下面形式

$$u_1 = u\cos(\varphi + cr^{2m}) - v\sin(\varphi + cr^{2m})$$
$$v_1 = u\sin(\varphi + cr^{2m}) + v\cos(\varphi + cr^{2m})$$

其中 $r = \sqrt{u^2 + v^2}$,$\varphi = \arctan \dfrac{v}{u}$,而 $c \geqslant 0$①.

我们指出,$m = 1$ 的情形是最一般的,因为在 $m = 2$ 时,为了实现它,就要求满足某些关系式.最后,$m = +\infty$ 是完全退化的情形,即它的实现需要满足可数多个关系式.在以后,我们仅限于分析 $m = 1$ 的情形.

如果形式变换施行到某 μ 次项,那么 u_1 和 v_1 便可由变数的实际的解析变换变为下面形式

$$u_1 = u\cos(\varphi + cr^2) - v\sin(\varphi + cr^2) + P(u,v)$$
$$v_1 = u\sin(\varphi + cr^2) + v\cos(\varphi + cr^2) + Q(u,v)$$

其中 P 和 Q 是从 $\mu + 1$ 次项开始的幂级数.如果引用极坐标 r 和 θ,那么这些方程便成为

$$r_1 = r + R(r,\theta),\varphi_1 = \varphi + \theta + cr^2 + S(r,\theta)$$

其中 R 和 S 是变数 r 和 θ 的连续函数,它们可按 r 的幂展开,且具有对 θ 是解析的系数.这些级数中的第一个由 $\mu + 1$ 项开始,而第二个是由 μ 次项开始.因此,对于变换 T,小的向径 r 是不改变的(准确到 $\mu + 1$ 次的项),而角 φ 增加 $\theta + cr^2$(准确到 μ 次的项).总之,对于小的 r,向径 $\varphi = Q$(Q 为常数)变成曲线 $\varphi_1 = \varphi_1(r)$,它的所有点变成具有大的 φ 的点,即就图形上来说,向径上的点向正方向扭转,而且距离中心越远,扭转越大.对于 T^{-1},则在反方向发生转动.

转到笛卡儿平面(r,φ),并且将点(r,φ)和$(r,\varphi + 2k\pi)$看作合同的,作为在

---

① 换言之,变换 T 是一扭转,越远离周期解,越增大.

极坐标平面内一个点的对应点. 轴的方向选取如下：φ 轴是水平向左，而 r 轴是垂直向上. 在这种情形下，直线 $\varphi=\varphi_0$，对于 T，对朝着 r 缩小的方向来说，就变成在它右方的曲线，对于 T^{-1}，就变成在它左方的曲线(图 36).

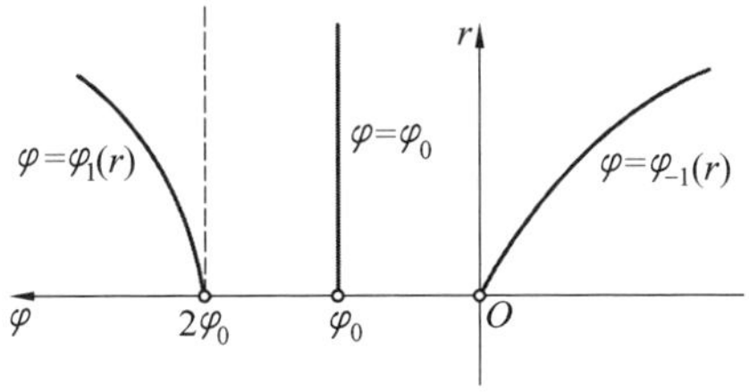

图 36

椭圆点的某一邻域叫作正则的，如果它是如此小使得变换 T 使每一向径在正方向(逆时针方向) 转动，而 T^{-1} 使其在负方向(顺时针方向) 转动.

以上所述的变换的形式指出，在一般的稳定情形下，这样的正则邻域是存在的. 在笛卡儿平面(r,φ) 上，正则邻域就是位于轴 $r=0$ 的上方的条形域.

设给出曲线，它是从以直线 $r=d$ 为边界的正则邻域的边界上的某点 A 起始的，并向此邻域内移动的. 我们说，此曲线可由右方达到，假如存在着光滑曲线，它由直线 $r=d$ 上在点 A 左方的点 B 出发而进入给定曲线的任一点的任意邻域中，而且此曲线不与给定的曲线相交，到处都没有垂直切线，且沿着它，当 r 减小时，φ 单调递增(图 37).

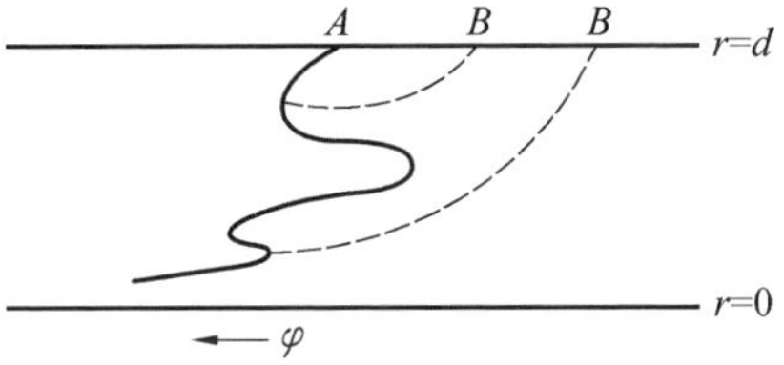

图 37

同样的，我们说曲线可由左方达到，假如存在着光滑曲线，它是由直线 $r=d$ 上在点 A 左方[①]的点 B 出发而走向给定的曲线，而且它处处不与给定的曲线相交，也没有垂直的切线，且沿着它，当 r 减小时，φ 单调递减(图 38).

利用这些术语，假若这些曲线是分布在奇点的正则邻域内，便可建立在稳定情形和不稳定情形下的不变曲线的进一步的性质.

我们先从稳定的情形开始讨论.

① 点 B 的坐标 φ 小于点 A 的坐标 φ.

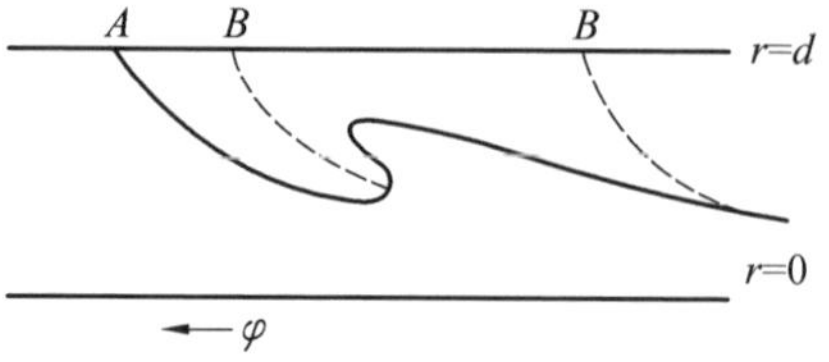

图 38

辅助定理 5　如果变换 T 保持面积，那么围绕着稳定椭圆点的不变曲线与每一向径仅交于一点.

我们转到笛卡儿平面(r,φ)，并假定辅助定理的结论不真.

设 L 为相应的不变曲线而 Γ 为 L 所包围的域. 今考虑由 $r=0$ 出发沿着直线 φ 等于常数所能达到的 Γ 的点的全体. 这些点的全体形成某一闭域 Γ^*，此域的边界是由不变曲线 L 上的点和在直线 φ 等于常数上的直线区间所组成的. 如果 Γ 与 Γ^* 重合，那么定理的结论便成立. 如果不重合，那么域 Γ^* 的边界包含垂直线段. 可能有两种情形：(1) 有域 Γ 的由曲线 L 和线段所围成的一些部分，它们位于垂直线段的右侧；(2) 存在相似的部分，位于垂直线段的左侧.

考虑第一种情形. 对于变换 T，半径 AB 变成曲线 $A'B'$，因为所有点都向右移动(图 39). 曲线 L 是不变的，因此，所研究的域应变到阴影部分，但由于变换 T 保持面积，故这是不可能的. 因此，不能有这样的域. 同样的，如应用变换 T^{-1}，便可证明不能有左类的域. 由此，定理得证.

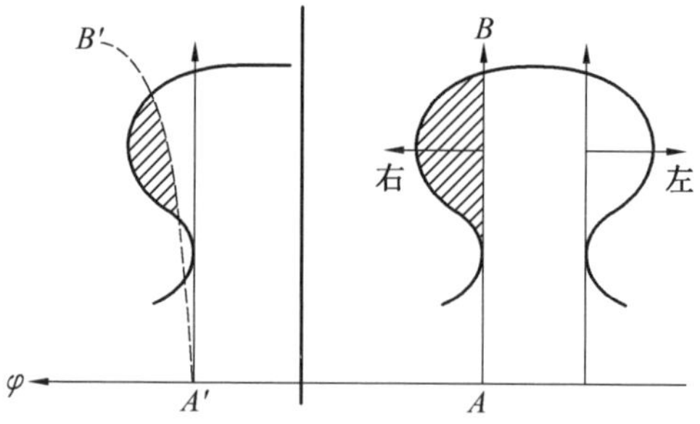

图 39

转到不稳定的点，来比较精确地判定连续统 Σ_α 和 Σ_ω 的构造.

辅助定理 6　连续统 Σ_α 可由左方达到，而连续统 Σ_ω 则可由右方达到.

考虑连续统 Σ_α 在笛卡儿平面(r,φ)上的象. 它是一个连续统的可数多个样本. 今取它的从直线 $r=d$ 上出发在 0 到 2π 的区间内的一个分支，而且取最左侧的点(具有最小坐标 φ) 作为起始点 $\overline{A}(\overline{\varphi})$.

考虑集合 Σ_α 的边界点，即考虑形成在 Σ_α 和直线 $r=d$ 之间的域的边界点. 我们并不着重考虑是否有另外一些点在 Σ_α 中存在的问题. 今指出，在正则邻域

内，Σ_α 不能含有垂直部分，因为由等式

$$\varphi_1=\varphi+\theta+cr^2+S(r,\theta)$$

可知，在点 O 的充分小的邻域内，根据 $c>0$ 的条件，对于变换 T，φ_1 随着 r 的增大而递增.

考虑由在点 $\overline{A}$ 左方出发的某一半径 $\varphi=\varphi_0(\varphi_0<\overline{\varphi_0})$，因为在 Σ_α 上没有垂直部分，所以 Σ_α 与 $\varphi=\varphi_0$ 的交集为直线上无处稠密的闭集，而且在 $r=d$ 和 Σ_α 之间的所考虑的域中，每一毗邻区间或确定右方的域 Ⅰ，即位于半径的右侧在 Σ_α 的左侧的域，或确定左方的域 Ⅱ，即位于半径的左侧在曲线的右侧的域（图 40）. 今往证不能有右方的域. 事实上，由于集合 Σ_α 关于 T 的不变性，所研究的域的象是由 Σ_α 的一部分和半径 AQP 的象所围成的. 但在正则邻域内，变换 T 使角 φ 增大，因此，半径 AQP（φ 为常数）便变到 $A_1Q_1P_1$ 的位置（假定在 $r=0$ 上的点不移动），是在它原来所占有的位置的左侧（图 41），即域 PSQ 应变成它的一真部分 $P_1S_1Q_1$，由于变换 T 保持面积的性质，这是不可能的. 因而没有右方的域，故连续统 Σ_α 的所有点可由左方达到.

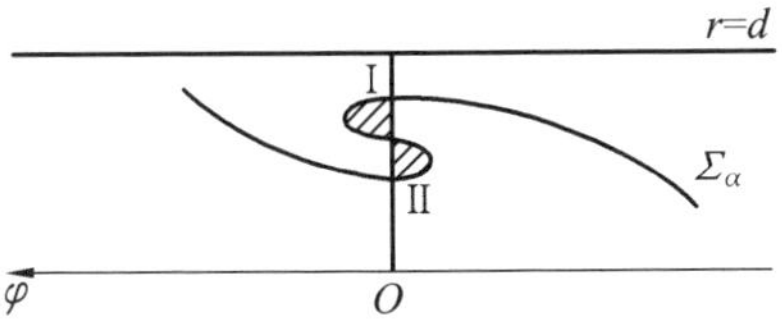

图 40

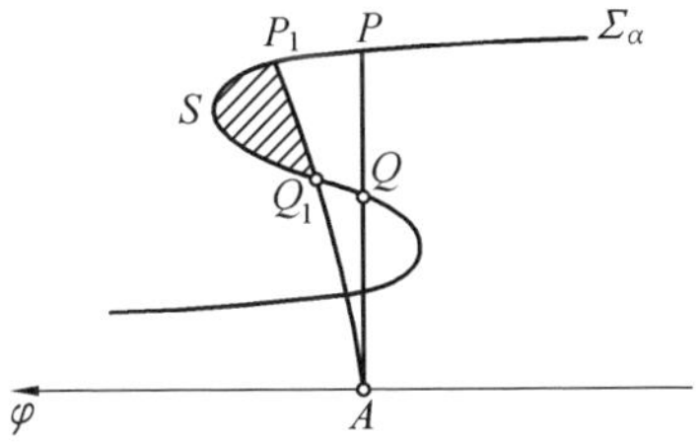

图 41

同样的论证可证明关于 Σ_ω 的论断.

利用这个辅助定理，进一步可证明：

辅助定理 7 集合 $\Sigma_\alpha, T^{-1}(\Sigma_\alpha), \cdots, T^{-n}(\Sigma_\alpha), \cdots$，以及 $\Sigma_\omega, T(\Sigma_\omega), \cdots, T^n(\Sigma_\omega), \cdots$，当 $n\to\infty$ 时，都聚集到坐标原点.

以归谬法证明. 我们假定存在自然数 $n_1, n_2, n_3, \cdots$（当 $i\to\infty$ 时，$n_i\to\infty$），能使集合 $T^{-n_1}(\Sigma_\alpha), T^{-n_2}(\Sigma_\alpha), \cdots, T^{-n_i}(\Sigma_\alpha), \cdots$ 有在某一圆周 $r=r_\alpha(r_\alpha>0)$ 上的点. 考虑连通的闭子集 $\Sigma_\alpha^i\subset T^{-n_i}(\Sigma_\alpha)$，它包含原点和至少在 $r=r_\alpha$ 上的一个点. 对于 $k<n_i$ 的所有集合 $T^k(\Sigma_\alpha^i)$ 都是在起始圆 U_s 的内部. 今从连续统 Σ_α^i 中取出收敛的子序列. 以 $\Sigma_{\alpha\omega}$ 表示极限连续统. 对于变换 T 以及变换 T^{-1} 的重叠，集合 $\Sigma_{\alpha\omega}$ 的所有象都在 $\Sigma_{\alpha\omega}$ 的内部.

事实上，一方面，$\Sigma_{\alpha\omega}$ 由 $T^{-n_i}(\Sigma_\alpha)$ 的极限点组成，即由集合 Σ_α 的点组成，因为 $T^{-n_i}(\Sigma_\alpha)\subset\Sigma_\alpha$；另一方面，在极限集合 $\Sigma_{\alpha\omega}$ 的任一近旁都有集合 Σ_α^i 的点，对于 T^k，这些集合的象延伸进入 Σ_α 内，而且集合越逼近于极限，就有更多个它的

象在 Σ_α 内. 因此,在 $\Sigma_{\alpha\omega}$ 上所作的"完全管子"①是联结原点与在 $r=r_\alpha$ 上的点的连通不变集合,因而对它可运用前面的辅助定理的所有论证. 它可由右方和左方达到,即应包含向径上的线段,但这是不可能的,因为在不同的点半径的改变是不同的. 因此,集合 $\Sigma_{\alpha\omega}$ 的存在是不合理的. 由此即证得辅助定理.

显然,由所证得的各辅助定理,便可建立下面定理.

定理 23 如果保持面积的变换 T 有"一般稳定型"的不稳定椭圆点,那么在给定周期运动的邻域内,存在两个连续族,一个是在 $t\to+\infty$ 时,另一个是在 $t\to-\infty$ 时,渐近地逼近于原点.

现在指出,集合 Σ_α 在逼近于直线 $r=0$ 时,应无限的向左延伸. 为此只需证明在其上具有任意大的角的点.

在所考虑的情形下,变换 T 有下面形式

$$\varphi_1=\varphi+\theta+cr^2+S(r,\theta)$$
$$r_1=r+R(r,\theta)$$

由这些等式可得

$$|r_1-r|<c'r^{\mu+1},\varphi_1-\varphi>\theta+c''r^2,c'>0;c''>0$$

上面第二个不等式给出

$$\varphi_n>\varphi+n\theta+c''\sum_{j=0}^{n-1}r_j^2$$

第一个不等式给出

$$|r_n-r|<c'\sum_{j=0}^{n-1}r_j^{\mu+1}$$

如果假定 $\mu>3,r_j<1$(这是恒可做到的),并以 M 和 m 分别表示 r_j 的最大者和最小者,那么上面不等式便给出

$$M-m<c'M^2\sum_{j=0}^{n-1}r_j^2$$

因而

$$\sum_{j=0}^{n-1}r_j^2>\frac{1}{c'M}\left(1-\frac{m}{M}\right)>\frac{1}{c'M}$$

因此,如果对于所有的变化,所研究的集合总是在小的邻域内,那么 M 也是充分小的,故 $\sum\limits_{j=0}^{n-1}r_j^2$ 是相当大的. 因此,φ_n 是任意大,因为对于变换的所有重叠,Σ_α 总是在邻域 U_s 内,所以在其上对于接近于原点的点,φ 应为任意大. 这就证明了我们的命题.

---

① 在某集合 A 上所作的完全管子,是所有集合 $T^n(A)(n=0,\pm1,\pm2,\cdots)$ 的和.

这后一个论证指出，Σ_α 和 Σ_ω 是围绕着原点的螺线，向着相反的方向伸展，因而它们相交于无穷多个点. 由上面的定理可知，每一交点都给出双重渐近运动的存在. 故得：

定理 24 在一般稳定型的不稳定椭圆点的任意小的邻域内，有双重渐近运动.

联系着椭圆点的邻域的构造的上一问题是在给定的椭圆周期运动近旁的周期运动的问题. 在本章 §1 所引入的关于在平衡位置近旁的周期运动存在一些探讨几乎不可加改变而搬到椭圆周期运动的情形，我们可叙述为下面定理.

定理 25 在一般稳定椭圆型的周期运动的近旁存在着无穷多个周期运动.

虽然这个定理可以由一般的定理推得，但是我们还是引入它的证明，不过省去某些计算并略去详细的论证.

在一般稳定的情形下，变换 T^n 有下面形式

$$r_n = r + R_\mu(r,\theta)$$

$$\varphi_n = \varphi + n\theta + ncr^2 + \Phi_\mu(r,\theta) \quad (0 < \theta < 2\pi)$$

其中 $|R_\mu|$ 和 $|\Phi_\mu|$，当 μ 充分大时，若 $n < Lr^{-\mu}$，便是 Kr^n 阶的，并且也可证明，同样的不等式也为 $\left|\frac{\partial R_\mu}{\partial r}\right|$，$\left|\frac{\partial R_\mu}{\partial \varphi}\right|$，$\left|\frac{\partial \Phi_\mu}{\partial r}\right|$ 和 $\left|\frac{\partial \Phi_\mu}{\partial \varphi}\right|$ 所满足. 因此，如果适当的选择 k 和 n，那么有量

$$\varphi_n - \varphi - 2k\pi = n\theta + ncr^2 + \Phi_\mu - 2k\pi$$

当 $r=0$ 时，是负的. 它随着 r 的增大而增大，由负值变到正值.

我们假定 k 和 n 没有公因子. 显然，存在曲线 $D_{n,k}$，在其上，$\varphi_n = \varphi + 2k\pi$，且此曲线与由原点出发的每一半径只相交于一点. 因为对于变换 T^n，面积不变，所以在 $D_{n,k}$ 所含的面积应等于在 $T^n(D_{n,k})$ 内所含的面积. 这两条曲线都围绕着奇点. 因此，这些曲线至少有两个公共点：P 和 Q. 由于 $\varphi_n = \varphi + 2k\pi$，所以点 $T^n(P)$ 和 P，以及 $T^n(Q)$ 和 Q 分别有同一个角坐标，因而彼此重合. 因此，我们已发现关于变换 T^n 为不变的两点 P 和 Q 的存在. 对应于此两点的运动显然是周期的.

由此，定理得证.

也可稍稍拓展这些探讨而去研究在给定的椭圆型的周期运动近旁的周期运动的性质.

早前庞加莱[①]在一些特殊情形下，就证明了恒存在着稳定和不稳定型的周期运动. 但是对于一般稳定的椭圆点，便不能将这个情况推广. 然而列维斯

① 见 *Méthodes nouvelles de la Mécanique célestc*.

(Левис) 曾证明，在一些补充的限制下(可惜，如不谈到证明的方法，便不能叙述这些限制条件)，庞加莱的这个命题在椭圆点的任意小的邻域内，在“一般情形”也是成立的，即在此等邻域内有无穷多个稳定和不稳定的周期运动存在. 在一般稳定的椭圆运动的邻域内，在“一般情形”下，周期运动的集合是自身稠密的.

参考资料

[1] E. Picard. Traité d'Analyse, Ⅲ, 1896; H. Poincarè. Sur les propriétés des fonctions définies par les équations aux différences partielles(thèse 1879). A. M. Ляпунов. Общая задача устойчивости движения, Харьков, 1892.

[2] H. Dulac. Solutions d'un système d'équations différentielles dans le voisinage des valeures singulières, Bull. Soc. Math. de France, 1912, 40; B. B. Немыцкий, B. B. Степанов. Качественная теория дифференциальных уравнений, ГТТИ, М.-Л., 1947.

[3] A. M. Ляпунов(见[1]); O. Perron. Über Stabilität und asymptotisches Verhalten der Integrale von Differentialgleichungssystemen. Math. Zeitschr, 1928, 29; O. Perron. Die Stabilitätsfrage bei Differentialgleichungen, Math. Zeitschr., 1930, 32. И. Г. Петровский. Über das Verhalten der Integralkurven eines Systems gewöhnlicher Differentialgleichungen in der Nähe eines singulären Punktes. Мате. сборник, 1935, 41(3); R. Bellman. On the boondness of solutons of nonlinear differential and difference equations, Trans. of the Amer. Math. Soc., 1947, 62(3).

[4] A. A. Шестаков и A. У. Пайвин. Об асимптотическом поведении решений нелинейной системы дифференциальных уравнений, ДАН, 1948, 58(5).

[5] И. Г. Петровский. 见[3].

[6] К. П. Персидский. О характеристических числах дифференциальных уравнений. Известия Акад. Наук Казахской ССР, 1947, вып. 1.

[7] К. П. Персидский. Об устойчивости движения по первому приближению. Мате. сборник, т. 40, 1933; И. Г. Малкин. Об устойчивости движения по первому приближению, ДАН, т. 18, 1938.

[8] 在 К. П. Персидский 的书中的定理的变更叙述，见“Теории устойчивости решений дифференциальных уравнений”, 1946(диссертация).

[9] И. Петровский. О поведении интегральных кривых системы дифференциальных

уравнений в окрестности особой точки. Мате. сборник,1934,41(1).
[10] C. Floquet. Sur les équations différentielles linéaires à coefficients périodiques, Ann. Éc. Norm., 2-я серия, т. 13, 1883; G. Horn, Gewöhnliche Differentialgleichungen,Berlin,1925.
[11] Дж. Д. Биркгоф. Динамические системы,М.-Л.,1941.
[12] А. Ляпунов. 见[1].
[13] G. Birkhoff. Surface Transformations and Their Dynamical Applications Acta Math.,1922,43.
[14] J. Hadamard. Sur l'itération et les solutions asymptotiques des équations différentielles, Bull. Soc. Math. de France,1901,29.
[15] G. Birkhoff. Sur l'existence des régions annulaires de l'instabilité, Ann. de l'Institut H. Poincaré,1932,3.

动力体系的一般理论

第五章

在第一章所讲述的动力体系的古典理论中,我们考虑了由微分方程组

$$\frac{\mathrm{d}x_i}{\mathrm{d}t}=X_i(x_1,x_2,\cdots,x_n)\quad(i=1,2,\cdots,n)\qquad\text{(A)}$$

所规定的运动,其中在方程组右端的是 n 维相空间内某一闭域 D 上的点 $p(x_1,x_2,\cdots,x_n)$ 的连续函数,此外假定它们满足能够保证由给定初值

$$x_1=x_1^{(0)},x_2=x_2^{(0)},\cdots,x_n=x_n^{(0)}\quad(t=0)$$

所规定的解的唯一性条件(例如李普希茨条件),此处 $p_0(x_1^{(0)},x_2^{(0)},\cdots,x_n^{(0)})$ 代表的是运动的始点.

在这种情形下,我们曾证由方程(A)所规定的运动的一系列通性:每一个解随 $t\to\pm\infty$ 而能无限延展,或者当 $t=T$(某有限值)时达到 D 的边界,每一解

$$x_i=f_i(t;x_1^{(0)},x_2^{(0)},\cdots,x_n^{(0)})\quad(i=1,2,\cdots,n)$$

都是时间 t 和始点坐标的连续函数.最后,由于(A)的右端与时间 t 无关,如一个在点 p 起始的运动在时刻 t_1 到达 p_1,而在 p_1 起始的运动在时刻 t_2 到达 p_2,则在点 p 起始的运动必在时刻 t_1+t_2 到达点 p_2(群的性质).

为了把由方程组(A)所规定的动力体系,加以适当的抽象化,而作更一般的研究,我们只要在描述动力体系的定义中保留在证明定理时所需要的那些性质.最后,我们不必把讨论限制在欧几里得空间 E^n 内.实际上,在证明时,我们仅利用空间

的某些性质,因而我们自然可以公理式的在具有欧氏空间通常属性的更一般的空间上来定义动力体系.由这种抽象途径得到的所有定理,对由方程组(A)规定在 E^n 上的特殊动力体系来说仍然有效(但就抽象的紧密空间证出的定理,适用且仅适用于 E^n 内有界闭集上的动力体系).

对于抽象的动力体系,仍引入这样一个限制:我们只考虑定义在整个时间轴 $-\infty < t < +\infty$ 上的那些动力体系.

§1 动力体系的一般性质

动力体系的定义[1] 假如给定一度量空间 $\mathbf{R}$ 及一族由 $\mathbf{R}$ 到它自身内的写像

$$f(p,t)$$

此函数对每一点 $p \in \mathbf{R}$ 及每一个实数 $t(-\infty < t < +\infty)$ 给出一确定的对应点 $f(p,t) \in \mathbf{R}$,参数 t 叫作时间.对于函数 $f(p,t)$,我们给它加上下面一些条件.

Ⅰ.初始条件

$$f(p,0) = p$$

Ⅱ.对于 p 及 t 的一并连续性条件:任一收敛数列 $\{t_n\}$,$\lim\limits_{n\to\infty} t_n = t_0$,及任一收敛点列 $\{p_n\}$,$\lim\limits_{n\to\infty} p_n = p_0$,恒有关系式

$$\lim_{n\to\infty} f(p_n,t_n) = f(p_0,t_0)$$

容易看出,这个连续性定义相当于给定 $p_0 \in \mathbf{R}$ 及实数 $t_0(-\infty < t < +\infty)$,对任一 $\varepsilon > 0$,恒可找到一 $\delta > 0$,能使 $\rho(p,p_0) < \delta$ 和 $|t - t_0| < \delta$ 时,有

$$\rho(f(p,t),f(p_0,t_0)) < \varepsilon$$

根据条件Ⅱ,我们可以得到如下性质.

Ⅱ′.$f(p,t)$ 对始点的连续性,这个性质陈述如下:对于任一点 p,任意大的数 $T > 0$ 和任意小的数 $\varepsilon > 0$,恒有这样一个数 $\delta > 0$,能使当 $\rho(p,q) < \delta$ 和 $|t| \leqslant T$ 时

$$\rho[f(p,t),f(q,t)] < \varepsilon$$

换言之,如果将两个始点选得充分接近,那么在区间 $-T \leqslant \varepsilon \leqslant T$ 内每一时刻,其对应的两个动点的距离都将小于给定的正数 ε.

证明 如果上述性质不真,那么将有点列 $\{q_n\}$,$\lim\limits_{n\to\infty} q_n = p$ 和对应的数列 $\{t_n\}$,$|t_n| \leqslant T$,能使

$$\rho(f(p,t_n),f(q_n,t_n)) > \alpha > 0$$

根据魏尔斯特拉斯定理，数列$\{t_n\}$包含一收敛的部分数列，为了不使记号复杂化，假定$\{t_n\}$就是这个部分数列.

于是

$$\lim_{n\to\infty} t_n = t_0 \quad (|t_0| \leqslant T)$$

由度量空间的性质，我们有

$$\rho[f(p,t_n),f(q_n,t_n)] \leqslant \rho[f(p,t_n),f(p,t_0)] + \rho[f(p,t_0),f(q_n,t_n)]$$

由于函数 f 的连续性，对于充分大的 n，右端的两个距离都可小于$\frac{\alpha}{2}$，故得到矛盾

$$\alpha < \alpha$$

Ⅲ. 群的条件：对于任一 $p \in \mathbf{R}$ 及任意实数 t_1 和 t_2，有

$$f(f(p,t_1),t_2) = f(p,t_1+t_2)$$

变数 t 是群的参数.

由性质 Ⅰ 和 Ⅲ 可知变换 $f(p,t)$ 的逆变换存在，它就是变换 $f(p,-t)$，因为它满足下面关系式

$$f(f(p,-t),t) = p$$

由 Ⅰ 可知对应于参数值 $t=0$ 的是群的幺变换.

将空间 $\mathbf{R}$ 变成自身且具有上列性质的变换群 $f(p,t)$ 叫作动力体系，而参数 t 则叫作时间.

因此，动力体系就是 $\mathbf{R}$ 到 $\mathbf{R}$ 自身上($p \in \mathbf{R}, f(p,t) \in \mathbf{R}$)的一个单参数变换群 $f(p,t)(-\infty < t < +\infty)$，具有性质：

Ⅰ. $f(p,0) = p$；

Ⅱ. $f(p,t)$ 对 p 及 t 一并连续；

Ⅲ. $f[f(p,t_1),t_2] = f(p,t_1+t_2)$(群性质).

函数 $f(p,t)$ 对于固定的 p 叫作运动；对于固定的 p，点集

$$\{f(p,t) \mid -\infty < t < +\infty\}$$

则叫作这一运动的轨道，并以记号 $f(p;-\infty,+\infty)$ 或 $f(p;I)$ 表示，仿此，集合

$$\{f(p,t) \mid 0 \leqslant t < +\infty\}, \{f(p,t) \mid -\infty < t \leqslant 0\}$$

分别叫作正半轨和负半轨，并记作

$$f(p;I^+), f(p;I^-)$$

最后，我们称集合

$$\{f(p,t) \mid T_1 \leqslant t \leqslant T_2\}$$

为轨道的有限弧，其中 p 固定且 $-\infty < T_1 < T_2 < +\infty$，表示它的记号是

$$f(p;T_1,T_2)$$

正数 $T_2 - T_1$ 叫作这一弧的时间长度.

运动的一些种类　在一动力体系中,可能有这样的运动,对所有的 t 值,都有

$$f(p,t)=p \tag{1}$$

对应于这种运动的点,叫作休止点.

如果对某一运动 $f(p,t)$ 有关系

$$f(p,t_1)=f(p,t_2)\quad (t_1\neq t_2)$$

那么如令 $t_2-t_1=\tau$,对任一 t 来说,由性质 Ⅲ 便有

$$f(p,t+\tau)=f(p,t+t_2-t_1)=f[f(p,t_2),t-t_1]=$$
$$f[f(p,t_1),t-t_1]=f(p,t)$$

对于任一 t 都有

$$f(p,t+\tau)=f(p,t)\quad (\tau\neq 0) \tag{2}$$

的运动叫作允许 τ 为周期的周期运动. 利用性质 Ⅲ,易知一周期运动如允许 τ 为周期,则也必允许 $n\tau$ 为周期($n=\pm 1,\pm 2,\cdots$). 满足条件(2) 的最小正数 τ 叫作运动 $f(p,t)$ 的周期. 如果一周期运动的最小正周期不存在,那么它必是休止的.

事实上,对任一 $\varepsilon>0$,由性质Ⅱ有 $\delta>0$ 能使 $|t|<\delta$ 时,$\rho(p,f(p,t))<\varepsilon$. 但是由条件可知,对于 $f(p,t)$ 有满足条件(2) 的正的 τ 小于 δ,因此,如将任意 t 表示成 $t=n\tau+t'$(n 为整数,$0\leqslant t'<\tau$),便知对于任意的 t 都有 $\rho(p,f(p,t))<\varepsilon$,但 ε 是任意的,此即表明:$f(p,t)=p$. 上面的论断得证.

一个以 τ 为周期的周期运动的轨道显然是一简单闭曲线 —— 数轴上一区间$[0,\tau]$ 的一个相互一意且连续的映象,其中 0 和 τ 是当作同一个点来看待的.

最后,可能有这样情形:只要 $t_1\neq t_2$,即有 $f(p,t_1)\neq f(p,t_2)$.

因此,动力体系的轨道有三个主要不同的拓扑类型:(1) 点;(2) 简单闭曲线;(3) 开区间相互一意的连续映象. 这些类型的轨道,分别对应着下列各种运动:① 休止的;② 周期运动;③ 非周期运动.

周期运动的轨道构成一闭的紧密集合.

关于这点,有更一般的定理.

定理 1　轨道的有限弧 $f(p;T_1,T_2)$ 是一闭的紧密集合.

事实上,如有点列

$$\{p_n\}\subset f(p;T_1,T_2)$$

其中 $p_n=f(p,t_n)$,则按条件,$T_1\leqslant t_n\leqslant T_2(n=1,2,\cdots)$. 由数列$\{t_n\}$ 的有界性,便可从其中选出一收敛的部分数列$\{t_{n_k}\}$,$\lim\limits_{k\to\infty}t_{n_k}=\tau$,显然 $T_1\leqslant\tau\leqslant T_2$. 由性质 Ⅱ 有:$\lim\limits_{k\to\infty}p_{n_k}=\lim\limits_{k\to\infty}f(p,t_{n_k})=f(p,\tau)=q$. 这就说明有极限点 $q\in f(p;T_1,T_2)$,即所欲证.

不变集合　在变换群下,对应于已知 t,点集合 A 的映象将记作 $f(A,t)$.

在以后，不变集合这一概念将有重要意义. 所谓一个集合 A 对于动力体系 $f(p,t)$ 来说是一不变集合，就是说在群的所有变换下，它变到自身，即满足条件

$$f(A,t)=A \quad (-\infty<t<+\infty) \tag{3}$$

今来阐明这一定义的含义. 设 $p\in A$，则由条件(3)，便有

$$f(p,t)\subset f(A,t)\subset A$$

即如果点 p 属于一不变集合，那么这个集合包含整个由 p 规定的轨道.

显然，每一整条轨道构成一个不变集合. 同样的，由任意一些轨道组成的集合是不变集合. 特别的，整个空间 **R** 构成一不变集合.

因此，不变集合是由一些整条轨道组成，反之亦然.

定理 2 不变集合的闭包是一不变集合.

设 A 是不变集合，而 $\overline{A}$ 为其闭包. 如果 $p\in A$，那么由以上所指出过的不变集合的性质，$f(p,t)\subset A\subset\overline{A}$. 今设 $p\in\overline{A}-A$，这表示存在点列

$$\{p_n\}\subset A,\lim_{n\to\infty}p_n=p$$

由性质 Ⅱ，对任一 t，我们有 $\lim\limits_{n\to\infty}f(p_n,t)=f(p,t)$，又因 $\{f(p_n,t)\}\subset A$，所以 $f(p,t)\in\overline{A}$.

此即说明，对任一 t，有 $f(\overline{A},t)\subset\overline{A}$；反之，对任一 t 亦有 $\overline{A}\subset f(\overline{A},-t)$. 因而，$\overline{A}=f(\overline{A},t)$.

附记 1 由微分方程组(A) 所定义的运动系统，如果这个系统的每一解都能延展到所有的 t 值($-\infty<t<+\infty$)，那么就构成 n 维欧氏空间 E^n 的一动力体系. 如果对一集合 $M\subset E^n$ 中每点 p，解 $f(p,t)$ 在 $-\infty<t<+\infty$ 上都有定义并且 $f(p,t)\subset M$，那么这个系统就构成在 M 上的一个动力体系. 显然，这种集合是不变的且可以看作空间 **R**.

关于休止点的定理　**定理 3** 休止点集合是闭集合.

设 $p_1,p_2,\cdots,p_n,\cdots$ 是休止点，并设

$$\lim p_n=p_0$$

我们来证 p_0 也是休止点. 取任一 t 值，我们有

$$f(p_n,t)=p_n$$

利用性质 Ⅱ，令 $n\to\infty$，便得

$$f(p_0,t)=p_0$$

即所欲证.

定理 4 没有一个轨道在有限时刻 t 会经过休止点.

设 $f(p,T)=p_0$，在此 $p\neq p_0$ 且 p_0 为一休止点. 于是，由性质 Ⅲ 有

$$p=f(p_0,-T)$$

即 $f(p_0,-T)\neq p_0$，这和休止点的定义矛盾.

定理 5 如果对任一 $\delta > 0$ 存在 $q \in S(p,\delta)$，能使半轨 $f(q;0,+\infty) \subset S(p,\delta)$，那么 p 是休止点.

设 p 不是休止点，则对某一 $t_0 > 0$，便有 $f(p,t_0) \neq p$. 设 $\rho(p,f(p,t_0)) = d > 0$. 由性质 Ⅱ′，有 $\delta > 0$ 存在，能使

$$\rho(f(p,t),f(q,t)) < \frac{d}{2}$$

只要 $|t| \leqslant t_0$ 且 $\rho(q,p) < \delta < \frac{d}{2}$. 按条件，在 $S(p,\delta)$ 中可找到这样的点 q，能使

$$f(q;0,+\infty) \subset S(p,\delta)$$

于是由度量空间的公理，我们得到

$$\rho(p,f(p,t_0)) \leqslant \rho(p,f(q,t_0)) + \rho(f(q,t_0),f(p,t_0)) < \delta + \frac{d}{2} < d$$

矛盾，证毕.

显然，若将定理条件中的正半轨换成负半轨，定理仍然有效.

推论 1 如果 $\lim\limits_{t\to\infty} f(q,t) = p$，那么 p 是休止点.

事实上，在这种情形下，按极限的定义，对任一 $\delta > 0$，有

$$\rho(f(q,t),p) < \delta \quad (t \geqslant t_0)$$

令 $q_1 = f(q,t_0)$，由性质 Ⅲ 可直接可以推出

$$f(q_1;0,+\infty) \subset S(p,\delta)$$

根据我们的定理，即说明 p 是休止点.

§2 动力体系的局部构造

在第一章 §3 中，我们见到过，由微分方程组确定的动力体系在常点的邻域内有很简单的拓扑构造. 也曾证明，这一体系能写像成以等速通过的平行直线段族. 对于定义在局部紧密度量空间上的一般动力体系来说，仍有相仿的情况. 别布托夫[2] 对在非奇点邻域内的一般动力体系做过研究. 他的研究建立在管和截痕这两个概念之上.

设动力体系 $f(p,t)$ 定义在(局部紧密) 空间 $\mathbf{R}$ 上.

定义 1 对任一集合 $E \subset \mathbf{R}$，我们称集合

$$\Phi = f(E;-T,+T) = \sum_{|t|\leqslant T} f(E,t)$$

为时间长度为 $2T$ 的有限管.

定义 2 在 Φ 内是闭的集合 $F \subset \Phi$，叫作有限管 Φ 的局部截痕，假如每点

$q \in \Phi$ 都对应唯一数值 t_q，$|t_q| \leqslant 2T$，能使 $f(q,t_q) \in F$.

换句话说，即经过 Φ 的每一轨道弧都与 F 相交且仅相交于一点. 由微分方程确定的在 E^n 上的动力体系的局部截痕很容易作出，垂直于一轨道的截痕即为如是的局部截痕. 对于度量空间上的动力体系，去作这种截痕，并不容易.

定理 6(Whitney-Бебутов)　设 p 为动力体系的常点，则对充分小的 $\tau_0 > 0$，存在 $\delta > 0$，能使在 $\overline{S(p,\delta)}$ 上建立起来的时间长度为 $2\tau_0$ 的管有包含点 p 的截痕.

因为 p 不是奇点，所以存在 θ_0 能使 $\rho[p,f(p,\theta_0)] > 0$. 作 q,t 的连续函数

$$\varphi(q,t) = \int_t^{t+\theta_0} \rho[f(q,\tau),p]\mathrm{d}\tau$$

由群的性质可得

$$\varphi(q,t_1+t_2) = \int_{t_1+t_2}^{t_1+t_2+\theta_0} \rho[f(q,\tau),p]\mathrm{d}\tau = \int_{t_2}^{t_2+\theta_0} \rho[f(q,t_1+\tau),p]\mathrm{d}\tau =$$
$$\int_{t_2}^{t_2+\theta_0} \rho[f(f(q,t_1),\tau),p]\mathrm{d}\tau = \varphi[f(q,t_1),t_2]$$

函数 $\varphi = \varphi(q,t)$ 有偏导数

$$\varphi'_t(q,t) = \rho[f(q,t+\theta_0),p] - \rho[f(q,t),p]$$

显然，函数 φ 对 q,t 连续.

因为

$$\varphi'_t(p,0) = \rho[f(p,\theta_0),p] > 0$$

所以有 $\varepsilon > 0$，能使 $q \in S(p,\varepsilon)$ 时

$$\varphi'_t(q,0) > 0$$

选定 $\tau_0 > 0$ 使在 $|t| \leqslant 3\tau_0$ 时

$$f(p,t) \in S(p,\varepsilon)$$

于是便有

$$\varphi(p,\tau_0) > \varphi(p,0) > \varphi(p,-\tau_0)$$

再选 $\eta > 0$，使

$$\overline{S[f(p,\tau_0),\eta]} \subset S(p,\varepsilon)$$
$$\overline{S[f(p,-\tau_0),\eta]} \subset S(p,\varepsilon)$$

并使当 $q \in S[f(p,\tau_0),\eta]$ 时，$\varphi(q,0) > \varphi(p,0)$；当 $q \in S[f(p,-\tau_0),\eta]$ 时，$\varphi(q,0) < \varphi(p,0)$.

最后，选定 $\delta > 0$，即有

$$f[\overline{S(p,\delta)},\tau_0] \subset S[f(p,\tau_0),\eta]$$
$$f[\overline{S(p,\delta)},-\tau_0] \subset S[f(p,-\tau_0),\eta]$$

并使在 $|t| \leqslant 3\tau_0$ 时，$f(S(p,\delta),t) \subset S(p,\varepsilon)$(图 42).

我们往证，如果 $q \in \overline{S(p,\delta)}$，那么有且仅有一值 t_q，$|t_q| < \tau_0$，能使

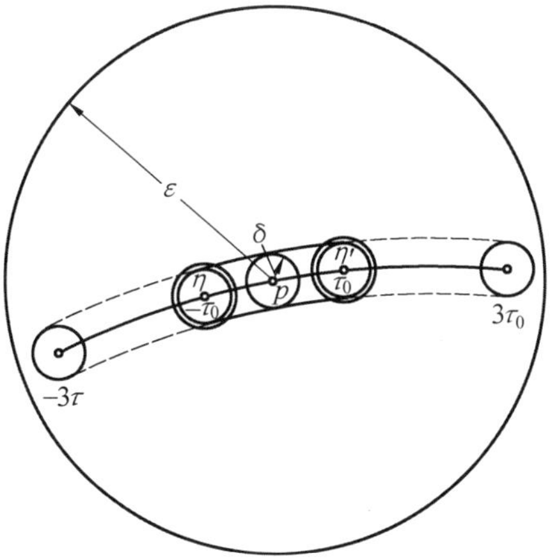

图 42

$$\varphi(q,t_q)=\varphi(p,0)$$

这由 $\varphi(q,t)$ 在 $\overline{S(p,\varepsilon)}$ 内是 t 的连续增函数，同时 $\varphi(q,\tau_0)>\varphi(p,0)>\varphi(q,-\tau_0)$ 即可推出. 后面不等式之所以成立，是由于

$$f(q,\tau_0)\in S[f(p,\tau_0),\eta],f(q,-\tau_0)\in S[f(p,-\tau_0),\eta]$$

要找的管 $\Phi=f[\overline{S(p,\delta)};-\tau_0,\tau_0]$ 的截痕 F，就是能使 $\varphi(q,0)=\varphi(p,0)$ 属于 Φ 的点 q 所成集合. 容易看出，在闭集合 $\overline{S(p,\delta)}$ 上所作出的管是闭的，还有 F 也是闭的，因为假如 $\{q_n\}\in F$，同时 $q_n\to q$，则 $q\in\Phi$ 且由函数 φ 的连续性，有 $\varphi(q,0)=\varphi(p,0)$.

还要证，对任一 $q\in\Phi$ 存在唯一的数 t_q，$|t_q|\leqslant 2\tau_0$，能使 $f(q,t_q)\in F$. 对于一点 $q\in\Phi$，由 Φ 的定义，有 $|t'|\leqslant\tau_0$，能使 $q'=f(q,t')\in\overline{S(p,\delta)}$，而对 q 由已证得的结果有 $|t''|\leqslant\tau_0$，能使 $f(q',t'')\in F$，亦即 $f(q,t'+t'')=f(q,t_q)\in F$，在此，$t_q=t'+t''$，$|t_q|\leqslant 2\tau_0$.

最后，假定有两数 t'_q 及 t''_q，满足 $|t'_q|\leqslant 2\tau_0$，$|t''_q|\leqslant 2\tau_0$，能使 $f(q,t'_q)\in F$，$f(q,t''_q)\in F$；并设 $q'=f(q,t')\in\overline{S(p,\delta)}$，$|t'|<\tau_0$. 于是 $\varphi(q',t'_q-t')=\varphi(q',t''_q-t')=\varphi(p,0)$. 但因 $|t'_q-t'|\leqslant 3\tau_0$，$|t''_q-t'|\leqslant 3\tau_0$，而对 t'_q-t' 和 t''_q-t' 间的 t，$\varphi'_t(q',t)>0$，所以 $t'_q-t'=t''_q-t'$，亦即 $t'_q=t''_q$. 定理得证.

即已证得存在在球上所作的管的截痕后，便可作出在这个截痕上的具有下面性质的管：在其内包含起始点 p 及其某一邻域.

定理 7 假如管 $\Phi=f\,(\overline{S(p,\delta)},-2\tau,2\tau)$ 有截痕 F，则 F 也为管 $\Phi_0=f(F;-\tau,\tau)$ 的截痕，且存在 $\alpha>0$，能使 $S(p,\alpha)\subset\Phi_0$.

设 $q\in\Phi_0$，从 Φ_0 的定义知有数 t_q 能使 $f(q,t_q)\in F$，$|t_q|\leqslant\tau<2\tau$. 我们来证这一数的唯一性. 设 $t'_q\neq t_q$，$|t'_q|\leqslant 2\tau$，$f(q,t'_q)\in F$，令 $q'=f(q,t'_q)$，我们

得

$$q' \in F, f(q,t_q') = f(q',t_q' - t_q) \in F$$

这不可能,因为 $q' \in F \subset \Phi$ 且 $|t_q' - t_q| \leqslant |t_q'| + |t_q| < 4\tau$,这与管的截痕的定义不符.

按所作,$p \in F \subset \Phi_0$. 我们来证有 $\alpha > 0$ 具有定理所述的性质. 在相反的情形下,存在点列 $\{p_n\}$,$\lim\limits_{n\to\infty} p_n = p$,$p_n \notin \Phi_0$. 同时我们可以假定 $\rho(p_n,p) < \delta$,因而 $p_n \in \Phi$. 由此知有 t_n,能使 $p_n = f(q_n,t_n)$,$|t_n| \leqslant 4\tau$,$q_n \in F$. 如有必要,将 $\{t_n\}$ 换成某一部分数列,就可预设 $t_n \to t_0$,于是 $q_n = f(p_n, -t_n) \to f(p, -t_0)$.

因为 F 是闭的,所以 $f(p,-t_0) \in F$,但这不可能成立,因为 F 是截痕且 $0 < \tau \leqslant |-t_0| \leqslant 4\tau$. 定理的第二部分得证.

定理 6 断言在充分"短"的管中存在截痕. 下面的定理是以缩小管的横断面而建立在有给定时间长度的管中存在截痕.

定理 8 设给定非休止点 $p \in \mathbf{R}$ 及数 $T > 0$,于此仅在 $f(p,t)$ 是以 ω 为周期的周期运动时,T 受条件 $T < \dfrac{\omega}{4}$ 的限制. 于是存在 $\delta > 0$,能使有限管

$$\Phi = f\,(\overline{S(p,\delta)}; -T, +T)$$

具有局部截痕.

先按照定理 6 选定数 τ_0 和 δ,再选取 $\tau_n = \dfrac{\tau_0}{n}$ 以及按定理 6 取对应于它的数 $\delta_n < \dfrac{1}{n}$.

于是管("短的")

$$\Phi_n' = f\,(\overline{S(p,\delta)}; -\tau_n, \tau_n)$$

按已证,有截痕 F_n. 再作管("长的")

$$\Phi_n = f\,(\overline{S(p,\delta)}; -T, +T)$$

集合 Φ_n',Φ_n 和 F_n 都是闭的,而且对于每一点 $q \in \Phi_n$,存在 t_q,$|t_q| \leqslant T + 2\tau_n$,能使 $f(q,t_q) \in F_n$.

我们往证,有 n_0 能使 F_{n_0} 是管 Φ_{n_0} 的截痕. 为此,只需证明,对于充分大的 n_0,数 t_q 是唯一的. 设情形相反,则有点 $q_n' \in \Phi_n$,能使

$$f(q_n',t_n') \in F_n, f(q_n',t_n'') \in F_n;\ |t_n'| \leqslant 2T,\ |t_n''| \leqslant 2T, t_n' \neq t_n''$$

n 可任意大. 为确定起见,设 $t_n' - t_n'' = t_n > 0$,令

$$f(q_n',t_n') = q_n \in F_n$$

则有

$$f(q_n',t_n'') = f(q_n,t_n) \in F_n$$

而且

$$|t_n| \leqslant |t_n'| + |t_n''| \leqslant 4T$$

另外,对每一 q_n 有点 $\bar{q}_n \in f\overline{(S(p,\delta_n))}$,能使 $q_n = f(\bar{q}_n, \bar{t}_n)$, $|\bar{t}_n| \leqslant \tau_0$. 注意到,当 $|t| \leqslant 3\tau_0$ 时,$\varphi_t(\bar{q}_n, t) > 0$. 于是因 $f(\bar{q}_n, \bar{t}_n) \in F_n$ 且 $f(\bar{q}_n, \bar{t}_n + t_n) \in F_n$,所以 $\varphi(\bar{q}_n, \bar{t}_n) = \varphi(\bar{q}_n, \bar{t}_n + t_n)$,因而,$|\bar{t}_n + t_n| > 3\tau_0$,且因 $t_n > 0$,故有

$$t_n > 3\tau_0 - |\bar{t}_n| \geqslant 3\tau_0 - \tau_0 = 2\tau_0$$

按 τ_n 和 δ_n 的选择,q_n 收敛于 p,因为

$$q_n \in F_n \subset f\overline{(S(p,\delta_n)}; -\tau_n, +\tau_n)$$

根据不等式 $2\tau_0 < t_n \leqslant 4T$,便能从 t_n 的值中选出一收敛数列 $\{t_{n_k}\}$,$\lim\limits_{k\to\infty} t_{n_k} = t$,$2\tau_0 \leqslant t \leqslant 4T$,注意到,因为 $f(q_n, t_n) \in F_n$,所以 $f(q_n, t_n) \to p$. 在恒等式 $f(q_{n_k}, t_{n_k}) = f(q_{n_k}, t_{n_k})$ 中,令 $k \to \infty$,便得

$$p = f(p,t), 2\tau_0 \leqslant t \leqslant 4T$$

即 p 属于周期为 $\omega \leqslant 4T$ 的周期轨道,矛盾. 证毕.

已证得的局部特性定理,能使我们给出定义在度量空间的动力体系在常点邻域内的拓扑特征.

定理 9 设在集合 E 上作出的时间长为 $2T$ 的有限管 Φ 有局部截痕 F,则 Φ 和希尔伯特空间中一族平行线段同胚.

我们有 F 到空间 $E^\infty(\xi_1, \xi_2, \cdots, \xi_n, \cdots)$ 内的(拓扑)写像. 设 $q \in \Phi$,由局部截痕的定义,存在数 t_q,能使 $f(q, -t_q) \in F$, $|t_q| \leqslant 2T$. 设 $f(q, -t_q)$ 在 E^∞ 内的对应点为$(\xi_1, \xi_2, \cdots, \xi_n, \cdots)$,则写像

$$\Psi(q) = \{t_q, \xi_1, \xi_2, \cdots, \xi_n, \cdots\}$$

建立点 q 在新的空间 $\mathbf{R}^\infty(t, \xi_1, \xi_2, \cdots, \xi_n, \cdots)$ 上一对应点.

写像 Ψ 是相互单值的,写像 Ψ 的单值性可从定义得到,写像 Ψ^{-1} 的单值性也容易证明. 事实上,如 $q_1 \neq q_2$ 是管 Φ 的两点,于是,若 $f(q_1, -t_1) \in F$, $f(q_2, -t_n) \in F$,则 $f(q_1, -t_1) \neq f(q_2, -t_2)$ 或 $t_1 \neq t_2$. 在这两种情形下,都有$\Psi(q_1) \neq \Psi(q_2)$.

写像 Ψ 相互连续. 设$\{q_n\} \in \Phi$,$\lim\limits_{n\to\infty} q_n = q \in \Phi$. 于是由截痕的定义,有数$\{t_n\}$ 和 t,此处 $|t_n| \leqslant 2T$,$t \leqslant 2T$,能使$\{f(q_n, -t_n)\} \in F$,$f(q, -t) \in F$. 我们往证$\lim\limits_{n\to\infty} t_n = t$. 否则,将有部分数列$\{t_{n_k}\}$ 存在,$\lim\limits_{k\to\infty} t_{n_k} \approx t' \neq t$, $|t'| \leqslant 2T$. 于是,由 F 的闭性,即得$\lim\limits_{k\to\infty} f(q_{n_k}, -t_{n_k}) = f(q, -t') \in F$. 但上一包含关系和 $f(q, -t) \in F$ 合在一起与截痕的定义不符. 因而,$\lim\limits_{n\to\infty} t_n = t$ 且$\lim\limits_{n\to\infty} f(q_n, -t_n) = f(q, -t)$. 如令 ρ_1 表示希尔伯特空间的距离,便有

$$\rho_1[\Psi(q_n), \Psi(q)] = \sqrt{(t_n - t)^2 + \sum_{t=1}^{\infty} (\xi_i^{(n)} - \xi_i)^2}$$

其中 $\xi^{(n)}$ 是点 $\Psi(q_n)$ 的坐标. 根据 Ψ 在 F 上的相互连续性便得

$$\lim_{n\to\infty}\rho_1[\Psi(q_n),\Psi(q)]=0$$

写像 Ψ^{-1} 的连续性很明显由同一公式得出，如果已知左端趋于 0，那么 $t_n\to t$ 且 $f(q_n,-t_n)\to f(q,-t)$，因而 $q_n\to q$.

这就说明了 Ψ 是拓扑写像. 在这一写像下，轨道弧 $f(q;-T,+T)$ 对每点 $q\in E$ 变成 $\mathbf{R}^\infty$ 的直线段

$$\xi_i=\xi_i(f(q,-t_q))=K\quad(i=1,2,\cdots;-T\leqslant t\leqslant T;K\text{ 为常数})$$

而且这些线段相互平行.

推论 2 如果 p 不是休止点，而 $T>0$ 对非周期运动为任意的，对周期运动 $T<\frac{\omega}{4}$(ω 为周期)，那么存在 $\delta>0$，能使集合 $f(\overline{S(p,\delta)};-T,+T)$ 与 $\mathbf{R}^\infty$ 内一族平行线段同胚.

因此，度量空间 $\mathbf{R}$ 内的动力体系在常点邻域内的局部构造和微分方程组在常点邻域内的局部构造，就拓扑学的观点看来，是大体相似的.

§3 动力体系的极限性质

设在度量空间 $\mathbf{R}$ 上已给定动力体系 $f(p,t)$.

考查某正半轨 $f(p;0,+\infty)$. 任选一渐增无界的 t 值序列

$$0\leqslant t_1<t_2<\cdots<t_n<\cdots,\lim_{n\to\infty}t_n=+\infty$$

如果点列

$$f(p,t_1),f(p,t_2),\cdots,f(p,t_n),\cdots$$

以 q 为极限点，那么我们称这点为运动 $f(p,t)$ 的 ω 极限点. 同样的，负半轨 $f(p;I^-)$ 的任一极限点叫作运动 $f(p,t)$ 的 α 极限点.

定理 10 运动 $f(p,t)$ 的 ω 或 α 极限点集合 Ω_p 和 A_p 都是闭的不变集合.

我们往证 Ω_p 是不变集合.

设 q 为 $f(p,t)$ 的任一 ω 极限点，于是存在数列 $t_1,t_2,\cdots,t_n,\cdots(t_n\to+\infty)$，能使

$$\lim_{n\to\infty}f(p,t_n)=q\tag{1}$$

设 $f(q,\tau)$ 是经过点 q 的轨道上任意一点.

由性质 Ⅱ′ 对任一 $\varepsilon>0$ 及给定 $T=|\tau|$ 有 $\delta>0$，能使 $\rho(f(p,t_n),q)<\delta$ 时，有

$$\rho(f(p,t_n+\tau),f(q,\tau))<\varepsilon$$

但按照(1)，第一个不等式当 $n>N(\delta)$ 时是满足的，因而第二个不等式也满足，此即说明 $f(q,\tau)$ 是$\{f(p,t_n+\tau)\}$ 的极限点，因而是运动 $f(p,t)$ 的 ω 极限点.

因此，任一点 q 如在 Ω_p 内，则整个轨道 $f(q,t)$ 也必如此，这就是说，Ω_p 是不变集合.

为了证明 Ω_p 是闭的，我们任取一点列 $q_1,q_2,\cdots,q_n,\cdots;q_n\in\Omega_p(n=1,2,\cdots)$，有 $\lim\limits_{n\to\infty}q_n=q$，并去证 $q\in\Omega_p$. 因为每一 q_n 都是 $f(p,t)$ 的 ω 极限点，所以存在数列 $\{\tau_n\}$，$\lim\limits_{n\to\infty}\tau_n=+\infty$，能使对任一 $\varepsilon>0$，只要 n 充分大，便有 $\rho(f(p,\tau_n),q_n)<\frac{\varepsilon}{2}$. 但只要 n 充分大也有 $\rho(q_n,q)<\frac{\varepsilon}{2}$. 因而任给一 $\varepsilon>0$，当 n 充分大时，便可使 $\rho(f(p,\tau_n),q)<\varepsilon$，此即说明 q 是 $f(p,t)$ 的 ω 极限点. 证毕.

在任何情形下，都有关系

$$\Omega_p\subset\overline{f(p;I^+)},A_p\subset\overline{f(p;I^-)}\tag{2}$$

因为半轨的闭包包含所有它的极限点.

我们来考查最简类型轨道的 Ω_p 和 A_p 集合的构造.

如果 p 是休止点，那么显然 $\Omega_p=A_p=p$. 如有

$$\lim_{t\to+\infty}f(p,t)=q$$

则 $\Omega_p=q$，且如所曾见，q 是休止点.

定理 11 如果 $f(p,t)$ 是周期运动，那么

$$\Omega_p=A_p=f(p;I)$$

事实上，如果 $f(p,t)$ 的周期是 τ 且 $q=f(p,t_0)$ 是轨道上的任一点，那么我们也有 $q=f(p,t_0\pm n\tau)$，$n=1,2,\cdots$，即 $q=\lim\limits_{n\to\infty}f(p,t_0\pm n\tau)$，但 $\lim\limits_{n\to\infty}(t_0\pm n\tau)=\pm\infty$，因而 $q\in\Omega_p$ 且 $q\in A_p$.

反之，如 $q\in\Omega_p$，这就是说，存在序列 $\{t_n\}$，$t_n\to+\infty$，使 $q=\lim\limits_{n\to\infty}f(p,t_n)$. 任一数 t_n 都能表示成 $t_n=k_n\tau+t'_n$，k_n 是整数，而 $0\leqslant t'_n<\tau$. 从有界数列 $\{t'_n\}$ 能选出收敛的部分数列 $\{t'_{n_k}\}$，$\lim\limits_{k\to\infty}t'_{n_k}=t_0$. 如是便有

$$q=\lim_{n\to\infty}f(p,t_n)=\lim_{n\to\infty}f(p,t'_n)=\lim_{k\to\infty}f(p,t'_{n_k})=f(p,t_0)$$

此即表示任一 ω 极限点都在周期轨道上. 证毕.

定义 3 如果半轨 $f(p;I^+)$ 的闭包是一紧密集合，那么运动 $f(p,t)$ 叫作拉格朗日式正稳定的. 同样的，如果 $f(p;I^-)$ 的闭包是紧密的，那么运动就叫拉格朗日式负稳定的. 同时是正和负的拉格朗日式稳定的运动叫作拉格朗日式稳定的.

显然，如果空间 $\mathbf{R}$ 是紧密的，那么全部运动都是拉格朗日式稳定的. 更一般的，若 $f(p;I^+)$ 位于紧密部分集合 $M\subset\mathbf{R}$，则它是拉格朗日式正稳定的. 由定义立得，休止点和周期运动是拉格朗日式稳定的. 在欧氏空间 E^n 内，拉格朗日式稳定性，就是轨道位于空间 E^n 的某一有界部分内.

从定义可得，对于拉格朗日式正稳定的运动 $f(p,t)$，集合 Ω_p 不空，而对负

稳定运动来说，集合 A_p 不空.

上述的逆不恒真.

例 1 我们考查在辅助平面 XOY 上由对数螺线 $\rho = ce^{\theta}$ 作出的运动体系，在此 ρ 和 θ 是极坐标，而运动法则由下面的微分方程给出

$$\frac{d\rho}{dt} = \frac{\rho}{1+\rho}, \frac{d\theta}{dt} = \frac{1}{1+\rho} \quad (\rho \geqslant 0)$$

容易证明，所有的运动都延展在整个时间轴 $-\infty < t < +\infty$ 上，即我们有一动力体系，此时，所有的运动都是拉格朗日式负稳定的，以原点(休止点)为它们的 α 极限点，所有的运动(对应于休止点 O 的除外)都不是拉格朗日式正稳定的，因为当 $t \to +\infty$ 时，向径 $\rho \to +\infty$.

现在将平面 XOY 写像到半平面 $-\infty < y < +\infty, -1 < x < +\infty$ 上去，所用的变换是

$$X = \ln(1+x), Y = y$$

如果我们有

$$\rho = \sqrt{\ln^2(1+x) + y^2}$$

$$\theta = \arg\{\ln(1+x) + iy\}$$

积分线变成如图 43 所示的形状，而新的微分方程组是

$$\dot{x} = \frac{(1+x)[\ln(1+x) - y]}{1+\rho}$$

$$\dot{y} = \frac{y}{1+\rho} + \frac{\ln(1+x)}{1+\rho}$$

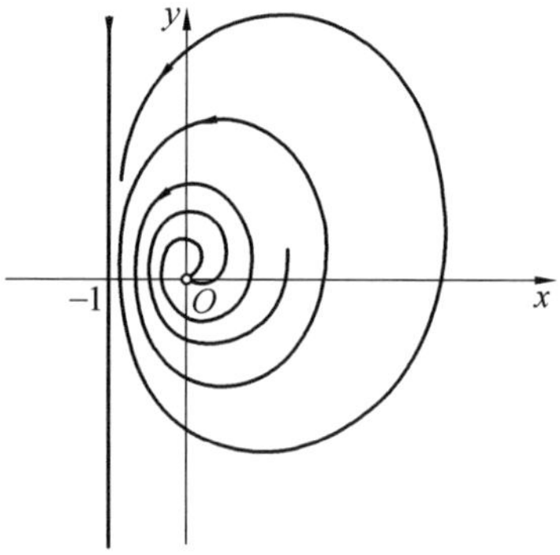

图 43

将直线 $x = -1$ 补入我们的空间，而运动在它上面，我们用上述微分方程当 $x \to -1^+$ 时的极限形式来规定.

因为此时 $\frac{\ln(1+x)}{1+\rho} \to -1$，而 y 仍然有界，我们得到在直线 $x = -1$ 上

$$\dot{x} = 0, \dot{y} = -1$$

因此,动力体系在闭半面 $x \geqslant -1$ 上完全确定.显然,所有的运动(对应于休止点 O 的除外)都不是拉格朗日式正稳定的,因为当 $t \to +\infty$ 时,它们不停留在平面的有界部分内,然而容易看出,对任一点 $p=(x_0,y_0)$,$x_0>-1$,$\rho \neq (0,0)$,集合 Ω_p 是直线 $x=-1$,即 Ω_p 不空.

定理 12 如果 $f(p,t)$ 是拉格朗日式正稳定的,那么

$$\lim_{t\to+\infty} \rho[f(p,t),\Omega_p]=0$$

设结论不真,则有正的数列$\{t_n\}$,$t_n \to +\infty$,及 $\alpha>0$ 存在,能使

$$\rho[f(p,t_n),\Omega_p] \geqslant \alpha \tag{3}$$

点集$\{q_n\}=\{f(p,t_n)\}$属于紧密集合$\overline{f(p;0,+\infty)}$,应有极限点 q,由 Ω_p 的定义,q 在 Ω_p 内.另外,就一适当的部分点列$\{q_{n_i}\}$来取极限,不等式(3)给出

$$\rho(q,\Omega_p) \geqslant \alpha$$

上面的矛盾证明了本定理.

对拉格朗日式负稳定的运动来说,同样的结论也成立.

例 1 指明,如果运动不是拉格朗日式稳定的,那么定理的结论不一定能成立.

定理 13 设 $f(p,t)$ 是拉格朗日式正稳定的,则集合 Ω_p 连通.

设 Ω_p 不连通.于是因为它是闭的,便有 $\Omega_p=A+B$,其中 A 和 B 是无公共点的非空间集合,同时由于 Ω_p 显然是紧密的,所以 $\rho(A,B)=d>0$.因为 $A\subset\Omega_p$ 和 $B\subset\Omega_p$,所以有 t_n' 任意大,能使 $f(p,t_n')\in S\left(A,\frac{d}{3}\right)$,同时也有 t_n'' 任意大,能使 $f(p,t_n'')\in S\left(B,\frac{d}{3}\right)$.我们能对数列$\{t_n'\}$和$\{t_n''\}$加以选择使满足不等式

$$0<t_1'<t_1''<t_2'<t_2''<\cdots<t_n'<t_n''<t_{n+1}'<\cdots$$

因为 $\rho(f(p,t),A)$ 是 t 的连续函数,而我们又有

$$\rho(f(p,t_n'),A)<\frac{d}{3}$$

$$\rho(f(p,t_n''),A) \geqslant \rho(A,B)-\rho(B,f(p,t_n'')) \geqslant \frac{2d}{3}$$

所以可找到这样的 $\tau_n(t_n'<\tau_n<t_n'')$,能使

$$\rho(f(p,\tau_n),A)=\frac{d}{2}$$

依据集合$\overline{f(p;0,+\infty)}$的紧密性,由点列$\{f(p,\tau_n)\}$内可选出一收敛于某点 q 的部分列,而有

$$q\in\Omega_p,\rho(q,A)=\frac{d}{2}$$

$$\rho(q,B) \geqslant \rho(A,B)-\rho(A,q)=\frac{d}{2}$$

此即表示 $\Omega_p \neq A+B$，矛盾. 此矛盾证明 Ω_p 是连通的.

我们指出，如果 **R** 是紧密的，那么对每点 $p \in \mathbf{R}$，Ω_p 和 A_p 都不空且连通.

例 2 我们指明，如果 **R** 不紧密，那么集合 Ω_p 可能不连通. 为了做出例子，我们仍取本节例 1 的那个辅助平面和微分方程，但此时是用变换

$$X=\frac{x}{1-x^2}, Y=y$$

将平面 XOY 写像成 xOy 平面上的带域 $-1<x<1$.

对于新的变数，微分方程呈下面形式

$$\dot{x}=\frac{x(1-x^2)-y(1-x^2)}{(1+x^2)(1+\rho)}, \dot{y}=\frac{y}{1+\rho}+\frac{x}{1-x^2}-\frac{1}{1+\rho}$$

将直线 $x=\pm 1$ 及对应的极限方程（我们指出，当 $x \to \pm 1, \mp 0$ 时，$\lim \frac{1-x^2}{\rho}=\pm 1$）

$$\dot{x}=0, \dot{y}=\pm 1$$

加入我们的空间.

这样得到的动力体系（图 44）在正方向是非拉格朗日式稳定的，容易看出，对任一点 $p=(x_0, y_0)\ (-1<x_0<1)$，$p \neq (0,0)$，集合 Ω_p 不连通，它是由 $x=+1$ 和 $x=-1$ 两条直线组成.

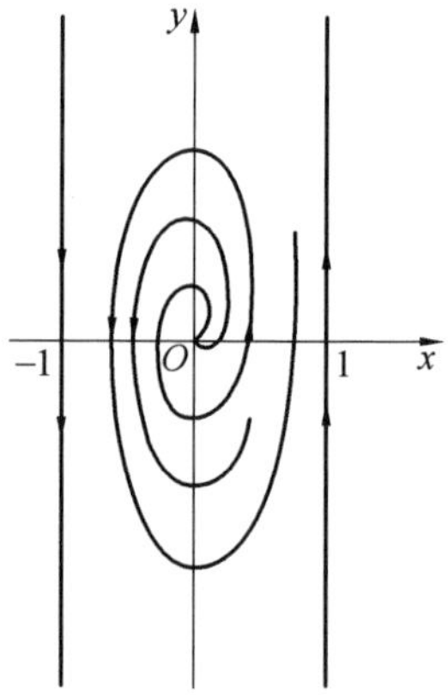

图 44

我们称 ω 和 α 极限点为体系的动力极限点. 按照运动 $f(p,t)$ 与动力极限点的关系，在局部紧密空间内，自然可将运动作如下的分类：

1. 若 Ω_p 是空的，则点 p 及轨道 $f(p,t)$ 叫作在正方向远离的；若 A_p 是空的，则点 p 叫作在负方向远离的；若 $\Omega_n \cup A_p$ 是空的，则轨道叫作远离的.

2. 若 Ω_p 不空，但 $\Omega_p \cap f(p;I^+)$ 是空的，则轨道叫作正向渐近的；若 A_p 不空，但 $A_p \cap f(p;I^-)$ 是空的，则轨道叫作负向渐近的.

3. $\Omega_p \cap f(p;I^+)$ 和 $A_p \cap f(p;I^-)$ 不空的情形属于泊松式稳定运动类别.

我们将前两类的运动留在以后研究,而先来讨论第三类.

§4 泊松式稳定性

定义 4 若对点 p 的任一邻域 U 及任一 $T>0$ 存在 $t \geqslant T$,能使 $f(p,t) \in U$,则点 p 叫作泊松式正稳定的(记作 P^+ 式稳定). 同样的,如果存在 $t \leqslant -T$ 能使 $f(p,t) \in U$,那么点 p 叫作泊松式负稳定的(记作 P^- 式稳定).

当 $t \to +\infty$ 和 $t \to -\infty$ 时都是泊松式稳定的点叫作泊松式(单纯)稳定的(P 式稳定).

换句话说,点 p 是 P^+ 式稳定的,也就是说有任意大的 t 值存在,在这一时刻 t,从 p 出发的动点回到初始位置的任一邻域内,亦即 $p \in \Omega_p$. 因此,这就是情形 3 的一例(见 §3 末尾).

附记 2 P^+ 式稳定条件内的要求:有任意大的值 t 能使 $f(p,t) \in U$,可以减弱成为对任一邻域 $U(p)$,也可找出值 $t \geqslant 1$,使 $f(p,t) \in U(p)$.

事实上,设点 p 满足这个条件但非 P^+ 式稳定的. 这就表示有邻域 $U_1(p)$ 和数 $T>1$ 存在,能使对任一 $t \geqslant T$ 都有 $f(p,t) \cap U_1(p)=0$. 今考查轨道弧 $f(p;1,T)$. 如果对 $\bar{t}(1 \leqslant \bar{t} \leqslant T)$ 有 $f(p,\bar{t})=p$,那么运动是周期的,我们的论断已经证实了. 如果 $f(p,t) \neq p(1 \leqslant t \leqslant T)$,那么因所考查的弧是闭集合,且它与点 p 有一正的距离,所以有邻域 $U_2(p) \subset U_1(p)$ 与此弧无公共点. 此时,半轨 $f(p;1,+\infty)$ 与 $U_2(p)$ 无公共点,这和新条件矛盾.

定理 14 设 p 是 P^+ 式稳定的,则轨道 $f(p;I)$ 上所有的点也都如此.

为了证明,我们指出,上面的 P^+ 式稳定的定义相当于,存在数列 $\{t_n\}$ 满足 $\lim\limits_{n\to\infty} t_n=+\infty$,且能使 $\lim\limits_{n\to\infty} f(p,t_n)=p$.

事实上,从后面的性质可推得前面的性质;反之,如第一性质满足,则对任一数列 $\varepsilon_1>\varepsilon_2>\cdots>\varepsilon_n>\cdots$,$\lim\limits_{n\to\infty}\varepsilon_n=0$,有数列 $\{t_n\}$ 存在,$t_n>n$,能使 $\rho(p,f(p,t_n))<\varepsilon_n$. 显然,$\lim\limits_{n\to\infty} t_n=+\infty$ 且 $\lim\limits_{n\to\infty} f(p,t_n)p$,即符合第二定义.

考查轨道上任一点 $f(p,t)$. 由动力体系的第二性质:$\lim\limits_{n\to\infty} f(p,t+t_n)=f(p,t)$,因此,点 $f(p,t)$ 是 P^+ 式稳定的. 定理得证.

对于 P^- 式稳定及 P 式稳定也有相仿的定理成立.

因此,我们将说运动和轨道是泊松式正、负和单纯稳定.

$f(p,t)$ 是 P^+ 式稳定的条件,显然可写成:$f(p;I) \subset \overline{f(p;I^+)}$. P^- 式稳定条件:$f(p;I) \subset f(p;I^-)$. 同时适合这两个条件相当于 P 式稳定.

显然，休止点是 P 式稳定的运动. 事实上，此时对所有 $-\infty < t < +\infty$ 都有 $f(p,t)=p$，当然 $f(p,t) \subset U(p)$，而 P 式稳定的条件为适合.

另一个 P 式稳定运动的例子是周期运动：$f(p,t+\tau)=f(p,t)(-\infty < t < +\infty)$，其中 τ 是常数. 事实上，我们有 $f(p,0)=f(p,n\tau)(n=\pm 1,\pm 2,\cdots)$. 因此，对于 $t=n\tau$，点 $f(p,t)$ 和其初始位置重合，也即落于任一邻域 $U(p)$ 内.

在平面上，唯一的 P 式稳定轨道，就是休止点和周期运动的轨道.

例 3 最简单的异于休止点和周期运动的 P 式稳定运动，是由微分方程组

$$\frac{\mathrm{d}\varphi}{\mathrm{d}t}=1,\frac{\mathrm{d}\theta}{\mathrm{d}t}=\alpha \tag{1}$$

规定的锚圈面 $\mathfrak{T}(0 \leqslant \varphi < 1, 0 \leqslant \theta < 1, (\varphi+k,\theta+k') \equiv (\varphi,\theta)$，$k$ 和 k' 是整数) 上的运动，其中 α 是正无理数(见第一章 § 2). 于此，每一运动的轨道在锚圈面上到处稠密，每一运动都是 P 式稳定的，集合 Ω_p 和 A_p 就所有的点 p 来说，都和整个锚圈面重合.

例 4 确定在锚圈面上由方程组

$$\frac{\mathrm{d}\rho}{\mathrm{d}t}=\Phi(\varphi,\theta),\frac{\mathrm{d}\theta}{\mathrm{d}t}=\alpha\Phi(\varphi,\theta) \tag{2}$$

给出的运动，其中 $\Phi(\varphi,\theta)$ 是锚圈面上的连续函数(对 φ,θ 来说是以 1 为周期的周期函数)，除 $\Phi(0,0)=0$ 外处处为正，且满足李普希茨条件. 运动所遵循的曲线仍是方程组(1) 的那些，因为它们是由微分方程

$$\frac{\mathrm{d}\theta}{\alpha}=\frac{\mathrm{d}\varphi}{1}$$

确定的，但运动的性状却改变了. 在曲线 $\theta=\alpha\varphi$ 上有三个运动：(1)$\theta=0,\varphi=0$(休止的)；(2) 循正弧 $0<\varphi<+\infty$ 的运动，对于这一运动正半轨在锚圈面上到处稠密因而是 P^+ 式稳定的，负半轨当 $t \to -\infty$ 时趋于休止点 $(0,0)$，它不是 P^- 式稳定的；(3) 循负弧 $-\infty<\varphi<0$ 的运动，它是 P^- 式稳定的但非 P^+ 式稳定的，因为动点当 $t \to +\infty$ 时趋于休止点.

所有其他的轨道和在方程组(1) 中的一样，因为沿着它们 $\Phi(\theta,\varphi) \neq 0$，它们在整个锚圈面上都是到处稠密的，因而在第二个方向都是 P 式稳定的，但是在这些轨道上的运动是不均匀的——速率等于 $\Phi(\theta,\varphi)\cdot\sqrt{1+\alpha^2}$，运动经过点 $(0,0)$ 附近时变得缓慢.

例 5 较例 4 稍复杂一些，我们能作出系统，包含：P 式稳定的运动(包括休止点) 和正负方向都非 P 式稳定的运动.

为此，在锚圈的子午圈上作可数的休止点集合，使它们都在曲线 $\theta=\alpha\varphi$ 上以 $(0,0)$ 为唯一极限点. 例如，将 α 展开成无尽连分式并写出它的连续的近似公

式$\frac{p_k}{q_k}$,即

$$\frac{p_2}{q_2}<\frac{p_4}{q_4}<\cdots<\alpha<\cdots<\frac{p_3}{q_3}<\frac{p_1}{q_1}$$

则可取坐标分别为 $\varphi=0$ 及

$$\theta_k\equiv\alpha q_k(\bmod 1)\quad(0<\theta_k<1)$$

$$\theta'_k\equiv-\alpha q_k(\bmod 1)\quad(0<\theta'_k<1)$$

的那些点为休止点.这样便有(因为 p_k 和 q_k 是整的)

$$|\theta_k|=|\alpha q_k-p_k|=q_k\left|\alpha-\frac{p_k}{q_k}\right|<q_k\cdot\frac{1}{q_k^2}=\frac{1}{q_k}$$

同时对 θ'_k 也相仿.

对满足李普希茨条件的连续函数 $\Phi(\theta,\varphi)$ 这样作,使它除在点(0,0),(0,θ_k),(0,θ'_k)($k=1,2,\cdots$) 上外处处为正,而在此等点处则为 0.

对应的形如(2) 的方程组将具有方程组(1) 除位于曲线 $\theta=\alpha\varphi$ 上外所有的那些轨道,它们都是 P 式稳定的.曲线 $\theta=\alpha\varphi$ 被休止点分割成可数个弧

$$0<\varphi<q_1, q_1<\varphi<q_2,\cdots$$

$$0>\varphi>q_1,-q_1>\varphi>-q_2,\cdots$$

在每一弧上,例如在 $q_k<\varphi<q_{k+1}$ 上运动、在任一方向都非 P 式稳定的,因为当 $t\to+\infty$ 时,它趋于休止点 $\varphi=q_{k+1}\equiv 0(\bmod 1)$,$\theta\equiv\alpha q_{k+1}(\bmod 1)$,同时,当 $t\to-\infty$ 时,它趋于休止点 $\varphi=q_k\equiv 0(\bmod 1)$,$\theta=\alpha q_k(\bmod 1)$.

现在来研究 P 式稳定运动的 Ω_p 和 A_p 集合的构造.

如果 $f(p,t)$ 是 P^+ 式稳定的,那么由本节定理 14,它的轨道上所有点都是它的 ω 极限点,即

$$f(p;I)\subset\Omega_p$$

因为 Ω_p 是闭的,从上面的包含关系可得

$$\overline{f(p;I)}\subset\Omega_p$$

将此与 § 3 中的逆包含关系(2)(它总是成立的) 比较,便知对于 P^+ 式稳定运动有

$$\Omega_p=\overline{f(p;I)}$$

特别是,由公式(2) 有 $A_p\subset\overline{f(p;I)}$.因而得到:

定理 15 对于 P^+ 式稳定运动,有

$$A_p\subset\Omega_p=\overline{f(p;I)}$$

(集合 A_p 可以是空的①) 同样的,对于 P^- 式稳定运动,有

$$\Omega_p \subset A_p = \overline{f(p;I)}$$

(集合 Ω_p 可以是空的). 综合这些事实,便得:如果 $f(p,t)$ 是 P 式稳定的,那么

$$\Omega_p = A_p = \overline{f(p;I)}$$

我们在上节见到,休止点和周期运动是 P 式稳定的,且有关系式

$$\overline{f(p;I)} = f(p;I)$$

另外,在本节例 3,4 和 5 中,P 式稳定轨道的闭包除了包含轨道自身上的点外还含有其他的点. 这一现象是普遍的,假如轨道不是休止点也不是周期的. 这只需给空间 **R** 加上补充的限制. 于此,要设空间为完备,这点是根本的,例如,由方程组(2) 确定的运动轨道 $\theta=\alpha\varphi$ 显然是 P 式稳定的,假如我们仅把轨道本身当作空间 **R**,但它的闭包就不包含轨道之外的点.

如果我们所讨论的是空间 **R** 的紧密子集,那么空间 **R** 是完备的,这一条件就能够换成局部紧密性条件,因为这个子集显然构成一个完备空间.

定理 16 对于位于完备空间 **R** 内,异于休止点和闭曲线(周期运动的轨道)的 P^+ 式稳定运动 $f(p,t)$ 来说,有不属于轨道 $f(p;I)$ 的点在集合 Ω_p 内到处稠密,即

$$\overline{\overline{f(p;I)} - f(p;I)} = \overline{f(p;I)} = \Omega_p$$

因为由群的性质,轨道上任一点都可看作运动的始点,而此运动的轨道仍为原来的那个,所以只需证明,在任一闭邻域 $\overline{S(p,\varepsilon)}(\varepsilon > 0)$ 内都有点 $q \in \overline{f(p;I)}$,但不在轨道 $f(p;I)$ 上②.

由 P^+ 式稳定性可知,存在点列 $\{p_n = f(p,t_n)\}$,$0 < t_1 < t_2 < \cdots$,$\lim\limits_{n\to\infty} t_n = +\infty$,能使 $\lim\limits_{n\to\infty} p_n = p$. 取 $\tau_1 > t_1$,使 $q_1 = f(p,\tau_1) \in S(p,\varepsilon)$.

显然,$q_1 \notin f(p;-t_1,t_1)$,于是,由于弧 $f(p;-t_1,t_1)$ 是闭的,所以 $\rho(q_1, f(p;-t_1,t_1)) > 0$.

令

$$\varepsilon_1 = \min\left[\frac{\varepsilon}{2};\varepsilon - \rho(p,q_1);\frac{1}{2}\rho(q_1, f(p;-t_1,t_1))\right]$$

于是

$$S(q_1,\varepsilon_1) \subset S(p,\varepsilon), \overline{S(q_1,\varepsilon_1)} \cap f(p;-t_1,t_1) = 0$$

一般地,设 $q_{n-1} \in f(p;I)$ 且 ε_{n-1} 已经定义,我们选 $\tau_n > t_n$,使 $q_n =$

---

① 例如,在例 4 中,我们将点(0,0) 从空间 $\mathfrak{T}$ 中抽去,则沿轨道 $\theta=\alpha\varphi(0<\varphi<+\infty)$ 的运动是 P^+ 式稳定的但没有 α 极限点.

② 在 **R** 是局部紧密而非完备空间的情形,我们仅考虑能使 $\overline{S(p,\varepsilon)}$ 是紧密的那些 ε.

$f(p,\tau_n)\subset S(q_{n-1},\varepsilon_{n-1})$，由轨道 $f(p;I)$ 的 P^+ 式稳定性，这恒可能，令

$$\varepsilon_n=\min\left[\frac{\varepsilon_{n-1}}{2};\varepsilon_{n-1}-\rho(q_{n-1},q_n);\frac{1}{2}\rho(q_n,f(p;-t_n,t_n))\right]$$

我们指出，因为 $\tau_n>t_n$，所以点 q_n 不在弧 $f(p;-t_n,t_n)$ 上，因而 $\rho(q_n,f(p;-t_n,t_n))>0$. 显然，我们有

$$S(q_n,\varepsilon_n)\subset S(q_{n-1},\varepsilon_{n-1});\overline{S(q_n,\varepsilon_n)}\cap f(p;-t_n,t_n)=0$$

按作法，点列 $\{q_n\}$ 具有性质 $\rho(q_n,q_{n-1})<\varepsilon_{n-1}\leqslant\frac{\varepsilon}{2^{n-1}}(n=1,2,3,\cdots)$，根据空间的完备性，有点 q 存在，能使 $\lim\limits_{n\to\infty}q_n=q$.

因为 $q_n\in f(p;I)$，所以 $q\in\overline{f(p;I)}$，而且因为 $\rho(p,q_n)<\varepsilon$，所以 $q\in\overline{S(p,\varepsilon)}$. 再去证 q 不在轨道 $f(p;I)$ 上.

设若不然，令 $q=f(p,\tau)$，便可找到这样的 n，使 $t_n>|\tau_n|$，于是 $q\in f(p;-t_n,t_n)$. 但我们有 $q\in\overline{S(q_n,\varepsilon_n)}$，而按做法

$$\overline{S(q_n,\varepsilon_n)}\cap f(p;-t_n,t_n)=0$$

此即表示 $q\notin f(p;-t_n,t_n)$，矛盾. 此矛盾证明了我们的论断[3].

容易看出，对于在完备空间内异于休止点和周期的 P^- 式或 P 式稳定运动也有关系

$$\overline{\overline{f(p;I)}-f(p;I)}=\overline{f(p;I)}=A_p$$

推论 3 在定理 16 的条件下，所有有限弧 $f(p;t_1,t_2)$ 在 $\overline{f(p;I)}$ 上无处稠密.

事实上，$f(p;t_1,t_2)$ 是紧密闭集合. 不论非空相对开集合 $U\subset\overline{f(p;I)}$ 为何，总有非空相对开集合 $U-U\cap f(p;t_1,t_2)$ 和 $f(p;t_1,t_2)$ 没有公共点. 但这就是不稠密的条件.

附记 3 在许多问题中需要考虑离散点集 $f(p,n)(n=1,2,\cdots)$ 的稳定性. 在这种情形下，如果点列 $\{f(p,n)\}$ 以 p 为它的极限点，我们就说点 p 是 P^+ 式稳定的. 任一对于这个离散变数 $t=n$ 为 P^+ 式稳定的点，显然对连续变数 t 是 P^+ 式稳定的. 反之，如点 p 对连续变数 $0\leqslant t<+\infty$ 是 P^+ 式稳定的，则它是点序列 $\{f(p,n)\}$ 的极限点.

我们来证这点.

设 $\lim\limits_{n\to\infty}f(p,t_n)=p$，其中 $\lim\limits_{n\to\infty}t_n=+\infty$.

将 t_n 表示成 $t_n=k_n-\tau_n$，其中 k_n 是整数，而 $0\leqslant\tau_n<1$. 数 τ_n 的集合有极限点 $\tau(0\leqslant\tau\leqslant1)$，同时从数列 $\{\tau_n\}$ 内能选取 τ 的部分数列. 为书写简便起见，就假定数列 $\{\tau_n\}$ 本身具有这一性质：$\lim\limits_{n\to\infty}\tau_n=\tau$. 因此

$$\lim_{n\to\infty}f(p,k_n-\tau_n)=p$$

从而由函数 f 的连续性，便有

$$\lim_{n\to\infty} f(p,k_n)=f(p,\tau)$$

因此，点 $f(p,\tau)$ 是数列 $\{f(p,n)\}$ 的极限点. 显然，点 $f(p,\tau\pm 1), f(p,\tau\pm 2),\cdots,f(p,\tau\pm m),\cdots$ 也都有同样的性质，因为当 l 是整数时，$f(p,\tau+l)=\lim\limits_{n\to\infty} f(p,k_n+l)$ 且 $f(p,k_n+l)\in\{f(p,n)\}$.

点 $f(p,2\tau)$ 显然是数列 $\{f(p,k_n+\tau)\}$ 的极限. 我们往证它是数列 $\{f(p,n)\}$ 的极限点. 给定 $\varepsilon>0$，设

$$\rho[f(p,k_\nu+\tau),f(p,2\tau)]<\frac{\varepsilon}{2}$$

对于弧 $f(p;\tau,k_\nu+\tau)$ 及数 $\frac{\varepsilon}{2}$，由性质 Ⅱ′ 或找到 $\delta>0$，能使 $\rho[f(p,\tau),q]<\delta$ 时，对 $0\leqslant t\leqslant k_\nu$，有 $\rho[f(p,\tau+t),f(q,t)]<\frac{\varepsilon}{2}$. 在点 $f(p,\tau)$ 的 δ 邻域内，由已证，若有点 $f(p,k_\mu)=q$，则 $\rho[f(p,\tau+k_\nu),f(p,k_\mu+k_\nu)]<\frac{\varepsilon}{2}$，因而 $\rho[f(p,2\tau),f(p,k_\mu+k_\nu)]<\varepsilon$，此即说明点 $f(p,2\tau)$ 是 $\{f(p,n)\}$ 的极限点.

同理可证点 $f(p,3\tau),\cdots,f(p,k\tau),\cdots$ 也是这一数列的极限点.

将这一结论与前面已证的比较，便知对于整数 k 和 m，点 $f(p,k\tau-m)$ $(k>0)$ 是 $\{f(p,n)\}$ 的极限点.

我们来考查两种情形：(1) 数 τ 是有理的，且 $\tau=\frac{l}{\lambda}$，令 $k=\lambda, m=l$，我们便得点 $f(p,0)=p$ 是数列 $\{f(p,n)\}$ 的极限点；(2) 若 τ 是无理的，则数集合 $k\tau-m(k,m=1,2,\cdots)$ 在数轴上到处稠密. 特别是，存在部分数列收敛于 0，而点 p 是对应点列 $\{f(p,k\tau-m)\}$ 的极限，因而是数列 $\{f(p,n)\}$ 的极限点.

我们的论断得证.

附记 4 由上面的证明，点 p 一定是 $\{f(p,n)\}$ 的极限点. 如果 τ 是无理的，那么所有 $f(p;I)$ 的点也都是如此，在 τ 是有理的情形就不见得这样. 事实上，对于以整数 l 为周期的运动 $f(p,t)$ 仅有有限个点 $f(p,k)(k=0,1,\cdots,l-1)$ 才是 $\{f(p,n)\}$ 的极限点.

由以上所证的定理可知，为了研究 P^+ 式稳定点，最好去考虑 $\{f(p,n)\}$ 的极限集合.

运用这一要领去寻求所有 P^+ 式稳定点. 设 $\mathbf{R}$ 为具有可数基底的度量空间，我们去确定全部 P^+ 式稳定的点.

我们开始来考查任一集合 $A\subset\mathbf{R}$ 及由它作出的集合

$$A^*=A-A\cap\sum_{n=1}^{\infty}f(A,-n)$$

即 A^* 是属于A但不属于任一集合$f(A,-n)(n=1,2,\cdots)$的点p所成的集合.

我们指出,由集合 A^* 的定义有

$$f(A,-n)\cap A^*=0\quad(n=1,2,\cdots)$$

从而,因 $A^*\subset A$,所以

$$f(A^*,-n)\cap A^*=0\quad(n=1,2,\cdots)$$

取上面两个关系式在时刻 $t=n$ 的象,便得

$$f(A^*,n)\cap A=0,f(A^*,n)\cap A^*=0\quad(n=1,2,\cdots)$$

设$U_1,U_2,\cdots,U_n,\cdots$是空间$\mathbf{R}$的确定的一组邻域.对每一个$U_n$按上述作对应的集合$U_n^*$.

令

$$\sum_{n=1}^{n}U_n^*=V^+,\mathbf{R}-V^+=E^+$$

则 E^+ 是 P^+ 式稳定点集合,而 V^+ 是非 P^+ 式稳定点集合.

事实上,设 $p\in E^+$,并设U_2是任一含 p 的邻域.由 E^+ 的定义,点 p 不属于U_ν^*,因而有某一 k 值能使 $p\in U_\nu\cap f(U_\nu,-k)$.取这个关系式两端在时刻 $t=k$ 的象,得

$$f(p,k)\in U_\nu\cap f(U_\nu,k)\subset U_\nu$$

此处 $k\geqslant 1$,而 U_ν 是点 p 的任一邻域.于是由第二定义(见附记),p 是 P^+ 式稳定的.

设 $p\in V^+$,则有点 p 的某一邻域U_μ,能使 $p\in U_\mu^*$.因为,按已证

$$f(U_\mu^*,n)\cap U_\mu=0\quad(n=1,2,\cdots)$$

所以 $f(p,n)\cap U_\mu=0$.因此,p 总是离开邻域 U_μ,即 p 为非 P^+ 式稳定的.

同样的,作集合 $U_n^{**}=U_n-U_n\sum_{k=1}^{\infty}f(U_n,k)$,我们得非 P^- 式稳定点集合 $V^-=\sum_{n=1}^{\infty}U_n^{**}$,及 P^- 式稳定点集合 $R-V^-=E^-$.显然,E^+E^- 即是 P 式稳定点集合.

由这个做法,U_n^* 是两个开集 U_n 和 $U_n\sum_{k=1}^{\infty}f(U_n,-k)$ 的差,因此可以表示成可数个闭集合的和,即 F_σ 型集合.$V^+=\sum_{n=1}^{\infty}U_n^*$ 是 F_σ 型集合,$V^+=\sum_{n=1}^{\infty}U_n^*$ 是 F_σ 集合的和,也是 F_σ 型集合.

最后,E^+ 为 F_σ 型集合的余集,所以是 G_δ.

同样的,E^- 是 G_δ,而 P 式稳定点集合是 E^+E^-,所以也是 G_δ.

§5　域回归性与中心运动

我们引入来自伯克霍夫的域回归性观点.

定义 5　确定在某一度量空间 **R** 上的动力体系 $f(p,t)$，如果对任一域 $G\subset$ **R** 及任一数 T 都能找得出值 $t>T$，能使 $G\cap f(G,t)\neq 0$，我们就说它具有域回归性. 将对应参数 $-t$ 的群的变换应用到上一不等式，便也得到 $G\cap f(G,-t)\neq 0$，此即表示域回归性同时属于正的和负的 t 值. 将要在下一章研究的具有不变测度的动力体系即具有此性质.

在本节中我们往证，在对动力体系作很一般的假设后，就可以从空间 **R** 中挑出部分空间 M，使在它里面有域回归性出现.

我们称点 p 为游荡的，假如有一个它的邻域 $U(p)$ 及一正常的 T 存在，能使

$$U(p)\cap f(U(p),t)=0\quad(t>T)\tag{1}$$

将对应于参数 $-t$ 的变换施行到上一等式，便得

$$U(p)\cap f(U(p),-t)=0$$

此即表示游荡点的定义关于正的和负的 t 值是对称的.

游荡点集合 W 是不变的，因为对于点 $f(p,t_0)$，由式(1)，应用对应于参数 t_0 的变换，便得 $t\geqslant T$ 时

$$f(U(p),t_0)\cap f(f(U(p),t_0),t)=0$$

再者，此集合是开的，根据(1)，邻域 $U(p)$ 的所有点随同点 p 也为游荡的.

因此，属于 **R** 的非游荡点集合

$$M_1=\mathbf{R}-W$$

是闭的不变集合，它可能是空的. 例如，在 E^2 上由微分方程 $\dfrac{dx}{dt}=1,\dfrac{dy}{dt}=0$ 所确定的动力体系其所有点都是游荡点.

非游荡点 $p\in M_1$ 以下面性质显示其特征，对任一包含它的邻域 $U(p)$ 能找得出任意大的值 t，它能使

$$U(p)\cap f(U(p),t)\neq 0\tag{2}$$

如果点 p 是 P^+ 式或 P^- 式稳定的，那么由定义对任一包含它的邻域 $U(p)$ 能找得出绝对值任意大的值 t，使

$$f(p,t)\cap U(p)\neq 0$$

因而式(2)是满足的，即任一 P^+ 式或 P^- 式稳定的点都是非游荡的.

上述的逆为不真，在前节的例中，容易证明锚圈面上所有点都是非游荡的，但在例 5 中存在任一方向都非 P 式稳定的点.

假如非游荡点所成的闭集合 M_1 包含一不变开集 G,则在这一个域 G 里面出现域回归性,这由定义和关系式即可推知,在其中 $U(p)$ 是在条件 $U(p)\subset G$ 下选得的.

定理 17 如果动力体系至少有一 L^+ 式或 L^- 式稳定运动,那么非游荡点集合 M_1 不空.

设 $f(p,t)$ 是 L^+ 式稳定的,于是 Ω_p 不空且为紧密的不变集合.

将 Ω_p 看作运动空间 $\mathbf{R}$,如我们能证明在紧密度量空间 $\mathbf{R}$ 内非游荡点集合 M_1 不空,则我们的定理便得证.

假定 W 是游荡点集合且 $M_1=\mathbf{R}-W=0$,于是对每点 $p\in\mathbf{R}$ 都有一邻域 $U(p)$,使 $t>T$ 时,关系式(1) 成立. 根据空间 $\mathbf{R}$ 的紧密性,从这些邻域中能选出有限个 $U_1,U_2,\cdots,U_N$,能使 $\sum\limits_{k=1}^{N}U_k=\mathbf{R}$,设对应它们的分别有数 $T_1,T_2,\cdots,T_N$.

任一点 $p\in\mathbf{R}$ 必在某一 U_{n_1} 内,而由(1),在时间小于或等于 T_{n_1} 后,它将永远离开 U_{n_1},设它离开 U_{n_1} 后进入到 U_{n_2},则同样在时间小于或等于 T_{n_2} 后也将永远离开. 依此类推下去,最后,当 $t>\sum\limits_{k=1}^{N}T_k$ 时,它将无处可去. 此矛盾证明了本定理.

在本节以下的部分将研讨在紧密度量空间内的动力体系,空间既然是紧密的,因而有可数基底.

由以上证明的定理可知,集合 M_1 不空,且因为是紧密空间中的闭集合,所以还是紧密的.

我们来证,任一运动趋于集合 M_1,即有下面定理:

定理 18 假若空间 $\mathbf{R}$ 是紧密的,则不论 $\varepsilon>0$ 为何,所有游荡运动 $f(p,t)$ 仅在不超过 $T(\varepsilon)$ 的有限时刻方能在集合 $S(M_1,\varepsilon)$ 之外.

事实上,因 $\mathbf{R}$ 是紧密的而 $S(M_1,\varepsilon)$ 是开的,故 $\mathbf{R}-S(M_1,\varepsilon)$ 是一个紧密集合且它所包含的点都是游荡点. 因而对每个点 $p\in\mathbf{R}-S(M_1,\varepsilon)$ 都有邻域 $U(p)$,当 $t>T(p)$ 时,条件(1) 满足.

重复定理 17 的论证,我们用这些邻域中的有限个 $U_1,U_2,\cdots,U_N$ 将 $\mathbf{R}-S(M_1,\varepsilon)$ 掩盖并将对应的数 $T(p)$ 记作 $T_1,T_2,\cdots,T_N$,就可证实 $f(p,t)$ 在 $\mathbf{R}-S(M_1,\varepsilon)$ 内的那些时刻的值不超过 $T=\sum\limits_{k=1}^{N}T_k$. 定理即得证.

我们进一步的问题是将在它的邻域内有游荡点通过的集合加以缩小. 由这一途径就达到下述的中心这一观念.

我们将 $\mathbf{R}$ 的非游荡点集合 M_1 看作新的动力体系的空间. 这一空间是紧密的,而且据前证在它上面能定出不空的不变闭集合 M_2,M_2 是对 M_1 来说的非游荡点集合. 如继续进行,我们得到一个包含一个的闭集合链

$$M_1 \supset M_2 \supset \cdots \supset M_n \supset \cdots$$

假如对某一数 k，我们有 $M_k = M_{k+1}$，则 $M_k = M_{k+2} = \cdots$，而集合 M_k 即是所要找的中心运动集合.

假如每一 M_{k+1} 都是 M_k 的真部分，则我们规定

$$M_\omega = \prod_{k=1}^{\infty} M_k$$

集合 M_ω 也是紧密且不变的. 用超限归纳法，这一步骤可继续到第二类序数的全部. 假如 $\alpha+1$ 是第一类数，且 M_α 已定义，则 $M_{\alpha+1} \subset M_\alpha$ 是在运动空间 M_α 内的非游荡点集合. 如 β 是第二类超限数，且所有 $M_\alpha(\alpha < \beta)$ 都已定义，则 $M_\beta = \prod_{\alpha<\beta} M_\alpha$. 这样，我们便得到闭集合的超限序列

$$M_1 \supset M_2 \supset \cdots \supset M_\omega \supset \cdots \supset M_\alpha \supset \cdots$$

由康托－贝尔定理，对第二类数 α，有 $M_\alpha = M_{\alpha+1} = \cdots$. 集合 M_α 就是中心运动集合. 将它记作 M，M 显然是紧密不变集合.

例 6　今指出当 $M = M_2$ 的情形. 在平面 E^2 的闭域 $x^2+y^2 \leqslant 1$ 上规定一运动系. 它们所循的轨线由微分方程

$$\frac{\mathrm{d}y}{\mathrm{d}x} = \frac{x + y(1-x^2-y^2)}{-y + x(1-x^2-y^2)} \quad (x^2+y^2 \leqslant 1)$$

或其极坐标形式

$$\frac{\mathrm{d}r}{\mathrm{d}\theta} = r(1-r^2) \quad (0 \leqslant r \leqslant 1)$$

来确定.

在积分曲线族内原点为奇点(集点)，曲线 $r=1$ 为闭积分线，所有其他积分线都是螺线，当 $\theta \to -\infty$ 时，渐近于奇点，而当 $\theta \to +\infty$ 时，盘近极限圈 $r=1$.

如转到动力体系，则我们作此动力体系，使得点 $x=1, y=0$ 和点 $x=0, y=0$ 都是休止点. 由运动方程组

$$\frac{\mathrm{d}x}{\mathrm{d}t} = [-y + x(1-x^2-y^2)][(x-1)^2+y^2]$$

$$\frac{\mathrm{d}y}{\mathrm{d}t} = [x + y(1-x^2-y^2)][(x-1)^2+y^2]$$

或其极坐标形式

$$\dot{r} = r(1-r)(1+r^2-2r\cos\theta)$$

$$\dot{\theta} = 1+r^2-2r\cos\theta$$

便可得出所要作的.

在曲线 $r=1$ 上存在两个运动轨道：休止点 $r=1, \theta=0$ 和沿弧 $r=1, 0 < \theta < 2\pi$ 由方程

$$\theta(t)=2\operatorname{arccot}\left(\cot\frac{\theta}{2}-2t\right)$$

$$\lim_{t\to-\infty}\theta(t)=0,\ \lim_{t\to+\infty}\theta(t)=2\pi$$

规定的运动.

域 $G=\{0<r<1\}$ 的点都是游荡的,因为当 $t\to-\infty$ 和 $t\to+\infty$ 时,它们相应的趋于 $r=0$ 和 $r=1$,由 G 的局部紧密性,此即表示每点的充分小邻域 $U(p)$ 在一段有限时间后的象即不再与它自身相遇. 点 $r=0$ 是休止点,所以是非游荡的. 圆周 $r=1$ 上的所有点也是非游荡的,因为在这些点的任一邻域 $U(p)$ 内都有不在圆周上的点,因而当时间 t 增加,极角 θ 增加 2π 的倍数时,它们的象就更接近圆弧 $r=1$,故将再与 $U(p)$ 相交. 这样,M_1 是由点 $r=0$ 和圆周 $r=1$ 组成的.

再讨论在集合 M_1 上的运动. 休止点:$r=0$ 和 $r=1,\theta=0$,显然是非游荡的. 每一个坐标为 $r=1,\theta=\theta_0\not\equiv0(\bmod 2\pi)$ 的点 p 都是游荡的,因为当 $t\to-\infty$ 和 $t\to+\infty$ 时它的象有极限位置,而由局部紧密性,它的不含休止点的相对邻域在有限时间后不再和它的象相交.

在继续作相对非游荡点的每一个步骤中,显然仍得出相同的结果. 因而 $M=M_2$ 仅由两个休止点组成.

和伯克霍夫一样,我们称含 $M_\alpha=M$ 的最小数 α 为中心轨道的阶数. 伯克霍夫曾提出这样一个问题:给定一个第二类超限数,在 E^k 内是否有动力体系恰以它为阶数? 对这一问题,马依尔给出了它一个肯定的解答,在 E^3 内作出这样的体系. 在本节末,我们将述及马依尔的例[5].

我们曾见到,每一 P^+ 式或 P^- 式稳定轨道都属于 M_1. 因为它所有的点就它自己的轨道作为空间来看是非游荡的,所以属于 M_2. 用超限归纳法容易证明,至少在一个方向 P 式稳定的轨道属于中心运动 M,而这一集合可以定义为就它自己来讲每点都是非游荡的最大(不变) 闭集合,或完全一样,为在它里面有相对域回归性出现的最大(不变) 闭集合.

下面的定理阐明集合 M 的构造.

定理 19 在中心运动集合 M 内,在 P 式稳定轨道上的点是到处稠密的.

我们来考查给定的动力体系在集合 M 上的性状. 设 $p\in M$ 是任一点,$\varepsilon>0$ 是任一数. 今往证在 $S(p,\varepsilon)=S$ 有 P 式稳定的点. 取正的递增数列 $\{T_n\}$,$\lim\limits_{n\to\infty}T_n=+\infty$. 据域回归性,有 $t_1>T_1$,能使 $S\cap f(S,t_1)$ 不空. 因为两个开集合的交集是开集合,所以有点 p_1 和数 $\varepsilon_1>0$,能使 $S(p_1,\varepsilon_1)\subset S\cap f(S,t_1)$. 令 $S_1=S\left(p_1,\frac{\varepsilon_1}{2}\right)$. 仍根据域回归性,有 $-t_2<-T_2$,能使 $S_1\cap f(S_1,-t_2)$ 不空,且有点 p_2 及数 $\varepsilon_2>0$,能使

$$S(p_2,\varepsilon_2)\subset S_1\cap f(S_1,-t_2)$$

显然 $\varepsilon_2 \leqslant \frac{\varepsilon_1}{2}$. 令 $S_2 = S\left(p_2, \frac{\varepsilon_2}{2}\right)$. 同理，有点 p_3 及数 $\varepsilon_3 > 0$，能使 $S(p_3, \varepsilon_3) \subset S_2 \cap f(S_2, t_3)$，在此 $t_3 > T_3$ 且 $\varepsilon_3 \leqslant \frac{\varepsilon_2}{2}$. 设 $S\left(p_3, \frac{\varepsilon_3}{2}\right) = S_3$. 此后，确定点 p_4 及数 $\varepsilon_4 > 0$，使得 $S(p_4, \varepsilon_4) \subset S_3 \cap f(S_3, -t_4)$，其中 $-t_4 < -T_4$ 且 $\varepsilon_4 \leqslant \frac{\varepsilon_3}{2}$.

无限制的继续这一步骤并注意，$\overline{S}_n \subset S_{n-1}(n = 2, 3, \cdots)$ 以及 $D(\overline{S}_n) \leqslant 2\varepsilon_n \leqslant \frac{\varepsilon}{2^{n-1}}$，于是据空间 M 的紧密性，由 S_n 的交集就得到点 q，即

$$q = \prod_{n=1} S_n$$

今往证，点 q 是 P^- 式稳定的. 设给定任意大的数 $T > 0$ 及任意小的数 $\delta > 0$. 选定自然数 n 使同时有 $T_{2n+1} > 1$ 及 $\varepsilon_{2n} < \delta$. 按作法，$q \in S(p_{2n+1}, \varepsilon_{2n+1})$. 因为 $\rho(q, p_{2n}) < \frac{\varepsilon_{2n}}{2}$ 且 $\delta > \varepsilon_{2n}$，所以 $S_{2n} = S\left(p_{2n}, \frac{\varepsilon_{2n}}{2}\right) \subset S(q, \delta)$.

因此，我们得到包含关系

$$q \in S(p_{2n+1}, \varepsilon_{2n+1}) \subset S_{2n} \cap f(S_{2n}, t_{2n+1})$$

从而，运用对应于参数 $-t_{2n+1}$ 的变换，便得

$$f(q, -t_{2n+1}) \subset S_{2n} \cap f(S_{2n}, -t_{2n+1}) \subset S(q, \delta)$$

且 $-t_{2n+1} < -T_{2n+1} < -T$. 点 p 的 P^- 式稳定性得证.

同理，可证它的 P^+ 式稳定性.

附记 5 在证明定理 19 时，仅利用了 M 的紧密性和域回归性. 因此，若将 M 代以任一具有域回归性的紧密(不变)集合，定理仍然成立.

根据定理 19 以及上述附记，完全阐明了集合 M 的构造. 这就是说在紧密空间内，中心运动集合是全部 P 式稳定轨道上的点所成集合的闭包.

定理 20 在中心运动集合 M 内，位于 P 式稳定轨道上的点组成一第二范畴的 G_δ 型集合，即它的余集合可以表示成可数多个闭集合(可能是空的)的和且每一个闭集合都是无处稠密的.

选取无限递增正数列 $\{T_n\}$，$\lim\limits_{n\to\infty} T_n = +\infty$ 及无限递减正数列 $\{\varepsilon_n\}$，$\lim\limits_{n\to\infty} \varepsilon_n = 0$. 令 F_k 为点 $p \in M$ 的具有性质

$$f(p, t) \cap S(p, \varepsilon_k) = 0 \quad (t > T_k)$$

的所有的集合，F_k 可能是空的.

显然，所有点 $p \in F_k$ 是非 P^+ 式稳定的，而且容易证明，任一非 P^+ 式稳定的点属于某一 F_k.

今往证 F_k 是闭的. 设若不然，则有收敛点列 $\{p_n\} \subset F_k$，但 $\lim\limits_{n\to\infty} p_n = p_0 \notin F_k$. 于是有某个 $t_0 \geqslant T_k$ 使 $f(p_0, t_0) \in S(p_0, \varepsilon_k)$，因而也将有 $\varepsilon > 0$，能使 $S(f(p_0,$

$t_0),\varepsilon) \subset S(p_0,\varepsilon_k)$. 根据 §1 性质 Ⅱ′,对于点 p_0,数 t_0 和 ε,可以找出 $\delta>0$,能使当 $q \in S(p_0,\delta)$ 时,有 $f(q,t_0) \in S(f(p_0,t_0),\varepsilon)$,即 $f(q,t_0) \in S(p_0,\varepsilon_k)$, $t_0 \geqslant T_k$,因而 q 不属于 F_k. 但由条件 $p_n \to p_0$,当 n 充分大时,$p_n \in S(p_0,\delta)$,因而 $p_n \notin F_k$,矛盾. 此矛盾证明 F_k 是闭的.

F_k 在 M 内无处稠密,如设它在某一相对域 $G \subset M$ 上是稠密的,则由它是闭的这一性质,它将整个的包含 G,这与定理 19 相矛盾. 这样就证明了属于 M 的全部非 P^+ 式稳定集合是 $\sum\limits_{k=1}^{\infty} F_k$,其中每一个 F_k 都是无处稠密的闭集合.

同样的,作 P^- 式非稳定的集合 F_k^*:$p \in F_k^*$,假若当 $t<-T_k$ 时,$f(p,t) \cap S(p,\varepsilon_k)=0$,那么所有 P^- 式非稳定点的集合是 $\sum\limits_{k=1}^{\infty} F_k^*$.

现在显然可见,P 式稳定点 $p \in M$ 所成集合是

$$M-\sum_{k=1}^{\infty} F_k-\sum_{k=1}^{\infty} F_k^*$$

在 M 上它是 G_δ 型的第二范畴集合.

附记 6 与定理 19 一样,当我们将 M 代以一个具有域回归性的不变紧密集合时,本定理仍然有效.

在它们里面有域回归性的不变集合之一特殊类别为希尔米[6] 所引入的准极小集合. 一个准极小集合 Θ 可以定义为包含于一紧密集合 R_1 内的 P 式稳定轨道的闭包. 如果 $f(p_0,t)$ 为 P 式稳定且 $f(p_0;I) \subset R_1$,R_1 为紧密的(即 $f(p_0,t)$ 是拉格朗日稳定的),那么

$$\Theta=\overline{f(p_0;I)}$$

对于这一类集合,据域回归性,定理 19 和 20 可以应用. 不过还有更精密的定理.

定理 21 在准极小集合内到处稠密的 P 式稳定轨道上的点构成一相对的第二范畴的 G_δ 型集合.

紧密度量空间 Θ 有可数基底:$U_1,U_2,\cdots,U_n,\cdots$.

令 F_1 及 F_2 分别代表对应的半轨 $f(p;0,+\infty)$ 或 $f(p;0,-\infty)$,在 Θ 上无处稠密的点 $p \in \Theta$ 所成集合.

如果 $f(p;0,+\infty)$ 在 Θ 上无处稠密,那么有邻域 U_k 及数 T 存在,能使 $f(p,t) \cap U_k=0, t>T$.

选定一递增数列 $\{T_n\}$,$\lim\limits_{n\to\infty} T_n=+\infty$,并令 F'_{kn} 表示当 $t>T_n$ 时 $f(p,t) \cap U_k=0$ 的点 $p \in \Theta$ 所成的集合. 仿照定理 20 的论证,可证 F'_{kn} 是闭的,它不能在 Θ 内任一处为稠密,否则将包含一完全由 $f(p;0,+\infty)$ 在 Θ 上无处稠密的一些点 $p \in \Theta$ 组成的域,这和定义所包含的存在 $f(p_0,t)$ 能使 $f(p_0;0,+\infty)$ 在 Θ 上到处稠密这一事实不符. 显然

$$F_1=\sum_{k=1}^{\infty}\sum_{n=1}^{\infty}F'_{kn}$$

同理可得,F_2 可表示成在 Θ 上无处稠密的闭集合之和的形式

$$F_2=\sum_{k=1}^{\infty}\sum_{n=1}^{\infty}F''_{kn}$$

因而对应的两半轨都在 Θ 上到处稠密的属于 Θ 的点所成集合是 $\Theta-F_1-F_2$,即第二范畴的 G_δ 集合,且每一点显然都是 P 式稳定的.

推论 4 如准极小集合 Θ 不同于休止点和周期运动轨道,则它包含不可数个运动,每一个都是到处稠密而且 P 式稳定的.

事实上,对每一在 Θ 上到处稠密且 P 式稳定的运动 $f(p,t)$,我们有 $\overline{f(p;I)}=\Theta$,据 §4 定理 16 的推论,每一有限弧 $f(p;t_1,t_2)$ 在 Θ 上无处稠密.如设在 Θ 内到处稠密的 P 式稳定轨道为可数或有限,则可以将它们的合并集合表示成无处稠密集合的可数和 $\sum\limits_{i}\sum\limits_{k=1}^{\infty}f(p_i;\pm k,\pm k+1)$,这不可能,因为这是完备空间内的一个第二范畴集合.

准极小集合的例,除了休止点和周期运动轨道外,可参看 §4 的三个例子.例 1,2 和 3 之间的差别将在 §7 阐明.

A. Г. 马依尔的例[5]① 我们引入定义在某一锚圈面的微分方程组的例,其右端满足李普希茨条件且中心轨道的阶数超过任意给定的第二类超限数 α.

这就是说,在这一体系的轨道中,恰有可数个轨道能用 α 前面的全部超限数来加以编号,且使每一标号为 β 的轨道在其 ω 极限中有标号为 γ 的所有轨道,而 γ 是在 β 之后.还有就是这一体系的中心运动集合仅由平衡位置组成.

这一体系的作法本身很简单,我们把它分成下面几步:

1. 在锚圈"心"内作一超限序列的曲线,即作一具有下列性质的曲线序列.

(a) 这些曲线可用给定的超限数 α 及其前面的诸超限数来加以标号

$$L_1,L_2,\cdots,L_\omega,\cdots,L_\beta,\cdots,L_\alpha$$

(b) 每一曲线都允许有表达式

$$x=f_\beta(\varphi),y=g_\beta(\varphi),z=h_\beta(\varphi)\qquad(L_\beta)$$

其中 φ 是锚圈的中心曲线从其任一点起算的弧长(φ 由 $-\infty$ 变到 $+\infty$),函数 f_β,g_β,h_β 对所有 φ 都有定义,单值而且可微.

(c) 每一 L_β 以且仅以所有 L_γ 的点作为它的 ω 和 α 极限点,γ 为某一 β 后的超限数(在此极限点是把参数 φ 当作动力体系中的参数 t 那样来定义).

(d) 作为 x,y,z 的函数来看,$x'_\varphi,y'_\varphi,z'_\varphi$ 在位于整个 L 上的点处都有意义,且在其上满足李普希茨条件,只要在那里取这些函数值之差的锚圈的点是在 L_α

① 关于此例,请参看马依尔的《О центральных траекториях и проблеме Биркгофа》.

上某点P(P将在作的过程中把它定出来)的任一固定η邻域之外.当η递减时,李普希茨条件中的常数可能无限增加.

2.第2步是将仅在锚圈的一些点上有意义的函数

$$x'_{\varphi}=F(x,y,z),y'_{\varphi}=G(x,y,z),z'_{\varphi}=H(x,y,z)$$

扩充到整个锚圈的点处,使仍服从第1步中的条件(d).

3.这样就在整个锚圈内作出了一个微分方程组,其右端在点P的任意小的邻域外满足李普希茨条件,且在其轨道中有在第1步中所作的超限序列曲线.第3步,我们用参数变换

$$\mathrm{d}\varphi=R(x,y,z)\mathrm{d}t\quad(R\geqslant 0)$$

在点P处引入平衡位置,这样从在第2步中所作的方程组得出新方程组

$$\frac{\mathrm{d}x}{\mathrm{d}t}=F_1(x,y,z),\frac{\mathrm{d}y}{\mathrm{d}t}=G_1(x,y,z)$$

$$\frac{\mathrm{d}z}{\mathrm{d}t}=H_1(x,y,z)$$

其右端在整个锚圈上满足以某一k为常数的李普希茨条件.

4.在第1～3步中作出的方程组,由作法,以锚圈的子午平面为没有切触的平面(除非在点P处),但它可能有P式稳定轨道,以我们的超限序列中的轨道为它的α或ω极限.在第4步中,我们引入一些平衡位置(但不破坏李普希茨条件).从第3步中的方程组可得新的方程组,其中所有"危险的"(在P式可能稳定的意义下)轨道,都为平衡位置所"切断",然而超限轨道列$L_1,L_2,\cdots,L_{\omega},\cdots,L_{\alpha}$仍保留其性质而没有主要的改变.

最复杂的是第1步,而要完成其他各步则很容易.在第1步中,曲线序列的作法,将由在确定的次序下作这些曲线的弧并连接它们.

辅助定理1 设在锚圈T

$$\begin{cases}x_1=(1+\rho\sin\psi)\cos\varphi\\x_2=(1+\rho\sin\psi)\sin\varphi\\x_3=\rho\cos\varphi\end{cases}\tag{3}$$

$(0\leqslant\rho\leqslant\rho_0<1,-\infty<\psi<+\infty,-\infty<\varphi<+\infty)$内给定有限个弧$L_i$

$$\begin{cases}x_1=f_{1i}(\varphi)\\x_2=f_{2i}(\varphi)\quad\varphi_{0i}\leqslant\varphi\leqslant\varphi_{1i}(i=1,2,\cdots,N)\\x_3=f_{3i}(\varphi)\end{cases}\tag{L_i}$$

设函数$f_{ki}(\varphi)(k=1,2,3)$满足条件

$$|f_{ki}(\varphi_1)-f_{ki}(\varphi_2)|<K_1|\varphi_1-\varphi_2|\tag{4}$$

$$|f_{ki}(\varphi_1)-f_{km}(\varphi_1+2p\pi)|<K_2\rho(P_1,P'_1)\tag{5}$$

其中p为任一整数(假定$f_{km}(\varphi_1+2p\pi)$是确定的,点P_1属于L_i且对应于值$\varphi=\varphi_1$,点P'_1属于L_m且对应于值$\varphi=\varphi_1+2p\pi$,$\rho(P_1,P'_1)$是P_1和P'_1间的距离).

于是,如果点 P_i 和 P_m 分别属于曲线 L_i 和 L_m 且对应于某两个值 φ_1 和 φ_2,那么有不等式

$$|f_{ki}(\varphi_1) - f_{km}(\varphi_2)| < K\rho(P_i, P_m) \tag{6}$$

其中常数 K 只与 K_1 和 K_2 有关.

换句话说,如果对于给定的一族弧沿其中每一条上的点以及对在同一锚圈的子午圈平面上位于不同弧上的点,满足李普希茨条件,那么对任意两弧上的任意两点也将满足李普希茨条件. 证法几乎是显明的,我们从略.

在这一组弧的作法中,我们只引入一些弧,沿着它们满足具有同一常数 K_1 的李普希茨条件(4). 因此,在连合新的弧时,所要证实的,只是李普希茨条件(5).

对于所给的作法,这个证明可由下列辅助定理而得到简化.

辅助定理 2 给定满足李普希茨条件(4)和(5)的一组弧:$L_1, \cdots, L_N$,并设 δ 为弧 L_p(p 固定的)上的点与其余弧的点的距离以及与位于同一子午平面上的 L_p 的点(但对应 φ 的另一个值)的距离的下界. 设弧 $\overline{L}_p$ 是将弧 L_p 移动 δ'($\delta' < \delta$)而得到的,且移动的方向是在子午平面上.

于是新的一组弧

$$L_1, \cdots, L_p, \cdots, L_N, \overline{L}_p$$

满足具有同一常数 K_1 的李普希茨条件(4)以及条件(5),不过代替 K_2,能取

$$K_2' = \frac{K_2}{1 - \dfrac{\delta'}{\delta}}$$

辅助定理显然成立.

开始叙述作法本身. 设 α 是给定的第 Ⅱ 类超限数

$$1, 2, \cdots, n, \cdots, \omega, \cdots, \beta, \cdots, \alpha \tag{7}$$

以任意的而且是固定的方式将所有先于 α 的超限数编号为

$$\alpha_1, \alpha_2, \cdots, \alpha_k, \cdots \tag{8}$$

因而每一个 α_i 是先于 α 的超限数之一,且每一个先于 α 的超限数是某一个 α_k.

再给定两个递减趋于零的正数列

$$\eta_1 > \eta_2 > \cdots > \eta_n > \cdots \to 0 \tag{9}$$

$$a_1 > a_2 > \cdots > a_n > \cdots \to 0 \tag{10}$$

而且对于数列(10)还要求

$$\prod_{n=1}^{\infty} \frac{1}{1 - a_n}$$

收敛.

取锚圈 T 的中间曲线($\rho = 0$)作为曲线 L_α,并在其中选取作为角 φ 的起算点 P.

我们以下列步骤引入作法，而且在每一个步骤中，我们作出具有下列条件的有尽个弧：

(a) 如果曲线 L_γ 的弧已作好，其中 γ 是有直接先驱者 $\gamma-1$ 的超限数，那么曲线 $L_{\gamma-1}$ 的弧应当也是已作好的；

(b) 在第 k 步的作法中，曲线 L_{α_k} 的弧应已作好，其中 α_k 取自数列(8)，L_1 也应是作好的；

(c) 在第 k 步上所作曲线 L_γ 的弧位于所作的 L_β 的弧的 ε_k 邻域内，其中 β 跟随 γ 之后，而且当 $k\to\infty$ 时，$\varepsilon_k\to 0$；

(d) 在第 k 步中所作的弧的端点位于点 P 的 η_k 邻域内；

(e) 对于在第 $1,2,\cdots,k$ 步所作的弧，对在点 P 的 η_r 邻域外的点处所计算的导数 $\dfrac{\mathrm{d}x_i}{\mathrm{d}\rho}$，$i=1,2,3$（$r$ 是固定的且小于 k），满足具有常数 $K_{r,k}$ 的李普希茨条件，当 $k\to\infty$ 时，此 $K_{r,k}$ 仍小于某一 K_0.

如果假定第 $1,2,\cdots,k$ 步的作法可以实现，我们来证第 $k+1$ 步作法的实现.

取超限数 α_{k+1}. 如果在以前所作的弧中，具有在 α_{k+1} 之后（在数列(ω)中）的超限数 α_i 的曲线的已作弧，那么作法从延展标号超过 α_{k+1} 与以前所作的弧的所有超限数的曲线的弧开始. 若没有这样的弧 L_{α_i}，则作法从弧 $L_{\alpha_{k+1}}$ 开始.

为确定起见，假定具有超过 α_{k+1} 或等于它的超限数的弧没有作出.

设 N_1 为曲线的个数，此等曲线的弧是在以前各步所作的，设 N_2 为（在数列(7)中）直接先于 α_{k+1} 并有直接的先驱者的超限数的个数①.

设

$$N=N_1+N_2+1$$

在第 $k+1$ 步的作法中，将作出不多于 N 条曲线的弧，这就是用下面方法来作的.

以 $b_1,b_2,\cdots,b_N$ 表示某些正数，并选取它们使得

$$\prod_{p=1}^{N}\frac{1}{1-b_p}\leqslant\frac{1}{\sqrt{1-\alpha_{k+1}}}$$

先以下法作弧 $L_{\alpha_{k+1}}$.

设 δ 为位于同一子午平面内的不同的弧的点的距离的下界. 设 $\delta'>0$，使得 $\dfrac{\delta'}{\delta}<b_1$. 将位于点 P 的 η_{k+1} 邻域内由点 M 和 N 所界限的 L_α（即锚圈的中心曲线）的弧以铅直方向作小的位移，使得：(1) 位移值小于 δ'；(2) 弧的端点仍在 P 的 η_{k+1} 邻域内.

我们取这个移动了的弧作为弧 $L_{\alpha_{k+1}}$，根据辅助定理，条件(a) ~ (e) 满足，

① 若 $\alpha_{k+1}=\omega_{\beta+n}$，$n$ 为整数，则 $N_2=n$.

而且是对于增补的弧组来计算的，对于位于一个子午平面上的点来计算的李普希茨常数增大且不超过$\frac{1}{1-b_1}$倍. 现在去指明延展在第 k 步中已经作出的某一曲线弧的作法.

设在第 $k+1$ 步中，从 $L_{\alpha_{k+1}}$ 开始，$m-1$ 个曲线的弧已作出，并设 L_μ 是我们最后作到的曲线弧. 弧 L_μ 的端点位于 P 的 η_{k+1} 邻域内.

设 γ 为 μ 的最接近的先驱超限数，使作法的下一步应包含在弧 L_γ 的延展中，L_γ 的已作部分的端点位于 P 的 η_k 邻域内.

以 δ 表示在位于同一子午平面内所有弧的点间的距离的下确界，并设数 $\delta'>0$，使得$\frac{\delta'}{\delta}<b_m$. 在铅直方向将整条弧 L_μ 位移一个小的值，使得：(1) 移动的值小于 δ'；(2) 移动了的弧的端点仍在 P 的 η_{k+1} 邻域内.

取环境中心曲线的任一方向，代替去建立每一个弧的起点和终点的概念，我们将弧 L_γ 的端点与移动了的起点以任意曲线 l 联结，此曲线满足下列条件：

(1) 曲线 l 在 P 的 η_k 邻域内；

(2) 它与以前所作出的每一个弧都不相交，而与子午平面只相交一次；

(3) 作为 φ 的函数的 x, y, z 沿着 l 有连续的导数且在沿着伸长了的弧 L_γ 移动时，它们满足李普希茨条件.

容易发现，这些条件是互不矛盾的.

完全同样的，利用 L_μ 的新的移动，我们可以在 φ 递减的方向作出 L_γ 的延展.

于是条件(a) ~ (e) 仍满足，而且辅助定理 2 的李普希茨常数总共增大不超过$\left(\frac{1}{1-b_m}\right)^2$倍.

如果对于曲线 L_γ，在以前各步中没有作出任何弧(这是可能发生的，假如在以前作法中具有超过 α_{k+1} 的超限数标号的弧都已作成)，那么我们限于 L_μ 的一个移动并取移动了的弧作为 L_γ.

经过有限步后(不超过 N)，便达到 L_1 的作法，并在其上，第 $k+1$ 步作法结束.

所有条件(a) ~ (e) 显然是满足的，并且在第 $k+1$ 步作法的结果中，辅助定理 2 的李普希茨常数显然增大不超过

$$\prod_{p=1}^{N}\left[\frac{1}{1-b_p}\right]^2=\frac{1}{1-\alpha_{k+1}}$$

倍. 如无限继续此作法，我们便得到具有在第 1 步中所述性质的曲线组.

由此，完成了作法的第一阶段.

在第二阶段中，将确定在作出了弧的点处的函数 $x'_\varphi, y'_\varphi, z'_\varphi$ 推广到锚圈的所有点上，这个推广也是按步骤来完成的，而且在第1步中，使它们在 P 的 n_1 邻域

外的锚圈内有定义(在锚圈上等于零),在第 k 步中,使之对于位于 P 的 η_k 邻域外的 P 的 η_{k-1} 邻域的点有定义.

不增加李普希茨条件中的常数倍数,这样的定义是基于下面辅助定理.

辅助定理3 设函数 $f_E(P)$ 在某一度量空间 M 中的点集合 E 上有定义,又设此函数满足李普希茨条件

$$|f_E(P_1)-f_E(P_2)|\leqslant K\rho(P_1,P_2) \tag{E}$$

其中 P_1 和 P_2 是 E 的任意两点,K 是正的常数,$\rho(P_1,P_2)$ 是 P_1 和 P_2 两点间的距离. 于是有函数 $f(P)$ 存在,它在 M 中处处有定义,在点 E 处与 $f_E(P)$ 重合,并在 M 中处处满足具有同一常数 K 的条件(E).

证明 这种函数的一个例就是函数

$$f(Q)=\inf_{P\in E}\{f_E(P)+K\rho(P,Q)\}^{①}$$

运用这个辅助定理就能保证完成第二阶段的作法.

---

① 事实上,如设 $Q\in M, P_1\cup P_2\subset E$,则由不等式

$$\rho(P_1,Q)+\rho(P_2,Q)\geqslant\rho(P_1,Q_2)$$
$$|f_E(P_1)-f_E(P_2)|\leqslant K\rho(P_1,P_2)$$

使得

$$f_E(P_1)-f_E(P_2)\leqslant K\rho(P_1,Q)+K\rho(P_2,Q)$$

即

$$f_E(P_1)-K\rho(P_1,Q)\leqslant f_E(P_2)+K\rho(P_2,Q) \tag{1}$$

由不等式(1)可知,对于任意的 $Q\in M$,有

$$\inf_{P\in E}\{f_E(P)+K_P(P,Q)\}=f(Q) \tag{2}$$

存在. 今往证 $f(Q)$ 满足辅助定理的要求. 如果 $Q\in E$,那么由式(1),在 $P_1=Q$ 时,就有

$$f(Q)\geqslant f_E(Q)$$

另外,由式(2),如设 $P=Q$,便得

$$f(Q)\leqslant f_E(P)$$

这就是在 E 上,函数 $f(Q)$ 与 $f_E(Q)$ 重合.

设 $Q_1\cup Q_2\subset M,\varepsilon>0$ 任意小. 按定义(2),便知有点 $P\in E$ 存在,能使

$$f(Q_1)\leqslant f_E(P)+K\rho(P,Q_1)\leqslant f(Q_1)+\varepsilon$$
$$f(Q_2)\leqslant f_E(P)+K\rho(P,Q_2)$$

由此得

$$f_E(P)-f_E(Q_1)\leqslant -K\rho(P,Q_1)+\varepsilon$$
$$f(Q_2)-f_E(P)\leqslant K\rho(P,Q_2)$$

因此便有

$$f(Q_1)-f(Q_2)\leqslant K[\rho(P,Q_2)-\rho(P,Q_1)]+\varepsilon\leqslant K\rho(Q_1,Q_2)+\varepsilon$$

同样的,有

$$f(Q_2)-f(Q_1)\leqslant K\rho(Q_1,Q_2)+\varepsilon$$

于是得

$$f(Q_1)-f(Q_2)\leqslant K\rho(Q_1,Q_2)+\varepsilon$$

由于 ε 的任意性,便知 $f(Q)$ 满足辅助定理的所有条件.

第三阶段的作法也不难完成.

这就是说,若取函数 $\varphi(x,y,z)$ 在点 P 处等于零,在其他各点处为正,并且使它当点(x,y,z) 接近于点 P 时,充分快地递减,则由方程

$$\frac{dx}{d\varphi}=F(x,y,z),\frac{dy}{d\varphi}=G(x,y,z),\frac{dz}{d\varphi}=H(x,y,z)$$

右端的相乘,便不难证明,这可使我们得到一个方程组,其右端在锚圈面上处处满足李普希茨条件. 虽然在这个方程组的轨道中,有所有作出的曲线 L_β,但是它还是所求的方程组,因为还可能存在 P 式稳定以及将 L_β 中包含在其自身的 ω 和 α 极限点集合中的轨道.

转到最后的(第四) 阶段,这就是借助于所引入的平衡状态,"切断" 所有不想要的轨道.

在经过点 P 的子午平面上,作半径为 $\rho_0'\leqslant\rho_0$ 的圆 K_0,所有轨道以同一方向与它相交. 我们作出的每一曲线 L_β 与 K_0 相交可数个点. 在这些交点中取出一点 $P_{\beta0}$ 并考虑随着 t 在 $P_{\beta0}$ 之后的一些点 $P_{\beta n}(n\geqslant1)$.

在圆 K_0 内作半径为 $\rho_{\beta0}$ 的圆 $K_{\beta0}$,此半径是充分小的,使得在 $K_{\beta0}$ 内既没有点 $P_{\beta n}(n\geqslant1)$,也没有点 $P_{\gamma k}$,其中 γ 在 β 之后.

围着每一点 $P_{\beta k}(k\geqslant1)$,作位于 K_0 内的圆 $K_{\beta k}$,其半径是如此小,能使:

(a) 点 $P_{\beta m}$,$m\neq k$ 不落于圆 $K_{\beta k}$ 内;

(b) 点 $P_{\gamma n}$,$\gamma>\beta$ 不落于圆 $K_{\beta k}$ 内;

(c) 点 $K_{\beta k}$ 相交两次的每一条轨道,应在这些点之间与 $K_{\beta0}$ 相交.

这个作法是对先于 α 的所有 β 来进行的.

作函数 $\psi(x,y,z)$,使它在 K_0 的不属于任一圆 $K_{\beta k}(k\geqslant1)$ 的点等于零,而在锚圈 T 的其他各点处为正. 再以引入新参数

$$dt=\psi(x,y,z)d\tau$$

作参数变换,则便得到最后的微分方程组

$$\frac{dx}{d\tau}=X(x,y,z),\frac{dy}{d\tau}=Y(x,y,z),\frac{dz}{d\tau}=Z(x,y,z)$$

它的轨道包含在圆 K_0 内和在锚圈 T 的表面上的平衡状态,前面轨道在 K_0 中受到平衡状态的障碍的弧以及前面轨道的"跑进" 圆 $K_{\beta k}(k\geqslant1)$ 中的半轨.

以 L_β' 表示不为平衡状态所切断的 L_β 的半轨.

在第一次去除不是另外轨道的极限的轨道时,所要去除的是所有与圆 $K_{1n}(n\geqslant1)$ 相交的轨道,因为如果其中有一个是另外轨道的极限,例如 L^*,那么 L^* 就应无穷多次与圆 K_{10} 相交,但这是不可能的,因为它是由平衡状态所填满的.

因此,将要去除的是轨道 L_1',而不是 L_2'.

容易证实,当超限地重复去除不是其他轨道的极限的轨道的过程时,在标

号 β 这一步，被去除的是轨道 L'_{β}，而不是 $L'_{\beta+1}$. 因此，得到中心运动的集合的过程在标号为 α 这一步结束，而不是在前面结束.

§6 极小吸引中心

在这一节里将讨论有关在 $t\to+\infty$ 或 $t\to-\infty$ 时“点 $f(p,t)$ 位于集合 E 内的概率”这一问题. 这个问题将如下面这样去讨论. 今考虑轨道弧 $f(p;0,T)$ 及能使得 $f(p,t)\in E$ 的值 $t\in[0,T]$ 所成的集合. 设这一集合的测度是 $\tau=\tau(p;T,E)=\int_0^T\varphi_E(f(p,t))\mathrm{d}t$，其中 φ_E 是集合 E 的特征函数，即

$$\varphi_E(p)=1 \quad (p\in E)$$
$$\varphi_E(p)=0 \quad (p\in \mathbf{R}-E)$$

这里只讨论开的或闭的集合 E，因而容易证明 $\varphi_E(f(p,t))$ 是可测的.

比值 $\frac{\tau}{T}$ 叫作点 p 在时间区间 $[0,T]$ 内在 E 内逗留的相对时间，显然

$$0\leqslant\frac{\tau}{T}\leqslant 1$$

如果

$$\lim_{T\to+\infty}\frac{1}{T}\int_0^T\varphi_E(f(p,t))\mathrm{d}t=\lim_{T\to+\infty}\frac{\tau}{T}=P^+\quad(f(p,t)\in E)\tag{1}$$

存在，那么将称这个极限为在 $t\to+\infty$ 时点 p 位于集合 E 内的概率.

仿照上面的做法定义 $t\to-\infty$ 时，p 逗留于 E 内的概率为 $P^-(f(p,t)\in E)$. 为了确定起见，将只考虑 $t\to+\infty$ 的情形，同时为了书写简单起见将把 P 所带的“+”号去掉.

如 P 不存在，则下概率

$$\underline{P}^+(f(p,t)\in E)=\lim_{T\to+\infty}\inf\frac{\tau}{T}\tag{1'}$$

和上概率

$$\overline{P}^+(f(p,t)\in E)=\lim_{T\to+\infty}\sup\frac{\tau}{T}\tag{1''}$$

都存在，而且

$$0\leqslant\underline{P}^+\leqslant\overline{P}^+\leqslant 1$$

注意到，式(1) 中的分子 $\tau=\tau(p;T,E)$ 是测度，因此易得下面的等式和不等式：

(1) 若 $A\subset B$，则 $P(f(p,t)\in A)\leqslant P(f(p,t)\in B)$，关于 $\overline{P}$ 和 $\underline{P}$ 也有相仿的不等式；

(2) $P(f(p,t)\in A+B)\leqslant P(f(p,t)\in A)+P(f(p,t)\in B)$，如 $AB=0$，则等号成立.

定义 6 我们称闭的不变集合 V 为运动 $f(p,t)$ 在 $t\to+\infty(t\to-\infty)$ 时的吸引中心，如果对于一 $\varepsilon>0$，点 p 在 $S(V,\varepsilon)$ 内的逗留 P^{+} (P^{-}) 等于 1

$$P(f(p,t)\in S(V,\varepsilon))=1 \tag{2}$$

若集合 V 不容许其真部分集合(闭的)也是吸引中心，则 V 叫作极小吸引中心. 极小吸引中心的定理属于希尔米.

定理 22 若运动是正(负)拉格朗日式稳定的，则在 $t\to+\infty(t\to-\infty)$ 时，存在 $f(p,t)$ 的极小吸引中心.

今就 $f(p,t)$ 是正拉格朗日式稳定的情形来证本定理. 由拉格朗日稳定性的定义存在紧密集合 F，能使

$$f(p;0,+\infty)\subset F$$

($\overline{f(p;0,+\infty)}$ 即可取作 F). 由于紧密性，集合 F 可被有限个直径小于 1 的相对开集 $U_k^{(1)}$ 所掩盖，有

$$F\subset\sum_{k=1}^{n_1}U_k^{(1)}$$

因为，显然，$P(f(p,t)\in F)=1$，所以有 $U_k^{(1)}$ 的闭包 $\overline{U}_k^{(1)}$，能使

$$\overline{P}(f(p,t)\in\overline{U}_k^{(1)})>0 \tag{3}$$

否则，对所有 k 都有 $P(f(p,t)\in\overline{U}_k^{(1)})=0$，将得到和性质(2)相矛盾的结果. 今将能使(3)成立的集合 $\overline{U}_k^{(1)}$ 的和记作 V_1，这一集合是闭的. 由性质(1)和(2)，点 p 在 $F-V_1$ 内的逗留概率等于零，因而基于性质(2)，有

$$P(f(p,t)\in V_1)=1$$

紧密集合 V_1 也可用有限个直径小于$\frac{1}{2}$ 的相对开集合 $U_k^{(2)}$ 来掩盖，即

$$V_1=\sum_{k=1}^{n_2}U_k^{(2)}$$

在 $\overline{U}_k^{(2)}$ 中取出使

$$\overline{P}(f(p,t)\in\overline{U}_k^{(2)})>0 \tag{4}$$

的那些. 将它们的和记作 V_2，与 V_1 的情形一样，易证 V_2 不空，紧密而且

$$P(f(p,t)\in V_2)=1$$

同时尚有 $V_2\subset V_1$.

如果具有所述性质的集合 V_m 已经定义，那么用直径小于$\frac{1}{2^m}$ 的有限个相对开集来将它加以掩盖，即

$$V_m \subset \sum_{k=1}^{n_{m+1}} U_k^{(m+1)}$$

并设

$$V_{m+1} = \sum_k{}' \overline{U}_k^{(m+1)}$$

其中求和运算遍及使得

$$\overline{\mathbf{P}}(f(p,t) \in \overline{U}_k^{(m+1)}) > 0$$

成立的那些 $\overline{U}_k^{(m+1)}$.

如此,得出一个可数序列的紧密集合

$$F \supset V_1 \supset V_2 \supset \cdots \supset V_n \supset \cdots$$

它们的交集(不空且紧密) 记作 V(或 V_p,假若要指出它和点 p 的相关性),有

$$V = \prod_{n=1}^{\infty} V_n$$

现在来证 V 是极小吸引中心.

首先,容易证明集合 V 满足条件(2). 事实上,对任一给定的 $\varepsilon > 0$,有 n 能使$V_n \subset S(V,\varepsilon)$. 因为,由作法 $\mathbf{P}(f(p,t) \in V_n) = 1$,所以根据性质(1) 对任一 $\varepsilon > 0$,就有

$$\mathbf{P}(f(p,t) \in S(V,\varepsilon)) = 1$$

其次,再考虑集合 V 的某些性质. 若对 q 存在 $\eta > 0$,能使

$$\mathbf{P}(f(p,t) \in S(q,\eta)) = 0$$

则 $q \in \mathbf{R} - V$. 事实上,可选定 n 使$\frac{1}{2^n} < \eta$. 若 V_{n-1} 不含 q,则论断显然正确;若 $q \in V_{n-1}$,则所有含 q 的集合 $\overline{U}_k^{(n)}$ 都位于 $S(q,\eta)$ 内. 据性质(1) 对于它们 $\mathbf{P}(f(p,t) \in \overline{U}_k^{(n)}) = 0$,即 $U_k^{(n)}$ 不进入定义 V_n 的和式内,即 $q \in \mathbf{R} - V_n \subset \mathbf{R} - V$.

反之,若对任一 $\varepsilon > 0$,都有

$$\overline{\mathbf{P}}(f(p,t) \in S(q,\varepsilon)) > 0 \tag{5}$$

则 $q \in V$. 事实上,存在$U_k^{(1)}$ 能使$q \in U_k^{(1)}$. 我们选 ε_1 使 $S(q,\varepsilon_1) \subset U_{k_1}^{(1)} \subset \overline{U}_{k_1}^{(1)}$. 根据性质(1),由式(5) 可得

$$\overline{\mathbf{P}}(f(p,t) \in \overline{U}_{k_1}^{(1)}) > 0$$

即 $\overline{U}_k^{(1)} \subset V$,$q \in V_1$. 再选 $U_{k_1}^{(2)}$ 包含 q,并选 ε_2 使 $S(q,\varepsilon_2) \subset U_{k_2}^{(2)}$. 同前面一样有 $\overline{U}_{k_2}^{(2)} \subset V_2$ 和 $q \in V_2$.

利用归纳法就可证出对任一 n 都有 $q \in V_n$,即 $q \in V$. 因此,集合 V 可以定义为对任一 $\varepsilon > 0$ 关系(5) 都成立的那些点 $q \in \mathbf{R}$ 所成的集合.

这就证明了集合 V 不依赖于 $U_k^{(n)}$ 的选择. 现在来证 V 是不变集合. 设 $q \in$

V,要去证对任一 t_0 都有 $f(q,t_0)\in V$. 固定 t_0,任选一 $\varepsilon>0$. 由 §1 性质 Ⅱ′,对 ε 和 t_0 有 δ,能使

$$f(S(q,\delta),t_0)\subset S(f(q,t_0),\varepsilon)$$

由点 q 的性质(5) 和 $\overline{P}$ 的公式(1″),有

$$\limsup_{T\to+\infty}\frac{\tau(p;T,S(q,\delta))}{T}>0$$

显然

$$\tau[p;T,S(f(q,t_0),\varepsilon)]\geqslant\tau[p;T,f(S(q,\delta),t_0)]$$

再者,若 $f(p,t)\in S(q,\delta)$,则 $f(p,t+t_0)\in f(S(q,\delta),t_0)$,因而

$$\tau[p;T,f(S(q,\delta),t_0)]\geqslant\tau[p;T,S(q,\delta)]-|t_0|$$

由此得到

$$\limsup_{T\to+\infty}\frac{\tau[p;T,S(f(q,t_0),\varepsilon)]}{T}\geqslant\limsup_{T\to+\infty}\frac{\tau[p;T,S(q,\delta)]-|t_0|}{T}>0$$

即点 $f(q,t_0)$ 满足条件(5),因而 $f(q,t_0)\in V$. 集合 V 的不变性得证.

这样,就证明了 V 是吸引中心.

还要证 V 是极小中心. 设集合 V 的真部分 V' 是吸引中心. 集合 $V-V'$ 不空,而且对点 $q\in V-V'$,有 $\rho(q,V')=\alpha>0$. 选取 $\varepsilon<\frac{\alpha}{2}$,如是则集合 $S(V',\varepsilon)$ 和 $S(q,\varepsilon)$ 无公共点. 按假定,$P(f(p,t)\in S(V',\varepsilon))=1$. 因而由性质(2) 有 $P(f(p,t)\in S(q,\varepsilon))=0$,因为 $q\in V$,这与不等式(5) 矛盾.

定理得证.

定理 23 在一个运动 $f(p,t)$ 的极小吸引中心内有域的回归性.

设定理不真. 此时在极小吸引中心 V 内存在相对域 U,能使当 $t\geqslant t_0>0$ 时 $Uf(U,t)=0$. 因为 U 是相对域,所以对任一 $q\in U$,存在 α,使得 $S(q,\alpha)V\subset U$. 选取 $\varepsilon<\frac{\alpha}{2}$,并令 $S(q,\varepsilon)V=U_1^*$. 任给一随意小的正数 η 并取正数 T_1 使 $\frac{2t_0}{T_1}<\eta$.

对数 ε 和 T_1 定出 δ,使对所有点 $x\in\overline{U_1^*}$ 和任一满足不等式 $\rho(x,y)<\delta$ 的 y,当 $0\leqslant t\leqslant T_1$ 时都有不等式 $\rho(f(x,t),f(y,t))<\varepsilon$.

最后,令集合 U_1^* 的半径为 δ 的球邻域

$$U_1'=S(U_1^*,\delta)$$

若在时刻 t_1,点 $f(p,t_1)\in U_1'$,则存在点 $r\in U_1^*\subset U\subset V$ 能使 $\rho(f(p,t_1),r)<\delta$.

由关于 U 的假定在 V 内的点 $f(r,t)$,将在 $t\geqslant t_0$ 时位于 U 之外,因而也位于 $S(q,\alpha)$ 之外. 根据 δ 的选择,当 $0\leqslant t\leqslant T_1$ 时,有

$$\rho(f(p,t_1+t),f(r,t))<\varepsilon$$

因此，对所有时间区间 $t_0 \leqslant t \leqslant T_1$ 内的 t 值，将有

$$\rho(f(p,t_1+t),q) \geqslant \rho(f(r,t),q) - \rho(f(r,t),f(p,t_1+t)) > \alpha - \varepsilon > \varepsilon$$

即每一次进入 U_1'（在时刻 t_0 以前）之后，点 $f(p,t)$ 即在长度大于或等于 $T_1 - t_0$ 的时间区间上位于 $S(q,\varepsilon)$ 之外. 因而

$$P(f(p,t) \in S(q,\varepsilon)) < \frac{t_0}{T_1 - t_0} < \frac{2t_0}{T_1} < \eta$$

由于 $\eta > 0$ 是任意的，由此便得

$$P(f(p,t)) \in S(q,\varepsilon) = 0$$

但这和 $q \in U \subset V$ 的性质(5) 冲突.

得到的矛盾证明了本定理.

定义 7 对任一不变集合 $E \subset \mathbf{R}$，闭的不变集合 V_E 如对任一 $\varepsilon > 0$，当 $p \in E$ 时，即有

$$P^*(f(p,t) \in S(V_E,\varepsilon)) = 1$$

它就叫作集合 E 的运动在 $t \to +\infty$ 的吸引中心.

如集合 V_E 无任何真部分集合不是关于 E 的吸引中心，则 V_E 就叫作关于运动 E 的极小吸引中心. 同样的，有定义在 $t \to -\infty$ 的极小吸引中心. 今将只讨论 $t \to +\infty$ 的情形.

定理 24 若不变集合 E 的所有的运动都是正拉格朗日式稳定的，则极小吸引中心 V_E 存在.

我们定义集合 V_E 为所有进入 E 的运动 $f(p,t)$ 的极小吸引中心 V_p 的和的闭包. 显然，它是一个闭的不变集合. 容易证明它是关于 E 的吸引中心.

事实上，我们考查任一运动 $f(p,t)(p \in E)$. 因为 $V_p \subset V_E$，所以 $S(V_p,\varepsilon) \subset S(V_E,\varepsilon)$，但据 V_p 的定义，有 $P(f(p,t) \in S(V_p,\varepsilon)) = 1$，因而，由性质(1)，可得 $\mathbf{P}(f(p,t) \in S(V_E,\varepsilon)) = 1$.

今要证 V_E 是集合 E 的极小吸引中心. 设 V_E' 也是 E 的吸引中心且 V_E' 是 V_E 的真部分. 在集合 $V_E - V_E'$ 内有点 $q \in V_p(p \in E)$，且有 $\alpha > 0$ 能使 $\rho(q,V_E') = \alpha > 0$. 重复定理 22 的证明中最后那一段论证，便得到在 $\varepsilon < \frac{\alpha}{2}$ 时，$P(f(p,t) \in S(q,\varepsilon)) = 0$，而这与 $q \in V_p$ 的条件冲突.

定理 25 在集合 E 的极小吸引中心 V_E 内有域的回归性.

若不然，则有相对域 $U \subset V_E$ 使得对 $t \geqslant t_0$ 有 $Uf(U,t) = 0$. 找得出这样的点 $p \in E$，它的吸引中心 V_p 和 U 相交，即 $V_p U = U_p \neq 0$. U_p 是集合 V_p 的相对域，且因为 $U_p \subset U$，所以当 $t \geqslant t_0$ 时，有关系式 $Uf(p,t) = 0$，但这与定理 23 冲突. 定理得证.

将关于极小吸引中心的理论拿来和关于中心运动的理论作比较. 设空间 $\mathbf{R}$ 是紧密的. 于是它的极小吸引中心 $V_{\mathbf{R}}$ 无论是在 $t \to +\infty$ 或 $t \to -\infty$ 时由定理 24

都不空，而且由定理25有域的回归性. 因为中心运动的集合 M 是在其中实现域的回归性的最大集合，所以 $t \to +\infty$ 的 $V_{\mathbf{R}}$ 含于 M 内. 显然 $t \to -\infty$ 的 $V_{\mathbf{R}}$ 也含于 M 内. 从这一点作一个推论，便得到伯克霍夫的一个定理.

推论 5 动力体系的任一运动在中心运动的任一 $\varepsilon(\varepsilon > 0)$ 邻域内的逗留概率等于1，即 $P(f(p,t), S(M,\varepsilon)) = 1$，其中 $\varepsilon > 0$ 和 $p \in \mathbf{R}$.

因为 V_p 和 V_E 具有域的回归性，所以对它们运用 §5 定理20，便得：

推论 6 在极小吸引中心 V_p 和 V_E 内位于 P 式稳定轨道上的点集是第二范畴的 G_δ.

现在产生这样一个问题：是否中心运动集合一定为在 $t \to +\infty$ 和 $t \to -\infty$ 的集合 $V_{\mathbf{R}}$ 所汲尽.

这个问题的否定答案是由斯捷潘诺夫(Stepanov)所作出的.

例 7 作为紧密空间 $\mathbf{R}$，取锚圈面 $\mathfrak{T}(\varphi,\theta)$：$0 \leqslant \varphi < 1, 0 \leqslant \theta < 1, (\varphi + k, \theta + k') \equiv (\varphi, \theta)$，$k$ 和 k' 是整的.

如 §4 例4一样，也由微分方程

$$\frac{\mathrm{d}\varphi}{\mathrm{d}t} = \Phi(\varphi,\theta), \frac{\mathrm{d}\theta}{\mathrm{d}t} = \alpha\Phi(\varphi,\theta)$$

来规定运动. $\alpha > 0$ 是无理数，$\Phi(0,0) = 0$ 且当 $|\varphi| + |\theta| \neq 0$ 时，$\Phi > 0$，此外，Φ 在锚圈上连续并满足李普希茨条件. 再假定

$$\iint_{\mathfrak{T}} \frac{\mathrm{d}\varphi\mathrm{d}\theta}{\Phi(\varphi,\theta)} = +\infty$$

在所述的情形下沿轨道 $\theta = \alpha\Phi + \theta_0, \theta_0 \not\equiv k\alpha \pmod 1$ 的运动对任一整数 k 都是 P 式稳定的，因而中心运动集合与整个锚圈面重合. 我们来证，对任一 $p \in \mathfrak{T}$ 和 $\varepsilon > 0$，有

$$P(f(p,t) \in S(o,\varepsilon)) = 1 \tag{6}$$

其中 $o = (0,0)$. 因此在 $t \to +\infty$ 和 $t \to -\infty$ 的极小中心都只包含唯一点 o.

先证辅助定理：如果 $f(x)$ 是在黎曼(Riemann)的意义下以1为周期的可积的周期函数且 α 是无理数，那么对任一 x_0，有

$$\lim_{N \to \infty} \frac{1}{N} \sum_{k=0}^{N-1} f(x_0 + k\alpha) = \int_0^1 f(x)\mathrm{d}x$$

事实上，对给定 $\varepsilon > 0$，先选取 m 使

$$\left| \int_0^1 f(x)\mathrm{d}x - \frac{1}{m}\sum_{s=0}^{m-1} f_s \right| < \frac{\varepsilon}{2}$$

其中 f_s 是 $f(x)$ 在区间 $\left[\frac{s}{m}, \frac{s+1}{m}\right]$ 上的高低界间的任一值，并固定这个 m.

再进一步计算有多少个点 $(k\alpha)$，$k = 1, 2, \cdots, N$（此处 $(k\alpha)$ 代表 $k\alpha$ 的小数部分，即 $k\alpha - [k\alpha] = (k\alpha)$）落于长为 $\frac{1}{m}$ 的半开区间 $\left[\frac{s}{m}, \frac{s+1}{m}\right)$ 内. 对于无理数 α，

有 q 为任意大的有理分式$\frac{p}{q}$,能使$\left|\alpha-\frac{p}{q}\right|<\frac{1}{q^2}$. 今取这样一个 q,我们在后面再精确地来确定它,并设 $N=nq+r, 0\leqslant r<q$.

取 q 个点的列

$$0,(\alpha),(2\alpha),\cdots,((q-1)\alpha) \tag{0^*}$$

并将它们换成

$$0,\left(\frac{p}{q}\right),\left(\frac{2p}{q}\right),\cdots,\left(\frac{(q-1)p}{q}\right) \tag{0^{**}}$$

点列(0^{**})中的数与(0^*)中对应的数之差小于$(q-1)\left|\alpha-\frac{p}{q}\right|$且小于$\frac{1}{q}$. 点列($0^{**}$)中的数以相等的间距$\frac{1}{q}$分布在$(0,1)$上,它们中位于一长为$\frac{1}{m}$的半开区间上的数目为$\frac{q}{m}+\theta$,此处$|\theta|\leqslant 1$. 反过来,将($0^{**}$)中的点换成($0^*$)中的点,易见,($0^*$)中位于同一半开区间上的点增减的数目不超过 2. 因此,(0^*)中的点位于任一长为$\frac{1}{m}$的半开区间上的数目等于$\frac{q}{m}+3\theta$, $|\theta|<1$.

仿上,将点列

$$(lq\alpha),((lq+1)\alpha),\cdots,((lq+q-1)\alpha) \tag{l^*}$$

换成

$$(lq\alpha),\left(lq\alpha+\frac{p}{q}\right),\cdots,\left(lq\alpha+\frac{(q-1)p}{q}\right) \tag{l^{**}}$$

同样的,(l^*)与(l^{**})中对应的数的差小于$\frac{1}{q}$,(l^{**})中的数分布的间距为$\frac{1}{q}$,而长为$\frac{1}{m}$的半开区间所含(l^*)中的点的数目为$\frac{q}{m}+3\theta$, $|\theta|\leqslant 1$.

令 $N_{\frac{1}{m}}$ 表示位于一长为$\frac{1}{m}$的半开区间上的点数. 分别令 $l=0,1,\cdots,n-1$,并将所求得的估计加起来,便得

$$N_{\frac{1}{m}}=\frac{nq}{m}+\theta(3n+r)$$

从而

$$\frac{N_{\frac{1}{m}}}{N}=\frac{nq}{mN}+\frac{\theta(3n+r)}{N}$$

且

$$\left|\frac{N_{\frac{1}{m}}}{N}-\frac{1}{m}\right|<\frac{2q}{N}+\frac{3n}{N}<\frac{2q}{N}+\frac{3}{q}$$

令 $\sup|f(x)|=M$,如选取 q 使得$\frac{3}{q}<\frac{\varepsilon}{4Mm}$,并设 N 充分大,有$\frac{2q}{N}<$

$\frac{\varepsilon}{4Mm}$，即可得

$$\left|\frac{N_{\frac{1}{m}}}{N}-\frac{1}{m}\right|<\frac{\varepsilon}{2Mm}$$

对关于$(k\alpha)$的点数$N_{\frac{1}{m}}$所作的估计，显然仍能适用于形如$x_0+k\alpha$的点，其中x_0为任一实数.

今从和式$\frac{1}{N}\sum_{k=0}^{N-1}f(x_0+k\alpha)$内选出一些项，它们所对应的$x_0+k\alpha$的小数部分$(x_0+k\alpha)$位于一半开区间$\left[\frac{s}{m},\frac{s+1}{m}\right)$上，并将它们加起来，用$\sum'_s$表示这个和，我们有

$$\sum{}'_s=\frac{N_{\frac{1}{m}}}{N}f'_s$$

其中f'_s是位于函数$f(x)$在$\left[\frac{s}{m},\frac{s+1}{m}\right]$上的高低界间的某一定值. 于是有

$$\left|\sum{}'_s-\frac{1}{m}f'_s\right|<M\left|\frac{N_{\frac{1}{m}}}{N}-\frac{1}{m}\right|<\frac{\varepsilon}{2m}$$

将这个不等式对$s=0,1,\cdots,m-1$加起来，便得

$$\left|\frac{1}{N}\sum_{k=0}^{N-1}f(x_0+k\alpha)-\frac{1}{m}\sum_{s=0}^{m-1}f'_s\right|<\frac{\varepsilon}{2}$$

即对充分大的N，有

$$\left|\frac{1}{N}\sum_{k=0}^{N-1}f(x_0+k\alpha)-\int_0^1 f(x)\mathrm{d}x\right|<\varepsilon$$

这样，辅助定理得证.

现在来证明关于锚圈面$\mathfrak{T}$上的运动的陈述.

式(6)在$p=0$时明显成立，同样的，当p在轨道$\theta=\alpha\varphi,\varphi<0(\varphi>0)$上时在$t\to+\infty(-\infty)$也是如此.

为确定起见，来讨论沿轨道$\theta=\theta_0+\alpha\varphi,\theta_0\equiv-k\alpha(\bmod 1)(k=0,1,\cdots)$的运动在$t\to+\infty$的情形. 这些运动都是$P$式稳定的. 任取一正数$\delta<\frac{1}{2\sqrt{1+\alpha^2}}$，并令$C=S(0,\delta)$，此外规定点$(\theta_1,\varphi_1)$和$(\theta_2,\varphi_2)$间的距离为

$$\sqrt{\{\theta_1-\theta_2\}^2+\{\varphi_1-\varphi_2\}^2}$$

（此处记号$\{x\}$表示x模1的绝对最小剩余，即$-\frac{1}{2}<\{x\}<\frac{1}{2}$且$x=\{x\}+k$，$k$为整的）.

今来计算$\tau=\tau(\theta_0;T,C)$，它是在区间$[0,T]$内沿轨道$\theta=\theta_0+\alpha\varphi$运动的点位于$C$内的时间测度.

设 $m(\delta)>0$ 是函数 $\Phi(\varphi,\theta)$ 在 $\mathfrak{T}-C$ 上的最小值. 规定函数

$$v(\varphi,\theta)=\begin{cases}1 & \text{在 } C \text{ 上}\\ 0 & \text{在 } \mathfrak{T}-C \text{ 上}\end{cases}$$

再引入函数

$$F(\theta_0)=\int_0^1 \frac{\nu(\varphi,\theta_0+\alpha\varphi)\mathrm{d}\varphi}{\Phi(\varphi,\theta_0+\alpha\varphi)}$$

此函数对所有 $\theta_0\neq 0(\mathrm{mod}\ 1)$ 都有意义而且连续，它以 1 为周期且在区间 $-\delta\sqrt{1+\alpha^2}<\theta_0<\delta\sqrt{1+\alpha^2}$ 外等于 0. 在 $\theta_0=0$ 的邻域内它无界，因为

$$\int_{-\frac{1}{2}}^{\frac{1}{2}} F(\theta_0)\mathrm{d}\theta_0=\iint_{\mathfrak{T}} \frac{\nu\mathrm{d}\varphi\mathrm{d}\theta}{\Phi(\theta,\varphi)}=\iint_C \frac{\mathrm{d}\varphi\mathrm{d}\theta}{\Phi}=+\infty$$

今来估计沿某一由点 $p(\varphi=0,\theta_0=\bar{\theta}_0)$ 起始的运动的量 $T-\tau$，假定当 t 由 0 到 T 时，φ 从 0 变到 N(N 为自然数). 我们有

$$T-\tau(\bar{\theta}_0)=\int_0^T[1-\nu(\varphi(t),\theta(t))]\mathrm{d}t=$$

$$\int_0^N[1-\nu(\varphi;\bar{\theta}_0+\alpha\varphi)]\frac{\mathrm{d}\varphi}{\Phi(\varphi,\bar{\theta}_0+\alpha\varphi)}\leqslant\frac{N}{m(\delta)}$$

此处 $m(\delta)$ 是函数 Φ 在 $\mathfrak{T}-C$ 上的最小值，此外，因为

$$\mathrm{d}t=\frac{\mathrm{d}\varphi}{\Phi(\varphi,\bar{\theta}_0+\alpha\varphi)}\geqslant\frac{\mathrm{d}\varphi}{\max\Phi}$$

所以 T 随 N 的变化而趋于 ∞.

再作 $\tau(\bar{\theta}_0)$ 的估计

$$\tau(\bar{\theta}_0)=\int_0^N \frac{\nu(\varphi,\bar{\theta}_0+\alpha\varphi)}{\Phi(\varphi,\bar{\theta}_0+\alpha\varphi)}\mathrm{d}\varphi=\sum_{k=0}^{N-1}F(\bar{\theta}_0+k\alpha)$$

给定任意小的正数 $\sigma>0$. 因为 $\int_{-\beta}^{\beta}F(\theta_0)\mathrm{d}\theta_0$ 对任一 $\beta>0$ 都是发散的，所以可选取正数 $\delta_1<\delta\sqrt{1+\alpha^2}$，使

$$\int_{-\delta\sqrt{1+\alpha^2}}^{-\delta_1}F(\theta_0)\mathrm{d}\theta_0+\int_{\delta_1}^{\delta\sqrt{1+\alpha^2}}F(\theta_0)\mathrm{d}\theta_0>\frac{1-\sigma}{\sigma m(\delta)}+1$$

以 $F^*(\theta_0)$ 表示一函数，它在各区间 $(n-\delta_1,n+\delta_1)(n=0,\pm1,\pm2,\cdots)$ 之外等于 $F(\theta_0)$，而在这些区间内则等于 0. 显然，$F^*(\theta_0)$ 是以 1 为周期的黎曼意义下可积的有界函数. 根据辅助定理，对任一 $\varepsilon<1$ 找出 N_0，能使当 $N>N_0$ 时有

$$\left|\frac{1}{N}\sum_{k=0}^{N-1}F^*(\bar{\theta}_0+k\alpha)-\int_0^1 F^*(\theta_0)\mathrm{d}\theta_0\right|<\varepsilon$$

从而对 $\tau(\bar{\theta}_0)$ 得出估计

$$\tau(\bar{\theta}_0)=\sum_{k=0}^{N-1}F(\bar{\theta}_0+k\alpha)\geqslant\sum_{k=0}^{N-1}F^*(\bar{\theta}_0+k\alpha)>$$

$$N\left[\int_0^1 F^*(\theta_0)\mathrm{d}\theta_0-\varepsilon\right]>\frac{1-\sigma}{\sigma}\frac{N}{m(\delta)}$$

将上面的估计与对 $T-\tau(\bar{\theta}_0)$ 的估计比较,便得

$$\frac{T-\tau}{\tau}<\frac{\sigma}{1-\sigma}\text{ 或 }\frac{\tau}{T}>1-\sigma$$

令 $T\to+\infty$,便有

$$P^+(f(p,t)\in C)\geqslant 1-\sigma$$

或由数 σ 的任意性,得

$$P^+(f(p,t)\in C)=1$$

同理可证

$$P^-(f(p,t)\in C)=1$$

因此,对所讨论的体系,极小吸引中心是由唯一一点 o 构成的.

§7　极小集合和回复运动

设给出定义在空间 $\mathbf{R}$ 上的动力体系 $f(p,t)$.

定义 8　集合 $\Sigma\subset\mathbf{R}$ 叫作极小的,如它不空、闭且不变,同时无任何真部分集合具备这三个性质.

休止点和周期运动轨道即是极小集的简单例子. 在锚圈面上的运动(§4 例 3)是较为复杂的例子,它们中的每一个都在锚圈面上到处稠密. 于此,极小集合是整个空间. 至于 §4 例 4,其中在锚圈面上存在休止点,整个面就不再如休止点那样形成极小集合. 所有这些极小集合都是紧密的.

在欧氏空间内的等速直线运动给出极小集合不紧密的例.

极小集合这一概念的作用在于很广泛的一类动力体系都具有极小集合,而且最有意义的是紧密的极小集合.

定理 26　每一个闭的不变紧密集合 F 都包含一极小集合.

如 F 本身是极小集合,定理已获证. 如果不是,将有不空的不变闭集合 F_1 存在,它是 F 的真部分. 如 F_1 不是极小集合,则存在 $F_2\subset F_1$,它是闭的不空不变集合. 照这样推下去,如在有限步后得不到极小集合,则就得到不变集合列

$$F_1\supset F_2\supset\cdots\supset F_n\supset\cdots$$

它们的交集 F_ω 显然是闭的、紧密的而且是不空的,同时也是不变集合.

事实上,如果 $p\in F_\omega$,那么对任一 n,$p\in F_n$,根据 F_n 的不变性,有对任一 n $f(p;I)\subset F_n$,从而 $f(p;I)\subset F_\omega$.

如果 F_{ω} 不是极小的，那么有不空不变闭集合 $F_{\omega+1} \subset F_{\omega}$. 照这样推下去，如果 β 是一超限极限数且对所有 $\alpha < \beta$ 作出 F_{α}，那么有 $F_{\beta} = \prod_{\alpha<\beta} F_{\alpha}$.

这样，便得到一个包含另一个的集合的超限序列

$$F \supset F_1 \supset \cdots \supset F_n \supset \cdots \supset F_{\omega} \supset F_{\omega+1} \supset \cdots \supset F_{\beta} \supset \cdots$$

根据贝尔定理，可找到第二类的一个超限数 β，使 $F_{\beta} = F_{\beta+1}$，即 F_{β} 无真部分也是闭的不空不变集合. 因此 F_{β} 是极小的. 定理得证.

推论 7 如运动所在的空间 $\mathbf{R}$ 是紧密的，则它包含极小集合.

推论 8 如运动 $f(p,t)$ 是正拉格朗日式稳定的，则它的 ω 极限点集 Ω_p 包含极小集合. 这可由集合 Ω_p 的紧密性推出.

由极小集合的定义可推出它的特征性质：如 Σ 是极小集合而 p 是它的任意一点，则 $\overline{f(p;I)} = \Sigma$，即任一包含在不变集合 Σ 内的轨道，在 Σ 内到处稠密，反之亦真.

事实上，如所含轨道在其上具备到处稠密的性质，则 Σ 的每一不空不变闭部分集合必与 Σ 本身重合，因为它至少需包含一点 p，而由不变性，也应包含 $f(p;I)$，于是由于它是闭的，所以也包含 $\overline{f(p;I)}$，即与 Σ 重合. 如这一性质不具备，即存在一点 $p_0 \in \Sigma$ 使 $\overline{f(p_0;I)}$ 是集合 Σ 的真部分，则 Σ 显然不是极小的.

定义 9 运动 $f(p,t)$ 叫作回复的，如对任一 $\varepsilon > 0$，有 $T(\varepsilon) > 0$ 存在，能使时间长度为 T 的这一运动的任一轨道弧能接近整个轨道且准确到 ε. 也可说成，对任一 $\varepsilon > 0$ 存在 $T(\varepsilon)$ 能使对任一 t_0，都有

$$f(p;I) \subset S(f(p;t_0,t_0+T),\varepsilon)$$

换句话说，不论 u 和 v 为何数，恒可找到数 w，能使 $v < w < v+T$ 且

$$\rho(f(p,u),f(p,w)) < \varepsilon$$

容易证明，任一回复运动都是泊松式稳定的. 事实上，不论 $\varepsilon > 0$ 如何小、$t_0 > 0$ 如何大，根据运动 $f(p,t_i)$ 的回复性，对点 p 有这样的值 t_1 和 t_2，$t_0 \leqslant t_1 \leqslant t_0 + T$，$-t_0 - T \leqslant t_2 \leqslant -t_0$，能使 $\rho(p,f(p,t_i)) < \varepsilon (i=1,2)$，这就证得了 $f(p,t)$ 的 P^+ 和 P^- 式稳定性.

下述伯克霍夫的两个定理建立了回复运动和极小集合之间的联系.

定理 27（伯克霍夫） 紧密极小集合的所有轨道都是回复的.

设 Σ 是紧密极小集合，$p \in \Sigma$ 并设 $f(p,t)$ 不是回复的.

于是将有数 $\alpha > 0$ 和无限增加的时间区间的序列 $(t_{\nu} - T_{\nu}, t_{\nu} + T_{\nu})$ 存在，$T_{\nu} \to +\infty$，它们之中每一个所对应的弧 $f(p;t_{\nu} - T_{\nu}, t_{\nu} + T_{\nu})$ 与轨道 $f(p;I)$ 上对应点 $q_{\nu} = f(p,\tau_{\nu})$ 的距离大于或等于 α. 按 Σ 的紧密性，点列 $\{q_{\nu}\}$ 的任一部分点列都有极限点.

考虑点列 $\{f(p,t_{\nu}) = p_{\nu}\}$，同样的，它的每一部分点列都有极限点 p^*. 为了

不使记法复杂，将假定$\{q_\nu\}$和$\{t_\nu\}$已选择，使$\lim\limits_{\nu\to\infty} q_\nu = q$且$\lim\limits_{\nu\to\infty} p_\nu = p^*$.

今讨论运动$f(p^*,t)$.

取它的轨道的任一弧$f(p^*;-T,T)$，其中T为任意大的固定数. 根据§1性质Ⅱ′，可取$\delta\left(\frac{\alpha}{3},T\right)>0$，由不等式$\rho(p^*,r)<\delta$可推出，当$|t|\leqslant T$时，$\rho(f(p^*,t),f(r,t))<\frac{\alpha}{3}$. 此外，尚可找出这样的$\nu$，它同时满足不等式

$$\rho(\rho^*,p_\nu)<\delta,\rho(q_\nu,q)<\frac{\alpha}{3}\quad(T_\nu>T)$$

对任一固定的$t\in(-T,T)$，可得

$$\rho(f(p^*,t),f(p_\nu,t))<\frac{\alpha}{3}$$

但由q_ν的选择，并注意$|t|<T<T_\nu$，便有

$$\rho(f(p_\nu,t),q_\nu)=\rho(f(p,t_\nu+t),q_\nu)\geqslant\alpha$$

将这一不等式与不等式$\rho(q_\nu,q)<\frac{\alpha}{3}$比较，便得

$$\rho[f(p^*,t),q]>\frac{\alpha}{3},\ |t|<T$$

由于数T的选择是任意的，从这一不等式便知，对任一$t(-\infty<t<+\infty)$都有$\rho(f(p^*;I),q)\geqslant\frac{\alpha}{3}$. 但因$\Sigma$是闭集合，故有

$$p^*\in\Sigma,q\in\Sigma$$

从而，按集合Σ的不变性，有

$$f(p^*,I)\subset\Sigma$$

但在这种情形时，非空不变闭集合$\overline{f(p^*;I)}\subset\Sigma$是$\Sigma$的真部分，因为它不含点$q$. 这就得出与$\Sigma$是极小集合的假定相矛盾的结果. 这一矛盾证明了定理.

定理28(伯克霍夫)　如回复运动$f(p,t)$位于完备空间内，则它的轨道的闭包$\overline{f(p;I)}$是紧密极小集合.

首先，证明$\overline{f(p;I)}$是紧密的. 任给一$\varepsilon>0$. 根据$f(p,t)$的回复性，有$T>0$能使弧$f(p;0,T)$接近轨道$f(p;I)$并准确到$\frac{\varepsilon}{2}$，即对任一点$f(p,t)$有$\rho(f(p,t),f(p;0,T))<\frac{\varepsilon}{2}$. 设点$q\in\overline{f(p;I)}$，于是存在点列$p_n=f(p,t_n)$能使$\lim\limits_{n\to\infty}p_n=q$. 因为$\rho(p_n,f(p;0,T))<\frac{\varepsilon}{2}$，所以取极限便得$\rho(q,f(p;0,T))\leqslant\frac{\varepsilon}{2}$.

由弧 $f(p;0,T)$ 的紧密性，在其上存在 $\frac{\varepsilon}{2}$ 链，即这样的有限点集 $p^{(1)}$，$p^{(2)},\cdots,p^{(N)}$，对任一点 $r\in f(p;0,T)$ 有某一 $p^{(v)}$ 能使 $\rho(p^{(v)},r)<\frac{\varepsilon}{2}$. 显然，集合 $p^{(1)},p^{(2)},\cdots,p^{(N)}$ 是 $\overline{f(p;I)}$ 的一个 ε 链，因为对任一 $q\in\overline{f(p;I)}$ 由上证有 $r\in f(p;0,T)$ 能使 $\rho(r,q)<\frac{\varepsilon}{2}$，因而有 $p^{(v)}$ 使 $\rho(q,p^{(v)})<\varepsilon$.

从而推得集合 $\overline{f(p;I)}$ 的紧密性.

其次，证明集合 $\overline{f(p;I)}=\Sigma$ 是极小的. 设与此相反，则将有不空不变闭集合 A 是集合 Σ 的真部分. 显然，点 p 不在 A 内，否则由 A 的不变性就会有 $f(p;I)\subset A$，而根据闭性有 $\overline{f(p;I)}=\Sigma=A$，因此 $\rho(p,A)=d>0$. 取 $\varepsilon<\frac{d}{2}$ 并定出包含在运动 $f(p,t)$ 的回复性定义中的数 $T(\varepsilon)>0$. 设 $q\in A$，对数 ε 和 T 以及点 q，根据 §1 的性质 Ⅱ′，存在这样的 δ，能使当 $|t|\leqslant T$ 时，不等式 $\rho(q,r)<\delta$ 包含 $\rho(f(q,t),f(r,t))<\varepsilon$. 因为 q 在轨道 $f(p;I)$ 的闭包上，所以这个轨道上的点在 $S(q,\delta)$ 内. 设它所对应的时间值为 t_1，则

$$\rho(q,f(p,t_1))<\delta$$

于是，当 $|t|\leqslant T$ 时，$\rho(f(q,t),f(p,t+t_1))<\varepsilon$，因 $f(q,t)\subset A$，所以当 $|t|\leqslant T$ 时，$\rho(A,f(p,t_1+t))<\varepsilon$. 因此 $\rho(p,f(p,t_1+t))>d-\varepsilon>\varepsilon$. 因而点 p 不在以点 $f(p,t_1)$ 为中点的时间长度为 $2T$ 的弧的 ε 邻域内，这与运动 $f(p,t)$ 的回复性的假定相矛盾. 定理得证.

因为紧密空间是完备的，所以有：

推论 9 如回复运动 $f(p,t)$ 位于局部紧密空间内且它是拉格朗日式稳定的，则 $\overline{f(p;I)}$ 是极小集合.

今指出无论运动 $f(p,t)$ 是 P 式稳定或回复的，都有任意大的 t 值使点回到它的初始位置邻域内.

但是在回复运动的情形下使回归现象发生的那些值却具有一个特征性质.

定义 10 如存在 $L>0$ 能使长为 L 的任一区间 $(\alpha,\alpha+L)$ 都至少含有此数集的一个元素，则这一数集叫作相对稠密的.

定理 29 一拉格朗日式稳定运动是回复的充要条件为：对任一 $\varepsilon>0$，使得

$$\rho(p,f(p,t))<\varepsilon \tag{A}$$

的 t 值集合都是相对稠密的.

如运动是回复的，则存在 $T(\varepsilon)$ 能使任一时间长度为 T 的轨道弧接近整个轨道，特别是接近点 p，并准确到 ε. 由此立得满足条件(A) 的 t 值的相对稠密性，且 $L(\varepsilon)=T(\varepsilon)$.

反之,设对任一 $\varepsilon > 0$ 存在 $L(\varepsilon)$ 能使任一区间 $(t_0, t_0 + L)$ 内至少有一值满足不等式(A). 今要证,$f(p,t)$ 是回复的. 设若不然. 因为集合 $\overline{f(p;I)}$ 是紧密的,故根据定理 26,它包含极小集合 Σ,且根据定理 27,$p \notin \Sigma$. 令 $\rho(p,\Sigma) = d > 0$,并选取 $\varepsilon < \frac{d}{2}$. 设 $q \in \Sigma$,对点 q,数 L 和 ε,据 §1 的性质 Ⅱ′,有数 δ 能使当 $0 \leqslant t \leqslant L$ 时,$\rho(q,r) < \delta$ 包含不等式 $\rho(f(q,t), f(r,t)) < \varepsilon$. 因为 $q \in \Sigma \subset \overline{f(p;I)}$,所以有 t_1 能使 $\rho(f(p,t_1), q) < \delta$,因而

$$\rho(f(p, t_1 + t), f(q,t)) < \varepsilon \quad (0 \leqslant t \leqslant L)$$

从而当 $t_1 \leqslant t \leqslant t_1 + L$ 时,有

$$\rho(p, f(p,t)) \geqslant \rho(p,\Sigma) - \rho(f(p,t),\Sigma) > d - \varepsilon > \varepsilon$$

这样,点 $f(p,t)$ 在整个时间区间 $(t_1, t_1 + L)$ 内都不回到点 p 的 ε 邻域内去,这和不等式(A) 及数 $L(\varepsilon)$ 的定义冲突,定理得证.

以 D_f 表示在不变集合 $\overline{f(p;I)}$ 内全部极小集合的总和.

定理 30 如 $f(p,t)$ 是拉格朗日式稳定的,则对任一 $\varepsilon > 0$ 存在这样的 $L(\varepsilon) > 0$,能使对任一 t_1 都有

$$f(p; t_1, t_1 + L) \cdot S(D_f, \varepsilon) \neq 0$$

换句话说,即满足 $\rho(f(p,t), D_f) < \varepsilon$ 的 t 值集合是相对稠密的.

设与此相反,则对增序列 $L_1, L_2, \cdots, L_n, \cdots, \lim\limits_{n\to\infty} L_n = +\infty$ 有值 $t_1, t_2, \cdots, t_n, \cdots$ 及数 $\alpha > 0$ 能使

$$\rho(f(p; t_n, t_n + L_n), D_f) > \alpha$$

由于 p 的拉格朗日式稳定性,从点列 $\{f(p,t_n)\}$ 内可选得出收敛部分列. 为了不使记号复杂化,假定 $\lim\limits_{n\to\infty} f(p,t_n) = \bar{p}$. 取极限,对点 $\bar{p}$,得到

$$\rho(f(\bar{p}; 0, +\infty), D_f) \geqslant \alpha$$

因此

$$\rho(\overline{f(\bar{p}; 0, +\infty)}, D_f) \geqslant \alpha$$

另外,因为 $\bar{p} \in \overline{f(p;I)}$,所以 $f(\bar{p}; I) \subset \overline{f(p;I)}$,而由后一集合的紧密性,所以由定理 26 的推论 2,运动 $f(\bar{p},t)$ 的 ω 极限集合 $\Omega_{\bar{p}}$ 包含一极小集合 $\Sigma \subset D_f$. 但因

$$\Sigma \subset \Omega_{\bar{p}} \subset \overline{f(\bar{p}; 0, +\infty)}$$

所以得到

$$\rho(\Sigma, D_f) \geqslant \alpha > 0$$

矛盾,定理得证.

集合 $\overline{D}_f$ 是闭的紧密不变集合,它具有这样的性质,对任一 $\varepsilon > 0$ 都有不等式

$$\underline{P}(f(p,t)\in S(\overline{D}_f,\varepsilon)>0$$

事实上,对给定的ε,由定理30可得一数 $L\left(\frac{\varepsilon}{2}\right)$ 具有该定理中所述性质.于是因在任一长为 L 的时间区间内点 $f(p,t)$ 进入 $S\left(\overline{D}_f,\frac{\varepsilon}{2}\right)$ 内,所以在任一长为 L 的区间内点 $f(p,t)$ 在 $S(\overline{D}_f,\varepsilon)$ 内经过的时间超过某一与所讨论区间无关的数 $\tau>0$(否则,因从 $S\left(\overline{D}_f,\frac{\varepsilon}{2}\right)$ 内到 $S(\overline{D}_f,\varepsilon)$ 外的距离显然大于 $\frac{\varepsilon}{2}$,将有点偶序列 $\{(p_n,q_n)\}$ 存在

$$(p_n,q_n)\subset f(p;0,+\infty),\rho(p_n,q_n)>\frac{\varepsilon}{2}$$

$$q_n=f(p_n,\tau_n)$$

而且 $\lim\limits_{n\to\infty}\tau_n=0$. 于是由 $\overline{f(p;0,+\infty)}$ 的紧密条件,便可从序列 $\{q_n\}$,$\{p_n\}$ 内得出收敛的部分. 为不使记号复杂化,假定 $p_n\to p^*$,$q_n\to q^*$. 取极限,一方面,得到 $\rho(p^*,q^*)\geqslant\frac{\varepsilon}{2}$,另一方面,$q^*=f(p^*,0)=p^*$,矛盾). 因此

$$\underline{P}(f(p,t)\in S(\overline{D}_f,\varepsilon))\geqslant\frac{\tau}{L}$$

这样,集合 D_f 有与 $f(p,t)$ 的吸引中心相似的性质,只是在这里 $\underline{P}>0$,而在那里 $P=1$.

如果有不变紧密集合 E,并令 D_E 为所有极小集合 $\Sigma\subset E$ 的总和,则与定理30相仿,对任一 $\varepsilon>0$ 满足条件

$$\rho(f(p,t),D_E)<\varepsilon$$

的 t 值对所有 $p\in E$ 是均等相对稠密的,因为可找到定理30中的 $L(\varepsilon)$,它对所有 p 都是同样的. 作为推论,可以得到

$$P(f(p,t)\in S(\overline{D}_E,\varepsilon))>0\quad(p\in E)$$

集合 D_E 仍与集合的吸引中心相仿.

我们将在下章利用伯克霍夫的遍历定理来证明,在一般情形下集合 D_f 和 D_E 是对应的极小吸引中心的真部分.

定义 11 如对任一点 $p\in A$ 及其任一邻域 $V(p)$ 有邻域 $U(p)\subset V(p)$ 能使 $U(p)A$ 是连通的,则集合 A 叫作局部连通的.

在 xOy 平面上,由曲线 $y=\sin\frac{1}{x}$,$0<x\leqslant 1$ 和线段 $x=0$,$-1\leqslant y\leqslant 1$ 构成的连续体 C 不是局部连通的,因为,例如,点(0,0)的任一充分小相对邻域是由可数无限多个分支组成的,即不是连通集合.

我们所讨论过的极小集合的例子——点、简单闭曲线、有到处稠密的轨道的锚圈面——都是局部连通的. 今引入来自庞加莱的非局部连通的极小集合

的例.

例 8 作为运动所在的空间是以模 1 简化后的$(\varphi,0)$为坐标的锚圈面$\mathfrak{T}(\varphi,\theta)$. 设在圆周$\varphi=0$上已给定无处稠密的完全集合$F$并设$\{(\alpha_n,\beta_n)\}$是它的毗邻区间族,其中$\alpha_n$在由坐标$\theta_0$所建立的巡回顺序下先于$\beta_n$. 再取一无理数$\mu$. 在长为 1 的辅助圆周$\Gamma$上,考虑点$\psi=k\mu\ (k=0,\pm 1,\pm 2,\cdots)$的集合,此处巡回坐标$\psi(-\infty<\psi<+\infty;\psi+k\equiv\psi,k$为整数$)$是从某点$O$起始沿已定正向来计算的弧长. 由于$\mu$的无理性,这一集合在$\Gamma$上是到处稠密的. 今来建立在圆周$\varphi=0$上的区间族$\{(\alpha_n,\beta_n)\}$和在圆周$\Gamma$上的点集$\{k\mu\}$之间的一个保持巡回顺序的相互一对一的对应. 点$\{k\mu\}$的排列如下

$$O,\mu,-\mu,2\mu,-2\mu,\cdots,k\mu,-k\mu,(k+1)\mu,\cdots \qquad (*)$$

将Γ上的点O与区间$(\alpha_1,\beta_1)\equiv(\alpha^0,\beta^0)$对应;点$\mu$与区间$(\alpha_2,\beta_2)\equiv(\alpha^{(1)},\beta^{(1)})$对应;使$-\mu$对应于$(\alpha^{(-1)},\beta^{(-1)})$,这是在圆$\varphi=0$上与$(\alpha^0,\beta^0)$,$(\alpha^{(1)},\beta^{(1)})$,$(\alpha^{(-1)},\beta^{(-1)})$间的巡回顺序和$O,\mu,-\mu$三点在$\Gamma$上的巡回顺序完全一样而且下标$n$为最小的区间$(\alpha_n,\beta_n)$.

设已使点列$(*)$中的前N个与集合$\{(\alpha_n,\beta_n)\}$中的区间对应. 于是这一点列中的第$N+1$个点的圆周Γ的巡回顺序将恰好位于其前某两点$k\mu$和$k'\mu$之间$(k,k'$是整数$)$,将这点与尚未利用过的在$\varphi=0$的巡回顺序下恰好在$(\alpha^{(k)},\beta^{(k)})$和$(\alpha^{(k')},\beta^{(k')})$之间且下标为最小的那一区间$(\alpha_n,\beta_n)$对应. 无限制地继续这一步骤,就得到所要的对应.

今如下这样来规定从整个圆周$\varphi=0$到圆周Γ上的写像$\Phi(\theta_0)=\xi$,整个闭区间$[\alpha^{(k)},\beta^{(k)}]$对应一点$k\mu\in\Gamma$. 如$\theta_0$是集合$F$的第二类点,且$0\leqslant\theta_0\leqslant 1$,则它在圆周$\varphi=0$上作出区间集合$\{(\alpha^{(k)},\beta^{(k)})\}(k\neq 0)$的一个分割. 这个分割,根据巡回顺序的相合,对应为点集$\{(k\mu)\}(k\neq 0)$的一个分割,它确定某一点$\psi_0\in F$,即令它为θ_0的象,于是$\Phi(\theta_0)=\psi_0$,而且对第二类点,变换Φ是相互一对一的,即$\theta_0=\Phi^{-1}(\psi_0)$.

设圆Γ旋转对应着弧μ的一个角,于是点$\xi\in\Gamma$变成点$\xi+\mu(\bmod 1)$. 在这一圆Γ到自身上的写像$T_1(\Gamma)$下,有$T_1(k\mu)=(k+1)\mu(k=0,\pm 1,\pm 2,\cdots)$. 在这一变换$T_1$下,圆$\varphi=0$上集合$F$的毗邻区间对应的受到一个变换(也称它为$T_1$)$T_1(\alpha^{(k)},\beta^{(k)})=(\alpha^{(k+1)},\beta^{(k+1)})$. 因为变换$T_1$保持巡回顺序,所以它可以扩充到第二类点$\theta_0\in F$上,而将有:若$\theta_0=\Phi^{-1}(\xi_0)$,则$T_1(\theta_0)=\Phi^{-1}(\xi_0+\gamma)$.

将写像$T_1(\theta_0)$扩充到位于闭毗邻区间的点上,如$\theta_0\in[\alpha^{(n)},\beta^{(n)}]$,$\theta_0=\alpha^{(n)}+\lambda(\beta^{(n)}-\alpha^{(n)})$,$0\leqslant\lambda\leqslant 1$,则令$T(\theta_0)=\alpha^{(n+1)}+\lambda(\beta^{(n+1)}-\alpha^{(n+1)})$. 这一对应是互逆的且与前面所确定的在毗邻区间的端点的写像重合. 显然,$T_1(\theta_0)$对整个圆周$\varphi=0$上的点是相互一对一的且保持在其上的巡回顺序. 不难证明,它是连续的,因而在圆周$\varphi=0$上相互连续.

再作在锚圈 $\mathfrak{T}(\varphi,\theta)$ 上的动力体系 $f(p,t)$.

首先,确定当 $0 \leqslant t \leqslant 1$ 时从点 $\varphi=0,\theta=\theta_0$ 出发的运动. 对点 $(0,0) \in \mathfrak{T}$, 定义 $f(p,t)$ 为 $\varphi=t,\theta=tT_1(0)$, 其中 $T_1(0)$ 的坐标为确定起见选为 $0 < T_1(0) < 1$. 其次,对任一点 $(0,\theta_0)$, $0 < \theta_0 < 1$, 令 $\varphi=t,\theta(t,\theta_0)=t[T_1(\theta_0)-\theta_0]+\theta_0$, 其中 $T_1(\theta_0)$ 的值选为 $T_1(0) < T_1(\theta_0) < T_1(0)+1=T_1(1)$. 根据这样的选择,轨道之间互不相交且充满整个锚圈 $\mathfrak{T}$, 如 $0 \leqslant \theta_0' < \theta_0'' < 1$, 则

$$T_1(0) \leqslant T_1(\theta_0) < T_1(\theta_0'') < T_1(0)+1$$

而且同一不等式在 $0 \leqslant t \leqslant 1$ 时对应的两个 θ 的所有值都成立. 今再来对 $p \in \{\varphi=0\}$ 及任意 t 定义 $f(p,t)$: 如 $t=n+\tau$, n 为整数, $0 \leqslant \tau < 1$, 则令

$$\varphi(t)=t \equiv \tau(\bmod 1),\theta(t)=T_1^n(\theta_0)+\theta(\tau;T_1^{(n)}(\theta_0))$$

最后,对任一初始点 (φ_0,θ_0), 令

$$\varphi(t)=\varphi_0+t,\theta(t)=\theta(t+\varphi_0,\theta_0')$$

其中 θ_0' 是在 $t=\varphi_0$ 时经过 (φ_0,θ_0) 的点和 $\varphi=0$ 的交点坐标. 动力体系如是作成.

首先,运动所在的空间 $\mathfrak{T}$ 是紧密集合. 在经过 F 的点的轨道上的点集 P 是闭的不变集合,因为 F 的毗邻区间的端点及 F 的第二类点在变换 T_1 下仍变为同类的点. 其次,对任一点 $\psi \in F$, 集合 $\{T_1^k\psi\}(k=0,\pm 1,\pm 2,\cdots)$ 在 F 上到处稠密,对毗邻区间的端点,由作法便可得知,对第二类点由下一事实可推得:如 γ_0 和 γ 不可通约则点集 $\gamma_0+k\gamma(k=0,\pm 1,\pm 2,\cdots)$ 在 Γ 上到处稠密. 因而对所有 $p \in P$ 的运动都有 $\overline{f(p;I)}=P$, 即 P 是极小集合. 最后, P 是局部不连通的,因为,点 $p \in F$ 的任一相对邻域都含无限多个分支,就是 F 的与 p 邻近的点的轨道弧.

关于极小集合在空间 $\mathbf{R}$ 内的分布有下面定理.

定理 31(Г. Ц. 杜马肯) 如极小集合有某一点是内点,则它的每一点都是内点.

设 $p \in \Sigma$ 且 $S(p,\alpha) \subset \Sigma$. 取点 $q=f(p,t)$, t 为任意值. 由对初始条件的连续相关性,存在这样的 $\delta > 0$, 能使如果

$$\rho(q,r) < \delta$$

那么

$$\rho[f(q,-t),f(r,-t)] < \alpha$$

有

$$f[S(q,\delta),-t] \subset S(p,\alpha)$$

从而由 Σ 的不变性, $S(q,\delta) \subset \Sigma$, 此即如果 Σ 所含的一条轨道上有任一点是内点,那么这一轨道上全部的点都是内点. 但极小集合的每一轨道都在它里面到处稠密,因而有点 $r \in S(p,\alpha)$, $\beta > 0$, 能使

$$S(r,\beta) \subset S(p,\alpha) \subset \Sigma$$

即 r 是 Σ 的内点. 命题得证.

从上述所证定理立得,如极小集合在空间 **R** 内稠密(即并非无处稠密),则它是开集合,但它同时又是闭集合,因而有:

推论 10 如极小集合在 **R** 内稠密,则它与空间 **R** 的某一连通分支重合(或与整个空间 **R** 重合,如 **R** 是连通的).

推论 11 如果 **R** 是欧氏空间 E^n,那么紧密极小集合在 E^n 内无处稠密.

由乌利孙定理,空间 E^n 内不含内点的紧密集合的维数不超过 $n-1$. 从而可得如下定理:

定理 32(Г. Ф. 希尔米)[10] 在欧氏空间内的紧密极小集合的维数不超过 $n-1$.

马尔科夫[11] 进一步证明了,在欧氏空间内紧密极小集合是康托流形. 在此不引入这一定理的证明.

§8 几乎周期运动

设已给完备度量空间 **R** 内的一动力体系 $f(p,t)$. 今引入下面定义:

定义 12 如对任一 $\varepsilon>0$ 都有相对稠密数集$\{\tau_n\}$(位移)及与之关联的数 $L(\varepsilon)$ 存在(相对稠密的定义见 §7),具下述性质

$$\rho(f(p,t),f(p,t+\tau_n))<\varepsilon \quad (-\infty<t<+\infty)$$

则运动 $f(p,t)$ 便叫作几乎周期的.

周期运动是几乎周期运动的一种特殊情形. 事实上,如 τ 是一运动的周期,则它的倍数 $n\tau(n=0,\pm1,\pm2,\cdots)$ 组成一相对稠密集合,而且

$$\rho(f(p,t),f(p,t+n\tau))=0$$

几乎周期运动反过来又是回复运动的特殊情形.

定理 33 所有几乎周期运动都是回复的.

事实上,如对任一 $\varepsilon>0$ 都能找到数 $T(\varepsilon)$ 使轨道弧 $f(p;\alpha,\alpha+T)$,不论 α 为何,都接近轨道上每点 q 并准确到 ε,即有这样的 $t_0\in(\alpha,\alpha+T)$ 能使 $\rho(q,f(p,t_0))<\varepsilon$,则运动便是回复的.

如果设 $q=f(p,t)$,t 取任意值,那么取几乎周期运动的定义内所给的 $L(\varepsilon)$ 为 $T(\varepsilon)$,并令 τ 为位于区间$(\alpha-t,\alpha-t+T)$内对应于 ε 的位移,根据几乎周期性的定义,便得

$$\rho(f(p,t),f(p,t+\tau))<\varepsilon$$

或

$$\rho(f(p,t),f(p,t_0))<\varepsilon$$

其中 $\alpha < t_0 = t + T < \alpha + T$,此即回复性的条件.

本定理的逆不真,回复运动可能不是几乎周期的(见后面的例 10).

如一几乎周期运动位于完备空间内,则其轨道的闭包 $\overline{f(p;I)}$ 紧密而且是一极小集合(根据 §7 定理 28).

关于抽象动力体系的李雅普诺夫式稳定性,马尔科夫[12] 作如下定义:

定义 13 点 $p \in \mathbf{R}$ 或运动 $f(p,t)$ 对集合 $B \subset \mathbf{R}$ 来说是正(负或双侧)李雅普诺夫式稳定的,如每一 $\varepsilon > 0$ 都对应着这样一个 $\delta > 0$,使满足条件 $\rho(p,q) < \delta$ 的任一点 $q \in B$,不等式

$$\rho[f(p,t),f(q,t)] < \varepsilon$$

对所有正的(负的或所有实的)t 值都成立.

双侧李雅普诺夫式稳定性常称为 S 性.

定理 34 如紧密集合 $A \subset B$ 的所有点对 B 都是正(负或双侧)李雅普诺夫式稳定的,则此等点的李雅普诺夫式稳定性是均匀的.

如通常一样,最末一句话的意义为:对任一 $\varepsilon > 0$ 存在这样的 $\delta > 0$,只要

$$p \in A, q \in B, \rho(p,q) < \delta$$

就有

$$\rho[f(p,t),f(q,t)] < \varepsilon \quad (t > 0)$$

$(t < 0$ 或 $-\infty < t < +\infty)$.

证明 由李雅普诺夫式稳定的条件,对任一 $\varepsilon > 0$ 和任一点 $p \in A$ 有 $\delta'(p) > 0$ 存在,能使由 $r \in B, \rho(p,r') < \delta'(p)$ 推出当 $t > 0$ 时

$$\rho[f(p,t),f(r,t)] < \frac{\varepsilon}{2}$$

因为 A 是紧密的,由海涅-波莱尔定理,有这样的有限个点 $p_1,p_2,\cdots,p_N$ 存在,能使

$$A \subset \sum_{j=1}^{N} S\left(p_j, \frac{1}{2}\delta'(p_j)\right)$$

令

$$\delta = \min\left[\frac{1}{2}\delta'(p_1), \frac{1}{2}\delta'(p_2), \cdots, \frac{1}{2}\delta'(p_N)\right]$$

并往证 δ 满足定理的要求.

对于点 $p \in A$ 有这样的点 $p_i \in A$,能使

$$\rho(p,p_i) < \frac{1}{2}\delta'(p_i)$$

如果 $q \in B, \rho(p,q) < \delta$,那么

$$\rho(q,p_i) \leqslant \rho(q,p) + \rho(p,p_i) < \delta'(p_i)$$

按 $\delta'(p_i)$ 的定义,可得

$$\rho[f(p_i,t),f(q,t)]<\frac{\varepsilon}{2}\quad (t>0)$$

因 $p\in A\subset B$,故当 $t>0$ 时有

$$\rho[f(p_i,t),f(p,t)]<\frac{\varepsilon}{2}$$

从而当 $t>0$ 时,$\rho[f(p,t),f(q,t)]<\varepsilon$ 是所欲证.

在负向和双侧稳定情形时,其证明也相仿.

下面定理建立几乎周期运动的李雅普诺夫式稳定性.

定理 35 在完备空间 **R** 内的几乎周期运动 $f(p,t)$ 对它自己的轨道 $f(p;I)$ 来说是双侧李雅普诺夫式稳定的,而且对轨道上所有点来说此稳定性是均匀的.

设 $f(p,t)$ 是几乎周期运动,$\varepsilon>0$ 为任意一数.由几乎周期性可知,存在这样的 $L>0$,使任一长为 L 的区间都含有 $\frac{\varepsilon}{3}$ 位移.在紧密集合 $\overline{f(p;I)}$ 中(见定理28),对初始条件的连续相关性是均匀的,因而可找到 $\delta>0$ 能使对任意点 q 和 $r\subset\overline{f(p;I)}$,由条件 $\rho(q,r)<\delta$ 可推得当 $0\leqslant t<L$ 时

$$\rho[f(p,t),f(q,t)]<\frac{\varepsilon}{3}$$

今去证,如果

$$\rho[f(p,t_1),f(q,t_2)]<\delta$$

那么对 $-\infty<t<+\infty$,有

$$\rho[f(p,t_1+t),f(p,t_2+t)]<\varepsilon$$

取任一固定的 t 并满足不等式

$$-t\leqslant\tau<-t+L$$

即 $0\leqslant t+\tau<L$ 的位移 $\tau=\tau\left(\frac{\varepsilon}{3}\right)$.由 $\frac{\varepsilon}{3}$ 位移的性质,便有

$$\rho[f(p,t_1+t),f(p,t_1+t+\tau)]<\frac{\varepsilon}{3}$$

$$\rho[f(p,t_2+t),f(p,t_2+t+\tau)]<\frac{\varepsilon}{3}$$

于是,因 $0\leqslant t+\tau<L$,根据 δ 的选择,便得

$$\rho[f(p,t_1+t+\tau),f(p,t_2+t+\tau)]<\frac{\varepsilon}{3}$$

从这三个不等式,对任一 t,即得

$$\rho[f(p,t_1+t),f(p,t_2+t)]<\varepsilon$$

是所欲证.

定理 36(博黑涅) 如果 $f(p,t)$ 是完备空间内的几乎周期运动,那么从任

一运动序列$\{f(p,t_n+t)\}$都可选出部分列$\{f(p,t_{n_k}+t)\}$使在$-\infty<t<+\infty$上均匀收敛于某一运动$f(q,t)$，$f(q,t)$也是几乎周期的(它和$f(p,t)$具有同一函数$L(\varepsilon)$，不过在对应的不等式中右端小于或等于ε).

根据§7定理28，集合$\overline{f(p;I)}=\Sigma$是紧密的，根据本节定理33，$f(p,t)$是回复的.因此，由点列$\{f(p,t_n)\}$能选出收敛的部分列$\{f(p,t_{n_k})\}$，$\lim\limits_{n\to\infty} f(p,t_{n_k})=q\in\Sigma$.为简单起见，将对应的部分列记作$\{t_n\}$，则

$$p_n=f(p,t_n)\to q$$

对任一$\varepsilon>0$，由S性(见定理35及李雅普诺夫式稳定的定义)有$\delta(\varepsilon)>0$，由$\rho(f(p,t'),f(p,t''))<\delta$可推出

$$\rho[f(p,t'+t),f(p,t''+t)]<\varepsilon \quad (-\infty<t<+\infty) \tag{1}$$

取n_0充分大，使$n\geqslant n_0$，$m>1$时，$\rho[f(p,t_n),f(p,t_{n+m})]<\delta$，并在不等式(1)中令$t'=t_n$，$t''=t_{n+m}$，当$-\infty<t<+\infty$时，便得

$$\rho[f(p,t_n+t),f(p,t_{n+m}+t)]=\rho[f(p_n,t),f(p_{n+m},t)]<\varepsilon$$

这就是均匀收敛性的准则.而且显然

$$\lim_{n\to\infty} f(p_n,t)=f(q,t)$$

还需证明$f(q,t)$是几乎周期的.设对于给定的$\varepsilon>0$，τ是函数$f(p,t)$的位移，于是对$p_n=f(p,t_n)$，便有

$$\rho(f(p_n,t+\tau),f(p_n,t))<\varepsilon \quad (-\infty<t<+\infty)$$

将t固定，令$n\to\infty$以取极限，便得

$$\rho[f(q,t+\tau),f(q,t)]\leqslant\varepsilon$$

定理得证.

推论12 如果$f(p,t)$为位于完备空间内异于休止点和周期运动的几乎周期运动，那么在极小集合$\Sigma=\overline{f(p;I)}$的不可数多个运动都是几乎周期的.

这是因为对每一点$q\in\Sigma$都有点列$p_n=f(p,t_n)$存在，能使$q=\lim\limits_{n\to\infty}p_n$，且根据定理21的推论，$\Sigma$内有不可数多个不同的轨道$f(q,I)$.

推论13 在完备空间内几乎周期运动的极小集合Σ内所有的点对Σ来说是均匀李雅普诺夫式稳定的.

给定$\varepsilon>0$并根据$f(p,t)$对$f(p;I)$的李雅普诺夫式稳定性以选$\delta=\delta\left(\frac{\varepsilon}{2}\right)$.设$q\in\Sigma=\overline{f(p;I)}$，$\rho(p,q)<\frac{\delta}{2}$，取$p_n=f(p,t_n)$，使$\rho(q,p_n)<\frac{\delta}{2}$.于是$\rho(p,p_n)<\delta$且由$\delta$的选择，有$\rho[f(p,t),f(p_n,t)]<\frac{\varepsilon}{2}$.根据本定理，可设$f(p_n,t)$在$-\infty<t<+\infty$上均匀收敛于$f(q,t)$，因而可设$\rho[f(p_n,t),f(q,t)]\leqslant\frac{\varepsilon}{2}$.从上面两个不等式可得：只要$q\in\Sigma$而$\rho(p,q)<\delta$就可使

$\rho[f(p,t),f(q,t)]<\varepsilon$. 这就证明了命题.

今来讨论在什么条件下由李雅普诺夫式稳定性可推得几乎周期性这一问题. 就只有李雅普诺夫式稳定性的条件显然是不充分的,例如在欧氏空间内沿平行直线运行的均匀运动显然是李雅普诺夫式稳定但非几乎周期的. 关于这个问题有下面的定理:

定理 37[13] 若运动 $f(p,t)$ 回复且对 $f(p;I)$ 来说是李雅普诺夫式稳定的,则 $f(p,t)$ 是几乎周期运动.

事实上,对任一给定的 $\varepsilon>0$,由李雅普诺夫式稳定性可知,存在这样 $\delta>0$,能使若 $q\in f(p;I)$ 且 $\rho(p,q)<\delta$,则对 $-\infty<t<\infty$,有 $\rho[f(p,t),f(q,t)]<\varepsilon$.

但由 §7 定理 29 的前一部分知由回复性可推得,对如上的任一 δ 有相对稠密数集 $\{\tau\}$ 存在能使 $\rho[p,f(p,\tau)]<\delta$,因此(如令 $q=f(p,\tau)$)

$$\rho[f(p,t),f(p,t+\tau)]<\varepsilon\quad(-\infty<t<+\infty)$$

这就证明了运动的几乎周期性.

更为有力的定理由马尔科夫证明[14].

定理 37′ 如果运动 $f(p,t)$ 是回复的且对 $f(p;I)$ 来说是正李雅普诺夫式稳定的,那么 $f(p,t)$ 是几乎周期运动.

证明 对任一给定的 $\varepsilon>0$ 和点 p 便可由正李雅普诺夫式稳定确定 $\delta\left(\frac{\varepsilon}{2}\right)$. 由回复性知,有相对稠密数集 $\{\tau\}$ 存在,满足条件 $\rho[p,f(p,\tau)]<\frac{\delta}{2}$.

今去证,每一个 τ 都是 $f(p,t)$ 的 ε 位移. 对任一给定的 τ,根据连续性,有 $\delta>0$ 能使 $\rho(p,q)<\delta$ 时,即有 $\rho[f(p,\tau),f(q,\tau)]<\frac{\delta}{2}$. 令 t 为任意数,由运动的回复性有 $t_1<t$ 时

$$\rho[p,f(p,t_1)]<\min[\sigma,\delta]\tag{$*$}$$

于是,由 σ 的定义,便得

$$\rho[f(p,\tau),f(p,t_1+\tau)]<\frac{\delta}{2}$$

从而由 τ 的定义,又得

$$\rho[f(p,t_1+\tau),\rho]<\delta\tag{$**$}$$

由不等式($*$)和($**$)及正李雅普诺夫式稳定性($t-t_1>0$)即得

$$\rho[f(p,t-t_1),f(p,t)]<\frac{\varepsilon}{2}$$

$$\rho[f(p,t-t_1),f(p,t+\tau)]<\frac{\varepsilon}{2}$$

因而

$$\rho[f(p,t),f(p,t+\tau)]<\varepsilon$$

是所欲证.

在不假定运动的回复性的条件下也能给出它为几乎周期的另外的条件,可是却需进而要求它的拉格朗日稳定性和李雅普诺夫式的均匀稳定性.这样的定理是由富兰克林(Franklin)证明的.马尔科夫将它加强,只要求一方的拉格朗日式稳定性或一方的李雅普诺夫式稳定性.

定理38(马尔科夫) 如运动 $f(p,t)$ 对 $f(p;I)$ 来说是正李雅普诺夫式均匀稳定的且是负拉格朗日式稳定的,则它是几乎周期运动.

根据定理 37′,只需去证在本定理的条件下 $f(p,t)$ 是回复的.如与此相反,在紧密集合 $A_p\subset\overline{f(p;I)}$ 内将得到一极小集合 Σ,它是 $\overline{f(p;I)}$ 的真部分,而且不包含点 p,因而 $\rho(p,\Sigma)=\alpha>0$.

今去证每个点 $q\in A_p$ 对 $f(p;I)$ 来说都是正李雅普诺夫式稳定的.给定 $\varepsilon>0$,根据 $f(p,t)$ 的正李雅普诺夫式均匀稳定性以选 $\delta(\varepsilon)$.根据 q 的定义,存在序列 $\{p_n\}$, $p_n=f(p,-t_n)$, $t_n\to+\infty$, $\lim\limits_{n\to\infty}p_n=q$.选定 N 使得当 $n\geqslant N$ 时有 $\rho(p_n,q)<\dfrac{\delta}{2}$,因而 $\rho(p_n,p_{n+m})<\delta(m=1,2,\cdots)$.由 δ 的选择,只要 $t>0$, $n\geqslant N$,便有

$$\rho[f(p_n,t),f(p_{n+m},t)]<\varepsilon$$

将 t 和 n 固定,令 m 趋向无穷,根据 §1 的性质 Ⅱ,有

$$\lim_{m\to\infty}f(p_{n+m},t)=f(q,t)$$

因而便得

$$\rho[f(p_n,t),f(q,t)]<\varepsilon$$

只要 $t>0$, $\rho(q,p_n)<\delta$.

再设 $q\in\Sigma\subset A_p$,令 $\varepsilon=\dfrac{\alpha}{2}$ 并根据点 q 的正李雅普诺夫式稳定性以选 $\delta\left(\dfrac{\alpha}{2}\right)$.选点 $p_n=f(p,-t_n)$, $t_n>0$,使 $\rho(p_n,q)<\dfrac{\delta}{2}$,于是按所已证,有

$$\rho[f(q,t_n),f(p_n,t_n)]=\rho[f(q,t_n),p]\leqslant\frac{\alpha}{2}$$

但 $f(q,t_n)\in\Sigma$,此与定义 $\rho(p,\Sigma)=\alpha$ 不合.这就证明了 $f(p,t)$ 是回复的.定理证毕.

例9 作为几乎周期运动的例子,有锚圈 $\mathfrak{C}$: $p=(\varphi,\theta)$ 上的运动 $\varphi=\varphi_0+t$, $\theta=\theta_0+\mu t$, μ 为无理数,且

$$\rho[(\varphi_1,\theta_1),(\varphi_2,\theta_2)]=\sqrt{(\varphi_1-\varphi_2)^2+(\theta_1-\theta_2)^2}$$

其中差式 $\varphi_1-\varphi_2$, $\theta_1-\theta_2$ 系取以1为模简化后绝对值为最小的那些值(见第一章 §2 例1).已经见到,整个锚圈面在此是极小集合,同时

$$\rho[(p_1,t),f(p_2,t)]=\rho(p_1,p_2)$$

因而有李雅普诺夫式稳定性,从而便知运动是几乎周期的.

在 n 维锚圈 $\mathfrak{D}^{(n)}: p=(\varphi_1,\varphi_2,\cdots,\varphi_n),\varphi_i+k^{(i)}\equiv\varphi_i(i=1,2,\cdots,n;k^{(i)}$ 为整数)上由方程 $\varphi_i=\alpha_i t+\varphi_i^{(0)}(i=1,2,\cdots,n)$ 确定的也是几乎周期运动的例子,其中 α_i 是这样给定的数,不存在不同时为 0 的整数 m_i 能使 $\sum_{i=1}^{n} m_i\alpha_i=0$. 整个曲面 $\mathfrak{T}^{(n)}$ 在此也是极小集合.

例 10 在 §7 末尾的例中的极小局部不连通集合 $P\subset\mathfrak{T}$ 内通过的运动是回复的但非几乎周期的.

事实上,设集合 F 在 $\varphi=0$ 上的最大毗邻区间 $(\alpha_{n_0},\beta_{n_0})$ 的长度为 d. 不论在圆周 $\varphi=0$ 上取多么靠近的 F 的第二类点 $p_1=(0,\theta_1)$ 和 $p_2=(0,\theta_2)$,在它们之间都可以找得出毗邻区间 $(\alpha_{n_1},\beta_{n_1})$,且由此做法有 k 使 $T_1^k(\alpha_{n_1},\beta_{n_1})=(\alpha_{n_0},\beta_{n_0})$. 但与此对应的为 $\rho[f(p_1,k),f(p_2,k)]\geqslant d$,即李雅普诺夫式稳定条件不满足,因而运动不是几乎周期的.

例 11 今给出动力体系具有局部不连通的含几乎周期运动的极小集合的例(维托利斯及凡-唐牵格圈).

在三维空间 (x,y,z) 内规定中心线为 $K_1: x=\rho\cos\varphi,y=\rho\sin\varphi,z=0$ 的(实心)锚圈,其中 $\rho>0$ 为常数. 锚圈 T_1 设为圆周 K_1 的闭邻域,它与每一平面 $\varphi=Q$(Q 为常数)的交点集合为以 α_1 为半径、以点 $x=\rho\cos\varphi,y=\rho\sin\varphi$ 为圆心的圆.

在 T_1 内部作简单闭曲线 K_2,绕 K_1 两转后封闭. 设它的方程为

$$x=\left(\rho+\frac{\alpha_1}{2}\cos\frac{\varphi}{2}\right)\cos\varphi,y=\left(\rho+\frac{\alpha_1}{2}\sin\frac{\varphi}{2}\right)\sin\varphi,z=\frac{\alpha_1}{2}\sin\frac{\varphi}{2}$$

取与任一平面 $\varphi=Q$(Q 为常数)的交点集合为以 $\alpha_2\left(\alpha_2<\frac{\alpha_1}{2}\right)$ 为半径,以此平面与 K_2 的交点为圆心的闭圆的点集作为锚圈 T_2(拓扑的). 在此情形下,显然 $T_2\subset T_1$.

在 T_2 内部作绕 K_2 两转后,即 φ 由 0 增至 8π 后封闭的简单闭曲线 K_3,以下列方程确定 K_3

$$x=\left(\rho+\frac{\alpha_1}{2}\cos\frac{\varphi}{2}+\frac{\alpha_2}{2}\cos\frac{\varphi}{4}\right)\cos\varphi$$

$$y=\left(\rho+\frac{\alpha_1}{2}\sin\frac{\varphi}{2}+\frac{\alpha_2}{2}\cos\frac{\varphi}{4}\right)\sin\varphi$$

$$z=\frac{\alpha_1}{2}\sin\frac{\varphi}{2}+\frac{\alpha_2}{2}\sin\frac{\varphi}{4}$$

今取每一平面 $\varphi=Q$(Q 为常数)上以 α_3 为半径,与 K_3 的交点为圆心的圆的全

体作为 T_3，如果 $\alpha_3 < \frac{\alpha_2}{2}$，那么 $T_3 \subset T_2$.

同样的方法继续做下去，在 T_n 内部作绕 K_n 两转后封闭的简单闭曲线 K_{n+1}，以 K_{n+1} 的充分小闭邻域作为 T_{n+1}，使 $T_{n+1} \subset T_n$.

最后，令

$$\Sigma = \prod_{n=1}^{\infty} T_n$$

集合 Σ 就是维托利斯及凡－唐牵格圈. 不难证明它是局部不连通的.

今往证，在圈 Σ 上能定义运动 $f(p,t)$ 使每一轨道在 Σ 上到处稠密.

为确定起见，我们讨论由点 $p \in \Sigma$ 起始的某一轨道，对于它，$\varphi=0$. 锚圈 T_1 和平面 $\varphi=0$ 的交集是以 α_1 为半径、以点 $x=\rho, y=0, z=0$ 为圆心的圆 $\Gamma_1^{(1)}$. 锚圈 T_2 和此平面的交集是以 α_2 为半径的两个圆 $\Gamma_2^{(1)}, \Gamma_2^{(2)}$，且 $\Gamma_2^{(1)} + \Gamma_2^{(2)} \subset \Gamma^{(1)}$. 锚圈 T_3 和 $\varphi=0$ 的交集是四个以 α_3 为半径的圆 $\Gamma_3^{(i)}(i=1,2,3,4)$ 成对的分别含于 $\Gamma_2^{(1)}$ 及 $\Gamma_2^{(2)}$ 之内. 一般来说，每一 $\Gamma_n^{(i)}$ 含两个 $\Gamma_{n+1}^{(j)}$.

乘积 $\prod_{n=1}^{\infty}\sum_{j=1}^{2^{n-1}}\Gamma_n^{(j)}=F$ 是闭的无处稠密集合，它就是 Σ 和平面 $\varphi=0$ 的交集. 设 $p \in F$，于是存在圆的序列 $\{\Gamma_n^{(i_n)}\}$ 能使 $p=\prod_{n=1}^{\infty}\Gamma_n^{(i_n)}$. 在锚圈 T_n 上各取一段 $-\Phi \leqslant \varphi < \Phi$（$\Phi$ 为任一固定正数）使与 $\varphi=0$ 的交集自某 n 起恰为 $\Gamma_n^{(i_n)}$，令这些段落的公共部分为 $L_p(\Phi)$，并令 L_p 为所有 $L_p(\Phi)$ 的合并集合. 于是可知经过每一点 $p \in F$ 有唯一开弧 $L_p(-\infty < \varphi < +\infty)$.

在 L_p 上按规律 $\varphi=t$ 来规定运动 $f(p,t)$. 今往证 $f(p;I)$ 在 Σ 上到处稠密且 $f(p,t)$ 是几乎周期的.

设 $\varepsilon > 0$，取 n 使 $\alpha_n < \frac{\varepsilon}{2}$，设 $p \in \Gamma_n^{(i_n)}$，由作法便知 $f(p, 2k\pi)(k=0,1,\cdots, 2^{n-1})$ 各在一 $\Gamma_n^{(i_n)}(i=1,2,\cdots,2^{n-1})$ 内. 因而弧 $f(p;0,2^n\pi)$ 显然 ε 逼近整个集合 Σ，从而即得 Σ 的极小性.

对任一整数 m，p 和 $f(p,2^n m\pi)$ 同在一 $\Gamma_n^{(i_n)}$ 内，在任一时刻 $t(-\infty < t < +\infty)$，它们将位于平面 $\varphi=t$ 上同一以 α_n 为圆心的圆 $f(\Gamma_n^{(i_n)}, t)$ 内. 因此对任一 t，有

$$\rho[f(p,t), f(p+2^n m\pi)] < 2\alpha_n < \varepsilon$$

所以 $f(p,t)$ 有相对稠密 ε 位移集合 $\{2^n m\pi\}_{m=0,\pm1,\pm2,\cdots}$.

这就证明了每一 $p \in \Sigma$ 上的运动 $f(p,t)$ 的几乎周期性也可将定义在 Σ 上的运动场加以扩展，例如扩展到整个锚圈 T_1 上，显然在这一扩张的场内，Σ 是一极小集合.

下面定理[15] 将阐明含几乎周期运动的极小集合的构造.

定理 39 一紧密集合是几乎周期轨道的闭包的充要条件为它是一紧密连通可换拓扑群.

设运动 $f(p,t)$ 是几乎周期的,同时 $M=\overline{f(p;I)}$ 是它的轨道的闭包. 今在 M 内来规定可换群运算(将它写作加). 首先从 $q\cup r\subset f(p;I)$ 开始,设 $q=f(p,t_q)$,$r=f(p,t_r)$. 令点 p 为群的零元素,规定和 $q+r=f(p;t_q+t_r)$,逆元素 $-q=f(p,-t_q)$,这些运算显然适合群的公理和连续性条件. 其次,将这样规定的运算连续的扩张到整个 M 上. 今先证下面辅助定理.

辅助定理 4 设 $f(p,t)$ 是几乎周期运动. 如果序列 $f(p,t_n)$ 和 $f(p,\tau_n)$ 是基本的,那么序列 $f(p,t_n-\tau_n)$ 也是这样.

设给定任意 $\varepsilon>0$,根据 $f(p,t)$ 的均匀李雅普诺夫式稳定性以选定 $\delta\left(\frac{\varepsilon}{2}\right)$. 由辅助定理的条件能找出这样的 N,能使 $n\geqslant N,m\geqslant N$ 时,有

$$\rho[f(p,t_n),f(p,t_m)]<\delta,\rho[f(p,\tau_n),f(p,\tau_m)]<\delta$$

从第一不等式即得

$$\rho[f(p,t_n-\tau_n),f(p,t_m-\tau_n)]<\frac{\varepsilon}{2}$$

而从第二不等式将时间移到 $t_m-\tau_n-\tau_m$ 得

$$\rho[f(p,t_m-\tau_m),f(p,t_m-\tau_n)]<\frac{\varepsilon}{2}$$

后面的两个不等式即给出,当 $n\geqslant N,m\geqslant N$ 时,有

$$\rho[f(p,t_n-\tau_n),f(p,t_m-\tau_m)]<\varepsilon$$

辅助定理由此得证.

今就能在整个 M 上规定群的运算.

设 $a\in M,a=\lim\limits_{n\to\infty}f(p,t_n^a),b\in M,b=\lim\limits_{n\to\infty}f(p,t_n^b)$. 于是规定

$$a+b=\lim_{n\to\infty}f(p,t_n^a+t_n^b),\ -a=\lim_{n\to\infty}f(p,-t_n^a)$$

这些极限存在,根据辅助定理,序列

$$f(p,-t_n^a)=f(p,0-t_n^a),f(p,t_n^a+t_n^b)=f(p,t_n^b-(-t_n^a))$$

是基本的,而且这样的规定适合群公理并与原来的一致.

今来证这些运算的连续性.

设 $a=\lim\limits_{n\to\infty}f(p,t_n^a),b=\lim\limits_{n\to\infty}f(p,t_n^b)$,并设 $\varepsilon>0$ 已给. 根据李雅普诺夫式稳定性以选定 $\delta\left(\frac{\varepsilon}{3}\right)$. 设

$$\rho(a,a')<\frac{\delta}{3},a'=\lim_{n\to\infty}f(p,t'_n)$$

选这样的 $N>0$,使 $n\geqslant N$ 时即有不等式

$$\rho[a,f(p,t_n)]<\frac{\delta}{3},\rho[a',f(p,t'_n)]<\frac{\delta}{3}\tag{A}$$

为了证明逆元的连续性，要$-a=\lim\limits_{n\to\infty}f(p,-t_n)$，并使$N$满足附加的条件：只要$n\geqslant N$即可使

$$\rho[-a,f(p,-t_n)]<\frac{\varepsilon}{3},\rho[-a',f(p,-t'_n)]<\frac{\varepsilon}{3} \tag{B}$$

于是由(A)知

$$\rho[f(p,t_n),f(p,t'_n)]<\delta \tag{C}$$

从而将时间移至$-t_n-t'_n$即得

$$\rho[f(p,-t'_n),f(p,-t_n)]<\frac{\varepsilon}{3}$$

将其与不等式(B)结合起来即

$$\rho[-a,-a']<\varepsilon$$

假若$\rho(a,a')<\frac{\delta}{3}$，为了证明和的连续性，除式(A)外，再使$N$满足附加条件：只要$n\geqslant N$即有

$$\rho[a+b,f(p,t_n^a+t_n^b)]<\frac{\varepsilon}{3},\rho[a'+b,f(p,t'_n+t_n^b)]<\frac{\varepsilon}{3} \tag{D}$$

将时间移到t_n^b，从式(C)即得

$$\rho[f(p,t_n^a+t_n^b),f(p,t'_n+t_n^b)]<\frac{\varepsilon}{3}$$

并将它与不等式(D)比较便得

$$\rho[a+b,a'+b]<\varepsilon$$

假若$\rho(a,a')<\frac{\delta}{3}$，我们所规定的运算的单值性由连续性即可推知.

今来证条件的充分性. 设G是紧密可换连通群，在它里面存在到处稠密的单参数部分群(见下面的附记)$\{\xi_t\}$，ξ_0是群的零元，有$\xi_{t_1}+\xi_{t_2}=\xi_{t_1+t_2}$.

设$p\in G$，用等式

$$f(p,t)=p+\xi_t$$

来定义一动力体系. 作为一动力体系所需的条件在此都具备：$f(p,0)=p$，$f[f(p,t_1),t_2]=(p+\xi_{t_1})+\xi_{t_2}=p+\xi_{t_1+t_2}=f(p,t_1+t_2)$，对$p$和$t$的连续性是群运算的连续性的直接推论. 由群的紧密性，即可看出这一连续性尚是均匀的，因此对任一$\varepsilon>0$，存在$\delta>0$能使当$\rho(p,q)<\delta$时，即有$\rho(p+\xi_t,q+\xi_t)<\varepsilon$，就所作的动力体系来说，即是$\rho[f(p,t),f(q,t)]<\varepsilon$，$-\infty<t<+\infty$. 这就建立了李雅普诺夫均匀稳定性. 设群的零元$\xi_0=p_0$. 按条件，轨道$f(p_0,t)=\xi_t$在$G$内到处稠密. 据定理38，运动$f(p,t)$是几乎周期的，而集合$G$是极小集合$\overline{f(p;I)}$. 定理得证.

附记7 今引入上面利用过的定理的证明，这一证明是Н. Я. 维连京(H.

Я. Виленкин）提供给著者的. 在此假定读者具有 Л. С. 邦德里雅金（Л. С. Понтриягин）的《连续群》一书内第五章所述的知识（以下引作[Π]）.

定理 40 设 G 满足第二可数公理的连通紧密可换群. 于是有从实数加群 L（带通常拓扑结构）到 G 内一到处稠密部分群上的连续准同构写像存在.

证明 今考虑群 G 的特征群 X. 根据[Π]的例 48，X 是一无有限级元的可数亚倍群，因此存在从 X 到 L 内的代数同构写像 φ，$\varphi(X)\subset L$.

设 M 是 L 的特征群，注意 M 本身也是实数加群（[Π]，§ 32，附记 H）.

今考虑特征 $m\in M$，以 $[m,\varphi(\chi)]$ 表示在 m 的作用下 $\varphi(\chi)$ 所对应的 K 上的值（K 代表圆周的旋转群）. 如将 m 固定，则 $[m,\varphi(\chi)]$ 即为特征群 X 到群 K 的一个连续准同构写像，也即群 X 的一个特征，今以 $\psi(m)$ 表示它，由定义可得

$$[\psi(m),\chi]=[m,\varphi(\chi)] \tag{$*$}$$

据对偶定理（[Π]，定理 32）$\psi(m)$ 是群 G 的元. 如是即得群 M（实数加群）到 G 内的一写像 ψ. 容易看出，它是连续而且是准同构的. 今往证，$\overline{\psi(M)}=G$.

设与此相反，以 θ 表示部分群 $\overline{\psi(M)}$ 的消去团（аннулятор），即群 G 的使 $\overline{\psi(M)}$ 写像为 0 的全部特征. 根据[Π]的定理 33，θ 包含一异于 0 的元素 a. 由关系式（$*$）. 不论 $m\in M$ 为何，都有

$$[m,\varphi(a)]=[\psi(m),a]=[a,\psi(m)]=0$$

因为 $a\in\theta$. 由此可知，虽然 $a\neq 0$，但 $\varphi(a)=0$. 这与 φ 是一同构写像的性质矛盾. 定理得证.

今来探讨，何时写像 ψ 才是同构的. 设 $\psi(m)=\psi(m')$，$m\neq m'$，即对所有的 $\chi\in X$，$[m,\varphi(\chi)]=[m',\varphi(\chi)]$，也即 $m\varphi(\chi)\equiv m'\varphi(\chi)\pmod 1$ 或 $\alpha\varphi(\chi)\equiv 0\pmod 1$，其中 $m-m'=\alpha\neq 0$. 这仅在 $\varphi(\chi)=\dfrac{n}{\alpha}$（$n=0,\pm 1,\pm 2,\cdots$），即为由一个生成元产生的巡回群时方有可能. 在这种情形下 $G=K$，$\psi(M)=G$（我们有周期运动）. 在其余的情形（几乎周期运动）下，ψ 是同构的.

定理 39 给出在其内有几乎周期运动的可能的极小集合的结构.

今发生这样一个问题：是否所有定义在群空间上且以此空间为极小集合的动力体系都含几乎周期运动. 马尔科夫给这个问题以否定的答复. 按照马尔科夫的观念，来做沿例 9 的轨道运行的非几乎周期运动的例子.

例 12 以方程组

$$\frac{\mathrm{d}\varphi}{\mathrm{d}t}=\frac{1}{\Phi(\varphi,\theta)},\ \frac{d\psi}{\mathrm{d}t}=\frac{\mu}{\Phi(\varphi,\theta)}$$

来确定一动力体系. 此处 μ 是无理数，其值以后再行确定. $\Phi(\varphi,\theta)$ 为对每一自变量都是以 2π 为周期的周期函数，它无处为零且可展为均匀收敛的二重福氏级数，为简单起见，将它写成复数形式

$$\Phi=\sum_{m,n=-\infty}^{+\infty} a_{mn} e^{im\varphi} e^{in\theta}, a_{-m,n}=a_{m,-n}=\overline{a}_{mn}$$

为确定起见,令

$$a_{mn}=\frac{1}{(|m|+1)^2(|n|+1)^2} \quad (|m|+|n|>0)$$

$$a_{00}>\Sigma' a_{mn}=\left(1+\frac{\pi^2}{3}\right)^2-1$$

(记号 Σ' 在此及以后都表示将 $m=n=0$ 的项除外后的和).

由微分方程$\frac{d\theta}{d\varphi}=\mu$ 可确定轨道的方程,它就是 $\theta=\theta_0+\mu\varphi$. 在轨道上从点 $\varphi=0,\theta=\theta_0$ 起始的时间

$$t(\varphi,\theta_0)=\int_0^{\varphi}\Phi(\tau,\mu\tau+\theta_0)d\tau$$

在积分号下显然是 τ 的几乎周期函数. 我们将利用下述这些关于几乎周期函数理论中的事实:如果一几乎周期函数的不定积分是几乎周期的,那么此不定积分的福氏级数由积分号下的函数的福氏级数形式加以积分即得;如果不定积分不是几乎周期的,那么它是无界的;几乎周期函数的福氏系数的平方和收敛. 作差式

$$t(\varphi,\theta_0)-t(\varphi,0)=\int_0^{\varphi}[\Phi(\tau,\mu\tau+\theta_0)-\Phi(\tau,\mu\tau)]d\tau \tag{1}$$

将函数 Φ 的级数换入积分号下的式子内,并逐项积分,便得

$$t(\varphi,\theta_0)-t(\varphi,0)=\sum_{m,n=-\infty}^{+\infty}\frac{a_{mn}(e^{in\theta_0}-1)}{i(m+n\mu)}e^{i(m+n\mu)\varphi} \tag{2}$$

右端级数的系数的平方和是

$$\sum_{m,n=-\infty}^{+\infty}\sin^2\frac{n\theta_0}{2}\frac{|a_{mn}|^2}{(m+n\mu)^2} \tag{3}$$

今这样来选数 $\mu>0$,使

$$\sum_{m,n=-\infty}^{+\infty}\frac{|a_{mn}|^2}{(m+n\mu)^2} \tag{4}$$

发散. 为此只需选取 μ 使有无限多对自然数 (m,n) 满足不等式 $|m-n\mu|<|a_{mn}|$,这一定可能. 今往证对于前面选定的具体的 a_{mn} 满足要求的 μ 的确可选出. 设 μ 由无穷连分式

$$\mu=0 \quad (a_1a_2a_3\cdots)$$

给出.

令第 ν 次近似式为$\frac{p_\nu}{q_\nu}$,便有周知的公式

$$\left|\mu-\frac{p_\nu}{q_\nu}\right|<\frac{1}{q_\nu q_{\nu+1}}<\frac{1}{a_\nu q_\nu^2}$$

从而

$$|p_\nu - q_\nu\mu| < \frac{1}{a_\nu q_\nu}$$

今以关系式 $a_1=1, a_\nu=(q_\nu+1)^3$ 来规定 a. 于是，当 $\nu>2$ 时，$p_\nu \leqslant q_\nu - 1$，便有

$$|p_\nu - q_\nu\mu| < \frac{1}{q_\nu(q_\nu+1)^3} < \frac{1}{(p_\nu+1)^2(q_\nu+1)^2} = a_{p_\nu q_\nu}$$

因此，对应于所有自然数对 (p_ν, q_ν) 的级数(4)中的项大于1，所以级数发散. 今考虑级数(3)，它只可能在测度为零的 θ_0 值集合 E 上为收敛，否则将有集合 $E_0 \subset E, m(E_0)>0$ 存在，在其上，式(3)有界且收敛. 在 E_0 上逐项积分，从而得出级数(4)的收敛性. 因此，对几乎所有的值 θ_0 函数(2)是非几乎周期的.

这样，便可找出任意小的值 θ_0，对于它，差式(1)是 φ 的无界函数. 于是，便知由初始条件：$t=0, \varphi=0, \theta=0$ 确定的运动的李雅普诺夫式不稳定性. 事实上，设当 $\varphi=\varphi_0$ 时，差

$$|t(\varphi_0, \theta_0) - t(\varphi_0, \theta)| > m > 0$$

其中 m 为任一正数. 于是在时刻 $t(\varphi_0, 0)$，坐标 φ 的值在经过 $(0, \theta_0)$ 的轨道上与经过 $(0,0)$ 的轨道上的差要大于 m，而这对某些可任意小的 θ_0 值都为真.

因此，由所述方程组所描述的运动不是几乎周期的.

作为结语，我们指出，§7的定理28和29及§8的定理39表明回复性和几乎周期性虽然不是拓扑不变性质，但是回复的和周期运动的轨道的闭包却具有不变的特征. 这些不变特征有一基本的不同点. 回复性的特征——轨道闭包的极小性——完全不与时间相关. 每一动力体系，只要有闭包为一极小(紧密)集合的轨道，则一定含有回复运动. 但在紧密度量空间内虽然几乎周期运动轨道的闭包是一群空间，但是却不能断定只要动力体系有轨道的闭包为一群空间就一定含有几乎周期运动.

这个情况使马尔科夫做出如下的定义：整个空间为其紧密极小集合的动力体系，如可能保留轨道，交换时间，使所有的运动变成几乎周期的，则称它为调和的.

这个定义自然地引出下面的问题：是否所有(紧密)极小集合都是调和的？容易证明，例10给出这一问题的否定答案. 此外，马尔科夫做出了局部连通的(紧密)极小集合的例子，它虽然是一流形但却不是群空间.

§9 渐近轨道

重提一下渐近轨道的定义(本章§3). 这一定义来自涅梅茨基[16].

定义 14 如果集合 Ω_p 不空,但交集 $f(p;I^+)\cap\Omega_p$ 是空的,那么 $f(p;I)$ 叫作正向渐近的.

§3 定理 12 给出正拉格朗日式稳定的渐近轨道趋于 Ω_p 的一般性态,它建立在这样的意义下,$f(p,t)$ 均匀趋近于 Ω_p,对任一 $\varepsilon>0$,有 t_0 能使适合 $t>t_0$ 的 t 值满足不等式 $\rho[f(p,t),\Omega_p]<\varepsilon$.(这个定理对于正泊松式稳定轨道也成立,而且是必然的,因为此时 $f(p;I)\subset\Omega_p$.)

下述定理(涅梅茨基)指明,关于渐近轨道趋于极限集合的性态的附加条件在某些情形下确定动力极限集合内的运动的性态.

定义 15 半轨 $f(p;I^+)$ 均匀的渐近于集合 Ω_p,如果对任一 $\varepsilon>0$ 存在 $T(\varepsilon)$ 能使当 $L\subset f(p;I^+)$ 时是任一时间长度大于或等于 $T(\varepsilon)$ 的弧,而 q 是 Ω_p 的任意一点时,有 $\rho(q,L)<\varepsilon$.

定理 41 正拉格朗日式稳定运动 $f(p,t)$ 的 ω 极限集合为极小的充要条件是 $f(p;I^+)$ 均匀的渐近于 Ω_p.

条件是充分的.设 q 为 Ω_p 的任一点,只需证 $f(q,t)$ 在 Ω_p 内到处稠密.若不然,设 $r\in\Omega_p$ 存在,能使 $\rho[r,\overline{f(q;I)}]=\alpha>0$.由均匀渐近的条件,可找到数 $T\left(\frac{\alpha}{2}\right)$.由动力体系的连续性,根据点 q 及数 $T\left(\frac{\alpha}{2}\right)$ 和 $\frac{\alpha}{2}$ 以定 η,使不等式 $\rho(q,s)<\eta$,当 $0\leqslant t\leqslant T$ 时

$$\rho[f(q,t),f(s,t)]<\frac{\alpha}{2}$$

因为 $q\in\Omega_p$,故在半轨 $f(p;I^+)$ 上有点 $p_1=f(p,t_1),t_1>0$,能使 $\rho(p_1,q)<\eta$.又因弧 $f(p;t_1,t_1+T)$ 渐近于 Ω_p 并准确到$\frac{\alpha}{2}$,所以有值 $t_2(0\leqslant t_2\leqslant T)$,能使点 $p_2=f(p,t_1+t_2)=f(p_1,t_2)$ 满足不等式 $\rho(r,p_2)<\frac{\alpha}{2}$.最后,设 $q'=f(q,t_2)$,于是

$$\rho(q',p_2)=\rho[f(q,t_2),f(p_1,p_2)]<\frac{\alpha}{2}$$

比较所得的这些不等式,对点 $q'=f(q,t_2)$,可得 $\rho(q',r)<\alpha$,这与关于点 r 的假定相矛盾.

条件是必要的.设 $f(p;I^+)$ 不均匀渐近于极小集合 Ω_p.此时将有数 $\alpha>0$,区间序列 $(t_1,t_1'),(t_2,t_2'),\cdots,(t_n,t_n'),\cdots(t_n>0,t_n'-t_n\to+\infty)$ 和点序列 $\{q_n\}\subset\Omega_p$ 存在,能使

$$\rho[f(p;t_n,t_n'),q_n]>\alpha$$

在紧密集合 Ω_p 内序列 $\{q_n\}$ 有极限点 q_0,为简单起见,设 $\lim\limits_{n\to\infty}q_n=q_0$,故对任一 n 都有 $\rho[q_n,q_0]<\frac{\alpha}{3}$.

在这种情形下，对任一 n，便有

$$\rho[f(p;t_n,t'_n),q_0] > \frac{2\alpha}{3}$$

今考查点序列

$$p_n = f\left(p,t_n+\frac{t'_n-t_n}{2}\right)=f(p,\tau_n) \quad (n=1,2,\cdots)$$

因为 $t_n \to 0, t'_n \to t_n \to +\infty$，所以 $\tau_n \to +\infty$. 由 $f(p,t)$ 的正拉格朗日稳定性知 $\{p_n\}$ 有极限点 p_0，显然 $p_0 \in \Omega_p$，为简单起见，设 $p_0 = \lim_{n\to\infty} p_n$.

按条件，Ω_p 极小，故 $f(p_0,t)$ 在 Ω_p 内到处稠密. 因而有 τ_0，能使 $\rho[f(p_0,\tau_0),q_0] < \frac{\alpha}{3}$. 这一不等式将引出一矛盾. 由连续性条件以选定 $\eta > 0$，使不等式 $\rho(p_0,r) < \eta$，且 $\rho[f(p_0,\tau_0),f(r,\tau_0)] < \frac{\alpha}{3}$. 再取 N 充分大使 $\rho(p_0,p_N) < \eta$，同时 $\frac{1}{2}(t'_N - t_N) > \tau_0$. 从第二个条件即得

$$f(p_N,\tau_0)=f(p,t_N+\tau_0) \in f(p;t_N,t'_N)$$

因而

$$\rho[f(p_N,\tau_0),q_0] > \frac{2\alpha}{3}$$

另一方面，$\rho[f(p_N,\tau_0),f(p_0,\tau_0)] < \frac{\alpha}{3}$，因此

$$\rho[f(p_N,\tau_0),q_0] \leqslant \rho[f(p_N,\tau_0),f(p_0,\tau_0)]+\rho[f(p_0,\tau_0),q_0] < \frac{2\alpha}{3}$$

此矛盾证明了定理.

作为极小集合的特殊情形的几乎周期运动的极小集合. 附加条件给出描述当 Ω_p 是几乎周期运动的极小集合时渐近运动的定理.

定理 42　正拉格朗日式稳定运动 $f(p,t)$ 的 ω 极限集合 Ω_p 是几乎周期运动的极小集合的充分条件为 $f(p;I^+)$ 均匀渐近于 Ω_p，而且 $f(p,t)$ 对半轨 $f(p;I^+)$ 来说是均匀李雅普诺夫式稳定的.

根据定理 41，Ω_p 是极小的. 今往证在它里面的运动的几乎周期性.

给定 $\varepsilon > 0$ 并据李雅普诺夫式均匀稳定性以选数 $\delta=\delta\left(\frac{\varepsilon}{3}\right)$，使当 $t_1 > 0$，$t_2 > 0$，$\rho[f(p,t_1),f(p,t_2)] < \delta$ 时，对所有 $t > 0$ 都有

$$\rho[f(p,t_1+t),f(p,t_2+t)] < \frac{\varepsilon}{3}$$

设 $q_1 \cup q_2 \subset \Omega_p$，$\rho(q_1,q_2) < \frac{\delta}{3}$，又设 $\bar{t} > 0$ 为任一定数. 今估计 $\rho[f(q_1,\bar{t}),f(q_2,\bar{t})]$.

根据连续性条件以选定 $\eta>0$，使由不等式 $\rho(q_1,r)<\eta,\rho(q_2,s)<\eta$，即可推出

$$\rho[f(q_1,\bar{t}),f(r,\bar{t})]<\frac{\varepsilon}{3},\rho[f(q_2,\bar{t}),f(r,\bar{t})]<\frac{\varepsilon}{3}$$

令 $\sigma=\min\left[\eta,\frac{\delta}{3}\right]$. 按 Ω_p 的定义，有点 $p_1=f(p,t_1),p_2=f(p,t_2),t_1>0,t_2>0$，能使 $\rho(p_1,q_1)<\sigma,\rho(p_2,q_2)<\sigma$，于是

$$\rho(p_1,p_2)\leqslant\rho(p_1,q_1)+\rho(q_1,q_2)+\rho(q_2,p_2)<\sigma+\sigma+\frac{\delta}{3}<\delta$$

按照 δ 的选择，有

$$\rho[f(p_1,\bar{t}),f(p_2,\bar{t})]<\frac{\varepsilon}{3}$$

而根据 η 和点 p_1,p_2 的选择，又得

$$\rho[f(q_1,\bar{t}),f(p_1,\bar{t})]<\frac{\varepsilon}{3},\rho[f(q_2,\bar{t}),f(p_2,\bar{t})]<\frac{\varepsilon}{3}$$

后面这三个不等式即给出，对任意符合 $\rho(q_1,q_2)<\frac{\delta}{3}$ 的 q_1 和 q_2 及任一 $\bar{t}>0$，有

$$\rho[f(q_1,\bar{t}),f(q_2,\bar{t})]<\varepsilon$$

这就证明了在 Ω_p 内的运动的正李雅普诺夫式稳定性，从而，根据 §8 定理 37 便知这些运动是几乎周期的.

关于在 Ω_p 内的运动有几乎周期性的必要条件为何的问题至今仍未解决.

§10 完全非稳定的动力体系

从 §4 起，我们基本上研讨了拉格朗日式稳定的动力体系的性质. 这些体系的理论已获得很大的进展.

涅梅茨基首先研究了一类动力体系的运动，按其性质，与稳定体系是相反的，这就是完全非稳定体系. 在涅梅茨基的著作中，这类体系是在空间 E^n 中来讨论的，在其中体系是由微分方程组

$$\frac{\mathrm{d}x_i}{\mathrm{d}t}=X_i(x_1,x_2,\cdots,x_n)\quad(i=1,2,\cdots,n)$$

给定的，方程组的右端对变量的所有值都有定义且方程组满足唯一性条件. 这些结果由别布托夫[18] 加以推广到定义在局部紧密度量空间 **R** 上的一般动力体系 M，这要求着引入新的辅助工具 —— 在一般动力体系中管和截痕的理论. 在本节中我们将叙述后者的一些结果.

设动力体系 M 给定在局部紧密度量空间 $\mathbf{R}$ 上. 重提一下,假若它的半轨 $f(p;0,+\infty)$(或 $f(p;0,-\infty)$)位于空间 $\mathbf{R}$ 的紧密集合内,运动叫作拉格朗日式正(负)稳定的. 假若不是拉格朗日式正稳定的也不是负稳定的运动叫作拉格朗日式非稳定的. 如果体系 M 的所有运动 $f(p,t)$ 都是拉格朗日式非稳定的,那么称此体系为非稳定.

引入新的定义:

定义 16 假若它的所有点是游荡的,则体系 M 叫作完全非稳定的.

重提一下(§5),点 p 叫作游荡的,假若有 $\delta>0$ 和 $T>0$ 存在,能使当 $|t|\geqslant T$ 时有

$$S(p,\delta)\cdot f(S(p,\delta);t)=0$$

如果体系是完全非稳定的,那么它是非稳定的.

事实上,如有一运动 $f(p_0,t)$ 是拉格朗日式正稳定的,则它的 ω 极限点的集合 Ω_{p_0} 不空. 任一点 $q\in\Omega_{p_0}$ 便不是游荡的. 因为,对任一 $\varepsilon>0$ 可考虑 $S(q,\varepsilon)$,并设 $f(p_0,t_0)\in S(q,\varepsilon)$,而按 ω 极限点的定义,对任一 $T>0$ 可找到 $t>T$ 能使 $f(p_0,t_0+t)\in S(q,\varepsilon)$,但 $f(p_0,t_0+t)\in f(S(q,\varepsilon),t)$,因而交集 $S(q,\varepsilon)\cdot f(S(q,\varepsilon),t)$ 不空,即 q 不是游荡点. 因此,体系 M 不是完全非稳定的.

在空间 E^2 中,上一命题的逆也成立.

定理 43 在平面上,任一非稳定体系是完全非稳定的.

已知确定在 E^2 上的动力体系的所有运动 $f(p,t)$ 都是非稳定的,并假定点 p_0 是非游荡的. 按条件,p_0 不是休止点. 在点 p_0 处对轨道 $f(p_0,t)$ 作长为 2ε 的法线段 ap_0b①,中心在 p_0 处,而且选取 ε,使在圆 $\overline{S(p_0,4\varepsilon)}$ 内,场 (X_1,X_2) 的方向与在点 p_0 处的切线方向相差不大于 $\frac{\pi}{4}$,且在此圆内有不等式

$$\frac{2}{3}[X_1^2(p_0)+X_2^2(p_0)]\leqslant X_1^2(p)+X_2^2(p)\leqslant\frac{3}{2}[X_2^2(p_0)+X_2^2(p_0)]$$

于是,首先,有点在 $S\left(p_0,\frac{\varepsilon}{\sqrt{2}}\right)$ 内部的任一轨道 $f(p,t)$ 交 ap_0b 于点 p',而 $\widehat{pp'}\subset S(p_0,\varepsilon)$. 其次,有 $t_0>0$ 存在,能使当 $t=t_0$ 时,有

$$f(S(p_0,\varepsilon),t_0)\cdot S(p_0,\varepsilon)=0$$

例如

$$t_0=\frac{\sqrt{6}\,\varepsilon}{\sqrt{X_1^2(p_0)+X_2^2(p_0)}}$$

因为在这个时间区间内,在 $S(p_0,\varepsilon)$ 内的所有点离开它外出,但并没有从

① 如代替法线而作同胚于线段的截痕,则证明也可对平面上的任一动力体系来引出[19].

$S(p_0,4\varepsilon)$ 外出.

根据假定,可找到 $t_1 > t_0$,能使

$$S\left(p_0,\frac{\varepsilon}{\sqrt{2}}\right)\cdot f\left(S\left(p_0,\frac{\varepsilon}{\sqrt{2}}\right),t_1\right)\neq 0$$

这表示可找到 $p\in S\left(p_0,\frac{\varepsilon}{\sqrt{2}}\right)$ 能使 $f(p,t_1)\in S\left(p_0,\frac{\varepsilon}{\sqrt{2}}\right)$. 设弧 $f(p,t)$ 没有从 $S(p_0,\varepsilon)$ 外出而交法线段 ap_0b 于点 q,弧 $f(p,t_1+t)$,$t_1>0$ 在从 $S(p_0,\varepsilon)$ 外出前交 ap_0b 于点 q_1. 今考虑由 q 到 q_1 的轨道 $f(p,t)$ 的弧段和法线段 qq_1 所围成的区域 D. 如果在 $\widehat{qq_1}$ 上的点当 t 增加时进入区域 D,那么这种点当 $t\to+\infty$ 时不会从 D 外出,因而对应的运动是拉格朗日式稳定的. 如果这些点当 t 减小时进入 D,那么对应于它们的运动是负稳定的. 这一矛盾证明了定理.

然而在 E^3 内已存在非稳定运动,它们不是完全非稳定的. 今引入下例.

例 13 在平面 xOy 上,考虑占据除原点外的整个平面的阿基米德螺线的单参数族,在极坐标下的螺线方程为 $\rho=\theta-a$,$\theta>a$(a 为参数,$0\leqslant a<2\pi$).

取旋转曲面 $z=\frac{(x^2+y^2-1)^2}{x^2+y^2}$ 的投影在圆 $x^2+y^2\leqslant 1$ 上的那部分. 这个曲面显然在平面 xOy 上方,沿着圆周 $x^2+y^2=1$ 与它相切且当 $\sqrt{x^2+y^2}\to 0$ 时,$z\to+\infty$. 今平行于 z 轴将位于圆 $x^2+y^2\leqslant 1$ 的螺线族部分投影到上面所取的这块曲面上,在圆周 $x^2+y^2=1$ 之外,对应的曲线是作为平面曲线来延展. 所得的曲线到处都有连续的切线且沿着它们当 $\rho\to 0$ 时,$z\to+\infty$(图 45). 最后,使这组曲线沿着 z 轴带参数 b 平行移动.

所得的两参数的曲线族可由下列方程表示出

$$x=(\theta-a)\cos\theta,y=(\theta-a)\sin\theta,z=f(\theta-a)+b$$

其中 $f(\alpha)=\frac{(\alpha^2-1)^2}{\alpha^2}(0<\alpha\leqslant 1)$,而 $f(\alpha)=0(\alpha\geqslant 1)$,而且 $0\leqslant a<2\pi$,$-\infty<b<+\infty$. 对这族曲线再补上直线 $x=y=0$. 经过空间的每一点,有此族的唯一一条曲线,而对曲线的各切线形成连续的方向场.

今使空间 $Oxyz$ 经历一变换 $x_1=\mathrm{e}^x-2$,$y_1=y$,$z_1=z$,对此,此空间相互单值地写像到半空间 $x_1>-2$. 于此,向量场对 $x_1>-2$ 仍是连续的. 在平面 $x_1=-2$ 上,变换后的方向场连续地接近由直线 $z_1=b$ 给出的场. 在半空间 $x_1\leqslant -2$ 中对变换后的族补上平行于 y_1 轴的直线(图 46). 在已得的占据整个空间 $Ox_1y_1z_1$ 的曲线上,定义动力体系作为带不变速率 $\frac{\mathrm{d}s}{\mathrm{d}t}=1$ 的运动体系,此处 $x_1>-2$,当 $t\to+\infty$ 时,$z_1(t)\to+\infty$.

当 $t\to-\infty$ 时,在由螺线变换成的轨道上实现的运动,从某一 t 起,落于平面 $z_1=b$ 上并且以直线 $x_1=-2$,$z_1=b$ 上的所有点作为 ω 极限点. 因而所有这

些点都是非游荡的，即体系不是完全非稳定的.然而，所有运动又是正拉格朗日式非稳定的也是负向非稳定的.

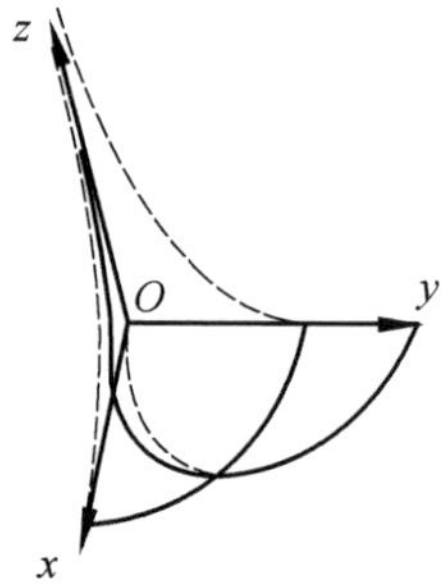

图 45

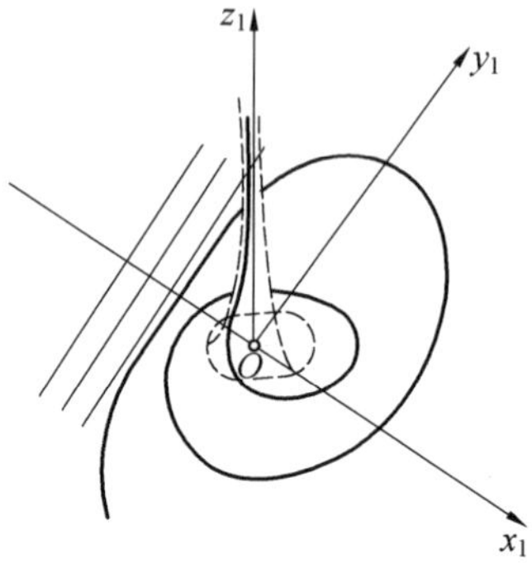

图 46

完全非稳定体系的最简单例子是沿着平行直线族移动的运动系.我们的进一步目的是去确立充要条件，使得存在这样的由空间 **R** 到希尔伯特空间 E^{∞} 的拓扑写像(当 $\mathbf{R}=E^n$ 时，是到 E^{n+1} 的写像)，对于它给定体系的轨道写像到(两侧都趋于无穷)平行直线族.

定理 44 给定在局部紧密度量空间 **R** 内的动力体系的完全非稳定性是能使它的轨道相互单值且连续写像到 E^{∞} 中的平行直线族的必要条件(如 $\mathbf{R}=E^n$，则写像到 E^m 中，其中 $m>n$).

设 $x=\Phi(p)$，其中 $p\in\mathbf{R}$，且 $x=(\xi_0,\xi_1,\cdots,\xi_n,\cdots)$，$\sum\limits_{n=0}^{\infty}\xi_n^2<+\infty$ 是空间 **R** 到子集 $X\subset E^{\infty}$ 的同胚写像，对此，轨道 $f(p,t)$ 变成直线 $\xi_1=c_1,\xi_2=c_2,\cdots,\xi_n=c_n,\cdots(\sum\limits_{n=1}^{\infty}c_n^2<+\infty)$，而且变的坐标 ξ，当 t 增大时，单调地变化.为确定起见，设 ξ_0 随着 t 增加而增加.于是在集合 X 中，动力体系由运动 $f_1(p,t)=\Phi(f(p,t))$ 确定.设 $p\in\mathbf{R}$ 为任一点，取它的紧密邻域的闭包 $\overline{S(p,\varepsilon)}$，它的象 $\Phi\overline{(S(p,\varepsilon))}$ 是 E^{∞} 中的闭的紧密集合.由于集合 $\Phi\overline{(S(p,\varepsilon))}$ 的紧密性以及在体系 $f_1(x,t)=f_1(\Phi(p,t))$ 中没有休止点，便可找到 $T>0$，能使当 $t>T$ 时，有

$$0=\Phi(S\overline{(p,\varepsilon)})\cap f_1(\Phi(S\overline{(p,\varepsilon)}),t)=\Phi(\overline{S(p,\varepsilon)})\cap\Phi[f\overline{(S(p,\varepsilon),t)}]$$

如转到写像到空间 **R** 的反变换 ϕ^{-1}，便得，当 $t>T$ 时，$\overline{S(p,\varepsilon)}\cdot f(\overline{S(p,\varepsilon)},t)=0$，即 p 必是游荡点.定理证毕.

但如以后将证，完全非稳定性对能使体系写像到平行直线族并不是充分条件.为说明这个问题，今引入下面定义：

定义 17 动力体系具有非固有的鞍点，如果存在这样的点列 $\{p_n\}$ 和无限增大的数列 $\{\tau_n\}$ 和 $\{t_n\}$，能使 $p_n\to p$，$f(p_n,t_n)\to q$，$0<\tau_n<t_n$，而 $\{f(p_n,\tau_n)\}$

不包含收敛的序列.

当 $\mathbf{R}=E^n$ 时,这个定义就成为涅梅茨基所引入的"在无穷处的鞍点"的定义.

辅助定理 5 如果体系非稳定且没有非固有的鞍点,并且当 $p_n \to p$ 时,$q_n=f(p_n,t_n)\to q$,那么$\{t_n\}$有界.

令 $A_n=f(p_n;0,t_n)$,并设 $A=\bigcup_{n=1}^{\infty}A_n$. 今往证,$A$ 在 $\mathbf{R}$ 内是紧密的. 若不然,则存在序列$\{q_k\}\subset A$,它不包含任一收敛的子序列. 因为每一 A_n 紧密,所以它只能包含有限多个点$\{q_k\}$. 因而,有两个无限增大的自然数序列$\{n_k\}$和$\{l_k\}$存在,能使 $q_{n_k}\in A_{l_k}$,即

$$q_{n_k}=f(p_{l_k},t_{l_k})\quad (0<\tau_{l_k}<t_{l_k})$$

于是,得

$$p_{l_k}\to p,f(p_{l_k},t_{l_k})\to q$$

但 $f(p_{l_k},\tau_{l_k})$ 不包含收敛的序列,即与体系具有非固有鞍点的假定相矛盾.

因此,A 在 $\mathbf{R}$ 内是紧密的,故 $\overline{A}$ 自身紧密.

假定$\{t_n\}$不是有界的,于是不失一般性,可假定 $t_n\to+\infty$. 设 $t\geqslant 0$ 为任一数,选取 N,使当 $n\geqslant N$ 时,$t_n>t$. 于是,当 $n\geqslant N$ 时,有 $f(p_n,t)\in A$,而根据 $f(p_n,t)\to f(p,t)$,对任一 $t\geqslant 0$,有

$$f(p,t)\in\overline{A}$$

即运动 $f(p,t)$ 是正拉格朗日式稳定的,这与体系的非稳定性矛盾.

推论 14 在辅助定理 5 的条件下,有下列关系

$$t_n\to t_0,q=f(p,t_0)$$

假定$\{t_n\}$不收敛. 于是,按其有界性,可找出两个子序列$\{t_{n_k}\}$和$\{t_{n_l}\}$能使 $\lim\limits_{k\to\infty}t_{n_k}=t'$,$\lim\limits_{l\to\infty}t_{n_l}=t''$,其中 $t'\neq t''$.

于是,便有

$$\lim_{k\to\infty}f(p_{n_k},t_{n_k})=\lim_{k\to\infty}q_{n_k}=f(p,t')=q$$

$$\lim_{k\to\infty}f(p_{n_l},t_{n_l})=\lim_{l\to\infty}q_{n_l}=f(p,t'')=q$$

即

$$f(p,t')=f(p,t'')$$

但这是不可能的,因为非稳定体系不包含周期运动. 因此

$$t_n\to t_0,q=f(p,t_0)$$

在非稳定性、完全非稳定性和非固有鞍点间的联系确立下面的定理.

定理 45 没有非固有鞍点的非稳定体系是完全非稳定的.

若不然,假定没有非固有鞍点的非稳定体系有非游荡点 p,给定两个正数的序列

$$T_1<T_2<\cdots<T_n<\cdots\quad (T_n\to+\infty)$$

$$\varepsilon_1 > \varepsilon_2 > \cdots > \varepsilon_n > \cdots \quad (\varepsilon_n \to 0)$$

于是,由非游荡点的定义,便推得对每一 n 有 p_n 和 t_n 存在,能使

$$t_n > T_n, \rho(p_n, p) < \varepsilon_n, \rho(p, f(p_n, t_n)) < \varepsilon_n$$

从而可得

$$p_n \to p, f(p_n, t_n) \to p, t_n \to \infty$$

这与辅助定理 5 矛盾.

另外,完全非稳定的动力体系如下例所指出,可能有非固有鞍点.

例 14 对 $-\infty < x < +\infty$, $-\infty < y < +\infty$,由微分方程组

$$\frac{\mathrm{d}x}{\mathrm{d}t} = \sin y, \frac{\mathrm{d}y}{\mathrm{d}t} = \cos^2 y$$

所确定的体系,作为轨道有曲线 $x + C = \dfrac{1}{\cos y}$ 和直线 $y = k\pi + \dfrac{\pi}{2}$($k = 0, \pm 1, \cdots$). 今只考虑带条 R:$-\dfrac{\pi}{2} \leqslant y \leqslant \dfrac{\pi}{2}$(见第一章图 1),作球 $\overline{S(0,N)}$(紧密集合). 显然,$R = \bigcup\limits_{N=1}^{\infty} S(0,N)$.

不论 N 为何,联结点 $p_n\left(0, -\dfrac{\pi}{2} + \alpha_n\right)$ 和 $q_n\left(0, \dfrac{\pi}{2} - \alpha_n\right)$ 的弧,如选取 $\alpha_n < \arcsin \dfrac{1}{N+1}$,便走出 $S(0,N)$ 之外. 因此,$p_n \to \left(0, -\dfrac{\pi}{2}\right)$,$q_n \to \left(0, \dfrac{\pi}{2}\right)$,故此体系有非固有鞍点(在无穷处的鞍点). 此外,这是完全非稳定体系. 为了证明,只需记住,由域的回归性可知存在泊松式稳定运动,但在所述的情形下,显然不存在这种运动.

在例 14 中的体系不能写像到平行直线族. 今有下列一般事实:

定理 46 如果完全非稳定动力体系具有非固有鞍点,那么它不能被写像到平行直线族.

首先指出,如果 p_n 和 q_n 位于同一条轨道上且 $p_n \to p$ 和 $q_n \to q$,并且可将体系拓扑地写像到 $E^\infty\{\xi_0, \xi_1, \cdots, \xi_k, \cdots\}$(或 E^m)中的平行直线族,则 p 和 q 也在同一条轨道上.

事实上,设所提到的写像是 Φ. 于是,根据它的连续性,$\Phi(p_n) \to \Phi(p)$. 经过 $\Phi(p_n)$ 和 $\Phi(p)$ 有族内的直线. 设它们是 $\xi_1 = \xi_1^{(n)}, \xi_2 = \xi_2^{(n)}, \cdots$ 和对应的 $\xi_1 = \xi_1^{(0)}$, $\xi_2 = \xi_2^{(0)}, \cdots$. 根据定理的条件,$\Phi(q_n)$ 位于经过 $\Phi(p_n)$ 的直线($\xi_i = \xi_i^{(n)}$)上,因而,极限点 $\Phi(q)$ 位于经过点 $\Phi(q)$ 的极限直线上,即在直线 $\xi = \xi_i^{(0)}$ 上. 但如果 $\Phi(p)$ 和 $\Phi(q)$ 在同一直线上,那么根据写像 Φ 的相互单值性,点 p 和 q 位于同一条轨道上.

今回到定理的证明. 空间 $\mathbf{R}$ 局部紧密,设

$$\mathbf{R}=\bigcup_{n=1}^{\infty} F_n$$

其中 $F_1 \subset F_2 \subset \cdots$ 为闭紧密集合的增序列. 根据非固有鞍点的定义,可找到点对的序列 $\{p_k, q_k\}(k=1,2,\cdots; q_k=f(p_k,t_k), t_k>0)$ 和数 $\tau_k(0<\tau_k<t_k)$,能使 $\lim\limits_{k\to\infty} p_k=p'$, $\lim\limits_{k\to\infty} q_k=q'$,而 $f(p_k,\tau_k)\in \mathbf{R}-F_k$.

今往证,p' 和 q' 不在同一轨道上,首先去证 $\lim\limits_{k\to\infty} t_k=\infty$. 若不然,假定有 $T>0$,能使 $0<t_{k_n}\leqslant T(k=1,2,\cdots)$. 于是集合 $P=\{f(p_{k_n};0,T)\}$ 是紧密的,因为每一弧 $f(p_{k_n}0,T)$ 是紧密的,而根据体系的连续性可知 $\lim\limits_{k\to\infty}(p_{k_n};0,T)=f(p';0,T)$. 于是,因为 $0<\tau_k<t_k\leqslant T$,所以点 $f(p_k,\tau_k)\in P$,这与这些点的选择相矛盾. 因此,$\lim\limits_{k\to\infty} t_k=\infty$.

今假定,p' 和 q' 在同一轨道上,$q'=f(p',t')$. 考虑点的序列 $q'_n=f(p_n,t')$,显然,$\lim\limits_{n\to\infty} q'_n=q'$. 这样,在点 q' 的任一邻域 $S(q',\delta)$ 中可找到这样的点对 (q_n,q'_n) 能使 $q_n=f(p_n,t_n)=f(q'_n,t_n-t')$,而且对充分大的 n,t_n-t' 可任意大,即 $S(q',\delta)\cdot f(S(q',\delta),t)$ 对任意大的 t 不空,即点 q' 非游荡,而这与定理的条件相矛盾. 定理证毕.

这样,由定理 44 和 46 可得,能使动力体系写像到平行直线族的必要条件是它的完全非稳定性和没有非固有鞍点. 下一步探讨的目的就是要去指出这些条件也是充分的.

在本章 §2 中已叙述了管的局部截痕的理论. 在完全非稳定动力体系的情形下,可引入不变集合的截痕的概念.

定义 18 设有不变集合 $E\subset\mathbf{R}$. 在 E 内的闭集合 F 叫作集合 E 的截痕,假若对每一点 $q\in E$,有一个且仅有一个数 t_q,能使 $f(q,t_q)\in F$.

定理 47 在完全非稳定动力体系内,对任一点 $p\in\mathbf{R}$ 可找到 $\delta>0$,能使不变集合(无穷管)

$$\Phi=f\,\overline{(S(p,\delta)};I)$$

有紧密的截痕.

由体系的完全非稳定性,可知有数 $\alpha>0$ 和 $T>0$,能使当 $|t|>T$ 时,有

$$\overline{S(p,\alpha)}\cap f\,\overline{(S(p,\alpha)},t)=0$$

选取 $\varepsilon'>0$ 使 $\varepsilon'<\alpha$,并使 $\overline{S(p,\varepsilon')}$ 是紧密的. 因为完全非稳定体系不包含周期运动,所以从 $\varepsilon<\varepsilon'$ 起始,根据定理 6 和 8,可有 $\delta>0$,能使有限管

$$\Phi_1=f(S(p,\delta);-T,T)$$

有局部截痕 F. 今指出,因为在 §2 定理 10 的作法中,集合 $F\subset\overline{S(p,\varepsilon)}$,而按定义,$F$ 是闭的,所以 F 是紧密的.

今往证,F 是管 Φ 的截痕. 设 $q\in\Phi$,于是存在 t',能使 $f(q,t')=q'\in$

$\overline{S(p,\delta)}$ 且因 $q' \in \Phi_1$，所以按局部截痕的性质，可找到 t''，能使 $f(q',t'') \in F$. 如令 $t' + t'' = t$，便有

$$f(q,t) \in F$$

今来证，这样的 t 只能找到一个. 若不然，设

$$f(q,t_1) \in F, f(q,t_2) \in F, t_2 - t_1 = t > 0$$

令 $f(q,t_1) = q_1$，便得

$$q_1 \in F, f(q_1,t) \in F$$

因为 $q_1 \in \Phi_1$ 且 F 是局部截痕 Φ_1，所以 $|t| > 2T$.

另外，按作法

$$F \subset \overline{S(p,\varepsilon)} \subset \overline{S(p,\varepsilon')} \subset \overline{S(p,\alpha)}$$

故对 $|t| > 2T > T$，便得

$$\overline{S(p,\alpha)} \cap f(\overline{S(p,\alpha)},t) \supset F \cap f(F,t) \supset f(q_1,t)$$

这与数 α 和 T 的选择相矛盾. 因此，便证得 F 是管 Φ 的紧密截痕.

辅助定理 6 如果 F 是闭的紧密集合且非稳定动力体系没有非固有鞍点，那么管 $\Phi = f(F;1)$ 是闭集合.

设 $\{p_n\} \subset \Phi$ 且 $\lim\limits_{n\to\infty} p_n = p$，今去证 $p \in \Phi$. 按管的定义，对每一点 p_n，有数 t_n 存在，能使 $q_n = f(p_n,t_n) \in F$. 由于 F 的紧密性，序列 $\{q_n\}$ 有极限点 $q \in F$，假定 $\lim\limits_{n\to\infty} q_n = q$. 于是，按辅助定理 5 的推论可得 $q = f(p,t)$，即 $p = f(q,-t) \in \Phi$. 辅助定理证毕.

推论 15 如果没有非固有鞍点的非稳定动力体系的无穷管 Φ 有紧密的截痕，那么 Φ 是闭的.

辅助定理 7 如果闭的不变集合 Φ 有紧密截痕 F 且 $\{p_n\} \subset \Phi, \lim\limits_{n\to\infty} p_n = p$，那么以 $q_n = f(p_n,\tau_n), q_n \in F$ 表示在截痕上的对应点，便得

$$\lim_{n\to\infty} q_n = q = f(p,\tau) \in F, \tau = \lim_{n\to\infty} \tau_n$$

由于集合 F 的紧密性，存在收敛的子序列 $\{q_{n_k}\}$，设 $\lim\limits_{k\to\infty} q_{n_k} = q$，根据辅助定理 5 的推论，便有

$$\lim_{k\to\infty} \tau_{n_k} = \tau', q = f(p,\tau') \in F$$

由截痕的定义可知 $f(p,\tau') = f(p,\tau)$，即 $\tau' = \tau$. 因为这对任一收敛的子序列 $\{q_{n_k}\}$ 都成立，故可得

$$\lim_{n\to\infty} q_n = q, \lim_{n\to\infty} \tau_n = \tau$$

是所欲证.

进一步的目的是去作所有非稳定的没有非固有鞍点的动力体系的截痕.

定理 48 设在没有非固有鞍点的非稳定体系中给定两个不变集合 Φ_1 和 Φ_2 具有紧密的截痕 F_1 和 F_2. 于是不变集合 $\Phi_1 \cup \Phi_2$ 有紧密截痕 F，而且 $F \supset$

F_1.

根据辅助定理 6 的推论，管 Φ_1 和 Φ_2 是闭集合. 如果 $\Phi_1 \cap \Phi_2 = 0$，那么 $F_1 \cup F_2$ 便有所求的截痕. 今设

$$\Phi_1 \cap \Phi_2 = \Phi_3 \neq 0$$

令

$$F_1 \cap \Phi_3 = F_1^*, F_2 \cap \Phi_3 = F_2^*$$

根据截痕 F_1 和 F_2 的紧密性以及集合 Φ_3 的闭性，集合 F_1^* 和 F_2^* 是紧密的. 今在 F_2^* 上如下来定实函数 $\Phi(p)$，设 $p \subset F_2^*$，则存在唯一的值 t_p，能使 $q = f(p, t_p) \subset F_1^*$，令

$$\varphi(p) = t_q$$

是连续的. 事实上，设 $\{p_n\} \subset F_2^*$，$p_n \to p$，于是 $q_n = f(p_n, t_n) \in F_1^*$，其中 $t_n = t_p = \varphi(p_n)$ 和 $f(p, t) \in F_1^*$，$t = \varphi(p)$. 从辅助定理 7 可得，在此情形下

$$\lim_{n \to \infty} t_n = t, \lim_{n \to \infty} q_n = q = f(p, t) \in F_1^*$$

即

$$\lim_{n \to \infty} \varphi(p_n) = \varphi(p)$$

这就证明了函数 $\varphi(p)$ 的连续性.

在紧密集合 $F_2 \supset F_2^*$ 上定义连续函数 $\psi(p)$，使它与 $\varphi(p)$ 在 F_2^* 上重合（根据乌里松（Vryson）－布劳威尔定理[①]，这个延展是可能的），并令

$$F_3 = \{f(p, \psi(p)), p \in F_2\}$$

这样所确定的集合 $F_3 \supset F_1$ 与 Φ_2 的每一轨道相交于一点且只相交于一点.

今往证 F_3 是紧密的. 设 $\{q_n\} \subset F_3$，于是 $q_n = f(p_n, \psi(p_n))$，$p_n \in F_2$. 由于 F_2 的紧密性，存在收敛的序列 $\{p_{n_k}\}$，$\lim\limits_{k \to \infty} p_{n_k} = p \in F_2$. 于是，由于函数 $\psi(p)$ 的连续性，有

$$\lim_{k \to \infty} \psi(p_{n_k}) = \psi(p), \lim_{k \to \infty} q_{n_k} = f(p, \psi(p)) \in F_2$$

因此，F_2 是管 Φ_2 的截痕. 令

$$F = F_1 + F_3$$

显然，F 是紧密的，它是管 $\Phi_1 \cup \Phi_2$ 的截痕，因为后一管的每一轨道与它有一个且只有一个交点，对于 $\Phi_1 - \Phi_3$ 和 $\Phi_2 - \Phi_3$ 这是显然的，对于 Φ_3，有

$$F_1 \cdot \Phi_3 = F_3 \cdot \Phi_3 = F_1^*$$

最后，$F \supset F_1$. 定理证毕.

定理 49 任一没有非固有鞍点的非稳定动力体系有截痕.

因为按定理 45，体系完全非稳定，所以按定理 47 对每一点 $p \in \mathbf{R}$ 可找到

---

① 见 П. С. Александров 的《集与函数的一般理论初阶》（有中译本）.

$\delta>0$，能使管 $f(\overline{S(p,\delta)};I)$ 有截痕. 因为 $\mathbf{R}$ 具有第二可数公理的空间，所以可找到邻域组 $\{S(p_n,\delta_n)\}$，能使

$$\mathbf{R}=\bigcup_{n=1}^{\infty}S(p_n,\delta_n)$$

今作不变集合

$$\Phi_n=f(\overline{S(p_n,\delta_n)};I)\quad(n=1,2,\cdots)$$

并以 F_n 表示管 Φ_n 的紧密截痕.

首先，我们以如下方式作紧密截痕的序列

$$F^{(1)}\subset F^{(2)}\subset\cdots\subset F^{(n)}\subset\cdots$$

其中

$$F^{(1)}=F_1$$

是集合 Φ_1 的截痕，其次假定已做好 $F^{(n)}$，它是不变集合

$$\Phi^{(n)}=\bigcup_{h=1}^{n}\Phi_h$$

的紧密截痕，并设

$$\Phi^{(n+1)}=\bigcup_{h=1}^{n+1}\Phi_h=\Phi^{(n)}\cup\Phi_{n+1}$$

于是作集合 $F^{(n+1)}$，取管 $\Phi^{(n+1)}$ 的按定理 48 为存在的紧密截痕，而且 $F^{(n+1)}\supset F^{(n)}$.

显然

$$\bigcup_{n=1}^{\infty}\Phi^{(n)}=\mathbf{R}$$

令

$$F=\bigcup_{n=1}^{\infty}F^{(n)}$$

集合 F 与 $\mathbf{R}$ 的每条轨道有一个且只有一个公共点. 事实上，设 $p\in\mathbf{R}$ 为任一点并设 n_1 为最小的数能使 $p\in\overline{S(p_{n_1},\delta_{n_1})}$. 于是 $p\in\Phi^{(n_1)}$ 且根据截痕 $F^{(n_1)}$ 的定义，可找到唯一的值 t_1，能使 $f(p,t_1)=q_1\in F^{(n_1)}\subset F$. 如果存在另一点 $q_2=f(p,t_2)\in F$，那么便可求出自然数 $n_2>n_1$，能使 $q_2\in F^{(n_2)}$ 且因为 $F^{(n_2)}\supset F^{(n_1)}$，所以

$$q_1\subset F^{(n_2)}$$

这与截痕 $F^{(n_2)}$ 的定义相矛盾.

今去证，F 是闭的，即在 $\mathbf{R}$ 内的截痕. 设 $\{q_n\}\subset F$ 且 $\lim\limits_{n\to\infty}q_n=q$. 于是可找到 n_0，能使

$$q\in S(p_{n_0},\delta_{n_0})$$

以及这样的 N，能使当 $n\geqslant N$ 时，有

$$q_n\in S(p_{n_0},\delta_{n_0})$$

因而当 $n \geqslant N$ 时,有

$$q_n \in \Phi^{(n_0)} \cap F = F^{(n_0)}$$

于是,按 $F^{(n_0)}$ 的闭性,可得

$$q \in F^{(n_0)} \subset F$$

是所欲证.

定理 50 任一没有在无穷远处的鞍点的非稳定动力体系可以拓扑地写像到希尔伯特空间内的平行直线族.

设 F 是体系的截痕. 如下来定义从空间 $\mathbf{R}$ 到 E^{∞} 的写像 Ψ. 设 $p \in \mathbf{R}$ 为任一点,$p^* = f(p, -t)$ 为在 F 内的对应的轨道的点. 存在截痕 F 到希尔伯特空间的写像 $\Psi_1(p^*) = q^* = (\xi_1, \xi_2, \cdots, \xi_n, \cdots)$. 于是,令

$$\Psi(p) = (t, \xi_1, \xi_2, \cdots, \xi_n, \cdots) = q \in E^{\infty}$$

并设

$$\Psi(\mathbf{R}) = \mathbf{R}^* \subset E^{\infty}$$

首先,在写像 Ψ 下,轨道变为直线 $\xi_1 = K, \xi_2 = K, \cdots, \xi_n = K, \cdots$($K$ 为常数). 由截痕的性质可得,对应着每一点 p 有唯一一点 q;其次,如给定两点 q_1 和 q_2,$q_1 \subset \mathbf{R}^*, q_2 \subset \mathbf{R}^*$,则它们的坐标 ξ_n 不相重,于是相应的点 p 在不同的轨道上,或者当坐标 $\xi_1, \xi_2, \cdots, \xi_n, \cdots$ 重合时,各坐标的 t 是不同的,于是对应着它们有同一轨道的两个不同的点. 因此,$\mathbf{R}$ 和 $\mathbf{R}^*$ 之间的对应关系是相互单值的. 今去证,它也是相互连续的.

1. 设 $\{p_n\} \subset \mathbf{R}$, $\lim\limits_{n \to +\infty} p_n = p$. 令在截痕 F 上的对应点为 $p_n^* = f(p_n, -t_n)$. 于是,存在 n_0,能使 $p \in \Phi^{(n_0)}$(记号与定理 7 的一样),又因为 $\{p_n\}$ 收敛,所以可找到自然数 N,能使当 $n \geqslant N$ 时也有 $p_n \in \Phi^{(n_0)}$,而 $p_n^* \in F^{(n_0)}$.

因为截痕 $F^{(n_0)}$ 是紧密的,所以由辅助定理 7 可知存在

$$\lim_{n \to \infty} t_n = t, \lim_{n \to \infty} p_n^* = f(p, -t)$$

从而,如令

$$\Psi(p) = (t, \xi_1, \xi_2, \cdots, \xi_i, \cdots)$$
$$\Psi(p_n) = (t_n, \xi_1^{(n)}, \xi_2^{(n)}, \cdots, \xi_i^{(n)}, \cdots)$$

便有

$$\lim_{n \to \infty} \rho_1[\Psi(p_n), \Psi(p)] = \lim_{n \to \infty} \sqrt{(t_n - t)^2 + \sum_{i=1}^{\infty} (\xi_i^{(n)} - \xi_i)^2} = 0$$

2. 设 $\{q_n\} \subset \mathbf{R}^*$ 且 $\lim\limits_{n \to \infty} q_n = q$,即

$$\lim_{n \to \infty} \sqrt{(t_n - t)^2 + \sum_{i=1}^{\infty} (\xi_i^{(n)} - \xi_i)^2} = 0$$

从而

$$\lim_{n\to\infty} t_n = t, \lim_{n\to\infty}\sum_{i=1}^{\infty}(\xi_i^{(n)} - \xi_i)^2 = 0$$

今令

$$\Psi^{-1}(q_n) = p_n \in \mathbf{R}, \Psi^{-1}(q) = p \in \mathbf{R}$$

$$f(p_n, -t_n) = p_n^* \in F, f(p, -t) = p^* \subset F$$

由$\lim\limits_{n\to\infty}(\xi_i^{(n)} - \xi_i) = 0$以及集合 F 到 E^{∞} 的写像的相互连续性可推得$\lim\limits_{n\to\infty} p_n^* = p$以及$\lim\limits_{n\to\infty} f(p_n^*, t_n) = f(p^*, t)$，即

$$\lim_{n\to\infty} p_n = \lim_{n\to\infty} \Psi^{-1}(q_n) = p = \Psi^{-1}(q)$$

相互连续性得证.

比较定理 44,45,46 和 50 的结果，便可推得：

基本定理　欲使定义在具有第二可数原理的局部紧密度量空间 **R** 上的动力体系与在希尔伯特空间中的平行直线族同胚，其必要且充分条件是：此体系是非稳定且没有非固有鞍点.

附记 8　如果体系定义在空间 $E^{(n)}$ 上，那么它是以如下方式同胚地写像到 $E^{(n+1)}$ 内的直线族：设 $p \in E_n$ 且 $q = f(p, -t) \in F$(体系的截痕). 于是，如果点 q 的坐标是$(\xi_1, \xi_2, \cdots, \xi_n)$，那么

$$\Psi(p) = (t, \xi_1, \xi_2, \cdots, \xi_n)$$

§11　李雅普诺夫式稳定的动力体系

给定具有可数基的局部紧密空间 **R**. 假定 **R** 是连通的，否则所得的结果将涉及空间 **R** 的每一连通性分支. 在空间上定义一动力体系 $f(p,t)$，我们假定此体系的每一点 $p \in \mathbf{R}$ 关于 **R** 是李雅普诺夫式稳定的，即对 $\varepsilon > 0$ 和点 p 有 $\delta(p, \varepsilon)$ 存在，能使由不等式 $\rho(p,q) < \delta$ 可推出：当 $-\infty < t < \infty$ 时，$\rho[f(p,t), f(q,t)] < \varepsilon$.

别布托夫进行了李雅普诺夫式稳定的体系的探讨(对在 n 维空间的体系的情形).

在陈述基本结果之前，我们先引入对李雅普诺夫式稳定的体系成立的一系列辅助定理.

辅助定理 8　如果运动 $f(p,t)$ 在某一方向(拉格朗日式)稳定，那么它属于某一紧密的极小集合[20].

例如，设 $f(p,t)$ 正向稳定，于是集合 Ω_p 不空且为紧密. 今考虑点 $q \in \Omega_p$，因为 Ω_p 是闭的不变集合，所以$\overline{f(q;I)} \subset \Omega_p \subset \overline{f(p;I)}$.

因为 $q \in \overline{f(p;I)}$，故有点序列 $p_n = f(p, t_n)$，能使 $\lim\limits_{n\to\infty} p_n = q$. 由点 q 的李雅普诺夫式稳定性，对给定的 $\varepsilon > 0$ 以确定 $\delta(q, \varepsilon)$. 当 $n \geqslant n_0$ 时，$\rho(q, p_n) < \delta$，于是当 $n \geqslant n_0$ 时，$\rho[f(q, -t_n), p] < \varepsilon$，即 p 是点 $q_n = f(q, -t_n)$ 的极限，这表示 $p \in \overline{f(q;I)}$，从而可得包含关系 $\overline{f(p;I)} \subset \overline{f(q;I)}$.

由已证明的两个包含关系可推得 $\overline{f(p;I)} = \overline{f(q;I)}$，即任一经过 $q \in \overline{f(p;I)}$ 的轨道在此闭包内到处稠密，而集合 $\overline{f(q;I)}$ 是极小的，它包含在紧密集合 Ω_p 内，因而是紧密的. 辅助定理证毕.

推论 16 如果 $f(p,t)$（拉格朗日式）正向（负向）非稳定，那么它在两个方向都是非稳定的.

辅助定理 9 如果 $f(p,t)$（拉格朗日式）非稳定，那么它没有动力极限点.

今假定 q_0 是 $f(p,t)$ 的 ω 极限点. 根据 $\mathbf{R}$ 的局部紧密性，有 $\alpha > 0$，能使 $\overline{S(q,\alpha)}$ 是紧密集合. 因为 $q_0 \in \Omega_p$，可找到这样的 t_0，使 $p_0 = f(p, t_0) \in S\left(q_0, \frac{\alpha}{4}\right)$. 存在序列 $\{t_n\}$ $(t_n \to \infty)$，能使 $\lim\limits_{n\to\infty} f(p_0, t_n) = q_0$.

由 $f(p_0, t)$ 的非稳定性，可知有这样的序列 $\{\tau_n\}$ $(\tau_n \to \infty)$，使由点列 $\{f(p_0, \tau_n)\}$ 不能选出收敛的子序列. 今确定数 θ_n，使得 $\rho[p_0, f(p_0, \theta_n)] = \alpha$，而当 $\theta_n \leqslant t \leqslant \tau_n$ 时，$\rho[p_0, f(p_0, t)] > \alpha$. 因为 $f(p, \theta_n) \in S(q, \alpha)$，所以由序列 $\{f(p_0, \theta_n)\}$ 可取出收敛的子序列. 为简化运算，就假定 $f(p_0, \theta_n)$ 收敛于 q_1. 数 $\tau_n - \theta_n$ 无限增加，否则存在子序列 $\{\tau_{n_k} - \theta_{n_k}\}$，能使 $\lim\limits_{k\to\infty}(\tau_{n_k} - \theta_{n_k}) = T$，而

$$\lim_{k\to\infty} f(p_0, \tau_{n_k}) = \lim_{k\to\infty} f[f(p_0, \theta_{n_k}), \tau_{n_k} - \theta_{n_k}] = f(q_1, T)$$

这与 $\{\tau_n\}$ 的选择相矛盾.

首先，由点 q_1 的李雅普诺夫式稳定性以取 $\delta\left(q_1, \frac{\alpha}{4}\right)$ 并确定 n_0，使得当 $n \geqslant n_0$ 时，下面不等式成立

$$\rho[q_1, f(p_0, \theta_n)] < \delta$$

设 $t > \theta_{n_0}$，选取 $n_1 > n_0$ 使 $0 < t - \theta_{n_0} < \tau_{n_1} - \theta_{n_1}$. 于是便得 $\theta_{n_1} < \theta_{n_1} + t - \theta_{n_0} < \tau_{n_1}$，因而

$$\rho[p_0, f(p_0, \theta_{n_1} + t - \theta_{n_0})] > \alpha$$

其次

$$\begin{aligned}\rho[f(p_0, t), q_0] \geqslant\ & \rho[p_0, f(p_0, \theta_{n_1} + t - \theta_{n_0})] - \rho(p_0, q_0) - \\ & \rho[f(p_0, \theta_{n_1} + t - \theta_{n_0}), f(q_1, t - \theta_{n_0})] - \\ & \rho[f(q_1, t - \theta_{n_0}), f(p_0, \theta_{n_1} + t - \theta_{n_0})] > \\ & \alpha - \frac{\alpha}{4} - \frac{\alpha}{4} - \frac{\alpha}{4} = \frac{\alpha}{4}\end{aligned}$$

这个不等式对任一 $t > \theta_{n_0}$ 都成立，这与当 $t_n \to \infty$ 时，$\rho[f(p_0, t_n), q_0]$ 趋于零的

条件相矛盾.辅助定理证毕.

辅助定理 10 属于稳定运动的点的集合 M_1 是开集.

设 $q \in M_1$，于是 $\overline{f(q;I)}$ 是紧密的. 根据局部紧密性，存在 $\varepsilon > 0$，能使 $\overline{S(\overline{f(q;I)},\varepsilon)} = \overline{S}$ 为紧密的. 对这个 ε，由李雅普诺夫式的稳定性以确定 $\delta(q,\varepsilon)$. 于是，如果 $\rho(q,r) < \delta$，那么 $f(r;I) \subset \overline{S}$，因而 $f(r,t)$ 为稳定. 这样，q 就是 M_1 的内点. 辅助定理证毕.

辅助定理 11 属于非稳定运动的点的集合 M_2 是开集.

若不然，假定点 $p \in M_2$ 是集合 M_1 的极限点.

根据辅助定理 8，如果 $q \in M_1$，那么运动 $f(q,t)$ 是回复的. 给定 $\varepsilon > 0$ 并由李雅普诺夫式稳定性以确定 $\delta\left(p,\frac{\varepsilon}{3}\right) \leqslant \frac{\varepsilon}{3}$. 设 $q_0 \in M_1$，$\rho(p,q_0) < \delta$. 根据回复运动 $f(q_0,t)$ 的泊松式稳定性，对任一 $T > 0$，可找到 $t_1 > T$ 能使 $\rho[q_0, f(q_0, t_1)] < \frac{\varepsilon}{3}$. 由李雅普诺夫式稳定性可得

$$\rho[f(p,t_1), f(q_0,t_1)] < \frac{\varepsilon}{2}$$

从而

$$\rho[p, f(p,t_1)] < \rho(p,q_0) + \rho[q_0, f(q_0,t_1)] + \rho[f(q_0,t_1), f(p,t_1)] < \varepsilon$$

即点 p 是泊松式稳定的，这与辅助定理 10 相矛盾.

由这些辅助定理可推得下列描述李雅普诺夫式的动力体系的定理.

定理 51 在连通的局部紧密空间内的李雅普诺夫式稳定体系必属于下列两种类型之一：所有运动都是稳定的，或者所有运动都在两个方向非稳定.

事实上，如假定稳定运动的集合 M_1 和非稳定运动的集合 M_2 都不空，则表示式 $R = M_1 + M_2$，其中 M_1 和 M_2 是开集（辅助定理 10 和 11），而 $M_1 \cap M_2 = 0$. 然而这个表示式与 R 的连通性相矛盾，定理得证.

定理 52 如果连通的动力体系是拉格朗日式稳定的，那么它的每一运动是几乎周期的，或是周期的，或是休止点. 整个体系是几乎周期运动（或周期运动或休止点）的一极小集合，或可区分成为这种极小集合的和.

按在辅助定理 9 中所证的，每一运动 $f(p,t)$ 属于某一紧密极小集合 Σ，因而它是回复的. 但按 §7 定理 29，拉格朗日式稳定的回复运动是几乎周期的（特别是周期的或休止点）. 可提出如下两种情形.

1. 在某一集合 Σ 内，点 p_0 是内点，即某一球 $S(p_0,\alpha) \subset \Sigma$. 根据 §6 定理 25，极小集合 Σ 的所有点都是内点.

这样，Σ 是开集，但它作为极小集合同时又是闭的，因而由 $\mathbf{R}$ 的连通性可推得 $\Sigma = \mathbf{R}$，故整个体系由几乎周期运动的一个极小集合组成.

2. 再就是任一极小集合 Σ 在 **R** 内不稠密的情形. 局部紧密空间 **R** 可表示为可数多个紧密集合的和 $R=\bigcup_{n=1}^{\infty}F_n$. 每一个 F_n 都是完备空间且不能被可数多个(或有尽个)非稠密集合所汲尽. 因此,在此时,**R** 分成为几乎周期运动(或周期运动,或休止点)的极小集合的不可数的和.

例 15 空间 **R** 是三维锚圈带以模 1 来取的坐标 x_1,x_2,x_3. 运动是由微分方程组

$$\frac{\mathrm{d}x_1}{\mathrm{d}t}=1,\frac{\mathrm{d}x_2}{\mathrm{d}t}=\alpha,\frac{\mathrm{d}x_3}{\mathrm{d}t}=\beta$$

或有尽方程组

$$x_1=x_p^0+t,x_2=x_2^0+\alpha t,x_3=x_3^0+\beta t$$

来描述的.

如果引入欧氏度量

$$\rho(x,y)=\sqrt{(x_1-y_1)^2+(x_2-y_2)^2+(x_3-y_3)^2}$$

而且对于坐标取给出差的最小绝对值的值(mod 1),那么容易证实,对任一 t, $\rho(p,q)=\rho[f(p,t),f(q,t)]$,即出现李雅普诺夫式稳定性.

若 α,β 是无理数,而 $\frac{\beta}{\alpha}$ 也是如此,则整个锚圈面是极小集合.

若 $\alpha=\frac{p}{q}$ 是有理数,而 β 是无理数,则轨道在锚圈(x_1,x_2)上的投影在其上给出按坐标 x_2 转 p 圈,按坐标 x_1 转 q 圈后封闭的闭曲线族. 这些曲线的每一条在坐标 x_3 与拓扑圆周的拓扑乘积中给出二维锚圈,在其上每一(几乎周期)运动的轨道到处稠密. 对于区分成为极小集合的单参数族,解析地对应着下面的一个事实:体系允许一个一次积分,其左端在整个空间上是单值的

$$qx_1-px_2=qx_1^0-px_2^0=C$$

若 α 和 β 是有理数且通分后为 $\alpha=\frac{p_1}{q},\beta=\frac{p_2}{q}$,则每一积分曲线按坐标 x_1 转 q 圈,按坐标 x_2 转 p_1 圈,按坐标 x_3 转 p_2 圈而封闭. 我们得到极小集合的两参数族,其中每一个由一个周期运动组成. 解析地来说,对应着这种情形,有两个单值积分存在

$$qx_1-p_1x_2=C_1,qx_2-p_2x_3=C_2$$

定理 53 如果体系是拉格朗日式非稳定的,那么它与希尔伯特空间的平行直线族同胚.

根据 §10 的基本定理,只需去证体系没有非固有鞍点.

今假定体系具有非固有鞍点. 这表示有点序列 $\{p_n\}$ 和无限增加的序列 $\{t_n\}$ 和 $\{\tau_n\}(0<\tau_n<t_n)$ 存在,能使 $p_n\to p,f(p_n,t_n)\to q$,而 $\{f(p,\tau_n)\}$ 不包含任

一收敛的子序列. 序列$\{t_n\}$不会是有界的，否则$\{\tau_n\}$也有界而$\{f(p,\tau_n)\}$就将包含收敛的子序列. 今往证，在此时q是$f(p,t)$的ω极限点. 对给定的$\varepsilon>0$，由李雅普诺夫式稳定性确定$\delta\left(p,\frac{\varepsilon}{2}\right)$，并确定$n_0$，能使当$n\geqslant n_0$时，下列不等式成立

$$\rho(p,p_0)<\delta,\rho[f(p_n,t_n),q]<\frac{\varepsilon}{2}$$

于是当$n\geqslant n_0$时，有

$$\rho[f(p,t_n),q]<\rho[f(p,t_n),f(p_n,t_n)]+\rho[f(p_n,t_n),q]<\varepsilon$$

因此，$q=\lim\limits_{n\to\infty}f(p,t_n)$，即运动$f(p,t)$以$q$作为其$\omega$极限点，这与辅助定理10相矛盾.

定理证毕.

概述一下这一节的结果. 如果动力体系位于连通的局部紧密空间**R**内并是李雅普诺夫式稳定的，那么只会出现下列两种情形之一：体系与平行直线族同胚，或者所有运动是几乎周期的并形成一极小集合或形成极小集合的不可数的和.

参考资料

[1] A. Марков. Sur une proprieté générale des ensembles minimaux de Birkhoff, C. R. Acad. Sci. ,1931,193:823-825.

[2] M. Бебутов. Об отображении траекторий динамической системы на семейство параллельных прямых. Бюллетнь Mock. Госуд. Ун-та Математика, II, вып. 3, 1939. H. Whitney, Regular families of curves, Annals of Math. 1933,44(1-2).

[3] B. Немыцкий. О системах кривых, заполющих метрическое пространство. Матем. сборник, т. 6(48), № 2, 1939. Topological properties of solutions of ordinary differential equations, Am. Journ. of Math, 1937, 59(2).

[4] G. D. Birkhoff. Ueber gewisse Zentralbewegungen dynamischer Systeme, Gött. Nachr. ,1926.

[5] A. Г. Майер. Об одной задаче Биркгофа, ДАН 55, 1947: 447-480; О траекториях в трёхмерном пространстве, ДАН 56, 1947: 583-586; О порядковом числе центральных траекторий, ДАН 59, № 8, 1393-1396.

[6] Г. Ф. Хильми. О теории квазиминимальных множеств, ДАН 15, 1937: 113-116; Sur les ensembles quasiminimaux dans les systèmes dynamiques, Ann. of Math. ,

1936,37.

[7] Г. Ф. Хильми. Sur les centres d'attraction minimaux dans les systèmes dynamiques, Comp. Math. ,1936,3(2).

[8] В. Степанов. Sur une extension du théorème ergodique, Comp. Math. No. 3,1936.

[9] G. D. Birkhoff. Quelques théorèmes sur les mouvements des systèmes dynamiques, Bull. Soc. Math. de France,1912,40.

[10] Г. Ф. Хильми. Об одном свойстве минимальных множеств, ДАН 14, 1937:261-262.

[11] 见[1].

[12] А. Марков. Stabilitat im Liapounoffschen Sinne und Fastperiodizitat. Math. Zeitschr. 1933,36.

[13] P. Franclin. Almost periodic recurrent motions, Math. Zeitschr. ,1929, 30.

[14] 见[12].

[15] В. Степанов и А. Тихонов. О пространстве почти периодических функций. Матем. Сборник,т. 41,№ 1,1934.

[16] В. Немыцкий. Динамические системы на предельном интегральном многообразии, ДАН 47,1945:555-558.

[17] В. Немыцкий,Ueber vollständig unstabile dynamische Systeme, Annali di Math. ,ser. Ⅳ,卷 14(1935-1936).

[18] 见[2].

[19] В. Немыцкий. Структура одномерных предельных интегральных многообразий на плоскости и трёхмерном пространстве. Вестник Моск. университета,1948,№ 10.

[20] М. Бебутов. О динамических системах,устойчивых по Ляпунову,ДАН 18,№ 3,1938.

第六章 有积分不变式的体系

§1 积分不变式的定义

我们来讨论由微分方程组

$$\frac{\mathrm{d}x_i}{\mathrm{d}t}=X_i(x_1,x_2,\cdots,x_n)\quad(i=1,2,\cdots,n)\tag{1}$$

所给定的动力体系的运动. 其中函数 X_i 在"相空间"$(x_1,x_2,\cdots,x_n)$ 某一闭域 $\mathbf{R}$ 内已定义. 我们将假定,对于所有的自变量,它们都是连续可微的. 于是,当 $t=t_0$ 时的初值 $x_1^{(0)},x_2^{(0)},\cdots,x_n^{(0)}$,确定方程组(1) 唯一的一个运动

$$x_i=\varphi_i(t-t_0;x_1^{(0)},x_2^{(0)},\cdots,x_n^{(0)})\quad(i=1,2,\cdots,n)\tag{2}$$

其中 φ_i 是初值 $x_1^{(0)},x_2^{(0)},\cdots,x_n^{(0)}$ 的连续可微函数. 我们将简单地把运动(2) 记为

$$x=f(x_0,t)$$

对任一域 $D\subset\mathbf{R}$ 都有

$$\iint\limits_{D}\cdots\int M(x_1,x_2,\cdots,x_n)\mathrm{d}x_1\mathrm{d}x_2\cdots\mathrm{d}x_n=$$

$$\iint\limits_{D_t}\cdots\int M(x_1,x_2,\cdots,x_n)\mathrm{d}x_1\mathrm{d}x_2\cdots\mathrm{d}x_n\tag{3}$$

其中 $D_t=f(D,t)$ 是在 $t=0$ 时占有域 D 的点在时刻 t 所占据的域,则我们将依照庞加莱称

$$\iint_D\cdots\int M(x_1,x_2,\cdots,x_n)\mathrm{d}x_1\mathrm{d}x_2\cdots\mathrm{d}x_n \tag{4}$$

为 n 阶积分不变式.

庞加莱曾经给过条件(3) 所示的积分不变式的特征性质以简单的力学解释. 我们就三维空间内的体系

$$\frac{\mathrm{d}x}{\mathrm{d}t}=X(x,y,z),\frac{\mathrm{d}y}{\mathrm{d}t}=Y(x,y,z),\frac{\mathrm{d}z}{\mathrm{d}t}=Z(x,y,z) \tag{1'}$$

来作讨论并把它解释成规定流体在空间 **R** 上作注立运动时的速度的方程组. 若用 $\rho(x,y,z)$ 代表流体在点(x,y,z) 的密度,则积分

$$\iiint_D\rho(x,y,z)\mathrm{d}x\mathrm{d}y\mathrm{d}z \tag{4'}$$

是展布在域 D 上的流体的质量. 式(4′) 是积分不变式,因为它所代表的这一质量,当流体的各质点沿它们的轨道在时刻 t 到达域 D_t 的位置时是不变的. 所以,由流体的注立运动确定的体系(1′) 有积分不变式,与式(4) 内的函数 M 相当的是流体的密度. 若流体是不可以压缩的,则 $\rho(x,y,z)=$ 常数,于是就有

$$\iiint_D\mathrm{d}x\mathrm{d}y\mathrm{d}z=\iiint_{D_t}\mathrm{d}x\mathrm{d}y\mathrm{d}z \tag{3'}$$

所以,在不可压缩流体的情形,体积是积分不变式.

现在我们来推导式(4) 内的函数 M(积分不变式的密度) 所适合的偏微分方程. 首先,我们从"局部的" 开始讨论. 我们取整个位于 **R** 内部的闭域 D,并选时间区$(-T,T)$ 充分小,使在 $-T<t<T$ 的条件下,$D_t\subset \mathbf{R}$. 其次,选取这个区间内的固定时刻 t 及小的增量 h,使 $t+h\in(-T,T)$. 令

$$I(t)=\iint_{D_t}\cdots\int M(x_1,x_2,\cdots,x_n)\mathrm{d}x_1\mathrm{d}x_2\cdots\mathrm{d}x_n \tag{5}$$

于是可写出

$$I(t+h)=\iint_{D_{t+h}}\cdots\int M(x'_1,x'_2,\cdots,x'_n)\mathrm{d}x'_1\mathrm{d}x'_2\cdots\mathrm{d}x'_n \tag{5'}$$

其中$(x'_1,x'_2,\cdots,x'_n)$ 是域 D_{t+h} 上的点. 若令 $t-t_0=h$ 并以 x_i 和 x'_i分别代表在时刻 t 和 $t+h$ 的初始坐标,则从(2) 即得

$$x'_i=\varphi_i(h;x_1,x_2,\cdots,x_n)\quad(i=1,2,\cdots,n) \tag{2'}$$

根据解的唯一性及对于初值的连续依从性,式(2′) 确定域 D_t 和 D_{t+h} 的点之间一个相互单值连续地对应. 因此式(5′) 内的变数 x'_i可以换成变数 x_i,同时域 D_{t+h} 可以换成 D_t. 由加在 X_i 上的条件即知存在连续的偏导数

$$\frac{\partial x'_i}{\partial x_j}=\frac{\partial\varphi_i}{\partial x_j}\quad(i,j=1,2,\cdots,n)$$

而且易证函数行列式 $\left|\frac{\partial x'_i}{\partial x_j}\right|$ 在 D_t 上无处为零,因此根据重积分的变数变换公

式积分(5′) 可变为

$$I(t+h)=\iint_{D_t}\cdots\int M[\varphi_1(h;x_1,x_2,\cdots,x_n),\varphi_2(h;x_1,x_2,\cdots,x_n),\cdots,$$
$$\varphi_n(h;x_1,x_2,\cdots,x_n)]\frac{D(x'_1,x'_2,\cdots,x'_n)}{D(x_1,x_2,\cdots,x_n)}\mathrm{d}x_1\mathrm{d}x_2\cdots\mathrm{d}x_n \quad (5'')$$

我们设函数 M 对于所有的变数都有连续的偏导数. 在这种假定下,我们来计算式(5″) 内积分号下的算式. 首先,我们指出,由于函数 φ_i 对于 h 的可微性,我们有

$$M[\varphi_1(h;x_1,x_2,\cdots,x_n),\varphi_2(h;x_1,x_2,\cdots,x_n),\cdots,\varphi_n(h;x_1,x_2,\cdots,x_n)]=$$
$$M\left[x_1+h\left(\frac{\partial\varphi_1}{\partial h}\right)_{h=0}+0(h),x_2+h\left(\frac{\partial\varphi_2}{\partial h}\right)_{h=0}+\right.$$
$$\left.0(h),\cdots,x_n+h\left(\frac{\partial\varphi_n}{\partial h}\right)_{h=0}+0(h)\right]$$

其中 $0(h)$ 一般表示与 h 的比,当 $h\to 0$ 时关于 D_t 内的 $x_1,x_2,\cdots,x_n$ 为均匀趋于 0 的函数. 若(2) 是方程组(1) 的解,则

$$\left(\frac{\partial\varphi_i}{\partial h}\right)_{h=0}=X_i(x_1,x_2,\cdots,x_n)\quad(i=1,2,\cdots,n)$$

我们根据 M 的全微分的存在(这是有连续偏导数的结果),即得

$$M(x'_1,x'_2,\cdots,x'_n)=M(x_1,x_2,\cdots,x_n)+$$
$$h\sum_{i=1}^{n}X_i(x_1,x_2,\cdots,x_n)\frac{\partial M(x_1,x_2,\cdots,x_n)}{\partial x_i}+0(h)\quad(6)$$

其次,函数$\dfrac{\partial x'_i}{\partial x_j}(i,j=1,2,\cdots,n)$ 如所曾指出,是 $h,x_1,x_2,\cdots,x_n$ 的连续函数. 此外,它们对 h 尚有连续的导数,而且当 $h=0$ 时这些导数等于 δ_{ij}(即 $i\neq j$ 时为 0,在 $i=j$ 时为 1). 这些导数满足变分方程(见斯捷潘诺夫的《微分方程教程》第七章 §2)

$$\frac{\mathrm{d}}{\mathrm{d}h}\left(\frac{\partial x'_i}{\partial x_j}\right)=\sum_{k=1}^{n}\frac{\partial X_i(x_1,x_2,\cdots,x_n)}{\partial x'_k}\frac{\partial x'_k}{\partial x_j}\quad(i,j=1,2,\cdots,n)$$

因此

$$\frac{\partial x'_i}{\partial x_j}=\delta_{ij}+h\sum_{k=1}^{n}\frac{\partial X_i(x_1,x_2,\cdots,x_n)}{\partial x'_k}\frac{\partial x'_k}{\partial x_j}+0(h)=$$
$$\delta_{ij}+h\frac{\partial X_i(x_1,x_2,\cdots,x_n)}{\partial x_j}+0(h)$$

将这些值代入变换的行列式内,即得

$$\frac{D(x'_1,x'_2,\cdots,x'_n)}{D(x_1,x_2,\cdots,x_n)}=1+h\sum_{i=1}^{n}\frac{\partial X_i(x_1,x_2,\cdots,x_n)}{\partial x_i}+0(h)\quad(7)$$

将式(6) 和式(7) 的值代入式(5″) 便得

$$I(t+h)=\iint\cdots\int\left\{M+h\left[\sum_{i=1}^{n}X_i\frac{\partial M}{\partial x_i}+M\sum_{i=1}^{n}\frac{\partial X_i}{\partial x_i}\right]+0(h)\right\}\mathrm{d}x_1\mathrm{d}x_2\cdots\mathrm{d}x_n$$

我们计算导数 $I'(t)$

$$I'(t)=\lim_{h\to 0}\frac{I(t+h)-I(t)}{h}=$$

$$\lim_{h\to 0}\frac{1}{h}\iint_{D_t}\cdots\int\left\{h\left[\sum_{i=1}^{n}X_i\frac{\partial M}{\partial x_i}+M\sum_{i=1}^{n}\frac{\partial X_i}{\partial x_i}\right]+0(h)\right\}\mathrm{d}x_1\mathrm{d}x_2\cdots\mathrm{d}x_n=$$

$$\iint_{D_t}\cdots\int\left[\sum_{i=1}^{n}\frac{\partial(MX_i)}{\partial x_i}\right]\mathrm{d}x_1\mathrm{d}x_2\cdots\mathrm{d}x_n$$

现在设 $I(t)$ 是积分不变式，则等式

$$I'(t)=0$$

对于任一(充分小) 域 D 成立. 由此即得密度 M 的必要条件

$$\sum_{i=1}^{n}\frac{\partial(MX_i)}{\partial x_i}=0 \tag{8}$$

容易看出，反之，如条件(8) 恒等的满足，则式(4) 是一积分不变式.

条件(8) 是关于 M 的偏微分方程，依据关于这样的方程的存在定理，即能断定所论的体系一定有局部积分不变式. 但这一事实并没有提供我们以可能去做出所需的关于所论动力体系的定性特性的结论. 我们将只考虑正的(或至少是非负的) 积分不变式. 对于充分小的域 D 我们可以用如下方式来适合这个限制. 为了一意的确定偏微分方程(8) 的解，必须给出柯西初始条件. 若点$(x_1^{(0)},x_2^{(0)},\cdots,x_n^{(0)})$ 不是方程组(1) 的奇点，则能设在它的某一邻域内，X_i 中之一，譬如 $X_1\neq 0$. 在这种情形下，我们可以取 $x_1=x_1^{(0)}$ 时的原始条件为 $M=\varphi(x_2,x_3,\cdots,x_n)$，其中 $\varphi>0$. 于是根据解的连续性，对于在点 $x_1=x_1^{(0)}$ 充分小邻域内的值 x_1，M 将是正的.

但我们所讨论的形如(1) 的方程组是在空间$(x_1,x_2,\cdots,x_n)$ 的某一域 **R**(或某一 n 维流形) 内，这一个域是方程组的不变集合，即以 R 内的点为始点的轨道都完全位于 **R** 内. 仅在 M 于整个域 **R** 上大于 0 的情况下，我们才称式(4) 为积分不变式. 在这里假定等式(3) 是对于任一域 D 和任一值 $t(-\infty<t<+\infty)$ 都成立. 此外，我们还将引入限制

$$\iint_{R}\cdots\int M\mathrm{d}x_1\mathrm{d}x_2\cdots\mathrm{d}x_n<+\infty$$

如果这样的积分不变式存在，那么它的密度 M 满足方程(8). 但却不可能仅根据连续可微的条件来证明它对于任一方程组的存在性. 在这一意义下的积分不变式的存在是方程组(1) 的一个补充限制.

附记 1 1. 方程的右端与 t 有关的情形，将 t 换成 x_{n+1} 并引入补助方程 $\frac{\mathrm{d}x_{n+1}}{\mathrm{d}t}=1$，即化归上面所述的情形. 在将 x_{n+1} 反过来重新换成变数 t 后，条件

(8) 即成

$$\frac{\partial M}{\partial t}+\sum_{i=1}^{n}\frac{\partial(MX_i)}{\partial x_i}=0 \tag{8'}$$

2. 适合方程(8) 或(8′) 的函数 M 称为雅可比因子.

3. 方程组(1) 体积为 n 维积分不变式(即 $M=1$) 的条件是

$$\sum_{i=1}^{n}\frac{\partial X_i}{\partial x_i}=0$$

哈密尔顿型的方程

$$\frac{\mathrm{d}p_i}{\mathrm{d}t}=-\frac{\partial H}{\partial q_i},\frac{\mathrm{d}q_i}{\mathrm{d}t}=\frac{\partial H}{\partial p_i}\quad(i=1,2,\cdots,n)$$

其中

$$H=H(p_1,p_2,\cdots,p_n,q_1,q_2,\cdots,q_n)$$

显然属于这一类.

4. 任一有积分不变式的方程组(1),其中 $M>0$,都可化成 $M=1$ 的情形. 为此只需借助公式 $\mathrm{d}t=\frac{\mathrm{d}\tau}{M}$ 来作自变数(时间) 变换,这样,方程组即成

$$\frac{\mathrm{d}x_i}{\mathrm{d}\tau}=MX_i=X_i'(x_1,x_2,\cdots,x_n)$$

于是根据(8),有

$$\sum_{i=1}^{n}\frac{\partial X_i'}{\partial x_i}=0$$

所述形式的变换的实质是不变更质点的轨道,而将它们在点$(x_1,x_2,\cdots,x_n)$ 处的运动的速度乘以函数 M 在这一点的值. 但是在很简略的理论中不记述这个变换的理论.

5. 如方程(1) 的右端仅服从关于 $x_1,x_2,\cdots,x_n$ 的李普希茨条件,则在具有积分不变式的情形下函数 M 几乎到处有偏导数(而且到处有有界的各个导数),条件(8) 几乎到处被满足.

就 $n=2$ 时的动力体系来讨论

$$\frac{\mathrm{d}x}{\mathrm{d}t}=X(x,y),\frac{\mathrm{d}y}{\mathrm{d}t}=Y(x,y) \tag{9}$$

我们来推求体系(9) 以面积为积分不变式的充要条件. 条件 $M=1$ 使方程(8) 变为

$$\frac{\partial X}{\partial x}+\frac{\partial Y}{\partial y}=0 \tag{8''}$$

显然,表达式

$$Y\mathrm{d}x-X\mathrm{d}y \tag{10}$$

是全微分的条件.

在 $M \neq 1$ 的一般情形，方程(8) 给出

$$\frac{\partial(MX)}{\partial x}+\frac{\partial(MY)}{\partial y}=0$$

这是表达式(10) 的积分因子 M 的方程. 所以，体系(9) 在具有这种积分不变式时必须有积分因子，它在所讨论的整个不变集合上连续而且为正.

作为一例，我们来讨论线性方程组

$$\frac{\mathrm{d}x}{\mathrm{d}t}=ax+by,\frac{\mathrm{d}y}{\mathrm{d}t}=cx+\mathrm{d}y \tag{11}$$

a,b,c,d 是常数，以$(0,0)$ 为奇点，面积的不变性条件(8″) 给出

$$a+d=0$$

体系(11) 的特征方程

$$\lambda^2-(a+d)\lambda+ad-bc=0$$

的根，在此时，就是

$$\lambda=\pm\sqrt{-ad+bc}$$

因此，方程组(11) 的面积的不变性仅在奇点是中心点(虚根) 或是鞍点而且 $\lambda_2=-\lambda_1$ 的情况下才有可能.

由前述即知，微分方程的局部理论方法，没有提供可能，以建立一般情况下非负的积分不变式的存在性，而这一点在本章内关于动力体系的研究中却有重大的意义. 关于阐明要给动力体系的运动加上那些条件，才可使它具有前述意义下的积分不变式，存在着一系列的研究. 这些条件是加到体系上的一些限制.

我们将沿着更抽象的途径来进行. 与上一章一样，在这里我们将讨论度量空间内的动力体系并预先假定这个空间有可数基底. 在某些情形，我们将设 R 是紧密或局部紧密的. 积分不变式所担任的角色在这些抽象的动力体系内，将由不变测度接替. 但是不变测度的引入须建立在一般的测度理论的基础上. 下节所讲述的就是这种理论的一部分.

§2 卡拉特奥多测度

设在空间 $\mathbf{R}$ 内已引入了卡拉特奥多测度，这个对于任一集合 $A\subset\mathbf{R}$ 的 μA(外测度) 系由下列公理所规定：

Ⅰ. $\mu A\geqslant 0$，而且存在测度为有限正数的集合，同时空集合的测度等于 0；

Ⅱ. 如 $A\subset B$，则 $\mu A\leqslant\mu B$；

Ⅲ. 对任一集合的可数序列都有不等式

$$\mu\left\{\sum_{i=1}^{\infty}A_i\right\}\leqslant\sum_{i=1}^{\infty}\mu A_i$$

Ⅳ. 如 $\rho(A,B)>0$，则 $\mu(A+B)=\mu A+\mu B$.

由这些公理我们可以得出一些重要的推论.

定理 1 设 $G\subset\mathbf{R}$ 是异于整个空间的开集合，即是说，它的余集合 $F=\mathbf{R}-G$ 是闭的而且不空. 并设 $B\subset G$ 是任一 μB 为有限的集合，同时设 $B_n=B\cap G_n$，其中 $G_n=\left\{p\mid\rho(p,F)>\dfrac{1}{n}\right\}(n=1,2,\cdots)$ 是开集合，则有 $\lim\limits_{n\to\infty}\mu B_n=\mu B$.

显然，我们有 $B_1\subset B_2\subset\cdots\subset B_n\subset\cdots\subset B$，由此，根据公理 Ⅱ，有

$$\mu B_1\leqslant\mu B_2\leqslant\cdots\leqslant\mu B_n\leqslant\cdots\leqslant\mu B$$

因此，存在极限

$$\lim_{n\to\infty}\mu B_n=\lambda\leqslant\mu B \tag{1}$$

再引入记号 $B=B_n+R_n$，$C_n=B_{n+1}-B_n$. 这样就有

$$C_n=\left\{p\in B\mid\frac{1}{n}\geqslant\rho(p,F)>\frac{1}{n+1}\right\}$$

同时

$$R_n=C_n+C_{n+1}+C_{n+2}+\cdots$$

我们注意到，根据三角形公理，若 $p_n\in C_n$，同时 $p_{n+2}\in C_{n+2}$，则

$$\rho(p_n,p_{n+2})\geqslant\rho(p_n,F)-\rho(p_{n+2},F)\geqslant\frac{1}{n+1}-\frac{1}{n+2}$$

因此

$$\rho(C_n,C_{n+2})\geqslant\frac{1}{(n+1)(n+2)}>0$$

所以，根据测度的公理 Ⅱ 及 Ⅳ，对任一 k，我们有

$$\mu C_1+\mu C_3+\cdots+\mu C_{2k-1}=\mu(C_1+C_3+\cdots+C_{2k-1})\leqslant\mu B$$
$$\mu C_2+\mu C_4+\cdots+\mu C_{2k}=\mu(C_2+C_4+\cdots+C_{2k})\leqslant\mu B$$

因此级数 $\sum\limits_{k=1}^{\infty}\mu C_k$ 收敛. 根据公理 Ⅲ，我们有

$$\mu B\leqslant\mu B_n+\mu R_n$$

$$\mu R_n\leqslant\sum_{k=n}^{\infty}\mu C_k \tag{2}$$

于是根据级数 $\sum\limits_{k=1}^{\infty}\mu C_k$ 的收敛性便知 $\lim\limits_{n\to\infty}\mu R_n=0$，因而在不等式(2) 内令 $n\to\infty$ 以取极限，即得

$$\mu B\leqslant\lambda \tag{3}$$

联合不等式(1) 及(3)，就得

$$\mu B=\lim_{n\to\infty}\mu B_n$$

推论 1 设 W 是任一 $\mu W<+\infty$ 的集合，同时 G，F 和 G_n 的意义仍然和在

定理 1 中一样. 首先,我们有恒等式

$$W = WG + (W - WG)$$

其次,我们有

$$W - WG \subset F, WG_n \subset G_n, WG_n \subset WG$$

因此

$$\rho(W - WG, WG_n) \geqslant \frac{1}{n} > 0$$

根据公理 Ⅲ,有

$$\mu W \leqslant \mu WG + \mu(W - WG) \tag{4}$$

根据公理 Ⅱ 及 Ⅳ,有

$$\mu W \geqslant \mu\{WG_n + (W - WG)\} = \mu WG_n + \mu(W - WG)$$

令 $n \to \infty$ 以取这个不等式的极限,根据已证的第一个定理即得

$$\mu W \geqslant \mu WG + \mu(W - WG)$$

与不等式(4) 对照,便知

$$\mu W = \mu WG + \mu(W - WG)$$

对于任一开集 G 及任一 $W \subset \mathbf{R}$,其中 $\mu W < +\infty$,都成立.

定义 1 集合 $A \subset \mathbf{R}$ 叫作可测的,如对任一集合 W,只要 $\mu W < +\infty$ 就有

$$\mu W = \mu WA + \mu(W - WA)$$

因此,我们已证对于任一测度 μ,开集合都是可测的.

可测性定义的推论. 若集合 A 可测,$A \cap B = 0$,而且集合 $A + B$ 有有限测度,则 $\mu(A + B) = \mu A + \mu B$.

为了证明,只需令 $A + B = W$ 并注意 $W - WA = B$.

由于在应用上我们几乎完全专注在可测集合上,所以我们介绍一系列关于可测集合的定理.

定理 2 如 A 可测,则 $\mathbf{R} - A = A'$ 也可测.

设 W 是任一集合,这时 $A'W = W - AW, W - A'W = AW$,因此

$$\mu A'W + \mu(W - A'W) = \mu(W - AW) + \mu AW$$

由此即得本定理.

推论 2 所有闭集合可测.

定理 3 两个可测集合 A, B 的交集 $D = AB$ 可测.

按 A 的可测性条件,对于任一测度有限的集合 W,我们有

$$\mu W = \mu AW + \mu(W - AW) \tag{5}$$

取集合 AW 替换集合 W,根据集合 B 的可测性,我们有

$$\mu AW = \mu ABW + \mu(AW - ABW) \tag{6}$$

取 $W - AB$ 替换 W 以写出 A 的可测条件,有

$$A(W-WAB)=AW-ABW$$

因而

$$W-WAB-A(W-WAB)=W-ABW-(AW-ABW)=W-AW$$

便得

$$\mu(W-ABW)=\mu(AW-ABW)+\mu(W-AW) \tag{7}$$

比较(5)(6)及(7),便得所要的 AB 的可测性条件

$$\mu W=\mu ABW+\mu(W-ABW)$$

推论 3 两个可测集合的和可测.

设 A 及 B 可测,于是因 $A+B=\mathbf{R}-(\mathbf{R}-A)(\mathbf{R}-B)$,所以按定理 2 及 3 便知 $A+B$ 是可测的.

用完全归纳法容易证明有限个可测集合的交集及和是可测集合.

推论 4 若 A_1 及 A_2 是无公共点的可测集合,则 $\mu(A_1+A_2)=\mu A_1+\mu A_2$.

若集合 A_1 及 A_2 中至少有一个的测度是无限的,则两端趋于 ∞(左端由公理 Ⅱ 或 Ⅲ 便知).

若两个集合的测度都有限,则根据公理 Ⅲ 我们有

$$\mu(A_1+A_2)\leqslant \mu A_1+\mu A_2<\infty$$

于是根据集合的可测性定义的推论,便知

$$\mu(A_1+A_2)\leqslant \mu A_1+\mu A_2$$

用完全归纳法即可将这个结论推广到任一有限数个无公共点的可测集合系上去.

定理 4 可数多个可测集合的交集可测.

设已给可测集合 $A_1,A_2,\cdots,A_n,\cdots$,要证的是集合

$$\Omega=\prod_{n=1}^{\infty}A_n$$

的可测性.

先将集合系$\{A_n\}$换成新系$\{B_n\}$,其中 $B_n=A_1\cap A_2\cap\cdots\cap A_n$,我们有 $B_1\supset B_2\supset\cdots\supset B_n\supset\cdots$. 按定理 3,所有 B_n 都可测,显然 $\Omega=\prod\limits_{n=1}^{\infty}B_n$. 设 W 是任一测度为有限的集合,令 $W_n=B_nW(n=1,2,\cdots)$ 及 $W_0=\Omega W$. 显然,我们有 $W_1\supset W_2\supset\cdots\supset W_n\supset\cdots\supset W_0$,于是按公理 Ⅱ 便知

$$\mu W_1\geqslant \mu W_2\geqslant\cdots\geqslant \mu W_n\geqslant\cdots\geqslant \mu W_0$$

因而,存在

$$\lim_{n\to\infty}\mu W_n=\lambda\geqslant \mu W_0$$

我们注意到,集合 W 可表示为

$$W=W_0+(W-W_1)+(W_1-W_2)+\cdots+(W_n-W_{n+1})+\cdots$$

其中各项彼此无公共点. 根据公理 Ⅲ 我们便能断定

$$\mu W \leqslant \mu W_0 + \mu(W - W_1) + \mu(W_1 - W_2) + \cdots + \mu(W_n - W_{n+1}) + \cdots$$

由集合 B_n 的可测性,即知

$$\mu(W - W_1) = \mu(W - B_1 W) = \mu W - \mu B_1 W = \mu W - \mu W_1$$

$$\mu(W_n - W_{n+1}) = \mu(W_n - B_{n+1} W_n) = \mu W_n - \mu B_{n+1} W_n = \mu W_n - \mu W_{n+1} \quad (n = 1, 2, \cdots)$$

由此可得关于 μW 的估计

$$\mu W \leqslant \mu W_0 + \mu W - \lim_{n\to\infty} \mu W_n$$

或

$$\mu W_0 \geqslant \lambda$$

这就证明了

$$\mu W_0 = \lambda = \lim_{n\to\infty} \mu W_n \tag{8}$$

再者,由表示式

$$W - W_0 = (W - W_1) + (W_1 - W_2) + \cdots + (W_n - W_{n+1}) + \cdots$$

根据公理 Ⅲ 知

$$\mu(W - W_0) \leqslant \mu(W - W_1) + \mu(W_1 - W_2) + \cdots + \mu(W_n - W_{n+1}) + \cdots = \mu W - \lambda = \mu W - \mu W_0$$

因此

$$\mu W \geqslant \mu W_0 + \mu(W - W_0)$$

同样根据公理 Ⅲ,有

$$\mu W \leqslant \mu W_0 + \mu(W - W_0)$$

因此

$$\mu W = \mu \Omega W + \mu(W - \Omega W)$$

这就显示集合 Ω 的可测性.

推论 5 假定对于某 $k \geqslant 1$,有 $\mu B_k < \infty$,我们若取 $W = B_k$,并注意此时 $W_n = B_n (n \geqslant k)$, 而且 $W_0 = \Omega$,由关系(8) 便得

$$\mu \Omega = \lim_{n\to\infty} \mu B_n$$

定理 5 如 $A_1, A_2, \cdots, A_n, \cdots$ 是可测集合,则 $\sum_{n=1}^{\infty} A_n$ 可测.

我们直接由表达式

$$\sum_{n=1}^{\infty} A_n = \mathbf{R} - \prod_{n=1}^{\infty} (\mathbf{R} - A_n)$$

及定理 2 及 4 即可得到证明.

推论 6 如果可测集合 $A_1, A_2, \cdots, A_n, \cdots$ 满足条件 $A_1 \subset A_2 \subset \cdots \subset$

$A_n \subset \cdots$，那么 $\mu A = \lim\limits_{n\to\infty} \mu A_n$，其中 $\sum\limits_{n=1}^{\infty} A_n = A$.

事实上，按定理 5，集合 A 可测，同时按公理 Ⅱ 有 $\mu A \geqslant \lim\limits_{n\to\infty} \mu A_n$. 假如 $\lim\limits_{n\to\infty} \mu A_n = \infty$，则结论成立，假如 $\lim\limits_{n\to\infty} \mu A_n = \lambda < \infty$，则令 $A - A_n = R_n$ 便有 $R_n \supset R_{n+1}$. 由此，根据集合 A，A_n 及 R_n 的可测性，我们便有 $\mu A = \mu A_n + \mu \mathbf{R}$，于是因 R_n 收敛于空集合，所以根据定理 4 的推论，我们有 $\lim\limits_{n\to\infty} \mu R_n = 0$. 因而 $\mu A = \lim\limits_{n\to\infty} \mu A_n$.

推论 7　如可测集合 $A_1, A_2, \cdots, A_n, \cdots$ 彼此无公共点，同时 $A = \sum\limits_{n=1}^{\infty} A_n$，则

$$\mu A = \sum_{n=1}^{\infty} \mu A_n.$$

令 $B_n = \sum\limits_{k=1}^{\infty} A_k$，我们有 $B_{n+1} \supset B_n$，由此按推论 6 便得 $\mu A = \lim\limits_{n\to\infty} \mu B_n$. 但按推论 4 我们有 $\mu B_n = \sum\limits_{k=1}^{\infty} \mu A_k$，由此即推得所要证明的结果.

从开集合开始，运用可数多个加法及乘法的运算，得到的集合，组成一空间 $\mathbf{R}$ 内的波莱尔式可测（B 式可测）集合类. 根据定理 4 和 5 用超限归纳法即可得到下面的定理.

定理 6　对于任一卡拉特奥多测度 μ，所有 B 式可测集合是 μ 可测的.

最后，为了联系任一集合的测度和 B 式可测集合的测度，卡拉特奥多引进（规则性）公理：

Ⅴ. 任一集合 $A \subset \mathbf{R}$ 的（外）测度等于含 A 的波莱尔集合的测度的下界.

任一集合 A 的卡拉特奥多外测度能够定义为推广的勒贝格外测度，即定义为含 A 的开集合的测度的下界. 在这些情形中最重要的是当整个空间的测度为有限的时候.

定理 7　如 $\mu R < \infty$，则任一集合 A 的（规则的）测度 μ，等于含 A 的开集合的测度的下界.

先应用完全归纳法就两个特殊情形来证明.

1. 设已给 μ 可测集合 $A_1 \supset A_2 \supset \cdots \supset A_n \supset \cdots$，$\prod\limits_{n=1}^{\infty} A_n = A$（$A$ 按定理 4 是可测的）. 我们设定理对 A_n 为真，去证它对 A 的正确性. 按定理 4 的推论（据测度的有限性）对任一 $\varepsilon > 0$ 都可找得到这样的 n，使 $\mu A_n < \mu A + \frac{\varepsilon}{2}$. 按假设，存在这样的开集合 $G \supset A_n$，使得 $\mu G < \mu A + \frac{\varepsilon}{2}$. 由这两个不等式得 $\mu G < \mu A + \varepsilon$，而且 $G \supset A$. 这就证明了定理对于 A 也为真.

2. 设已给可测集合 $A_1 \subset A_2 \subset \cdots \subset A_n \subset \cdots$, $\sum_{n=1}^{\infty} A_n = A$. 这时 A 可测而且 $\lim_{n\to\infty} \mu A_n = \mu A$. 我们假定定理对于每一 A_n 为真,去证它对 A 的正确性. 设已给 $\varepsilon > 0$, 对任一 $A_n(n=1,2,\cdots)$ 我们取一开集合 $G_n \supset A_n$, 使 $\mu G_n < \mu A_n + \frac{\varepsilon}{2^{n+1}}$. 根据集合 G_n 及 A_n 的可测性, 我们有 $\mu(G_n - A_n) = \mu G_n - \mu A_n < \frac{1}{2^{n+1}}$. 令 $\sum_{n=1}^{\infty} G_n = G$. 显然 G 是开集合,同时 $G \supset A$.

计算得

$$\mu(G_1 + G_2 + \cdots + G_n) = \mu G_n + \mu(G_{n-1} - G_{n-1}G_n) +$$
$$\mu\left(G_{n-2} - G_{n-2}\sum_{k=n-1}^{\infty} G_k\right) + \cdots + \mu\left(G_1 - G_1\sum_{k=1}^{n} G_k\right) \leqslant$$
$$\mu A_n + \mu(G_n - A_{n-1}) + \mu(G_{n-1} - A_{n-1}) +$$
$$\mu(G_{n-2} - A_{n-2}) + \cdots + \mu(G_1 - A_1) \leqslant \mu A_n + \varepsilon$$

令 $n \to \infty$ 以取极限,便得

$$\mu G \leqslant \mu A + \varepsilon$$

因此,μA 是开集合 $G \supset A$ 的测度的下界.

我们现在再转到一般的情形.

因为定理的论断对于开集合显然为真,同时对于从开集合施以加法和乘法的运算以得出的集合也保持有效,所以它对所有 B 式可测集合是真的. 最后,由公理 Ⅴ 立即可以得知,对于规则的测度,任一集合 $A \subset \mathbf{R}$ 的外测度,等于含 A 的开集合的测度的下界.

定理 7 容易推广到整个空间的测度为无限,但却可表示成可数个测度有限的集合之和的情形.

附记 2 我们由定理 7 的证明,及前面诸定理就知,一个对所有空间 $\mathbf{R}$ 内开集合已定义的测度 μ,只要满足公理 Ⅰ ~ Ⅳ,同时整个空间的测度为有限,或空间是可数多个测度有限的集合之和,则它就能唯一的扩充到一切集合 $A \subset \mathbf{R}$ 上去以成一规则测度.

最后,如果空间 $\mathbf{R}$ 有可数基底 $\{U_n\}$,其中任意两个基底的交集也是一个基底,那么只需在集合(开的)U_n 上将测度定出. 事实上,这时可规定 $\mu(U_n + U_m) = \mu U_n + \mu U_m - \mu U_n U_m$,并仿此以处理有限个基底集合的和,任一开集合 G 都能表示成基底集合的可数和 $G = \sum_{k=1}^{\infty} U_{nk}$,我们规定 $\mu G = \lim_{m\to\infty} \sum_{k=1}^{m} U_{nk}$. 容易证实,若测度在 $\{U_n\}$ 上满足条件 Ⅰ ~ Ⅳ,则这样扩充后也满足.

我们再陈述一些与函数的度量理论有关的概念.

函数 $\varphi(p)$，其中 $p \in \mathbf{R}$，而函数值 φ 是数，如果对于任一 α，$-\infty < \alpha < +\infty$，集合 $\{p \mid \varphi(p) > \alpha\}$ 是 μ 可测的.

对于可测的有界函数 $\varphi(p)$，我们如下定义它的勒贝格积分. 如 $m \leqslant \varphi(p) \leqslant M$，将区间 (m,M) 用分点 $l_0 = m < l_1 < \cdots < l_n = M$ 加以分割并作和数

$$\sum_{i=0}^{n-1} l_i \mu E_i + \sum_{i=0}^{n} l_i \mu E'_i$$

其中

$$E_i = \{p \mid l_i < \varphi(p) < l_{i+1}\}, E'_i = \{p \mid \varphi(p) = l_i\}$$

容易证明，当 $n \to \infty$ 同时差 $l_{i+1} - l_i$ 中的最大值趋于零时，这个和有唯一的极限. 这个极限我们就叫作是函数的勒贝格(拉唐) 积分并记作

$$\int_{\mathbf{R}} \varphi(p) \mathrm{d}\mu \text{ 或} \int_{\mathbf{R}} \varphi(p) \mu(\mathrm{d}p)$$

勒贝格积分的定义可以推广到无界的函数上去. 如 $\varphi(p) \geqslant 0$ 而且 μ 可测，则引入函数

$$\varphi_n(p) = \begin{cases} \varphi(p) & (\varphi(p) \leqslant n) \\ n & (\varphi(p) > n) \end{cases}$$

于是定义

$$\int_{\mathbf{R}} \varphi(p) \mathrm{d}u = \lim_{n \to \infty} \int_{\mathbf{R}} \varphi_n(p) \mathrm{d}u$$

其中，由于右端的积分当 n 增加时不减，所以右端的极限是存在的，不过可能是有限的也可能是无限的. 如极限不是 $+\infty$，则函数 $\varphi(p)$ 称为 μ 可积和的.

不取正值的可测函数的积分以相仿的方式来定义.

最后，如已给任一 μ 可测函数 $\varphi(p)$，则和通常一样，将它表示为不负与不正的函数之和

$$\varphi(p) = \varphi_1(p) + \varphi_2(p)$$

其中

$$\varphi_1(p) = \begin{cases} \varphi(p) & (\varphi(p) > 0) \\ 0 & (\varphi(p) \leqslant 0) \end{cases}$$

$$\varphi_2(p) = \begin{cases} 0 & (\varphi(p) \geqslant 0) \\ \varphi(p) & (\varphi(p) < 0) \end{cases}$$

这时就定义

$$\int_{\mathbf{R}} \varphi(p) \mathrm{d}\mu = \int_{\mathbf{R}} \varphi_1(p) \mathrm{d}u + \int_{\mathbf{R}} \varphi_2(p) \mathrm{d}\mu$$

如右端两个积分都是有限的. 在这种情形 $\varphi(p)$ 称为 μ 可积和的函数.

如是定义的勒贝格积分，具有一系列通常勒贝格积分的性质，我们将不一

一枚举.

在以后我们常常要讨论到形如 $F(p,t)$ 的函数,其中 p 是空间的点,而 t 则是实数. 我们需要关于交换对 p 与对 t 的积分顺序的可能性定理——富比尼定理. 我们就以后将遇到的形式的积分来介绍它的证明.

首先,我们要考虑的是有可数基底的度量空间 $\mathbf{R}$ 和实变量 t 的空间 $I(-\infty<t<+\infty)$ 的拓扑乘积空间 $\mathbf{R}\times I$. 这一空间的点是点 p 和数 t 的一切有序偶:$(p,t)\in\mathbf{R}\times I$. 空间 $\mathbf{R}\times I$ 可以看作度量的,譬如,在它里面定义距离为

$$\rho[(p_1,t_1),(p_2,t_2)]=\sqrt{\rho^2(p_1,p_2)+(t_1-t_2)^2}$$

其次,如 $\mathbf{R}$ 的基底是 $\{U_n\}$,则 $\mathbf{R}\times I$ 也有可数基底,一切开集 $\{U_n\times\Delta_i\}$ 即可取作基底,其中 $\{\Delta_i\}$ 是空间 I 的具有有理端点的开区间集合. 同时显然,如基底 $\{U_n\}$ 具有这样的性质,即交集 $U_n\cap U_m$ 也属于基底,则空间 $\mathbf{R}\times I$ 的基 $\{U_n\times\Delta_i\}$ 也有这样的性质. 在基底集合 $\{U_n\times\Delta_i\}$ 上我们定义测度 ν

$$\nu(U_n\times\Delta_i)=\mu U_n\cdot\operatorname{mes}\Delta_i$$

其中 μ 代表 $\mathbf{R}$ 内的卡拉特奥多测度,而 mes 则代表在 I 上的通常勒贝格测度($\operatorname{mes}\Delta_i$ 即区间 Δ_i 的长). 根据加于定理 7 后的附记中定义的测度可以扩充到空间 $\mathbf{R}\times I$ 的一切集合上,以形成一卡拉特奥多测度,而且如空间 $\mathbf{R}$ 是不超过可数个测度 μ 为有限的集合之和,则空间 $\mathbf{R}\times I$ 也成为是可数个测度有限的集合之和. 在叙述这些预先注意点之后,我们就来陈述并证明富比尼定理.

定理 8(富比尼) 如果 $F(p,t)$ 是不负的函数,且对于 ν 来说可测,那么等式

$$\int_{\mathbf{R}\times I}F(p,t)\mathrm{d}\nu=\int_I\mathrm{d}t\int_{\mathbf{R}}F(p,t)\mathrm{d}\mu=\int_{\mathbf{R}}\mathrm{d}\mu\int_I F(p,t)\mathrm{d}t$$

成立. 其中里层积分,分别对于测度为 0 的值 t 和 p 的集合可能没有意义.

首先,在这个定理的证明中,主要的困难,同时也正应当克服的是,被积函数是某一可测集合的特性函数(即在该集合上等于 1,在该集合外等于 0 的函数)的情形的证明. 事实上,从这个情形就容易推到函数是特性函数的线性组合,只取有限多个值的情形. 其次,任一可测有界函数都可用只取有限个值的函数来近似到任意的精确度以内. 最后,为要转到无界的非负函数的情形,我们可仿照定义勒贝格积分时的办法,只需利用切尾函数 F_n:

1. 如 $\varphi(p,t)$ 是集合 $U_n\times\Delta_i$ 的特性函数,则按测度 ν 的定义,我们有

$$\nu(U_n\times\Delta_i)=\int_{\mathbf{R}\times I}\varphi(p,t)\mathrm{d}\nu=\mu U_n\cdot\operatorname{mes}\Delta_i=\int_{\mathbf{R}}\mathrm{d}\mu\int_I\varphi(p,t)\mathrm{d}t=$$
$$\int_I\mathrm{d}t\int_{\mathbf{R}}\varphi(p,t)\mathrm{d}\mu$$

同样的,若 $\varphi(p,t)$ 是集合 $(U_n\times\Delta_i)+(U_m+\Delta_i)$ 的特性函数,则据测度的定义式

$$\nu(U_n\times\Delta_i+U_m\times\Delta_j)=\nu(U_n\times\Delta_i)+\nu(U_m\times\Delta_j)-\nu[(U_n\times\Delta_i)\cdot(U_m\times\Delta_j)]$$

于是，由于$(U_n\times\Delta_i)\cdot(U_m\times\Delta_j)=(U_n\cdot U_m)\times(\Delta_i\cdot\Delta_j)$，我们也得到

$$\int_{\mathbf{R}\times I}\varphi(p,t)\mathrm{d}\nu=\int_{\mathbf{R}}\mathrm{d}\mu\int_I\varphi(p,t)\mathrm{d}t=\int_I\mathrm{d}t\int_{\mathbf{R}}\varphi(p,t)\mathrm{d}\mu \tag{9}$$

这个公式容易推广到由有限个 $\mathbf{R}\times I$ 的基底集合之和组成的开集合上去.

2. 现在设 G 是任一空间 $\mathbf{R}\times I$ 的开集合. 为简便起见，将空间 $\mathbf{R}\times I$ 的基底 $\{U_n\times\Delta_i\}$ 记作 $\{V_n\}$，我们有

$$G=\sum_{k=1}^{\infty}V_{nk}$$

因此

$$\nu G=\lim_{m\to\infty}\nu\left(\sum_{k=1}^{m}V_{nk}\right)$$

令 $\sum\limits_{k=1}^{m}V_{nk}=G_m$，并设 $\varphi_m(p,t)$ 是 G_m 的特性函数，同时 $\varphi(p,t)$ 是 G 的特性函数.

按上述证法，我们有

$$\nu G_m=\int_{\mathbf{R}\times I}\varphi_m(p,t)\mathrm{d}\nu=\int_{\mathbf{R}}\mathrm{d}\mu\int_I\varphi_m(p,t)\mathrm{d}t=\int_I\mathrm{d}t\int_{\mathbf{R}}\varphi_m(p,t)\mathrm{d}\mu$$

注意到，$\lim\limits_{m\to\infty}\varphi_m(p,t)=\varphi(p,t)$ 及有公界的函数列的勒贝格积分的极限等于极限函数的积分，便得

$$\nu G=\int_{\mathbf{R}\times I}\varphi(p,t)\mathrm{d}\nu=\int_{\mathbf{R}}\mathrm{d}\mu\int_I\varphi(p,t)\mathrm{d}t=\int_I\mathrm{d}t\int_{\mathbf{R}}\varphi(p,t)\mathrm{d}\mu$$

即在这种情形公式(9) 成立.

用相仿的极限步骤即可证明公式对于任一 B 式可测集合的特性函数为真，而且此时公式内两个里层积分对于参数的所有值都存在.

3. 最后，设 $A\subset\mathbf{R}\times I$ 是任一 ν 可测集合，同时 $\varphi(p,t)$ 为其特性函数. 为简单起见，我们假定 $A\subset\mathbf{R}_1\times I_1$，其中 $\mathbf{R}_1\times I_1$ 是组成空间 $\mathbf{R}\times I$ 的可数个测度有限的集合之一，一般的情形由取可数和即可得到.

为确定起见，设 $\nu(\mathbf{R}_1\times I_1)=1$.

按测度 ν 的定义，存在开集合序列(此处及以后，都将 $\mathbf{R}_1\times I_1$ 当作空间来看)

$$G_1\supset G_2\supset\cdots\supset G_n\supset\cdots\supset A$$

能使

$$\lim_{n\to\infty}\nu G_n=\nu A$$

以 $\varphi(p,t)$ 代表 A 的特性函数，而以 $\varphi_n(p,t)$ 代表 G_n 的特性函数，我们有

$$\nu G_n=\int_{\mathbf{R}_1\times I_1}\varphi_n(p,t)\mathrm{d}\nu=\int_{I_1}\mathrm{d}t\int_{\mathbf{R}_1}\varphi_n(p,t)\mathrm{d}\nu \tag{10}$$

注意到，$\varphi_n\geqslant\varphi$，同时不增的有界函数列 φ_n 收敛于极限函数 $\varphi'(p,t)$，$\varphi'(p,$

$t)\geqslant\varphi(p,t)$，在积分号下取极限，便得

$$\nu A=\int_{I_1}\mathrm{d}t\int_{\mathbf{R}_1}\varphi'(p,t)\mathrm{d}\mu \tag{11}$$

同样的，将可测集合 $\mathbf{R}_1\times I_1-A$ 包以开集合族

$$\Gamma_1\supset\Gamma_2\supset\cdots\supset\Gamma_n\supset\cdots\supset\mathbf{R}_1\times I_1-A$$

并且 $1-\psi_n(p,t)$ 来表示 Γ_n 的特性函数，于是 $\lim\limits_{n\to\infty}\psi_n(p,t)=\varphi''(p,t)$，其中 $\psi_n(p,t)\leqslant\varphi''(p,t)\leqslant\varphi'(p,t)$，我们有

$$\nu(\mathbf{R}_1\times I_1-A)=\int_{I_1}\mathrm{d}t\int_{\mathbf{R}_1}(1-\varphi''(p,t))\mathrm{d}\mu$$

因此

$$\nu A=\int_{I}\mathrm{d}t\int_{\mathbf{R}_1}\varphi''(p,t)\mathrm{d}\mu \tag{12}$$

比较等式(11) 和(12)，我们便有

$$\int_{I_1}\mathrm{d}t\int_{\mathbf{R}_1}[\varphi'(p,t)-\varphi''(p,t)]\mathrm{d}\mu=0 \tag{13}$$

在上式内 $\int_{\mathbf{R}_1}[\varphi'(p,t)-\varphi''(p,t)]\mathrm{d}\mu$ 是 t 的非负函数，根据式(13) 它对几乎所有的值 $t\in I_1$ 等于 0，即几乎对所有的值 $t\in I_1$，有

$$\int_{\mathbf{R}_1}\varphi'(p,t)\mathrm{d}\mu=\int_{\mathbf{R}_1}\varphi''(p,t)\mathrm{d}\mu$$

于是，我们有 $\varphi'\geqslant\varphi\geqslant\varphi''$，所以几乎对所有的值 t，有

$$\int_{\mathbf{R}_1}\varphi'(p,t)\mathrm{d}\mu=\int_{\mathbf{R}_1}\varphi(p,t)\mathrm{d}\mu$$

将所得的表达式代替(11) 的里层积分并注意，它在测度为 0 的 t 值集合上的值不影响积分的值，便有

$$\nu A=\int_{\mathbf{R}_1\times I_1}\varphi(p,t)\mathrm{d}\nu=\int_{I_1}\mathrm{d}t\int_{\mathbf{R}_1}\varphi(p,t)\mathrm{d}\mu \tag{14}$$

将公式(10) 改写成

$$\nu G_n=\int_{\mathbf{R}_1\times I_1}\varphi_n\mathrm{d}\nu=\int_{\mathbf{R}_1}\mathrm{d}\mu\int_{I_1}\varphi_n(p,t)\mathrm{d}t$$

并重复同样的论证，我们便得

$$\int_{\mathbf{R}_1\times I_1}\varphi(p,t)\mathrm{d}\nu=\int_{\mathbf{R}_1}\mathrm{d}\mu\int_{I_1}\varphi(p,t)\mathrm{d}t \tag{15}$$

公式(14) 及(15) 即完全证明拓扑乘积空间的任一测度有限的集合的特性函数服从富比尼定理.

至于将上面的结果扩充到一 ν 可测集合的特性函数，以及任一可测不负函数的方法，已如前述.

对于我们来说测度 ν 担负辅助的使命，在之后我们将要利用富比尼定理的

推论 —— 在双层积分内积分秩序的交换可能性.

推论 8 如不负的函数 $F(p,t)$ 在空间 $\mathbf{R}\times I$ 内 ν 可测,则等式

$$\int_I \mathrm{d}t\int_{\mathbf{R}} F(p,t)\mathrm{d}\mu=\int_{\mathbf{R}} \mathrm{d}\mu\int_I F(p,t)\mathrm{d}t$$

成立,若两个积分中一个有限,则另一个也同样有限.

附记 3 如函数在空间 $\mathbf{R}\times I$ 内 ν 可积和,则与平常一样,我们可将它表示为不负与不正的函数之和的形式:$F=F_1+F_2$,因而定理仍有效.

附记 4 我们对有可数基底的度量空间与一度的欧氏空间的拓扑乘积来证明富比尼定理,原因是这种情形我们在以下将遇到. 如我们所有的是两个有可数基的具有卡拉特奥多测度 μ_1 及 μ_2 的度量空间 $\mathbf{R}_1$ 与 $\mathbf{R}_2$,其中每一个都是不超过可数个测度有限的集合之和,证明也不需任何改变.

§3 回归定理

设在度量空间 $\mathbf{R}$ 内已给动力体系 $f(p,t)$. 在空间 $\mathbf{R}$ 内已定义了的测度 μ 叫作(关于体系 $f(p,t)$) 不变的,如对任一 μ 可测集合 A 都有等式

$$\mu f(A,t)=\mu A \quad (-\infty<t<+\infty) \tag{1}$$

成立.

从式(1) 即知,可测集合的象是可测的. 此不变测度本质上是 §1 内考虑的微分方程的不变积分的自然推广.

有不变测度的体系具有区别于一般动力体系的一系列性质.

在这一节中我们将研讨庞加莱与卡拉特奥多关于回归性的定理[2].

设在空间 $\mathbf{R}$ 内动力体系有不变测度 μ. 整个空间的测度有限,而且为简单起见我们假定 $\mu\mathbf{R}=1$.

关于回归性的定理自然地可分为两部分.

定理 9(集合的回归性) 设 $A\subset\mathbf{R}$ 是可测集合且 $\mu A>m>0$,则有值 t, $|t|\geqslant 1$ 使 $\mu[A\cap f(A,t)]>0$.

为了证明,我们考查 t 取整的值时($t=0,\pm1,\pm2,\cdots$) 集合 A 的位置,并引入记号

$$A_n=f(A,n) \quad (n=0,\pm1,\pm2,\cdots)$$

根据 μ 的不变性,我们有

$$\mu A_n=\mu A=m>0$$

如假定集合 $A_0,A_1,\cdots,A_k$ 彼此之间仅交于测度为零的集合,则我们便得

$$\mu(A_0+A_1+\cdots+A_k)=(k+1)m$$

但如 $k > \dfrac{1}{m}$，这将与假定 $\mu\mathbf{R} = 1$ 矛盾.

因此，存在两个集合 $A_i, A_j (i \neq j)$，能使

$$\mu(A_i \cap A_j) > 0 \tag{2}$$

设 $i < j$，则 $0 \leqslant i < j \leqslant k$. 将变换 $f(p, -i)$ 应用到集合 $A_i \cap A_j$，从不等式(2)，我们即得

$$\mu[A_0 \cap f(A_0, j-i)] > 0$$

这就证明了我们的论断，因为 $j - i \geqslant 1$，而且

$$j - i \leqslant \left[\frac{1}{m}\right] + 1$$

如应用变换 $f(p, -j)$ 于不等式(2)，则得

$$\mu(A_0 \cap f(A_0, i-j)) > 0 \quad (i - j \leqslant -1)$$

定理得证.

附记 5 用同一方法容易证明 $\mu(A \cap f(A, t)) > 0$ 的 t 值的绝对值可任意大. 事实上，设 $T > 0$ 为事先给定的任一数，我们选取整数 $N > T$ 并来考查集合列

$$A_0, A_N, A_{2N}, \cdots, A_{kN}, \cdots$$

前面的论证应用于此即得出关系式

$$\mu(A_0 \cap f(A_0, N(j-i)) > 0, N(j-i) \geqslant N > T$$

以及关于值 $t < -T$ 的相似关系.

定理 10(点回归性) 如在有可数基底的空间 $\mathbf{R}$ 内关于不变测度 μ 有 $\mu\mathbf{R} = 1$，则几乎所有的点 $p \in \mathbf{R}$(就测度 μ 来说)都是泊松式稳定，亦即如令泊松式不稳定点的集合为 $\mathscr{E}$，则我们有 $\mu\mathscr{E} = 0$.

首先，我们任取一 $\mu A = m > 0$ 的可测集合. 与在上一个定理内一样，我们令

$$A_n = f(A, n) \quad (n = 0, \pm 1, \pm 2, \cdots)$$

其次，再作集合

$$\begin{cases} A_0 \cap A_1 = A_{01}, A_0 \cap A_2 = A_{02}, \cdots, A_0 \cap A_n = A_{0n}, \cdots, A_0 - \displaystyle\sum_{i=1}^{\infty} A_{0i} = A_{0\infty} \\ A_1 \cap A_2 = A_{12}, \cdots, A_1 \cap A_n = A_{1n}, \cdots, A_1 - \displaystyle\sum_{i=2}^{\infty} A_{1i} = A_{1\infty} \\ \qquad\qquad\vdots \end{cases} \tag{3}$$

我们来证 $\mu A_{0\infty} = 0$. 设 $\mu A_{0\infty} = l > 0$. 因为 $f(A_i, 1) = A_{i+1}$，所以 $f(A_{0i}, 1) = A_{1,i+1}$，因此 $f(A_{0\infty}, 1) = A_{1\infty}$. 施行同样的推证于集合 $A_{1\infty}$，$A_{2\infty}, \cdots$，并利用测度 μ 的不变性，我们得

$$f(A_{0\infty}, n) = A_{n\infty} \quad (n = 1, 2, \cdots)$$

$$\mu A_{0\infty} = \mu A_{1\infty} = \cdots = \mu A_{n\infty} = \cdots = l$$

此外，由作法我们有

$$A_{0\infty} \cap A_i = 0 \quad (i = 1, 2, \cdots)$$

从而，因 $A_i \supset A_{i\infty}$，所以

$$A_{0\infty} \cap A_{i\infty} = 0 \quad (i = 1, 2, \cdots)$$

同样有

$$A_{i\infty} \cap A_{j\infty} = 0 \quad (j = i + 1, i + 2, \cdots)$$

所以，集合 $A_{i\infty}(i=0,1,2,\cdots)$ 彼此无公共点，因而 $\mu A_{0\infty} = l > 0$ 的假设与整个空间的测度为有限矛盾. 论断得证.

现在我们选取空间 $\mathbf{R}$ 的可数邻域基底族 $\{U^{(n)}\}$，并对每一 $U^{(n)}$ 按格式(3)作集合 $U_{0\infty}^{(n)}$，按已证 $\mu U_{0\infty}^{(n)} = 0(n=1,2,\cdots)$. 我们定义集合

$$\mathscr{E} = \sum_{n=1}^{\infty} U_{0\infty}^{(n)}$$

显然 $\mu\mathscr{E} = 0$. 我们来证：所有的点 $p \in \mathbf{R} - \mathscr{E}$ 是 P^- 式稳定.

事实上，若设 $p \in \mathbf{R} - \mathscr{E}$，则由集合 $\mathscr{E}$ 的定义，对任一含点 p 的邻域 $U^{(k)}$，都可找出含点 p 的这一邻域的象，即找出这样的自然数 m，使

$$p \in f(U^{(k)}, m)$$

将变换 $f(p, -m)$ 施行到这一包含关系式的两端，我们得

$$f(p, -m) \in U^{(k)}$$

因为 $U^{(k)}$ 是基底族中任一含 p 的邻域，同时 $-m \leqslant -1$，所以 p 是 P^- 式稳定的.

按格式(3) 施行同样的方法于集合 $A_0, A_{-1}, \cdots, A_{-n}, \cdots$ 以规定集合 $A_{0,-\infty}$，并按此法以作集合 $U_{0,-\infty}^{(n)}(n=1,2,\cdots)$ 且规定

$$\mathscr{E}_1 = \sum_{n=1}^{\infty} U_{0,-\infty}^{(n)}$$

仿上易证 $\mu\mathscr{E}_1 = 0$，而且所有的点 $p \in \mathbf{R} - \mathscr{E}$ 是 P^+ 式稳定的. 因此，所有属于集合 $\mathbf{R} - (\mathscr{E} + \mathscr{E}_1)$ 的点 p 是 P 式稳定的，同时 $\mu(\mathscr{E} + \mathscr{E}_1) = 0$. 定理 10 得证.

附记 6 由它的作法容易看出，集合 $\mathscr{E}$ 的任一点 p 就离散的值序列 $t = -1, -2, \cdots$ 来说，是 P^- 式不稳定的，因为它必属于某一 $U_{0,-\infty}^{(n)}$，从而将无任何一点 $f(p, -n)$ 在邻域 $U^{(n)}$ 之内. 根据第五章 §4 附记，所有这些点在 t 连续的趋于 $-\infty$ 时也是 P^- 式不稳定的. 所以，集合 $\mathscr{E} + \mathscr{E}_1$ 是所有在通常意义下 P 式不稳定点 $p \in \mathbf{R}$ 的集合.

附记 7 位于 P 式稳定轨道上的点集合的闭包构成中心运动集合(第五章 §5). 在应用上的许多重要的情形下，所有不空的开集都有正的(不变) 测度. 例如，在 §1 内讨论过的在欧氏空间内的微分方程组，以及一般地在欧氏空间

内的体系有形如$\iint_D\cdots\int M\mathrm{d}x_1\mathrm{d}x_2\cdots\mathrm{d}x_n$的不变积分者，其中$M$是正的可测函数.已知在这一类不变测度的体系内，$P$式不稳定点集合在$\mathbf{R}$内无处稠密，因而，中心运动集合$C$充满整个空间.

就一般的不变测度μ来讲，这一现象不见得一定有，而我们可只证实开集$\mathbf{R}-C$的μ测度为零，此开集为中心运动集合的余集.

辛钦曾将庞加莱的定理9加以精密化.如我们所见，定理9仅断定对于任一集合$E(\mu E>0)$存在绝对值任意大的t值，能使$\mu(E\cdot f(E,t))>0$.但定理9并未给出这一交集的测度大小的估计，同时也未给出什么样的一些t值能使这个测度超过某一正值.辛钦的定理陈述的就是这些方面.

我们引用基本上属于魏色尔的方法[4]来证明这个定理.

辅助定理1 如果在$\mathbf{R}$内，在其内已定义集合$E\subset\mathbf{R}$的测度μ而且$\mu R=1$，给定一族可测集合$E_1,E_2,\cdots,E_i,\cdots$，有

$$E_i\subset\mathbf{R},\mu E_i\geqslant m>0\quad(i=1,2,\cdots)$$

那么至少找得出两个集合$E_i,E_j(i\neq j)$，能使$\mu(E_i\cdot E_i)>\lambda m^2$，其中$\lambda$是任一事先指定的比1小的数.

我们说明一下，在辅助定理论断内的值m^2的意义.设$m=\dfrac{1}{k}$，k为整数，$\mu E_i=m(i=1,2,\cdots,k)$，并设$E_1,E_2,\cdots,E_k$彼此仅相交于测度为零的集合.于是$\mu(E_1+E_2+\cdots+E_k)=1$，同时，若$\mu E_{k+1}=m$，则$E_{k+1}$至少与一个$E_i(i=1,2,\cdots,k)$交于测度大于或等于$\dfrac{1}{k}\cdot m=m^2$的集合上.

在定理的假设内的数λ不能取成大于1，这可以由下列说明：在间隔$[0,1]$上设

$$E_1=\left[0,\frac{1}{2}\right],E_2=\left[0,\frac{1}{4}\right]+\left[\frac{1}{2},\frac{3}{4}\right],\cdots,$$

$$E_n=\left[0,\frac{1}{2^n}\right]+\left[\frac{2}{2^n},\frac{3}{2^n}\right]+\cdots+\left[\frac{2^n-2}{2^n},\frac{2^n-1}{2^n}\right],\cdots$$

于此$\operatorname{mes}E_i=\dfrac{1}{2}$，$\operatorname{mes}(E_i\cdot E_j)=\dfrac{1}{4}(i\neq j)$.

辛钦告诉作者这个辅助定理的一个简单证法.

设$g_i(x)$是集合E_i的特性函数$(i=1,2,\cdots)$，设

$$S_n(x)=\sum_{i=1}^{n}g_i(x)$$

若我们假定$\mu(E_i\cdot E_k)\leqslant\lambda m^2,i\neq k$，则由定理的条件和布尼亚柯夫斯基(В. Я. Буняковский)不等式我们便得

$$(nm)^2 \leqslant \left\{\sum_{i=1}^{n}\mu E_i\right\}^2 = \left\{\int_{\mathbf{R}} S_n(x)\mathrm{d}\mu\right\}^2 \leqslant \int_{\mathbf{R}} S_n^2(x)\mathrm{d}\mu =$$
$$\sum_{i=1}^{n}\mu E_i + \sum_{\substack{i,k=1\\ i\neq k}}^{n}\mu(E_i \cdot E_k) \leqslant$$
$$n + n(n-1)\lambda m^2$$

但对于任一 $\lambda < 1$,当 n 充分大时这一不等式不可能成立,是一矛盾,辅助定理由是得证.

定理 11(辛钦) 在回归性定理 9 的条件下,对任一可测集合 E,$\mu E = m > 0$,满足不等式

$$\mu(t) = \mu(E \cdot f(E,t)) > \lambda m^2 \quad (\lambda < 1)$$

的 t 值在数轴 $-\infty < t < +\infty$ 上相对稠密.

设论断不真,则将有可测集合 E,$\mu E = m > 0$,$\lambda_0 < 1$,及不等式

$$\mu(t) = \mu(E \cdot f(E,t)) \leqslant \lambda_0 m^2 \tag{4}$$

在其上为成立的 t 轴的任意大的区间. 设 Δ_1 是长为 l_1 的区间,使得当 $t \in \Delta_1$ 时,不等式(4) 成立,令它的中点为 l_1,存在长为 $l_2 \geqslant 2 \mid l_1 \mid$ 的区间 $\Delta_2(\Delta_1 \cdot \Delta_2 = 0)$,于其上不等式(4) 也成立,令它的中点为 l_2. 由于 $t = 0$ 不在 Δ_2 内,所以 $\mid l_2 \mid > \mid l_1 \mid$. 一般的,令 $\Delta_n(\Delta_n \cdot \Delta_i = 0$,如 $i < n)$ 是长为 $l_n \geqslant 2 \mid l_{n-1} \mid$,在其内不等式(4) 成立的区间,并令它的中点为 l_n,则 $\mid l_n \mid > \mid l_{n-1} \mid$. 因为数 $l_j - l_i$ 在区间 Δ_j 内$(i < j)$,所以按假定

$$\mu(E \cdot f(E, l_j - l_i)) \leqslant \lambda_0 m^2$$

因而,据测度 μ 的不变性

$$\mu(f(E,l_i) \cap f(E,l_j)) \leqslant \lambda_0 m^2 \quad (i < j)$$

即集合 $E, f(E,l_1), f(E,l_2), \cdots, f(E,l_n), \cdots$ 满足不等式(4),这与辅助定理矛盾. 定理得证.

附记 8 利用“谱分解”的理论,辛钦[5] 曾证明 $\mu(t) = m\int_{-\infty}^{+\infty} \mathrm{e}^{itx}\,\mathrm{d}\varphi(x)$,其中 $\varphi(x)$ 是分布函数,即为 x 的不减函数且 $\varphi(-\infty) = 0$,$\varphi(+\infty) = 1$,由此即可推出 $\mu(t)$ 是几乎周期函数和在区间$(-\infty, +\infty)$ 上的平方中数为零的函数之和.

§4 霍普夫定理

霍普夫定理[6] 是庞加莱关于回归性定理的第二部分在整个空间的测度为无限的情形时的推广. 在这一情形,显然不能就这一个不变测度来断定几乎所有的运动都是泊松式稳定的. 关于这一点,只要看在整个 n 维欧氏空间内具有

不变体积的微分方程组即知

$$\frac{\mathrm{d}x_1}{\mathrm{d}t}=1,\frac{\mathrm{d}x_2}{\mathrm{d}t}=0,\cdots,\frac{\mathrm{d}x_n}{\mathrm{d}t}=0$$

它的所有解 $x_1=x_1^{(0)}+t,x_2=x_2^{(0)},\cdots,x_n=x_n^{(0)}$，当 $t\to+\infty$ 或 $t\to-\infty$ 时都向无限远处走去，在有限距离内轨道无极限点，所以是泊松不稳定的.

为了陈述霍普夫定理我们重提一下远离点的定义. 我们将要讨论的是有可数基底的局部紧密空间，在其内运动系已定义. 我们说当 $t\to+\infty$ 时点 p 是远离的. 如轨道 $f(p,t)$ 无 ω 极限点，同样的，如 $f(p,t)$ 无 α 极限点，我们就说当 $t\to-\infty$ 时点 p 是远离的. 显然，当 $t\to+\infty$ 或 $t\to-\infty$ 时一点是远离的，则经过它的轨道上所有的点也如此.

定理 12(霍普夫)　设已给一定义在有可数基底的局部紧密空间 $\mathbf{R}$ 内的动力体系，它有性质如下的不变测度 μ：$\mu\mathbf{R}=+\infty$，但对任一紧密集合 $F\subset\mathbf{R}$ 测度 μF 为有限，则几乎所有的点 $p\in\mathbf{R}$ 当 $t\to+\infty$ 时是泊松式稳定的，或是远离的.

为了证明本定理我们可以限于只考虑整的 t 值. 显然，如 $f(p,t)$ 无 ω 或 α 极限点，则序列 $\{f(p,n)\}(n=\pm1,\pm2,\cdots)$ 也无对应的极限点. 我们来证明反面的论断.

辅助定理 2　若序列 $\{f(p,n)\}(n=1,2,\cdots)$ 无极限点，则 $f(p,t)$ 没有 ω 极限点.

我们作相反的假定，设存在值序列 $0<t_1<t_2<\cdots<t_n<\cdots,\lim\limits_{n\to\infty}t_n=+\infty$，能使

$$\lim_{n\to\infty}f(p,t_n)=q$$

令不超过 t_k 的最大整数为 k_n，我们有 $t_n=k_n+\sigma_n,0\leqslant\sigma_n<1$. 因为数集 $\{\sigma_n\}$ 有界，它有极限点 $\sigma,0\leqslant\sigma\leqslant1$，而且存在收敛于 σ 的部分序列. 为不使记述变得复杂，我们设这个部分序列就是 $\{\sigma_n\},\lim\limits_{n\to\infty}\sigma_n=\sigma$.

于是，我们有

$$\lim_{n\to\infty}f(p,k_n+\sigma_n)=q$$

因而，据对初始条件的连续相依性，我们得到

$$\lim_{n\to\infty}f(p,k_n+\sigma_n-\sigma)=f(q,-\sigma)$$

即对任一 $\varepsilon>0$，当 $n>N_1(\varepsilon)$ 时，我们有

$$\rho[f(p,k_n+\sigma_n-\sigma),f(q,-\sigma)]<\frac{\varepsilon}{2}$$

因为点 $f(p,k_n+\sigma_n-\sigma)$ 自某 n 起即进入点 $f(q,-\sigma)$ 的紧密闭邻域，而在此邻域内连续性是均匀的，所以由 $\sigma_n-\sigma\to0$ 即可推知，当 $n>N_2(\varepsilon)$ 时，我们有

$$\rho[f(p,k_n+\sigma_n-0),f(p,k_n)]<\frac{\varepsilon}{2}$$

从这两个不等式，便知当 $n > \max\{N_1, N_2\}$ 时，有

$$\rho[f(p,k_n), f(q,-\sigma)] < \varepsilon$$

即具有正整数 k_n 的序列 $\{f(p,k_n)\}$ 收敛于点 $f(q,-\sigma)$，此与原假设矛盾. 辅助定理证完.

显然，相仿关于 α 极限点的论断也为真.

于是，为了确定所有当 $t \to +\infty$ 的远离点的集合，只需考虑沿序列 $t=1$, $2,\cdots,n,\cdots$ 的远离点的集合. 我们在第五章 §4 内曾见，当 $t \to +\infty$ 时，泊松稳定点的集合与沿序列 $t=1,2,\cdots,n,\cdots$ 的泊松式稳定点的集合也是一样的. 所以，在下面我们可以只讨论序列

$$f(p,n) \quad (p \in \mathbf{R}; n=1,2,\cdots) \tag{1}$$

定理的证明：设 $\mathbf{R}$ 的可数邻域基底族是 $U_1, U_2, \cdots, U_n, \cdots$. P^+ 式不稳定点 $p \in \mathbf{R}$ 的集合. 如我们所知(第五章 §3)，有

$$V^+ = \sum_{n=1}^{\infty} U_n^*$$

其中

$$U_n^* = U_n - U_n \cdot \sum_{m=1}^{\infty} f(U_n, -m)$$

我们来确定在 P^+ 式不稳定集合中当 $n \to +\infty$ 时的非远离点集合. 我们曾见，集合 U_n^* 有性质

$$U_n^* \cdot f(U_n^*, -k) = 0 \quad (k=1,2,\cdots)$$

或施行变换 $f(p,k)$，有

$$U_n^* \cdot f(U_n^*, k) = 0 \quad (k=1,2,\cdots)$$

引入下一观念：当 $t \to +\infty$ 时关于紧密集合 F 的远离(非远离)点，我们将称序列(1)在 F 内无(有)极限点的点为这样的点.

设 A 是这样的一个集合：$A \cdot f(A,k) = 0 (k=1,2,\cdots)$，我们来作当 $t \to +\infty$ 时关于 F 的非远离点 $p \in A$ 的集合. 我们令

$$F \cdot f(A,k) = D_k, D_k^* = f(D_k, -k) = f(F, -k) \cdot A \subset A$$

每一个点 $p \in D_k^*$，当 $t=0$ 时在集合 A 内，当 $t=k$ 时在集 F 内. 关于 F 是非远离点 $p \in A$ 的集合，即存在无限多的值 $k > 0$ 能使 $f(p,k) \in F$ 的点 $p \in A$ 的集合，即集合

$$W^+(A,F) = \lim_{k \to \infty} \sup D_k^* = \prod_{l=1}^{\infty} \sum_{k=1}^{\infty} D_k^*$$

选取紧密集合序列

$$F_1 \subset F_2 \subset \cdots \subset F_n \subset \cdots$$

因此

$$\lim F_n = R$$

我们得到含于 A 的非远离点集合为和

$$W^+(A)=\sum_{n=1}^{\infty}W^+(A,F_m)$$

为了确定整个空间内当 $t\to+\infty$ 时非远离而且同时是 P^+ 式不稳定点的集合，对于邻域族$\{U_n\}$ 有

$$W^+=\sum_{n=1}^{\infty}W^+(U_n^*)$$

我们再来计算这一集合的测度. 按假设，任一紧密集合 F 的测度有限 $\mu F<+\infty$.

所有集合 D_k 没有公共点而且都包含在 F 内. 因而，$\sum_{k=1}^{\infty}\mu D_k\leqslant m<+\infty$，即级数

$$\sum_{k=1}^{\infty}\mu D_k$$

收敛. 据测度的不变性，我们有

$$\mu D_k=\mu D_k^*$$

即级数 $\sum_{k=1}^{\infty}\mu D_k^*$ 也收敛.

但对任一 l，我们有

$$W^+(A,F)=\prod_{l=1}^{\infty}\sum_{k=1}^{\infty}D_k^*\subset\sum_{k=1}^{\infty}D_k^*$$

而据级数的收敛性能取 l 充分大以使

$$\mu\sum_{k=l}^{\infty}D_k^*\leqslant\sum_{k=l}^{\infty}\mu D_k^*<\varepsilon$$

这里 $\varepsilon>0$，因此

$$\mu W^+(A,F)<\varepsilon$$

即

$$\mu W^+(A,F)=0$$

所以，若 $A\cdot f(A,k)=0(k=1,2,\cdots)$，则当 $t\to+\infty$ 时关于紧密集合 F 为非远离点的集合的测度等于零.

于是

$$\mu W^+(A)=\mu\sum_{m=1}^{\infty}W^+(A,F_m)\leqslant\sum_{m=1}^{\infty}\mu W^+(A,F_m)=0$$

因此，依次令 $A=U_1^*,U_2^*,\cdots$ 并求和，对于当 $t\to+\infty$ 时非远离且 P^+ 式不稳定点集合的测度，便有

$$\mu W^+=0$$

定理证毕.

定理13(霍普夫)　在定理12的条件下几乎所有的当$t\to+\infty(t\to-\infty)$时远离的运动,当$t\to-\infty(t\to+\infty)$时也远离;几乎所有$P^+(P^-)$式稳定运动,也是$P^-(P^+)$式稳定运动.

我们可见,所有由点

$$P\in V^+=\sum_{n=1}^{\infty}U_n^*$$

确定的运动,除测度为零的集合外,当$t\to+\infty$时是远离的,而且在证明时仅利用了当$k=1,2,\cdots$,有$U_n^*\cdot f(U_n^*,k)=0$这一事实.但从后一关系,如以前所证,即可得出结论

$$U_n^*\cdot f(U_n^*,-k)=0\quad(k=1,2,\cdots)$$

因而,以完全相同的论证便可推出,几乎集合V^+所有的点在$t\to-\infty$时是远离的.

因此,几乎所有当$t\to+\infty$时在集合$V^+-W^+\subset V^+$内远离的点,当$t\to-\infty$时也是远离的.

应用同样的论证于V^-,我们即得,几乎所有当$t\to-\infty$时远离的点,当$t\to+\infty$时也是远离的.定理的第一部分得证.

为了证明第二部分,我们指出,对应于$t\to+\infty$及$t\to-\infty$,我们有空间的两个划分方法

$$R=S^++(V^+-W^+)+W^+=S^++V^+$$
$$R=S^-+(V^--W^-)+W^-=S^-+V^- \tag{2}$$

划分成点集:泊松式稳定的S,远离的$V-W$,及同时是不稳定和不远离的W.

于此,按已证$\mu W^+=\mu W^-=0$.

集合$S^+\cdot V^-$的测度为零,因为几乎所有的从V^-内出发的运动,当$t\to+\infty$时是远离的,所以是P^+式不稳定.

同理$\mu(S^-\cdot V^+)=0$.

将等式(2)逐步相乘,我们得到R的划分

$$R=S^+\cdot S^-+(V^+-W^+)\cdot(V^--W^-)+E$$

其中$\mu E=0$,亦即精确到测度为零的集合,R的所有点或在$t\to+\infty$以及$t\to-\infty$同时是P式稳定的,或同时是远离的.定理13于是完全证明.

§5　伯克霍夫的遍历定理

遍历(Ergodic)定理的第一部分.在统计力学的问题里面,点位于相空间内

某一给定域内的概率如何，常是要讨论的主要对象. 这一概念是当 $T\to+\infty$ 时，动点 $f(p,t)$ 在所讨论域内度过的时间与整个时间长度 T 之比的极限值.

为了解析的表示这一个值，我们来考查具有不变测度 μ 的相空间 $\mathbf{R}$，$\mu\mathbf{R}=1$，及其内的可测集合 E. 我们引入如下定义的集合 E 的特性函数

$$\varphi_E(p)=\begin{cases}1 & (p\in E)\\ 0 & (p\in \mathbf{R}-E)\end{cases}$$

于是点 $f(p,t)$ 在时间区间 $(0,T)$ 内属于 E 的时刻集合的测度显然为积分 $\int_0^T\varphi_E(f(p,t))\mathrm{d}t$，前述的极限值即为 $\lim\limits_{\tau\to\infty}\frac{1}{T}\int_0^T\varphi_E(f(p,t))\mathrm{d}t$.

在伯克霍夫的定理内首先断定对几乎所有的点 p 这一极限存在. 我们效法辛钦[8] 在并不使证明复杂化的方式下取任一绝对可积和的可测函数（都是就测度 μ 来讲）$\varphi(p)$ 替代特性函数来讨论，$\varphi(p)$ 绝对可积是指积分 $\int_{\mathbf{R}}|\varphi(p)|\mathrm{d}\varphi$ 存在. 这样伯克霍夫－辛钦的遍历定理的第一部分即可如是陈述.

定理 14 如在相空间 $\mathbf{R}$ 内已定义一不变测度 μ，$\mu A=\mu f(A,t)$，且 $\mu\mathbf{R}=1$，则对任一绝对可积和的函数 $\varphi(p)$，时间中数 $\lim\limits_{T\to\infty}\frac{1}{T}\int_0^T\varphi(f(p,t))\mathrm{d}t$ 除属于某一 μ 测度为零的集合 $\mathscr{E}$ 外，都存在.

我们先研究 $\int_0^t\varphi(f(p,t))\mathrm{d}t=\Phi(p,t)$ 的存在问题. 若函数 $\varphi(p)$ 有界且波莱尔式可测，则对任一 p，$\varphi(f(p,t))$ 也是有界且 B 式可测，即是 t 的可积和函数.

我们只假定 $\varphi(p)$ 可测且有可积和. 在我们的不变的测度 μ 的情况不容易证明，$\varphi(f(p,t))$ 在空间 $\mathbf{R}\times I$ 内关于测度 ν（见 §2）是可测的. 事实上

$$A_1=\{(p,t);\varphi(f(p,t))>\alpha\}$$

是集合 $f(A,-t)(-\infty<t<+\infty)$ 的和，其中

$$A=\{p,\varphi(p)>\alpha\}$$

因为，如果令 $f(p,t)=q$，那么从不等式 $\varphi(f(p,t))>\alpha$ 即得 $q\in A$，$p\in f(A,-t)$. 由于按假定 A 关于 μ 是可测的，所以存在波莱尔集合 B_1 和 B_2，$B_1\supset A\supset B_2$，$\mu B_1-\varepsilon<\mu A<\mu B_2+\varepsilon$. 我们现在来考查集合

$$A^*=\{(p,t);p\in(f(A,-t),t_1\leqslant t\leqslant t_2)\}$$

$$B_1^*=\{(p,t);p\in(f(B_1,-t),t_1\leqslant t\leqslant t_2)\}$$

$$B_2^*=\{(p,t);p\in(f(B_2,-t),t_1\leqslant t\leqslant t_2)\}$$

显然 $B_1^*\supset A^*\supset B_2^*$. 再者作为 B 式可测集合 B_1^* 和 B_2^* 关于 ν 是可测的，于是据测度 μ 的不变性和富比尼定理，我们有

$$\nu B_1^* = \int_{t_1}^{t_2} dt \int_{p \in f(B_1, -t)} \mu(dp) = (t_2 - t_1)\mu B_1$$

同理 $\nu B_2^* = (t_2 - t_1)\mu B_2$.

因为它能位于两个测度之差为任意小的 B 式可测集合之间,所以集合 A^* 关于 ν 是可测的. 但此时由于 A 可作为可数多个 A^* 形的集合之和所以也可测.

进一步注意到,由于 μ 的不变性,我们有

$$\int_{\mathbf{R}} |\varphi(f(p,t))| \mu(dp) = \int_{\mathbf{R}} |\varphi(p)| \mu(dp) = \int_{\mathbf{R}} |\varphi(p)| d\mu \tag{1}$$

因为

$$\begin{aligned} E_i(t) = \{p; l_{i-1} < |\varphi(f(p,t))| \leqslant l_i\} = \\ \{p = f(q, -t); l_{i-1} < |\varphi(q)| < l_i\} = \\ f(E_i(0), -t) \end{aligned}$$

且因 $\mu E_i = \mu f(E_i, t)$,同时关于 E_i' 也有相似的关系,所以从勒贝格积分的定义即可推出等式(1). 这一论证过程我们简单地将它写成

$$\int_{\mathbf{R}} |\varphi(f(p,t))| \mu(dp) = \int_{\mathbf{R}} |\varphi(q)| \mu(df(q, -t)) = \int_{\mathbf{R}} |\varphi(q)| \mu(dq)$$

我们现来考查积分

$$\begin{aligned} \int_{\mathbf{R}\times(0,T)} |\varphi(f(p,t))| d\nu = \int_0^T dt \int_{\mathbf{R}} |\varphi(f(p,t))| \mu(dp) = \\ \int_0^T dt \int_{\mathbf{R}} |\varphi(p)| \mu(dp) = \\ T\int_{\mathbf{R}} |\varphi(p)| d\mu \end{aligned}$$

从 φ 可积和的条件可知我们得到的是有限值.

应用富比尼定理,我们便得

$$T\int_{\mathbf{R}} |\varphi(p)| d\mu = \int_{\mathbf{R}} d\mu \int_0^T |\varphi(f(p,t))| dt$$

而且据同一定理,右端里层积分对几乎所有的 $p \in \mathbf{R}$ 都存在(而且有限). 我们注意到,若 $\int_0^T |\varphi(f(p,t))| dt$ 对某 T 为存在,则对任一 $T' < T(T' > 0)$ 亦然,并给 T 以序列的值 $T_1 < T_2 < \cdots < T_n < \cdots, T_n \to +\infty$, 便知 $\int_0^t |\varphi(f(p,t))| dt$ 对于所有的正值 t,除一 μ 测度为零的集合外,在其余任意点 $p \in \mathbf{R}$ 都存在,因而对这些点,积分 $\int_0^t \varphi(f(p,t))dt$ 也存在.

在这些说明之后我们来证明遍历定理. 证明将逐步推演成更简单的论断以导出.

第一步推演 只需证当 t 经历整值时,定理内所述的极限对几乎所有的 p

为存在.

实际上,我们来估计差(这里$[t]$是小于或等于t的最大整数)

$$\left|\frac{1}{t}\int_0^t \varphi(f(p,t))\mathrm{d}t-\frac{1}{[t]}\int_0^{[t]}\varphi(f(p,t))\mathrm{d}t\right|\leqslant$$

$$\left|\frac{1}{t}\int_0^t \varphi(f(p,t))\mathrm{d}t-\frac{1}{t}\int_0^{[t]}\varphi(f(p,t))\mathrm{d}t\right|+$$

$$\left|\left(\frac{1}{t}-\frac{1}{[t]}\right)\int_0^{[t]}\varphi(f(p,t))\mathrm{d}t\right|\leqslant$$

$$\left|\frac{1}{t}\int_{[t]}^t \varphi(f(p,t))\mathrm{d}t\right|+\frac{1}{t}\left|\frac{1}{[t]}\int_0^{[t]}\varphi(f(p,t))\mathrm{d}t\right|$$

若极限$\lim\limits_{n\to\infty}\int_0^n \varphi(f(p,t))\mathrm{d}t$存在而且有限,则后式第二项当$t\to+\infty$时趋于0.我们再估计第一项

$$\left|\frac{1}{t}\int_{[t]}^t \varphi(f(p,t))\mathrm{d}t\right|\leqslant\frac{1}{t}\int_{[t]}^{[t]+1}|\varphi(f(p,t))|\mathrm{d}t=$$

$$\frac{1}{t}\left\{\int_0^{[t]+1}|\varphi(f(p,t))|\mathrm{d}t-\int_0^{[t]}|\varphi(\varphi(p,t))|\mathrm{d}t\right\}=$$

$$\frac{[t]+1}{t}\cdot\frac{1}{[t]+1}\int_0^{[t]+1}|\varphi(f(p,t))|\mathrm{d}t-$$

$$\frac{[t]}{t}\cdot\frac{1}{[t]}\int_0^{[t]}|\varphi(f(p,t))|\mathrm{d}t$$

如已证沿整值中数,对任一可积和的函数,在几乎所有的点p处都存在,则在函数是$|\varphi(p)|$这一特殊情形也如此,所以最后一次在极限存在的那些地方趋向于0,因为当$t\to+\infty$时,被减数的极限等于减数的极限.

因此,只需研究

$$\lim_{n\to\infty}\frac{1}{n}\int_0^n \varphi(f(p,t))\mathrm{d}t \tag{2}$$

的存在问题,在此,n是自然数.

第二步推演 我们来考查数轴上的有理端点区间族$\{(\alpha_n,\beta_n)\}$,令

$$\limsup_{n\to\infty}\frac{1}{n}\int_0^n \varphi(f(p,t))\mathrm{d}t=\psi^*(p)$$

$$\liminf_{n\to\infty}\frac{1}{n}\int_0^n \varphi(f(p,t))\mathrm{d}t=\psi_*(p)$$

我们来考查集合$V_n=\{p;\psi^*(p)>\beta_n,\psi_*(p)<\alpha_n\}$.若我们有等式$\mu V_n=0(n=1,2,\cdots)$成立,则关于$V'=\sum\limits_{n=1}^{\infty}V_n$,也将有$\mu V'=0$.如$p\in\mathbf{R}-V'$,则在$\psi^*(p)$与$\psi_*(p)$之间没有具有有理端点的区间,即一般来说,没有区间,因而$\psi^*(p)=\psi_*(p)$.

所以，为了证明定理，如我们利用对几乎所有的 p，$\psi^*(p)$ 有限这一易证事实，只需证明：有某一 V_n 存在，且 $\mu V_n > 0$，当 $p \in V_n$ 时 $\psi_*(p) < \alpha_n < \beta_n < \psi^*(p)$ 这一假定将导致一矛盾.

因此，用反证法，我们设存在两个数 $\alpha < \beta$ 及集 S，$\mu S > 0$，能使当 $p \in S$ 时我们有

$$\psi^*(p) > \beta, \psi_*(p) < \alpha$$

并证明这将导致一矛盾.

我们注意到，集合 S 是不变集合. 事实上，如令

$$\int_0^t \varphi(f(p,t))\mathrm{d}t = F(p,t)$$

对任一点 $f(p,r)$，将有

$$\frac{F(f(p,r),k)}{k} = \frac{F(p,r+k) - F(p,r)}{k} =$$

$$\frac{F(p,r+k)}{r+k}\left(1 + \frac{r}{k}\right) - \frac{F(p,r)}{k}$$

且因为按条件

$$\limsup_{k\to\infty} \frac{F(p,r+k)}{r+k} > \beta$$

但

$$\lim_{k\to\infty}\left(1 + \frac{r}{k}\right) = 1, \lim_{k\to\infty}\frac{F(p,r)}{k} = 0$$

所以

$$\limsup_{k\to\infty} \frac{F(f(p,r),k)}{k} > \beta$$

同理可得

$$\liminf_{k\to\infty} \frac{F(f(p,r),k)}{k} < \alpha$$

因此，在第二步推演之后，便知：如果定理不真，那么存在两个数$\alpha < \beta$ 及一不变集 S，$\mu S > 0$，使对所有的 $p \in S$，有

$$\limsup_{n\to\infty} \frac{F(p,n)}{n} > \beta, \liminf_{n\to\infty} \frac{F(p,n)}{n} < \alpha$$

我们来证这将导致一矛盾.

若 $p \in S$，则存在这样的值 n，使$\dfrac{F(p,n)}{n} > \beta$，我们用 l 来代表这些值中的最小者. 对于它 l 不超过给定的数 k 的那些点 $p \in S$ 的集合，我们叫作 S_k. 显然，$S_{k+1} \supset S_k$ 并且

$$\lim_{k\to\infty} S_k = S$$

因此，若 $\mu S > 0$，则将有这样的 k 使 $\mu S_k > 0$. 我们固定这一数 k.

下面的论证我们按照柯尔莫哥洛夫(Kolmogorov) 的方法来进行.

我们称数轴上的线段$[a,b]$(a,b 整的) 为给定点 p 的奇线段，如

$$\frac{F(p,b)-F(p,a)}{b-a} > \beta$$

但

$$\frac{F(p,b')-F(p,a)}{b'-a} \leqslant \beta, a < b' < b$$

对于给定的点 p，奇线段不能彼此复叠. 事实上，设线段$[a,b]$，$[a',b']$是奇的，而且 $a < a' < b < b'$. 我们考虑比值

$$\frac{F(p,b)-F(p,a)}{b-a} = \frac{\dfrac{F(p,b)-F(p,a')}{b-a'}(b-a') + \dfrac{F(p,a')-F(p,a)}{a'-a}(a'-a)}{b-a}$$

在上式分子上的两个比值中至少有一个大于 β，否则左边将小于或等于 β，这和$[a,b]$ 是奇线段的假定矛盾. 但若$\dfrac{F(p,a')-F(p,a)}{a'-a} > \beta$，则$[a,b]$ 将不是奇的，而若$\dfrac{F(p,b)-F(p,a')}{b-a'} > \beta$，则$[a',b']$ 也将不是奇的. 论断得证.

对于我们的固定数 k，我们将称长度不超过 k 的奇线段为 k 奇线段，如它不包含在任何其他长度小于或等于 k 的奇线段中. 每一个长度小于或等于 k 的奇线段都包含在一个而且唯一一个 k 奇线段中，这一 k 奇线段即是长度小于或等于 k 且含给定线段于其内的最长奇线段，它是被唯一决定的，因为奇线段不能彼此复叠.

应用这些术语，集合 S_k 即能定义为点 $p \in S$ 的集合，它们对应以原点为左端点且长度不超过 k 的奇线段. 此奇线段族可以换成同样确定集合 S_k 的另一族. 实际上，每一个形如$[0,h]$，$h \leqslant k$ 的奇线段位于唯一一个 k 奇线段$[a,b]$ 之内，在此 $a \leqslant 0 < b$.

反之，在每一个 k 奇线段$[a,b]$ 内，$a \leqslant 0 < b$，都有形如$[0,h]$ 的奇线段，在此显然 $h \leqslant k$. 事实上，若 $a = 0$，则$[a,b]$ 即是其一；若 $a < 0$，则我们有

$$\beta < \frac{F(p,b)-F(p,a)}{b-a} = \frac{\dfrac{F(p,b)-F(p,0)}{b-0}\cdot b + \dfrac{F(p,0)-F(p,a)}{0-a}\cdot(-a)}{b-a} = \frac{\dfrac{F(p,b)}{b}\cdot b + \dfrac{F(p,0)-F(p,a)}{0-a}\cdot(-a)}{b-a}$$

因$[a,b]$是奇的，且因$b>0$，我们有$\dfrac{F(p,0)-F(p,a)}{0-a}\leqslant\beta$. 因而$\dfrac{F(p,b)}{b}>\beta$. 若现在对于所有的$b'(0<b'<b)$不等式$\dfrac{F(p,b')}{b'}\leqslant\beta$都满足，则线段$[0,b]$即为所要求的；若对某一$b'(b>b'>0)$相反的不等式满足，则它们之中的最小者$b''$即给出所要形式的奇线段$[0,b'']$.

变更记号：$-a=r,b-a=l,0\leqslant r<l\leqslant k$，并规定$S_{rl}$为点$p\in S_k$的集合，它们对应$k$奇线段$[-r,l-r]$，因而

$$\frac{F(p,l-r)-F(p,-r)}{l}>\beta$$

但对$0<l'<l$却有相反的不等式. 因为每一点$p\in S_k$属于且仅属于一个S_{rl}，所以S_k分解成无公共点的集合之和

$$S_k=\sum_{l=1}^{k}\sum_{r=0}^{l-1}S_{rl}$$

我们现在来说明集合$f(S_{rl},m)$是什么. 此集合能使$f(p,-m)\in S_{rl}$，即满足条件

$$\frac{F(f(p,-m),l-r)-F(f(p,-m),-r)}{l}>\beta$$

而对于$l'(0<l'<l)$满足相反方向的不等式的点p的全体. 一般地可以算出

$$F(f(p,m),n)=\int_0^n\varphi[f(f(p,m),t)]\mathrm{d}t=\int_0^n\varphi[f(p,m+t)]\mathrm{d}t=$$
$$\int_m^{m+n}\varphi(f(p,t))\mathrm{d}t=F(p,m+n)-F(p,m)$$

因此，$f(S_{rl},m)$满足

$$\frac{F(p,l-r-m)-F(p,-r-m)}{l}>\beta$$

而对于$l'<l$满足相反方向的不等式的点p的集合.

因此，在条件$0\leqslant r+m<$下，便有

$$f(S_{rl},m)=S_{r+m,l}$$

且$S_{r+m,l}\subset S_k$.

显然，线段$[-r-m,-r-m+l]$对$p\in S_{r+m,l}$来说也是奇线段.

转到证明的最基本的一点. 它的要领是从对时间的积分过渡到对集合$S_k\subset\mathbf{R}$的积分并在不等式中引入这个集合的测度. 这就是由单位时间区间上的中数$F(p,1)=\int_0^1\varphi(f(p,t))\mathrm{d}t$对集合$S_k$以取积分

$$\int_{S_k}F(p,1)\mathrm{d}\mu=\sum_{l=1}^{k}\sum_{r=0}^{l-1}\int_{S_{rl}}F(p,1)\mathrm{d}\mu$$

若注意到$S_{rl}=f(S_{0l},r)$便知

$$\int_{S_{rl}} F(p,1)\mathrm{d}\mu = \int_{p\in f(S_{0l},r)} F(p,1)\mathrm{d}\mu = \int_{p'\in S_{0l}} F(f(p',r),1)\mathrm{d}\mu =$$

$$\int_{S_{0l}} [F(p,r+1) - F(p,r)]\mathrm{d}\mu$$

因此

$$\int_{S_k} F(p,1)\mathrm{d}\mu = \sum_{l=1}^{k}\sum_{r=0}^{l-1}\int_{S_{0l}} [F(p,r+1) - F(p,r)]\mathrm{d}\mu =$$

$$\sum_{l=1}^{k} \cdot \int_{S_{0l}} F(p,l)\mathrm{d}\mu$$

因为$[0,l]$是点 $p \in S_{0l}$ 的奇线段，所以对于它们$\frac{F(p,l)}{l} > \beta$，于是我们便得

$$\int_{S_k} F(p,1)\mathrm{d}\mu > \beta\sum_{l=1}^{k} l \cdot \mu S_{0l}$$

但因为 $S_{rl} = f(S_{0l},r)(r=1,2,\cdots,l-1)$，所以 $\mu S_{0l} = S_{rl}$，因此我们可将上式写成

$$\int_{S_k} F(p,1)\mathrm{d}\mu > \beta\sum_{l=1}^{k}\sum_{r=0}^{l-1}\mu S_{rl} = \beta \cdot \mu S_k$$

因为

$$S = \lim_{k\to\infty} S_k$$

所以

$$\int_{S} F(p,1)\mathrm{d}\mu \geqslant \beta \cdot \mu S$$

同理从不等式

$$\lim_{n\to\infty}\inf\frac{F(p,n)}{n} < \alpha \quad (p \in S)$$

我们可得

$$\int_{S} F(p,1)\mathrm{d}\mu \leqslant \alpha \cdot \mu S$$

然而

$$\alpha < \beta$$

此为一矛盾，定理得证.

为了转到伯克霍夫的遍历定理的第二部分，我们先引入不可分解的(或可通的)动力体系的概念.

定义 2 动力体系 $f(p,t)$，$p \in \mathbf{R}$，叫作对测度 μ 为不可分解的，如 $\mathbf{R}$ 不可能表示成两个无公共点的测度为正的可测不变集合之和，换言之，即当 A 为一可测不变集合且 $\mu A > 0$ 时，将必有 $\mu(\mathbf{R} - A) = 0$ 成立.

不可分解的集合的例子. 在锚圈 $\mathfrak{T}(0 \leqslant \varphi < 1, 0 \leqslant \theta < 1)$ 上一速度分量的比为无理数的均匀运动系(见第五章 §4 例 3) 即给出这样的集合的例子,在此不变测度是 $\iint_A \mathrm{d}\theta \mathrm{d}\varphi = \mu A$,而且 $\mu \mathfrak{T} = 1$.

事实上,设有不变集合 $A \subset \mathfrak{T}, \mu A > 0$. 于是集合 A 与子午圈 $\varphi = 0$ 的交集给出一不变集合 E, 它的线性测度 mes $E > 0$, 关于这一点如注意到 $\mu A = \int_0^1 \mathrm{d}\varphi \int_E \mathrm{d}\theta$ 即容易知道,因此,集合 E 有稠密点 θ_0,即对任一 $\varepsilon > 0$ 有 $\delta > 0$ 能使 $\dfrac{\mathrm{mes}\{E \cdot (\theta_0 - S, \theta_0 + \delta)\}}{2\delta} > 1 - \varepsilon$. 由于点集 $\{\theta_n\} = \{\theta_0 + n\alpha\}$ 在 $\varphi = 0$ 到处稠密,所以存在自然数 N 能使对任一点 θ 都找得出某一 $\theta_i (0 \leqslant i < N)$,不等式 $|\theta - \theta_i| < \delta$ 为它所满足,亦即区间 $(\theta_i - \delta, \theta_i + \delta)(i = 0, 1, 2, \cdots, N)$ 掩盖整个圆周 $\varphi = 0$. 若注意 mes E 是不变测度,便知

$$\frac{\mathrm{mes}\{E \cdot (\theta_i - \delta, \theta_i + \delta)\}}{2\delta} > 1 - \varepsilon$$

于是得 mes $E > 1 - \varepsilon$,由于 ε 是任意的,此即 mes $E = 1$,因而 $\mu A = 1$. 所以如设 $\mu A > 0$,我们便得 $\mu A = 1$,即运动系是不可分解的.

定理 15(遍历定理的第二部分) 若在有不变测度 μ 的空间 $\mathbf{R}$ 内,$\mu \mathbf{R} = 1$, $f(p, t)$ 是不可分解的(可通的) 动力体系,则时间中数

$$\lim_{T \to \infty} \frac{1}{T} \int_0^T \varphi(f(p, t)) \mathrm{d}t = \psi(p) \tag{3}$$

对几乎所有的点 $p \in \mathbf{R}$ 为同一个值.

我们指出:函数 $\psi(p)$ 在 $\mathbf{R}$ 内几乎到处有定义而且可测(为可测函数的极限). 再者此函数是不变的,即在每一轨道(在其上一点有定义者) 上取常数值

$$\psi(f(p, t)) = \psi(p)$$

事实上,若对点 p 极限(3) 存在,则对任一固定的 t_0,我们有

$$\lim_{T \to \infty} \left\{ \frac{1}{T} \int_0^T \varphi[f(f(p, t_0), t)] \mathrm{d}t - \frac{1}{T} \int_0^T \varphi(f(p, t)) \mathrm{d}t \right\} =$$

$$\lim_{T \to \infty} \left\{ \frac{T + t_0}{T} \frac{1}{T + t_0} \int_0^{T + t_0} \varphi(f(p, t)) \mathrm{d}t - \frac{1}{T} \int_0^T \varphi(f(p, t)) \mathrm{d}t \right\} =$$

$$\psi(p) - \psi(p) = 0$$

我们来证在可通的条件下函数 $\psi(p)$ 几乎到处等于一个常数. 设与此相反,我们令函数 $\psi(p)$ 在 $\mathbf{R}$ 上不计测度为其他集合时的上界为 M(这就是说 $\mu\{p \mid \psi(p) > M\} = 0$,但对任一 $\varepsilon > 0$ 我们有 $\mu\{p \mid \psi(p) > M - \varepsilon\} > 0$ 并令 m 为函数的相仿意义下的下界),据假定可知 $M > m$.

设 α 满足不等式 $m < \alpha < M$,我们有

$$\mu\{p \mid \psi(p) < \alpha\} = \mu E_\alpha > 0$$

且

$$\mu(R-E_\alpha)=\mu\{p \mid \psi(p)\geqslant\alpha\}>0$$

由函数 $\psi(p)$ 的不变性,集合 E_α 及其余集合都是不变的,而我们有分解 **R** 的两个正测度的不变集合,此与不可分解的条件矛盾. 定理得证.

§6　遍历定理的补充

不变函数 $\psi(p)$ 的性质. 为了计算当动力体系是不可分解时的中数(此时它几乎到处等于一常数),以及从遍历定理得出的另外的推论,必须研究由给定的可积和函数 $\varphi(p)$ 所确定的几乎到处有定义的函数

$$\psi(p)=\lim_{T\to\infty}\frac{1}{T}\int_0^T\varphi(f(p,t))\mathrm{d}t \tag{1}$$

的某些性质. 我们已经知道这一函数是不变的.

辅助定理 3　函数族

$$\varphi_T(p)=\frac{1}{T}\int_0^T\varphi(f(p,t))\mathrm{d}t$$

对参数 T 来讲在 **R** 上是均匀可积和的,即对任一 $\varepsilon>0$ 存在这样的 $\delta>0$,能使在 $\mu A<\delta$ 时,对所有 $T>0$ 都有

$$\int_A\mid\varphi_T(p)\mid<\varepsilon$$

事实上,应用富比尼定理,我们有

$$\begin{aligned}\int_A\mid\varphi_T(p)\mid\mathrm{d}\mu=\int_A\left|\frac{1}{T}\int_0^T\varphi(f(p,t))\mathrm{d}t\right|\mathrm{d}\mu\leqslant\\ \int_A\mathrm{d}\mu\int_0^T\frac{1}{T}\mid\varphi(f(p,t))\mid\mathrm{d}t=\\ \frac{1}{T}\int_0^T\mathrm{d}t\int_A\mid\varphi(f(p,t))\mid\mathrm{d}\mu=\\ \frac{1}{T}\int_0^T\mathrm{d}t\int_{p\in f(A,t)}\mid\varphi(p)\mid\mathrm{d}\mu\end{aligned} \tag{2}$$

而由 $\varphi(p)$ 在 **R** 上的可积和性,对给定的 $\varepsilon>0$ 存在 $\delta>0$,能使

$$\int_A\mid\varphi(p)\mid<\varepsilon$$

只要 $\mu A<\delta$. 选取这样的 δ 并注意,当 $\mu A<\delta$ 时,据测度 μ 的不变性,$\mu f(A,t)<\delta$,因而也有

$$\int_A\mid\varphi_T(p)\mid\mathrm{d}\mu<\frac{1}{T}\int_0^T\varepsilon\mathrm{d}t=\varepsilon$$

而不论 T 为何,辅助定理于是得证.

从已证的辅助定理我们能得到重要的结论.

定理 16 值$\int_{\mathbf{R}}\psi(p)\mathrm{d}\mu$(在不可分解体系的情形即 $\psi(p)$ 的值)等于$\int_{\mathbf{R}}\varphi(p)\mathrm{d}\mu$.

我们有

$$\psi(p)=\lim_{T\to\infty}\varphi_T(p)$$

对任意给定$\varepsilon>0$,据辅助定理以选对应于$\frac{\varepsilon}{3}$和函数$\varphi(p)$的数$\delta>0$. 根据勒贝格定理对于数$\frac{\varepsilon}{3}$和δ存在这样的$T_0\left(\frac{\varepsilon}{3},\delta\right)$,能使当 $T>T_0$ 时,我们有

$$\mu E=\mu\{p\mid|\psi(p)-\varphi_T(p)|\geqslant\frac{\varepsilon}{3}\}<\delta$$

现在对 $T>T_0$ 来估计差

$$\int_{\mathbf{R}}\psi(p)\mathrm{d}\mu-\int_{\mathbf{R}}\varphi_T(p)\mathrm{d}\mu$$

我们有

$$\begin{aligned}\left|\int_{\mathbf{R}}\psi(p)\mathrm{d}\mu-\int_{\mathbf{R}}\varphi_T(p)\mathrm{d}\mu\right|\leqslant\int_{\mathbf{R}}|\psi(p)-\varphi_T(p)|\mathrm{d}\mu\leqslant\\ \int_{\mathbf{R}-E}|\psi(p)-\varphi_T(p)|\mathrm{d}\mu+\\ \int_E|\psi(p)|\mathrm{d}\mu+\int_E|\varphi_T(p)|\mathrm{d}\mu\end{aligned}$$

据 T 的选择,第一积分小于$\int_{\mathbf{R}}\frac{\varepsilon}{3}\mathrm{d}\mu\doteq\frac{\varepsilon}{3}$,而且由$\delta$的选择和辅助定理,后面的每一积分都小于$\frac{\varepsilon}{3}$,因而

$$\left|\int_{\mathbf{R}}\psi(p)\mathrm{d}\mu-\int_{\mathbf{R}}\varphi_T(p)\mathrm{d}\mu\right|<\varepsilon\quad(T>T_0)$$

亦即

$$\int_{\mathbf{R}}\psi(p)\mathrm{d}\mu=\lim_{T\to\infty}\int_{\mathbf{R}}\varphi_T(p)\mathrm{d}\mu$$

由富比尼定理,有

$$\begin{aligned}\int_{\mathbf{R}}\varphi_T(p)\mathrm{d}\mu=\int_{\mathbf{R}}\mathrm{d}\mu\,\frac{1}{T}\int_0^T\varphi(f(p,t))\mathrm{d}t=\frac{1}{T}\int_0^T\mathrm{d}t\int_{\mathbf{R}}\varphi(f(p,t))\mu(\mathrm{d}p)=\\ \frac{1}{T}\int_0^T\mathrm{d}t\int_{p'\in\mathbf{R}}\varphi(p')\mu(\mathrm{d}f(p',-t))\end{aligned}$$

或由测度 μ 的不变性,有

$$\int_{\mathbf{R}}\varphi_T(p)\mathrm{d}\mu=\frac{1}{T}\int_0^T\mathrm{d}t\int_{\mathbf{R}}\varphi(p)\mu(\mathrm{d}p)=\int_{\mathbf{R}}\varphi(p)\mathrm{d}\mu$$

因此,最后

$$\int_{\mathbf{R}}\psi(p)\mathrm{d}\mu=\int_{\mathbf{R}}\varphi(p)\mathrm{d}\mu \tag{3}$$

若动力体系是不可分解的,则在 **R** 内我们几乎到处有 $\psi(p)=c$(c 为常数),于是由 $\mu\mathbf{R}=1$,即得

$$c=\int_{\mathbf{R}}\varphi(p)\mathrm{d}\mu$$

§7 统计的遍历定理

这样称谓的一些定理是去证实在 **R** 内形如上节中式(1) 的极限在平均收敛意义下存在.

定理 17 极限关系式

$$\lim_{T\to\infty}\int_{\mathbf{R}}\left|\frac{1}{T}\int_{\alpha}^{\alpha+T}\varphi(f(p,t))\mathrm{d}t-\psi(p)\right|\mu(\mathrm{d}p)=0 \tag{1}$$

均匀的对所有 $\alpha(-\infty<\alpha<+\infty)$ 成立.

为了证明本定理.引入变点 $q=f(p,\alpha)$ 以替代 p,并指出,根据函数 $\psi(p)$ 的不变性,我们有 $\psi(p)=\psi(q)$,同时并利用测度 μ 的不变性,我们即得到等式

$$\int_{\mathbf{R}}\left|\frac{1}{T}\int_{\alpha}^{\alpha+T}\varphi(f(p,t))\mathrm{d}t-\psi(p)\right|\mu(\mathrm{d}p)=$$

$$\int_{\mathbf{R}}\left|\frac{1}{T}\int_{0}^{T}\varphi(f(q,t))\mathrm{d}t-\psi(q)\right|\mu(\mathrm{d}q)$$

因此,为了证明极限式(1) 对 α 为均匀成立,只需证明在 $\alpha=0$ 的情况下就通常的意义来讲是成立的,即只需证明

$$\lim_{T\to\infty}\int_{\mathbf{R}}|\varphi_T(p)-\psi(p)|\mathrm{d}\mu=0$$

但在上节定理 16 的证明中,我们已经对这一积分做了估计而且曾见到只要将 T 取得充分大即可使它充分小,这就证明了定理 17.

定理 18(诺伊曼(Neumann))[9] 若 $\varphi(p)$ 在 **R** 内对不变测度 μ 是可测的而且是平方可积的,则 $\psi(p)$ 也平方可积,而且极限关系式

$$\lim_{T\to\infty}\int_{\mathbf{R}}\left(\frac{1}{T}\int_{\alpha}^{\alpha+T}\varphi(f(p,t))\mathrm{d}t-\psi(p)\right)^2\mathrm{d}\mu=0$$

对 α 均匀的成立.

和定理 17 的证明一样,我们仍然首先指出,为了证明本定理只需考虑积分

$$\int_{\mathbf{R}}|\varphi_T(p)-\psi(p)|^2\mathrm{d}\mu$$

的极限.

其次，我们来考查积分

$$\int_A \varphi_T^2(p)\mathrm{d}\mu$$

其中 $A\subset\mathbf{R}$ 是任一 μ 可测集合. 应用布尼亚柯夫斯基不等式于里层积分，然后再应用富比尼定理并利用测度 μ 的不变性，便得

$$\begin{aligned}\int_A \varphi_T^2(p)\mathrm{d}\mu &= \int_A \left\{\frac{1}{T}\int_0^T \varphi(f(p,t))\mathrm{d}t\right\}^2 \mu(\mathrm{d}p) \leqslant \\ &\int_A \left\{\frac{1}{T}\int_0^T 1\cdot \mathrm{d}t\cdot \frac{1}{T}\int_0^T \varphi^2(f(p,t))\mathrm{d}t\right\}\mu(\mathrm{d}p) = \\ &\frac{1}{T}\int_0^T \mathrm{d}t\int_A \varphi^2(f(p,t))\mu(\mathrm{d}p) = \\ &\frac{1}{T}\int_0^T \mathrm{d}t\int_{p\in f(A,t)} \varphi^2(p)\mu(\mathrm{d}f(p,-t)) = \\ &\frac{1}{T}\int_0^T \mathrm{d}t\int_{p\in f(A,t)} \varphi^2(p)\mu(\mathrm{d}p)\end{aligned}$$

因而从 $\varphi^2(p)$ 的可积和性便知，对任一 $\varepsilon>0$ 存在这样的 $\delta>0$，能使当 $\mu A=\mu(f(A,t))<\delta$，即有

$$\int_A \varphi_T^2(p)\mathrm{d}\mu \leqslant \frac{1}{T}\int_0^T \mathrm{d}t\int_{f(A,t)} \varphi^2(p)\mathrm{d}\mu < \varepsilon$$

此即说明函数族 $\varphi_T^2(p)$ 的均匀可积和性.

注意到，在 $\mathbf{R}$ 内几乎到处有

$$\lim_{T\to\infty}\varphi_T(p)=\psi(p)$$

由法都(Fatou) 定理便知，当 $\mu A<\delta$ 时，有

$$\int_A \psi^2(p)\mathrm{d}\mu<\varepsilon$$

于是即可推出函数 $\psi^2(p)$ 的可积和性.

到这里我们证明了函数族 $\varphi_T^2(P)$ 是均匀可积和的，且知它几乎到处收敛于可积和函数 $\psi^2(p)$. 将与在定理 16 内的相仿的论证应用到这一族函数上，便得对任一 $\varepsilon>0$ 有

$$\int_{\mathbf{R}}\{\varphi_T(p)-\psi(p)\}^2\mathrm{d}\mu=\int_E(\varphi_T-\psi)^2\mathrm{d}\mu+\int_{\mathbf{R}-E}(\varphi_T-\psi)^2\mathrm{d}\mu$$

在这里集合 E 是

$$E=\left\{p \,\Big|\, |\psi(p)-\varphi_T(p)|<\frac{\varepsilon}{\sqrt{5}}\right\}$$

关于第一个积分，我们有

$$\int_E(\varphi_T-\psi)^2\mathrm{d}\mu<\int_{\mathbf{R}}\frac{\varepsilon^2}{5}\mathrm{d}\mu<\frac{\varepsilon^2}{5}$$

我们再来估计第二个积分

$$\int_{\mathbf{R}-E}(\varphi_T-\psi)^2\mathrm{d}\mu\leqslant 2\int_{\mathbf{R}-E}\varphi_T^2\mathrm{d}\mu+2\int_{\mathbf{R}-E}\psi^2\mathrm{d}\mu$$

将 T 取得充分的大,据勒贝格定理,我们即能使 $\mu(R-E)$ 充分小,由 φ_T^2 的均匀可积和性以及函数 $\psi^2(p)$ 的可积性即有

$$\int_{\mathbf{R}-E}\varphi_T^2\mathrm{d}\mu<\frac{\varepsilon^2}{5},\int_{\mathbf{R}-E}\psi^2\mathrm{d}\mu<\frac{\varepsilon^2}{5}$$

因此

$$\int_{\mathbf{R}-E}(\varphi_T-\psi)^2\mathrm{d}\mu<\frac{4\varepsilon^2}{5}$$

从而即得

$$\int_{\mathbf{R}}(\varphi_T-\psi)^2<\varepsilon^2$$

根据我们开始时所指出过的事实,这就证明了诺伊曼的定理.

§8 推广的遍历定理

伯克霍夫的遍历定理主要是要求整个空间的测度为有限.如整个空间的测度有限,则只要将测度正则化(乘以正常数)即可变为 $\mu\mathbf{R}=1$ 的情形,可是,在 $\mathbf{R}$ 内存在不变测度 μ 使 $\mu\mathbf{R}=+\infty$ 的情形,也能得到关于可积和函数 $\varphi(p)$ 的时间中数的结论.

我们仍然对 $\mathbf{R}$ 加以如在霍普夫定理内的同样限制(本章 §4),即空间是有可数基底的局部紧密度量空间,且在其上有不变测度 μ,关于它可能 $\mu\mathbf{R}=+\infty$,不过对任一紧密集合 $F\subset\mathbf{R}$ 我们恒有 $\mu F<+\infty$.

和在 §4 内一样,我们仅限于考虑 $t\to+\infty$ 的情形.于是据定理 12(霍普夫定理)几乎所有的点或是 P^+ 式稳定的或是远离的.

根据远离点 $p\in\mathbf{R}$ 的定义对任一紧密集合 F 都找得出这样 $t_0\geqslant 0$,使当 $t>t_0$ 时 $f(p,t)\cdot F=0$.因此,如 $\varphi_E(p)$ 是集合 F 的特性函数,则

$$\int_0^T\varphi_F(f(p,t))\mathrm{d}t\leqslant t_0$$

当 $T>0$ 时,由此便知

$$\lim_{T\to\infty}\frac{1}{T}\int_0^T\varphi_F(f(p,t))\mathrm{d}t=0$$

因此,将伯克霍夫定理推广到远离点是没有多大意义的.

因此,我们以后只限于考虑 P^+ 式稳定点集合 $R_1\subset\mathbf{R}$.我们知道 R_1 是一不变集合.

辅助定理 4 设 $g(p)>0$ 是连续函数且 $p\in R_1$,则

$$\lim_{T\to\infty}\int_0^T g(f(p,t))\mathrm{d}t=+\infty$$

设 p 是 R_1 内的某一固定点. 由辅助定理的条件 $g(p)=\alpha>0$，若 p 是休止点，则论断显然为真，因为此时所讨论的积分等于 αT；若 p 不是休止点，则存在这样的邻域 $S(p,k)(k>0)$，使对任意大的一些 t 值有 $f(p,t)\cdot S(p,k)=0$（否则 p 将是运动 $f(p,t)$ 的唯一 ω 极限点，即是休止的）. 据泊松式稳定性对任一 $\varepsilon>0$ 有任意大的 t 值能使 $f(p,t)\in S(p,\varepsilon)$.

我们取 $\varepsilon<\dfrac{k}{2}$ 充分小，使 $\overline{S(p,2\varepsilon)}$ 是紧密的而且对于 $q\in S(p,2\varepsilon)$ 将有 $g(q)>\dfrac{\alpha}{2}$（据函数 g 的连续性此为可能）. 而从上一段的说明又知存在两个数列 $\{t_n\}$ 和 $\{t^{(n)}\}$

$$0<t_1<t^{(1)}<t_2<t^{(2)}<\cdots<t_n<t^{(n)}<\cdots$$
$$\lim_{n\to\infty}t_n=\lim_{n\to\infty}t^{(n)}=+\infty$$

能使

$$f(p,t_n)\cdot S(p,2\varepsilon)=0$$

但

$$f(p,t^{(n)})\in S(p,\varepsilon)\quad(n=1,2,\cdots)$$

因此，在时刻 t_{n-1} 和 t_n 之间，动点 $f(p,t)$ 至少两次经过球 $S(p,\varepsilon)$ 的面及球 $S(p,2\varepsilon)$ 的面之间的道路. 每一次所需的时间必大于某一正数 τ_0，这由函数 $f(p,t)$ 在紧密集合 $S(p,2\varepsilon)$ 上当 $|t|\leqslant M$ 时的均匀连续性即可推知（见第五章§7 定理 30 后的说明）. 所以，我们有

$$\int_0^{t_n}g(f(p,t))\mathrm{d}t>2(n-1)\tau_0\times\frac{\alpha}{2}=(n-1)\tau_0\alpha$$

即

$$\lim_{T\to\infty}\int_0^T g(f(p,t))\mathrm{d}t=+\infty$$

辅助定理得证.

为了引进推广的伯克霍夫定理我们来考虑满足条件

$$\int_{\mathbf{R}}g(p)\mathrm{d}\mu<+\infty$$

的正连续函数 $g(p)$.

现在去证在空间 $\mathbf{R}$ 内存在这样的连续函数 $g(p)$，$0<g(p)\leqslant 1$，它在某一给定的紧密集合 F_0 上的值为 $g(p)=1$.

事实上，由于 $\mathbf{R}$ 是局部紧密的且有可数基底所以能作出紧密集合序列

$$F_0\subset F_1\subset F_2\cdots\subset F_n\subset\cdots,\lim_{n\to\infty}F_n=\mathbf{R}$$

此外，我们尚可设对每个 n 存在这样的 $\varepsilon_n>0$，使 $S(F_n,\varepsilon_n)\subset F_{n+1}$. 设 $\mu F_0=$

$m_0, \mu(F_1 - F_0) = m_1, \cdots, \mu(F_n - F_{n-1}) = m_n, \cdots$,所有这些数都是有限的. 其次,选数$\alpha_0 = 1 > \alpha_1 > \alpha_2 > \cdots > \alpha_n > \cdots, \lim\limits_{n\to\infty} \alpha_n = 0$,使级数

$$\sum_{n=1}^{\infty} \alpha_{n-1} m_n$$

收敛. 如当 $p \in F_n - F_{n-1}$ 时,令 $\rho(p, F_{n-1}) = d_n, \rho(p, R - F_n) = \delta_n$,又设 $d_n + \delta_n \geqslant \varepsilon_{n-1} > 0$.

于是规定:当 $p \in F_0$ 时,$g(p) = 1$;当 $p \in F_n - F_{n-1}$ 时,$g(p) = \dfrac{\delta_n \alpha_{n-1} + d_n \alpha_n}{\delta_n + d_n}$,容易验证,如作出的函数具有所要的一切性质,其中当 $p \in F_n - F_{n-1}$ 时,我们有 $g(p) \leqslant \alpha_{n-1}$,因而

$$\int_{\mathbf{R}} g(p)\mathrm{d}\mu = \int_{F_0} \mathrm{d}\mu + \sum_{n=1}^{\infty} \int_{F_n - F_{n-1}} g(p)\mathrm{d}\mu \leqslant$$

$$\alpha_0 m_0 + \sum_{n=1}^{\infty} \alpha_{n-1} m_n < +\infty$$

定理 19(斯捷潘诺夫)[10] 设在局部紧密有可数基底的空间 $\mathbf{R}$ 内存在这样的不变测度 μ,$\mu\mathbf{R} = +\infty$(可能),但对任一紧密集合 $F \subset \mathbf{R}$ 都有$\mu F < +\infty$,则当 $g(p)$ 为一有界连续正函数,对于它$\int_{\mathbf{R}} g\mathrm{d}u < +\infty$ 时,极限

$$\lim_{T\to+\infty} \frac{\int_0^T \varphi(f(p,t))\mathrm{d}t}{\int_0^T g(f(p,t))\mathrm{d}t} = \psi(p) \tag{1}$$

对于几乎所有的 P^+ 式稳定点 $p \in \mathbf{R}$ 都存在(有限或无限),其中 $\varphi(p)$ 是在任一紧密集合上都可积和的任意可测函数.

将伯克霍夫-辛钦的基本定理的证明略加变动即可得到这一定理的证明.

变动主要是在以积分$\int_0^t g(f(p,t))\mathrm{d}t = \tau(p,t)$ 去替代分式分母中的时间 t,而据本节的辅助定理 $\tau(p,t) \leqslant kt$(k 为常数),$\lim\limits_{t\to\infty} \tau(p,t) = +\infty$("时间的变换"见本节末的附记).

我们从这一观点去看 §5 的证明过程:第一步推演是基于 $\lim\limits_{t\to\infty} \dfrac{[t]}{t} = \lim\limits_{T\to+\infty} \dfrac{[t]+1}{t} = 1$. 在我们现在所讨论的情形中与此对应的是极限等式

$$\lim_{t\to\infty} \frac{\tau(p,[t])}{\tau(p,t)} = \lim_{t\to\infty} \frac{\tau(p,[t]+1)}{\tau(p,t)} = 1$$

这从函数 $g(p)$ 的有界性及$\lim\limits_{t\to\infty} \tau(p,t) = +\infty$ 即可推知. 因此,我们只需证明当 T 等于自然数 n 时的关系式(1).

第二步推演不需变动,于是证明归结于去证不可能有正测度的不变集合

$S \subset R_1$ 存在，对于它的点 p，在 §5 的记法下

$$\int_0^t \varphi(f(p,t))\mathrm{d}t = F(p,t)$$

我们有

$$\lim_{n\to\infty} \sup \frac{F(p,n)}{\tau(p,n)} > \beta, \lim_{n\to+\infty} \inf \frac{F(p,n)}{\tau(p,n)} < \alpha \quad (\alpha < \beta)$$

同在 §5 内一样，我们如下定义奇线段 $[a,b]$（a,b 整数），则

$$\frac{F(p,b)-F(p,a)}{\tau(p,b)-\tau(p,a)} > \beta$$

但

$$\frac{F(p,b')-F(p,a)}{\tau(p,b')-\tau(p,a)} \leqslant \beta \quad (a < b' < b)$$

奇线段的性质完全保留，集合 S_k 和 S_{rl} 的定义以及性质也如此.

不大的变动只在前后两个证明的最后一步发生. 公式

$$\int_{S_k} F(p,1)\mathrm{d}\mu = \sum_{l=1}^{k} \int_{S_{0l}} F(p,l)\mathrm{d}\mu \tag{2}$$

是依据集合 S_{rl} 关于整的时间区间位移的性质，显然仍有效. 同时，我们以 $g(p)$ 替换 $\varphi(p)$ 也可得到相仿的公式

$$\int_{S_k} \tau(p,1)\mathrm{d}\mu = \sum_{l=1}^{k} \int_{S_{0l}} \tau(p,l)\mathrm{d}\mu \tag{3}$$

但因线段 $[0,l]$ 对于 $p \in S_{0l}$ 是奇的，所以有不等式

$$F(p,l) > \beta \cdot \tau(p,l)$$

因而

$$\int_{S_{0l}} F(p,l)\mathrm{d}\mu > \beta \int_{S_{0l}} \tau(p,l)\mathrm{d}\mu$$

将这个不等式与关系式(2) 和(3) 对照，即得

$$\int_{S_k} F(p,1)\mathrm{d}\mu > \beta \int_{S_k} \tau(p,1)\mathrm{d}\mu = \beta \int_{S_k} \mathrm{d}\mu \int_0^1 g(f(p,t))\mathrm{d}t =$$

$$\beta \int_0^1 \mathrm{d}t \int_{S_k} g(f(p,t))\mu(\mathrm{d}p) \tag{4}$$

在等式(4) 中令 $k \to \infty$ 以取极限，若 $\lim\limits_{k\to\infty} S_k = S$ 且 S 为一不变集合，则据测度 μ 的不变性我们便得

$$\int_S F(p,1)\mathrm{d}\mu = \int_S \mu(\mathrm{d}p) \int_0^1 \varphi(f(p,t))\mathrm{d}t =$$

$$\int_0^1 \mathrm{d}t \int_S \varphi(f(p,t))\mu(\mathrm{d}f(p,t)) =$$

$$\int_0^1 \mathrm{d}t \int_S \varphi(p)\mu(\mathrm{d}p) = \int_S \varphi(p)\mathrm{d}\mu$$

而且同理可得

$$\lim_{k\to\infty}\int_{S_k}\tau(p,1)\mu(\mathrm{d}p)=\int_S g(p)\mathrm{d}\mu$$

因此,从等式(4) 我们得到

$$\int_S\varphi(p)\mathrm{d}\mu\geqslant\beta\int_S g(p)\mathrm{d}\mu \tag{5}$$

最后,我们指出,由于 $\mu S>0$ 且 $g(p)>0$,后一积分异于 0(它也异于 $+\infty$,因为按假定$\int_{\mathbf{R}}g(p)\mathrm{d}\mu<+\infty$).

如施行相仿的论证,但从对 $p\in S$ 满足不等式

$$\frac{\int_0^T\varphi(f(p,t))\mathrm{d}t}{\int_0^T g(f(p,t))\mathrm{d}t}<\alpha$$

的线段$[a,b]$ 出发,则得出不等式

$$\int_S\varphi(p)\mathrm{d}\mu\leqslant\alpha\int_S g(p)\mathrm{d}\mu \tag{5'}$$

不等式(5) 和(5′) 之间的矛盾即证明了推广定理 19.

推论 9 如对 $p\in S$,此处 S 是不变集合,我们有

$$\lim_{T\to\infty}\frac{\int_0^T\varphi(f(p,t))\mathrm{d}t}{\int_0^T g(f(p,t))\mathrm{d}t}<\alpha$$

则

$$\int_S\varphi(p)\mathrm{d}\mu\leqslant\alpha\int_S g(p)\mathrm{d}\mu$$

关于记号“$>$”也有相似的结论.

推论 10 我们已证对于几乎所有的点 $p\in R_1$ 极限函数 $\psi(p)$ 存在. 容易证明这一个函数是不变的,即

$$\psi(f(p,t))=\psi(p)$$

我们再作一系列重要的补充.

下面我们假定

$$\int_{\mathbf{R}_1}|\varphi(p)|\mathrm{d}\mu<+\infty$$

对应于数轴的分划

$$\cdots<l_{-n}<l_{-n+1}<\cdots<l_0<l_1<\cdots<l_n<\cdots$$

其中 $l_{i+1}-l_i=d$,我们定义将空间 R_1 分为下列不变集合 E_i 的分划

$$E_i=\{p\mid l_i\leqslant\psi(p)<l_{i+1}\}$$

我们得到两列不等式(第一列是推论 9 的结论,第二列则是 E_i 的定义的结

论）

$$\begin{cases} l_i\int_{E_i} g(p)\mathrm{d}\mu \leqslant \int_{E_i}\varphi(p)\mathrm{d}\mu \leqslant l_{i+1}\int_{E_i} g(p)\mathrm{d}\mu & (6) \\ & (i=0,\pm 1,\pm 2,\cdots) \\ l_i\int_{E_i} g(p)\mathrm{d}\mu \leqslant \int_{E_i}\psi(p)g(p)\mathrm{d}\mu < l_{i+1}\int_{E_i} g(p)\mathrm{d}\mu & (6') \end{cases}$$

将第一列的不等式加起来，据 $|\varphi(p)|$ 的可积和性，由不等式(6) 中间的项构成的级数绝对收敛，因而由(6) 或(6′) 的第一和第三两部分分别构成的级数也绝对收敛，因为它们的差不超过 $d\cdot\int_{\mathbf{R}_1} g(p)\mathrm{d}\mu$. 于是推得级数

$$\sum_{i=1}^{\infty}\int_{E_i}\psi(p)g(p)\mathrm{d}\mu=\int_{\mathbf{R}_1}\psi(p)g(p)\mathrm{d}\mu$$

的绝对收敛性.

最后，令 d 趋于 0，我们便得所要的等式

$$\int_{\mathbf{R}_1}\varphi(p)\mathrm{d}\mu=\int_{\mathbf{R}_1}\psi(p)g(p)\mathrm{d}\mu \tag{7}$$

这一公式就是本章 §6 公式(3) 的推广，如我们设 $\mu R_1<+\infty$ 并令 $g(p)=1$，得出的就是 §6 的公式(3).

我们叙述公式(7) 的一个应用，设 $\mu R_1=\infty$ 但 R_1 不含测度为有限正数的不变集合，这才是需要特别讨论的一种情形，因若 R_1 含一不变集合 E，$\mu E<+\infty$，则对于 $p\in E$ 的运动 $f(p,t)$，伯克霍夫的基本定理可以应用的条件即完全具备.

我们来证下面定理.

定理 20 如果$\int_{\mathbf{R}_1}|\varphi(p)|\mathrm{d}\mu<+\infty$，那么对几乎所有的点 $p\in R_1$ 有

$$\lim_{T\to\infty}\frac{1}{T}\int_0^T\varphi(f(p,t))\mathrm{d}t=0 \tag{8}$$

我们利用以前定义的特殊函数 $g(p)$，$0<g(p)\leqslant 1$ 且当 $p\in F_0$ 时 $g(p)=1$，此处 F_0 是任一给定的紧密集合，$\int_{\mathbf{R}_1} g(p)\mathrm{d}\mu<+\infty$. 显然$\int_0^T g(f(p,t))\mathrm{d}t\leqslant T$，因此

$$\left|\frac{1}{T}\int_0^T\varphi(f(p,t))\mathrm{d}t\right|\leqslant\frac{1}{T}\int_0^T|\varphi(f(p,t))|\mathrm{d}t\leqslant\frac{\int_0^T\varphi(f(p,t))\mathrm{d}t}{\int_0^T g(f(p,t))\mathrm{d}t}$$

所以

$$\limsup_{T\to\infty}\left|\frac{1}{T}\int_0^T\varphi(f(p,t))\mathrm{d}t\right|\leqslant\lim_{T\to\infty}\frac{\int_0^T|\varphi(f(p,t))|\mathrm{d}t}{\int_0^T g(f(p,t))\mathrm{d}t}=\psi_g^*(p) \tag{9}$$

此处 $\psi^*(p)$ 在 R_1 内是几乎到处有定义的，而且不等式对于任一具备所述条件的函数 $g(p)$ 都成立. 应用公式(7)，我们发现

$$\int_{R_1} \psi_g^*(p) g(p) \mathrm{d}\mu \leqslant \int_{R_1} \varphi(p) \mathrm{d}\mu = M < +\infty \tag{10}$$

此处 M 是与函数 $g(p)$ 的选择无关的常数.

设在而且仅在集合 $E(\mu E > 0)$ 上,由假设 $\mu E = +\infty$,我们有

$$\lim_{T\to\infty} \sup \left| \frac{1}{T}\int_0^T \varphi(f(p,t)) \mathrm{d}t \right| \geqslant \alpha > 0$$

集合 E 不变. 从不等式(9) 可知在 E 上有不等式 $\psi_g^*(p) \geqslant \alpha$,此处 α 显然与函数 $g(p)$ 的选择无关.

由于 $\mu E = +\infty$,所以我们取在 $g(p)$ 的定义中出现的紧密集合 F_0,使 $\mu(E \cdot F_0) > \dfrac{M}{\alpha}$. 于是,我们得到

$$\int_{\mathbf{R}_1} \psi_g^*(p) g(p) \mathrm{d}\mu \geqslant \int_E \psi_g^*(p) g(p) \mathrm{d}\mu \geqslant \int_{F_0 \cdot E} \psi_g^*(p) \mathrm{d}\mu >$$

$$\alpha \int_{F_0 \cdot E} g(p) \mathrm{d}\mu > \alpha \cdot \frac{M}{\alpha} = M$$

这一个不等式与不等式(10) 矛盾. 等式(8) 于是得证.

令 $\varphi(p)$ 为任一含于空间 $\mathbf{R}$ 的紧密部分内的集合 A 的特性函数,从等式(8) 我们即见,在我们的附加条件下,几乎所有的点 p 在 A 内的停留概率等于零. 事实上,这一情况,如我们在本节开始时所曾见,这对于我们在后面的论证中除外了的泊松式不稳定运动也是成立的.

不可分解体系的情形 我们来讨论不可分解(可通) 体系的情形,并设 $\mu\mathbf{R} = +\infty$. 此时测度为正的唯一不变集合是整个空间(或整个空间除去测度为零的集合). 上一段末尾的论证于是可以应用所有积分 $\int_{\mathbf{R}} |\varphi(p)| \mathrm{d}\mu$ 为有限的函数 $\varphi(p)$(特别是所有在这个空间内紧密的集合的特性函数),对于几乎所有的 $p \in \mathbf{R}$,我们有

$$\lim_{T\to\infty} \frac{1}{T}\int_0^T \varphi(f(p,t)) \mathrm{d}t = 0 \tag{8'}$$

再引入函数 $g(p)$, $\int_{\mathbf{R}} g(p) \mathrm{d}\mu < +\infty$,对于几乎所有的点 $p \in \mathbf{R}$,据一般公式,我们有

$$\frac{\int_0^T \varphi(f(p,t)) \mathrm{d}t}{\int_0^T g(f(p,t)) \mathrm{d}t} = \psi_g(p) \tag{1'}$$

但在给定的这一情形,容易看出,不变函数 $\psi_g(p)$ 几乎到处取一常数为值,否则 $\mathbf{R}$ 将被分割为两个正测度的不变集合.

所以在不可分解的情形对于几乎所有的点 $\psi_g(p) = C$,此处常数 C 依赖于函数 $g(p)$ 的选择. 于是由公式(7) 即得

$$C=\frac{\int_{\mathbf{R}}\varphi(p)\mathrm{d}\mu}{\int_{\mathbf{R}}g(p)\mathrm{d}\mu} \tag{1''}$$

最后，虽然根据公式(8′)，几乎所有的点 p，当 $0\leqslant t<+\infty$ 时，在紧密集合(有限测度)内的停留概率等于零，但是我也能计算出两个动点在 **R** 内紧密，因而求出测度有限的集合 E_1 及 E_2 的停留时间中数之比.

设 $F_0\supset E_1+E_2$ 是(自身)紧密集合，我们作前面曾说过的补助函数 $g(p)$，当 $p\in F_0$ 时，$g(p)=1$，而且$\int_{\mathbf{R}}g(p)\mathrm{d}\mu<+\infty$. 由伯克霍夫扩广的定理同时根据(1″)对于所有可积函数 $\varphi(p)$，我们对几乎所有的 $p\in\mathbf{R}$ 有

$$\lim_{T\to\infty}\frac{\int_0^T\varphi(f(p,t))\mathrm{d}t}{\int_0^T g(f(p,t))\mathrm{d}t}=C$$

其中

$$C=\frac{\int_{\mathbf{R}}\varphi(p)\mathrm{d}\mu}{\int_{\mathbf{R}}g(p)\mathrm{d}\mu}$$

引入集合 E_1 及 E_2 的特性函数 φ_1 和 φ_2，我们来计算比值的极限

$$\lim_{T\to\infty}\frac{\frac{1}{T}\int_0^T\varphi_1(f(p,t))\mathrm{d}t}{\frac{1}{T}\int_0^T\varphi_2(f(p,t))\mathrm{d}t}$$

此极限用下面方法即能求出

$$\lim_{T\to\infty}\frac{\frac{1}{T}\int_0^T\varphi_1(f(p,t))\mathrm{d}t}{\frac{1}{T}\int_0^T\varphi_2(f(p,t))\mathrm{d}t}=\lim_{T\to\infty}\left\{\frac{\int_0^T\varphi_1(f(p,t))\mathrm{d}t}{\int_0^T g(f(p,t))\mathrm{d}t}:\frac{\int_0^T\varphi_2(f(p,t))\mathrm{d}t}{\int_0^T g(f(p,t))\mathrm{d}t}\right\}=$$

$$\lim_{T\to\infty}\frac{\int_0^T\varphi_1(f(p,t))\mathrm{d}t}{\int_0^T g(f(p,t))\mathrm{d}t}:\lim_{T\to\infty}\frac{\int_0^T\varphi_2(f(p,t))\mathrm{d}t}{\int_0^T g(f(p,t))\mathrm{d}t}=$$

$$\frac{\int_{\mathbf{R}}\varphi_1(p)\mathrm{d}\mu}{\int_{\mathbf{R}}g(p)\mathrm{d}\mu}:\frac{\int_{\mathbf{R}}\varphi_2(p)\mathrm{d}\mu}{\int_{\mathbf{R}}g(p)\mathrm{d}\mu}=\frac{\mu E_1}{\mu E_2}$$

所以，在体系为在 **R** 内不可分解的情形，点 $f(p,t)$ 的两个集合 E_1 及 E_2 内的停留时间中数之比即为这两个集合的测度之比.

附记 9 本节中函数 $g(p)$ 的引入可以看作“时间的变换”. 事实上，如作变数 t

的变换以引入新“时间”

$$\tau(p,t)=\int_0^t g(f(p,t))\mathrm{d}t$$

则公式(1) 即成为古典的伯克霍夫公式. 这原来是因为时间变换之后的新的动力体系 $f_1(p,t)$ 具有不变测度

$$\mu_1 E=\int_E g(p)\mu(\mathrm{d}p)$$

显然,在条件$\int_{\mathbf{R}} g(p)\mathrm{d}\mu<+\infty$下整个空间的新的测度是有限的,即$\mu_1\mathbf{R}<+\infty$,所以借助时间变换,扩广的伯克霍夫定理即归结于古典的定理,其中公式(7) 根据式(6) 和式(6′),成为

$$\int_{R_1}\varphi(p)\mathrm{d}\mu_1=\int_{R_1}\psi(p)\mathrm{d}\mu_1$$

关于时间及不变测度的变换理论可参考别布托夫和斯捷潘诺夫的论文《О динамичиских системах,различающихся только временем》.

例 1 我们来证存在不可分解的(可通的) 动力体系,它具有整个空间为无限但任一紧密集合为有限的不变测度.

我们来考查在锚圈 $\mathfrak{T}(\varphi,\theta)$ 上:$0\leqslant\varphi\leqslant 1,0\leqslant\theta<1,\varphi+k\equiv\varphi,\theta+k'\equiv 0$($k$ 及 k' 是整的),由微分方程

$$\frac{\mathrm{d}\varphi}{\mathrm{d}t}=\Phi(\varphi,\theta),\frac{\mathrm{d}\theta}{\mathrm{d}t}=\alpha\Phi(\varphi,\theta)$$

规定的动力体系,其中 α 是无理数,Φ 是对两个变数都是周期为 1 的连续可微函数,而且 $\Phi(0,0)=0$ 但在其他点 $\Phi(\varphi,\theta)>0$. 不经过点(0,0) 的轨道由方程

$$\theta=\theta_0+\alpha\varphi\quad(-\infty<\varphi<+\infty;\theta_0\not\equiv 0(\mathrm{mod}\ 1))$$

给出,它们是泊松式稳定的. 我们将锚圈面去掉点(0,0) 后作为空间 **R**. 由 §1 可推出,这一体系有不变积分$\iint\frac{\mathrm{d}\varphi\mathrm{d}\theta}{\Phi(\varphi,\theta)}$亦即存在不变测度

$$\mu E=\iint_E\frac{\mathrm{d}\varphi\mathrm{d}\theta}{\Phi(\varphi,\theta)}$$

我们选取函数 $\Phi(\varphi,\theta)$,使

$$\int_0^1\int_0^1\frac{\mathrm{d}\varphi\mathrm{d}\theta}{\Phi(\varphi,\theta)}=+\infty$$

譬如选 $\Phi=\sin^2\pi\varphi+\sin^2\pi\theta$,于是 $\mu\mathbf{R}=+\infty$,但因任一紧密(闭) 集合 F 不以(0,0) 为极限点,所以 $\mu F<+\infty$.

最后,这一体系不可分解. 事实上,在 §5 中我们证明过,由微分方程

$$\frac{\mathrm{d}\varphi}{\mathrm{d}t}=1,\frac{\mathrm{d}\theta}{\mathrm{d}t}=2$$

确定的是有不变测度 $\mu_1 E = \iint_E d\varphi d\theta$ 的不可分解的动力体系. 但无论是从测度 μ_1 转到测度 μ 或者与此相反测度为零的集合仍然是测度为零的集合，两个体系的不变集合总是重合(严格地说，虽然第二体系有经过点(0,0)的轨道，但此轨道的 μ 及 μ_1 测度显然都是零)，所以我们的第一个动力体系的不可分解性得证.

最后，我们指出，从第一个体系转到第二个体系可以当作由公式

$$dt' = \Phi(\varphi, \theta) dt$$

所规定的时间变换得到的.

因此，函数 $\Phi(\varphi,\theta)$ 在从扩广的伯克霍夫定理转到古典的定理起着函数 $g(p)$ 的作用.

§9 任意动力体系的不变测度

在本章前几节内所述的研究中，我们曾假定所论的动力体系先有一已知的不变测度.

克雷洛夫(Krylov)和鲍戈柳鲍夫(Bogoliubov)在论文《La théorie générale de la measure et son application à l'étude des systèmes dynamiques de la mechanique non linéaire》[11] 内对很广的一类动力体系给出关于一已给动力体系为不变的测度的作法. 在这一节内我们将重点的叙述这两位的非常重要的结果.

我们将讨论在紧密度量空间 **R** 的动力体系. 在这个空间内我们考查满足本章 §2 所述条件的所有测度 μ 的集合. 在以下我们限于考查 $\mu\mathbf{R}$ 为有限的那些测度 μ. 借助乘以适当的正常数，即可使得这样的情形变成

$$\mu\mathbf{R} = 1$$

满足上面条件的测度我们称之为正则化测度.

定义 3 若对任一连续函数 $\varphi(p)$，$p \in \mathbf{R}$，都有

$$\lim_{n\to\infty}\int_{\mathbf{R}} \varphi(p) d\mu_n = \int_{\mathbf{R}} \varphi(p) d\mu$$

则测度序列 $\{\mu_n\}$ 即称为弱收敛于测度 μ.

以下理论的基本点是在紧密度量空间 **R** 内的正则化测度的集合是紧密的. 在去证明这个定理之前我们证明一些辅助的定理.

我们来讨论连续函数的集合 $\{\varphi(p)\}$，$p \in \mathbf{R}$. 如在这一个集合之内规定两个函数 $\varphi_1(p)$ 和 $\varphi(2)$ 之间的距离为

$$\rho(\varphi_1, \varphi_2) = \max_{p\in\mathbf{R}} | \varphi_1(p) - \varphi_2(p) |$$

它就成一度量空间.

定理 21 在连续函数空间 $\{\varphi(p)\}$ 内，$p \in \mathbf{R}$，存在可数到处稠密集合(基本函数

系).

对于三元自然数组 s,r,n,我们令 $\Phi(s,r,n)$ 为满足条件

$$|\varphi(p)|\leqslant s,\ |\varphi(p)-\varphi(q)|\leqslant \frac{1}{n}\quad \left(\rho(p,q)\leqslant \frac{1}{r}\right)$$

的函数 $\varphi(p)$ 所成的$\{\varphi(p)\}$ 的部分集合.

根据空间 $\mathbf{R}$ 的紧密性,在它里面存在$\frac{1}{r}$ 链,设此为点 $p_1,p_2,\cdots,p_{N_r}$. 因为属于 $\Phi(s,r,n)$ 的函数 $\Phi(p)$ 在任一点 p_i 所取的值的集合都位于一长为 $2s$ 的区间内,所以从 $\Phi(s,r,n)$ 内找得出不超过$(2sn)^{N_r}=l$个函数 $\varphi_1^*,\varphi_2^*,\cdots,\varphi_l^*$ 所成的系 $\Phi^*(s,r,n)$,能使对于任一 $\varphi\in\Phi(s,r,n)$ 在 $\Phi^*(s,r,n)$ 内存在 φ_i^* 可使

$$|\Phi(p_k)-\varphi_i^*(p_k)|\leqslant \frac{1}{n}\quad (k=1,2,\cdots,N_r)$$

于是函数系

$$\Phi^*=\sum_{s,r,n=1}^{\infty}\Phi^*(s,r,n)$$

即是基本函数系. 事实上,记已给任一连续函数 $\varphi(p)$ 及任一 $\varepsilon>0$. 我们取整数 $s_0\geqslant \max\limits_{p\in\mathbf{R}}|\varphi(p)|,n_0>\frac{3}{\varepsilon}$,并对数$\frac{1}{n_0}$ 找出 $\delta>0$,能使由 $\rho(p,q)<\delta$ 推出$|\varphi(p)-\varphi(q)|\leqslant\frac{1}{n_0}$. 最后,选定整数 $r_0>\frac{1}{\delta}$. 显然,在这样的选择之下 $\varphi\in\Phi(s_0,r_0,n_0)$,因而在系 $\Phi^*(s_0,r_0,n_0)$ 内找得出函数 $\varphi_\nu^*(p)$,使得在对应的$\frac{1}{r_\rho}$ 链上的点,我们有

$$|\varphi(p_k)-\varphi_\nu^*(p_k)|\leqslant\frac{1}{n_0}\quad (k=1,2,\cdots,N_{r_0})$$

若我们现在任取一点 $p\in\mathbf{R}$,则因找得出点 p_k 使 $\rho(p_k,p)\leqslant\frac{1}{r_0}$,所以得

$$\begin{aligned}|\varphi(p)-\varphi_\nu^*(p)|\leqslant{}&|\varphi(p)-\varphi(p_k)|+|\varphi(p_k)-\varphi_\nu^*(p_k)|+\\&|\varphi_\nu^*(p_k)-\varphi_\nu^*(p)|<\\&\frac{\varepsilon}{3}+\frac{\varepsilon}{3}+\frac{\varepsilon}{3}=\varepsilon\end{aligned}$$

定理得证.

出现在测度的收敛定义中关于连续函数的积分

$$\int_{\mathbf{R}}\varphi(p)\mathrm{d}\mu=A\varphi$$

显然是(连续函数)φ 的线性泛函数,即它是分配的:$A(\varphi_1+\varphi_2)=A\varphi_1+A\varphi_2$,而且连续:$|A\varphi|\leqslant\max\limits_{p\in\mathbf{R}}|\varphi|\cdot\mu\mathbf{R}$,并且对任意常数 C,有 $A(C\varphi)=CA\varphi$. 除此之外,这一个泛函数尚是正的,即当 $\varphi\geqslant 0$ 时 $A\varphi\geqslant 0$. 最后,如果测度是正则化的,那么关于 $\varphi\equiv 1$ 我们有 $A\varphi=1$.

定理22(黎茨(Ritz)和拉唐)　对于所有在$\mathbf{R}$上连续的函数$\varphi(p)$都有定义的任一正线性泛函数$A\varphi$,都可表示成积分$\int_{\mathbf{R}}\varphi(p)\mathrm{d}\mu$,其中$\mu$是一测度,而且如$A1=1$,则$\mu\mathbf{R}=1$,即测度是正则化的.

按假定$A\varphi$对于连续的函数φ已定义,我们将它扩充到开集合$G\subset\mathbf{R}$的特性函数$\varphi_G(p)$上,$\varphi_G(p)$的定义是$\varphi_G(p)=1$,如$p\in G$,$\varphi_G(p)=0$,如$p\in\mathbf{R}-G$. 为此目的我们将$\varphi_G(p)$表示成不减连续函数列$\{\varphi_n(p)\}$的极限,譬如我们将$\varphi_n(p)$如下定义:当$\rho(p,\mathbf{R}-G)\geqslant\frac{1}{n}$时,$\varphi_n(p)=1$;当$p\in\mathbf{R}-G$时,$\varphi_n(p)=0$.最后,当$0\leqslant\rho(p,\mathbf{R}-G)\leqslant\frac{1}{n}$时,我们令$\varphi_n(p)=n\cdot\rho(p,\mathbf{R}-G)$.

这样我们将有

$$A\varphi_1\leqslant A\varphi_2\leqslant\cdots\leqslant A\varphi_n\leqslant\cdots\leqslant A1$$

因而数序列$A\varphi_n$有极限,我们即规定

$$A\varphi_n=\lim_{n\to\infty}A\varphi_n$$

能够证明,不论不减连续函数列φ_n如何选择,只要$\lim\limits_{n\to\infty}\varphi_n=\varphi_G$,我们将得到同一个这样的极限.实际上,若设$\{\varphi_n\}$之外另有一不减连续函数列$\{\psi_n(p)\}$,$\lim\limits_{n\to\infty}\psi_n(p)=\varphi_G(p)$,则对任一$\varphi_n$和任一$\varepsilon>0$都能找到这样的$m$,能使$\psi_m(p)>\varphi(p)-G$,$p\in\mathbf{R}$.

事实上,由$\{\psi_n\}$的收敛性即知,对任一定点p_0存在这样的m_0,能使$\psi_{m_0}(p_0)>\varphi_G(p_0)-\frac{\varepsilon}{3}\geqslant\varphi_n(p_0)-\frac{\varepsilon}{3}$.根据函数$\varphi_n$和$\psi_{m_0}$的连续性,在点$p_0$处存在$\delta_0>0$能使当$\rho(p_0,p)<\delta_0$时,即同时有

$$|\varphi_n(p)-\varphi_n(p_0)|<\frac{\varepsilon}{3}$$

和

$$|\psi_{m_0}(p)-\psi_{m_0}(p_0)|<\frac{\varepsilon}{3}$$

因而当$\rho(p_0,p)<\delta_0$时$\psi_{m_0}(p)>\varphi_n(p)-\varepsilon$.因为将$m$增加,函数$\psi_m$不减,所以对于所有$m\geqslant m_0$,当$\rho(p_0,p)<\delta_0$时,我们都有$\psi_m(p)>\varphi_n(p)-\varepsilon$.

因此,每点p_0都是某一半径为δ_0的球的球心,在其内当$m\geqslant m_0$时,有$\psi_m(p)>\varphi_n(p)-\varepsilon$.按$\mathbf{R}$的紧密性能选得出这些球中的有限个:$S(p_1,\delta_1),\cdots,S(p_N,\delta_N)$,使其覆盖整个$\mathbf{R}$.设$m_0$的值为$m_1,m_2,\cdots,m_N$.取$m=\max[m_1,m_2,\cdots,m_N]$,则对任一点$p\in\mathbf{R}$我们将有

$$\psi_n(p)-\varphi_n(p)-\varepsilon$$

于是

$$A\psi_m > A\varphi_n - \varepsilon$$

又因我们关于$\{\varphi_n\}$ 和$\{\psi_n\}$ 所设的条件是同等有效,所以由此即得

$$\lim_{m\to\infty} A\psi_m = \lim_{n\to\infty} A\varphi_n$$

我们再就闭集合 $F \subset \mathbf{R}$ 的特性函数 φ_F 以等式

$$A\varphi_F = 1 - A\varphi_{\mathbf{R}-F}$$

来定义 AF_F,由于 $\mathbf{R} - F$ 是开的所以定义式右端有意义. 于是定义了的关于开集合的特性函数的 G 泛函数我们将称它为开集合的测度

$$A\varphi_G = \mu G$$

由泛函数 A 的有界性即得 $\mu\mathbf{R} < +\infty$,若 $A1 = 1$,则 $\mu\mathbf{R} = 1$. 容易证实定义的开集合的测度 μ 满足公理Ⅰ～Ⅳ. 根据本章 §2 的定理此测度能够扩充到所有波莱尔域中的集合上去,再借助公理Ⅴ所述性质即可扩充到任一集合上而成为一个正规的卡拉特奥多－勒贝格测度.

最后,我们来证,对于连续的 $\varphi(p)$,$A\varphi$ 可表示成勒贝格－拉唐积分. 将 φ 的变化区间用点 $\min\varphi = l_0, l_1, l_2, \cdots, l_N = \max\varphi$,分成 N 等分. 作辅助函数 φ_N,在其上 $\varphi(p) = l_i$ 的闭集合 F_i 之上,令 $\varphi_N(p) = \varphi(p) = l_i (i = 1, 2, \cdots, N)$;在其上 $l_i < \varphi(p) < l_{i+1}$ 的开集合 G_i 之上,令 $\varphi_N(p) = l_i (i = 0, 1, 2, \cdots, N-1)$.

根据泛函数 A 扩充到开集合的特性函数上仍得保留的线性特性,我们有

$$|A\varphi - A\varphi_N| \leqslant \frac{\max\varphi - \min\varphi}{N} \cdot K \quad (K \text{ 为常数})$$

$$A\varphi_N = \sum_{i=1}^{N} l_i \cdot A\varphi_{F_i} + \sum_{i=0}^{N-1} l_i \cdot A\varphi_{G_i} = \sum_{i=1}^{N} l_i \cdot \mu F_i + \sum_{i=0}^{N-1} l_i \cdot \mu G_i$$

后面一个式子是勒贝格和,令 $N \to \infty$,我们即得

$$A\varphi = \int_{\mathbf{R}} \varphi(p) \mathrm{d}\mu$$

定理 23 在紧密空间 $\mathbf{R}$ 内的正则化的测度集合$\{\mu\}$ 是弱紧密的.

设已给正则化测度的可数序列

$$\mu_1, \mu_2, \cdots, \mu_n, \cdots$$

并设满足条件 $|\varphi^*| \leqslant 1$ 的连续函数的基本系 Φ^* 是

$$\varphi_1^*, \varphi_2^*, \cdots, \varphi_n^*, \cdots$$

数集

$$\int_{\mathbf{R}} \varphi_1^*(p) \mathrm{d}\mu_n \quad (n = 1, 2, \cdots)$$

位于-1和$+1$之间,从它里面能选出收敛的部分列,设对应的测度依原来的顺序为 $\mu_1^{(1)}, \mu_2^{(1)}, \cdots, \mu_n^{(1)}, \cdots$.

我们再来考虑有界数列

$$\int_{\mathbf{R}} \varphi_2^* \mathrm{d}\mu_n^{(1)} \quad (n = 1, 2, \cdots)$$

从它里面也选得出收敛部分列，设对应的测度依原来的顺序为 $\mu_1^{(2)}, \mu_2^{(2)}, \cdots, \mu_n^{(2)}, \cdots$. 继续这一步骤，我们得到测度序列 $\mu_1^{(k)}, \mu_2^{(k)}, \cdots$，能使对 $i = 1,2,\cdots,k$ 极限 $\lim\limits_{n\to\infty}\int_{\mathbf{R}} \varphi_i^* \mathrm{d}\mu_n^{(k)}$ 都存在.

最后，从行列表$\{\mu_n^{(k)}\}$ 中取出对角线上的序列，我们得到测度部分序列

$$\mu_1^{(1)} = \mu^{(1)}, \mu_2^{(2)} = \mu^{(2)}, \cdots, \mu_k^{(k)} = \mu^{(k)}, \cdots$$

对于任一 $\varphi_n^* (n = 1,2,\cdots)$，极限

$$\lim_{k\to\infty}\int_{\mathbf{R}} \varphi_n^* \mathrm{d}\mu^{(k)} = \lim_{k\to\infty} A^{(k)} \varphi_n^*$$

都存在. 容易证出这一极限对所有 $|\varphi| \leqslant 1$ 的连续函数为存在. 事实上，设已给定任一 $\varepsilon > 0$，同时函数 φ_n^* 已知是选取的，使

$$|\varphi - \varphi_n^*| < \frac{\varepsilon}{3}$$

于是对任一 k，有

$$|A^{(k)}\varphi - A^{(k)}\varphi_n^*| < \frac{\varepsilon}{3}$$

据序列 $A^{(k)}\varphi_n^*$ 的收敛性，存在某 N，使得当 $k \geqslant N$ 且 $m \geqslant 0$ 时

$$|A^{(k)}\varphi_n^* - A^{(k+m)}\varphi_n^*| < \frac{\varepsilon}{3}$$

综合这些不等式，即得

$$|A^{(k)}\varphi - A^{(k+m)}\varphi| \leqslant |A^{(k)}\varphi - A^{(k)}\varphi_n^*| + |A^{(k)}\varphi_n^* - A^{(k+m)}\varphi_n^*| + |A^{(k+m)}\varphi_n^* - A^{(k+m)}\varphi| < \varepsilon$$

当 $k \geqslant N$ 而且 $m \geqslant 0$ 时，此即 $\lim\limits_{k\to\infty} A^{(k)}\varphi$ 对任一 $|\varphi| \leqslant 1$ 的 φ 为存在.

我们令这个极限为 $A\varphi$ 并对任一连续函数 φ 以下面等式

$$A\varphi = \max|\varphi| \cdot A\left(\frac{\varphi}{\max|\varphi|}\right)$$

来定义它.

容易看出，$A\varphi$ 是线性泛函数，$A1 = 1$，因而根据定理22存在正则化测度 μ，能使

$$A\varphi = \int_{\mathbf{R}} \varphi(p) \mathrm{d}\mu$$

于是，我们得到当 $k \to \infty$ 在弱收敛的意义下 $\mu^{(i)} \to \mu$. 定理得证.

在已给测度集合中有某一部分序列(弱) 收敛于它的任一测度. 我们将称它为原集合的极限测度. 如可数序列$\{\mu_n\}$ 有唯一的极限测度 μ，我们将说极限存在，并将这一情况记作

$$\lim_{n\to\infty} \mu_n = \mu$$

我们转到克雷洛夫和鲍戈柳鲍夫的基本定理及其证明的陈述. 在这之前，我们指出在空间内总有正则的测度，这只需取任一点 $p \in \mathbf{R}$ 并令

$$m_p A = 1 \quad (p \in A)$$
$$m_p A = 0 \quad (p \in \mathbf{R} - A)$$

附记 10 测度集合$\{m_p\}$具有重要的性质:任一正则测度 m 都是线性组合

$$\sum_{i=1}^{n} \alpha_i m_{pi} \quad (\alpha_i > 0, \sum_{i=1}^{n} \alpha_i = 1)$$

的(在弱收敛的意义下的)极限测度.

事实上,设在度量紧密空间$\mathbf{R}$内已给一正则化测度$m(E)$.在$\mathbf{R}$内我们作到处稠密的可数点集合$\{p_n\}$,使有限族$\{p_1, p_2, \cdots, p_{N_k}\}$组成一$\frac{1}{k}$链($k = 1,2,3,\cdots$).当$N_{k-1} < i \leqslant N_k$时

$$p_i \in \mathbf{R} - \sum_{l=1}^{i-1} S\left(p_l, \frac{1}{k}\right)$$

作集合

$$S\left(p_1, \frac{1}{k}\right) = E_1^{(k)}, S\left(p_i, \frac{1}{k}\right) - S\left(p_i, \frac{1}{k}\right) \sum_{l=1}^{i-1} S\left(p_l, \frac{1}{k}\right) = E_i^{(k)}$$
$$(i = 1,2,3,\cdots,n,\cdots)$$

显然,$j \neq i, E_i^{(k)} E_j^{(k)} = 0$.据点$p_i$的选择,当$N_{k-1} < i \leqslant N_k$时,我们有$p_i \subset E_i^{(k)}$,令

$$mE_i^{(k)} = \alpha_i^{(k)}$$

据$\frac{1}{k}$链的性质,我们有$\sum_{i=1}^{N_k} \alpha_i^{(k)} = m\mathbf{R} = 1$.现在我们规定测度$m_k$为测度$m_{pi}$($i = 1, 2,\cdots,N_k$)的线性组合

$$m_k = \sum_{i=1}^{N_k} \alpha_i^{(k)} m_{pi}$$

我们来证,当$k \to \infty$时,m_k(弱)收敛于测度m.设$\varphi(n)$是任一连续函数,$\varepsilon > 0$是任意一数.我们选整数k使从不等式$\rho(p,q) < \frac{1}{k}$即可推得$|\varphi(p) - \varphi(q)| < \varepsilon$.

我们来估计差

$$\left| \int_{\mathbf{R}} \varphi(p) m(\mathrm{d}p) - \int_{\mathbf{R}} \varphi(p) m_k(\mathrm{d}p) \right| \leqslant$$
$$\sum_{i=1}^{N_k} \left| \int_{E_i^{(k)}} \varphi(p) m(\mathrm{d}p) - \int_{E_i^{(k)}} \varphi(p) m_k(\mathrm{d}p) \right| =$$
$$\sum_{i=1}^{N_k} \left| \int_{E_i^{(k)}} \varphi(p) m(\mathrm{d}p) - \alpha_i^{(k)} \varphi(p_i) \right| \leqslant$$
$$\sum_{i=1}^{N_k} |\varphi(\bar{p}_i) - \varphi(p_i)| \, mE_i^{(k)}$$

其中$\bar{p}_i \in E_i^{(k)} \subset S\left(p_i, \frac{1}{k}\right)$.由$k$的定义,$|\varphi(\bar{p}_i) - \varphi(p_i)| < \varepsilon$,因而

$$\left|\int_{\mathbf{R}}\varphi(p)m(\mathrm{d}p)-\int_{\mathbf{R}}\varphi(p)m_k(\mathrm{d}p)\right|<\varepsilon\sum_{i=1}^{N_k}mE_i^{(k)}=\varepsilon$$

论断得证.

如考虑带有理系数的线性组合

$$\sum_{i=1}^{m}r_i m_{p_i},r_i>0,\sum_{i=1}^{n}r_i=1$$

我们即知正则化测度的空间具有到处稠密的可数集合.如我们所曾见,此空间是紧密的且它是度量空间.能引入量度的一个方法如下:设 m_1 及 m_2 是两个正则化测度,$\{\varphi_n^*(p)\}$ 是有界函数 $|\varphi(p)|\leqslant 1$ 的基本系,我们定义距离

$$\rho(m_1,m_2)=\sum_{n=1}^{\infty}\frac{1}{2^n}\left|\int_{\mathbf{R}}\varphi_n^*(p)m_1(\mathrm{d}p)-\int_{\mathbf{R}}\varphi^*(p)m_2(\mathrm{d}p)\right|$$

容易看出度量空间的所有公理在这里是满足的.

因此,在满足第二可数公理的紧密度量空间内,正则化测度的空间也是满足第二可数公理的度量空间.

定理 24(克雷洛夫和鲍戈柳鲍夫)　在紧密相空间 **R** 内的动力体系 $f(p,t)$ 有不变(正则化)测度.

设 m 是紧密度量空间 **R** 内的任一正则化测度.对于已给的定数 τ 及任一连续函数 $\varphi(p)$ 我们定义正的线性泛函数

$$A\varphi=\frac{1}{\tau}\int_0^T\mathrm{d}t\int_{\mathbf{R}}\varphi(f(q,t))m(\mathrm{d}q)$$

按定理 22 它确定一正则化测度 μ_τ,有

$$\frac{1}{\tau}\int_0^\tau\mathrm{d}t\int_{\mathbf{R}}\varphi(f(p,t))m(\mathrm{d}q)=\int_{\mathbf{R}}(p)m_\tau(\mathrm{d}p)$$

据定理 23 测度集合 $\{m_\tau\}$ 的闭包是紧密的,因而从任一 τ 为无限增加的序列(例如 m_n)内能选得出收敛的部分序列,设它为 $\{m_{\tau_n}\}$,$\lim\limits_{n\to\infty}\tau_n=\infty$.令这个部分序列的极限为 μ^*,有

$$\lim_{n\to\infty}m_{\tau_n}=\mu^*$$

于是对任一连续函数 $\varphi(p)$,我们有

$$\lim_{n\to\infty}\frac{1}{\tau_n}\int_0^{\tau_n}\mathrm{d}t\int_{\mathbf{R}}\varphi(f(q,t))m(\mathrm{d}q)=\lim_{n\to\infty}\int_{\mathbf{R}}\varphi(p)m_{\tau_n}(\mathrm{d}p)=$$

$$\int_{\mathbf{R}}\varphi(p)\mu^*(\mathrm{d}p)\tag{1}$$

测度 μ^* 是不变的.

首先,μ^* 为不变的充要条件是对 t_0 及任一连续函数 $\varphi(p)$ 有关系式

$$\int_{\mathbf{R}}\varphi(p)\mu^*(\mathrm{d}p)=\int_{\mathbf{R}}\varphi(f(p,t_0))\mu^*(\mathrm{d}p)\tag{2}$$

成立. 事实上,在定理 22 的证明中我们曾见,在 φ 是开集合 G 的特性函数的情形,泛函数(1) 有意义. 由此可知,如关系式(2) 成立,对任一开集合 G 我们将有

$$\int_{\mathbf{R}} \varphi_G(p)\mu^*(\mathrm{d}p) = \mu^* G = \int_{\mathbf{R}} \varphi_G(f(p,t_0))\mu^*(\mathrm{d}p) = \mu^* f(G, -t_0)$$

即

$$\mu^* G = \mu^* f(G, -t_0)$$

其次,上一关系式显然可以推广到所有可测集合上.

反之,若上面最后一个关系式对所有可测集合成立,则式(2) 两端的积分,作为勒贝格积分来算,是相等的.

因此,我们只需证明关系式(2),或按公式(1),只需证明关系式

$$\lim_{n\to\infty} \frac{1}{\tau_n}\int_0^{\tau_n} \mathrm{d}t \int_{\mathbf{R}} \varphi(f(q,f))m(\mathrm{d}q) = \lim_{n\to\infty} \frac{1}{\tau_n}\int_0^{\tau_n} \mathrm{d}t \int_{\mathbf{R}} \varphi(f(q,t+t_0))m(\mathrm{d}q) \qquad (2')$$

在上面的等式中,根据富比尼定理,记号“lim” 后面的函数可分别改写成

$$\int_{\mathbf{R}} m(\mathrm{d}q)\, \frac{1}{\tau_n}\int_0^{\tau_n} \varphi(f(q,t))\mathrm{d}t$$

及

$$\int_{\mathbf{R}} m(\mathrm{d}q)\, \frac{1}{\tau_n}\int_0^{\tau_n} \varphi(f(q,t+t_0))\mathrm{d}t$$

我们估计差

$$\begin{aligned}
&\left|\frac{1}{\tau_n}\int_0^{\tau_n} \varphi(f(q,t))\mathrm{d}t - \frac{1}{\tau_n}\int_0^{\tau_n} \varphi(f(q,t+t_0))\mathrm{d}t\right| \leqslant \\
&\frac{1}{\tau_n}\left\{\left|\int_0^{t_0} \varphi(f(q,t))\mathrm{d}t\right| + \left|\int_{\tau_n}^{\tau+t_0} \varphi(f(q,t))\mathrm{d}t\right|\right\} \leqslant \\
&\frac{2\mid t_0 \mid M}{\tau_n}
\end{aligned}$$

其中 M 是 $|\varphi(q)|$ 在 $\mathbf{R}$ 上的最大值,M 是有限的,因为 $\varphi(p)$ 连续同时空间 $\mathbf{R}$ 是紧密的. 由此可见,只要 τ_n 充分大即可使这个差充分小,于是由极限(1) 的存在即知关系式(2′),也就是关系式(2) 是成立的. 论断得证.

克雷洛夫和鲍戈柳鲍夫的研究的进一步问题是去研究一已给动力体系所容许的一切不变测度的总体,以及从它分离出所有正则化不变测度于其上都有测度 1 的部分.

定义 4 如对任一正则化不变测度 μ,都有 $\mu E = 0$,我们就说集合 E 有零概率.

若对某一正则化不变测度 $\mu E > 0$,则 E 叫作有正的概率,特若对于任一正则化不变测度都有 $\mu E = 1$,则集合 E 叫作有最大概率.

定义 5 若对于任一连续函数 $\varphi(p)$,恒存在

$$\lim_{\tau\to\infty}\frac{1}{\tau}\int_0^{\tau} \varphi(f(p,t))\mathrm{d}t \qquad (3)$$

则点 $p \in \mathbf{R}$ 叫作准正规的.

定理 25 准正规点的集合 U 是不变的而且有最大概率.

集合 U 的不变性从上面的定理的证明中差的估计

$$\left|\frac{1}{\tau}\int_0^{\tau}\varphi(f(p,t))\mathrm{d}t-\frac{1}{\tau}\int_0^{\tau}\varphi(f(p,t_0+t))\mathrm{d}t\right|\leqslant\frac{2\mid t_0\mid M}{\tau}$$

即可推知,由它即知

$$\lim_{\tau\to\infty}\frac{1}{\tau}\int_0^{\tau}\varphi(f(p,t))\mathrm{d}t=\lim_{\tau\to\infty}\frac{1}{\tau}\int_0^{\tau}\varphi(f(p,t))\mathrm{d}t$$

此即点 $f(p,t_0)$ 随点 p 为准正规也只为准正规.

我们来证,U 有最大概率,取基本函数系 $\{\varphi_n^*\}$,设 E_n 是当 $\varphi=\varphi_n^*$ 时极限(3) 不存在的那些点 p 的集合.

据伯克霍夫定理集合 E_n 有零概率. 令 $E=\sum\limits_{n=1}^{\infty}E_n$,$E$ 也有零概率.

我们来证,所有点 $p\in\mathbf{R}$ 是准正规的,即 $\mathbf{R}-E=U$. 设 $\varphi(p)$ 是任一连续函数,同时 $\varepsilon>0$ 是任意一数,并设 $p_0\in\mathbf{R}-E$. 于是首先找出 $\varphi_n^*(p)$ 使 $\mid\varphi_n^*(p)-\varphi(p)\mid<\frac{\varepsilon}{3}$,根据 $p_0\in\mathbf{R}-E_n$,找出这样的 T,使在 $\tau_1>T$ 及 $\tau_2>T$ 时,恒有

$$\left|\frac{1}{\tau_2}\int_0^{\tau_2}\varphi_n^*(f(p_0,t))\mathrm{d}t-\frac{1}{\tau_1}\int_0^{\tau_1}\varphi_n^*(f(p_0,t))\mathrm{d}t\right|<\frac{\varepsilon}{3}$$

但此时

$$\begin{aligned}&\left|\frac{1}{\tau_2}\int_0^{\tau_2}\varphi_n^*(f(p_0,t))\mathrm{d}t-\frac{1}{\tau_1}\int_0^{\tau_1}\varphi(f(p_0,t))\mathrm{d}t\right|\leqslant\\&\left|\frac{1}{\tau_2}\int_0^{\tau_2}\varphi\mathrm{d}t-\frac{1}{\tau_2}\int_0^{\tau_2}\varphi_n^*\mathrm{d}t\right|+\left|\frac{1}{\tau_1}\int_0^{\tau_1}\varphi\mathrm{d}t-\frac{1}{\tau_1}\int_0^{\tau_1}\varphi_n^*\mathrm{d}t\right|+\\&\left|\frac{1}{\tau_2}\int_0^{\tau_2}\varphi_n^*\mathrm{d}t-\frac{1}{\tau_1}\int_0^{\tau_1}\varphi_n^*\mathrm{d}t\right|<\varepsilon\end{aligned}$$

即极限(3) 存在,这就证明了我们的论断.

在这从它出发以作不变测度的将是以前曾经提及的,与某点 $p\in\mathbf{R}$ 关联的测度

$$m_p(A)=\begin{cases}1 & (p\in A)\\0 & (p\in\mathbf{R}-A)\end{cases}$$

从这一个正则化测度出发,如在定理 24 中一样,我们用定义式(对于任一连续的 $\varphi(q)$)

$$\int_{\mathbf{R}}\varphi(q)m_{p,\tau}(\mathrm{d}q)=\frac{1}{\tau}\int_0^{\tau}\mathrm{d}t\int_{\mathbf{R}}\varphi(f(q,t))m_p(\mathrm{d}q)$$

以建立测度 $m_{p,\tau}$. 但根据测度 m_p 的定义,我们有

$$\int_{\mathbf{R}}\varphi(f(q,t))m_p(\mathrm{d}q)=\varphi(f(p,t))$$

从而由测度 $m_{p,\tau}$ 的定义我们得到

$$\int_{\mathbf{R}} \varphi(q) m_{p,\tau}(\mathrm{d}q) = \frac{1}{\tau}\int_0^\tau \varphi(f(p,t))\mathrm{d}t$$

在下面我们将仅考虑准正规的点 $p, p \in U$，在这样的情形下，上式右端当 $\tau \to \infty$ 时极限存在，因而不变正则化测度 μ_p 存在

$$\mu_p = \lim_{\tau\to\infty} m_{p,\tau}$$

这一个测度的定义式是

$$\int_{\mathbf{R}} \varphi(q)\mu_p(\mathrm{d}q) = \lim_{\tau\to\infty}\int_0^\tau \varphi(f(p,t))\mathrm{d}t \tag{4}$$

其中 $\varphi(q)$ 是任一连续函数. 测度 $\mu_p(A)$ 叫作对应于准正规点 $p \in U$ 的单个测度.

我们指出集合 U 是 p 和 τ 的可数个连续函数，当 $\tau \to \infty$ 时有极限的点的集合，所以是 B 式可测的.

对于任一已给 B 式可测集合 A，测度 $\mu_p(A)$ 当作点 $p \in U$ 的函数来看时，也是 B 式可测的. 首先，对于连续函数 $\varphi(p)$，等式(4) 的右端是 p 的连续函数当 $\tau \to \infty$ 时在 B 式可测集合 U 上的极限，所以是 B 式可测的，因而左端亦然. 其次，在等式(4) 中，若令 $\varphi(p)$ 沿一收敛于开集合 G 的特性函数的不减连续函数序列以达于限，即可看出 G 的测度 $\mu_p(G)$ 是点 p 的 B 式可测函数. 最后，任一 B 式可测集合的测度，至多经过可数多个极限步骤即可得到，而在每一步骤下 B 式可测性都保留. 论断得证.

现在我们引入单个测度 μ_p 和任一不变(正则化) 测度 μ 之间的关系. 依据任一连续函数 $\varphi(p)$，我们根据测度 μ 的不变性以及 U 有最大概率，即得

$$\int_{\mathbf{R}} \varphi(q)\mu(\mathrm{d}q) = \int_{\mathbf{R}} \varphi(f(q,t))\mu(\mathrm{d}q) = \frac{1}{\tau}\int_0^\tau \mathrm{d}t \int_{\mathbf{R}} \varphi(f(q,t))\mu(\mathrm{d}q) =$$

$$\int_U \mu(\mathrm{d}q)\, \frac{1}{\tau}\int_0^\tau \varphi(f(q,t))\mathrm{d}t = \int_U \mu(\mathrm{d}q)\int_{\mathbf{R}} \varphi(r)\mu_{q\tau}(\mathrm{d}r)$$

于是 $\tau \to +\infty$ 时右端的极限存在，根据公式(4) 即得

$$\int_{\mathbf{R}} \varphi(q)\mu(\mathrm{d}q) = \int_U \mu(\mathrm{d}q)\int_{\mathbf{R}} \varphi(\tau)\mu_q(\mathrm{d}r) \tag{5}$$

从连续函数 $\varphi(p)$ 转到开集合 G 的特性函数，由关系式(5) 便得

$$\mu G = \int_U \mu_q(G)\mu(\mathrm{d}q)$$

关于任一 B 式可测集合 $A \subset \mathbf{R}$，据函数 $\mu_q(A)$ 的可测性，积分 $\int_U \mu_q(A)\mu(\mathrm{d}q)$ 存在. 这一个积分所定义的测度，如已证，在开集合上与 μ 重合，因而便得所欲求的关系

$$\mu A = \int_U \mu_q(A)\mu(\mathrm{d}q) \tag{5'}$$

由关系式(5′) 即可推知等式(5) 对于任一 B 式可测(有界) 函数 $\varphi(p)$ 为真.

辅助定理 5 对于任一连续函数 $\varphi(r)$，使得等式

$$\int_U \left\{\int_{\mathbf{R}} \varphi(r)\mu_q(\mathrm{d}r) - \int_{\mathbf{R}} \varphi(r)\mu_p(\mathrm{d}r)\right\}^2 \mu_p(\mathrm{d}q) = 0 \tag{6}$$

都成立的那些点 $p \in U$ 的集合 U_T 有最大概率.

设 $\varphi(r)$ 是一连续函数，由于等式(6) 左端是非负的，只需去证对于任一不变(正则化) 测度 μ 我们将有

$$\int_U \left\{\int_U \left[\int_{\mathbf{R}} \varphi(r)\mu_q(\mathrm{d}r) - \int_{\mathbf{R}} \varphi(r)\mu_p(\mathrm{d}\tau)\right]^2 \mu_p(\mathrm{d}q)\right\} \mu(\mathrm{d}p) = 0$$

今来证后面这一关系.

据公式(4)，如 $q \in U$，对于给定的 $\varphi(p)$，我们有

$$\int_{\mathbf{R}} \varphi(r)\mu_q(\mathrm{d}r) = \lim_{\tau\to\infty}\int_0^T \varphi(f(q,t))\mathrm{d}t = \psi(q)$$

同时与此相仿，关于 $p \in U$，有

$$\int_{\mathbf{R}} \varphi(r)\mu_p(\mathrm{d}\tau) = \psi(p)$$

因此，只需建立等式

$$\int_U \mu(\mathrm{d}p)\int_U (\psi(q) - \psi(p))^2 \mu_p(\mathrm{d}q) = 0$$

展开里层积分的括号，即得

$$\int_U \{\psi^2(q) - 2\psi(p)\psi(q) + \psi^2(p)\}\mu_p(\mathrm{d}q) =$$

$$\int_U \psi^2(q)\mu_p(\mathrm{d}q) - 2\psi(p)\int_U \psi(q)\mu_p(\mathrm{d}q) + \psi^2(p) \tag{7}$$

再进一步计算得

$$\int_U \psi(q)\mu_p(\mathrm{d}q) = \lim_{\tau\to\infty}\int_U \left(\frac{1}{\tau}\int_0^\tau \varphi(f(q,t))\mathrm{d}t\right)\mu_p(\mathrm{d}q) =$$

$$\lim_{\tau\to\infty}\frac{1}{\tau}\int_0^\tau \mathrm{d}t\int_U \varphi(f(q,t))\mu_p(\mathrm{d}q)$$

因为 μ_p 是不变测度，所以对任一 t，有

$$\int_U \varphi(f(q,t))\mu_p(\mathrm{d}q) = \int_U \varphi(q)\mu_p(\mathrm{d}q)$$

因而

$$\int_U \varphi(q)\mu_p(\mathrm{d}q) = \int_U \varphi(q)\mu_p(\mathrm{d}q) = \lim_{\tau\to\infty}\frac{1}{\tau}\int_0^\tau \varphi(f(p,t))\mathrm{d}t = \psi(p)$$

所以式(7) 等于 $\int_U \psi^2(q)\mu_p(\mathrm{d}q) - \psi^2(p)$，于是所要证的便只是积分

$$\int_U \left[\int_U \psi^2(q)\mu_p(\mathrm{d}q) - \psi^2(p)\right]\mu(\mathrm{d}p) =$$

$$\int_U\int_U \psi^2(q)\mu_p(\mathrm{d}q)\mu(\mathrm{d}p) - \int_U \psi^2(p)\mu(\mathrm{d}p) = 0$$

但据关系(5),对于 B 式可测(有界) 函数 $\psi^2(p)$,第一个积分等于$\int_U \psi^2(p)\mu(\mathrm{d}p)$,因而上式等于零.

所以,对于任一连续函数 $\varphi(r)$,关系(6) 成立的点 $p\in U$ 的集合有最大概率.

依次取基本函数系 $\varphi_1^*, \varphi_2^*, \cdots, \varphi_n^*, \cdots$ 中的函数为 φ,并令 E_n 为能使

$$\int_U \left\{ \int_{\mathbf{R}} \varphi_n^*(r)\mu_q(\mathrm{d}r) - \int_{\mathbf{R}} \varphi_n^*(\tau)\mu_p(\mathrm{d}\tau) \right\}^2 \mu_p(\mathrm{d}q) > 0$$

的点 $p\in U$ 的集合. 于是对任一不变(正则化) 测度 μ,我们有 $\mu E_n = 0$.

作集合

$$U_T = U - \sum_{n=1}^{\infty} E_n$$

有最大概率. 若 $p\in U_T$,则对任一连续函数 $\varphi(p)$,等式(6) 成立. 事实上,对于基本函数系,这由定义可得. 对于任一连续的函数,由$\{\varphi_n^*\}$ 中的函数来均匀的逼近而推得.

辅助定理证毕.

最后我们指出,由于测度 μ_p 是不变的,因此 U_T 是不变集合.

这一辅助定理的几何意义是就任一(正则化) 不变测度来说的,关于几乎所有的点 p,单个测度 μ_q 与单个测度 μ_p 不同的点 q 的集合形成一 μ_p 测度等于零的集合.

定义 6 如在将 R 分割的任二无公共点的不变集合 A 和 $R-A$ 中,从 $\mu A>0$ 即可推知 $\mu(R-A)=0$,则不变测度 μ 便叫作可通的.

定理 26 若 $p\in U_T$(见辅助定理),则测度 μ_p 是可通的.

设 $p\in A\subset U_T$,其中 A 是可测不变集合,并设 $\varphi(r)$ 是一连续函数. 因为根据公式(6),除 μ_p 测度为零的点集合$\{q\}$ 外,有

$$\int_{\mathbf{R}} \varphi(r)\mu_q(\mathrm{d}r) = \int_{\mathbf{R}} \varphi(r)\mu_p(\mathrm{d}r)$$

所以,将两端乘以 $\varphi_A(q)\mu_p(\mathrm{d}q)$,其中 $\varphi_A(q)$ 是集合 A 的特性函数,并将两端按集合 U 取积分,便得

$$\int_U \left\{ \int_{\mathbf{R}} \varphi(r)\mu_q(\mathrm{d}r) \right\} \varphi_A(q)\mu_p(\mathrm{d}q) = \int_U \left\{ \int_{\mathbf{R}} \varphi(r)\mu_p(\mathrm{d}r) \right\} \varphi_A(q)\mu_p(\mathrm{d}q)$$

等式的右端显然等于

$$\int_{\mathbf{R}} \varphi(r)\mu_p(\mathrm{d}r) \cdot \int_U \varphi_A(q)\mu_p(\mathrm{d}q) = \mu_p(A) \cdot \int_{\mathbf{R}} \varphi(r)\mu_p(\mathrm{d}r)$$

现在来将右端加以变换. 由于 A 是不变的,因此 $\varphi_A(f(q,t)) = \varphi_A(q)$,应用公式(4) 即得

$$\int_U \left\{ \int_{\mathbf{R}} \varphi(r)\mu_q(\mathrm{d}r) \right\} \varphi_A(q)\mu_p(\mathrm{d}p) =$$

$$\int_U \left\{ \lim_{\tau\to\infty} \frac{1}{\tau} \int_0^{\tau} \varphi(f(q,t))\mathrm{d}t \right\} \varphi_A(q)\mu_p(\mathrm{d}q) =$$

$$\lim_{\tau\to\infty}\frac{1}{\tau}\int_0^{\tau}\left\{\int_U \varphi(f(q,t))\varphi_A(f(q,t))\varphi_p(\mathrm{d}q)\right\}\mathrm{d}t$$

由于 μ_p 是不变测度，所以里层积分与 t 无关，它等于$\int_U \varphi(q)\varphi_A(q)\mu_p(\mathrm{d}q)$，而我们即有

$$\int_U\left\{\int_{\mathbf{R}}\varphi(r)\mu_q(\mathrm{d}r)\right\}\varphi_A(q)\mu_p(\mathrm{d}q)=\int_U \varphi(q)\varphi_A(q)\mu_p(\mathrm{d}q)$$

因此

$$\mu_p A\int_{\mathbf{R}}\varphi(r)\mu_p(\mathrm{d}r)=\int_A \varphi(q)\mu_p(\mathrm{d}q)$$

此即就连续函数 $\varphi(r)$ 推导出来的等式，对于任一可测有界函数也成立. 若令 $\varphi(r)=\varphi_A(r)$，便得

$$\mu_p A\cdot\mu_p(A)=\mu_p(A)$$

$$\mu_p(A)[\mu_p(A)-1]=0$$

因而 $\mu_p A=0$ 或 $\mu_p(A)=1$.

定理得证.

这个定理可以述为：对应的单个测度是可通的点的集合有最大概率.

定义 7 如果对任一 $\varepsilon>0$，$p\in U$，我们有 $\mu_p(S(p,\varepsilon))>0$，那么称点 p 为密集点.

定理 27 所有密集点的集合 U_D 是不变的且有最大概率.

为了作出集合 $U_D\subset U$，我们在 R 内作 ε 链，$\varepsilon=\dfrac{1}{m}(m=1,2,3,\cdots)$，设此为 $\{p_1^{(m)},p_2^{(m)},\cdots,p_{Nm}^{(m)}\}$. 于是

$$R=\sum_{n=1}^{Nm}S\left(p_n^{(m)},\frac{1}{m}\right)\equiv\sum_{n=1}^{Nm}S_{nm}$$

对每一点 $p_n^{(m)}$ 作连续函数

$$\varphi_{nm}(p)=\begin{cases}1 & (p\in S_{nm})\\ 2-m\rho(p,p_n^{(m)}) & \left(\dfrac{1}{m}\leqslant\rho(p,p_n^{(m)})\leqslant\dfrac{2}{m}\right)\\ 0 & \left(\rho(p,p_n^{(m)})\geqslant\dfrac{2}{m}\right)\end{cases}$$

对于点 $p\in U$，我们令

$$\Phi_{nm}(p)=\lim_{\tau\to\infty}\frac{1}{\tau}\int_0^{\tau}\varphi_{nm}(f(p,t))\mathrm{d}t$$

（按伯克霍夫定理的推论这是一个不变函数）并规定（不变）集合

$$E_{nm}=\{p;\Phi_{nm}(p)=0\}$$

设 μ 是任一不变（正则化）测度，利用测度 μ 和集合 E_{nm} 的不变性，我们得

$$0=\int_{E_{nm}}\Phi(p)\mu(\mathrm{d}p)=\int_{E_{nm}}\left(\lim_{\tau\to\infty}\frac{1}{\tau}\int_0^\tau\varphi_{nm}(f(p,t))\mathrm{d}t\right)\mu(\mathrm{d}p)=$$
$$\lim_{\tau\to\infty}\frac{1}{\tau}\int_0^\tau\mathrm{d}t\int_{E_{nm}}\varphi_{nm}(f(p,t))\mu(\mathrm{d}p)=$$
$$\int_{E_{nm}}\varphi_{nm}(p)\mu(\mathrm{d}p)\geqslant\int_{E_{nm}\cdot S_{nm}}\varphi_{nm}(p)\mu(\mathrm{d}p))$$

因为当 $p\in S_{nm}$ 时,我们有 $\varphi_{nm}=1$,所以由上面式子即得

$$\mu(E_{nm}\cdot S_{nm})=0$$

令

$$U_D=U-\sum_{m=1}^{\infty}\sum_{n=1}^{N_m}E_{nm}\cdot S_{nm}$$

因为对于任一不变测度 $\mu(U-U_D)=0$,所以 U_D 有最大概率.

首先,我们来证所有的密集点 $p\in U$ 属于集合 U_D,设 S_{nm} 是任一含 p 的球,选取 $\varepsilon>0$ 使 $S(p,\varepsilon)\subset S_{nm}$. 按密集点的定义,我们有

$$0<\mu_p(S(p,\varepsilon))=\int_{\mathbf{R}}\chi_{S(p,\varepsilon)}(r)\mu_p(\mathrm{d}r)<\int_{\mathbf{R}}\varphi_{nm}(r)\mu_p(\mathrm{d}r)=$$
$$\lim_{\tau\to\infty}\frac{1}{\tau}\int_0^\tau\varphi_{nm}(f(p,t))\mathrm{d}t=\Phi_{nm}(p)$$

(于此及以下 $\chi_E(p)$ 代表集合 E 的特性函数) 此即如密集点 $p\in S_{nm}$,则 $p\notin E_{nm}$,因而

$$p\in U-\sum_{m=1}^{\infty}\sum_{n=1}^{Nm}E_{nm}\cdot S_{nm}=U_D$$

其次,我们再证如 p 不是密集点,则 $p\notin U_D$. 按假定,存在 $\varepsilon>0$ 能使 $\mu_p(S(p,\varepsilon))=0$. 对于这个 ε 我们按条件 $\frac{1}{m}<\frac{\varepsilon}{4}$ 以选 m. 据作法,找得出点 $p_n^{(m)}$ 使 $\rho(p,p_n^{(m)})<\frac{1}{m}$. 于是

$$p\in S\left(p_n^{(m)},\frac{1}{m}\right)\subset S\left(p_n^{(m)},\frac{2}{m}\right)\subset S(p,\varepsilon)$$

我们有

$$0=\mu(S(p,\varepsilon))=\int_{\mathbf{R}}\chi_{S(p,\varepsilon)}(r)\mu_p(\mathrm{d}r)\geqslant\int_{\mathbf{R}}\varphi_{nm}(r)\mu_p(\mathrm{d}r)=$$
$$\lim_{\tau\to\infty}\frac{1}{\tau}\int_0^T\varphi_{nm}(f(p,t))\mathrm{d}t=\Phi_{nm}(p)$$

即 $p\in E_{nm}$. 因为 $p\in S_{nm}$,所以

$$p\in E_{nm}\cdot S_{nm}$$

因而 $p\notin U_D$,这就证明了我们的论断.

最后,集合 U_D 是不变的,因为如果 $p\in U_p$,那么对给定的 t 和 $\varepsilon>0$ 找得出这

样的 $\varepsilon_1 > 0$,能使 $f(S(p,\varepsilon_1),t) \subset S(f(p,t),\varepsilon)$,因而,根据测度 μ 的不变性,有

$$\mu_p[S(f(p,t),\varepsilon)] \geqslant \mu_p[f(S(p,\varepsilon_1),t)] = \mu_p[S(p,\varepsilon_1)] > 0$$

此即对任意的 t,$f(p,t)$ 也是密集点.

点 $p \in U_T \cdot U_D = U_{\mathbf{R}}$ 称为正规的,这些就是同时是可通和密集的点.

据定理 26 及 27 正规点的集合 $U_{\mathbf{R}}$ 是不变的而且有最大概率.

定理 28 集合 $\overline{U}_{\mathbf{R}}$(正规点集合的闭包) 是体系 $f(p,t)$ 的极小吸引中心.

我们在这里用的是第五章 §6 的名词,在克雷洛夫和鲍戈柳鲍夫的论文里,本定理为"运动 $f(p,t)$ 统计的渐近于集合 $U_{\mathbf{R}}$".

令 $\varphi_S(p) = \chi_{S(U_{\mathbf{R}},\varepsilon)}(p)$ 为集合 $S(U_{\mathbf{R}},\varepsilon)$ 的特性函数,按吸引中心的定义,我们所需证明的是对任一 $\varepsilon > 0$ 及任一点 $p \in \mathbf{R}$ 都有

$$\mathbf{P}[f(p,t) \in S(U_{\mathbf{R}},\varepsilon)] = \lim_{\tau\to\infty}\frac{1}{\tau}\int_0^{\tau}\varphi_S(f(p,t))\mathrm{d}t = 1 \tag{8}$$

关于正规的点 $p \in U_{\mathbf{R}}$,等式(8) 显然成立.现在我们假设找得出非正规的点 p_0 及函数 $\gamma(0 < \gamma \leqslant 1)$ 能使等式(8) 不成立,也就是说

$$\mathbf{P}[f(p_0,t) \in S(U_{\mathbf{R}},\varepsilon)] = 1-\gamma < 1$$

这意味着有对序列$\{\tau_n\}$,$\lim\limits_{n\to\infty}\tau_n = \infty$,存在

$$\lim_{n\to\infty}\frac{1}{\tau_n}\int_0^{\tau_n}\varphi_S(f(p,t))\mathrm{d}t = 1-\gamma$$

再令 $m_{p_0}(A)$ 为一测度,当 $p_0 \in A$ 时等于 1,$p_0 \in \mathbf{R}-A$ 时等于 0,并用和在作单个测度时的同样方式来规定测度序列 $m_{p_0,\tau_n}(n = 1,2,\cdots)$. 这个序列一般来讲不一定收敛,因为 p_0 可能不是准正规的,但据定理 23(紧密性定理) 存在部分序列$\{\tau'_n\} \subset \{\tau_n\}$,能使 $m_{p_0} \cdot \tau'_n$(弱) 收敛于一不变正则化测度 $\mu^*_{p_0}$. 根据定理 26 及 27,我们有

$$\mu^*_{p_0}U_{\mathbf{R}} = 1,\mu^*_{p_0}(R-U_{\mathbf{R}}) = 0$$

作连续函数 $\varphi(p)$

$$\varphi(p) = \begin{cases} 1 & (p \in \overline{U}_{\mathbf{R}}) \\ 1-\dfrac{1}{\varepsilon}\rho(p,\overline{U}_{\mathbf{R}}) & (0 \leqslant \rho(p,\overline{U}_{\mathbf{R}}) \leqslant \varepsilon) \\ 0 & (\rho(p,\overline{U}_{\mathbf{R}}) \geqslant \varepsilon) \end{cases}$$

应用推导公式(4) 的论证,关于测度 $\mu^*_{p_0}$ 我们即得

$$\lim_{n\to\infty}\frac{1}{\tau'_n}\int_0^{\tau'_n}\varphi(f(p,t))\mathrm{d}t = \int_{\mathbf{R}}\varphi(q)\mu^*_{p_0}(\mathrm{d}q)$$

由于函数 $\varphi(p)$ 的选择,关于上式右端我们有

$$\int_{\mathbf{R}}\varphi(q)\mu^*_{p_0}(\mathrm{d}q) \geqslant \int_{\mathbf{R}}\chi_{\overline{U}_{\mathbf{R}}}(q)\mu^*_{p_0}(\mathrm{d}q) = \mu^*_{p_0}(\overline{U}_{\mathbf{R}}) = 1$$

而关于左端则有

$$\lim_{n\to\infty}\frac{1}{\tau'_n}\int_0^{\tau'_n}\varphi(f(p,t))\mathrm{d}t \leqslant \lim_{n\to\infty}\frac{1}{\tau'_n}\int_0^{\tau'_n}\varphi_S(f(p,t))\mathrm{d}t$$

于是,我们得到

$$\lim_{h\to\infty}\frac{1}{\tau'_n}\int_0^{\tau'_n}\varphi_S(f(p,t))\mathrm{d}t = 1$$

此与部分序列$\{\tau'_n\} \subset \{\tau_n\}$的选择不符.

因此,我们证明了$\overline{U}_{\mathbf{R}}$是吸引中心.

我们来证这是极小吸引中心.假设吸引中心M,它是集合$\overline{U}_{\mathbf{R}}$的真部分.因为按定义$M$是闭集合,所以找得出点$p \in U_{\mathbf{R}}$,$\rho(p,M) = \alpha > 0$.于是

$$S\left(p,\frac{\alpha}{2}\right)\cdot S\left(M,\frac{\alpha}{2}\right) = 0$$

由于p是密集点,所以$\mu_p S\left(p,\frac{\alpha}{2}\right) > 0$,因而$\mu_p S\left(M,\frac{\alpha}{2}\right) < \mu_p(R) = 1$,因此

$$\mathbf{P}\left[f(p,t) \in S\left(M,\frac{\alpha}{2}\right)\right] < 1$$

即M不是吸引中心.

定理得证.

例 2 我们来讨论由微分方程

$$\frac{\mathrm{d}x}{\mathrm{d}t} = -y + x(1-x^2-y^2),\frac{\mathrm{d}y}{\mathrm{d}t} = x + y(1-x^2-y^2)$$

确定的在平面E^2上域R:$x^2+y^2 \leqslant 1$内的运动,如用极坐标表示,运动方程即为

$$\frac{\mathrm{d}\theta}{\mathrm{d}t} = 1,\frac{\mathrm{d}r}{\mathrm{d}t} = r(1-r^2)$$

首先,我们有休止点$r=0$及极限圈$r=1$,所有初值r_0满足条件$0<r_0<1$的运动当$t\to+\infty$时无限制的渐近于极限圈.在这里所有的点都是准正规的.关于休止点这是显然的;其次,如取$\tau = 2n\pi$,其中n是自然数,则对任一始点(r_0,θ_0),$r_0 \neq 0$,及任一在圆$(r \leqslant 1)$上连续而关于θ是以2π为周期的函数$\varphi(r,\theta)$,我们有

$$\begin{aligned}\frac{1}{\tau}\int_0^{\tau}\varphi(r(t),\theta(t))\mathrm{d}t &= \frac{1}{2n\pi}\sum_{k=0}^{n-1}\int_{2k\pi}^{2(k+1)\pi}\varphi(r(t),\theta(t))\mathrm{d}t = \\ &\frac{1}{2n\pi}\sum_{k=0}^{n-1}\int_0^{2\pi}\varphi(r(t+2k\pi),\theta(t+2k\pi))\mathrm{d}t\end{aligned}$$

但根据运动的法则

$$\lim_{k\to\infty} r(t+2k\pi) = 1,\theta(t+2k\pi) = \theta(t)(\mathrm{mod}\ 2\pi),\theta(t) = \theta_0 + t$$

因此

$$\lim_{\tau\to\infty}\frac{1}{\tau}\int_0^{\tau}\varphi(r(t),\theta(t))\mathrm{d}t = \frac{1}{2\pi}\int_0^{2\pi}\varphi(1,\theta_0+t)\mathrm{d}t = \frac{1}{2\pi}\int_0^{2\pi}\varphi(1,\theta)\mathrm{d}\theta$$

上面等式的成立是由于函数φ是关于θ以2π为周期的函数.

因为函数 $\varphi(r,\theta)$ 在 $\mathbf{R}$ 内是连续的且必定有界，所以所讨论的极限在 τ 以任何方式趋于 ∞ 时都存在而且具有同一数值，此即表示每一点 $p\in\mathbf{R}$ 都是准正规的.

于是，我们有两个单个不变测度.

1. 对应于点 $O(r=0)$ 的测度 μ_0，它的定义是：若 $O\subset A$，则 $\mu_0A=1$；若 $O\subset\mathbf{R}-A$，则 $\mu_0(A)=0$.

2. 每一点 $p(r_0,\theta_0)$，$0<r_0\leqslant 1$，所确定的不变测度 μ_p，对所有这些点都是同一的，因为根据上面的等式和公式(4)，有

$$\int_{\mathbf{R}}\varphi(r,\theta)\mathrm{d}\mu_p=\frac{1}{2\pi}\int_0^{2\pi}\varphi(1,\theta)\mathrm{d}\theta$$

其中右端是与 (r_0,θ_0) 无关的.

从最后一个等式即能找得出 $\mu_p(A)$ 的明显表示式.

事实上，此等式确定了所有在 $\mathbf{R}$ 上连续的函数有定义的正线性泛函数. 设 A 是任一 B 式可测集合，据黎茨－拉唐定理的证明中所指出的事实，这一泛函数可以扩充到所有 B 式可测有界函数特别是集合 A 的特性函数 $\varphi_A(r,\theta)$ 上去，而这样即得

$$\mu_p(A)=\int_{\mathbf{R}}\varphi_A(r,\theta)\mathrm{d}\mu_p=\frac{1}{2\pi}\int_0^{2\pi}\varphi_A(1,\theta)\mathrm{d}\theta=$$
$$\frac{1}{2\pi}\mathrm{mes}\{A\cdot(r=1)\}$$

作为特例，假如 $A\cdot\{r=1\}=\theta$，有 $\mu_p\{r=1\}=1$ 及 $\mu_pA=0$.

当 $0<r_0<1$ 时，点 (r_0,θ_0) 不是密集点，如选 $\varepsilon<\dfrac{1-r_0}{2}$ 并令

$$\varphi(r,\theta)=\begin{cases}1 & (\rho[(r_0,\theta_0),(r,\theta)]\leqslant\varepsilon)\\ 2-\dfrac{1}{\varepsilon}[(r_0,\theta_0),(r,\theta)] & (\varepsilon\leqslant\rho[(r_0,\theta_0),(r,\theta)]\leqslant 2\varepsilon)\\ 0 & (\rho[(r_0,\theta_0),(r,\theta)]\geqslant 2\varepsilon)\end{cases}$$

便得

$$0=\int_{\mathbf{R}}\varphi\mathrm{d}\mu_p=\lim_{\tau\to\infty}\int_0^{\tau}\varphi(r(t),\theta(t))\mathrm{d}t\geqslant\lim_{\tau\to\infty}\frac{1}{\tau}\int_0^{t}\varphi_S(r(t),\theta(t))\mathrm{d}t=$$
$$\mathbf{P}[r(t),\theta(t)\in S((r_0,\theta_0),\varepsilon)]$$

其中 φ_S 是集合 $S((r_0,\theta_0),\varepsilon)$ 的特性函数，因此 $\mathbf{P}=0$.

下面的定理阐明单个测度 μ_p 的完整意义.

定理 29 任一正则化不变可通测度 μ 必与对应于某一不变集合 $\mathscr{E}_\mu$ 中任意一点 p 的单个测度 μ_p 重合.

从 R 中分出对于任一 $\varepsilon>0$ 都有 $\mu(S(p,\varepsilon))>0$ 的那些点 p 的集合 F. 容易证明，F 是闭的不变集合而且 $\mu(R-F)=0$，亦即 $\mu F=1$.

由测度 μ 的可通性及伯克霍夫定理的推论，可知存在不变集合 $\mathscr{E}_\mu\subset F$，$\mu\mathscr{E}_\mu=1$，而且对于任一连续函数 φ，当 $p\in\mathscr{E}_\mu$ 时，时间中数都是常数，即

$$\lim_{\tau\to\infty}\frac{1}{\tau}\int_0^\tau \varphi(f(p,t))\mathrm{d}t=\int_{\mathbf{R}}\varphi(q)\mu(\mathrm{d}q)=\int_{\mathscr{E}_\mu}\varphi(q)\mu(\mathrm{d}q)$$

将这一个结果拿来和不变测度 μ_p 的定义式(4) 比较,我们即得 $\mu=\mu_p$. 定理证毕.

推论 11 集合 $\mathscr{E}_\mu$ 由正规点组成,即 $\mathscr{E}_\mu\subset U_{\mathbf{R}}$.

实际上,由集合 $\mathscr{E}_\mu$ 的作法,我们已取去存在时间中值的所有点,故 $\mathscr{E}_\mu\subset U$,而且我们也取去关于 μ 的"密集点",故 $\mathscr{E}_\mu\subset U_D$. 最后,又因条件(6) 满足,所以 $\mathscr{E}_\mu\subset U_T$. 实际上,若 $q\in\mathscr{E}_\mu$,则

$$\int_{\mathbf{R}}\varphi(r)\mu_q(\mathrm{d}r)=\int_{\mathbf{R}}\varphi(r)\mu(\mathrm{d}r)$$

于是因为 $\mu(U-\mathscr{E}_\mu)=0$,所以积分式(6) 等于零.

因此

$$\mathscr{E}_\mu\subset U_D\cdot U_T=R$$

推论 12 正规点集合 $U_{\mathbf{R}}$ 可分解为无公共点的系集合$\{\mathscr{E}\}$,其中的每一个集合都是由具有同一单个测度的点联合而成的. $p\in\mathscr{E}$ 的这个公共单个测度我们将记为 μ_E,并称集合 $\mathscr{E}$ 中的每一个为遍历的. 对应于遍历的集合的所有测度所组成的集合叫作不变测度的基本系,记作 Σ_μ. 在例 2 中,这样的测度有两个.

例 3 在 E^2 内微分方程组

$$\frac{\mathrm{d}x}{\mathrm{d}t}=-y,\frac{\mathrm{d}y}{\mathrm{d}t}=x$$

或其极坐标形式

$$\frac{\mathrm{d}r}{\mathrm{d}t}=0,\frac{\mathrm{d}\theta}{\mathrm{d}t}=1$$

给出一动力体系.

作和例 2 中所施行的相仿的计算,容易确信,在圆周 $r=a$ 上的所有点有共通的单个测度

$$\mu_p(A)=\frac{1}{2\pi}\mathrm{mes}(A\cdot\{r=a\})$$

而且都是密集点,其中 a 是任一常数. 因此,它们组成遍历的集合. 在此我们得到遍历集合的绵续体而不变测度的基本系包含不同测度的绵续体.

任一正则化不变测度 μ 和基本系的不变测度之间的联系,如我们所曾得到的公式(5′) 所示,是

$$\mu A=\int_U\mu_q(A)(\mathrm{d}q)$$

其中 A 是任一 B 式可测集合.

首先,我们指出,所有基本测度即如下形式的线性组合

$$\mu=\sum_{i=1}^n\alpha_i\mu_{p_i}\quad\left(\alpha_i>0,\sum_{i=1}^n\alpha_i=1\right)\tag{9}$$

都是正则化的不变测度. 其次，据不变测度 μ 的特性(φ 为任一连续函数)

$$\int_{\mathbf{R}} \varphi(f(p,t))\mu(\mathrm{d}p) = \int_{\mathbf{R}} \varphi(p)\mu(\mathrm{d}p)$$

即可推知，形如式(9) 的序列的极限测度也是不变测度.

我们来推所有不变(正则化) 测度的一般形式. 令 $m(E)$ 代表在准正规点的集合 U 上已正则化的(一般不是不变的) 测度，$m(U) = m(R) = 1$. 于是任一不变正则化测度有表达式

$$\mu(E) = \int_U \mu_p(E) m(\mathrm{d}p) \tag{10}$$

事实上，显然有 $\mu(R) = 1$，据 μ_p 的不变性

$$\mu(f(E,t)) = \int_U \mu_p(f(E,t)) m(\mathrm{d}p) = \int_U \mu_p(E) m(\mathrm{d}p) = \mu(E)$$

所以 μ 是不变的. 最后，任一正则化不变测度 μE 按公式(5′) 可以表示为积分

$$\mu(E) = \int_U \mu_p(E)\mu(\mathrm{d}p)$$

即表示为式(10) 的形式.

依据在本节开始时的附记中所指明的事实，测度 m 是在弱收敛的意义下测度序列

$$m_n = \sum_{i=1}^n \alpha_i m_{p_i} \quad (p_i \in U, \alpha_i > 0, \sum_{i=1}^n \alpha_i = 1)$$

的极限. 于是即知测度 μ 是

$$\mu_n(E) = \int_U \mu_p(E) m_n(\mathrm{d}p) = \sum_{i=1}^n \alpha_i \int_U \mu_p(E) m_{p_i}(\mathrm{d}p) = \sum_{i=1}^n \alpha_i \mu_{p\,i}(E)$$

的弱极限，此即示任一不变正则化测度是形如式(9) 的测度的极限测度.

定义 8 动力体系称为狭义遍历的，如它由唯一一个遍历的集合组成，亦即在体系内有唯一一个不变测度(正则化的) 同时这一体系的所有点关于这个不变测度都是密集点.

定理 30 所有由几乎周期的运动构成的极小集合都是狭义遍历的.

关于几乎周期运动就任一连续函数 $\varphi(q)$ 来说，$\varphi(f(p,t))$ 在拜尔(Baire) 的意义下都是 t 的几乎周期函数，即对给定的任一 $\varepsilon > 0$ 有相对稠密位移集合 $\{\tau\}$ 存在，能使

$$|\varphi(f(p,t+\tau)) - \varphi(f(p,t))| < \varepsilon$$

这很容易由 $\varphi(q)$ 在紧密集合 $\overline{f(p;I)}$ 上的均匀连续性推知，因此对于给定的 $\varepsilon > 0$，存在这样的 $\delta > 0$，能使从 $\rho(r,q) < \delta, r \in f(p;I)$ 及 $q \in f(p;I)$，即得 $|\varphi(r) - \varphi(q)| < \varepsilon$. 于是每一个能使 $\rho(f(p,t+\tau), f(p,t)) < \delta$ 的位移 $\tau(\delta)$ 即为所要找的 $\varphi(f(p,t))$ 的 ε 位移.

首先，按拜尔的定理，有中数

$$\lim_{T\to\infty}\frac{1}{T}\int_0^T\varphi(f(p,t))\mathrm{d}t$$

存在，即所有点 $q\in\overline{f(p;I)}$ 是准正规的.

其次，对于任一点 $q\in\overline{f(p;I)}$ 找得出收敛于它的序列 $\{p_n\}(p_n=f(p,t_n))$. 因为 $f(p,t_n+t)$ 关于 t 均匀的收敛于 $f(q,t)$（见第五章 §8 定理 36），所以对于 q，同一中数也存在，即

$$\lim_{T\to\infty}\frac{1}{T}\int_0^T\varphi(f(p,t))\mathrm{d}t=\lim_{T\to\infty}\frac{1}{T}\int_0^T\varphi(f(p,t))\mathrm{d}t$$

换言之，即在 $\overline{f(p;I)}$ 上，存在唯一一个正则化不变测度 $\mu(A)$，$\mu(A)$ 等于当 $t\to\infty$ 时点的集合 A 内的停留概率.

最后，几乎周期运动在每一点关于这个不变测度是密集点. 实际上，如以 p 为心作两个球 $S(p,\varepsilon)$ 及 $S(p,2\varepsilon)$，其中任意 $\varepsilon>0$，则当 $f(p,t_0)\in S(p,\varepsilon)$ 时，找得出弧 $f(p;t,t_2)\subset S(p,2\varepsilon)$，$t_1<t_0<t_2$ 并且 $t_2-t_1\geqslant\alpha(\varepsilon)>0$①. 因为动点 $f(p,t)$ 在每一个长为 $L(\varepsilon)$ 的时间区间内都有在 $S(p,\varepsilon)$ 内的时刻，所以

$$\mathbf{P}[f(p,t)\in S(p,2\varepsilon)]\geqslant\frac{\alpha(\varepsilon)}{L}>0$$

此即示 p 是密集点.

定理得证.

我们指出在这一情形下 $U_{\mathbf{R}}=\overline{f(p;I)}$.

在第五章 §7 内讨论过的例子给出非几乎周期极小集合是狭义遍历的情形，实际上，如在把子午圈 $\varphi=0$ 写像到圆周 Γ 之后，我们将所有运动写像到以 Γ 为子午圈的锚圈 $\mathfrak{T}(\varphi,\theta)$ 上，则从完全集合出发的运动即成为在锚圈上到处稠密的几乎周期运动（对应的始点为一毗邻区间的端点的两个原来的运动的重合为一的那一现象，不影响测度）. 这一几乎周期运动的系的唯一不变测度及其狭义遍历的性质显然能够搬到集合 A 上的运动系上.

在一般的情况下，不能断定所有极小集合都体现狭义遍历的情形. 马尔科夫曾作过在其内某些运动非准正规的极小集合的例子，即至少存在两个正则化不变测度.

非狭义遍历的极小集合的例子（马尔科夫）. 为了作这个例子我们引进度量空间

---

① 点 $f(p,t)$ 自 $S(p,\varepsilon)$ 内到 $S(p,2\varepsilon)$ 外所需时间的下界大于零. 如设与此相反，我们即能找得出这样的点对的序列 $\{p_n,p'_n\}$，能使

$$\rho(p'_n,p)=\varepsilon,\rho(p''_n,p)=2\varepsilon;p''_n=f(p'_n,t_n),\lim_{n\to\infty}t_n=0$$

据空间 $\overline{f(p,t)}$ 的紧密性，集合 $\{p'_n\}$ 有极限点 p'. 不失一般性，可假定 $\lim_{n\to\infty}p'_n=p'$. 于是就有 $\lim_{n\to\infty}p''_n=\lim_{n\to\infty}f(p'_n,t_n)=p'$. 但 $\rho(p',p)=\varepsilon,\rho(p''_n,p)=2\varepsilon$，此为矛盾，此矛盾证明了我们的论断.

R_U，关于动力体系的很多问题，它都是很有用的.

这一空间的点是定义在整个无限数轴 $-\infty < x < +\infty$ 上的连续函数 $\varphi(x)$. 两点 $\varphi(x)$ 和 $\psi(x)$ 间的距离为

$$\rho(\varphi,\psi) = \sup_{-\infty<x<+\infty} \min\left[\mid \varphi(x) - \psi(x) \mid, \frac{1}{\mid x \mid} \right] \tag{11}$$

这个定义有简单的几何解释. 我们在同一图上作函数 $y = \mid \varphi(x) - \psi(x) \mid$ 及 $y = \frac{1}{\mid x \mid}$ 的图像，然后作连续函数，其纵标等于这两条曲线的最小的那一个纵标. 此连续函数的纵标的上界即为所要的距离(见图 47).

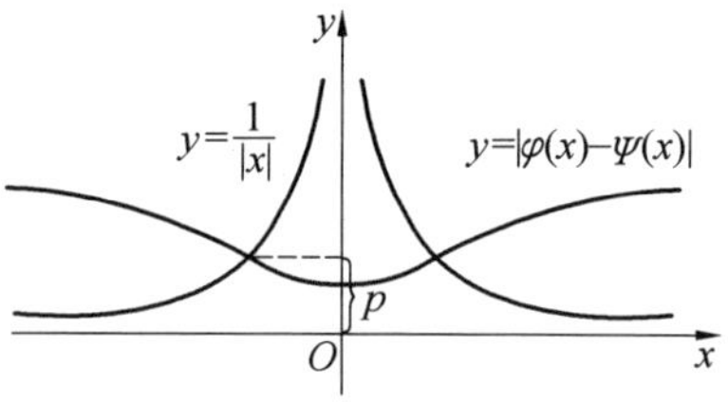

图 47

容易验证这样定义的距离的函数空间 $\{\varphi(x)\}$ 是完备度量空间.

最后，我们指出在这一度量下，当 $\mid x \mid \leqslant \frac{1}{\varepsilon}$ 时，不等式 $\rho(\varphi,\psi) < \varepsilon$ 相当于不等式 $\mid \varphi(x) - \psi(x) \mid < \varepsilon$.

因此，极限等式 $\lim\limits_{n\to\infty} \rho(\varphi_n(x),\varphi(x)) = 0$ 就是说序列 $\{\varphi_n(x)\}$ 收敛于 $\varphi(x)$ 而且收敛性在任一有界区间上是均匀的.

由此说明即得度量空间 R_U 有可数基底，即有到处稠密的可数集合，有理系数多项式的集合即为这样一个集合. 事实上，对于任一 $\varepsilon > 0$ 及任一连续函数 $\varphi(x)$，能找得出这一集合中的多项式，在区间 $\left(-\frac{1}{\varepsilon}, \frac{1}{\varepsilon}\right)$ 逼近这个函数到精确度 ε 以内.

在空间 R_U 内以如下方式定义一动力体系. 如点 $p \equiv \varphi(x)$，则 $f(p,t) \equiv \varphi(x+t)$ 或 $f(\varphi(x),t) \equiv \varphi(x+t)$，即在时间区间 t 上点沿轨道的变动相当于将函数的自变量 x 变为 $x+t$，这一个变换 $f(p,t)$ 满足动力体系的所有条件. 关于群性质，这是显然的，因此只需验证连续性.

设 $\rho[\varphi_n(x),\varphi(x)] \to 0$ 及 $t_n \to t$，于是我们有函数序列 $\varphi_n(x+t_n)$ 及函数 $\varphi(x+t)$. 要证的是

$$\lim_{n\to\infty} \rho[\varphi_n(x+t_n),\varphi(x+t)] = 0$$

设已给任一 $\varepsilon > 0$. 据第一个极限等式能够找出 N_1，使 $n \geqslant N_1$ 时，关于已给的 t 及满足不等式 $\mid x \mid \leqslant \frac{2}{\varepsilon}$ 的 x，即有 $\mid \varphi_n(x+t) - \varphi(x+t) \mid < \frac{\varepsilon}{2}$. 据函数 $\varphi(x)$ 在

区间 $-t-\frac{2}{\varepsilon} \leqslant x \leqslant -t+\frac{2}{\varepsilon}$ 上的均匀连续性，能找得出大于 0 但小于 $\frac{1}{\varepsilon}$ 的 δ，使

$$-t-\frac{2}{\varepsilon} \leqslant x \leqslant -t+\frac{2}{\varepsilon}, -t-\frac{2}{\varepsilon} \leqslant x'' \leqslant -t+\frac{2}{\varepsilon}$$

及

$$|x'-x''|<\delta$$

时，即有 $|\varphi(x')-\varphi(x'')|<\varepsilon$. 取 N_2 使 $n \geqslant N_2$ 时，即有 $|t_n-t|<\delta$. 于是如令 $N=\max[N_1, N_2]$，则当 $-\frac{1}{\varepsilon} \leqslant x \leqslant \frac{1}{\varepsilon}$ 且 $n \geqslant N$ 时，我们有

$$\begin{aligned}|\varphi_n(x+t_n)-\varphi(x+t)| \leqslant &|\varphi_n(x+t_n)-\varphi(x+t_n)|+\\&|\varphi(x+t_n)-\varphi(x+t)|<\varepsilon\end{aligned}$$

即

$$\rho[\varphi_n(x+t_n), \varphi(x+t)] \equiv \rho[f(p_n, t_n), f(p, t)]<\varepsilon$$

连续性得证.

我们指出，在空间 R_U 内由函数 $\varphi(x+t)$ 确定的运动为拉格朗日式稳定的充要条件是函数 $\varphi(x)$ 在区间 $(-\infty, +\infty)$ 上有界而且均匀连续. 这一个论断乃是在有限区间上函数族的紧密性的阿柴拉条件的直接推论.

今转到马尔科夫的例子. 我们来讨论在空间 R_U 内以下的函数 $\varphi(x)$ 为始点的运动.

我们取自然数的不减序列 $\{\alpha_n\}$，使其服从条件

$$\sum_{n=1}^{\infty} \frac{1}{\alpha_n}<+\infty$$

再作序列 $\{\beta_n\}$

$$\beta_1=2\alpha_1+1, \beta_n=\prod_{k=1}^{n}(2\alpha_k+1)$$

每一整数 N 都可以用唯一的方法表示成

$$N=c_0+c_1\beta_1+c_2\beta_2+\cdots+c_m\beta_m \tag{12}$$

其中系数 c_i 是服从条件 $|c_i| \leqslant \alpha_i+1$ 的整数. 实际上，我们可以依次去找 c_0, c_1, $c_2, \cdots$，首先用 $2\alpha_1+1$ 去除 N 并选商使余数 c_0 的绝对值为最小，即 $|c_0| \leqslant \alpha_1$. 其次，将得到的商用 $2\alpha_2+1$ 去除使余数 c_1 的绝对值为最小，即 $|c_1| \leqslant \alpha_2$，并照这样继续下去.

为方便起见，我们可将分解式(12) 当作无穷的，其中 $c_{m+1}=c_{m+2}=\cdots=0$. 我们定义整值函数 $\chi(N)=k$，如 c_k 是 N 的分解式(12) 中第一个等于零的系数. 现在对于整的自变量值 N，我们规定

$$\varphi(N)=(-1)^{\chi(N)}$$

最后，关于非整值的 x 我们用线性插值方法来定义 $\varphi(x)$ 在自变量位于相邻两

整数之间时的值. 这样定义出来的函数 $\varphi(x)$ 满足条件

$$|\varphi(x)| \leqslant 1, |\varphi(x') - \varphi(x'')| \leqslant 2|x' - x''|$$

因而,它在区间$(-\infty, +\infty)$ 上有界而且均匀连续. 根据前面所指出过那一点,以点 $p \equiv \varphi(x)$ 为始点的运动

$$f(p,t) \equiv \varphi(x+t) \tag{13}$$

是拉格朗日式稳定的.

我们来证运动(13) 是回归的. 为了这个,据第五章 §7 定理29,只需证明对任一 $\varepsilon > 0$ 能使

$$\rho[\varphi(x), \varphi(x+\tau)] < \varepsilon$$

的 τ 值的集合相对稠密.

经过容易的算术计算,即能明白,对应于系数 $c_n = c_{n+1} = c_{n+2} = \cdots = 0$ 的全部 N,就是线段$\left[-\dfrac{\beta_n - 1}{2}, \dfrac{\beta_n - 1}{2}\right]$上的整点集合. 按已给的 $\varepsilon > 0$ 我们取 n 使$\dfrac{\beta_n - 1}{2} > \dfrac{1}{\varepsilon}$,我们来证 β_{n+1} 的任一倍数 $m\beta_{n+1}$(m 整数),都可作为 τ,即

$$\rho[\varphi(x), \varphi(x + m\beta_{n+1})] < \varepsilon$$

实际上,设 $\xi = c_0 + c_1\beta_1 + \cdots + c_{n-1}\beta_{n-1}$ 是整数而且

$$\xi \in \left[-\frac{\beta_n - 1}{2}, \frac{\beta_n - 1}{2}\right]$$

据 τ 的选择,我们有分解式

$$\tau = c'_{n+1}\beta_{n+1} + c'_{n+2}\beta_{n+2} + \cdots$$

其中 $|c'_{n+k}| \leqslant \alpha_{n+k-1}, k \geqslant 1$. 从而

$$\xi + \tau = c_0 + c_1\beta_1 + \cdots + c_{n-1}\beta_{n-1} + c'_{n+1}\beta_{n+1} + c'_{n+2}\beta_{n+2} + \cdots$$

比较 ξ 和 $\xi + \tau$ 的分解式,我们即见这两个数有第一个不为 0 的系数 $c_k(k \leqslant n)$,而且在这两个数中,系数 $c_0, c_1, \cdots, c_n$ 重合. 因此对于任一整数 $\xi \in \left[-\dfrac{\beta_n - 1}{2}, \dfrac{\beta_n - 1}{2}\right]$,我们有$\varphi(\xi) = \varphi(\xi + \tau)$. 根据函数 $\varphi(x)$ 的定义,关于非整数 x,如 $x \in \left[-\dfrac{\beta_n - 1}{2}, \dfrac{\beta_n - 1}{2}\right]$且 $\tau = m\beta_{n+1}$,我们也有

$$\varphi(x) = \varphi(x + \tau)$$

根据数 β_n 的选择和距离的定义,由此即得

$$\rho[\varphi(x), \varphi(x+\tau)] < \varepsilon$$

数集$\{\tau\}$,形成算术级数,所以是相对稠密的. 于是运动(13) 的回归性得证.

我们来证含回归运动(13) 的极小集合不是狭义遍历的. 为此目的,我们以如下方式定义空间 R_U 上的连续函数 $\Phi(q)$,若 $q = \psi(x)$,则 $\Phi(q) = \Phi(\psi(x)) = \psi(0)$. 我们指出,此时

$$\Phi(f(q,t)) = \Phi(\psi(x+t)) = \psi(t)$$

我们来证关于这个函数的表达式

$$\frac{1}{\tau}\int_0^{\tau}\Phi(f(p,t))\mathrm{d}t \equiv \frac{1}{\tau}\int_0^{\tau}\varphi(t)\mathrm{d}t \tag{14}$$

当 $\tau \to \infty$ 时无极限存在.

实际上,由于 $\varphi(t)$ 是偶函数,表达式(14) 能变成与它相等的式子

$$\frac{1}{2\tau}\int_{-\tau}^{+\tau}\varphi(t)\mathrm{d}t \tag{14'}$$

如 m_1 和 m_2 是任意两个整数且 $m_1 < m_2$,则式子 $\int_{m_1-\frac{1}{2}}^{m_2+\frac{1}{2}}\varphi(t)\mathrm{d}t$, $\sum_{n=m_1}^{m_2}\varphi(n)$ 或彼此相等或相差不超过 $\frac{1}{2}$.

其实,后面的和式等于

$$\int_{m_1-\frac{1}{2}}^{m_2+\frac{1}{2}}\varphi(t)\mathrm{d}t$$

其中 $\psi(t) = \operatorname{sgn}\varphi(t)$,因为在每一区间 $\left(k-\frac{1}{2}, k+\frac{1}{2}\right)$ 内(k 为整数)$\psi(t) = \varphi(k)$.

若 $\varphi(k) = \varphi(k+1)$,则当 $k \leqslant t \leqslant k+1$ 时,$\varphi(t) = \psi(t)$,因此 $\int_k^{k+1}\varphi(t)\mathrm{d}t = \int_k^{k+1}\psi(t)\mathrm{d}t$.

若 $\varphi(k) = -\varphi(k+1)$,则 $\int_k^{k+1}\varphi(t)\mathrm{d}t = 0 = \int_k^{k+1}\varphi(t)\mathrm{d}t$. 因此,$\varphi$ 和 ψ 的积分仅在区间 $\left(m_1-\frac{1}{2}, m_1\right)$ 和 $\left(m_2, m_2+\frac{1}{2}\right)$ 上,当 $\varphi(k)$ 从 m_1-1 转到 m_1 或从 m_2 转到 m_2+1,$\varphi(k)$ 变号的情况下方能不同. 但在这些区间的每一个上,在相应的情况下

$$\left|\int[\varphi(t)-\psi(t)]\mathrm{d}t\right| \leqslant \frac{1}{4}$$

这就证明了我们的论断.

因此,为了估计表达式

$$I(2N+1) = \frac{1}{2N+1}\int_{-N+\frac{1}{2}}^{N+\frac{1}{2}}\varphi(t)\mathrm{d}t$$

(N 为自然数) 我们将计算和式

$$S(2N+1) = \frac{1}{2N+1}\sum_{k=-N}^{N}\varphi(k)$$

令 $2N+1 = \beta_n$,即 $-\frac{\beta_n-1}{2} \leqslant k \leqslant \frac{\beta_n+1}{2}$. 容易看出,这个区间内的数 k,有分解式

$$k = c_0 + c_1\beta_1 + \cdots + c_{n-1}\beta_{n-1}$$

其中各系数在不等式

$$| c_0 | \leqslant \alpha_1, | c_1 | \leqslant \alpha_2, \cdots, | c_{n-1} | \leqslant \alpha_n$$

所示范围之内且独立的，它们的总个数为$(2\alpha_1+1)(2\alpha_2+1)\cdots(2\alpha_n+1)=\beta_n$. 在它们当中$c_0=0$，因而$\varphi=1$的那些数对应于固定的值$c_0=0$及任意的$c_1,c_2,\cdots,c_n$，因而其个数等于$\frac{\beta_n}{2\alpha_1+1}$. 我们有$c_0\neq 0, c_1=0$，即$\varphi=-1$的那些数$k$，对应于$c_0\neq 0$，$c_1=0$及任意的其他系数，它们的个数是$\frac{\beta_n}{2\alpha_2+1}\cdot\frac{2\alpha_1}{2\alpha_1+1}$. 一般来说，在所讨论区间内第一个为0的系数是$c_l(l\leqslant r)$的数$k$的个数等于

$$\frac{\beta_n}{2\alpha_l+1}\cdot\frac{2\alpha_1}{2\alpha_l+1}\cdot\frac{2\alpha_2}{2\alpha_l+1}\cdot\cdots\cdot\frac{2\alpha_{l-1}}{2\alpha_{l-1}+1}$$

而且对于相应的k，我们有$\varphi(k)=(-1)^l$. 最后

$$c_0\cdot c_1\cdot c_2\cdot\cdots\cdot c_{n-1}\neq 0$$

的那些数$k\left(|k|\leqslant\frac{\beta_n-1}{2}\right)$的个数是

$$\beta_n\cdot\frac{2\alpha_1}{2\alpha_1+1}\cdot\frac{2\alpha_2}{2\alpha_2+1}\cdot\cdots\cdot\frac{2\alpha_n}{2\alpha_n+1}$$

这样便得

$$\begin{aligned}S(\beta_n)=\frac{1}{\beta_n}\Big\{&-\frac{\beta_n}{2\alpha_1+1}-\frac{\beta_n}{2\alpha_2+1}\cdot\frac{2\alpha_1}{2\alpha_1+1}+\cdots+\\&(-1)^{n-1}\frac{\beta_n}{2\alpha_n+1}\cdot\frac{2\alpha_1}{2\alpha_1+1}\cdot\cdots\cdot\frac{2\alpha_{n-1}}{2\alpha_{n-1}+1}+\\&(-1)^n\beta_n\cdot\frac{2\alpha_1}{2\alpha_1+1}\cdot\frac{2\alpha_2}{2\alpha_2+1}\cdot\cdots\cdot\frac{2\alpha_n}{2\alpha_n+1}\Big\}\end{aligned}$$

或

$$S(\beta_n)=u_0-u_1+u_2-\cdots+(-1)^{n-1}u_n+(-1)^n\Pi_n$$

其中

$$u_0=\frac{1}{2\alpha+1}, u_m=\frac{2\alpha_1\cdot 2\alpha_2\cdot\cdots\cdot 2\alpha_m}{(2\alpha_1+1)(2\alpha_2+1)\cdots(2\alpha_m+1)(2\alpha_{m+1}+1)}$$
$$(m=1,2,\cdots,n-1)$$

及

$$\Pi_n=\prod_{l=1}^{n}\frac{2\alpha_l}{2\alpha_l+1}$$

我们指出，无穷乘积

$$\Pi=\lim_{n\to\infty}\Pi_n=\prod_{l=1}^{\infty}\frac{2\alpha_l}{2\alpha_l+1}$$

收敛(即$+\infty>\Pi>0$)，因为它可以表示成$\prod\limits_{l=1}^{\infty}\left(1-\frac{1}{2\alpha_l+1}\right)$而级数$\sum\limits_{l=1}^{\infty}\frac{1}{2\alpha_l+1}$与

级数 $\sum_{l=1}^{\infty}\frac{1}{\alpha_l}$ 同时收敛.

无穷级数 $u_0-u_1+u_2-\cdots$ 收敛,因为

$$u_{m+1}=u_m\cdot\frac{2\alpha_m}{2\alpha_m+1}<u_m$$

同时

$$\lim_{m\to\infty}u_m=\lim\Pi_m\cdot\frac{1}{2\alpha_{m+1}+1}=0$$

我们令 $u_0-u_1+u_2-\cdots=\sigma$.

我们来讨论 n 是偶数和 n 不是偶数的两种情形:

1. $m=2m$. 我们有

$$S(\beta_{2m})=u_0-u_1+u_2-\cdots-u_{2m-1}+\Pi_{2m}$$
$$\lim_{m\to\infty}S(\beta_{2m})=\sigma+\Pi=S'$$

2. $n=2m+1$. 在这一情形,有

$$S(\beta_{2m+1})=u_0-u_1+\cdots+u_{2m}-\Pi_{2m+1}$$
$$\lim_{m\to\infty}S(\beta_{2m+1})=\sigma-\Pi=S''$$

因为 $\Pi\neq 0$,所以 $S''\neq S'$. 从和转到积分,我们得到结果

$$\lim_{m\to\infty}\frac{1}{\tau_m}\int_0^{\tau_m}\Phi(f(p,t))\mathrm{d}t=S'\quad\left(\tau_m=\frac{\beta_{2m}-1}{2}\right)$$

$$\lim_{m\to\infty}\frac{1}{\tau'_m}\int_0^{\tau'_m}\Phi(f(p,t))\mathrm{d}t=S''\quad\left(\tau'_m=\frac{\beta_{2m}-1}{2}\right)$$

所以,点 $p\equiv\varphi(x)$ 不是准正规的,它确定多于一的单个测度,因而极小集合 $\overline{f(p;I)}$ 不是狭义遍历的.

参 考 资 料

[1] B. Степанов. Sur une extension du théorème ergodique, Comp. Math. No. 3 (1936).

[2] C. Caratheodory. Ueber den Wiederkehrsatz von Poincaré, Zitzb. Preuss, Acad. No. 32(1919).

[3] A. Хинчин. Eine Verschärfung des Poincareschen "Wiederkehrsatzes", Comp. Math. ,1934,1(1).

[4] C. Visser. On Poincaré's recurrence theorem, Bull. Amer. Math. Soc. ,1936,42.

[5] A. Хинчин. The method of spectral reduction in classical dynamics. Proceed. of Nat. Acad. Sc. ,1933,19.

[6] E. Hopf. Zwei Sätze über den wahrscheinlichen Verlauf der Bewegungen dynamischer Systeme. Math. Ann. ,1930,103.

[7] G. D. Birkhoff. Proof of recurrence theorem for strongly transitive systems Proof of the ergodic theorem. Proc. Nat. Acad. Sci. USA,1931,17.

[8] А. Хинчин. Zu Birkhoffs Lösung des Ergodenproblems. Math. Ann. ,卷 107. Упрощённое доказательство эргодической теоремы Биркгофа—Хинчина. Успехи Матем. Наук №. 5,1938.

[9] J. v. Neumann. Zur Operatorenmethode in der klassischen Mechanik. Ann. of Math. ,1932,33.

[10] 见[1].

[11] 也见下列各文：

1. C. Oxtoby 和 S. M. Ulam. On the existence of a measure invariant under a transformation. Ann. of Math. ,1939,40(3).
2. А. Марков. Некоторые теоремы об абелевых множествах,ДАН,1936,1(8).
3. А. Марков. О средних значениях и средних плотностях. Матем. Сборник, 1938,4(46).
4. С. Фомин. О конечных инвариантных мерах в динамических системах. Матем. Сборник,1943,12(54).